U0176266

中华医学百科全书

军事与特种医学

核武器医学防护学

中国协和医科大学出版社
北 京

图书在版编目（CIP）数据

中华医学百科全书·核武器医学防护学／杨晓明主编．—北京：中国协和医科大学出版社，2022.3
ISBN 978-7-5679-1910-5

Ⅰ．①核… Ⅱ．①杨… Ⅲ．①核武器—辐射防护 Ⅳ．①TJ91 ②R827.31

中国版本图书馆CIP数据核字（2022）第017053号

中华医学百科全书·核武器医学防护学

主　　编：杨晓明
编　　审：张之生
责任编辑：沈冰冰

出版发行：中国协和医科大学出版社
（北京市东城区东单三条9号　邮编100730　电话010-6526 0431）
网　　址：www.pumcp.com
经　　销：新华书店总店北京发行所
印　　刷：北京雅昌艺术印刷有限公司

开　　本：889×1230　1/16
印　　张：18
字　　数：530千字
版　　次：2022年3月第1版
印　　次：2022年3月第1次印刷
定　　价：320.00元

ISBN 978-7-5679-1910-5

《中华医学百科全书》编纂委员会

刘伏友　刘华平　刘华生　刘志刚　刘克良　刘迎龙　刘建勋
刘胡波　刘树民　刘昭纯　刘俊涛　刘洪涛　刘桂荣　刘献祥
刘嘉瀛　刘德培　闫永平　米玛　米光明　安锐　祁建城
许媛　许腊英　那彦群　阮长耿　阮时宝　孙宁　孙光
孙皎　孙锟　孙少宣　孙长颢　孙立忠　孙则禹　孙秀梅
孙建中　孙建方　孙建宁　孙贵范　孙洪强　孙晓波　孙海晨
孙景工　孙颖浩　孙慕义　纪志刚　严世芸　苏川　苏旭
苏荣扎布　杜元灏　杜文东　杜治政　杜惠兰　李飞　李方
李龙　李东　李宁　李刚　李丽　李波　李剑
李勇　李桦　李鲁　李磊　李燕　李冀　李大魁
李云庆　李太生　李曰庆　李玉珍　李世荣　李立明　李汉忠
李永哲　李志平　李连达　李灿东　李君文　李劲松　李其忠
李若瑜　李泽坚　李宝馨　李建兴　李建初　李建勇　李映兰
李思进　李莹辉　李晓明　李凌江　李继承　李董男　李森恺
李曙光　杨凯　杨恬　杨勇　杨健　杨硕　杨化新
杨文英　杨世民　杨世林　杨伟文　杨克敌　杨甫德　杨国山
杨宝峰　杨炳友　杨晓明　杨跃进　杨腊虎　杨瑞馥　杨慧霞
励建安　连建伟　肖波　肖南　肖永庆　肖培根　肖鲁伟
吴东　吴江　吴明　吴信　吴令英　吴立玲　吴欣娟
吴勉华　吴爱勤　吴群红　吴德沛　邱建华　邱贵兴　邱海波
邱蔚六　何维　何勤　何方方　何志嵩　何绍衡　何春涤
何裕民　余争平　余新忠　狄文　冷希圣　汪海　汪静
汪受传　沈岩　沈岳　沈敏　沈铿　沈卫峰　沈心亮
沈华浩　沈俊良　宋国维　张泓　张学　张亮　张强
张霆　张澍　张大庆　张为远　张玉石　张世民　张永学
张华敏　张宇鹏　张志愿　张丽霞　张伯礼　张宏誉　张劲松
张奉春　张宝仁　张建中　张建宁　张承芬　张琴明　张富强
张新庆　张潍平　张德芹　张燕生　陆华　陆林　陆翔
陆小左　陆付耳　陆伟跃　陆静波　阿不都热依木·卡地尔　陈文
陈杰　陈实　陈洪　陈琪　陈楠　陈薇　陈曦
陈士林　陈大为　陈文祥　陈玉文　陈代杰　陈尧忠　陈红风
陈志南　陈志强　陈规化　陈国良　陈佩仪　陈家旭　陈智轩
陈锦秀　陈誉华　邵蓉　邵荣光　邵瑞琪　武志昂
其仁旺其格　范明　范炳华　茅宁莹　林三仁　林久祥　林子强
林天歆　林江涛　林曙光　杭太俊　郁琦　欧阳靖宇　尚红

果德安　明根巴雅尔　易定华　易著文　罗力　罗毅　罗小平
罗长坤　罗颂平　帕尔哈提·克力木　帕塔尔·买合木提·吐尔根
图门巴雅尔　岳伟华　岳建民　金玉　金奇　金少鸿　金伯泉
金季玲　金征宇　金银龙　金惠铭　周兵　周永学　周光炎
周利群　周灿全　周良辅　周纯武　周学东　周宗灿　周定标
周宜开　周建平　周建新　周春燕　周荣斌　周辉霞　周福成
郑一宁　郑志忠　郑金福　郑法雷　郑建全　郑洪新　郑家伟
郎景和　房敏　孟群　孟庆跃　孟静岩　赵平　赵艳
赵群　赵子琴　赵中振　赵文海　赵玉沛　赵正言　赵永强
赵志河　赵彤言　赵明杰　赵明辉　赵耐青　赵临襄　赵继宗
赵铱民　赵靖平　郝模　郝小江　郝传明　郝晓柯　胡志
胡明　胡大一　胡文东　胡向军　胡国华　胡昌勤　胡盛寿
胡德瑜　柯杨　查干　柏树令　钟翠平　钟赣生
香多·李先加　段涛　段金廒　段俊国　侯一平　侯金林
侯春林　俞光岩　俞梦孙　俞景茂　饶克勤　施慎逊　姜小鹰
姜玉新　姜廷良　姜国华　姜柏生　姜德友　洪两　洪震
洪秀华　洪建国　祝庆余　祝蔯晨　姚永杰　姚克纯　姚祝军
秦川　秦卫军　袁文俊　袁永贵　都晓伟　晋红中　栗占国
贾波　贾建平　贾继东　夏术阶　夏照帆　夏慧敏　柴光军
柴家科　钱传云　钱忠直　钱家鸣　钱焕文　倪健　倪鑫
徐军　徐晨　徐云根　徐永健　徐志云　徐志凯　徐克前
徐金华　徐建国　徐勇勇　徐桂华　凌文华　高妍　高晞
高志贤　高志强　高金明　高学敏　高树中　高健生　高思华
高润霖　郭岩　郭小朝　郭长江　郭巧生　郭宝林　郭海英
唐强　唐向东　唐朝枢　唐德才　诸欣平　谈勇　谈献和
陶永华　陶芳标　陶·苏和　陶建生　陶晓华　黄钢　黄峻
黄烽　黄人健　黄叶莉　黄宇光　黄国宁　黄国英　黄跃生
黄璐琦　萧树东　梅亮　梅长林　曹佳　曹广文　曹务春
曹建平　曹洪欣　曹济民　曹雪涛　曹德英　龚千锋　龚守良
龚非力　袭著革　常耀明　崔蒙　崔丽英　庾石山　康健
康廷国　康宏向　章友康　章锦才　章静波　梁萍　梁显泉
梁铭会　梁繁荣　谌贻璞　屠鹏飞　隆云　绳宇　巢永烈
彭成　彭勇　彭明婷　彭晓忠　彭瑞云　彭毅志
斯拉甫·艾白　葛坚　葛立宏　董方田　蒋力生　蒋建东
蒋建利　蒋澄宇　韩晶岩　韩德民　惠延年　粟晓黎　程天民

程仕萍　程训佳　焦德友　储全根　童培建　曾　苏　曾　渝
曾小峰　曾正陪　曾国华　曾学思　曾益新　谢　宁　谢立信
蒲传强　赖西南　赖新生　詹启敏　詹思延　鲍春德　窦科峰
窦德强　褚淑贞　赫　捷　蔡　威　裴国献　裴晓方　裴晓华
廖品正　谭仁祥　谭先杰　翟所迪　熊大经　熊鸿燕　樊　旭
樊飞跃　樊巧玲　樊代明　樊立华　樊明文　樊瑜波　黎源倩
颜　虹　潘国宗　潘柏申　潘桂娟　薛社普　薛博瑜　魏光辉
魏丽惠　藤光生　B·吉格木德

《中华医学百科全书》学术委员会

顾景范　　徐文严　　翁心植　　栾文明　　郭　定　　郭子光　　郭天文
郭宗儒　　唐由之　　唐福林　　涂永强　　黄秉仁　　黄洁夫　　黄璐琦
曹仁发　　曹采方　　曹谊林　　龚幼龙　　龚锦涵　　盛志勇　　康广盛
章魁华　　梁文权　　梁德荣　　彭小忠　　彭名炜　　董　怡　　程天民
程元荣　　程书钧　　程伯基　　傅民魁　　曾长青　　曾宪英　　温　海
强伯勤　　裘雪友　　甄永苏　　褚新奇　　蔡年生　　廖万清　　樊明文
黎介寿　　薛　森　　戴行锷　　戴宝珍　　戴尅戎

《中华医学百科全书》工作委员会

军事与特种医学

总主编

孙建中　　原中国人民解放军军事医学科学院

军事与特种医学编纂办公室

主　任

刘胡波　　原中国人民解放军军事医学科学院卫生勤务与医学情报研究所

副主任

吴　东　　原中国人民解放军军事医学科学院卫生勤务与医学情报研究所

学术秘书

王庆阳　　中国人民解放军军事科学院医学研究院卫生勤务与血液研究所

本卷编委会

主　编

杨晓明　　中国人民解放军军事科学院军事医学研究院辐射医学研究所

副主编

毛秉智　　中国人民解放军军事科学院军事医学研究院辐射医学研究所

叶常青　　中国人民解放军军事科学院军事医学研究院辐射医学研究所

编　委（按姓氏笔画排序）

王水明　　中国人民解放军军事科学院军事医学研究院辐射医学研究所

王治东　　中国人民解放军军事科学院军事医学研究院辐射医学研究所

毛秉智　　中国人民解放军军事科学院军事医学研究院辐射医学研究所

叶常青　　中国人民解放军军事科学院军事医学研究院辐射医学研究所

曲德成　　中国人民解放军军事科学院军事医学研究院辐射医学研究所

朱茂祥　　中国人民解放军军事科学院军事医学研究院辐射医学研究所

刘巧维　　中国人民解放军军事科学院军事医学研究院辐射医学研究所

杨晓明　　中国人民解放军军事科学院军事医学研究院辐射医学研究所

杨蕾蕾　　中国人民解放军军事科学院军事医学研究院辐射医学研究所
李　杨　　中国人民解放军军事科学院军事医学研究院辐射医学研究所
李长燕　　中国人民解放军军事科学院军事医学研究院辐射医学研究所
宋　宜　　中国人民解放军军事科学院军事医学研究院辐射医学研究所
陈　英　　中国人民解放军军事科学院军事医学研究院辐射医学研究所
陈肖华　　中国人民解放军军事科学院军事医学研究院辐射医学研究所
罗庆良　　中国人民解放军军事科学院军事医学研究院辐射医学研究所
周平坤　　中国人民解放军军事科学院军事医学研究院辐射医学研究所
徐勤枝　　中国人民解放军军事科学院军事医学研究院辐射医学研究所
郭　勇　　中国人民解放军军事科学院军事医学研究院辐射医学研究所
彭瑞云　　中国人民解放军军事科学院军事医学研究院辐射医学研究所
董　霁　　中国人民解放军军事科学院军事医学研究院辐射医学研究所
董俊兴　　中国人民解放军军事科学院军事医学研究院辐射医学研究所
鲁华玉　　中国人民解放军军事科学院军事医学研究院辐射医学研究所
谢向东　　中国人民解放军军事科学院军事医学研究院辐射医学研究所
潘秀颉　　中国人民解放军军事科学院军事医学研究院辐射医学研究所

前　言

《中华医学百科全书》终于和读者朋友们见面了！

古往今来，凡政通人和、国泰民安之时代，国之重器皆为科技、文化领域的鸿篇巨制。唐代《艺文类聚》、宋代《太平御览》、明代《永乐大典》、清代《古今图书集成》等，无不彰显盛世之辉煌。新中国成立后，国家先后组织编纂了《中国大百科全书》第一版、第二版，成为我国科学文化事业繁荣发达的重要标志。医学的发展，从大医学、大卫生、大健康角度，集自然科学、人文社会科学和艺术之大成，是人类社会文明与进步的集中体现。随着经济社会快速发展，医药卫生领域科技日新月异，知识大幅更新。广大读者对医药卫生领域的知识文化需求日益增长，因此，编纂一部医药卫生领域的专业性百科全书，进一步规范医学基本概念，整理医学核心体系，传播精准医学知识，促进医学发展和人类健康的任务迫在眉睫。在党中央、国务院的亲切关怀以及国家各有关部门的大力支持下，《中华医学百科全书》应运而生。

作为当代中华民族“盛世修典”的重要工程之一，《中华医学百科全书》肩负着全面总结国内外医药卫生领域经典理论、先进知识，回顾展现我国卫生事业取得的辉煌成就，弘扬中华文明传统医药璀璨历史文化的使命。《中华医学百科全书》将成为我国科技文化发展水平的重要标志、医药卫生领域知识技术的最高“检阅”、服务千家万户的国家健康数据库和医药卫生各学科领域走向整合的平台。

肩此重任，《中华医学百科全书》的编纂力求做到两个符合。一是符合社会发展趋势：全面贯彻以人为本的科学发展观指导思想，通过普及医学知识，增强人民群众健康意识，提高人民群众健康水平，促进社会主义和谐社会构建。二是符合医学发展趋势：遵循先进的国际医学理念，以“战略前移、重心下移、模式转变、系统整合”的人口与健康科技发展战略为指导。同时，《中华医学百科全书》的编纂力求做到两个体现：一是体现科学思维模式的深刻变革，即学科交叉渗透/知识系统整合；二是体现继承发展与时俱进的精神，准确把握学科现有基础理论、基本知识、基本技能以及经典理论知识与科学思维精髓，深刻领悟学科当前面临的交叉渗透与整合转化，敏锐洞察学科未来的发展趋势与突破方向。

作为未来权威著作的“基准点”和“金标准”，《中华医学百科全书》编纂过程中，制定了严格的主编、编者遴选原则，聘请了一批在学界有相当威望、具有较高学术造诣和较强组织协调能力的专家教授（包括多位两院院士）担任大类主编和学科卷主编，确保全书的科学性与权威性。另外，还借鉴了已有百科全书的编写经验。鉴于《中华医学百科全书》的编纂过程本身带有科学研究性质，还聘请了若干科研院所的科研管理专家作为特约编审，站在科研管理的高度为全书的顺利编纂保驾护航。除了编者、编审队伍外，还制订了详尽的质量保证计划。编纂委员会和工作委员会秉持质量源于设计的理念，共同制订了一系列配套的质量控制规范性文件，建立了一套切实可行、行之有效、效率最优的编纂质量管理方案和各种情况下的处理原则及预案。

《中华医学百科全书》的编纂实行主编负责制，在统一思想下进行系统规划，保证良好的全程质量策划、质量控制、质量保证。在编写过程中，统筹协调学科内各编委、卷内条目以及学科间编委、卷间条目，努力做到科学布局、合理分工、层次分明、逻辑严谨、详略有方。在内容编排上，务求做到“全准精新”。形式“全”：学科“全”，册内条目“全”，全面展现学科面貌；内涵“全”：知识结构“全”，多方位进行条目阐释；联系整合“全”：多角度编制知识网。数据“准”：基于权威文献，引用准确数据，表述权威观点；把握“准”：审慎洞察知识内涵，准确把握取舍详略。内容“精”：“一语天然万古新，豪华落尽见真淳。”内容丰富而精练，文字简洁而规范；逻辑“精”：“片言可以明百意，坐驰可以役万里。”严密说理，科学分析。知识“新”：以最新的知识积累体现时代气息；见解“新”：体现出学术水平，具有科学性、启发性和先进性。

《中华医学百科全书》之“中华”二字，意在中华之文明、中华之血脉、中华之视角，而不仅限于中华之地域。在文明交织的国际化浪潮下，中华医学汲取人类文明成果，正不断开拓视野，敞开胸怀，海纳百川般融入，润物无声状拓展。《中华医学百科全书》秉承了这样的胸襟怀抱，广泛吸收国内外华裔专家加入，力求以中华文明为纽带，牵系起所有华人专家的力量，展现出现今时代下中华医学文明之全貌。《中华医学百科全书》作为由中国政府主导，参与编纂学者多、分卷学科设置全、未来受益人口广的国家重点出版工程，得到了联合国教科文等组织的高度关注，对于中华医学的全球共享和人类的健康保健，都具有深远意义。

《中华医学百科全书》分基础医学、临床医学、中医药学、公共卫生学、军事与特种医学和药学六大类，共计 144 卷。由中国医学科学院/北京协和医学院牵头，联合军事医学科学院、中国中医科学院和中国疾病预防控制中心，带动全国知名院校、科研单位和医院，有多位院士和海内外数千位优秀专家参加。国内知名的医学和百科编审汇集中国协和医科大学出版社，并培养了一批热爱百科事业的中青年编辑。

回览编纂历程，犹然历历在目。几年来，《中华医学百科全书》编纂团队呕心沥血，孜孜矻矻。组织协调坚定有力，条目撰写字斟句酌，学术审查一丝不苟，手书长卷撼人心魂……在此，谨向全国医学各学科、各领域、各部门的专家、学者的积极参与以及国家各有关部门、医药卫生领域相关单位的大力支持致以崇高的敬意和衷心的感谢!

《中华医学百科全书》的编纂是一项泽被后世的创举，其牵涉医学科学众多学科及学科间交叉，有着一定的复杂性；需要体现在当前医学整合转型的新形式，有着相当的创新性；作为一项国家出版工程，有着毋庸置疑的严肃性。《中华医学百科全书》开创性和挑战性都非常强。由于编纂工作浩繁，难免存在差错与疏漏，敬请广大读者给予批评指正，以便在今后的编纂工作中不断改进和完善。

刘德培

凡　例

一、《中华医学百科全书》（以下简称《全书》）按基础医学类、临床医学类、中医药学类、公共卫生类、军事与特种医学类、药学类的不同学科分卷出版。一学科辑成一卷或数卷。

二、《全书》基本结构单元为条目，主要供读者查检，亦可系统阅读。条目标题有些是一个词，例如“炎症”；有些是词组，例如“弥散性血管内凝血”。

三、由于学科内容有交叉，会在不同卷设有少量同名条目。例如《肿瘤学》《病理生理学》都设有“肿瘤”条目。其释文会根据不同学科的视角不同各有侧重。

四、条目标题上方加注汉语拼音，条目标题后附相应的外文。例如：

hébàozhà shāngwáng
核爆炸伤亡（damage of nuclear explosion）

五、本卷条目按学科知识体系顺序排列。为便于读者了解学科概貌，卷首条目分类目录中条目标题按阶梯式排列，例如：

核爆炸损伤 ……………………………………………………………………
　核爆炸早期核辐射损伤 ……………………………………………………
　核爆炸冲击伤 ………………………………………………………………
　核爆炸光辐射损伤 …………………………………………………………
　核爆炸震动伤 ………………………………………………………………

六、各学科都有一篇介绍本学科的概观性条目，一般作为本学科卷的首条。介绍学科大类的概观性条目，列在本大类中基础性学科卷的学科概观性条目之前。

七、条目之中设立参见系统，体现相关条目内容的联系。一个条目的内容涉及其他条目，需要其他条目的释文作为补充的，设为“参见”。所参见的本卷条目的标题在本条目释文中出现的，用蓝色楷体字印刷；所参见的本卷条目的标题未在本条目释文中出现的，在括号内用蓝色楷体字印刷该标题，另加“见”字；参见其他卷条目的，注明参见条所属学科卷名，如“参见□□□卷”或“参见□□□卷□□□□”。

八、《全书》医学名词以全国科学技术名词审定委员会审定公布的为标准。同一概念或疾病在不同学科有不同命名的，以主科所定名词为准。字数较多，释文中拟用简称的名词，每个条目中第一次出现时使用全称，并括注简称，例如：甲型病毒性肝炎（简称甲肝）。个别众所周知的名词直接使用简称、缩写，例如：B 超。药物名称参照《中华人民共和国药典》2020年版和《国家基本药物目录》2018年版。

九、《全书》量和单位的使用以国家标准GB 3100—1993《国际单位制及其应用》、GB/T 3101—1993《有关量、单位和符号的一般原则》及GB/T 3102系列国家标准为准。援引古籍或外文时维持原有单位不变。必要时括注与法定计量单位的换算。

十、《全书》数字用法以国家标准GB/T 15835—2011《出版物上数字用法》为准。

十一、正文之后设有内容索引和条目标题索引。内容索引供读者按照汉语拼音字母顺序查检条目和条目之中隐含的知识主题。条目标题索引分为条目标题汉字笔画索引和条目外文标题索引，条目标题汉字笔画索引供读者按照汉字笔画顺序查检条目，条目外文标题索引供读者按照外文字母顺序查检条目。

十二、部分学科卷根据需要设有附录，列载本学科有关的重要文献资料。

目　录

核武器医学防护学 …… 1

[核武器损伤破坏因素]

冲击波 …… 5

光辐射 …… 6

核辐射 …… 6

核电磁脉冲 …… 8

核爆炸损伤 …… 9

核爆炸早期核辐射损伤 …… 11

核爆炸冲击伤 …… 13

核爆炸光辐射烧伤 …… 15

核爆炸震动伤 …… 17

核爆炸复合伤 …… 18

核爆炸放射性沾染损伤 …… 20

核爆炸伤亡 …… 23

核武器杀伤范围 …… 24

核爆炸区人员杀伤 …… 25

城市核爆炸伤亡 …… 27

野战核爆炸伤亡 …… 29

放射性沾染区人员杀伤 …… 30

核爆炸社会心理效应 …… 31

核爆炸人员伤亡社会负担 …… 33

核爆炸幸存者远后效应 …… 34

核爆炸食品破坏 …… 37

电离辐射损伤机制 …… 39

电离辐射原初作用 …… 41

电离辐射诱发生物分子反应 …… 42

电离辐射诱发细胞学反应时间序列 …… 43

电离辐射靶学说 …… 44

电离辐射诱发 DNA 损伤 …… 46

电离辐射诱发染色质效应 …… 48

电离辐射诱发细胞膜效应 …… 48

电离辐射诱发细胞存活效应 …… 49

辐射敏感性 …… 49

辐射抗性 …… 51

[放射生物效应]

辐射权重因数 …… 52

组织权重因数 …… 52

剂量-剂量率效应因子 …… 53

辐射氧效应 …… 53

辐射温度效应 …… 54

辐射近期健康效应 …… 54

辐射远后健康效应 …… 54

辐射确定性效应 …… 55

辐射随机性效应 …… 56

辐射躯体效应 …… 56

辐射遗传效应 …… 59

辐射致癌效应 …… 59

辐射致癌病因概率 …… 60

辐射致癌危险系数 …… 60

辐射致癌遗传易感性 …… 62

辐射表观遗传效应 …… 62

辐射诱导基因组不稳定性 …… 64

辐射旁效应 …… 65

辐射适应性反应 …… 65

辐射兴奋作用 …… 67

DNA 辐射损伤修复 …… 67

DNA 辐射损伤信号监测 …… 68

辐射损伤细胞周期检查点 …… 70

放射诱发细胞凋亡 …… 72

放射诱发器官纤维化 …… 74

放射性核素体内代谢 …… 75

放射性核素摄入 …… 77

放射性核素吸收 …… 78

放射性核素体内分布 …… 79

供辐射防护用人消化道模型 …… 81

供辐射防护用人呼吸道模型 …… 82

放射性核素体内沉积 …… 84

放射性核素体内滞留 …… 87

放射性核素体内廓清 …… 89
供辐射防护用隔室模型 …… 90
放射性核素体内排出 …… 92
辐射剂量监测 …… 94
辐射剂量基本量 …… 96
辐射吸收剂量 …… 97
辐射剂量当量 …… 100
辐射当量剂量 …… 101
辐射有效剂量 …… 102
辐射集体剂量 …… 104
内照射剂量 …… 104
辐射剂量限值 …… 105
放射性核素年摄入量限值 …… 106
放射性核素导出浓度 …… 108
战时核辐射控制量 …… 109
核辐射个人监测 …… 113
个人光子剂量监测 …… 115
个人中子剂量监测 …… 117
体表放射性污染监测 …… 119
体内放射性污染监测 …… 121
物理学外照射剂量估算 …… 122
早期核辐射 γ 剂量估算 …… 123
中子外照射剂量估算 …… 125
辐射生物剂量估算 …… 128
染色体畸变估算辐射剂量法 …… 129
淋巴细胞微核估算辐射剂量法 …… 131
辐射应急早期快速分类 …… 132
内照射剂量估算 …… 133
辐射监测用生物样品分析 …… 134
体外计数方法 …… 136
皮肤 β 剂量估算 …… 138
回顾性剂量重建 …… 140
核辐射环境监测 …… 141
地面放射性污染监测 …… 143
空气放射性污染监测 …… 144
食品放射性污染监测 …… 145
国际监测系统 …… 146
放射损伤 …… 148
辐射致死剂量 …… 149
造血系统放射损伤 …… 151
消化系统放射损伤 …… 153
肝放射损伤 …… 155
免疫系统放射损伤 …… 156
胸腺放射损伤 …… 158
脾放射损伤 …… 158
淋巴组织放射损伤 …… 159
生殖系统放射损伤 …… 160
眼放射损伤 …… 161
放射性肺损伤 …… 162
放射性肺炎 …… 163
放射性肺纤维化 …… 164
脑放射损伤 …… 164
内分泌系统放射损伤 …… 165
心脏放射损伤 …… 166
肾放射损伤 …… 166
皮肤放射损伤 …… 167
急性放射病 …… 169
急性放射病造血损伤 …… 171
急性放射病出血并发症 …… 172
急性放射病感染并发症 …… 173
急性放射病诊断 …… 174
急性放射病造血因子疗法 …… 176
急性放射病造血干细胞移植疗法 …… 179
中子急性放射病 …… 180
急性放射病诊治信息系统 …… 181
体表放射性污染 β 烧伤 …… 182
伤口放射性污染处理 …… 184
放射性核素内照射损伤 …… 185

放射性碘内照射损伤 …… 189
放射性铯内照射损伤 …… 191
放射性锶内照射损伤 …… 193
混合裂变产物内照射损伤 …… 195
放射性落下灰内照射损伤 …… 195
铀内照射损伤 …… 197
钚内照射损伤 …… 199
放射性物质内照射损伤医学防护 …… 201
非特异性促放射性核素排出措施 …… 204
特异性促放射性核素排出措施 …… 206
辐射防治药物 …… 207
急性放射病防治药物 …… 208
放射性核素阻吸收药物 …… 210
放射性核素促排药物 …… 211
核辐射损伤心理障碍治疗 …… 212
核辐射损伤社会心理干预 …… 214
核辐射损伤精神障碍治疗 …… 215
核辐射损伤医学随访 …… 215
核爆炸损伤工程防护 …… 217
核武器损伤简易防护 …… 217
核武器损伤工事防护 …… 219
核爆炸放射性沾染防护 …… 220
核爆炸体表放射性沾染防护 …… 221
核爆炸体内放射性沾染防护 …… 221
核爆炸食品防护 …… 222
核爆炸药品防护 …… 223
核爆炸卫勤保障 …… 223
核试验卫勤保障 …… 226
核武器损伤减员分析 …… 227
核战争核辐射伤亡估算 …… 228
核武器损伤分级救治 …… 228
核与辐射突发事件 …… 231
核与辐射突发事件医学应急救援 …… 232
核与辐射突发事件伤员分级救治 …… 233
核与辐射医学应急救援分队 …… 236
核辐射损伤医学应急处理药箱 …… 237
核与辐射突发事件损伤医学防护 …… 239
粗糙核装置损伤医学防护 …… 240
放射性散布装置损伤医学防护 …… 241
防原医学法规 …… 242
防原医学标准 …… 242
冲击伤诊治概念 …… 243
光辐射损伤诊治标准 …… 243
核辐射损伤诊治标准 …… 244
核爆炸复合伤诊治标准 …… 244
放射性沾染侦消治标准 …… 245

索引 …… 249
条目标题汉字笔画索引 …… 249
条目外文标题索引 …… 254
内容索引 …… 259

héwǔqì yīxué fánghùxué

核武器医学防护学（medical protection against nuclear weapon injury） 研究核武器爆炸时光辐射、冲击波、早期核辐射、放射性沾染和震动等致伤因子的损伤规律以及人员防护、医学救治的学科。是军事医学重要分支之一，其学科基础是放射生物学和放射医学。该学科与化学武器医学防护学、生物武器医学防护学统称为“三防”医学，是军事医学中倍受关注的部分。

核武器医学防护学是随着核武器研发和应用而发展起来的交叉性学科，研究内容主要有：核武器杀伤、减员规律和卫勤保障；早期核辐射和放射性污染对人体的危害及其防护；人体内照射和人体外照射的剂量估算和环境放射性污染的监测，急性放射病和放射性复合伤的诊治；抗放射药物和相关装备研究；兼容核或放射性突发事件（非战争行动）的医学应急救援研究。

核武器医学防护学是突出实际应用的学科，由于核武器杀伤力大，致伤因素多，致伤人数众多且伤情复杂，加之放射性污染的影响和医疗机构可能受损，使核武器损伤防治技术和卫勤保障研究的难度明显增加，通常需要多学科的协作研究，涉及的学科主要有核武器作用原理学、物理和生物计量学、生物化学、病理学、病理生理学、放射病理学、药物学和药理学、临床治疗学等。主要研究方法有：①实验研究（动物实验）。②核试验现场研究（观察杀伤效应和验证防治效果）。③辐射防治药物。④事故受照射伤员的临床救治。⑤相关卫生装备研制。⑥分级救治技术演练和演习等。核武器医学防护学的任务是应对国外敌对势力的核威胁和核讹诈，为核武器爆炸时的医学救护提供卫生勤务理论和防诊治措施，以增强国防实力。近年来则兼容核与放射突发事件的应急医学救援。目前世界上主要国家对核武器医学防护学的研究都十分重视。

简史 20世纪初发现核辐射现象后不久，人们就注意到原子核里蕴藏着巨大的能量——核能。1942年12月，美国人费米（Fermi）等在小型核反应堆上首次实现了核裂变链式反应的可控性。10年后实现了核反应的商用发电。与此同时一些大国相继开发和研制具有巨大杀伤和破坏力的核武器。1945年7月16日美国首次核武器试爆成功，产生相当于1.9万吨TNT（黄色炸药）当量的爆炸的威力，所用的核裂变材料是钚-239（plutonium-239，^{239}Pu）。同年8月6日美国向日本广岛上空投掷一枚1.5万吨TNT当量的原子弹，爆炸造成6.6万人死亡，6.9万人受伤，13km^{2}爆区内2/3的建筑物被毁。3天后，又在日本长崎上空爆炸一枚相当于2.1万吨TNT当量的原子弹，造成3.9万人死亡，2.5万人受伤，4.7km^{2}爆区内40%的建筑物被毁。这是核武器在战争中仅有的两次实际应用，显示了核武器爆炸的巨大杀伤力和破坏力，引起世人极大震动。随后，苏联、英国、法国、中国、印度、巴基斯坦、南非、朝鲜等国家相继进行了核武器试验，并贮存了数量不等的核武器。核武器的发展大体分为3个阶段：第一阶段（1938~1960年）完成武器设计原理、制造技术，制成不同爆炸威力的原子弹和氢弹；第二阶段始于1960年左右，为便于使用，研制与远程投掷工具相适配的威力适中的小型化氢弹和损毁效应可选择的特殊性能核武器（如中子弹等）；第三阶段是21世纪初开始研制核爆炸驱动定向能武器，即在特定方向上集中高强度的能量，可对远距离目标有极大的毁损力，多半不以人员杀伤为目标。

中国核武器医学防护学学科的建立和发展与国家核工业的发展、核武器研制试验相适应。1955年为了对付核大国的核威胁和核讹诈，捍卫国家安全，维护世界和平，中国做出发展核能和研制核武器的战略决策。1964年10月成功爆炸了第一枚原子弹，2年8个月后又成功地进行了氢弹试验。为了适应核工业和核武器研制的发展以及放射安全防护和医学保障研究的需求，国家和军队分别组建了辐射防护、放射医学或防原医学研究所等研究机构，利用核试验的条件，借助于动物实验，进行多种杀伤因素对人员损伤效应的规律、防护措施的评价、诊治方案的验证，以及组织救援分队程序演练等研究，积累了大量有用的资料。从1960年开始，国家陆续颁布多项辐射防护规则，个人剂量限值等法规和规定等，使中国防原医学和辐射防护研究逐步走向法治管理的轨道。在辐射损伤效应研究方面，也从单纯定性逐渐转为定性和定量相结合的研究，有利于多学科协作研究和促进学科的发展。

通过对日本原子弹爆炸幸存者者、世界上各种放射事故的患者救治和大量的动物实验研究，对核爆炸的致伤规律和救治方案有了明确的认识，为核战争条件下的卫生勤务提供了理论指导和技术支撑。60多年来，已培养了大批专业人才；在核试验现场动物杀伤效应、急性放射损伤和复合伤的预防诊治、辐射损伤防治药物、放射损伤与修复、辐射防护和剂量学、核事故应急医学救援和卫生勤务等方面取得了一批实用性成果；为部队和应急组织提供了一整套核突发事件救援和防护措施；组装了应急药箱；编写出版了《防原医学与放射卫生学基础》《放射复合伤》《放射医学系列丛书》《防原医学》等专著、教材、手册和军用标准。1986年苏联切尔诺贝利核电站重大核事故和2001年9月11日美国遭受恐怖袭击事故后，核突发事件的应急医学救援备受关注，因核武器医学防护学的研究成果可有效地应用到核事故和核恐怖袭击的救援中，并提供主要技术支撑。这种学科兼容和延伸，有利于相关工作的落实。可在兼容中常备，在常备中提高，相得益彰。

研究内容 包括以下内容。

核武器的杀伤因素、规律与特点 核武器爆炸的杀伤因素主要有：冲击波、光辐射、早期核辐射、放射性污染、震动和核电磁脉冲。已证实，冲击波可杀伤人员，毁坏建筑和设备。光辐射可烧伤人体皮肤和视网膜，烧毁物体。早期核辐射照射后可使人员发生急性放射损伤。放射性污染可使人员受内、外照射，引发放射性损伤，并污染周围环境。震动可使人员产生震动伤，建筑物毁坏。核电磁脉冲主要破坏电子设备，可使作战通讯和指挥系统失灵。

核武器的杀伤范围主要取决于核武器的威力、爆炸方式、爆炸环境及气象条件等多种因素。一般规律是：距地面一定高度的核爆炸，当量越大，杀伤范围越大；同一当量核武器爆炸，空中爆炸的杀伤范围比地面核爆炸范围大，但造成地面污染较轻；无论多大的核武器爆炸，其早期核辐射的杀伤半径都不超过4km。

核爆炸致伤特点是大范围人员损伤和物质装备的毁坏，爆区和下风向广大地域的放射性沾染；瞬间发生大量伤员，伤类伤情复杂，可有单一伤，又有复合伤，加之医疗机构和医务人员也可能受到伤害，给应急救护带来困难。

核武器杀伤具有可防性。无论是光辐射、冲击波、早期核辐射、放射性污染、震动等杀伤因素，在其起杀伤作用的时间内，只要能有效地利用地形地物，如防护工事、大型兵器、坚固建筑物等物体阻隔杀伤因素对人体的作用，则能减轻或避免人体受到伤害。即使受到不同程度的损伤，也可运用核武器医学防护学的研究成果进行诊治，临床效果不断提高。

早期核辐射损伤的特点研究 早期核辐射是核爆炸特有的杀伤因素，它由核爆炸最初几十秒内释放出来的γ射线和中子流组成，对人体造成的损伤可分为确定性效应和随机性效应。

确定性效应指在较大剂量射线照射后，有较多的细胞被杀死，引起可观察到的机体损伤效应。此类效应有照射剂量阈值，其损伤严重程度和发生率与受照剂量大小密切相关。受照剂量较小（<1Gy）者，一般不会引起急性放射损伤。人体在短时间内全身或身体大部分受大剂量照射时，可发生骨髓型、肠型和脑型急性放射病。损伤类型与受照剂量和主要受损的器官或组织有关，受照剂量为1~10Gy，基本病变是骨髓等造血组织损伤，以白细胞数减少、感染、出血和代谢紊乱等为主要临床表现的骨髓型急性放射病。骨髓型急性放射病具有典型的阶段病程，可分为初期、假愈期、极期和恢复期。按受照剂量和病情轻重，骨髓型又可为轻度、中度、重度和极重度4个伤情等级，其受照剂量下限分别为1Gy、2Gy、4Gy和6Gy。若受照剂量增至10~50Gy，则基本病变是胃肠道损伤，以频繁呕吐、严重腹泻和水电解质代谢紊乱为主要临床表现的肠型放射病。若受照剂量>50Gy，可引起脑型放射病，以脑组织损伤为基本病变，出现意识障碍、定向力丧失、共济失调、肌张力增强和抽搐等中枢神经系统症状，病程短进展快。

随机性效应无剂量阈值，其发生率随受照剂量增加而升高，但此效应的发生或不发生是随机的，一般在受照后晚期才发生，故又称辐射远期效应。它包括在受照者本人身上诱发的躯体效应（白血病和实体癌），以及在受照者后代身上发生的遗传效应（发育不良等）。

人体受照剂量估算 急性放射损伤的轻重与受照剂量密切相关，受照剂量越大，损伤越重。估算人体受照剂量对放射损伤诊断、治疗和预后判定有重要意义。常用估算方法有3种：物理剂量估算、生物剂量估算及根据早期临床表现推算。

物理剂量估算可用人员佩带的直读式剂量计直接读出该部位的受照剂量；利用热释光剂量仪元件或所戴的手表表蒙和表内红宝石进行剂量监测，亦可获得剂量信息。在发生核和放射突发事件时，若无可供检测的物件，可用现场模拟估算的方法。现场模拟估算指人员受照后，根据人员受照现场环境与放射源相对位置关系进行模拟、测量、计算和推论其受照剂量。

生物剂量估算是通过取自受照者的外周血样进行检验估算受照剂量，又称生物剂量计。目前用于估算受照剂量的生物学指标主要有：外周血淋巴细胞染色体畸变、淋巴细胞微核、早熟凝集染色体、荧光原位杂交、体细胞基因突变等。由于样品取自受照机体，估算结果较准确。

受照后早期临床症状的多少、发生早晚和严重程度与受照剂量、病情密切相关。一般症状发生越早、越重、越多，表明受照剂量越大，病情越严重。受照后呕吐发生时间、皮肤红斑发生时间和面积大小、照后1~2天外周血淋巴细胞绝对值等指标有较好的诊断价值。将早期临床表现量化并编成电脑程序作为估算受照剂量的新手段，符合率也较好。

体内放射性核素污染剂量的监测，可采用体外测量装置（全身计数器）对全身或器官局部的放射性存留量进行监测，或通过检测各种生物样品（尿、粪、痰、血液、毛发等）中的放射性核素含量，再经转换估算而估算出体内放射性核素污染剂量。

急性放射病和放射复合伤的防治　急性放射病和放射复合伤是核爆炸引起以放射损伤为特征的全身性疾病。研究对放射损伤有防治作用的药物，即抗放药物很有必要。中国已研制出多种抗放药物，如“500”注射液、“523”片、“408”片等，照后早期应用具有防治放射损伤的效果。急性放射病总的治疗原则是根据不同发病环节，狠抓早期治疗，以减轻损伤，充分利用新的治疗措施，控制病情发展和防治并发症，促进机体恢复。急性放射病治疗方案由抗放药物和对症综合治疗措施组成，注意应用临床医学的进展。对以放射损伤为主的放射复合伤的治疗应以急性放射病治疗为基础，结合复合损伤的情况进行治疗，必要时可进行外科处置。对以烧伤或冲击伤为主的复合伤，可按一般烧伤或冲击伤治疗。

放射性核素损伤的特点　核爆炸产生的放射性物质与烟云中微尘凝结，形成放射性微尘并逐渐沉降到地面，造成地面放射性沾染和人体污染。此种沉降物可能含有上百种放射性核素，其中对人体危害较大的有碘-131（iodine-131，^{131}I）、铯-137（cesium-137，^{137}Cs）、锶-90（strontium-90，^{90}Sr）等。放射性沾染对人体的作用，除γ射线全身外照射，还有β射线皮肤局部照射，以及通过消化道、呼吸道、体表、皮肤伤口等途径入人体而造成的内照射。人员位于放射性沾染环境中，受到的γ射线全身外照射与早期核辐射的全身照射损伤基本相同。人体体表（主要在暴露部位）受到较大剂量β射线照射后，可造成皮肤损伤。急性皮肤β射线损伤可分为4度，即Ⅰ度损伤（脱水）、Ⅱ度损伤（红斑）、Ⅲ度损伤（水疱或湿性皮炎）和Ⅳ度损伤（坏死、溃疡）。严重的皮肤溃疡常愈合障碍或经久不愈，后期可癌变。

放射性核素一旦进入体内，则对机体持续照射直至被排出体外或衰变成稳定性核素为止，造成累积性放射损伤。多数元素在体内的分布不均匀，它们会有选择性沉积于特定的组织和器官，如碘浓集于甲状腺，钙和锶沉积于骨骼等。放射性核素沉积多的组织和器官易受到较大剂量的照射，可发生确定性效应（内照射放射病）或随机性效应（致癌效应或遗传效应）。事先采取防护措施可以减少或避免放射性核素进入体内，减轻内照射损伤。若放射性核素已进入体内，应及时给予阻吸收和促排药物或措施，以减少体内放射性核素的含量，减轻损伤。

卫生勤务和装备的研制　核爆炸条件下，伤亡人数多，救治任务重；杀伤范围大，卫勤战线长；伤类伤情复杂，救治技术要求高，伴有放射性沾染，救援效率低；医疗救助机构多受影响，救护能力下降。研究适应核爆炸条件下的紧急救护方案与相应的装备十分重要。目前认为，由军队主导、地方协同的现场救援，早期救治和专科治疗主要由野战医院和后方医院分别承担。为适应核条件下的应急救治，必须研制和配备相应的监测及防护装备，主要有应急药箱（盒）、个人剂量仪、辐射监测仪、洗消设备和防护用品、战伤急救和复苏器材、卫生防疫装备、伤员寻找和运送工具等。平时做好装备和仪器的保养和维护，使之处于适用状态，以备应急使用。

研究方法　包括以下几方面。

核试验现场研究　核试验是通过在预定的条件下进行核弹爆炸的试验研究活动，是一项规模大、涉及多种学科、耗费大量人力物力的综合性大型科学试验。通过核试验可以观察和验证核武器爆炸的杀伤和破坏威力，各种杀伤因素的杀伤规律，检验各种防护措施的效果。自1945年7月16日美国进行世界上第一次核试验，至1998年5月全世界有核国家共进行2057次各种类型的核试

验，对核爆炸的杀伤和破坏作用有了系统认识。中国于1964年10月16日成功进行了首次核试验。利用核试验现场进行不同当量和不同方式爆炸时光辐射、冲击波、早期核辐射和放射性沾染等杀伤因素的致伤半径、伤类伤情、特殊部位损伤及其变化规律的研究，已经总结出核武器爆炸的杀伤规律及特点的系统资料。还研究了核爆炸现场救援的特点和验证救治方案等。核试验现场研究是核武器损伤防治研究最重要的方法之一，一直延续到20世纪80年代禁止大气层核试验，此类试验才停止。

实验研究　平时人的放射性损伤十分少见，实验研究是核辐射损伤防治研究最主要的研究方法，包括放射性损伤剂量效应关系、机体受照后的病理生理学和病理学改变、放射性核素体内代谢和毒理性效应、放射性损伤防治方案等研究。动物实验可利用小鼠、大鼠、兔、狗、猴等进行整体水平研究，也可采用体外实验在相关的组织、细胞、分子水平上进行实验和观察。实验研究中若涉及放射性核素，应在同位素实验室中进行，并遵守有关操作规程和注意个人防护。

药物筛选研究　核武器医学防护学所涉及的药物研究主要有两类：抗放药和内照射阻吸收或促排药物。抗放药指能减轻放射损伤、促进机体恢复的药物或制剂，又称辐射防护剂。自20世纪50年代以来，美、苏等国家组建了专门研究机构，对抗放药进行比较系统、深入的研究。通过受照动物对药物效果进行筛选，有设想地合成新化合物，借助于临床前药理和药效学研究，曾发现一些在动物实验有效的抗放药，但因副作用大，很难用于人体。对进入体内的放射性核素有阻吸收或促排作用的药物有碘化钾、普鲁士蓝、褐藻酸钠、促排灵等。

临床研究　急性放射损伤是核爆炸所致的特殊损伤，平时很少发生。只在核事故或辐射事故时，才有部分伤员发生急性放射损伤，迄今仅有200多例。各国对急性放射病患者的救治都十分重视，一般由专科医院实施专科治疗研究，对受照剂量进行系统估算；对临床症状和体征变化进行细微观察和记录；对血液、生化、代谢等变化进行较为密集的检查；采用新技术新方法进行深入观察，运用新药物新措施进行救治。以上实际上是临床医学研究过程，可以探索新认识和总结新规律。

培训和演练　核武器医学防护学是以应用为主的学科，为了应对核战争和核突发事件，定期组织培训和演练，对加强专业队伍建设、提高专业救治水平和保障能力，做好应急救援的准备非常重要。军队人员流动性和更新性强，定期进行相关知识和技术的培训可以维持应急能力，保障常备不懈，有利于战备任务的落实。培训的内容视培训对象不同而异，一般包括下述内容：①核爆炸景象和杀伤因素。②放射损伤的危害。③现场自救互救。④辐射防护基本知识。⑤急救技术。⑥伤员分类与后送处理。⑦辐射剂量监测方法等。

演练（或演习）是培训的重要方式，演练或演习应有一定的事故情景设计，增加真实感。演练一般指小型、局部的演习，如剂量测量、现场调查、救治技术的操作训练和练习。整体应急救援方案的大型演练一般称为演习。演习要有预案和情景设计，要坚持“练”为战，既要求好“看”，又要求有“用”。演习的目的是：①检验应急救援方案的可行性和有效性。②使所有指战员熟悉救治方案和程序，检验各类人员的响应能力和技能。③找出不足和问题，及时纠正，不断提高核突发事件的应急救治能力和水平。

核武器医学防护学是一个综合性多学科交叉的学科，随着各基础学科，特别是生命科学的发展，高新生物技术的广泛应用，其研究方法在技术上也有明显进步，这将促进核武器医学防护学研究水平的不断提高。

延伸与兼容　核武器医学防护学的发展与核武器研制和核工业的发展密切相关，它是对抗核武器的有效盾牌。由于核禁试条约的签署和国际形势的变化，核战争的可能性在减小，但威胁依然存在。1986年4月切尔诺贝利核电站发生严重的核事故，核反应堆严重损毁，大量放射性物质被释放，众多人员受到不同剂量射线照射，有499人住院治疗，最后134人确诊为急性放射病，在前3个月内有28人死于急性放射病和严重烧伤。在这次事故的应急救护中，专司防原医学的军队医务人员，如防化兵、军医、护士和辐射剂量监测人员等参加救援，发挥了重要作用。2001年“9·11”事件后，恐怖活动日趋频繁，利用核辐射技术制造恐怖袭击的可能性逐渐增加，如何防范已引起广泛关注。核事故和核恐怖袭击造成的放射性损伤、放射性污染及外伤等与核爆炸时相近似，在应急医学救援和后果处理技术方面则基本相同，可以将核武器医学防护学的研究成果和实用措施运用到核事故和核恐怖袭击的应急救援中，两者兼容，相互促进，相得益彰。

展望 高新技术的发展，使造血干细胞移植的应用具有广泛的前景，从细胞和分子水平上开展的放射生物学基础研究将提高核辐射损伤防治水平；生物基因工程与药物筛选技术的发展，将有助于开展更有效的抗放药物研究；计算机和传感器技术的普遍应用，将促进辐射剂量测量方法的自动化；借助电子计算机系统的应用，将提高急性放射病医学处理咨询、核武器杀伤威力评估和防护装备水平。科学技术的发展，生命科学将发生新的突破，必将推动核武器医学防护学的进一步发展。

（毛秉智　杨晓明）

chōngjībō

冲击波（blast wave）　核爆炸形成的高温高压气团猛烈压缩和推动周围空气产生的高压脉冲波。全称核爆炸冲击波。是核爆炸瞬时杀伤破坏因素之一。核爆炸瞬间，爆炸中心区的温度可达数千万摄氏度，压强高达几十亿兆帕（Pa，$1Pa=1N/m^2$）。高温高压气团由爆心向外剧烈扩张，并压缩周围空气，形成似双层球形的两个紧密相连的区域。区域外层是压强和密度都远大于正常大气的压缩空气层，称为压缩区或正压区。压缩区的表面称为冲击波阵面，简称波阵面。区域内层是压强和密度均低于正常大气的稀薄空气层，称为稀疏区或负压区（图1）。压缩区的空气受到压缩，压强超过正常大气压。超过正常大气压的压力称为超压。空气高速移动形成很强的冲击压力称为动压。整个压缩区，波阵面上的超压和动压值最大，分别称为超压峰值和动压峰值。通常讲的超压、动压即指其峰值。冲击波从爆心运行到某一地点所需的时间称为冲击波到达时间。冲击波超压通过某一固定点所经历的时间称为超压作用时间，又称正压作用时间。这与核爆炸当量大小相关，一般为零点几秒至十几秒。核爆炸当量越小，正压作用时间越短；反之，正压作用时间越长。冲击波的杀伤破坏作用是在正压作用时间内超压和动压造成的。一般说来，超压或动压值越高，正压作用时间越长，造成的杀伤破坏越严重。超压和动压是衡量冲击波杀伤破坏作用的重要参数，它以单位面积承受的压力来表示，单位为千帕（kPa）。

冲击波从爆心以超音速向四周传播，核爆炸当量越大传播速度越快。冲击波起初的传播速度达每秒数千米以上，但随着距离的增加传播速度逐渐降低；当速度相当于音速时，冲击波逐渐消失。空中核爆炸的冲击波向四周传播过程中，遇到地面时立即被反射回来，形成反射波。反射前的冲击波称为入射波。入射波和反射波在地面上交汇重合时，形成合成波（图2）。合成波、入射波和反射波的交汇处称为三波点。在至爆心投影点1倍爆高距离的地面上的三波点处，动压峰值最高，杀伤破坏力最强。地面核爆炸时，入射波和反射波在地面很快合成一个半球形冲击波向外运动，超压和动压最大值均位于爆心附近，此处的杀伤破坏最严重。无论空爆或地爆，地面上的超压均随距爆心距离的增加而减小。冲击波正压作用时间随核爆炸当量的增大而延长。水下核爆炸形成水中冲击波，其传播速度比空气冲击波快得多，可对水面、水下舰船及建筑物等造成破坏。大气层核爆炸时，冲击波拍击地面，压缩土壤并向地下传播形成土中应力波（土中冲击波）。应力波比在空气中传播的冲击波衰减快。应力波作用于浅埋工事或坑道的顶部时，可使其遭到冲击而震动，甚至引起岩石剥

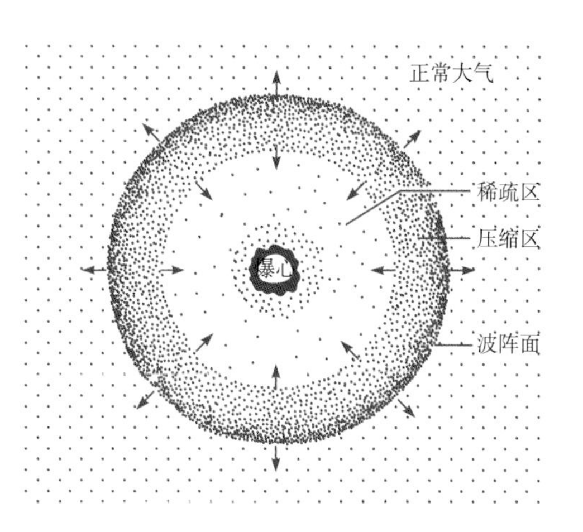

图1　冲击波形成及运行模式

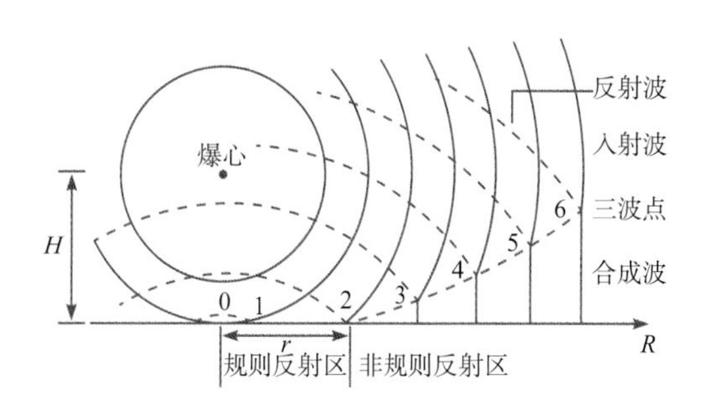

图2　空中核爆炸冲击波在地面反射及合成波的形成

注：H为爆炸高度，r为1倍爆高，$r=H$。

落、塌陷、被复层出现裂缝等，使工事遭到破坏。地下核爆炸时，瞬间释放巨大能量作用于地下周围介质中，形成土中应力波并迅速向四周扩散导致地结构剧烈运动。它可通过土壤、岩石等固体介质作用于人体而致伤。引起结构运动或人员致伤的物理量通常以冲击加速度来表示，符号为 g。g 为重力加速度，是物体自由坠落时由地心吸引力产生的加速度，单位为 m/s^2。

冲击波受地形地物等因素影响明显。冲击波传播过程中遇到较大坚固障碍物时，冲击波发生反射、绕射、涡流、汇合等运行方式，造成冲击波压力增强或减弱的变化。高地正斜面可使冲击波压力增大，反斜面可使其压力减小。横向于冲击波传播方向的山谷、壕沟，可削弱冲击波超压和动压。冲击波顺向谷地传播时，则使超压、动压有所加强。

（鲁华玉）

guāng fúshè

光辐射（optical radiation） 核爆炸形成的高温高压火球辐射出的电磁辐射。全称核爆炸光辐射，又称热辐射。是核爆炸瞬时杀伤破坏因素之一。核爆炸瞬间，火球中心生成的温度极高，达几千万摄氏度。随着光辐射能量的释放，火球表面温度逐渐下降。若火球温度下降到 2000℃以下，便停止发光而成为烟云，光辐射就此结束。光辐射主要成分为紫外线、可见光和红外线。光辐射的能量以两个脉冲形式释放。第一脉冲为闪光阶段，持续时间很短，所释放的能量仅约占光辐射总能量的1%，主要是紫外线。紫外线通过空气时被大量吸收，此阶段不会引起皮肤烧伤，但可能引起视力障碍。光辐射第二脉冲为火球阶段，持续时间较长，所释放的能量约占光辐射总能量的99%，主要是红外线和可见光。光辐射的杀伤破坏作用主要发生在此阶段（图1）。从核爆炸闪光开始至火球停止发光这段时间，称为火球发光时间，即光辐射作用时间。光辐射作用时间一般为零点几秒至几十秒，当量越大光辐射作用时间越长。光辐射在大气中以光速直线传播，它可被大气介质（如空气、水蒸气、尘埃）等物质吸收和遮挡而被削弱，也能透过透明物体。

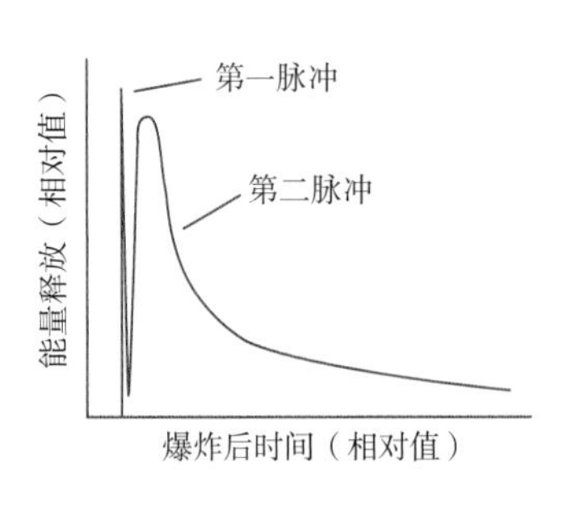

图1 光辐射能量释放的两个阶段

衡量光辐射杀伤破坏作用的主要参数是光冲量。光冲量指火球在发光时间内投射到与光辐射传播方向垂直的单位面积上的能量，单位为焦［耳］每平方厘米（J/cm^2）。光冲量大小主要与以下因素有关：①核爆炸当量。爆炸方式及能见度相同时，距爆心一定距离上的光冲量随当量的增加而增加。②距爆心距离。对一定条件的核爆炸，距爆心越远，投射到单位面积上的光冲量越小（理想条件下，光冲量与距离的平方成反比。但由于其受大气介质的吸收和散射，故可视为近似与距离的平方呈反比的关系）。③爆炸方式。同一当量的核爆炸，在距爆心的一定距离上，爆炸高度越低，光冲量也降低。源于越近地面，大气介质对光辐射的吸收和散射作用越强。尤其是地面爆炸时，因被冲击波扬尘等物质吸收或遮挡，光冲量削弱更显著。④自然条件。大气能见度越差，光辐射传播时被削弱越明显。林木植被、地形地物等物体均能吸收或阻挡光辐射。若核爆炸发生在云层下方，或冰雪、水面上方，云层、冰雪、水面均有显著反射光辐射的能力。

（鲁华玉）

hé fúshè

核辐射（nuclear radiation） 原子核从一种结构转变为另一种结构或从一种能量状态转变为另一种能量状态过程中释放的微观粒子流。由 α 射线、β 射线、γ 射线或中子流等构成。α 射线是原子核衰变时放射的带正电荷粒子流，即氦的原子核，是两个中子和两个质子的紧密结合体，其穿透力不强，易被薄层物质阻挡，在空气中的射程很短，为 3~8cm，但电离能力强，故要防止其形成体内照射。β 射线是原子核衰变时放射的电子流或正电子流，其电离能力比 α 射线弱，但穿透物质的能力比 α 射线强得多，在空气中可穿过数米至十数米的距离。β 放射性微尘落在人体表面或吸入体内会造成辐射损伤。γ 射线是原子核衰变时放射的波长极短而能量很大的电磁波，其性质近似于 X 射线，但比 X 射线能量更高，穿透能力极强，可在大气环境中数千米范围内产生杀伤破坏作用，是人员外照射伤害的主要因素。中子流是不带电的粒子流，有较强的穿透能力，对人体有较大的杀伤破坏作用。核爆炸产生的核辐射包括早期核辐射和放射性沾染核辐射。

早期核辐射 又称贯穿辐射。

核爆炸后最初十几秒钟内放出的γ射线和中子流，是核武器特有的杀伤破坏因素，是瞬时杀伤破坏因素之一。核爆炸时，在重原子核链式裂变反应或轻原子核聚变反应过程中，均能释放大量γ射线和中子。早期核辐射主要包括弹体内核反应产生的瞬发中子和瞬发γ射线、裂变产物早期释放出的缓发中子和缓发γ射线，以及空气中氮俘获中子后产生的γ射线。瞬发γ射线指核爆炸时在弹体蒸发、飞散前放出的γ射线的总称。缓发γ射线指核爆炸时在弹体蒸发、飞散后放出的γ射线的总称。瞬发中子指核爆炸时随核裂变链式反应或轻核自持聚变反应放出的中子。缓发中子指核爆炸产生的重核裂变碎片放出的中子。

早期核辐射传播速度快，γ射线以光速传播，中子传播速度为亚光速最高可达 20 000km/s。早期核辐射穿透能力强，能穿透较厚的物质层。早期核辐射在穿过物质过程中，与物质相互作用被吸收，其能量及强度受到削弱。早期核辐射在大气传播时，与空气分子作用时可改变运动方向而发生散射。散射的早期核辐射仍可作用于目标，起杀伤破坏作用。核爆炸时物质受中子辐射照射后产生的放射性称为感生放射性。例如，土壤、水、某些食品或药品等含钠、钾、铝、锰、铁、氮、碳等元素的物质，受早期核辐射中的中子照射后，形成具有放射性的同位素，并能放出β射线或γ射线。早期核辐射受核爆炸当量和爆炸高度的影响，核爆炸当量越大，距爆心同一距离地面的早期核辐射剂量越大。爆炸高度越高，距爆心同一距离地面的早期核辐射剂量越小。早期核辐射剂量随距爆心距离的增加而迅速衰减。早期核辐射剂量受空气密度和地形等因素的影响。空气密度越大，早期核辐射剂量削弱越显著。地形地物也可削减早期核辐射剂量。各种物质对它均有不同程度的削弱作用。物质层越厚、密度越大，其削弱作用越大。早期核辐射中虽然还有β粒子和α粒子，但由于其射程短，贯穿能力不强，杀伤破坏作用较小，通常不予考虑。早期核辐射对人员和物体的损伤程度取决于吸收剂量，即单位质量的物质吸收射线的能量，其单位以 Gy 表示。每千克受照射物质吸收 1J 射线能量的吸收剂量定义为 1Gy。

放射性沾染 核爆炸时产生的放射性微粒可对人员、生物、物体和生态环境等造成放射性污染，是核爆炸杀伤破坏因素之一。构成放射性沾染的放射性物质释放出的核辐射称为剩余核辐射。放射性微粒从放射性烟云中降落的过程和现象称为放射性沉降。放射性微粒在随风飘移中，因重力、大气下沉运动和降水等因素，通常会沉降到爆点附近和下风向的广大地区。沉降下来的放射性微粒称为放射性落下灰（简称落下灰）。沉降在爆点附近的称为近区沉降，又称局部沉降或早期沉降，发生在核爆炸后 1 天以内。沉降到下风向远处的称为远区沉降，又称全球沉降或延迟沉降，发生在核爆炸 24 小时之后。微粒中放射性核素的半衰期由几分之一秒至数百万年不等，在衰变过程中能放出α粒子、β粒子和γ射线。核爆炸后近区沉降对人员的主要危害是γ射线外照射，其次是吸入和食入放射性物质造成内照射伤害，以及体表直接接触放射性微粒引起的体表β损伤。远区沉降对人员的危害，主要是随食物进入机体的碘、锶、铯等同位素引起的内照射危害。

根据沾染地域的不同，放射性沾染区分为爆区沾染区和云迹区沾染区。距爆心或爆心投影点几千米以内的沾染地域称为爆区沾染区。地爆爆区沾染主要来源于爆心向四周抛掷的放射性物质和从早期烟云中沉降的放射性颗粒，爆心附近沾染严重，随距爆距离的增加沾染程度急剧下降。空爆爆区沾染主要来源于感生放射性，其沾染程度仅为地面爆炸的几千分之一。爆区沾染区以外的下风向沾染称为云迹区沾染。云迹区指核爆炸时放射性物质沿烟云运动的途径沉降到地面造成的沾染区。地爆云迹区沾染严重。由云迹区内各横截线上地面辐射水平最高点的连线称为云迹区热线，简称热线或轴线。在云迹区内，因受气象、地形等因素的影响，放射性粒子可在地面局部趋于集中而造成辐射水平较高的地点或区域，称为热点或热区。热线、热点和热区上的照射量率高，其侧的辐射水平较低（图 1）。空爆云迹区放射性沾染轻，范围广，作用时间短，对人员行动影响小。放射性物质不断衰变，因此放射性强度随时间而不断减弱，照射量率不断降低，沾染区范围逐渐缩小。地下核试验通常对环境不会构成放射性沾染，但浅层地下核爆炸时会造成环境或人员的放射性沾染。水下核爆炸时，核裂变发生在水中，可造成水域严重沾染。核爆炸沾染区辐射水平的变化规律为时间每增加 6 倍，辐射水平降至原先的 1/10，称为“六倍规律”。例如，爆后 2 小时的辐射水平为 10Gy/h，爆后 12 小时为 1Gy/h，辐射水平降为爆

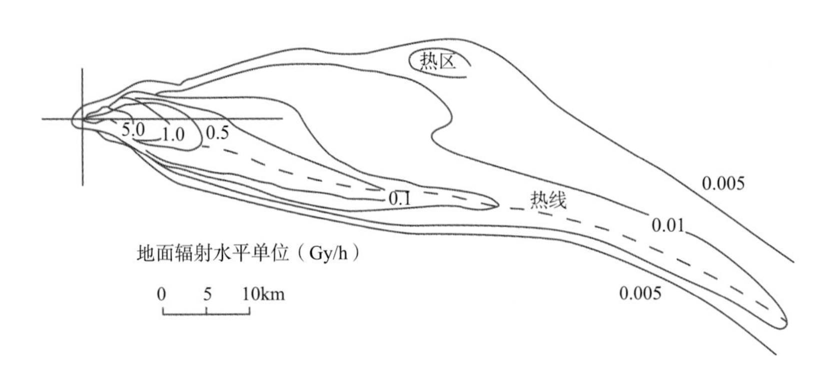

图1 地面放射性沾染区示意

后2小时的1/10。地面的放射性沾染水平以地面以上1m高处的核辐射照射量率表示，单位为戈瑞［1 戈瑞（Gy）= 100 拉德（Lad）］每小时，符号为Gy/h。

（鲁华玉）

hédiàncí màichōng

核电磁脉冲（nuclear electromagnetic pulse，NEMP） 核爆炸时在空间产生的瞬变电磁场。是核爆炸瞬时杀伤破坏因素之一。NEMP是核爆炸释放的γ射线与周围介质（高空核爆炸释放的γ射线与距地面20~40km高度上的大气）相互作用，散射出非对称高速运动的电子流所激发的大范围的瞬时电磁环境——即随时间变化的电磁场（图1）。

NEMP的特点是：①峰值高。NEMP电场强度（E）在数千米范围内可达1~10^5V/m。地面爆炸时，距爆心几千米内存在电子流的源区，最大场强可达10^5V/m，磁场强度（H）可达10^4A/m，持续时间为10^{-3}~10^{-1}s。源区外，场强随距离增大呈反比衰减；爆炸高度增加，源区范围增大。高空核爆炸时，NEMP覆盖数千千米范围地面的场强度都可达10^3~10^4V/m，甚至可超过几万V/m，是无线电波电磁场强度的几百万倍，是大功率雷达波的上千倍。②频谱宽。NEMP频率范围宽，从数Hz到100MHz，主频率在10~20kHz。氢弹爆炸产生的NEMP主频率落在7~8.6kHz。原子弹爆炸产生的核电磁脉冲主频率有95%的概率落在15~19kHz。几乎覆盖整个无线电频段，对军用和民用电子、电气系统影响较大。③作用时间短。NEMP电场变化迅速，在0.01~0.03μs即可升到最大值，从发生到结束也只有几十微秒时间，比闪电快50倍。④作用范围广。低空核爆炸产生的NEMP源区大小虽然只有数千米范围，但在离爆点数千千米以外仍能监测到NEMP讯号。高空核爆炸产生的NEMP作用范围更广，其作用半径达数百千米甚至数千千米，它对C^4I（指挥、控制、通信、计算机和信息的集成）系统和战略武器系统是严重的潜在威胁。

决定NEMP杀伤破坏作用的主要参数是电磁场强度的时间特性（脉冲波形）和场强的最大值（脉冲振幅）。核电磁强度取决于爆炸高度、爆炸当量、核武器类型、爆炸周围介质状态和距爆心的距离等因素。NEMP造成一种极其恶劣的电磁环境。一般情况下，NEMP不会对人对人员造成伤害。但它对电力系统，电子设备、半导体元器件等能造成严重干扰和破坏。任何暴露在电磁场中的金属物体都可能成为收集电磁能量的收集器。金属构件愈大，偶合收集的能量就愈多。半导体元器件和集成电路对电磁环境就更加敏感，一般的分立器件遭到永久损伤（烧毁或电击穿）的能量阈值为3~100μJ（电磁脉冲宽为0.1μs），中小规模的集成电路的永久损伤的能量阈值也为1~100μJ（脉宽为0.1μs）等，造成干扰使电子系统不能正常工作的阈值为损伤阈值的1/100~1/10。NEMP对电子系统的毁伤作用决定于3个因素：能量偶合效率，偶合进入的能量在敏感元器件上的分配和元器件的损伤或干扰阈值。对于电子系统来说，NEMP无“孔”不入，如果不采取必要

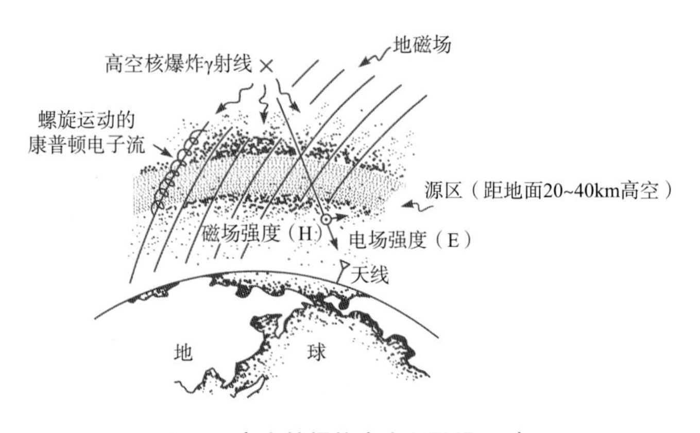

图1 高空核爆炸产生NEMP示意

的防护措施，将构成极大的危害，例如 C^4I 系统可能发生部分的工作中断一段时间，处于地面待发射状态的导弹武器系统的控制系统失灵，空中飞行器中存贮在电脑中的数据信息被抹掉等，都是致命的危害。NEMP 的危害已在核试验中得到证实。例如，美国在 1962 年的一次高空核试验中，使距爆心投影点约 1400km 的夏威夷瓦胡岛上输电网因过电压而跳闸，防盗系统发生错误动作等现象。

（鲁华玉）

hébàozhà sǔnshāng

核爆炸损伤（nuclear explosion-induced injury） 核武器或核装置瞬间释放出大量能量使人体受到的损伤。其各种因素作用于机体后，引起组织器官结构破坏，以及局部或全身性反应。核爆炸时产生的冲击波、光辐射、早期核辐射、放射性沾染和核电磁脉冲 5 种杀伤因素中，可引起人体损伤的主要是前 4 种，核电磁脉冲一般不会造成人体损伤。

伤类 核爆炸损伤分为单一伤和复合伤两大类。受单一杀伤因素作用后发生的损伤为单一伤。两种或两种以上不同性质的杀伤因素同时或相继共同作用于人体造成的损伤为复合伤。复合伤分为两类，一类是放射复合伤，另一是非放射复合伤。含有放射损伤的复合损伤为放射复合伤；不含有放射损伤的复合伤为非放射复合伤。各种损伤的种类如图 1 所示。冲击伤包括直接冲击伤和间接冲击伤。直接冲击伤主要是受冲击波超压对人体的压迫和随后而来的负压减压作用，以及压力波通过机体而造成的损伤，如心、肺、胃、肠、膀胱、听器等空腔脏器损伤，以及心血管、脑血管空气栓塞等。间接冲击伤是由于冲击波破坏建筑物而导致人员被压砸，或被冲击波卷起的飞射物击中，或由于动压造成整个人体位移，身体被撞击到物体表面或在翻滚过程而引起的损伤，如骨折、肝破裂、脾破裂、脑挫伤、软组织挫伤及擦伤等。光辐射烧伤可分为直接烧伤和间接烧伤。直接烧伤又称闪光烧伤，它是核爆炸火球发光直接作用于人体造成的损伤。间接烧伤是由于光辐射引起物体燃烧而导致的人体烧伤，此种烧伤与普通火焰烧伤基本相同。烧伤可涉及全身或局部，例如体表、角膜、眼底、呼吸道等特殊部位烧伤。受早期核辐射照射后可发生早期核辐射损伤，它属于体外照射损伤，受照剂量较大时可发生急性放射病。人体受到放射性沾染核辐射的较大剂量体外照射或体内照射，也可发生急性放射病。根据受核辐射照射剂量的大小和损伤程度，急性放射病分为脑型、肠型和骨髓型 3 种。放射性沾染中的放射性物质，若较长时间黏附在人员体表，可造成体表放射性损伤，如体表 β 射线损伤等。

核爆炸发生的损伤主要取决于爆炸当量和爆炸方式。1000 吨级核爆炸，主要发生单纯急性放射病及少数放射复合伤，当量越小，发生单纯急性放射病的比例越大。10 000 吨级核爆炸，主要发生放射复合伤、烧冲复合伤和单纯烧伤。10 万吨级核爆炸，主要为烧冲复合伤和单纯烧伤。100 万吨级空中核爆炸，地面暴露人员几乎全部为烧冲复合伤和单纯烧伤。

核爆炸损伤也与周围环境、人员所在位置及防护条件有关。位于露天工事内的人员可发生放烧冲复合伤。处于非露天工事内的人员，光辐射比较容易被屏蔽，因此主要发生放冲复合伤、单纯急性放射病或单纯冲击伤。位于坦克、舰艇内的人员，主要发生放冲复合伤、单纯急性放射病或单纯冲击伤；若可燃物品着火或舱窗未关，可伴烧伤。位于山前坡正斜面者，冲击伤明显加重。位于山后的人员，主要发生放冲复合伤和单纯急性放射病。

城市遭受核袭击时发生的损伤，主要取决于城市的建筑物和防护情况。在无防护条件下，城市内人员所受的伤害通常比开阔地面或野战条件下严重。位于室内或物体背阴面的人员虽然可以免受光辐射的直接作用，或屏蔽

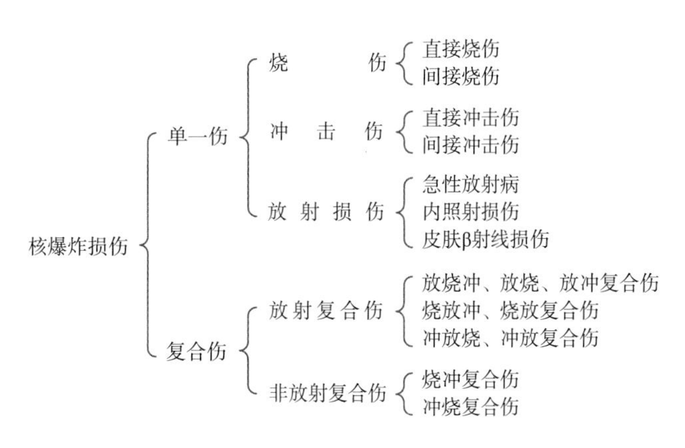

图 1 核爆炸损伤的种类

部分早期核辐射，但由于冲击波和光辐射造成建筑物倒塌和着火，使部分人员发生间接烧伤和间接冲击伤，以冲击伤为主的复合伤和单纯间接冲击伤的数量会显著增加。

伤情 按核爆炸损伤的轻重程度，冲击伤、光辐射烧伤、早期核辐射损伤和复合伤的损伤程度均分为轻度、中度、重度和极重度4个等级。

光辐射烧伤伤情主要根据体表烧伤面积和深度进行划分：①轻度烧伤。Ⅱ度烧伤面积<10%，全身症状一般不明显，通常不会丧失战斗力。②中度烧伤。Ⅱ度烧伤面积在10%～29%，或Ⅲ度烧伤面积在10%以下，全身症状较明显，个别可能发生休克，但伤情多不甚严重，若无全身性严重感染等并发症，一般不会发生死亡。③重度烧伤。Ⅱ度烧伤面积在30%～49%，或Ⅲ度烧伤面积占5%～19%，或烧伤面积虽不足30%但有复合伤、吸入性烧伤，全身情况严重不良。早期多发生休克，不久即进入感染期，若经积极救治，绝大部分能治愈。④极重度烧伤。Ⅱ度烧伤面积>50%，或Ⅲ度烧伤面积>20%，或合并有严重呼吸道烧伤者。此类损伤，早期多有严重的休克，感染出现早且重，在伤后立即失去战斗力。造成轻度、中度、重度和极重度烧伤所需的光冲量分别为20～60J/cm^2、60～120J/cm^2、120～200J/cm^{2}和>200J/cm^2。

冲击伤伤情主要根据临床征象和特殊检查进行划分：①轻度冲击伤。听觉器官轻度损伤、体表擦伤、内脏斑点状出血等。此损伤对战斗力影响不大，一般不需要特殊治疗。②中度冲击伤。听觉器官的严重损伤、大片软组织挫伤、内脏斑块状出血、轻度肺水肿、单纯脱位和个别单纯性肋骨骨折、脑震荡等。此类损伤一般不致发生休克和危及生命，但对战斗力有明显影响。③重度冲击伤。内脏破裂、骨折、较明显的肺出血、肺水肿等，有休克、昏迷、腹膜刺激征、气胸或呼吸困难等，伤情严重，若不及时救治大多有生命危险。极重度冲击伤：严重的颅脑、脊柱损伤，胸部和腹部腔体破裂，内脏挤压伤，以至肢体离散等，可能当场死亡，对幸存者若不及时救治，多在短期内死亡。造成轻度、中度、重度和极重度冲击伤所需的冲击波超压分别为20～30kPa、30～60kPa、60～100kPa和>100kPa。

早期核辐射损伤的程度与受照剂量相关，其伤情主要根据受照剂量及临床征象进行划分：①骨髓型轻度急性放射病。受照射剂量1～2Gy，伤后初期临床表现为乏力、不适和食欲减退。②骨髓型中度急性放射病。受照射剂量2～4Gy，伤后初期临床征象为头晕、乏力、食欲减退、恶心、呕吐，白细胞计数先增多后减少。③骨髓型重度急性放射病。受照射剂量4～6Gy，伤后初期出现多次呕吐，可有腹泻，白细胞计数明显减少。④骨髓型极重度急性放射病。受照射剂量6～10Gy，伤后出现多次呕吐、腹泻，休克，白细胞计数急剧减少。

肠型急性放射病：受照射剂量10～50Gy，出现频繁呕吐、腹泻，休克，血红蛋白增多。

脑型急性放射病：表现为频繁呕吐、腹泻、休克、共济失调、肌张力增高、震颤、抽搐、昏睡、定向力和判断力减退等神经系统征象。

放射性沾染对人体的作用方式有3种：①体外照射。主要是由体外的γ射线造成。②体内照射。放射性物质被食入或吸入体内，沉积于某些特定器官或分布在全身造成损伤，主要由β射线造成。③体表β损伤。主要由沾在体表上的放射性物质释放β射线所致。

体表β损伤按其致伤深度划分为4种：①Ⅰ度。体表有损伤轻微，临床体征较少，暂时脱毛；受照辐射剂量为3～5Gy。②Ⅱ度。体表损伤较明显，通常出现脱毛、红斑等征象；受照剂量为5～10Gy。③Ⅲ度。体表损伤较严重，出现水疱、湿性皮炎等严重征象；受照剂量为10～20Gy。④Ⅳ度。体表损伤非常严重，皮肤出现坏死、溃疡等极严重征象；受照剂量≥20Gy。

内照射损伤，对其伤情尚未作明确划分。一般通过体内受照剂量估算、放射性核素检测、放射性核素靶器官受损临床特征，以及全身放射损伤临床征象等进行综合分析和判断。由放射性沾染的γ射线外照射所致的损伤程度，划分方法与早期核辐射损伤相同。

复合伤伤情以单一伤伤情为基础，并考虑各种损伤之间的相互影响和加重作用进行划分。①轻度复合伤：两种损伤或3种损伤均为轻度。②中度复合伤：几种损伤中有1种损伤达中度。③重度复合伤：几种损伤中有1种损伤达重度，或3种损伤达中度，或中度放射损伤复合中度烧伤。④极重度复合伤：几种损伤中有1种损伤达极重度，或两种损伤达重度，或1种重度损伤复合两种中度损伤，或重度放射损伤复合中度烧伤。

（鲁华玉）

hébàozhà zǎoqī héfúshè sǔnshāng

核爆炸早期核辐射损伤（initial nuclear radiation injury of nuclear explosion） 核爆炸时人体受较大剂量的早期核辐射照射后引起机体组织器官结构破坏及其带来的全身性反应。简称早期核辐射损伤，又称核爆炸急性放射病。是核爆炸主要伤类之一。

发生情况 千吨级核爆炸时，早期核辐射的杀伤半径大于冲击波和光辐射的杀伤半径。万吨以上的核爆炸，早期核辐射的杀伤半径小于冲击波和光辐射的杀伤半径。基于早期核辐射在空气中的射程，无论核爆炸当量多大，即使当量为1000万吨的核爆炸，早期核辐射的杀伤半径也不超过4km。在早期核辐射杀伤范围内，无防护的暴露人员可发生早期核辐射损伤，或发生伴早期核辐射损伤的放射复合伤。处于能避免光辐射和冲击波致伤作用的工事、坦克内的人员，可能发生单纯早期核辐射损伤。

伤类和伤情 早期核辐射有很强的穿透力，它作用于人体可直接引起细胞的原子和分子电离，电离后产物又可间接引起细胞和组织损伤。人员受一定剂量的早期核辐射照射后可发生急性放射病。其特点是：①体内损伤过程复杂，病变广泛。②受照剂量越大，伤情越严重。③主要受损组织器官病变决定损伤类型。④病程有明显的阶段性。⑤在一定受照剂量范围内，机体可自行恢复。急性放射病可分为骨髓型、肠型和脑型3种类型。其中，骨髓型急性放射病又分为轻度、中度、重度和极重度4个伤情等级。人员受到1~10Gy早期核辐射照射后可发生骨髓型急性放射病。其中，1~2Gy可引起轻度急性放射病，2~4Gy能引起中度急性放射病，4~6Gy会造成重度急性放射病，6~10Gy可导致极重度急性放射病。骨髓型急性放射病主要病变是造血系统损伤。若受到10~50Gy照射，可发生以胃肠道损伤为主的肠型急性放射病。受50Gy以上的照射则可引起以中枢神经系统损伤为主的脑型急性放射病。

临床表现 典型急性放射病病程可分为4个阶段：初期、假愈期、极期和恢复期。骨髓型急性放射病病程阶段性最显著。肠型和脑型急性放射病因病情很重，病程较短，阶段性不如骨髓型明显。

骨髓型急性放射病 伤情越重，临床表现越明显。

轻度 伤后数天内，可能出现疲乏、头晕、恶心、食欲减退及失眠等一般症状，病程分期不明显。血象有轻度改变，2个月内可恢复正常。

中度和重度 这两种伤情的病程经过基本相同，分期较明显，但病情轻重有所区别。①初期：照后出现症状至假愈期开始，一般持续3~5天。中度放射病伤后数小时即出现疲乏、头晕、食欲减退、恶心，呕吐等症状，持续1~2天。重度放射病则呕吐出现较早，次数较多，可能有腹泻，症状可持续1~3天。伤后1天内通常会出现白细胞数升高，然后迅速下降，但淋巴细胞数伤后即开始明显减少。②假愈期：始于初期症状消失或明显减轻，可能尚感疲乏，表面看来情况良好，实际骨髓造血功能继续恶化，白细胞、血小板计数继续减少，机体抵抗力逐渐下降。在假愈期末，常感头皮痒痛，开始脱发，牙龈或皮肤开始出现出血点。中度放射病的假愈期可延续20~30天，重度可延续15~25天，然后转入极期。③极期：始于假愈期结束，通常持续约15天，是病程危险期。此时伤员疲乏无力，食欲明显减退，发生局部和全身细菌感染，出现咽峡炎、扁桃体炎及发热等；皮肤和齿龈出血加重，出血范围扩大，部位增多；白细胞和血小板计数都处在低水平，红细胞计数和血红蛋白量明显减少，可发生贫血。有些重度伤员出现高热不降，加之呕吐，腹泻和拒食而引起脱水等改变；皮肤可有大片状出血，甚者发生鼻出血、咯血、尿血及柏油样便等。④恢复期：伤后5~8周骨髓造血功能逐渐恢复，白细胞和血小板计数开始增多，体温降至正常，自觉症状好转，出血停止，体重增加。伤后约2个月毛发开始再生。基本恢复健康需2~4个月。性腺变化缓慢。受照后7~10个月精子数降至最低谷，1~2年后才能恢复。

极重度 核爆炸时单纯极重度急性放射病较少见。其特点是病情重，发展快，预后差，伤后1小时内出现反复呕吐和腹泻，全身软弱无力。2~3天后症状有所减轻，进入假愈期。白细胞和血小板计数迅速减少。通常伤后5~10天转入极期。高热，反复呕吐、腹泻，致严重脱水，全身衰竭，出血，柏油样便或血便。伤后2周左右病情十分危重，若经妥善、积极救治，部分伤员可渡过极期而缓慢恢复，半年左右可基本恢复活动能力。

肠型急性放射病 发病急，病程短，胃肠症状突出，死亡率高。伤后出现严重腹泻、拒食、呕吐及水电解质紊乱，甚者发生中毒性休克或肠梗阻。一般在照

后20~30天内死亡。

脑型急性放射病　伤后即发生严重意识障碍等中枢神经系统症状，出现共济失调、肌张力增强、肌肉震颤、不规则抽搐、定向障碍等。这些伤员虽经抢救也会在7~10天内死亡。

分类诊断　包括早期分类和临床诊断。

早期分类　主要根据受伤史、早期临床表现及受核辐射照射的剂量进行分类。①根据受伤史进行判断：详细询问受照射史，了解伤员在核爆炸时所处的位置、防护状态、在放射性沾染区停留时间等，结合核爆炸当量、爆炸方式、距爆心或爆心投影点的距离等，可初步判断伤员有无放射性损伤及其程度。②根据初期临床征象进行判断：伤后的初期症状是判断病情最简便而有意义的指标。初期症状发生愈早，症状愈多愈重，表示病情愈严重。受照射后，初期有恶心和食欲减退，受照射剂量可能>1Gy；有呕吐者可能>2Gy，多次呕吐者可能>4Gy；若伤后很快出现呕吐和腹泻，则可能受到>6Gy的照射。伤后初期出现乏力、不适、食欲减退，伤后1~2天外周血淋巴细胞数为1.2×10^9/L者，可能是轻度骨髓型急性放射病；出现头晕、乏力、食欲减退、恶心、呕吐、白细胞总数短暂上升后下降，伤后1~2天淋巴细胞数降至0.9×10^9/L者，可能是中度骨髓型急性放射病；出现多次呕吐，可有腹泻、腮腺肿大、白细胞总数明显减少，伤后1~2天淋巴细胞计数减至0.6×10^9/L者，可能是重度骨髓型急性放射病；出现多次呕吐和腹泻、休克、腮腺肿大、白细胞总数急剧减少，伤后1~2天淋巴细胞计数减至0.3×10^9/L者，可能是极重度骨髓型急性放射病。若受照射后数小时内出现多次呕吐，并很快发生严重腹泻，但无神经系统症状者，可考虑为肠型放射病。若发现受照射后1小时内频繁呕吐、定向障碍、共济失调、肢体震颤、肌张力增强者，可基本判断为脑型急性放射病。外周血白细胞的变化也是早期判断病情的重要依据。伤后初期反应及1~2天内淋巴细胞绝对数可作为初步估计伤情参考。③根据受照射的剂量进行判断：受照射剂量是判断伤情的重要依据之一。若伤员随身佩带辐射剂量仪并从中读取其受到照射的剂量值，可以作为判断伤情的参考。

临床诊断　是继早期分类之后作更准确的诊断。根据病程发展速度，临床征象多少及其严重程度，外周血白细胞等实验室检查，受照剂量估算结果等进一步分析和综合判断。3种类型急性放射病的临床诊断依据是：骨髓型急性放射病在临床上不会出现共济失调以及定向力和判断力减退现象。其中，轻度骨髓型急性放射病，呕吐、腹泻及神经系统症状，体温不超过38℃，极期不明显，外周血白细胞总数最低值为$>2.0\times10^9$/L，受早期核辐射照射的剂量≥1Gy；中度骨髓型急性放射病，初期可能出现1~2次或次数有限的轻微呕吐，伤后20~30天开始进入极期。极期体温在38~39℃，出现轻至中度脱发，一般不发生柏油样便，外周血白细胞总数最低值为$(1.0\sim2.0)\times10^9$/L，受照剂量≥2Gy；重度骨髓型急性放射病，初期出现中等程度的多次呕吐，或有轻微腹泻，伤后15~25天开始出现极期，极期可出现食欲减退，可发生口腔炎症，体温>39℃，出现严重脱发和皮肤黏膜出血，柏油样便较明显，出现明显衰竭，外周血白细胞总数最低值为$<0.2\times10^9$/L，受照剂量≥4Gy；极重度骨髓型急性放射病，初期出现较严重的多次呕吐，有轻微或中等度腹泻，伤后进入极期的开始时间<10d，极期可发生严重的口腔炎症，体温在>39℃，脱发和皮肤黏膜出血轻微至严重不等，发生严重柏油便，病程后期出现拒食和严重衰竭，外周血白细胞总数最低值为$<0.2\times10^9$/L，受照剂量≥6Gy。肠型急性放射病，伤后很快发生严重而频繁的呕吐和腹泻，伤后3~6天进入极期，可发生或不发生口腔炎，体温升高或降低，出现或不出现皮肤黏膜出血、柏油便、血水便，病程后期出现拒食和严重衰竭，受照射剂量≥10Gy。脑型急性放射病，伤后立即发生共济失调、定向力和判断力减退等神经系统受损的表现，出现严重的喷射状呕吐，轻或中度腹泻，伤后立即进入极期，体温下降，病程末期发生拒食、严重腹泻和全身衰竭，受照剂量≥50Gy。

救治原则　包括紧急处置和治疗。

紧急处置　受到核辐射照射中度以上的伤员，应尽早口服辐射损伤防治药，有呕吐者应止吐，并做其他对症处理。位于放射性沾染地域的伤员应及早服用碘化钾片。体表或伤口有放射性污染者应进行局部除沾染或洗消。

治疗　①体内外有放射性污染的处理：体表有放射性沾染的伤员，尚未除沾染或洗消者应洗消，洗消后经检测仍超过战时控制水平者应重新洗消，最后仍未达到战时控制量时，应采取将污染部位覆盖的措施，防止放射性物质扩散，并做好文书记录，以便观察。有过量放射性污染物食入的伤员，应及时催吐、洗胃，使用阻止放射性物质在体内吸收和促进放射性物质从体内排出的治疗措施。②骨髓型急性放射病治疗：狠抓早期，兼顾极期，主攻造血，综合对症。抗感染、抗出血、纠正代谢紊乱。轻度损伤一般不需住院治疗或特殊处理，有症状者在门诊进行对症处理和医学观察，注意休息，加强营养。中度和重度损伤伤员必须住院治疗，并采取相应治疗措施。伤后初期尽早服用辐射损伤防治药，调节自主神经和内分泌系统功能，改善微循环，刺激造血。假愈期应补充营养，增强体质，保护和促进造血功能，消灭潜在感染灶，预防感染和出血。病程极期是伤员救治成功的关键时期，应及时、准确、有力地采取抗感染措施。积极抗出血，维持水电解质平衡，纠正酸中毒，保护造血功能及促进造血组织恢复，防治感染和中毒性休克，防治肺水肿。恢复期注重防治贫血，促进造血功能恢复；在此阶段，即使机体有所好转和恢复，仍不能掉以轻心，防止病情再度恶化，并尽量调节胃肠功能，加强营养，促进康复。极重度损伤可参照中度和重度急性放射病的治疗原则，并更早、更有力地采取抗辐射损伤、抗感染、抗出血和综合对症治疗措施，防治并发症。在大剂量应用抗生素的同时，应注意防治真菌和病毒感染。尽早使用造血生长因子，适时进行骨髓等造血干细胞移植。恢复期仍需注意病情发展，防止病情再度恶化。③肠型急性放射病的治疗：早期应用可减轻肠道损伤的药物。纠正脱水、电解质紊乱及酸碱平衡失调；尽早实施骨髓等造血干细胞移植，积极实施综合对症治疗。④脑型急性放射病的治疗：减轻伤员痛苦，延长生命。积极使用镇静、解痉、抗休克、强心、改善循环等综合对症治疗。在整个治疗阶段，护理要周到，观察要细致，操作要轻柔，尤其病程极期阶段良好的护理显得十分重要。

（鲁华玉）

hébàozhà chōngjīshāng

核爆炸冲击伤（blast injury of nuclear explosion） 核爆炸产生的冲击波直接或间接作用于人体，引起机体组织器官结构破坏及其所带来局部或全身反应。简称冲击伤。是核爆炸主要伤类之一。

发生地域 千吨级核爆炸时，冲击波的杀伤半径大于光辐射的杀伤半径，但小于早期核辐射的杀伤半径。万吨以上核爆炸，冲击波的杀伤半径小于光辐射的杀伤半径，但大于早期核辐射的杀伤半径。核爆炸当量相同时，空中爆炸冲击波的杀伤半径比地爆的大。在冲击波杀伤范围内，无防护的暴露人员可发生冲击伤，或发生伴有冲击伤的复合伤。

伤类和伤情 冲击伤可分为直接冲击伤和间接冲击伤两类。冲击波直接作用于人体引起的损伤称为直接冲击伤。冲击波作用于其他物体对人体造成的损伤称为间接冲击伤，如房屋、工事倒塌，砖瓦、飞石、玻璃碎片等对人体的损伤。超压使机体组织器官急剧压缩、扩张、牵拉、撕裂等作用造成致伤（图1、图2）；动压导致人体位移、抛掷、碰撞物体或动压致物体移动撞击人体等方式致伤。一般情况下，冲击伤是超压和动压共同作用的结果。

临床上将冲击伤的伤情分为轻度、中度、重度和极重度4个

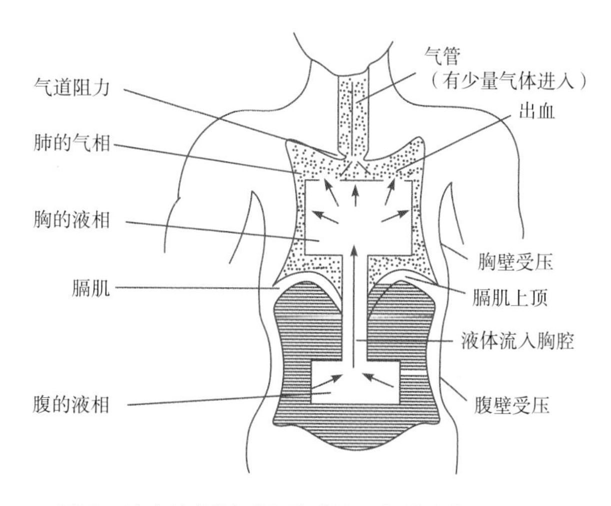

图1 冲击波超压对胸腹腔缩压与扩张的作用示意

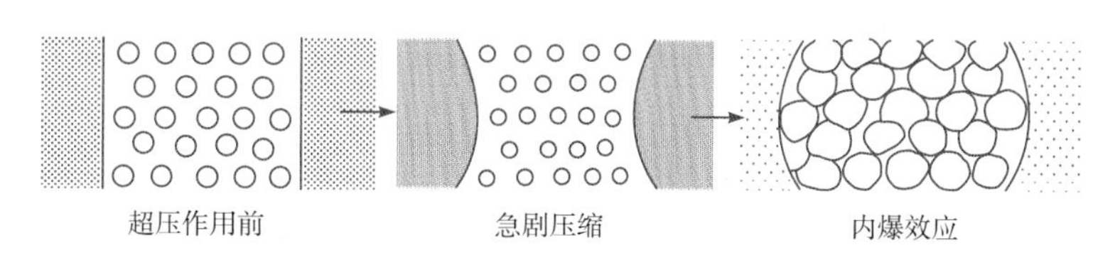

图2 冲击波超压致肺组织致伤过程示意

等级。引起人员轻度冲击伤的超压为20~30kPa；30~60kPa可致中度冲击伤；60~100kPa可造成重度冲击伤；>100kPa可导致极重度冲击伤；动压10~20kPa可引起中度冲击伤；20~30kPa可发生重度冲击伤；>30kPa可造成极重度冲击伤。

冲击伤的特点是：①伤情复杂。间接伤多，闭合伤多，多部位伤多，复合烧伤、放射损伤多；轻者皮肤擦伤，重者发生骨折、肝脾破裂或颅脑损伤，甚至肢体离散等极严重损伤，累及多部位、多脏器、轻重不一的复杂伤势。②外轻内重。呈现体表外观损伤轻微或无伤，而体内损伤较重的现象。③伤情发展迅速。伤后短时间内可出现暂时体内代偿，生命体征变化不明显，代偿作用过后全身状况急剧恶化，尤其是严重颅脑损伤、两肺广泛出血、水肿或内脏破裂的伤员，伤情发展更快。

临床表现 冲击伤的性质基本上与一般创伤相同。其临床表现取决于损伤程度、损伤性质（出血、水肿、破裂、骨折等）和损伤部位（体表或内脏、颅脑或四肢）。①轻度冲击伤：鼓膜破裂、穿孔等听觉器官损伤，体表擦伤等。主要症状有短时间的耳鸣、听力减退，头痛，头昏和擦伤部位疼痛等，无明显全身症状。对作战能力影响不大。②中度冲击伤：听骨骨折、鼓室出血等听觉器官损伤，肺轻度出血、水肿，脑震荡，软组织挫伤和单纯脱臼等。主要临床表现：听器损伤时，出现耳痛、耳鸣、听力减退；轻度肺出血、水肿时，常有胸痛、胸闷、咳嗽、痰中带血等；脑震荡时可能发生短暂意识障碍。对作战能力有明显影响。③重度冲击伤：明显的肺出血、肺水肿，胃肠道、膀胱破裂，肝脾破裂，股骨、肋骨、脊柱及颅底骨骨折等。主要临床症状：明显肺出血肺水肿可有胸痛、胸闷、呼吸困难、血性痰等；腹腔脏器破裂、穿孔时出现腹痛、腹壁紧张、明显压痛；肝脾破裂时会引起严重内出血，血压下降，休克或昏迷；双侧多发性肋骨骨折可出现剧烈胸痛，胸廓塌陷及反常呼吸等。立即失去作战能力。④极重度冲击伤：严重的肺出血、水肿，心脏损伤，颅脑损伤，肝脾破裂等。会立即丧失作战能力或死亡。

应注意间接损伤中的玻璃碎片伤。玻璃碎片致伤距离远、伤员多，主要损伤面、颈、手等暴露部位。其特点是伤口小、数量多。玻片可割伤体表，刺入皮下，埋于深部，严重者可穿入腹腔，引起内脏穿孔。全身大面积玻片伤可因疼痛、出血而造成休克。

临床诊断 主要根据受伤史、临床表现和辅助检查。

根据受伤史 早期诊断主要是根据受伤史、症状和体征。对颅脑损伤、骨折，脱臼，软组织挫伤及其他挤压伤等的诊断与一般创伤相似，并不困难。比较困难的是在冲击波直接作用下发生的内脏损伤的诊断。因此，尽可能了解伤员在核爆炸当时所处的位置及体位等，有无屏蔽或防护措施，周围物体破坏情况，是否被抛掷、撞击、挤压和掩埋等受伤情况。结合核爆炸当量、爆炸方式及冲击波的杀伤范围等进行分析，大致可推断有无冲击伤及其损伤程度。一般楼房建筑严重破坏的地域，地面暴露人员可发生轻度、中度冲击伤；工事、武器、车辆轻度破坏，人员即可发生中度以上冲击伤。暴露人员体表烧伤程度，可作为估计冲击伤伤情时参考，中度以上烧伤，一般都有不同程度的冲击伤。

根据临床征象 注意询问有无一过性昏迷、意识丧失、头痛、耳鸣以及憋气感、胸腹疼痛等内脏损伤的症状。仔细做全身检查，检查鼓膜有无破裂，检查内脏损伤情况，尤其是对体表无外伤的伤员。若怀疑有腹腔大出血，应密切观察血压、脉搏等生命体征的变化，有条件及必要时进行剖腹探查。

辅助检查 ①X线检查：对冲击伤的诊断有很大价值。早期检查能发现一些临床上无明显异常的肺冲击伤。可确定病变部位、范围和严重程度。间隔连续检查可观察病变的变化和发展过程。轻度肺水肿可见肺纹理增强，重者则出现均匀模糊状阴影。明显的肺出血一般呈斑片状阴影。广泛的肺出血、肺水肿常显示右心扩大，并可诊断血胸、气胸、纵隔气肿及肺气肿等。胸部X线拍片所见的异常阴影，伤后很快能显示；一般在伤后1~3天可见明显吸收，重者可持续数天。伤后2~3周逐渐恢复正常。X线检查对颅脑伤、胃肠破裂或穿孔及玻璃片损伤等都有诊断意义。②CT检查：对各部位的冲击伤都有重要的诊断价值。③心电图：心、肺冲击伤时，心电图常显示异常变化。如出现高尖的P波，低电压，ST段升高或下降，T波低平或倒置等。对判断心、肺损伤和观察病变的发展过程有参考价值。④生化指标：发生肝破裂时，血清谷丙转氨酶活性在数小时内急剧增高；心肌损伤时，血清谷草转氨酶随之增高。④其他指标：颅脑损伤时，脑电图、脑血流图都可为临床诊断提供依据，必要

时进行腰椎穿刺测颅内压和检查脑脊液。肺冲击伤时也可做超声波检查；有条件时也可做动脉血氧分压和肺分流量检测，对判定肺冲击伤的伤情是较敏感的指标。

救治 包括急救和治疗。

急救 迅速将伤员从倒塌工事或屋内抢救出来。运用战地救护五大技术：止血、包扎、骨折固定、抗休克和保持呼吸道通畅。有外出血时应及时止血和包扎，开放性伤口做简易包扎，有骨折时做临时固定，有玻片伤或因其他损伤而有剧痛者予镇痛药。对昏迷或呼吸困难的伤员，注意检查口腔和鼻腔，如有泥沙等异物应及时清除；头部转向侧位，牵出舌头，以防止其后坠堵塞呼吸道。对口鼻有血性液体流出、呼吸极度困难者，应做气管插管或气管切开，吸出液体；有条件时予吸氧。应用抗感染药物预防感染。

治疗 颅脑损伤、体表外伤和骨折的处理、治疗原则及抗感染措施，与一般战伤相同。对其他损伤采取相应治措施。

心肺损伤 ①保护心肺功能：有心、肺损伤的伤员应注意休息，尽量减少活动，以防加重肺出血、水肿和增加心肺负担。伤后过劳可明显增加死亡率。有呼吸困难者，采取半卧位，吸入乙醇雾化氧气。若效果不满意可采用机械通气辅助呼吸。肺损伤严重者，若单纯吸氧不能奏效，有条件应采取人工正压呼吸伴以不同浓度的氧气吸入。有支气管痉挛时，予扩张支气管药物。对口、鼻流出血性液体或血性泡沫样液体伴意识障碍、躁动不安者，应迅速做气管插管或气管切开，吸出液体；静脉滴注脱水药和利尿药。有心力衰竭者应采取相应措施。②防治出血和感染：及时应用各种止血药物，有针对性地应用抗感染药物。③抗休克：应权衡利弊，避免大量快速输血、输液，以免加重心肺负担。④麻醉选择：有肺出血、肺水肿的冲击伤伤员，因合并其他伤需要手术时，不宜使用乙醚麻醉，以免加重肺损伤。可选用局部麻醉或其他更安全的麻醉方式。

腹部损伤 腹腔内脏器破裂、穿孔时，应及时做外科处理。

挤压伤 肢体解除压迫后，应立即将伤肢固定，严禁不必要的肢体活动，以免组织分解产物大量吸收。伤员应及时后送。

鼓膜破裂 应注意预防感冒，勿用力擤鼻涕，禁止冲洗外耳道，以防并发中耳感染。外耳道不要用棉花填塞，应使其自然愈合。若发生感染，则按中耳炎治疗。

玻片伤 镇痛、止血，如玻片刺破大血管和伤及内脏，应进行急救和手术。玻片较多时，可根据条件不急于立即全部取出，以免分散对其他伤员的救治时间。

（鲁华玉）

hébàozhà guāng fúshè shāoshāng

核爆炸光辐射烧伤（thermal radiation burn of nuclear explosion） 核爆炸产生的光辐射直接或间接作用于人体，引起体表组织结构的破坏及其带来局部或全身性反应。简称光辐射烧伤。它是核爆炸主要伤类之一。

发生地域 光辐射烧伤发生地域的大小，主要决定于核爆炸当量和爆炸方式。千吨级核爆炸时，光辐射的杀伤半径比冲击波和早期核辐射的杀伤半径小。万吨以上的核爆炸，光辐射的杀伤半径比冲击波和早期核辐射的杀伤半径都大。核爆炸当量相同时光辐射的杀伤半径，空爆大于地爆。在光辐射杀伤范围内，无防护的暴露人员可发生光辐射烧伤，或伴光辐射损伤的复合伤。

伤类和伤情 光辐射烧伤可分为直接烧伤和间接烧伤两类。光辐射直接作用于人体引起的损伤，称为直接烧伤。光辐射作用于可燃物引起的燃烧对人体造成的损伤，称为间接烧伤。在光辐射或物体燃烧的高温作用下，人体表面及一定深度的组织结构发生变性、凝固性坏死而致伤。光辐射烧伤的伤情，主要取决于光冲量的大小。人体表接受的光冲量越大，造成烧伤深度越深，烧伤程度越严重。光辐射烧伤的深度可分为Ⅰ度、浅Ⅱ度、深Ⅱ度和Ⅲ度烧伤。Ⅰ度：一般仅损伤表皮，所需光冲量 $10 \sim 20J/cm^2$。浅Ⅱ度：伤及真皮浅层，所需光冲量 $20 \sim 30J/cm^2$。深Ⅱ度：伤及真皮深层，仅残留汗腺导管、毛囊等皮肤附件，所需光冲量 $30 \sim 45J/cm^2$。Ⅲ度：伤及皮肤全层及皮下附件全被破坏，所需光冲量 $>45J/cm^2$。衡量光辐射烧伤的严重程度，主要决定于烧伤深度和烧伤面积，而且与烧伤部位有关。烧伤程度分为轻度、中度、重度和极重度4个等级。引起轻度烧伤所需的光冲量为 $20 \sim 60J/cm^2$，中度为 $60 \sim 120J/cm^2$，重度为 $120 \sim 200J/cm^2$，极重度所需光冲量 $>200J/cm^2$。

光辐射除可造成烧伤外，核爆炸的闪光对人员还会引起闪光盲。闪光盲是一种功能性损伤，可引起暂时视力下降。光辐射直接烧伤的特点是：①烧伤多呈朝向性。光辐射呈直线传播，在一定范围内，烧伤多发生在身体朝向爆炸方向的部位，烧伤创面轮廓较清楚。②烧伤深度较浅。光辐射持续时间短，烧伤深度较浅，即使是Ⅲ度烧伤，也很少烧至皮下深层组织。烧伤创面深浅程度较均匀。③暴露部位烧伤概率较高。着装可隔挡光辐射，起到一定的防护作用，能防止或减轻烧伤，而头、面和手等身体暴露部位则更易发生光辐射烧伤。若光辐射达到一定强度，可引起身上所穿的衣服燃烧而造成衣下烧伤。④可发生眼和呼吸道烧伤。核爆炸时，眼睑和角膜呈暴露状态可发生烧伤；闭眼动作缓慢或直视火球，可因晶状体的聚光作用而发生视网膜烧伤。在极重度烧伤地域内地面上的暴露人员，可因吸入高热气体而引起呼吸道烧伤。

临床表现 与普通火焰烧伤临床表现基本相同，整过临床过程具有一定的阶段性，可分为体液渗出期、急性感染期和恢复期3个阶段。

体液渗出期 又称休克期。烧伤部位由于毛细血管通透性增加，大量体液自血循环渗入组织间隙形成水肿，或由创面渗出。严重者可使血液浓缩、血容量减少，发生低蛋白血症和代谢性酸中毒，使组织血液灌流量不足而导致休克。通常，伤后2~3小时体液渗出已明显，伤后6~8小时渗出速度最快，16~24小时达高峰，持续时间约36~48小时，严重者可延至72小时。随后血循环趋于稳定，毛细血管通透性逐渐恢复，水肿液开始回收，创面变干。回收时间，小面积烧伤需2~3天，大面积深度烧伤，特别并发感染者，可持续2~3周。一般而言，烧伤面积越大，体液丧失越多，丧失速度越快，休克发生越早。

急性感染期 烧伤后短期内发生的局部和全身急性感染。一般烧伤水肿开始回收即进入急性感染期，持续至大部分创面愈合。伤后2~7天（水肿回收阶段）和2~3周（脱痂阶段）更是感染的高潮。严重烧伤于休克期内即可并发严重感染。烧伤创面是感染的主要来源。伤后机体抵抗力低下可致全身性感染。烧伤越重，感染发生越早、越严重、病程越长，全身感染发生率越高。

修复期 休克期过后，感染已基本控制，创面开始愈合，功能开始恢复的阶段。此阶段伤员一般状况良好，全身情况逐渐好转，浅表烧伤基本愈合，较深的烧伤创面在痂皮和焦痂脱落后形成肉芽组织。但大面积烧伤的伤员，心、肝、肾等器官功能障碍可能在伤后较长的时间内出现，应注意观察。

光辐射烧伤的临床经过比较复杂，3期之间互相重叠，互相影响，各期的时间也有很大差别，但并非所有光辐射烧伤都经过3个期。例如，浅Ⅱ度烧伤处理得当，未发生感染，可于2周内痂下愈合。小面积深度烧伤切痂植皮后可获一期愈合，而面积较大的Ⅲ度烧伤，则各期相应延长。

诊断 依据受伤史、烧伤面积、深度、部位、临床表现，结合光冲量等核爆炸参数，进行早期分类和临床诊断。

早期分类 伤员有无烧伤，一目了然，容易区别，但烧伤程度需要判断。在早期分类时，对烧伤程度初步估计即可。体表烧伤面积在20%以下，无其他合并伤或并发症，全身反应不明显，不需立即输液和复苏，伤后有步行能力者，初步判断为轻伤伤员。

体表烧伤面积在20%以上，全身反应明显，需要立即输液和复苏，有其他合并伤或并发症，伤后丧失步行能力者，初步判断为重伤。

临床诊断 主要根据烧伤面积、烧伤深度、烧伤程度，结合临床征象进行综合判断。①烧伤面积估计：以皮肤烧伤区域占全身体表面积的百分数来表示。通常用手掌法和九分法进行测量。手掌法简单易用，多用于较小面积烧伤估算。使用时，以伤员本人单手五指并拢时掌面面积为体表面积为1%作为尺度，对烧伤面积进行测量。九分法：头颈部为9%，双上肢为2×9%，躯干和会阴部为3×9%，双下肢和臀部为5×9%+1，共100%。大面积烧伤可按此方法进行估算。②烧伤深度判定：Ⅰ度烧伤皮肤出现红斑，有轻微肿胀和烧灼感。浅Ⅱ度烧伤创面出现水疱，有红肿及痂皮形成，去表皮后创面红润，有少量渗液，感觉剧痛。深Ⅱ度烧伤创面出现黄白或棕黄色质地较硬痂皮，去痂后创面可见小红点或小血管支，水肿明显，感觉迟钝，但仍有疼痛。Ⅲ度烧伤创面出现苍白、黄褐或焦黄的焦痂，硬度呈皮革样，干燥，可见粗大的血管网，疼痛消失，感觉迟钝。③烧伤程度判断：根据烧伤面积、烧伤深度及临床征象进行判断。轻度：全身Ⅱ度烧伤面积<10%，全身症状一般不明显。中度：Ⅱ度烧伤面积11%~30%，或Ⅲ度烧伤面积<10%，全身症状较明显，一般不发生休克。重度：Ⅱ度烧伤总面积31%~50%；或Ⅲ度烧伤面积11%~20%；或虽然烧伤面积不超过31%，但有呼吸道烧伤或颜面和会阴部有深Ⅱ度及Ⅲ度烧伤，全身症状较重，早期多发生休克，感染开始发生时间一般在烧伤后第2~15天，有相应的呼吸道症状。极重度：Ⅱ度烧伤总面积>50%，或Ⅲ度烧伤面积>20%，或合并有严重的呼吸道烧伤。全身症状极为严重，休克发生早而严重，感染持续久，呼吸道症状严重。在做伤情判断时，应全面、细致检查，反复核对烧伤面积和深度，以给出最终确定的临床诊断。

救治 包括急救和治疗。

急救 ①灭火：扑灭或脱下着火的衣服，或就地滚动压灭火焰，或用雨衣、大衣等覆盖着火处，迅速撤离火灾区。②保护创面：用急救包、衣服或其他布类覆盖或包裹创面。若创面有放射性沾染，可用纱布沾去放射性污物后包扎。包扎时，粘贴在创面上的衣服应暂时保留。③防治休克：中度以上伤员，应用镇痛药，口服补充液体。④防治感染：凡有较大面积烧伤的伤员，尽早抗感染。⑤防治窒息：保持呼吸道通畅，必要时进行气管插管或气管切开。⑥对症处理：合并颅脑损伤、开放性气胸、大出血、骨折等损伤者，需紧急对症处理。

治疗 ①抗休克。补充液体：Ⅱ度烧伤面积<20%的伤员，口服一般含盐饮料即可。烧伤面积较大时，多需静脉补液，但也应尽量鼓励口服液体。对症措施：镇静、镇痛、保温，保持呼吸功能良好，应用抗感染药物等；防治脑水肿、肺水肿，保护心、肺功能。②防治感染。预防破伤风。增强机体抵抗力：加强营养，维持水电解质平衡，输注血浆或全血。应用抗感染药物：中度以上烧伤，早期给予抗生素，尤其是大面积深度烧伤伤员。③创面处理。对中小面积烧伤，应尽早清洗创面，轻轻擦净污垢和异物。严重的大面积烧伤，待休克控制后再清洗创面。浅Ⅱ度烧伤，创面清创后可采用暴露或包扎疗法。对于关节等功能部位的深Ⅱ度烧伤，应注意有利于功能恢复。Ⅲ度烧伤可用暴露疗法或手术疗法。对感染创面应充分引流排出脓液，及早去除坏死组织，控制局部和全身感染，尽快闭合创面。

（鲁华玉）

hébàozhà zhèndòngshāng

核爆炸震动伤（shock injury of nuclear explosion） 近地面或地下核爆炸时形成的土中压缩波猛烈压迫地壳结构产生的冲击加速度作用于人体所造成的损伤。是特定条件下的核爆炸伤类之一。土中压缩波又称固体冲击波，其所致损伤又称固体冲击伤。

发生情况 地下核爆炸可直接形成土中压缩波。近地面核爆炸时，空气冲击波拍击地面并产生向下传播的土中压缩波。土中压缩波使地壳结构发生急剧的冲击加速度运动。在地下或近地面核爆炸时，位于距爆心较近地下工事内的人员，地下核爆炸时位于爆心投影点较近地面上的人员，受到地壳结构冲击加速度运动的碰撞可能造成震动伤。水下核爆炸时，冲击波产生冲击加速度突然冲击舰艇，也可引起位于舰艇内或甲板上的人员发生震动伤。

伤类和伤情 震动伤可分为直接震动伤和间接震动伤两类。在冲击加速度直接作用于人体引起的损伤，称为直接震动伤。直接震动伤主要源于地结构冲击加速度运动直接撞击相对静止的人体，引起人体组织或器官惯性位移、相互碰撞、挤压、牵拉等作用，以及血液和淋巴液动力学障碍。由于冲击加速度的作用下，地壳结构发生剧烈震动使人员站立不稳而跌倒，撞击物体，被抛起及跌落等所造成的损伤称为间接震动伤。与平时一般的跌伤、碰撞损伤类似。一般情况下，人员可能同时受到直接和间接损伤。

震动伤的伤情可分为轻度、中度、重度和极重度 4 个等级。引起震动伤所需冲击加速度的阈值约为 6g（脉宽 5.2ms）。震动伤的程度与冲击加速度值高低相关，冲击加速度值越高，致伤越严重，并与冲击加速度的作用时间（脉宽），以及核爆炸当时人员所处位置、有无防护措施、体位等有关。震动伤的特点：主要发生急性全身性损伤，以及骨折、器官破裂、颅脑损伤等，严重者发生休克甚至死亡。呈现闭合伤多、多部位或多脏器伤多、实质器官损伤多、伤情与体位密切相关等特点，伤情发生及发展迅速。内脏损伤时呈“外轻内重”的现象。

临床表现 震动伤的性质与大型钝性物体撞击人体所致损伤相似。临床表现与受伤部位有关。

头部损伤 出现头晕、头痛、耳鸣、意识障碍等，严重者出现颅底骨折、脑挫伤等表现。

腹部损伤 常见有腹痛、恶心、呕吐，或出现压痛、反跳痛，甚至腹肌紧张等腹膜刺激征，胃肠道损伤还可发生血便。肝脾破裂致腹腔内大出血时可出现休克或昏迷，伴相应表现。肾、膀胱等泌尿系统损伤可出现血尿等。

胸部损伤 临床征象与一般胸部挫伤、创伤或冲击伤类似，可出现肋骨骨折和肺部损伤。肺部损伤时，出现肺出血、肺水肿，轻者仅有短暂胸闷、胸痛、呼吸困难，出现咳嗽、咯血，甚至出现血性泡沫痰、发绀等；听诊检查可闻及异常呼吸音，叩诊局部呈发实感。心脏损伤时可于伤后即可出现心悸、心率加快或变慢，严重者可出现心律失常、心绞痛。

四肢和脊柱损伤 下肢和脊

柱损伤较多见，主要表现骨折、神经或血管损伤。

听觉器官损伤 可发生耳内出血、鼓膜破裂或听骨骨折，出现听力下降、耳鸣、耳痛、眩晕、头痛，外耳道有血性液流出等表现；前庭损伤可出现眩晕等相应症状。

临床诊断 主要根据受伤史、局部体征及全身反应。受伤史包括核爆炸当时人员所处位置及体位，有无防护或约束措施，有无受到强烈震动感，是否被抛起、落下、撞击、挤压等受伤情况。根据临床表现，对软组织损伤、骨折、颅脑损伤等外伤性损伤的诊断与平时普通创伤诊断相似。对内脏损伤的诊断需要借助实验室检查。骨折、颅脑损伤、胸部损伤、腹部损伤，可有针对性地选用X线、CT、MRI、B超及多种生理生化指标检测等方法辅助诊断。心肌损伤可通过心电图、超声心动图辅助诊断。颅脑损伤，可做脑电图、脑血流图检查，颅内压、脑脊液检测等鉴别诊断。腹腔穿刺、腹腔镜检查，甚至行手术探查也可作为腹部脏器破裂等严重震动伤的诊断方法。

体表擦伤，体表局部小面积切割伤，鼓膜破裂可诊断为轻度震动伤；听骨骨折，鼓室出血，软组织挫伤，关节脱位，肺部轻度出血肺水肿，脑震荡等认为是中度震动伤；明显的肺出血、肺水肿，肝脾破裂，胃肠道、膀胱破裂，股骨、肋骨、脊柱及颅底骨折等为重度震动伤；严重肺出血、肺水肿，心脏损伤，颅脑损伤，肝脾破裂并危及生命等可确认为极重度震动伤。在诊断中，应全面、仔细检查，排除有无危及生命的紧急情况，尤其需注意不被局部伤情所掩盖而忽略“外轻内重”的现象。

救治 包括急救和治疗。

急救 在室内或地下建筑设施内的伤员，尽快离开可能坍塌或有砖、石坠落危险的地方，转移到安全地带。急救时，应先保持呼吸道通畅，防治休克，对伤口止血、包扎，伤肢固定，必要时予镇痛药等对症处理。需要后送的伤员，应及时、安全、平稳、迅速地转送到医疗机构进行救治。开放性伤口应及时清创处理。

治疗 震动伤的治疗原则与普通创伤的治疗原则基本相同。根据不同伤情及不同部位的损伤，进行相应治疗。①颅脑损伤：主要是保持呼吸道通畅，严防昏迷伤员窒息；及早控制大出血，清除颅内血肿，做好颅脑清创减压术；防治脑水肿、颅内压增高和颅内感染；注意保护并加速恢复脑功能。②胸部损伤：除胸壁浅表伤外，应按重伤员处理；早期处理原则是保持呼吸道通畅和胸壁完整，恢复呼吸及循环功能，解除血气胸和心包积血的压迫，防治胸腔内感染。③腹部损伤：及时处理内脏伤的内出血或腹膜炎，内脏伤伤员应优先处置。④脊柱、脊髓损伤：注意避免截瘫加重、压疮、肺炎及泌尿系感染等并发症的发生。颈椎损伤应严防窒息，积极抗休克，治疗危及生命的合并伤。待伤情平稳，及早进行清创或脊髓减压术。⑤长骨骨折、关节伤和大块软组织损伤：必须先做伤肢制动再运送伤员。绝大多数四肢开放伤都应早做清创术，以减少感染。后期处理应最大限度地恢复肢体功能。⑥多发伤：损伤部位多，伤情复杂，伤后多并发严重休克、失血、感染及脏器功能障碍。此类损伤的诊断与处置较困难，易漏诊及延误治疗。⑦听觉器官损伤：主要是清除血块，防治感染，耳内禁止填塞，必要时行鼓膜修补。

预防 主要采用隔震措施进行防护。个人可戴防震头盔，穿防震服、空军抗荷服、抗震鞋，采取约束措施等，对震动伤有一定的防护效果。大型兵器内和建筑物内地面等部位敷设抗震动材料可起到隔震防护作用。

（鲁华玉）

hébàozhà fùhéshāng

核爆炸复合伤（combined injury of nuclear explosion）

核爆炸时人员同时或相继受到光辐射、冲击波、早期核辐射和放射性沾染4种杀伤因素中的两种或两种以上不同性质的伤害因素共同作用而引起的损伤。简称复合伤。

发生情况 复合伤发生率高、伤情严重、伤类复杂，其发生取决于核爆炸当量、爆炸方式，并与人员当时所处位置及防护情况有关。例如，小当量核爆炸时暴露人员主要发生放射复合伤，大当量核爆炸主要发生非放射性复合伤；位于工事、建筑物或大型兵器内的人员，比位于同一位置暴露人员的伤类少，伤情也轻。

伤类和伤情 复合伤分为放射复合伤和非放射复合伤两大类。合并放射损伤的复合伤为放射复合伤，包括以放射损伤为主的放射复合伤（放烧冲复合伤、放烧复合伤、放冲复合伤）、以烧伤为主的放射复合伤（烧放冲复合伤、烧放复合伤）和以冲击伤作为主的放射复合伤（冲烧放复合伤、冲放复合伤）。不合并放射损伤的复合伤为非放射复合伤，包括以烧伤为主的非放射复合伤（烧冲复合伤）和以冲击伤为主的非放射复合伤（冲烧复合伤）。

复合伤伤情分为4级。①轻度复合伤：两种损伤或3种损伤均为轻度。②中度复合伤：几种损伤中有1种损伤达中度。③重度复合伤：几种损伤中有1种损伤达重度，或3种损伤达中度，或中度放射损伤复合中度烧伤。④极重度复合伤：几种损伤中有1种损伤达极重度，或两种损伤达重度，或1种重度损伤复合两种中度损伤，或重度放射损伤复合中度烧伤。核爆炸复合伤的构成如图1所示。

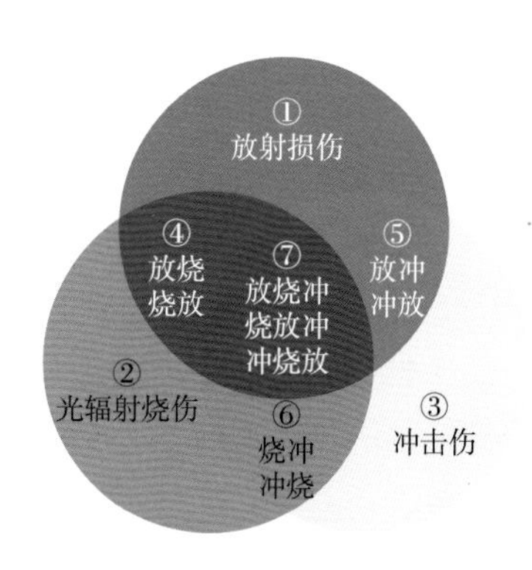

图1　核爆炸复合伤的构成

注：图内复合伤的名称以各一伤的损伤程度从重到轻排列并简称。如放烧冲，表示放射损伤最重，其次是烧伤，冲击伤最轻；其余类推。

临床特点　各种损伤中主要损伤起主导作用，各种损伤之间可互相加重，尤以中度以上伤情相互加重更明显。

放射复合伤　以放射损伤为主的放射复合伤的特点：①放射损伤起主导作用。临床经过与转归取决于放射损伤的严重程度，具有明显的急性放射病特征。②烧伤、冲击伤加重放射损伤。③放射损伤使烧伤、创伤局部伤情加重，愈合延缓。常见有局部炎症反应减弱，炎症反应区域较小，局部白细胞浸润减少，创面渗出减少、干燥、色暗，伤口收缩不良；伤口易并发感染，创面出血加重，局部发生水肿，甚至创面溃烂；局部肉芽组织生长不良，组织脆弱易损；烧伤、创伤和骨折愈合延缓，难以愈合，局部功能较差；病程恢复期全身情况好转，创面愈合加快。

以烧伤为主的放射复合伤的特点：①烧伤起主导作用。病程经过与转归取决于烧伤的严重程度。伤情较重者历经烧伤休克期、感染期和恢复期；伤情极重者常死于休克期，重度以下伤情者主要死于感染期。②具有放射病某些特征。如体表出血，外周血白细胞计数减少，尤淋巴细胞数变化与受核辐射照射剂量一致。③放射损伤对烧伤有加重作用。表现为临床经过加重，死亡率增加，生存期缩短。

以冲击伤为主的放射复合伤的特点：病程经过与转归主要取决于冲击伤的严重程度，并与冲击伤的部位、性质相关；复合中度以上放射损伤可表现出较明显的互相加重作用，如休克发生率增加，感染发生早而严重；肺部冲击伤极易导致严重肺部感染，影响呼吸和循环功能。

非放射复合伤　烧冲复合伤的特点：①烧伤起主导作用。以烧伤为主，呈现“烧伤休克-感染-恢复”基本过程。临床经过和转归主要取决于烧伤的严重程度，死亡率、生存期与烧伤面积及烧伤程度密切相关。②休克发生率较高、较严重。合并颅脑或重要脏器损伤，休克成为早期死亡原因之一。③感染发生早、持续时间长、程度重。全身感染发生率高，合并脏器破裂更易发生腹膜炎和全身性感染，外周血白细胞数升降波动较大。④代谢紊乱严重。血钾浓度和二氧化碳结合力降低，非蛋白氮、谷草转氨酶升高。⑤心肺功能障碍。常见胸闷、胸痛、心前区不适、心律失常、咳嗽、痰中带血、呼吸困难、缺氧、发绀等呼吸和心力衰竭征象，心电图异常等。⑥肝肾损伤较严重。常见有丙酮酸、谷草转氨酶增高，血清白蛋白减少，γ-球蛋白增高等肝功能障碍改变，以及出现少尿、血尿、无尿，血非蛋白氮增高等肾功能障碍或肾衰竭现象。冲烧复合伤的特点与单纯冲击伤基本相同。临床经过主要取决于冲击伤的严重程度。

诊断　分为早期分类诊断和临床诊断。以单一伤为基础，进行综合判断。

早期分类诊断　可依据以下几方面初步判断伤类和伤情。①受伤史：了解伤员在核爆炸当时所处位置，有无防护及其性质和结构，是否被抛掷、撞击和掩埋，烧伤面积、深度和部位，在杀伤区和沾染区内停留时间和活动情况，个人辐射剂量仪读数等。据此可初步判断复合伤类型和伤情。②核武器当量和伤员防护情况：判断伤类。③体表烧伤：推断冲击伤和放射损伤伤情。对暴露人员，千吨级核爆炸时，若体表发生轻度烧伤，冲击伤可能在中度以上，放射损伤可能在重度以上；1万吨级核爆炸时，烧伤伤员常伴冲击伤和放射损伤；10万吨级核爆炸时，烧伤比冲击伤略重或相近，放射损伤较轻；100万级核爆炸时，烧伤比冲击伤重，放射损伤少见。④早期症状和体征：判断伤类和伤情。例如，严重烧伤但无明显恶心、呕吐等症状，可能是以烧伤为主的复合伤；有烧伤和冲击伤，伤后有明显恶心、呕吐、腹泻，或头部摇晃、抽搐等症状，则可能是放射复合伤。烧伤伴耳鸣、耳聋、咳嗽、胸闷或有泡沫样血痰，可判断为烧冲复合伤。若全身状态比可见的损伤重，则应考虑复合内脏损伤和放射损伤。根据烧伤、冲击伤程度及全身症状，参考核辐射剂量，可初步判断复合伤的伤类和伤情。⑤白细胞计数的变化：判断伤类和伤情。

临床诊断　早期分类诊断的延续，可按以下几方面做进一步确诊。①临床症状：以早期分类诊断为基础，综合病程中的临床表现，对伤类和伤情做进一步判断。②外周血白细胞计数变化：放射复合伤白细胞计数减少程度与受核辐射照射剂量一致，受照剂量越大，白细胞计数减少速度越快，数值越低。轻度和中度烧冲复合伤于伤后白细胞计数均增加。白细胞数目曲线显示下降或先升后降是病情危重的象征。③生化检查：烧冲复合伤伤情越重，血清谷草转氨酶、非蛋白氮升高越明显；而伤后早期二氧化碳结合力下降越快。④特殊检查：例如，染色体畸变分析推断放射损伤；甲状腺和整体测量可推测体内放射性污染量；心电图检查判断心脏损伤；X 线可检查肺和腹部损伤，诊断骨折及玻片伤等；肺分流量和血气分析检查肺部冲击波伤；超声波检查诊断气胸、血胸和肺含气减少性病变；脑电图、脑血流图、头颅 CT 或 MRI，甚至颅内压和脑脊液检查，均可为脑部损伤临床诊断提供重要依据。

救治原则　利用各单一伤救治原则和措施，依据各类复合伤的基本特点，紧抓决定伤情转归的主要损伤及病程不同阶段的主要矛盾，兼顾次要损伤和次要矛盾，局部处理须利于全身状况和病情改善，有针对性地进行综合治疗。对救治各单一伤有效的药物和措施一般对复合伤也有效。但复合后有互相加重作用，因此救治原则和措施应合理运用。

以放射损伤为主的放射复合伤　以急性放射病救治原则为基础，积极并有计划地进行综合治疗。对烧伤、冲击伤采取相应处理措施。防治休克；早期使用放射损伤防治药，已知或疑有放射性物质进入体内者应早服用阻吸收剂，必要时应用促排药物；防治感染，防治出血，促进造血功能；纠正水电解质紊乱；争取及早进行外科处理。创伤外科处理原则和方法与战伤外科基本相同，但有其特点，因此要争取创伤在放射病极期前愈合，尽量使受放射性沾染的创伤转为无沾染的创伤，多处伤转为少处伤，开放伤转为闭合伤，重伤转为轻伤，复合伤转为单一伤。烧伤创面处理原则与平常灼热烧伤处理大体相同，需注意，中度以上放射复合伤，在恢复期以前创面一般不涂喷油剂和水剂创面药，以防止过早脱痂而加重病情；早期宜用乙醇制备的创面药，它能起保痂、防感染作用。放射性物质沾染烧伤或创伤的处理原则，应尽早消除沾染；有严重休克或其他必须紧急处理的伤员，需先急救后除沾染。外科处理中，有呼吸道烧伤或肺冲击伤者不宜用乙醚麻醉。

以烧伤或冲击伤为主的放射复合伤　与单纯烧伤或单纯冲击伤基本相同，抗休克、抗感染、保护心肺功能以及烧伤和创伤外科处理，是基本治疗原则。复合中度以上放射损伤则应采取急性放射病救治措施。烧伤创面和外伤处理应根据具体情况，参照以放射损伤为主复合伤的外科处理原则进行。

以烧伤为主的非放射复合伤　此类复合伤，烧伤是主要矛盾，其治疗原则与单纯烧伤大体相同，需要积极抗休克、抗感染和烧伤创面治疗。若为复合冲击伤，冲击伤可能对烧伤有加重作用，临床上除加强抗休克、抗感染外，还要注意采取保护心肺功能、防治肾衰竭等防治措施。

以冲击伤为主的非放射复合伤　冲击伤是此类复合伤的主要损伤，复合的烧伤一般较轻微，治疗重点是冲击伤，治疗原则与单纯冲击伤基本相同。心肺损伤者注意休息，保护心肺功能，抗休克，防治出血和感染。输血、输液速度不宜过快，以防加重心肺负担。有肺出血、肺水肿的伤员需要手术时，不宜采用乙醚麻醉。腹内脏器破裂穿孔，应及时做外科处理，对软组织损伤者及时清创和治疗。

（鲁华玉）

hébàozhà fàngshèxìng zhānrǎn sǔnshāng

核爆炸放射性沾染损伤（radioactive contamination-induced damage of nuclear explosion）

核爆炸形成的放射性沾染物质释放的核辐射作用于人体，造成组织结构破坏及其带来的局部或全身性反应。简称放射性沾染损伤，又称剩余核辐射损伤或落下灰核辐射损伤。它是核爆炸主要损伤类型之一。

发生地域　低空和地面核爆炸时，在爆区及下风向地域可形成不同沾染程度椭圆形及带状放射性沾染区。沾染区的大小与核爆炸当量、爆炸方式、放射性微粒大小及其特性以及风向风速有关。在低空和地面核爆炸时，核爆炸当量越大，沾染范围越大，如当量1千吨地爆造成的放射性沾染区约10km^2，而当量100万吨以同样方式爆炸后形成的沾染区可达1000km^2。一般说来，地爆沾染比空爆沾染严重，爆炸当量大比当量小沾染严重；合成风速大比风速小沾染范围广，但沾染程度轻。人员在一定沾染程度的沾染区内较长时间停留会引起放射性沾染损伤。

伤类和伤情 引起放射性沾染损伤的方式可分为体外照射损伤、体表沾染损伤和体内照射损伤3种。各种损伤可单独发生，也可以合并两种或以上作用的损伤。①体外照射损伤：放射性物质在人体外，核辐射照射人体而引起的放射性损伤，主要由γ射线造成。放射性沾染物在降落过程中释出的γ射线及落到地面和各种物体表面上沾染物释出的γ射线，均可对人员引起外照射。与早期核辐射相比，沾染区的γ射线能量较低，不含中子流。早期核辐射是瞬刻作用于人体，持续时间限于爆后十余秒内；而沾染区γ辐射，则在人员停留期间一直作用于人体。在沾染区的γ射线比早期核辐射对人体的照射更均匀。位于爆区受到早期核辐射作用的人员，常合并冲击波和光辐射所致损伤；而在云迹区受到γ射线照射的人员常伴β射线体表照射和体内照射。沾染区γ射线外照射所致的急性核辐射损伤与早期核辐射损伤基本相同，伤类和伤情的划分也相同。②体表沾染损伤：受放射性沾染中的放射性物质（落下灰）沾染后所造成的体表损伤，主要由β射线造成，又称体表β损伤。体表沾染损伤的程度取决于受β射线照射的剂量。受照剂量越大，损伤程度越严重。体表放射性沾染损伤主要根据损伤深度，可分为Ⅰ度、Ⅱ度、Ⅲ度和Ⅳ度4个伤情等级。造成Ⅰ度、Ⅱ度、Ⅲ度和Ⅳ度损伤所需β射线的剂量分别为1～3Gy、3～5Gy、5～10Gy和>10Gy。实际上，核爆炸不易引起体表Ⅳ度β损伤。体表沾染损伤的特点：有潜伏期，其长短与受照剂量相关；照射剂量越大，潜伏期越短。病程有阶段性，可分为初期反应期、假愈期、反应期（症状明显期）和恢复期4个阶段。损伤深度较浅，主要引起表皮和真皮浅层及有关附属器（毛囊、皮脂腺等）的损伤，源于β射线穿透力较低。病程较长，β射线引起的皮肤损伤，很少转变为慢性放射性皮炎。严重的体表β损伤可转变为慢性炎症，症状可持续半年以上，甚至经久不愈。③体内照射损伤：放射性沾染物主要通过呼吸道、消化道和伤口3个途径进入人体内。在体内不断释放核辐射（主要为β射线）照射人体。造成体内损伤主要取决于进入体内放射性物质的量及其在体内滞留的时间。放射性物质在体内的吸收率与落下灰的来源、进入途径、溶解度及粒径大小等因素有关。一般说来，来自空中的放射性微尘在体内的吸收率高于来自地面的微粒，其在胃肠道内的吸收率高于在呼吸道、皮肤及伤口的吸收率。溶解度高的放射性微粒比溶解度低的易吸收，微粒粒径小者比粒经大者易吸收。放射性物质吸收进入血液后，选择性蓄积于某些器官或组织，在体内呈不均匀分布，其中甲状腺比活度（物质单位质量的放射性活度，又称质量活度）最高，其次是肝、骨组织等。落下灰进入体内后，大部分不被吸收，在前3天内随粪便排出，被吸收部分在前5～7天约90%自尿中排出，而沉积在组织中的放射性核素随生物代谢逐渐排出体外。放射性碘是放射性落下灰体内照射危害的主要核素，所以甲状腺是主要危害器官。体内照射的损伤特点：潜伏期长，病程发展缓慢，分期不明显，以紧要器官损伤为主。落下灰体内照射损伤尚无伤情等级的划分。

临床表现 放射性沾染γ射线体外照射损伤的临床表现与核爆炸早期核辐射损伤基本相同。

体表沾染损伤 不同程度损伤的临床表现差别明显。Ⅰ度损伤，主要表现为脱毛。体表损伤轻微，出现暂时脱毛，或可出现毛囊丘疹，临床体征较少。当毛囊丘疹消退，毛发停止脱落并再生，无功能障碍或不良后遗症。Ⅱ度损伤，主要表现为红斑。初期：体表伤后当时可无明显异常表现，但3～5小时后开始出现轻微瘙痒、灼热感，继而逐渐呈现轻度肿胀和红斑，1～2天后红斑、肿胀暂时消退。假愈期：无明显症状，一般持续2～4周。反应期：出现继发红斑，形成斑疹和丘疹，毛发脱落，伴肿胀、麻木、疼痛、搔痒等症状，持续数日至1周。有皮肤脱屑，色素沉着，轻度角化等改变，持续2～4周，预后良好。Ⅲ度损伤，主要表现为水疱或湿性皮炎。初期：体表受照射后即时有一过性灼热、麻木感，1～2天后相继出现红斑、灼痛和肿胀等症状。假愈期：持续1～2周。初期症状逐渐减轻或消失，反应期：局部充血、水肿，出现继发性红斑，而后形成水疱，重者可融合成大疱。疼痛剧烈，可伴轻度不适、低热等全身症状。恢复期：持续1～2个月。水疱逐渐吸收，创面愈合，可有脱屑、角化、色素沉着、皮肤干燥等改变，一般预后良好。但有的也可能出现局部毛细血管扩张、瘢痕、皲裂等慢性期变化。若继发感染，形成溃疡，很难愈合。Ⅳ度损伤，主要表现为坏死、溃疡。初期：受照射当时或数小时后，即出现明显灼痛、麻木、红斑及肿胀等症状，且逐渐加重。假愈期：持续时间较短，不到1周或不明显。反应期：出现红斑和较多水疱或融合成大水疱，水疱破裂形成溃疡坏死，严重者坏死可深达皮下组织或骨骼。疼痛极剧，伴明显全身症状。恢复期：持续半年或更长时间，创面可能愈合，但愈合不完全。若转入慢性期变化，如毛细血管扩张、瘢痕、角化、皮肤萎缩、干燥、持久性脱毛，甚至皮炎复发，溃疡反复出现或形成慢性顽固性溃疡。

体内照射损伤　临床特点：有较长的潜伏期，放射性物质进入体内后，经过一段时间短则数月长则数年才出现一定组织和器官损伤的症状。病程发展缓慢，分期不明显。体内受照射剂量逐渐累积后，达到一定剂量时才显示异常征象。放射性碘绝大部分蓄积在甲状腺，放射性锶主要集中在骨组织，放射性钼则主要蓄积在肝。放射性沾染中放射性碘所占比例较高，加之甲状腺体积小，因此甲状腺受到的照射量比其他器官大得多。锶和钼在放射性沾染中所占比例也较高，但由于骨骼和肝的体积较大，它们所受的照射量较甲状腺小得多。因此，放射性沾染所致体内照射的主要损伤器官是甲状腺。由于甲状腺结构的破坏，临床上出现甲状腺功能减退的症状，如食欲减退、反应迟钝、黏液性水肿等，甚至出现甲状腺萎缩、纤维化、玻璃样变、钙化和坏死。例如，美国1954年在太平洋的氢弹试验造成大量放射性沉降，1963年首次在1名曾在下风向受落下灰照射的12岁少女（受照时是3岁）检查出结节性甲状腺肿。其后，几乎所有受照射时未满10岁儿童，都出现甲状腺严重异常，其中许多需要行外科手术治疗。还观察到儿童生长发育迟缓现象，并曾用甲状腺素进行治疗。

诊断　对体表沾染损伤和体内照射损伤的诊断，首先根据伤员是否有与放射性沾染接触史，包括核爆炸时或核爆炸后伤员在放射性沾染区的位置、停留时间及有无防护等，可初步判断是否有与放射性沾染接触的可能性。其次是根据临床表现及实验室检查结果和受照射的核辐射剂量等进行判断。

体表沾染损伤　出现下列临床征象之一者，应考虑体表沾染损伤：①在放射性沾染致伤作用范围内，体表受到放射性物质沾染后数天内，受沾染的部位出现红斑、灼痛、肿胀或麻木等表现。②出现上述表现并持续1～3天后，体表红斑逐渐消退，肿、痛减轻或消失。③首次红斑消退或上述症状减轻、消失后，再次出现红斑、肿胀、灼痛等，并逐渐加重。④受沾染部位继两次红斑后，逐渐形成水疱、坏死、糜烂或溃疡等。

体内照射损伤　主要根据是否有放射性物质进入体内及其进入体内的量判断能否引起体内照射损伤。①体内照射史：放射性沾染物是否进入体内，包括是否饮用过沾染的水和食用过沾染的粮食、蔬菜以及接触受沾染物体等。由于伤后潜伏期较长，若患者症状和体征表现较轻微，有时不易与其他致伤原因区分。因此，应尽量全面收集与内照射有关的受伤史资料，包括患者的健康档案、情景回忆等。②体内放射性核素检测：包括全身整体测量和器官局部测量，可对体内的核素进行定量和定性判断。利用甲状腺测量装置测量该器官，可判断其受照剂量及受照射严重程度。③生物样品检测：利用受伤者的排泄物，例如尿液、粪便、血液、毛发等估算体内照射剂量。④甲状腺功能检查：可判断放射性沾染引起的内照射损伤情况；根据造血功能检查对亲骨性放射核素引起的造血组织损伤情况。⑤临床征象：根据内照射损伤的临床特点，注意有无放射性物质在体内停留部位的局部损伤表现。根据需要，有针对性地选择相关检查，如血液学检查、肝肾功能、造血功能、脑电图、心电图等，提供诊断依据。

治疗原则　体表沾染损伤与体内照射损伤，二者的治疗原则有很大不同。

体表沾染损伤　早期体表受体放射性沾染后应尽快洗消除沾染，以减轻或避免体表沾染损伤。之后对皮肤损伤较严重的伤员，应使患者安静，适当加强营养，使用抗组胺类药物内服，也可服用活血化瘀、补气养血等药物，有利于皮肤损伤的恢复。疼痛剧烈者，给予镇静、镇痛药物。全身症状明显者，适当给予抗感染药物。在伴急性放射病的情况下，按急性放射病的治疗原则进行综合治疗。处理局部损伤，首先用肥皂水清洗，除去沾染。局部刺痒和红肿痛热时，可用止痒药物，保持干燥，禁用有刺激性或腐蚀性的药物。若有水疱，应保护水疱，防止破溃或感染，水疱张力大引起疼痛者，可在无菌操作下抽出液体，而后局部加压包扎，一般可以在水疱下自行愈合。损伤严重形成大水疱时，应保护水疱。但出现水疱周围有炎症反应，或损伤较深，或估计水疱下愈合有困难者，或水疱张力太大须剪开减压者，可剪去水疱。形成创面后，对创面的治疗应选择刺激小、具有抗感染作用及能促进组织生长的药物。

体内照射损伤　对内照射损伤的治疗，应重视放射性物质进入体内后的早期处理。早期处理旨在减少放射性物质的吸收和在体内的蓄积，以减轻或避免发生晚期损伤。因此，对明确或疑有放射性物质进入体内的人员，应及时处理。

若放射性物质进入体内而尚未吸收入血，原则是阻止放射性物质在体内吸收和加速放射性物质从呼吸道、胃肠道排出体外。①减少自呼吸道和消化道吸收。吸入放射性物质后，可用棉签蘸生理盐水擦拭鼻孔，以清除鼻腔内的沾染物；用水漱口可清除黏附在口腔和鼻咽部的放射性物质；用祛痰剂可促使其自呼吸道排出。食入放射性物质后，则可用催吐、洗胃、缓泻或灌肠等方法使其排出体外。②减少自皮肤及伤口的吸收。局部或全身洗消，伤口有沾染则应进行伤口清洗，必要时进行外科扩创处理。③应用阻吸收药物。服用碘化钾，以减少放射性碘在甲状腺的吸收。服用裂叶马尾藻褐藻酸钠、磷酸三钙对放射性锶，普鲁士兰对放射性铯在体内均有一定的阻吸收作用。④使用促排药物。应用促排灵、新促排灵、缓泻剂对放射性核素（如镧、铈、锆、铌）等有促排效果。

早期处理后针对内照射引起的相关损伤进行处理。例如，若晚期出现甲状腺功能减退，则按临床上对甲状腺疾病的治疗原则进行处理；出现其他组织器官的损伤，也按临床相应的治疗原则进行处理。

（鲁华玉）

hébàozhà shāngwáng

核爆炸伤亡（casualty of nuclear explosion）　核爆炸杀伤区范围内由各种伤害因素直接和间接作用造成的人员受伤和死亡。受伤是在核爆炸时立即发生的；死亡可能是现场死亡，也可能是伤后不久或较长时间才死亡。现场死亡包括伤后立即死亡和经杀伤区抢救后送到救治机构途中死亡。核爆炸造成的人员伤亡数，在核爆炸当时及其之后一段时间内，不容易确切得到，但可概略估算。它可以在平时或核爆炸前预测，也可以在核爆炸后根据实际情况估算。

伤亡率　是核爆炸杀伤区范围内由各种杀伤因素直接和间接作用造成的伤亡人数与该范围内总人数的比例。假如，核爆炸时核爆炸区的人员呈均匀分布且处于暴露无防护状态，则离爆心越近，人员伤亡率越高；离爆心越远，伤亡率越低。核爆炸伤亡率的高低主要取决于人员的防护情况，并受核爆炸当量、爆炸方式、自然环境及受伤人员后送条件等因素的影响。爆心及其邻近地域任一杀伤因素均足以造成人员死亡，但造成现场死亡的直接和主要原因是极重度冲击伤。这些伤员多数合并严重烧伤或放射损伤。因此，对地面暴露人员来说，可将极重度冲击伤的发生边界作为现场死亡的边界，并由此估算出发生现场死亡的地域面积占总杀伤区面积的比例。现场死亡比例的大小与爆炸方式相关，地爆时其比例大于空爆。这主要源于地爆总杀伤区面积比空爆小，而极重度冲击伤边界比空爆远。根据核试验的结果，核爆炸现场死亡数为占总伤亡人数的5%～10%，加上考虑受伤人员到达早期救治机构前的途中死亡，可定为10%，即伤亡比例大致为9∶1。它是对无防护的地面暴露人员，并设想人员分布比较均匀情况下按面积比较法进行推算，并未包括受伤后较长时间内死亡的人数。若包括受伤后较长时间内死亡的人数，死亡率可能>10%。实际上，死亡率受多种因素的影响，如爆心离人员密集区近，死亡率会增大，反之则减少。城镇地区受核袭击后的死伤比例主要取决于人员的防护情况、建筑物性质及其破坏程度等因素。在毫无防备的情况下，现场死亡比例比开阔地面大为增多。例如，日本广岛受核袭击后，在距离爆心1km以内的人员，伤亡比例为1∶9；在5km范围内，伤亡比例为5.1∶4.9。长崎受核袭击后，在距爆心1km以内，伤亡比例为0.6∶9.4；在5km范围内，伤亡比例为3.6∶6.4，呈现离爆心越近，伤亡率和死亡率越高的趋势。

伤亡估算　遭核袭击前对其造成的人员伤亡，受影响因素较多，难以准确预测。遭核袭击后，由有关部门迅速判断核爆炸当量、爆炸方式、爆心位置及可能的杀伤范围，并将判断结果通报相关部门和单位。军队卫勤部门除及时向上级和有关部门了解外，在可能条件下应积极参加核爆炸的观测工作，利用专门设备或简易观测等方法，也可获得核爆炸的概略情况。例如，通过核爆炸景象、烟云上升时间、烟云高度和宽度，甚至可根据核爆炸响声到达观测点的时间，推断核爆炸当量和爆炸方式。在民间，目击者所提供的核爆炸景象等目击信息，也可作为核爆炸信息来源的一个侧面或补充提供参考。根据核爆炸当量、爆炸方式及爆炸高度等参数，可查阅有关核爆炸杀伤效应应用资料，或利用核爆炸杀伤估算系统等方法，估算核爆炸对人员造成的单一伤和综合伤的杀伤范围。核爆炸时，人员处于暴露或防护两种状态。有防护者多处于各种各样的建筑物内、工事内或大型兵器内。此时，露天工事内人员综合杀伤半径与地面暴露人员杀伤半径的比值为1/3～1/2；中型和轻型坦克内人员综合杀伤半径为地面暴露人员的1/4～1/3；掩盖工事内人员综合杀伤半径与地面暴露人员杀伤半径的比值为1/5～1/4；人防工事内人员综合杀伤半径与地面暴露人员杀伤半径的比值为1/11～1/6。在地下永备工事内的人员一般是安全的。通过这些比值，可估算出核爆炸时不同防护条件下的杀伤半径和杀伤面积，它是估算不同防护条件下人员伤亡的依据。对暴露人员伤亡的估算，可采用以下公式计算方法粗略得出：

$$\text{伤亡总数}=\frac{\text{杀伤区内人数}}{\text{杀伤区内人数所配置的面积}(\mathrm{km}^2)}\times\text{核爆炸杀伤区面积}(\mathrm{km}^2)$$

若按伤亡比例1∶9计算，则暴露人员受伤人数=伤亡总数×90%，暴露人员死亡数=伤亡总数×10%。公式中的杀伤区内人数可以是整个核杀伤区的人数，也可以是不同地段内的杀伤区内的伤亡人员。影响伤亡的因素很多，除核爆当量、爆炸方式外，还有人员分布、气象条件、环境条件等。对不同防护条件下的人员伤亡估算，可根据上述不同防护条件下的人员杀伤半径和暴露人员杀伤半径的比值，得出不同防护条下的杀伤半径和杀伤面积，用上式计算可得出这些不同防护条件下的人员伤亡概数。实际上，遭到核袭击当时，人员分布不可能都呈暴露状态，而是可能有暴露的，也可能处于各种防护条件下的。此时，可按上式分别进行估算，首先估算出暴露人员伤亡数、受伤人数和死亡数，然后分别估算各种防护条件下受伤人数和死亡数。暴露人员伤亡数与各种防护下的人员伤亡数之和，即为整个核杀伤区的总伤亡数。在当今信息化条件下，利用计算机程序，设置和输入核爆炸当量、爆炸高度、人员分布、人员暴露或防护状态、气象条件及环境因素等相关参数，进行核爆炸伤亡估算十分便捷。估算结果的可靠性与所提供参数的准确有关。

（鲁华玉）

hébàozhà shāshāng fànwéi

核爆炸杀伤范围（killing range of nuclear explosion） 核爆炸产生的各种杀伤因素能使目标达到预定致伤概率或造成某种危害程度的地域。该地域通常用杀伤半径、杀伤面积和杀伤边界表示。

核爆炸光辐射、冲击波和早期核辐射3种瞬时杀伤因素造成在开阔地面暴露人员当场死亡（阵亡）和损伤的地域，简称杀伤区或爆区。杀伤区的划分方法，主要以杀伤半径为依据，根据伤情而划定。核爆炸损伤的伤情分为轻度、中度、重度和极重度4个等级。某伤情等级的杀伤半径，是从爆心或爆心投影点至该等级杀伤区远边界的距离。在此区域内，相当一部分人员遭到该等级以上的损伤；在该边界上的人员，受到该等级以上损伤的概率为50%。按此划分方法可划分出光辐射、冲击波、早期核辐射各自单一伤的杀伤半径和综合杀伤半径。综合杀伤半径的确定以3种瞬时杀伤因素中同等程度杀伤半径最大的一种作为各杀伤区的半径。例如，在爆炸威力100万吨TNT当量、比高为120条件下的核爆炸，光辐射、冲击波和早期核辐射的中度杀伤半径分别为8.9km、5.8km和2.3km，则其中度综合杀伤半径取8.9km。此处，比高是核爆炸比高或核爆炸比例爆高的简称。比高（h，单位是$\mathrm{m/kt^{1/3}}$）等于实际爆炸高度（H，单位为m）与爆炸当量（Q，单位为kt）TNT当量的立方根之比，即：

$$h=H/Q^{1/3}$$

综合杀伤半径的大小，主要取决于核爆炸当量和爆炸方式。当量愈大，综合杀伤半径愈大。万吨级以上的核爆炸，空爆时综合杀伤半径比地爆大。2万吨以上的核爆炸时光辐射杀伤半径最大，故对开阔地面暴露人员是以光辐射杀伤半径作为各杀伤区综合杀伤半径。万吨级以下的核爆炸时，早期核辐射杀伤半径最大，各杀伤区主要以早期核辐射杀伤半径划定。

设爆区是圆形时，由杀伤半径可以计算杀伤区面积。杀伤半径最远处称为杀伤边界。按各度损伤综合杀伤半径划分的区域为综合杀伤区。从爆心或爆心投影点向外，由近到远，人员所受损伤的程度由重到轻，一般将人员遭受杀伤的地域划分为极重度、重度、中度和轻度 4 个杀伤区。①极重度杀伤区：指发生当场死亡和极重度损伤的区域。在该区域内，可有少数伤员发生重度损伤。②重度杀伤区：指大多数伤员发生重度损伤的区域。在该区域内，可有少数伤员发生极重度损伤，一般多发生在近爆心地带；同时有少数伤员发生中度损伤，多分布在该区的远带。③中度杀伤区：指大多数伤员发生中度损伤的区域。在该区域内，可有少数伤员发生重度损伤，多分布在该区近带；还有少数伤员发生轻度损伤，一般多在该区的远带。④轻度杀伤区：在该区域内多属轻度损伤。该区近带可有少数伤员发生中度损伤，也有少数人员不发生损伤。轻度杀伤区的边界，是整个核爆炸杀伤区的边界。不同当量地面核爆炸和空中核爆炸（比高 120）对开阔地面暴露人员的综合杀伤半径如图 1 和图 2 所示。

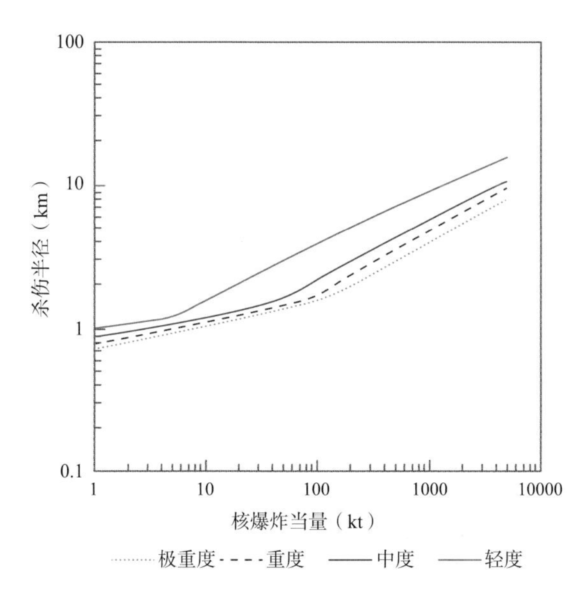

图 1 不同当量地面核爆炸对开阔地面暴露人员的杀伤半径

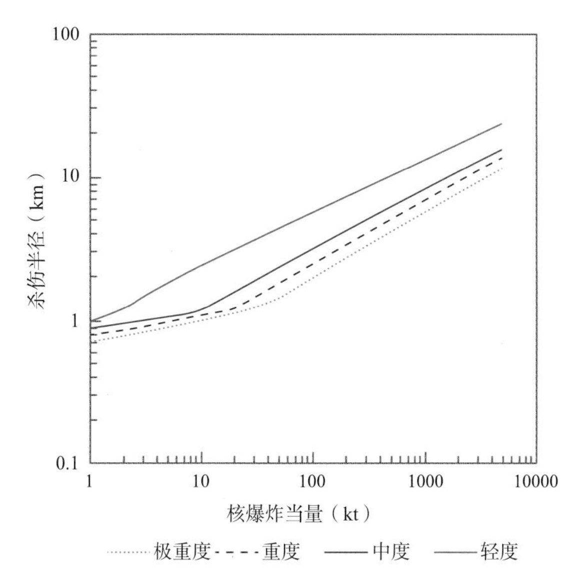

图 2 不同当量空中核爆炸（比高 120）对开阔地面暴露人员的杀伤半径

杀伤区范围以外相当大的地域内，还可因光辐射作用而发生视网膜烧伤和闪光盲，下风向地区可因放射性沾染而造成危害。这些伤害的发生边界比上述轻度杀伤区的边界远得多。由于发生这些伤害的影响因素较多，发生率相对较低，因此不能作为核爆炸整个杀伤区的边界。通常所说的杀伤区不包括这些地域。

杀伤区的大小，取决于核爆炸当量和爆炸方式、人员配置及防护情况、爆区地形、建筑结构及分布，以及气象等自然条件多方面的因素。其他条件相同时，核爆当量越大，杀伤区越大。同样的核爆炸当量，空爆杀伤区大于地爆杀伤区。人员采取有效的防护措施，比暴露在地面上的人员的杀伤范围明显缩小。地形、气象、建筑物等对杀伤范围有很大的影响，如核爆炸发生在城镇地区，其造成间接伤的范围比在开阔地面所致的范围大得多。核爆炸时若有很好的防护，即使在相当于开阔地面极重度杀伤区内，也可只发生较轻的损伤或不发生损伤。

（鲁华玉）

hébàozhàqūrényuánshāshāng

核爆炸区人员杀伤（personal damage in the nuclear explosive area）

核爆炸各种杀伤因素致伤作用范围内由这些杀伤因素引起的人员损伤和死亡的统称。

光辐射的杀伤作用 光辐射可引起人体皮肤和黏膜烧伤，称为直接烧伤或光辐射烧伤。在光辐射作用下，建筑物、工事和服装等着火引起人体烧伤，称为间接烧伤。光辐射的致伤作用主要取决于光冲量的大小。烧伤程度决定于烧伤的深度、烧伤面积和烧伤部位。因此，核爆炸时人员所处的位置、着装等对烧伤伤情影响很大。光辐射烧伤还受光辐射的发光率的影响。发光率指在单位时间内光辐射能量释放的百分比。核爆炸当量较小，发光率较高；核爆炸当量较大，发光率较低。因此，小当量核爆炸时，引起同样的烧伤深度、烧伤伤亡率和烧伤程度所需要的光冲量较小；大当量核爆炸时，则反之。例如，在夏季 10kt 核爆炸，引起人员皮肤Ⅱ度烧伤的光冲量阈值为 13J/cm^2，而 10 000kt 则需 20J/cm^2。夏季核爆炸引起 1%、

50%和99%的暴露人员烧伤伤亡及烧伤死亡的光冲量值列于表1。

从表1可见，当量从10kt增至100kt、1000kt和10000kt的核爆炸，引起同等烧伤伤亡率或烧伤死亡率所需的光冲量分别增加1.15倍、1.3倍和1.5倍。采用内插和线性外延的方法，可粗略得出1~25 000kt任意当量爆炸时暴露人员致同样烧伤发生率的光冲量值。不同当量核爆炸时，不同烧伤程度所需的光冲量同样采用倍增关系进行计算，例如表2所列的夏季不同当量核爆炸时使50%暴露人员发生不同烧伤程度的光冲量值。

气温和着装对光辐射烧伤有一定影响，例如冬季气温较低，穿着棉衣时，引起裸露部位皮肤同等深度或程度的烧伤所需光冲量比夏季要大。若以夏天暴露人员穿单衣时烧伤的光冲量相对值为1，则冬天穿棉衣时引起相同烧伤伤亡率及中度以下烧伤的光冲量相对值为1.5，相同死亡率及重度以上烧伤的光冲量相对值为3。光辐射对人体某些特殊部位烧伤所需的光冲量差别较大，例如，引起视网膜烧伤所需光冲量为0.4J/cm²，角膜烧伤需80J/cm²，呼吸道烧伤达100J/cm²以上。

冲击波的杀伤作用 冲击波致人员损伤主要由动压和超压引起。动压的直接冲击，或将人员抛出撞击地面或坚硬物体，或运动的物体撞击人体，都可造成冲击伤。颅脑损伤、骨折和肝、脾破裂主要是动压引起；而心、肺和听觉器官的损伤则主要是超压所致。冲击伤的伤亡率所需的超压与核爆炸当量、核爆炸比高的大小有一定关系。由于当量不同，压力作用时间也不同。小当量核爆炸时引起无防护人员同样冲击伤伤亡率所需的超压值，比大当量核爆炸要高一些，且随当量增加所需压力呈下降趋势。若当量在100kt以上，造成同样伤亡率所需的超压则与当量关系趋于不明显，而与比高大小相关。若当量10 000kt在比高0爆炸，引起1%、50%和99%的室外人员冲击伤伤亡率所需超压值分别为7kPa、29kPa、147kPa；而在比高240爆炸时，则分别为4kPa、24kPa、170kPa。冲击伤死亡率所需的超压值与核爆炸当量、比高有一定关系，但差别不大。10000kt核爆炸，冲击波引起50%的无防护人员死亡的超压为50~60kPa。冲击波所致损伤的严重程度，主要取决于超压、动压和正压作用时间。一般地说，在无防护条件下，引起50%的人员发生轻度冲击伤的超压为20~30kPa。正常情况下正压作用时间越长，致伤作用越大，即正压作用时间越长，造成同等程度冲击伤所需的压力愈小，亦即核爆炸当量越大，造成同等程度冲击伤所需的压力越小（表3）。

以上分别叙述核爆炸冲击波超压和动压对人员的杀伤作用。实际上，超压和动压对人员的杀

表1 夏季不同当量核爆炸暴露人员烧伤不同伤亡率及死亡率所需的光冲量（J/cm²）

当量（kt）	伤亡率*（%）			死亡率（%）		
	1	50	99	1	50	99
10	13	20	30	33	73	155
100	15	23	35	38	84	178
1000	17	26	39	43	95	202
10000	20	30	45	50	108	233

注：* 同一距离上或同一地域内的核爆炸烧伤死亡率与烧伤致伤率之和。

表2 夏季不同当量核爆炸致50%的暴露人员不同伤情烧伤所需的光冲量（J/cm²）

当量（kt）	烧伤伤情			
	轻度	中度	重度	极重度
10	20	45	68	140
100	23	52	78	161
1000	26	59	88	182
10000	30	68	102	210

表3 不同当量核爆炸致50%的暴露人员不同伤情冲击伤所需的超压值（kPa）

当量（kt）	冲击伤伤情			
	轻度	中度	重度	极重度
10	25	44	91	138
100	22	42	82	122
1000	-	39	75	106

伤是同时起作用的。

早期核辐射的杀伤作用 早期核辐射是核爆炸所特有的杀伤因素，人体受到一定剂量照射后，可能引起急性放射病。急性放射病的发生率、死亡率主要与受照剂量有关。引起急性放射病发生率1%、50%、99%所需的早期核辐射剂量分别为0.7Gy、1.2Gy和2Gy；引起死亡率1%、50%、99%所需的早期核辐射剂量分别为2Gy、3.5Gy和5.5Gy。不论核爆炸当量大小，其产生的核辐射对人员造成不同程度急性放射病所需的核辐射剂量基本相同，即1~2Gy可引起轻度急性放射病；2~3.5Gy引起中度急性放射病，3.5~5.5Gy发生重度急性放射病；>5.5Gy可致极重度急性放射病。

核爆炸区人员杀伤的伤类和伤情 核爆炸产生的4种杀伤因素，它们分别同时和相继作用于人体，使人员发生不同类型损伤，统称为核爆炸损伤。受单一因素作用后发生单一伤，受两种或两种以上杀伤因素同时或相继作用于人体，则可发生复合伤。核爆炸区人员杀伤伤情等级划分如表4所示。根据伤后的工作能力、医疗救护需求及预后等指征，划分为轻度、中度、重度和极重度4个伤情等级。为判断核爆炸的杀伤效果，核爆炸区人员杀伤等级可按表4中的指征进行划分。为医疗救护，还需提出各类单一伤和复合伤的具体伤情分类指征。

核爆炸区人员杀伤的范围 核爆炸产生的各种杀伤因素使人员达到预定致伤概率或造成某种危害程度的地域。该地域通常用杀伤半径、杀伤面积和杀伤边界表示。划分核爆炸区人员杀伤范围的方法与核爆炸杀伤范围相同。

（鲁华玉）

chéngshì hébàozhà shāngwáng

城市核爆炸伤亡（casualty of nuclear explosion in urban area）

在城市发生核武器突然袭击时，核爆炸杀伤区内由于各种杀伤因素直接或间接作用造成的人员损伤和死亡。

伤亡特点 城市建筑物密集，高层建筑多，居住拥挤，人口稠密，在遭受核袭击后人员伤亡具有下列特点：①杀伤范围广。在爆炸当量、爆炸高度和能见度等条件相同或相近的情况下，杀伤范围比野战核爆炸杀伤范围大。例如，广岛原子弹爆炸，当量为12.5千吨（kt），空爆后全市76 327住户中92%的建筑物受到不同程度的破坏，建筑物内的人员也受到不同程度的伤害。在距离爆心投影点5km以外的地域还有197人伤亡，其中死亡42人。若以杀伤半径5km计，相当于同样当量和爆炸高度在野战条件下核爆炸杀伤半径的2倍，主要原因是建筑物倒塌，其次是火灾蔓延。②瞬间伤亡数量大。城市人口高度密集，每平方千米达数千人甚至数万人，一旦遭受核武器袭击，瞬间伤亡巨大。据估算，若大中城市遭到1枚百万吨级核武器袭击，人员伤亡可达全市人口的50%以上。③死亡比例高。与相同条件野战地域核爆炸相比，死亡可高出许多倍。据估算，在野战条件下，若整个部队配置在核爆炸区并处于暴露情况下，阵亡人数为总伤亡数的3%~12%；若部队有部分配置在防护工事内，则阵亡数会减少。概略的估计可将总伤亡数的10%作为阵亡数。在城市核爆炸时，死亡人数比例明显增高。死亡人数比例与距爆心投影点的距离密切相关，距爆心投影点越近，死亡比例越高。④间接损伤多。城市核爆炸引起的间接损伤中，主要是间接冲击伤和间接烧伤。在冲击波和光辐射作用下，引起建筑物倒塌或形成大面积火灾，可致人员大量间接伤害，而直接损伤较少。⑤开放性损伤多。城市核爆炸所致人员冲击伤，不仅间接伤多，而且多数为开放性损伤。广岛原子弹爆炸造成单纯开放性损伤占受外伤总人数的67%，复合开放性损伤者约占11%，两者合计约为78%。长崎遭核袭击的伤亡情况也类似。⑥多发伤多。在城市核爆炸条件下，多发伤是常见伤类，常发生多部位或多脏器损伤。冲击伤伤情越重，损伤部位或脏器越多。⑦复合伤多。核爆炸产生的4种杀伤因素中，人员同时或

表4 核爆炸人员损伤伤情等级的划分

伤情等级	伤后工作能力	医疗救护需求	预后
轻度	多数轻度降低	自救互救，不需住院	良好
中度	大多数丧失，少数降低	部分能自救互救，均需住院	不治疗死亡率为15%~20%，良好治疗基本全可治愈，伤残率低
重度	丧失	很少数能自救互救，均需住院	不治疗死亡率为70%~80%，良好治疗死亡率为30%~40%，伤残率高
极重度	丧失	不能自救互救，约1/2来不及送医院	不治疗死亡率约为100%，良好治疗极少数可能治愈

相继遭受两种以上不同性质的杀伤因素共同作用而造成的损伤，称为核爆炸复合伤。除4种杀伤因素引起的复合伤外，由于冲击波造成建筑物的倒塌，光辐射引起建筑物着火，使间接冲击伤和间接烧伤的人数增多，特别是间接冲击伤的范围扩大，显著增加了复合伤的人员伤亡数量。日本原子弹爆炸后，若将早期死亡者都包括在内，估计全部伤亡人数中有65%～85%的人为复合伤。据估算，若100万吨核武器攻击一个大城市，估计冲击伤占15%～20%，烧伤占15%～20%，放射损伤约占15%，复合伤占45%～55%。⑧早期核辐射损伤相对较轻。在城市核爆炸条件下，各种类型的建筑物对早期核辐射都有不同程度的屏蔽作用，因此对早期核辐射所致损伤均有不同程度的减轻。若人员位于地下室或人防工事内，有可能避免放射损伤。即使室外的暴露人员，与开阔地面暴露的人员比较也有差别，只要核武器不在正上方爆炸，周围建筑物都有削弱早期核辐射的作用。其削弱程度主要取决于建筑物类型、人员所处位置、核武器当量、爆炸方式、距爆心或爆心投影点的距离等。

伤亡率 在核爆炸杀伤范围内，由各种杀伤因素直接或间接作用造成的伤、亡人数之和与该范围内总人数的比值。在杀伤区内，死亡、受伤和无伤者一般混合存在。伤亡率的高低主要取决于核爆炸当量、爆炸方式及人员防护情况等多种因素的影响。在同样的核爆炸及防护条件下，离爆心越近，人员伤亡率越高；而离爆心越远，伤亡率越低。城镇地区受核袭击后的死伤比例主要取决于人员防护情况、建筑物性质及其破坏程度等因素。在毫无防备的情况下，现场死亡比例比开阔地面大为增多。例如，日本广岛受核袭击后，在距离爆心1km以内的人员，伤亡比例为1∶9；在5km范围内，伤亡比例为5.1∶4.9。长崎受核袭击后的伤亡，在距爆心1km以内，伤亡比例为0.6∶9.4；在5km范围内，伤亡比例为3.6∶6.4。

伤亡估算 核爆炸所致伤亡人数是受伤人数和死亡人数两者之和，无伤者不计算入内。截至目前唯一的实例是日本广岛和长崎两座城市的核爆炸伤亡。根据美国和日本联合调查统计数据推算，在核武器袭击当时，位于杀伤区的人口，广岛约有256 300人，长崎约有173 800人。两地人口中均不包括军事人员。核爆炸后调查发现，广岛伤亡人数达144 000人，约占总人口的56%，其中死亡为伤亡总数的47%；长崎伤亡人数约59 000人，伤亡人数约占总人口的34%，其中死亡为伤亡总数的64%。两座城市共计伤亡203 000人，约占两市杀伤区总人口的47%，其中死亡占为两市伤亡总数的52%。在此，两市的死亡数均指核爆炸后4个月内的全部死亡数。广岛和长崎的经历已经告诉世人，在城市发生核爆炸时，所造成的伤亡极其惨重。城市遭核袭击伤亡的预测十分复杂和非常困难，但可根据一些已知条件，如城市人口密度、人员分布以及所处位置、城市建筑类型、防护情况，并假设可能受到核袭击的爆炸当量、爆炸方式等进行分析估算，可得出比较粗略的伤亡判断结果。在20世纪70～80年代，美国国会技术评价局曾估算：在无预先警报，居民无疏散，天气晴朗，能见度为16km的情况下，美国底特律市在夜间遭受1枚100万吨的核武器空爆袭击，在半径为11.9km的核杀伤区范围内，以当时132万人口计，遭核袭击后估计可能总伤亡人数为65万人，约占该区域总人口的49%；其中死亡为22万，约占伤亡总人数的17%。英国大伦敦区战争危害研究委员会用计算机模拟的方法估算，在伦敦投下总当量为500万吨核弹头，以该市有700万人口计，核爆炸后伤亡数占全市人口数的84%；若总当量增加到1000万吨，则总伤亡可达约占全市人口的97%。

核爆炸时产生的各种杀伤因素均可造成人员伤亡。但城市遭到核袭击时，尤其是百万吨级大当量核爆炸，在核爆炸区内主要是冲击波和光辐射杀伤破坏作用的结果。在此情况下，室外暴露人员虽然遭到冲击波和光辐射直接致伤或致死，但更多的伤亡是人员被抛掷，或被破坏的建筑物、树木和其他物体形成的“抛射物”打击所致。据估计，城市遭核袭击为地面核爆炸时，在近爆心区地域可造成更严重和更多的人员伤亡；若是空爆，则近爆心区地域造成的人员伤亡可能轻一些或少一些，但杀伤半径比地面爆炸时大一些。如图1所示，百万吨当量于晴朗的白天在地面核爆炸时可能造成的杀伤破坏效应。在冲击波和光辐射的作用下，距爆心约5km范围内，可能造成的人员伤亡达90%以上；在8.0km范围内，约有50%的人员伤亡；11km以外才算是安全地带。若是百万吨当量空中核爆炸，以冲击波的破坏效果达到最大时的爆炸高度，冲击波和火灾的中度杀伤破坏半径从地爆的8.0km增加到13km。1枚核武器爆炸的伤亡后果，若多枚核武器在同一地域爆炸，则该地域的部分人员可能发生重复伤亡，对此类伤亡的估算十分复杂（图1）。不论多大当量的核爆炸，产生的早期核辐射的致伤范围仅限于距爆心约5km以内。在百万吨级以上核爆炸时，若人员位于5km以外的露天地面上，其受核辐射照射的剂量很小，可忽略不计；受较大剂量照射只发生于重度以上杀伤区内。在这样的地区，人员处于地下室或其他地下掩蔽所才有可能减少早期核辐射的照射。在万吨级以下的小当量核武器在地面或近地面爆炸时，人员位于一定距离范围内的地面上可受到大剂量的早期核辐射照射；在重度杀伤区内，人员位于住宅地下室也不能确保安全，而在大型建筑物地下室、人防工事或坑道内有较好防护作用的位置上，才可能相对安全。地面或近地面核爆炸后，人员除受到早期核辐射照射外，还可能受到放射性沾染核辐射照射造成的损伤。放射性沾染核辐射对人员造成的伤亡更难估算。

（鲁华玉）

yězhàn hébàozhà shāngwáng

野战核爆炸伤亡（casualty of nuclear explosion in battlefield）

部队在野外作战条件下遭核武器袭击时核爆炸杀伤区内由于各种杀伤因素直接或间接作用造成的人员损伤和死亡。人员受伤是在核爆炸时立即发生；而死亡可能是核爆炸时当即死亡（阵亡），也可能是伤后不久或较长时间才死亡。从卫生勤务的角度出发，阵亡包括伤后立即死亡和经杀伤区抢救后送到早期救治机构途中的死亡者。核爆炸造成的人员伤亡情况，在核爆炸当时及其之后一段时间内，不容易得到确切的伤亡数据。截至目前，尚无野战核爆炸伤亡实战先例，因此只能做概略的估算。这种估算可以在平时或核爆炸前预测，也可以在核爆炸后根据实际情况核算。

伤亡特点 根据野战条件的特点，发生核爆炸时，很可能是较低当量核武器或战术核武器爆炸。对开阔地面暴露人员而言，1万吨以上核爆炸，光辐射杀伤半径最大，其次是冲击波，早期核辐射杀伤半径最小；在早期核辐射的杀伤范围内，人员可能遭到3种瞬时杀伤因素的损伤；在早期核辐射的杀伤范围外，可受到两种杀伤因素的损伤；在冲击波杀伤范围外，人员只受到光辐射1种杀伤因素的作用而发生单纯光辐射烧伤。1万吨以下核爆炸时，光辐射的杀伤半径最小，其次是冲击波，早期核辐射的杀伤半径最大；在光辐射杀伤范围内，可发生3种杀伤因素所致损伤；光辐射杀伤范围外，可发生两种杀伤因素的损伤；冲击波杀伤范围外，可发生单纯早期核辐射损伤。核爆炸瞬间发生大量人员伤亡，出现大批光辐射烧伤、冲击伤、放射损伤和核爆炸复合伤伤员。核爆炸的杀伤破坏范围广大，不同当量核爆炸对地面暴露人员的

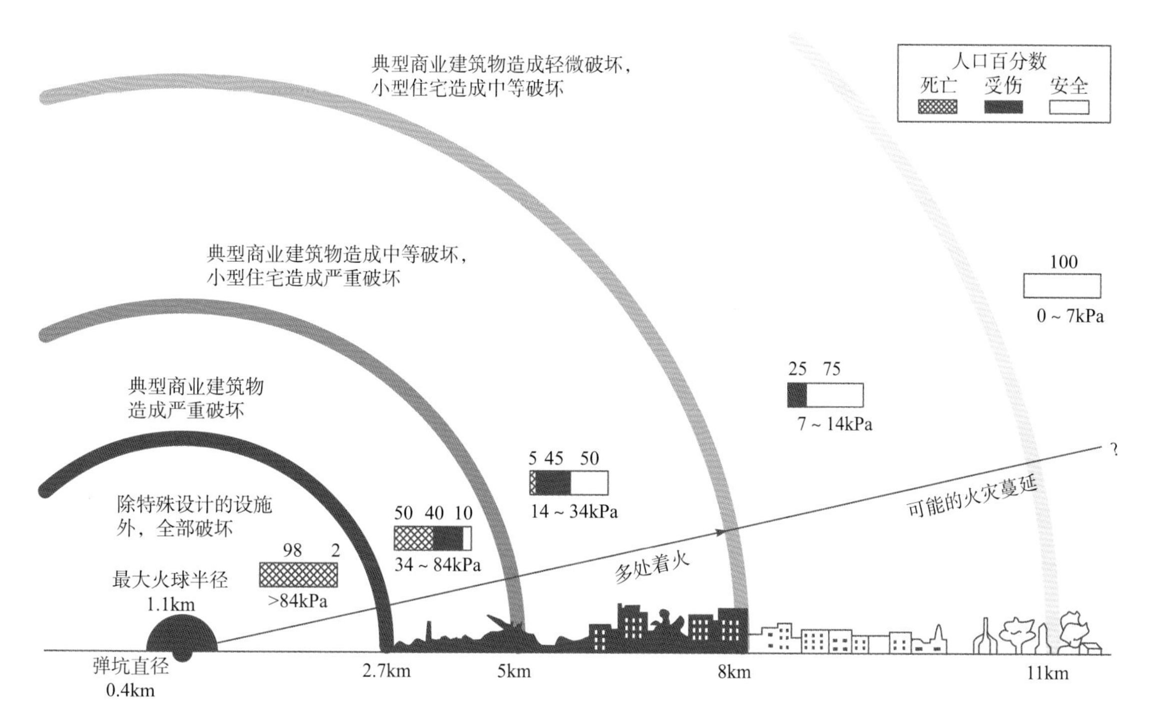

图1 百万吨级地面核爆炸的直接效应

综合杀伤半径概数：1 千吨级核爆炸为 1～2km，1 万吨级为 2～5km，10 万吨级为 5～10km，100 万吨级为 10～30km。在野战条件下，部队一般处于作战、训练、行进和宿营 4 种状态。其中，在作战、训练和宿营时，可能有一部分人员处于暴露状态，另一部分人员位于工事内或大型兵器内等不同程度的防护条件下；而在行进状态时，人员基本上都呈暴露状态。位于离爆心较近的地面上的暴露人员，容易受到光辐射、冲击波和早期核辐射 3 种杀伤因素的杀伤。位于离爆心较远的地域，人员可能受到两种或 1 种杀伤因素的伤害。核爆炸造成的损伤既有单一伤，又有复合伤；既有直接伤，又有间接伤；既有单处伤，更多的是多发伤；既有与常规战伤类同的损伤，又有特殊的放射损伤和放射复合伤。这些损伤，轻者影响或丧失战斗力，重者当即阵亡，严重破坏部队的作战能力。处于不同防护条件下的人员，因核爆炸当量和爆炸高度不同，以及各种防护条件的防护效果不同，致使位于野战工事或大型兵器内人员的杀伤半径差别很大。据估算，中型和轻型坦克内人员综合杀伤半径为地面暴露人员的 1/4～1/3；堑壕、交通壕等露天工事内人员综合杀伤半径与地面暴露人员综合杀伤半径的比值为 1/3～1/2；崖孔、观察等工事内人员综合杀伤半径与地面暴露人员综合杀伤半径的比值为 1/5～1/4；人防工事内人员综合杀伤半径与地面暴露人员综合杀伤半径的比值为 1/11～1/6。在地下永备工事内的人员一般是安全的。通过这些比值，可计算出核爆炸时不同防护条件下的杀伤半径和杀伤面积。

伤亡率 核爆炸造成的人员伤亡，取决于核爆炸当量、爆炸方式、人员分布、防护情况、爆区自然环境及从爆区后送条件等因素的影响。爆心及其邻近地区任一杀伤因素均足以造成人员死亡，但造成阵亡的主要和直接原因是极重度冲击伤。受伤人员多复合有严重烧伤和或放射损伤。因此，对地面暴露人员来说，可将极重度冲击伤的发生边界作为阵亡的边界，由此可计算出发生阵亡的地域面积占总杀伤区面积的比例。阵亡比例的大小与爆炸方式相关。地爆时其比例大于空爆，主要由于地爆时总杀伤区面积比空爆小，而极重度冲击伤边界又比空爆时远。据估算，核爆炸阵亡数为总伤亡数的 5%～10%，加上考虑受伤人员到达早期救治机构前的途中死亡，可定为 10%。也就是说，伤亡比例约为 9∶1，此概率并未包括受伤后较长时间内死亡的人数，若计入则可能>10%。死亡率受多种因素影响，如爆心离人员密集区近，死亡率会增大，反之则减少。

伤亡估算 影响伤亡估算的因素较多，受核袭击前难以准确预测伤亡的数量。遭敌核袭击后，主要由有关部门迅速判断核爆炸当量、爆炸方式和爆心位置，并通报各有关方面。军队卫勤部门除及时向上级和有关部门了解核爆炸情况外，在可能条件下应积极参加核爆炸的观测工作，尤其是简易的观测方法，如观测烟云上升时间、烟云厚度与宽度的比例等，以推断核武器的当量，观察核爆炸外观景象以推断爆炸方式，有时还可根据爆炸响声到达时间判断该处距爆心的距离。根据核爆炸当量、爆炸方式及爆炸高度等参数，可从有关的应用资料中判断或计算出此次核爆炸对暴露人员的杀伤半径，包括光辐射、冲击波和早期核辐射 3 种瞬时杀伤因素造成的单一伤和综合杀伤半径，并计算其杀伤区面积。

假设人员的地域分布基本均匀，可采用公式（1）粗略估算得部队暴露人员伤亡数。

$$\text{伤亡人数}=\frac{\text{部队人数}}{\text{部队配置地域的面积}(\text{km}^2)}\times\text{核爆炸杀伤区面积}(\text{km}^2)\quad(1)$$

若按伤亡比例 9∶1 计算，则暴露人员受伤人数 = 伤亡总数×90%，暴露人员死亡数 = 伤亡总数×10%。式中的杀伤区内人数可以是整个核杀伤区的人数，也可以是不同地段内的杀伤区内的伤亡人员。当部队人员呈行进状态时，人员呈长队形分布，则按公式（2）估算。

$$\text{伤亡人数}=\frac{\text{部队人数}}{\text{队形长度}(\text{km})}\times\text{核爆炸杀伤区直径}(\text{km})\quad(2)$$

对不同防护条件下的人员伤亡估算，可根据上述不同防护条件下的人员杀伤半径和暴露人员杀伤半径的比值，得出不同防护条下的杀伤半径和杀伤面积，用上式计算可得出这些不同防护条件下的人员伤亡概数。

（鲁华玉）

fàngshèxìng zhānrǎnqū rényuán shāshāng

放射性沾染区人员杀伤（personnel injuries in the radioactive contamination area） 核爆炸时产生的放射性物质在沉降过程中对人体的污染。放射性核沾染是核爆炸的基本杀伤因素之一。核爆炸时所产生的放射性物质，在高温下气化、分散于火球内，当火球温度下降，形成放射性烟云时，放射性物质与烟云中的微尘凝结成放射性微尘。这些放射性微尘受重力作用先后降落于地面。在其沉降过程中，造成空气、地面物体及人体的污染。沉降的放射性微尘称放射性落下灰，沉降的放射性微尘造成环境的污染称为放射性沾染和污染。

放射性沾染区人员主要由两大致伤因素：①放射性沾染对人体的危害。放射性落下灰在沉降过程中的 γ 射线及落下灰沉降到地面和各种物体表面上的沾染物的 γ 辐射，均可造成对人员的外照射伤害。与早期核辐射相比，落下灰的 γ 射线外照射不伴中子流，照射方向为多方向的照射，因此对机体的照射较均匀，照射时间取决于人员在沾染区停留时间的长短。人体可受到来自地面、空气对物体表面的放射性物质发射的 β 射线的照射，主要是放射性物质沾染皮肤后，β 射线直接对皮肤的照射，照射剂量较大时可引起皮肤 β 损伤或 β 烧伤。②落下灰内照射危害。落下灰通过沾染的空气、食物、饮水及经呼吸道、消化道、皮肤、伤口等途径进入体内，在体内的吸收率与落下灰来源、进入途径、溶解度及颗粒大小等因素相关。落下灰进入血液后，选择性蓄积于各器官组织，呈不均匀分布。落下灰内照射剂量主要贡献来源于 β 射线，γ 射线的贡献很小。由于甲状腺质量小，是机体重要的内分泌器官，担负制造及分泌甲状腺素的生理功能，对碘的亲和力强。因此，落下灰中放射性碘核素主要集中在甲状腺，造成甲状腺受到较高的剂量照射，使甲状腺最容易受伤。实践证明，放射性碘是落下灰内照射危害的主要核素，甲状腺是落下灰内照射危害的主要器官。

（鲁华玉）

hébàozhà shèhuì-xīnlǐ xiàoyìng

核爆炸社会心理效应（psychosocial effect of nuclear explosion） 突然遭到核袭击重大伤亡和毁灭性破坏的威胁而产生的心理、认知、行为失衡等危急状态及心身反应。又称核爆炸社会心理危机或核袭击社会心理危机。

概述 以杀伤人员和破坏预定目标为目的的核爆炸是一种人为巨灾，一旦发生，对人们生命财产会造成不可估量的损失，对社区、社会和国家产生极其严重和深远的影响。核爆炸时造成大片建筑轰然倒塌，地面立即一片火海，上空顷刻浓烟滚滚，家园瞬间变成废墟。人们还来不及弄清发生了什么，眼前就突然展现一片恐怖场景。众多横尸残垣断壁之间。一些人在残墙碎石瓦砾中挣扎着，满身都是鲜血和灰土。到处有人呻吟或呼喊。空气中弥漫着烧焦和血腥气味。社会结构严重破坏，家庭崩溃，大量人员伤亡……悲惨骤然笼罩整个核爆炸杀伤区。核爆炸是一种人为应激源，又称社会应激源。应激源指能引起人体产生应激反应的因素，又称应激因素。核爆炸与其他灾害相比有其特殊性。核爆炸时产生光辐射、冲击波、早期核辐射、放射性性沾染等多种杀伤因素，其中每一种杀伤因素都可单独构成应激源，对人员造成心理伤害。对个体而言，这种应激源具有不可预见性、突发性、应激强度大等特点。当生命受到威胁，赖以生存的环境发生巨大破坏，导致人们出现各种轻重不一的躯体症状，严重者产生情绪失控、情感紊乱、行为错误，以致危害社会等心理危机。个体陷入严重超负荷的心身紧张性反应状态，机体内外平衡被打破，出现一系列心理和生理应激反应，导致精神痛苦，影响生活、工作及人际交往，生活质量下降。核爆炸的危害性、威胁性、紧迫性、震撼性和后果的严重性，是造成心理应激的根本原因。人们遭到如此巨大打击，无法承受的心理创伤将难以形容。

人们对各种重大灾害的社会心理效应具有普遍规律，即每个人在感到或确已处于危险处境时，都会出现害怕、恐惧、悲伤、失眠、噩梦、自责、逃避等各种心理应激反应。虽然核爆炸心理后果极其罕见，但根据广岛和长崎遭核袭击、国外几起重大核事故及国内严重自然灾害所致的心理后果和经验，未来核爆炸引起的社会心理效应可能更为复杂和多样，出现社会心理反应的地域可能更为广泛。投在广岛和长崎这两座城市的是小型原子弹，是战术核武器，而将来可能发生的核爆炸，特别是城市核爆炸或大规模核袭击，将比广岛、长崎的核爆炸当量可能大几个数量级。广岛、长崎遭核袭击时，人们对核辐射的长期效应尚不了解，而现在已认识到核辐射效应会对受核袭击人群的健康后果产生很大影响。美国三里岛核电站事故（1979 年）、苏联切尔诺贝利核电站事故（1984 年）、日本福岛核电站事故（2011 年）等便是例子，所造成的社会心理后果不仅影响当地，而且超越国界，并延续至今。影响核爆炸心理危机的因素主要包括两方面：一是个体心理承受能力，如个体的个性、教育水平、思想观念、生活信仰、健康状况等；二是社会支持的时间和力度，利用资源的能力等。

效应 核爆炸社会心理效应可分为短期效应和长期效应。

短期效应 发生在核爆炸后即时开始，持续约2个月。期间一般经历核爆炸心理冲击期、恢复期和爆后调整期3个阶段。此后，大部分人的心理逐渐恢复至正常状态，而少数人可能由于存在各种情况，如身体受到光辐射、冲击波、核辐射严重伤害，家庭解体或社区重建困难等实际原因，致使心理创伤难以愈合而变成长期心理效应，其中有的可能延续终生。核爆炸造成的心理反应多种多样，每个人的表现都不完全相同，短期效应主要有以下几方面。

害怕 面对突如其来的核爆炸，人们立即被闪光所震惊，继而被眼前大量建筑物倒塌和一片废墟的刺激，出现震惊、惊慌、惊骇、紧张、情感麻木、四肢发软和不知所措。

惊呆 人们对核爆炸情景的强烈刺激进行的正常心理调节，一时弄不清楚发生了什么，出现发呆、发懵、发愣、茫然、双眼同向凝视、意识清晰度下降。

恐慌 人们在核爆炸后出现的控制不住的逃遁行为或狂乱无目的的行动。若缺少良好组织或指挥，人们将面临毁灭性危险，仅有一条可脱险窄路也要仓促鲁莽夺路而逃。此现象在平时一些突发事件中常可见到。核爆炸造成的人群恐慌有很强的破坏力，本来处于惊骇和严重焦虑中的人群，一旦受谣言挑拨或受不稳定的行为影响，会发生盲目骚动，影响社会安定。

焦虑 核爆炸巨大的应激后，人们通常呈现一种混乱状态。有的人心烦意乱、紧张焦虑、容易发火、指责抱怨、愤怒、捶胸顿足、心神不定，担心自己精神崩溃或无法自控，甚至行为失控。

恐惧 人们在核爆炸后有一种身处绝境的感觉，眼见自己的生命和财产受到毁灭性威胁，并对可能将要发生更严重的后果而产生极大的恐惧；对亲属所面临的险境不能保护而变得惊恐、哀号和脆弱，安全感缺失。在核爆炸后人们处于极度恐惧不安状态，担心自己、家人特别是孩子受核辐射伤害及其后遗症。

悲痛 在核爆炸发生的一刻，有的人除惊慌失措外，一时无法应对当前的局面，或面对亲友死亡和房屋倒塌心感无助而哭喊大叫。核爆炸给人们带来人身和财产的巨大伤害而悲痛欲绝；有的人痛恨自己没有能力救出家人而自疚，或感到孤立无助，沮丧失望，甚至借酒、吸烟消愁等。

从众 是一种趋同心理现象。人们受到核爆炸的威胁，很容易出现此种心理。这是人们未能掌握合理的应对策略，一时无法判别怎样做才更合理，没有更好的办法，只好随波逐流。从众是一种利群行为，但有时会产生负面影响，跟对者则对，跟错者则错。

骚动 核爆炸不但使直接其受害的人员发生各种心理反应，而且会造成在核爆炸杀伤区以外安全地带的人们发生人心浮躁、情绪骚动，甚至超越国界，引起他国人群发生骚动。人群骚动会产生负面影响或破坏性后果。它可能导致社会物品抢购潮，起扰乱社会的作用。这主要是人们担心核辐射的危害所致。

其他表现 核爆炸心理创伤后一段时间内，缺乏自信，过度担心，记忆缺失、健忘、生活效能降低，纠缠于受害事件，陷入灾难记忆不能自拔，不信任他人，孤独不出门，不愿参加社交活动，逃避与疏远，被遗弃感，敏感多疑，易激惹，容易自责或怪罪他人，个别人可能有行为出格现象等。受害者还可能产生怨恨袭击者的情绪，甚至形成永久性报复心理，这是核袭击造成的比较特殊和极端的心理反应。受害者出现上述情绪表现的同时，通常伴有一定的心理生理反应，如恶心、呕吐、肠胃不适、腹泻、食欲下降、心悸、血压升高、头痛、疲乏、失眠、噩梦、容易受惊吓、感觉呼吸困难或窒息、肌肉紧张等现象。

长期效应 爆炸后约2个月后，随着躯体的伤害经治疗基本恢复，社会状况也相对稳定和有序，大多数人的心理趋于正常，但有少数人的心理创伤恢复较慢，或成为长期效应，主要表现如下。

抑郁 核爆炸伤害导致人们持续的情绪低落。有的人极力回避核爆炸当时发生的情景和感受。有的受核爆炸阴影所困扰，恐怖场景挥之不去。有的人情淡漠，疏远亲友，不敢见陌生人，但与其他受害者之间则较易接近，似有同病相怜的感觉。有的反复回忆逝去的亲人，心里觉得空虚。有的感觉前途渺茫，不知道将来该怎么办。有的人性格改变，脸上笑容变少，对以前喜欢活动不再感兴趣。有的觉得人生目标不能实现，活着没有意义，甚至有自残、自杀念头。

忧虑 受害者疑虑自己受到核辐射伤害，有点小病也与核辐射联系起来。担心亲友受核辐射伤害，尤其担心腹内胎儿受照射、遗传及后遗症。受核辐射伤害者中可能出现白血病发病率异常升高，或出现其他癌症、白内障等与受核辐射伤害有关的问题后，再次激发与死亡相联系的心理反应。

自卑　因此受过核爆炸伤害，尤其是面容遭破坏或躯体被烧伤后形成瘢痕，强迫孤独，闭户不出门。受害者通常以他们的健康、能力和其他可能影响经济的原因而被排斥，使受害者除心理创伤外又增添了谋生变数，蒙受经济基础不稳定等精神折磨。妊娠期受照射后出生的孩子可能存在某些生理缺陷，如小头症，他们智力低下，学习和就业适应能力较差，可能受歧视，谋生艰难，感到孤立和绝望。

器质性精神病　日本核爆炸后的受害人员在冲击期和恢复期内很少有精神病患者，但在长期效应里出现器质性精神病。此种精神病属于迟发性精神病，可分为3类。①焦虑症和与受核辐射照射有关的心身疾病。②精神病：一般是精神分裂症，大都与原子弹爆炸无直接联系。③器质性脑损伤：尤其是中脑（间脑）损伤，是核辐射所致。

上述心理反应属于核爆炸社会心理效应的一般性反应，多数为面对异常情况的正常反应。但是，正常反应与异常反应之间并无截然界限，若当这种心理反应表达过强，或者持续时间过长，则有可能发展为异常的心理反应，甚至形成各种心理应激障碍。

（鲁华玉）

hébàozhà rényuán shāngwáng shèhuì fùdān

核爆炸人员伤亡社会负担

（social burden of nuclear explosion casualty）　国家或地区为核爆炸伤亡人员急需的大量医学资源及其保障所担当的责任、义务和承受的压力。核爆炸时瞬间造成大量人员伤亡，医务人员也不例外发生伤亡，医疗机构、医疗设备、医疗药品及其他医疗物资也遭到严重破坏，使伤员救治处于极为困难的境地。核爆炸后的首要任务是救治伤者、救助灾民和妥善处置死者，然后逐步恢复社会秩序和社会功能。核爆炸严重破坏了人们的生存条件，造成社会结构崩溃，秩序混乱。在核爆炸后生存环境恶劣、医疗资源匮乏、需求量特大及供需矛盾悬殊的情况下，成千上万受伤人员的医疗需求及其保障，必然造成严重的社会负担。

医学资源需求　包括医疗人力资源和物资资源的需求。核爆炸后，受伤人员数量大，医疗资源遭到严重破坏，急需大量医务人员和建立更多的临时救护机构。平时，医疗资源大部分集中的城市内，因此，城市遭到核袭击时，大量人员伤亡更为突出，医务人员和广大居民一样均遭到核爆炸的杀伤。日本广岛遭到12.5千吨原子弹袭击后，全市25万多人中有14万多人伤亡，其中绝大部分是受伤者。当时广岛共有18家医院和32个救护所，核爆炸时全部被摧毁。市内共有各类医务人员2300余名，核爆炸时几乎全部变成受害者，伤亡率达90%，剩余的200多名医务人员，分散在市内各处，无法应付近14万核爆炸受伤人员的需求，救护工作陷入困境。为抢救广岛内大批受伤人员，广岛县和邻近各县派出3272名医护人员，累计26 542人次进救治工作。长崎也是如此，医院大多数被摧毁，市内个人开业的70多名医师中，死亡20人，受伤20多人，余下的30余人面对长崎众多伤亡力不从心。广岛和长崎两市内受伤的医务人员自发地投入救护工作，起了重要作用，但主要是依靠市外和邻近县区的医疗力量前来救援。核爆炸后第3天，在广岛临时建立的救护所多达53个，随后逐渐减少。在核爆炸后8周内，共收入住院治疗的受伤人员105 861名，门诊病人累计210 048人，两者合计为315 909人，消耗了大量医疗用品。巨大的救治工作量和人力物力的需求，给广岛和长崎造成极大的社会压力。

在城市遭百万吨级核武器袭击时，面对数以十万计甚至百万计的伤亡人员等待救援和处理，医学资源供需矛盾更为突出。据估算，一座城市遭受百万吨核武器空中袭击，以该市500万人计，伤亡约为120万人，其中伤者约占50%。救治这60余万名受伤人员所需的床位数高达50万张，是核爆炸前的10倍多；所需各类医务人员25万名，为核爆炸前的2.5倍。床位数和医护人员数在核袭击后缺额难以解决。现在大多数医院都建在城市内。在核爆炸时医院被摧毁或严重破坏，仅剩为数有限的医疗力量只能承担很小的部分救治任务，其余绝大部分只能由政府调用其他医疗力量救援。核袭击时是非常时期，调集所需的紧急救援力量是个严重的问题。核爆炸袭击后，大批创伤、烧伤和放射损伤伤员，需要大量血液、血液制品、输液液体、抗生素、外科医疗器材和相关专用设备。而血液、血液制品及其他药品器材的生产和储备，大部分集中在城市里，医疗器材和专用医疗设备也集中在城市各大医院内。一旦遭到核袭击，不仅库存的器材和药品被严重破坏，而且医疗器材厂和药品工厂也被破坏，中断了药品器材的生产和补给链，即使有的医疗器材或医院未被破坏，库存量与需求量相差甚远。药品器材的供需矛盾，一旦需求量超过现有资源，伤员救治将难以进行。曾估算，核爆炸后全血需求量是袭击前的550倍，血浆需求量是袭击前的400倍，血小板是袭击前的30 000多倍，输液液体是袭击前的2倍，抗生素是袭击前的4倍，其他药品、器材和用品的需求量也比核袭击前大幅增加。

唐山地震经验 1978年7月28日凌晨3点42分，河北省唐山市丰南区一带（东经118.2°，北纬39.6°）发生里氏7.8级地震，其能量相当于百万吨级核爆炸的能量。唐山地震医学救援犹如在无核辐射及其他附加杀伤因素条件下开展的救援实例，伤情大致与百万吨级核爆炸时冲击波破坏建筑物后造成的间接冲击伤情况很相似。地震时，唐山市有106万人口，城区人口密度平均每平方千米1万人。地震波及唐山地区15个县市和北京、天津地区。地震后累计死亡242 000余人，其中重伤164 000余人，伤亡总数达951 000余人。不包括轻伤员，现场死亡人数占总伤亡人数的59.6%；包括轻伤员，则伤亡25.5%，即现场伤亡比是2.9∶1，显著低于广岛原子弹爆炸现场死亡率。当时，唐山市约有86%的人被埋、被压，极震区达90%以上。死亡者占被埋、被压人数的16%。被压者中约1/3能靠自身力量脱险，与未被埋压的受灾人员一起，构成自救的主要力量。地震破坏了大部分医疗机构，药品和医疗器械被埋砸在废墟中，医护人员伤亡严重。幸存的医护人员，在十分艰难的处境里迅速投入抢救伤员的战斗。据不完全统计，地震后唐山地区和唐山市急待救治的伤员人数多达703 600人。在震后6天内，各省（自治区、直辖市）、市和军队向唐山地区派出283支医疗队，共19 767名医护人员。仅唐山市内就集中了134支医疗队，医疗人员8800余名。唐山市有36.1万名伤员，其中重伤10.4万名，平均每万名伤员有244名医疗队员。唐山地区11个县和1个农垦区有149个医疗队，医疗队员10 800名。这些区县共有34.68万名伤员，其中重伤员6.35万名，平均每万名伤员有311名医疗队员。为使重伤员能更好地继续救治，采用飞机、火车、汽车等交通工具，共将10.56万名伤员转送分散到全国11个省市，被转送伤员占164 600名伤员中的64%。为了防灾后大疫，由军队和地方共派出21支防疫队，共1300余人。从各地调运来消毒药品240余吨，杀虫药176吨。动用31台防化喷洒车，4架喷药飞机，在96km^{2}地区实行大面积消毒杀虫。给大部分军民接种了五联疫苗共57.7万人次。全国各地大量医疗物品运到灾区，仅沈阳军区提供的药品和器材达220种，近19 000件。加上其他军区和地方支援的医疗物资，以及转运到外地的10万名重伤员所用的药材消耗量，其数量相当可观。地震后赴唐山救灾军民共10多万人，飞机起降1940架次，开动专列火车数百列，全国赴灾区救灾的机动车辆20 000多部，运抵的各种物资数量巨大，仅干粮多达5000吨。唐山地震造成的伤亡，类似百万吨级核弹袭击时的破坏，牵制了巨大的人力和物力。唐山地震救援效率相当高。遭受核袭击时，因受多种杀伤因素致伤，对伤员的处理比地震伤员复杂得多，救援效率达不到这个程度。粗略估算，核爆炸伤员消耗的医学资源要比地震伤员消耗多得多。核爆炸时，救治1名烧伤伤员需血浆2000ml，液体5500ml，抗生素100瓶（20单位/瓶），纱布4匹，棉花15kg，其他药材尚未计入。按此基数计算，10万名伤员中有6万名为烧伤伤员，所需药材数量则是十分庞大。核爆炸后，还需要大量急需的保障性资源，包括救援人员和伤员的生活保障，药品器材紧急扩大生产和补给，伤员和物资运输交通工具，以及对死者善后处理等所有人力物力。核爆炸造成大批人员伤亡，导致大量伤残人员，大量鳏寡、孤独人员，他们需要生活、照顾和安排。唐山地震后，有14万家属需要抚恤，地震造成孤儿和孤寡老人各4000多人，夫妻失偶约80 000人。他们的生活和医疗需求，都是社会的大问题。

（鲁华玉）

hébàozhà xìngcúnzhě yuǎnhòu xiàoyìng

核爆炸幸存者远后效应（late effect of nuclear explosion survivor）

受核爆炸致伤后的生存人员在受伤数月后出现的机体和遗传变化的现象。又称核爆炸幸存者晚期效应。核爆炸幸存者中发生的远后效应，最主要是受核辐射照射引起的远后效应，其次是其他致伤因素（如光辐射烧伤）所致的远后效应。

核辐射远后效应 人体受核辐射损伤后，有些后果在伤后数月甚至数年才会显现。受核辐射照射后6个月出现的机体变化和遗传变化的现象为辐射远后效应。例如，核辐射所致的白内障、癌症、生长发育障碍及遗传效应等。

核辐射致癌效应 有关核爆炸核辐射致癌效应的资料，主要来自日本原子弹爆炸受照射幸存者流行病学调查结果。日本广岛和长崎两城市受原子弹爆炸核辐射作用而幸存下来的人员，在1950年普查登记时约有28.5万。从1958年开始，对其中近11万人作为终生随访观察对象，至今已有半个多世纪的历史，这对为认识核辐射致人体远后效应提供了宝贵资料。随访观察结果表明，在幸存者中某些癌症的发病率确实高于对照人群，且随时间推移，这种结果更为明显。但需注意，受核辐射照射的群体中，患癌症的绝对人数实际上很少，只是在受一定剂量照射的人群中有一定的致癌率，并非所有受照射的人都会患癌；而且日本原子弹爆炸为空中爆炸，地面放射性沾染极其轻微，受照人员是在瞬间遭早期核辐射大剂量照射的结果，若将此结果向小剂量外推，对辐射致癌危险存在较大的不确定性。根据对日本原子弹爆炸受照幸存者的长期观察，其辐射远后效应主要结果列于附表（表1）。表内列出受核辐射照射后已肯定有增加、可能有增加及至今未见增加的远后效应。由表可见，受核辐射照射后，包括白血病、甲状腺癌、乳腺癌、肺癌、胃癌及多发性骨髓瘤等远后效应的发生率均有明确增加。

白血病 核辐射诱发人体白血病的事实早已由日本原子弹爆炸受照者、职业性受照射人群、医疗受照人群的调查资料所证实。日本原子弹爆炸受照者的调查资料显示，广岛第一例白血病患者发生于原子弹爆炸后1年9个月，长崎第1例为爆后2年3个月。爆炸后3年发生率开始增高，爆炸后6年达到高峰，以后逐渐减少，但直到照后26年仍高于对照人群。与已肯定发生率有增加的其他癌症相比，白血病的相对危险度最高，因此，白血病是全身照射后诱发的最重要的远期效应。

日本原子弹爆炸幸存者白血病的发生情况有其特点：①发病率高于其他实体瘤，随受照剂量增加其发生率增高，两者有明显的线性关系。②以急性白血病多见，且死亡率较高。③受照时年龄小则发病较早，且危险性较大。白血病类型，除慢性淋巴细胞性白血病外，所有类型的白血病在受照人群中的死亡率均有增加，一般急性白血病多于慢性。白血病与受照时年龄有关，受照时年龄愈小，早期得患白血病的危险越大，潜伏期越短（5～15年）；而受照时年龄在45岁以上者，其危险小、发病迟、潜伏期长（10～25年）。

甲状腺癌 是电离辐射外照射和内照射在人体诱发的重要远期效应之一。其特点是：①潜伏期长，且随受照年龄的增加而延长，一般为13～26年。②女性发病率高于男性，受照年龄小者发病率高于年龄大者。③发病率与照射剂量基本呈线性关系。1954年美国在太平洋比基尼岛进行核试验时，马绍尔群岛居民受到放射性落下灰的内照射和外照射。据对这些通过对受照人员进行长期的随访观察，发现受照后9年出现第1例甲状腺瘤。至1969年达21例，其中3例为甲状腺癌。甲状腺病变与受照剂量有关，20世纪60年代以来，对日本原子弹爆炸受照幸存者的长期随访，发现随着距照后时间的推移，甲状腺癌的发生率增加，特别是受照当时位于距爆心1.5km以内的人群发生率高，且发生率与受照剂量有关。辐射诱发甲状腺癌的敏感性与性别和年龄有关，女性较男性敏感，受照当时年龄小的发病率高。甲状腺癌生存期长，死亡率低，因此一般用发病率代替死亡率以判断甲状腺癌的危险度。辐射致甲状腺癌的潜伏期随受照年龄的增加而延长，一般为13～26年。

乳腺癌 乳腺对辐射的敏感性仅次于造血组织及甲状腺。从1967年起，陆续报道日本原子弹爆炸幸存的妇女乳腺癌发生率的

表1 日本原子弹爆炸受核辐射照射所致远后效应（1950～2006年）

远后效应发生率是否增加	远后效应类型
肯定增加	恶性肿瘤：白血病，甲状腺癌，乳腺癌（女性），结肠癌，肺癌，胃癌，多发性骨髓瘤，卵巢癌 白内障 小头症及智力障碍（子宫内照射） 生长发育延缓（幼年期受照射） 淋巴细胞染色体畸变，红细胞和淋巴细胞胞体突变
可能增加	恶性肿瘤：食管癌，泌尿系统肿瘤，淋巴瘤，唾液腺肿瘤 甲状旁腺功能亢进症 免疫功能变化（体液免疫和细胞免疫）
未增加	恶性肿瘤：慢性淋巴细胞性白血病，骨肉瘤 除恶性肿瘤外，来自其他原因的死亡 加速老化（包括心血管疾病） 不育症 第一代：先天性畸形，死亡率、染色体畸变和生物化学变异

情况，在照后前10年，未发现乳腺癌发生率增加，以后逐渐增高，高峰出现在照后15~20年。辐射诱发乳腺癌的敏感性与年龄有关，年轻的妇女较比年老者敏感，受照时年龄在10~19岁者发生率高，而受照时在10岁以下人群未见发生率增加。这提示乳腺癌的发生可能与内分泌的相互作用有关。

肺癌　肺组织对辐射致癌效应不如甲状腺及乳腺敏感。日本原子弹爆炸幸存者调查的结果发现肺癌发生率与照射剂量有关，广岛肺癌发生率在受照1Gy以上者中见有增高，而长崎在受照2Gy以上者才有增高。肺癌发生率男性比女性高，受照当时年龄在20~29岁组发生率最高。估计辐射诱发肺癌的潜伏期至少需10年，平均为17年。

胃癌　胃癌在年龄<30岁的日本原子弹爆炸幸存者中发生率高，估计其受照剂量在1Gy以上，发生率与受照剂量大小有关。

多发性骨髓瘤　根据对日本原子弹爆炸幸存者的调查结果，1950~1965年（原子弹爆炸后20年内）未见发生率增加；而1982年，即受照后30余年的统计资料，发现1950~1976年共发生29例多发性骨髓瘤，年龄大多在50岁以上。由于老年组人数少，特别是大剂量照射组例数更少，这给统计分析带来困难。分析其原因，可能是在诱发多发性骨髓瘤前已经死亡。

其他癌症　除白血病等上述恶性疾病外，结肠癌、卵巢癌等也可能发生。

放射性白内障　晶状体受核辐射作用后发生混浊，称为放射性白内障。晶状体受到一定剂量核辐射作用后出现白内障的时间，可以从受照后数月至数年不等。受照射剂量越大，年龄越小者，潜伏期越短。核爆炸产生的中子，引起白内障的作用远超过γ射线。日本原子弹爆炸幸存者中，首次发现放射性白内障患者是在原子弹爆炸后5年。几乎所有患者都可能受到3Gy以上的全身辐射剂量的照射。1963~1964年，对约2500名原子弹爆炸幸存者进行了眼科检查，其中约40%受到超过2Gy核辐射剂量的照射。大量的白内障患者在受到最高剂量照射的人员中被发现。在另一次普查中，对爆炸时为胎儿，因母亲受到辐射，出生后其视力有受损害的迹象。但因调查面太窄小，未能得出有重要意义的结论。在受核辐射损伤的人群中，绝大多数人的眼经适当的校正，视力可恢复至正常。此外，这些损伤并未因随时间的推移而有明显恶化。实际上，某些病例已发现有所恢复，只有小部分的白内障趋于更重的方向转化，致使视力严重减弱。在眼受核辐射剂量照射<2Gy的人员中，晶状体受损的病例极少。此现象证实白内障的形成是一种临界现象，即除非眼受照射剂量超过大体上确定的最小值，否则不会发生白内障。并非每一个受到超过这一临界辐射剂量的人一定患白内障，但眼受到的核辐射剂量，超过该临界值越大，患白内障的可能性越大。

性腺损伤　性腺是人体对辐射较敏感的器官。睾丸组织中，最敏感的是早期分化的精原细胞。0.15Gy即有严重的杀伤作用，精子数量的减少数周后才表现出来。若睾丸中还保存一定数量的精原细胞的干细胞，精子数量还能逐步恢复。若剂量3~5Gy，则会引起永久性的绝育。卵巢中成熟的卵母细胞是最敏感的细胞。两侧卵巢受到的剂量0.65~1.50Gy辐射可引起短时间的不育。剂量不超过3Gy，存活的未成熟的卵母细胞还能恢复，但超过此值将会引起永久性绝育。对年龄大女性造成绝育的阈剂量值还要低一些，这是因为源于卵母细胞随年龄而消耗，而无增殖的卵母干细胞池补充。

生长发育障碍　妊娠期妇女受核辐射照射，对胎儿、新生儿的影响非常显著，可能发生畸形和发育障碍现象。日本原子弹爆炸时受到足以引起急性放射病的剂量照射的孕妇，死胎率和1年内的婴儿死亡率显著高于正常情况。死亡率的增加，主要源于孕妇临产前3个月受到核辐射所致。受核辐射照射的孕妇子宫内受照后出生的儿童，其幸存者中，智力发育迟缓的比例稍有增加，智力低下发生率随剂量的增大而增加，头颅的周长尺寸比正常儿童小。妊娠10~17周对核辐射最敏感，发生这些异常改变最明显；妊娠>18周，其危险度仅为妊娠10~17周受照射的1/4；而妊娠<10周者则未见明显影响。在原子弹爆炸时年龄<12岁的受照者，若受照剂量>1Gy，出现生长发育迟缓，与对照人群相比，身高矮3~5cm，体重轻3~4kg。出现这些效应的儿童，其母亲大多数在原子弹爆炸时所处的位置离爆心投影点较近，受到的核辐射剂量>2Gy。还发现许多儿童的牙齿发育不正常，主要因为牙根受损。

寿命缩短　动物实验研究表明，躯体局部或全身受照射后有时会促使生命缩短。在一定的辐射剂量作用下，动物的生命缩短明显取决于遗传基因、年龄及受辐射照射时的体质。但是，据对日本原子弹爆炸幸存者在1950~1970年死亡情况的调查结果，除各种癌症外，无证据表明核辐射可加速衰老。

核辐射遗传效应 亲代生殖细胞遗传物质受核辐射照射所致突变而对后代产生的影响。遗传效应有以下特点：①遗传效应并不出现在受照者个体本身，而是出现在该个体所繁衍的某些后代身上，因此产生的效应与个体受照射情况的关联不易被发现。②从个体受照到显现出遗传效应之间相隔的时间过长（超过了个体寿命，有的甚至隔几个世代）。③遗传效应具有可遗传性，因此，从理论上讲，其影响可能极大。核辐射对生物体生殖细胞内遗传物质的损伤，主要是诱发基因突变和染色体畸变。其后果可能在子一代中表现出各种先天性畸形，也可能在以后的许多世代中出现。核辐射对人群中诱发遗传效应的直接数据很有限，主要是通过实验动物的研究资料，以及对受照人群特别是日本原子弹爆炸幸存者的调查结果来分析研究。动物实验研究已明确核辐射诱发的突变可导致有害的遗传效应。对人类的遗传效应，日本曾对7万名父方或母方在原子弹爆炸时受照射后怀孕出生的婴儿与对照人群进行比较，至今尚未发现具有统计学意义的差别。1967年曾对日本原子弹爆炸幸存者的子女7540人进行细胞遗传学调查，发现幸存者子女体细胞染色体异常的发生频率较高，但与对照人群比较无统计学意义的差别。经半个多世纪的研究，尚未在日本原子弹爆炸幸存者的后代中发现辐射诱发遗传效应的明确证据。

烧伤瘢痕疙瘩 光辐射引起体表直接或间接烧伤后，创面修复过程中胶原纤维过度增生的真皮组织良性肿块。又称瘢痕瘤。与一般增生性瘢痕有所区别，其特征是：①像蟹壳和蟹足贴于体表，呈结节状、条索状或片状等不规则隆起。②病变超过原烧伤创面的范围，有持续性生长趋势。③颜色发红、质地硬韧。这是核爆炸光辐射烧伤后所致的一种较为特殊的远后效应。日本原子弹爆炸后，位于距离爆心投影点较近地域遭受严重光辐射烧伤的人员，都遭到强烈冲击波和早期核辐射损伤，大多数立即死亡或伤后不久死亡。位于距爆心投影点1.0~2.0km地域受到烧伤的人员，除受中度光辐射直接烧伤外，因火焰或衣服烧焦引起不同程度的间接烧伤。间接烧伤深达真皮层甚至皮下组织，烧伤创面痊愈后，皮下组织形成肥厚的瘢痕。由于瘢痕组织挛缩，遗留各种变形和功能障碍。面部、颈部和手指等暴露部位发生的后遗症特别明显。距爆心投影点2.0~3.0km地域内，烧伤较轻，创面愈合后形成瘢痕较薄，伤后3~4个月出现明显的瘢痕疙瘩化。广岛受核袭击后，烧伤人员瘢痕疙瘩发生率很高。在离爆心投影点1.2~2.3km的426例幸存者中，烧伤者388例，烧伤处出现瘢痕疙瘩者247例，其发生率为63.7%。长崎受核袭击后，观察到158例烧伤瘢痕中有106例为瘢痕疙瘩，发生率为67.1%，其中大多数人受烧伤时位于距爆心投影点1.6~2.0km。瘢痕疙瘩的出现时间，约70%的烧伤人员于烧伤后第61~90天，多数在烧伤接近治愈时发生；烧伤后150天后发生数明显减少。瘢痕疙瘩出现后，随着时间推移，变薄呈扁平状，发红的颜色逐渐消退，灼热感、针刺痛感，或有昆虫爬行感等异常感觉也趋向消失。从时间上，1946~1947年为瘢痕疙瘩发展高峰，而后急剧减少，多数转变成一般瘢痕，遭核袭击10年后，至1956年调查时，瘢痕疙瘩仅占烧伤瘢痕的4.7%。

（鲁华玉）

hébàozhà shípǐn pòhuài

核爆炸食品破坏（food damage of nuclear explosion）

核爆炸产生的各种破坏因素对可供人类食用或饮用食品的损坏作用和影响。食品主要指主食和副食品，包括加工食品、半成品和未加工食品。

核爆炸产生的光辐射、冲击波、早期核辐射、放射性沾染4种杀伤破坏因素均可以各自不同方式单一或综合作用，对食品产生不同程度的破坏和影响，但以综合因素所致多见。核爆炸时，在距爆心或爆心投影点一定距离范围内，光辐射可直接烧毁食品，或因光辐射致建筑物燃烧而间接造成食品烧毁和破坏。核爆炸对食品的破坏作用与爆炸当量和爆炸方式有关。当量为10万吨以上的空中核爆炸，对一些无适当防护易燃的食品以光辐射破坏为主；爆炸高度降低为低空爆炸时，光辐射的破坏作用相对减弱，而冲击波对食品的破坏作用明显增强；1000吨级地面核爆炸时，光辐射对食品的破坏作用较弱，但可能受到核辐射的影响。食品的包装和贮存条件不同，食品遭受破坏的程度也不同。有些食品本身容易燃烧，有些食品以纸质、塑料、纺织物等不同材质作为包装，有的则采用木板或金属等材料作为食品存储器具。一般说来，暴露的食品、简易包装及纸质包装的食品比木板或金属容器包装的食品更易被破坏，干燥的食品比含水量大的食品易燃烧。光冲量<$15J/cm^2$时，一般不会造成食品的破坏。光冲量$25J/cm^2$时，麻袋局部灼黄，其内食品基本完好；光冲量$35J/cm^2$时，粮囤（垛）受损严重，其顶部暴露表层粮食可被烧损；光冲量$50J/cm^2$时，麻袋、布袋等袋装食品的包装烧毁；马口铁听装和玻璃瓶装罐头外表被灼黄，其内食品本身受影响不明显；光冲量$90J/cm^2$时，多数粮食表层烧毁，马口铁听装食品尚基本完好；光冲量达到$160J/cm^2$时，麻袋、布袋、纸袋、塑料袋包装及其内的食品，大部分被烧毁，部分马口铁罐头出现开焊和玻璃瓶罐头破裂现象。在一定条件下，光辐射还可通过门、窗射入到室内的易燃食品表面而引起燃烧。在光冲量很高时，即使光辐射不直接照射到食品上，在反射光、散射光及炽热空气的作用下，也可能使某些食品发生烧灼破坏。

在冲击波超压和动压的共同作用下，可将食品吹散、抛撒、位移、撞击等形式直接引起食品破坏，或由于建筑物倒塌而造成食品间接破坏。在表征冲击波对食品的破坏作用时，采用超压参数而不以动压参数表示。例如，在冲击波超压≤$10kPa/cm^2$情况下，囤（垛）内的粮食均完好，但随冲击波强度增加，其破坏作用逐渐显现；超压$20kPa/cm^2$，可使某些食品被冲散；超压$50kPa/cm^2$，可使无防护的装有30kg大米的铁桶原地冲倒，但桶内大米无损伤，也可造成部分马口铁罐头变形和玻璃瓶罐头破裂；超压>$80kPa/cm^2$，存放在露天地面上各种包装的食品可全部被冲散，玻璃瓶罐头全部破裂；超压>$100kPa/cm^2$，可直接或间接造成食品严重破坏。

早期核辐射主要由γ射线和中子流构成。中子流能使某些食品产生感生放射性。所谓感生放射性指原本无放射性的物质受到中子辐射照射而产生放射性。感生放射性强度主要取决于中子通量的大小。中子通量指单位时间内通过单位面积的中子数，单位为中子/(平方厘米·秒)。食品接收中子通量越高，产生的感生放射性强度越强。受中子通量为1×10^8中子/(平方厘米·秒）以上的照射，很多食品将产生不同程度的感生放射性。

食品受早期核辐射照射后产生感生放射性的特点：①含盐的食品感生放射性较强，不含盐者较弱。含钠、钾、磷等元素的食品易产生感生放射性。例如，干粮、咸肉、咸鱼、肉类罐头制品、蔬菜等腌制食品、调味品等含盐较多的各类加工食品感生放射性较强；大米、面粉、高粱米、玉米等粮食，新鲜肉类、蔬菜、食用油和糖类等食品含碳、氢、氧、氮等成分较多，含钠、钾、磷等成分较少，不易产生感生放射性。②中子通量随距爆心或爆心投影点的距离增加而减小，食品的感生放射性的强度也随距离增加而减小。造成同样中子通量的距离，地面核爆炸的范围比空中核爆炸的范围大，大当量核爆炸的范围比小当量核爆炸的范围大。③堆垛的食品，感生放射性强度随堆垛纵向深度的增加而减弱。堆垛纵向深度指存放在一起的食品，从堆垛外部至堆垛内部延伸的直线距离。堆垛的食品，朝向爆心侧感生放射性较强，背向爆心侧较弱；堆垛表层食品的感生放射性较强，里层较弱。例如，一垛粮食，在纵深深度为0.5m处，感生放射性比强度（1kg食品所产生的感生放射性强度）仅约为表层的5%；若纵深深度>1m，基本上检测不到感生放射性。④食品中感生放射性的强度随爆后时间的延长而逐渐减弱，核爆炸后5~7天感生放射性即可降低90%以上。在一定的核辐射剂量范围内，早期核辐射照射的食品一般不引起其中蛋白质、糖、脂肪、维生素等主要营养成分的变化。受早期核辐射的γ射线剂量达到数十戈瑞（Gy）以上，中子通量>1×10^{12}中子/平方厘米·秒照射后，这些主要营养成分也会改变。

低空以下的核爆炸，特别是地面核爆炸，可在爆区和下风方向形成较大范围的放射性沾染区。在该区域内，无防护的食品可能受到不同程度放射性沾染的影响，尤其离爆心较近的云迹区地面沾染严重，影响更明显。放射性沾染中γ射线对食品的影响方式与早期核辐射对食品的影响方式基本相似，一般不造成食品中主要营养成分的变化。受到放射性沾染的食品能否可食用，须进行放射性检测及评估，符合食品放射性容许值以下者才能食用。贮存在库房内有包装且仅包装表面有轻微沾染的食品，经消除沾染、去掉包装并不再次受污染方可食用。核爆炸后保存下来的食品，营养成分无明显变化，未受沾染的，一般不影响食用。

在核爆炸破坏区一定范围内的食品可能受到不同程度的破坏。破坏程度从爆心或爆分为4个等级。①完全破坏：食品全部破坏，完全不能食用。②严重破坏：食品破坏达2/3以上，已不能使用或食用。③中等破坏：包装尚可修复使用，食品破坏约1/3，尚有大部分可以食用。④轻微破坏：食品包装及食品本身稍有损坏，绝大部分不影响食用。

（鲁华玉）

diànlí fúshè sǔnshāng jīzhì

电离辐射损伤机制（mechanism of injury induced by ionizing radiation） 电离辐射作用于生物体产生生物效应起始于电离辐射这一物理因素与生物分子相互作用的物理化学或放射化学和生物物理学反应，延续到生物化学与分子信号过程、细胞生物学应答反应。一般将电离辐射作用于生物体的瞬间（10^{-18}～10^{-5}秒）在分子水平上发生的物理化学反应称为*原初作用*（原发效应或原初效应）。原初作用发生的物理化学变化只涉及辐射能量在分子水平上的吸收、再转移和储存（即辐射能量的沉积），如生物大分子被电离或激发形成生命大分子活性基团，水分子被电离和激发形成多种辐解产物。在原初作用的基础上，因原初作用形成的各种活性基团继续攻击生物大分子，导致生物分子结构的破坏即分子损伤事件，继而发生一系列生物化学信号响应、细胞生物学应答和生物损伤效应。在放射生物学范畴内，电离辐射的原初作用与继发作用之间虽然存在因果关系，但两者之间并非截然分开，而是一个相互交叉、叠加共存的放射生物学效应过程。

激发作用和电离作用 电离辐射作用于生物体的原初过程是辐射（高能粒子、光子等）穿过生物体时将能量沉积在辐射径迹或粒子径迹附近的原子和分子的物理和物理化学过程，发生激发和电离这两个最重要的物理化学反应，实现辐射能量向机体内生物大分子和内基质环境物质（如水分子）的转移，是电离辐射生物学作用的最原初的基本原理和理化基础。①激发作用：电离辐射作用于细胞中生物大分子或水分子时，若其能量不足以将原子轨道电子击出，可使电子跃迁到较高能级，使分子处于激发状态和超激发态的过程。被激发的分子不稳定，易发生解离而形成正负离子对，由于形成的正负离子各自携带较少的动能，彼此仍然靠近，易发生重组恢复至原来分子状态。因此，一般认为激发作用引发的生物学效应相对较微弱。②电离作用：是电离辐射将其作用的靶分子轨道电子击出，产生自由电子和带正电荷的离子，形成离子对的过程。

水分子辐解和自由基生成 电离辐射直接作用于水分子，引起水分子的激发、超激发和电离，产生氢氧自由基（·OH）和氢自由基（·H），这一过程又称水的辐解反应。水分子辐解有别于液相中水分子的自发性电解，后者是形成OH^-和H^+，而由辐解产生的是具有很强氧化活性的自由基产物。自由基指含有一个或多个不配对电子的原子、分子、离子或游离基团。电离辐射所致自由基的形成不同于化学反应形成的自由基。在电离辐射作用下，将其中一个电子击出成为自由电子，原来轨道中保留下来的一个电子变成不配对电子。这种物质分子本身不稳定，立即分解产生自由基。正常物质分子接受外来一个电子也变得不稳定，而立即演变成自由基。当其处于激发状态的电子回归原来基态时，也完全可能改变其原来自旋方向，而使物质分子解离成自由基。

水分子辐解产生6种主要的原发活性产物：·OH、·H、水合电子（$e^-_{水合}$）、H_2、H_2O_2、H_3O^+。水分子辐解生成自由基有两种机制：①在电离辐射作用下水分子被激发成为激发态水分子（H_2O^*），H_2O^*较基态水分子具有更高的动能，足以发生H-O化学键的断裂（仅需要5eV）而解离为·OH和·H自由基。由于此种激发作用下的产物相距很近，易发生重新组合。②水分子的电离生成带正电荷的自由基（$H_2O^{\dot{+}}$）和电子（e^-），$H_2O^{\dot{+}}$极不稳定，很快分解为不带电荷的羟基自由基（·OH）和带正电荷的质子（H^+）。羟基自由基是具有极强氧化性的氧化剂。一定辐射能量作用下的逸出电子不能回到原来的水分子上，成为游离电子，可与其他水分子发生碰撞而消耗动能，最终被水分子俘获形成水合电子。水合电子是具有很强还原性质的还原剂，与水分子接触后可使其分解为·OH和·H自由基。由于·OH、·H和$e^-_{水合}$各自分别具有极强的氧化或还原性质，可引发出各种反应，进一步形成更多新的分子或其他自由基。

直接作用和间接作用 电离辐射对生物体内物质（核酸、脂质、蛋白质等）的损伤作用，既可以是辐射能量传递直接使生物大分子发生电离作用引发辐射生物效应，也可以是生物体内环境的水分子发生辐解作用并产生各种自由基或活性基团，由其进一步作用于生物大分子，引发辐射生物效应。因此，放射生物学效应机制中包含电离辐射的直接作用和间接作用这一对基本概念。

直接作用 指电离辐射的能量直接转移并沉积在生物大分子

上，引起生物大分子的电离与激发，导致核酸、蛋白质或酶类等分子结构改变，并引发生物大分子活性丧失。这种由电离辐射直接造成生物大分子的损伤效应，称为电离辐射的直接作用。普遍认为细胞基因组DNA分子是电离辐射作用的关键靶分子，受电离粒子直接攻击后可以发生单链断裂、双链断裂、碱基损伤、交联等多种类型的损伤。某些酶也可因电离辐射作用发生结构变化，使其活性降低或完全失活。电离辐射也可直接破坏膜系的分子结构，如细胞质膜、线粒体膜、溶酶体膜、内质体膜、核膜，干扰细胞器的正常功能。

间接作用 指电离辐射将自身的能量转移至水分子，并引起水分子的电离与激发，产生原发辐解产物，这些活性产物（自由基系列）转而攻击生物大分子，引起后者结构和功能破坏，继而引发一系列生物化学、生物学的损伤效应。就DNA分子而言，其结构中碱基、核糖和磷酸二酯键都是自由基的作用部位。水分子占生物体重量的比例约为70%，有些生物组织（如血液组织）水含量高达90%以上，因此电离辐射作用于水分子发生辐解作用产生自由基是电离辐射生物损伤原理的关键要素，具有非常重要的放射生物学意义。

水分子辐解生成的自由基同样具有不稳定性、高反应性和顺磁性等特点，可与生物大分子发生抽氢、加成、电子俘获、氢传递、聚合、分解、歧化等系列反应，其中造成生物分子结构损伤和生物活性改变的主要的反应如下。

抽氢反应 生命分子的结构中多有碳氢键，破坏此键将造成生物大分子的裂解。例如，·OH自由基可从DNA分子的脱氧戊糖4位碳上抽氢，造成3位和5位碳上的磷酸酯键断裂，引起DNA链断裂损伤。生物体内的许多酶分子都含有二硫键，它在酶分子的构型中起重要作用。·OH也能裂解二硫键，破坏酶或蛋白质的结构和生物活性。

加成反应 自由基可以在有机分子的烯键或芳香环中心加成，形成新的有机自由基。·OH和·H通过加成反应造成DNA分子中嘧啶和嘌呤碱基损伤。嘧啶环的加成反应主要发生在5位和6位碳的双键上，嘌呤环的加成反应主要发生在咪唑杂环的7、8位双键上，使环破坏。

电子俘获反应 水合电子是水辐解产物中的强还原剂，也能攻击二硫键。水合电子被含二硫键蛋白或酶俘获后形成不稳定的阴离子自由基，导致二硫键断裂，使蛋白或酶失活。水合电子也能被核酸碱基俘获，形成阴离子自由基，造成碱基损伤。

电离辐射对生物大分子的损伤作用 生物大分子损伤是放射生物效应的基础，电离辐射对DNA分子、脂质与生物膜的损伤作用，分别见*DNA辐射损伤修复*和*电离辐射诱发细胞膜效应*。电离辐射可从结构、合成和代谢等方面对蛋白质或酶产生影响，并由此引发细胞学反应和生物效应。

影响蛋白质结构 蛋白质分子是由氨基酸残基连接而成的多肽链，电离辐射的能量沉积或通过水辐解产生的自由基引起肽键电离和断裂、巯基氧化、二硫基还原等，直接导致蛋白质的一级结构改变、酶的生物活性变化。在大剂量照射下，蛋白质会出现凝固现象。不同条件下照射，蛋白质损伤的形式有差别。例如，在充氮气下照射，可使牛血清白蛋白分子之间发生共价交联而形成二聚体、三聚体和多聚体；在充氧气下照射，牛血清白蛋白发生降解。有氧条件下，·OH作用于蛋白分子（PH）形成自由基形式分子（·P），·P与O_2作用生成过氧化自由基分子（PO_2·），最终裂解为多肽碎片。缺氧条件下，自由基形式分子·P相互作用形成聚集体。电离辐射对蛋白质结构的影响，还可通过某些物理化学指标变化反映。例如，铜锌超氧化物歧化酶受到一定剂量照射后，其紫外吸收光谱发生变化，光吸收随照射剂量的增加而降低。发生变化的还有圆二色图谱、电子自旋共振波谱等。

影响蛋白质生物合成 从蛋白质总量的变化来看，不同组织细胞、不同剂量照射有很大差别。有报道20Gy照射小鼠后10分钟，肝脏蛋白质合成快速增加，随后逐渐下降，到照后4小时恢复正常。而中国仓鼠卵巢细胞（CHO细胞）在7.1Gy X线照射后即刻蛋白质合成（^{3}H-Leu掺入率）受到抑制，3小时恢复正常，随即又处于激活状态。蛋白质组学技术的发展及在放射生物学研究中的应用，对全面揭示受照射细胞中蛋白质合成、翻译后修饰和降解等变化规律发挥不可替代的作用。细胞受照射后某些蛋白质的合成增加，如部分细胞因子、炎症因子和酶等，而有些蛋白质的合成被抑制，具体与细胞所处状态、照射条件和照射剂量有关。这些蛋白质合成的变化并非某个蛋白的孤立事件，其变化通常以分子相互作用的信号网络呈现出来，且与特定的放射生物效应相关联。

蛋白质翻译后修饰　是决定蛋白质的亚细胞定位、相互作用、激活、失活、稳定性、降解等的重要蛋白生化反应。细胞受到电离辐射作用后，有一系列蛋白质在照后即刻或数小时发生各种翻译后修饰，包括磷酸化、乙酰化、泛素化、甲基化、糖基化等修饰，随即在细胞放射损伤反应中发挥作用（见*电离辐射诱发生物分子反应*）。

蛋白质降解和分解代谢　总体来说，动物整体照射后蛋白质的分解代谢增强，其中与组织蛋白酶活力增加有关，可观察到氨基酸、肌酸、牛磺酸、尿素等代谢产物排泄增加。细胞受照射后，某些功能蛋白将通过泛素化介导蛋白酶体途径加速降解。另一种降解代谢方式是受到照射后，一些蛋白发生异常聚集或折叠，将通过自噬的方式被消化分解，产生的氨基酸可继续被循环代谢利用。蛋白质或酶是细胞生理功能、分子病理变化的直接执行者或调节者，电离辐射对蛋白质的影响是放射生物效应的重要分子基础。

电离辐射对能量代谢的影响　电离辐射对肝糖原合成无直接影响，但可在某些方面引起能量代谢障碍。辐射敏感组织如大鼠胸腺细胞受一定剂量照射后，细胞呼吸抑制，氧耗量下降，乳酸产量增加，表明糖酵解途径能量代谢的代偿作用。若辐射剂量达8Gy以上，糖酵解作用被抑制。由于糖代谢异常，致果糖-1, 6-二磷酸积累，其消化ATP能量，引发一系列生化改变。在胸腺、脾、小肠黏膜等敏感组织细胞受照后早期，三羧酸循环中乙酰辅酶A脱氢酶、琥珀酸脱氢酶、苹果酸脱氢酶、异柠檬酸脱氢酶等多种脱氢酶活性降低。但在同样的照射条件下，肝脏组织细胞三羧酸循环中相关代谢酶的活性基本无变化。生物氧化与磷酸化的偶联，将能量以化学能的形式储存于ATP的高能磷酸键中。哺乳动物细胞受到照射后，一些组织细胞线粒体的氧化磷酸化作用受到抑制，且在照射后1小时内就很明显，0.5~1Gy照射即可产生此效应。正常能量代谢提供机体生命活动的动力，电离辐射对能量代谢的抑制作用必然影响DNA、RNA、蛋白和酶等生物分子的生化代谢，进一步影响生物膜和细胞结构与功能，严重者直接导致细胞死亡。

（周平坤）

diànlí fúshè yuánchū zuòyòng

电离辐射原初作用

（primary effect of ionizing radiation）　电离辐射作用于生物体的瞬间（10^{-18}~10^{-5}秒）在分子水平上发生物理化学反应，出现细胞细微结构损伤和破坏的过程。电离辐射作用起始于高能粒子或辐射能量作用到生物组织的物理事件，可延续至数年甚至数十年后（如癌症和遗传性疾病），期间经历一系列复杂的物理、化学和生物学过程。在此过程中发生辐射能量吸收和传递、分子激发和电离、自由基和活性氧生成、化学键断裂破坏等一系列物理、物理化学、化学反应，以及细胞内DNA、RNA、蛋白质和脂质等重要功能分子结构变化及损伤。

认识过程　对电离辐射原初作用发生过程和分子机制的认识始于对放射化学、靶学说的研究，随着辐射防护措施和抗辐射药物的研究而不断深入。目前电离辐射原初作用的研究主要集中在电离辐射径迹结构研究、自由基反应研究、辐射能量迁移及其引发的生物大分子结构损伤特点研究等方面。

基本内容　电离辐射是一种能够引发生物大分子激发和电离的辐射，作用于生物组织后，能量沉积在被作用物质，引发被作用分子的电离和激发。在此过程中，一方面射线可能直接作用于核酸、蛋白质、脂质等生物大分子，通过能量传递引起它们的电离和激发，导致分子结构改变和生物活性丧失（直接作用）；另一方面，射线也可能先作用于水分子，引起水分子的辐解和自由基生成，再通过自由基作用导致生物大分子的损伤（间接作用）。因此，在此电离辐射作用的初始阶段，能量的传递有3种方式：激发传递、电子传递和自由基传递。机体细胞内生物大分子的组成和排列高度有序，能量的吸收和传递使细胞中排列有序的生物大分子激发和电离，特殊的生物结构使得电子传递和自由基连锁反应得以进行，导致初始损伤发生。最初的物理和化学过程对最终生物学效应的产生具有深刻影响，引发机体细胞一系列的生理生化改变直至病变。

应用　阐明电离辐射原初效应（又称早期辐射效应）的分子机制，探讨辐射损伤防治的方案一直是放射生物学和放射医学研究者们的关注目标。鉴于原子弹在日本广岛和长崎造成的大量居民的杀伤，如何防治辐射损伤从20世纪50年代起即已成为全世界放射医学研究者的重要课题。截至目前，新的辐射损伤防护剂的研究仍主要是对已知经典防护剂的改构。深入阐明电离辐射作用于细胞，继而引发一系列物理、化学、生化改变的分子进程和原理对于发现新的辐射防护剂的作用靶标和防护机制，研发设计低毒、高效的辐射防护剂具有重要价值。

（宋　宜）

diànlí fúshè yòufā shēngwù fēnzǐ fǎnyìng

电离辐射诱发生物分子反应

（molecular biological effect induced by ionzing radiation）　由电离辐射诱发，涉及DNA损伤信号过程中的蛋白翻译后修饰、蛋白质相互作用与空间定位变化、蛋白复合体的聚合与解聚、基因转录活性调节等的分子反应。无论是早期的组织损伤反应，还是远后发生的致癌效应，根据电离辐射靶学说理论，电离辐射对人体危害的主要根源是来自细胞核DNA分子“靶”结构损伤及其信号分子反应，以及由此引发的基因组或细胞遗传的不稳定性。细胞DNA分子损伤的信号反应过程有损伤感应子、信号转导子和下游效应分子的共同参与，形成维持基因组稳定性的电离辐射损伤立体分子反应网络。

DNA损伤感应子　是直接接触和识别DNA损伤信号、启动细胞信号转导反应的分子。从定位和功能上严格来考虑，损伤感应子应具备如下特征：①DNA一旦损伤，感应子应能及时到达损伤位点与其发生物理接触。②感应子与损伤DNA结合或接触应是其内在固有本能，感应到损伤后即刻发生化学修饰反应，启动信号过程。③感应子基因突变后或在某种条件下失去与损伤DNA结合的功能，将影响整个下游信号反应过程，如细胞周期检测点机制的激活。④生理功能上不但能启动如细胞周期阻滞反应，而且启动的生化反应与细胞凋亡和DNA修复的调控途径有重叠之处。⑤理论上存在这样的感应子等位基因，在无DNA损伤时发出组成型信号。一旦有DNA损伤发生，即可传达出特殊的强烈信号。

哺乳类细胞具有电离辐射DNA损伤感应子部分特征的分子。① Mre11复合物（MRN）：由Nbs1、hMrel1和hRad50蛋白组成。Nbs1即人类隐性遗传性疾病奈梅亨（Nijmegen）断裂综合征易感基因产物，患者对电离辐射敏感，是癌症高风险人群，与运动失调毛细血管扩张症患者有类似之处。Mrel1和Rad50蛋白是参与DNA双链断裂的同源重组修复和非同源末端连接修复。Nbs1蛋白结构上含有叉-头相聚（FHA）结构域和一个BRCT（BRCA1羧基端）结构域，细胞受到辐射作用后，可观察到hMrel1、hRad50和Nbs1即刻在细胞核中共定位于DNA损伤位点、形成复合物。hMrel1复合物是ATM/ATR上游的DNA损伤感应子。②γ-H2AX：H2AX是真核细胞组蛋白的一个亚基，是染色质结构中核蛋白组分之一，在DNA双链断裂引发的细胞学反应中，最早发生的事件是H2AX蛋白的139位丝氨酸残基被磷酸化，该磷酸化蛋白被称为γ-H2AX，并特异定位于DNA断裂损伤位点。即使很低剂量照射（mGy水平）甚至DNA自发损伤的出现，都能观察到γ-H2AX位点的存在。γ-H2AX在损伤位点的出现早于其他蛋白，其中包括Nbs1。研究表明γ-H2AX的功能是将DNA修复和重组蛋白如BRCA1、53BP1、MDC1、Nbs1和Rad51等募集到DNA损伤处。③MDC1和53BP1：MDC1（DNA损伤检测点蛋白1介导子）含有FHA和BRCT结构域，并通过FHA结构域与Mrel1复合物结合。电离辐射DNA损伤能快速诱发MDC1与γ-H2AX在DNA损伤位点共定位，并包括另一个成分53BP1。53BP1是一个p53结合蛋白，结合位点是在其羧基端BRCT结构域。

染色质组蛋白修饰反应　一旦发生DNA双链断裂损伤，需要迅速地招募DNA损伤应答分子到达DNA损伤位点。NDA损伤应答蛋白想接近DNA并对DNA损伤信号做出应答，必须首先逾越染色质这一天然屏障。组蛋白是染色质中占主导作用的结构蛋白成分，其所处的自然位置决定其为最先接收到DNA损伤信号，并将发生一系列翻译后修饰，形成复杂的组蛋白密码，发出启动和指导DNA损伤信号的正常感应、传递和修复的调控指令。哺乳动物细胞具有许多不同的机制改变染色体结构，有利于DNA损伤修复应答蛋白的招募。染色质结构松弛度或染色质重塑的机制主要包括：ATP依赖的染色质重塑，组蛋白变体掺入到核小体中，以及组蛋白的翻译后共价修饰。其中，组蛋白的共价修饰尤为重要，可以改变特定氨基酸残基的带电性质，影响组蛋白之间及组蛋白与DNA之间的相互作用，有的修饰可以为非组蛋白结合到染色体上提供平台，还有的一些修饰位点本身可以作为DNA损伤修复应答蛋白的结合靶点。作为应对DNA双链断裂损伤的反应，染色质中组蛋白和其他相关蛋白发生翻译后修饰的类型也呈现多样性，且为多位点发生修饰，这些修饰基团赋予组蛋白参与DNA损伤反应的各方面的功能。染色质中4种组蛋白（H2A、H2B、H3和H4）至少有50多个氨基酸残基可以发生翻译后修饰反应，发现至少存在9种类型的翻译后修饰，如磷酸化、乙酰化、甲基化、泛素化、ADP核糖基化、SUMO化、生物素化、去精氨酸化和脯氨酸同分异构化。如此繁多的组蛋白翻译后修饰可以形成复杂的组蛋白密码，在调控和影响DNA损伤信号的正常感应和修复中发挥重要作用。

DNA损伤应答蛋白的招募 DNA辐射损伤发生后，通过快速招募DNA损伤反应蛋白质以感应、放大及传导DNA损伤信号。这些募集的蛋白质在DNA双链断裂（double-strand breakage，DSB）损伤处形成电离辐射诱发聚集点，给DSB位点打印上标记，启动基因表达调控、细胞周期阻滞、DNA修复等细胞学反应的一系列信号过程。这些过程复杂有序，并受多种方式调控，以损伤位点附近大量的H2AX磷酸化为先决条件。H2AX的磷酸化由PI3K家族成员催化，其中包括ATM、ATR和DNA-PKcs。磷酸化的H2AX对一些效应蛋白起到募集信号的作用，但其最主要的功能是作为各种效应蛋白结合的平台。MDC1与γ-H2AX相互作用密切，MDC1通过其BRCT结构域与γ-H2AX结合，是通过γ-H2AX最早被招募到DSB损伤位点的蛋白之一，DNA损伤后几乎所有的依赖γ-H2AX的蛋白聚焦点形成都需要MDC1。在DSB位点，由γ-H2AX、MDC1和NBS1共同形成的信号放大环。MDC1通过其FHA域募集磷酸化ATM，放大ATM反应信号，为更多DNA损伤反应蛋白的募集及功能发挥提供反应平台；其TQXF被磷酸化后与E3泛素连接酶RNF8结合，启动泛素依赖的DSB信号响应途径；其SDTD被酪蛋白激酶-2磷酸化后与NBS1结合，招募MRN复合物。MRN复合物几乎参与DSB损伤信号的起始感应、信号转导、损伤修复反应复合体的形成等DSB损伤信号的全过程。

DNA损伤应答蛋白的解离 DNA损伤信号反应过程不但有蛋白的修饰和招募，还存在蛋白的解离和降解。DNA损伤修复完成后，针对γ-H2AX和其他修复蛋白从染色体上解离或恢复成组蛋白H2AX的动力学机制提出两种可能：①γ-H2AX可能通过组蛋白交换的方式从染色体上解离。②γ-H2AX可能通过被磷酸酶去磷酸化恢复成H2AX。已证实，γ-H2AX的去磷酸化酶包括PP2A、PP4、PP6和WIP1。研究表明，当DNA发生DSB修复反应进行到某一阶段时，PP2A直接结合到γ-H2AX上，其催化亚基C被募集到DNA损伤位点，催化γ-H2AX去磷酸化。由1个催化亚基PP6C和3个调控亚基PP6R1、PP6R2、PP6R3组成PP6，可与DNA-PKcs相互结合，发挥蛋白磷酸酶的作用。当DNA损伤修复反应即将完成时，PP6被DNA-PKcs招募到DNA损伤位点，也促使γ-H2AX去磷酸化，去除诱导形成的聚焦点，并促使细胞从G2/M阻滞期释放，促进细胞周期进程。

生物膜结构分子的反应见*电离辐射诱发细胞膜效应*。

（周平坤）

diànlí fúshè yòufā xìbāoxué fǎnyìng shíjiān xùliè

电离辐射诱发细胞学反应时间序列（time course of cellular response induced by radiation）

电离辐射作用于机体细胞后引发的一系列能量传递、物理化学、生物化学、生物效应反应发生的时间顺序。按照反应特性，将电离辐射诱发的细胞学反应划分为5个阶段：物理阶段、物理化学阶段、化学阶段、生物化学阶段和生物学阶段。也有人将物理化学阶段合并入物理阶段，将生物化学阶段合并入化学阶段，从而分为物理阶段、化学阶段和生物学阶段3个阶段。这些时间序列定义方式是为方便机制研究而提出的人为划分，各阶段的反应之间存在交叉重叠，并受氧含量、pH、温度等因素影响，其时间区分并不绝对。

基本内容 辐射诱发细胞学反应时间序列包括：①物理阶段（≤10^{-14}秒）。此时高能粒子和/或电离辐射能量作用于生物组织，引起组织分子（水分子、无机组分和有机组分）电离或被激发成激发态和超激发态。②物理化学阶段（10^{14}～10^{-12}秒）。此时细胞中生成大量活泼基团（自由基、活性氧等），与正常代谢产生的自由基和酶的活性形式发生反应，开始启动化学损伤。③化学阶段（10^{-12}～10^{-3}秒）。此时辐射损伤产生的异常产物引发细胞内DNA、RNA和蛋白质等重要功能分子发生结构损伤，多种酶分子被异常激活或失活。④生物化学阶段（10^{-3}～10秒）。此时细胞内许多正常的生化反应受到干扰，细胞开始启动、激活DNA损伤修复等生物学反应的信号转导。⑤生物学阶段（从辐射后数秒至数天、数月、数年）。生物大分子损伤导致能量供应紊乱，生物合成前体供应不足，重要的生化反应不能顺利进行，出现细胞的辐射生物效应。同时细胞针对辐射诱发的细胞学改变做出反应，包括激活细胞周期检查点，进行损伤修复，或诱导损伤严重、无法修复的细胞死亡等。

应用 阐明电离辐射诱发细胞学反应时间序列可为辐射损伤的干预和防治措施的制订提供指导。例如，在辐射能量传递的物理阶段，只有通过物理屏蔽才能防止辐射效应的发生，化学药物预防无效。当辐射能量已经作用于细胞内的水分子、无机组分和有机组分，进入物理化学阶段后，机体细胞正常代谢产生的自由基和酶的活性形式与辐射产生的活性基团（自由基、活性氧等）发生反应，生成异常产物，此阶段给予巯基化合物、自由基清除剂或抗氧化剂能起到电离辐射防护作用。

（宋 宜）

diànlí fúshè bǎxuéshuō

电离辐射靶学说

电离辐射靶学说（radiation target theory） 20 世纪 20 年代初期，针对 X 射线的生物学作用提出“中毒”假说和“靶”假说两种解释，前者随即被否定。克劳瑟（Crowther）于 1924 年给出靶理论的原初概念，至 20 世纪 30 年代逐步形成电离辐射的“靶学说”，并成为放射生物学的重要经典理论之一。根据靶学说，生物体细胞中存在对电离辐射敏感的生物活性结构或“靶”，辐射生物效应是电离辐射直接击中这种特定结构或分子“靶”的结果。英国放射生物学家莱亚（Lea）在 1946 年剑桥大学出版社出版的放射生物学经典著作《辐射对活细胞的作用》（*Actions of Radiation on Living Cells*）中确切地描述了靶学说理论。几乎同时，德国自然科学家蒂莫费夫-里所思凯（Timofeeff-Ressovsky）和齐默（Zimmer）合著的《生物学中的击靶原理》著作出版，从辐射遗传、辐射生物、生物物理等方面就以分子靶为基础的靶学说的基本理论作出补充。在细胞辐射效应的实验数据基础上，几经修订，莱亚的《辐射对活细胞的作用》于 1955 年再版，靶学说的理论和数学模型得到进一步完善，成为一个有重要理论和应用价值的学说。尽管如此，靶学说仍然有一定的局限性，并不能广推和解释电离辐射的生物效应。

基本概念的演变 靶学说认为辐射生物效应是电离粒子击中细胞内特定的敏感结构或某些分子的结果。莱亚指出，靶学说是以敏感区域概念为基础，并做了更为通俗的描述，“发生电离作用的分子或结构为‘靶’，在其中产生的电离作用就像是被‘子弹击中’的后果”。靶学说的基本概念指出了终端生物效应与照射时所发生的最初物理化学变化有确切的相互关系。克劳瑟（Crowther）关于靶学说原初概念（1924 年）解释的数学描述是电离辐射作用下，呈指数失去的生物学活性，以下式表示：

$$A=A_0e^{-IV} \qquad (1)$$

式中，I 为辐射引起电离事件数，是伦琴为量度；V 为体积单位，存在一个辐射敏感的“体积”与特定的生物活性有关。上述概念被广泛被采纳有 60 年之久，直到伦琴单位的废止。随着新的辐射吸收剂量单位拉德（rad）或戈瑞（Gy）的启用，对靶“体积”概念的修正，提出了一个更恰当的公式：

$$A=A_0e^{-qmD} \qquad (2)$$

式中，D 为辐射剂量，单位是拉德；m 为辐射敏感单元的质量，q 为一个恒量。

靶学说的提出及不断补充和完善，逐步形成了单击效应、多击效应、单靶和多靶等理论和数学模型，成为描述和评价放射生物效应的重要理论基础。尤其是从靶分子的角度，对组织细胞受照后生物大分子的失活规律、辐射敏感体积的估计、靶分子大小计算，以及预测和评价不同质因子电离辐射的相对生物效应等有重要价值。

用靶学说解释分子和细胞失活或损伤时，一般需要符合如下条件：①所测定的辐射效应是在一个靶内遭受一次击中或多次击中的结果，若剂量-效应曲线的形状不符合上述关系，则不能据此计算靶体积。②电离粒子击中靶的概率应符合泊松分布。③所描述的生物活性的变化必须与剂量率无依赖关系。④所描述的生物学变化仅与辐射的物理性质有关，而与辐射前后的环境因素无关。因为环境因素如氧效应、防护剂等可能改变射线所致原初损伤量。

靶体积和靶分子 击中理论的一个重要应用是计算靶体积和靶分子量。设定靶是一个大小均一的球体，并且电离粒子与靶结构相互作用遵循泊松分布，则 vD_0 或 vD_{37} 应当为 1，也就是说靶体积 v 是 D_0 或 D_{37} 的倒数。D_0 为大分子平均一次击中所需的剂量，常称作平均失活剂量；对细胞来说，D_0 为平均致死剂量，在细胞存活曲线中，为曲线指数区间内存活率每下降 63% 所需的剂量。D_{37} 表述某剂量，在其作用下有 37% 靶未被击中，仍保留生物活性，而 63% 的靶被击中，已失去活性。按照后面所述的单击理论，D_0 等于 D_{37}。

辐射敏感性与靶体积成正比，随着靶体积的增大，靶分子的辐射敏感性提高。做上述靶体积的计算时有两个前提：①将使用的单位换算成击中理论中所使用的击中单位，以及每立方厘米或每克质量中的击中数。②对发生一次击中所需的能量沉积值做出估计。不同观察者测得的一次击中的能量沉积值不同，但基本在50~200eV。

德廷格（Dertinger）等曾做出如下运算：

$$1\text{rad} = 100\ \text{erg/g} = 6.24\times10^{13}\ \text{eV/g} \quad (3)$$

说明：erg（尔格）是热量和做功的单位，定义为1达因的力使物体在力的方向上移动1cm所做的功。$1\text{erg} = 1.0\times10^{-7}\text{J} = 6.2415\times10^{11}\text{eV}$。

若以60eV作为一次击中的平均能量，就可得出：

$$1\text{rad} = \frac{6.24\times10^{13}\text{eV/g}}{60\text{eV}} = 1.04\times10^{12}\ \text{击中/g}$$

由此，可将靶的质量M定为：

$$M = \frac{1}{D_{37}}\times\frac{1}{1.04\times10^{12}} = 0.96\times10^{-12}/D_{37}$$

以密度ρ除靶的质量M，即可得靶体积v：

$$V = \frac{M}{\rho} = \frac{0.96\times10^{-12}}{\rho\times D_{37}}\text{cm}^3$$

若乘以阿伏加德罗（Avogadro）常数6.022×10^{23}，即可得出靶分子量：

$$MW_T = 5.8\times10^{11}/D_{37}$$

此式中D_{37}是按照rad计算。阿伏加德罗常数是指1摩尔微粒所含的微粒的数目。在这里，微粒可以是分子、原子、离子、电子等。在温度、压强都相同的情况下，1摩尔的任何气体所占的体积都相等。例如，在0℃、压强为760mmHg时，1摩尔任何气体的体积都接近于22.4L，由此换算出：1摩尔任何物质都含有6.02205×10^{23}个分子，这一常数被命名为阿伏加德罗常数，以纪念意大利杰出化学家阿伏加德罗（Avogadro）。

需指出，上述方法只适用于靶体积不大的生物分子，且有较大误差，主要是因为60eV的平均能量沉积取值有一定的随意性。靶体积被假定为均一球体，也与实际不完全相符合，靶体积越大，误差越大。

由于电离粒子通过生物介质时是沿着径迹形成一个电离柱，越接近靶心，电离密度越大，这种分布上的不均匀性，一旦超越泊松分布的范围，则导致计算上的误差。莱亚提出一个更为合理的缔合体积法。此法将球形体积和每次原初电离辐射结合起来。若电离作用比缔合体积的半径更集中，这种假设的球形则可视为重叠。这样从连续原发电离平均间距中推算出“重叠系数”。由此，根据电离辐射对气体的效应，求出一次击中的平均能量沉积约为100eV。

单靶与多靶 对于单个生物大分子、某些小病毒或细菌而言，一般认为具有一个对射线敏感的单位结构，即单靶。从这些分子或生物的指数失活曲线看，符合单靶单击模型。但对于复杂生物体结构尤其是高级的多细胞系统生物体，应存在两个或多个靶，其辐射效应不能用单靶而需要用多靶模型来解释和计算。例如，计算不同品质射线照射某些病毒或细菌的靶体积，若用单靶模型计算，结果是α粒子的靶体积比γ射线的靶体积大，显然不符合实际。若用多靶模型计算，则两种射线的结果一致。

击靶效应模型 包括单击效应和多击效应。

单击效应 指在一个生物结构或靶中发生一次电离或有一个电离粒子穿过，并产生某种预期的生物效应。是靶学说中最基础的假说。若以“靶击中分数”为纵坐标、辐射剂量（Gy）为横坐标做图，在刚开始的小剂量时，靶的一次击中数与射线剂量成正比。随着照射剂量增加，靶的击中数也随之增加，但增加的速度放慢，效应曲线逐渐向上凸起。若将纵坐标“靶击中分数”改为“生物大分子未失活分数”或“细胞存活分数”做图，效应曲线则呈下凹曲线，显示“大分子未失活分数”或“细胞存活分数”呈指数下降。因此，将纵坐标改为对数坐标，效应曲线则成直线。

若以N_0代表大分子的原初数量，N代表受剂量D照射后的未失活存留分子数，D_0为大分子平均一次击中所需剂量（平均失活剂量），则大分子活力下降与照射剂量的关系可用如下式：

$$\log_e N/N_0 = -D/D_0,\text{或} N/N_0 = e{-}D/D_0$$

D_0对于细胞来说就是平均致死剂量。

当$D/D_0=1$时，$e-1=0.37$，此时的剂量为称作D_{37}，即只有37%的靶未被击中，仍保留生物活性，而63%的靶受一次或一次以上击中，已失去活性。

若以v代表靶的体积，剂量D代表单位体积的平均击中数，则vD表示每个靶的平均击中数。根据一次击中假说和泊松分布，得出的单击效应曲线的通式为：

$$N/N_0 = e{-}vD$$

多击效应 指靶需要两次或两次以上的电离击中事件才能产生的辐射效应变化。其典型的剂量效应曲线呈 S 形。开始时，在一个靶体积中产生两个击中反应的概率很小，生物分子的失活速率很低，达到一定剂量照射后，已经受到单击但仍然保持生物活性的分子靶被再次击中的概率增加，失活速率急剧上升。随着靶失活所需击中数目的增加，曲线的 S 形状逐渐趋向平坦。若用半对数做图，即将效应部分（纵坐标）用对数值，原来 S 形的剂量效应曲线则变为带肩区的指数性曲线。若将直线部分外推至零剂量点，其与纵坐标轴相交的坐标数值即为相应的分子或细胞失活所需的击中数。

多击效应相对比较复杂，可由两种或两种以上过程组成。一是单击类型，故在开始时反应与剂量成正比；二是二次击中类型，反应与剂量的平方成正比。还存在阈值的问题，若通过靶的粒子不能产生一定的电离量，则完全不能产生预期的生物效应。因此，击中应指超过靶损伤阈值的能量沉积时间，阈值取决于预定的生物效应指标和射线种类。

DNA 双链断裂模型 基因组 DNA 是遗传的物质基础，是决定细胞一系列生理、生化改变的关键性物质，细胞核 DNA 是电离辐射作用的靶是放射生物学中的基本论点，已被广泛接受。1981 年查德威克（Chadwick）和林豪思（Leenhouts）从二元辐射作用原理出发，以 DNA 双链断裂的实验资料为依据，提出有关辐射生物学作用的分子模型，以数学式对辐射效应做出定量描述，一方面使模型具有可靠的生物学基础，另一方面也奠定了 DNA 双链断裂作为辐射引起的各种生物效应中最基本的损伤的理论基础。DNA 双链断裂模型指明由于一个电离粒子穿过 DNA 双链邻近处造成两个同时发生的能量沉积而产生的两个单链断裂。双链断裂也可以是两个电离粒子的同时能量沉积发生在双链 DNA 中位置很靠近的两个单链断裂。

每个细胞因照射剂量 D 而引起的 DNA 双链断裂的平均数可用下式表述：

$$N=\alpha D+\beta D2$$

系数 α 和 β 的值取决于细胞 DNA 环境中初始能量沉积后各种可影响 DNA 双链断裂发生的物理、物理化学和化学过程。

与经典的靶学说相比，DNA 双链断裂模型突破了前者的一些限制或不适用的范围，包括：①靶分子 DNA 损伤有很大一部分比例由水分子辐解产生的自由基引起，双链断裂模型完全适用于这种间接作用。②考虑到损伤分子的修复的问题。③适用于同步细胞，也适用于非同步细胞。④不存在电离粒子击中的重叠问题。

根据细胞群的每个细胞中致死事件的泊松分布和 DNA 双链断裂与细胞死亡的密切关系，可以用下式计算细胞存活率 S = e − p（αD+βD2）或 lnS = D2。即细胞存活率的对数是照射剂量的线性二次函数。

（周平坤）

diànlí fúshè yòufā DNA sǔnshāng

电离辐射诱发 DNA 损伤

（DNA damage induced by ionizing radiation） 当辐射能量直接沉积在 DNA 分子或水分子辐解产生大量自由基作用于 DNA 分子，可能引发碱基脱落、碱基破坏、糖基破坏、嘧啶二聚体形成、DNA 单链断裂和 DNA 双链断裂等多种类型的 DNA 异常改变。包括基因组 DNA 辐射损伤和线粒体 DNA 损伤。基因组 DNA 位于细胞核，结合组蛋白形成染色体高级结构。线粒体 DNA 位于线粒体内，常存在若干个拷贝，与多种蛋白紧密结合形成类核复合体。哺乳动物细胞中辐射诱发的基因组 DNA 的非随机性损伤对细胞基因突变、细胞癌变、细胞衰老和死亡都有重要意义，基因组 DNA 双链断裂与细胞存活率密切相关；而线粒体 DNA 损伤引发的生物学效应尚不明确。

认识过程 20 世纪 70 年代放射生物学家发现辐射能量作用于机体组织，引起生物大分子的电离、激发和自由基等活性基团的生成是 DNA 辐射损伤的重要环节。80 年代，关于羟自由基中和剂具有辐射保护作用的发现进一步验证了辐射致 DNA 损伤模型。90 年代初期，研究揭示电离辐射诱发 DNA 损伤特征是在局部范围内同时发生几种不同类型的 DNA 损伤，将此类 DNA 损伤位点命名为局部多样损伤部位；而这种在电离辐射能量作用区域发生的不止一种类型的 DNA 损伤被命名为 DNA 簇集型损伤。

基本内容 包括以下几方面。

原因机制 无论电离辐射能量的直接作用还是电离激发水等溶剂分子生成自由基再间接作用于 DNA 造成损伤，都将对人体基因组的结构和完整性构成威胁。常见的辐射诱发 DNA 损伤类型包括碱基脱落、碱基破坏、糖基破坏、DNA 单链断裂、DNA 双链断裂、DNA 交联等。

碱基损伤 构成 DNA 的 4 种碱基，在羟自由基的作用下可发

生加成、抽氢等化学反应，导致碱基环破坏。一般情况下，电离辐射引发的碱基破坏多于碱基脱落。嘧啶碱基对电离辐射的敏感性高于嘌呤，4种碱基辐射敏感性从高到低分别为胸腺嘧啶（T）、胞嘧啶（C）、腺嘌呤（A）、鸟嘌呤（G）。DNA碱基的破坏或脱落使得DNA序列发生改变，导致其功能基因的表达调控和/或功能异常，继而引发细胞学后果。

糖基破坏　DNA分子中脱氧戊糖上的每个碳原子和羟基上的氢原子都可与羟自由基反应，生成不稳定的化合物，导致DNA链不稳定。

DNA链断裂　是DNA辐射损伤的主要形式。磷酸二酯键断裂、脱氧戊糖破坏、碱基破坏或脱落，以及DNA链上不稳定位点生成等均可导致链断裂。DNA双链中一条链断裂称为单链断裂，两条互补链于同一对应处或“紧密相邻处”同时断裂为DNA双链断裂。双链断裂发生所需能量比单链断裂高10~20倍。具有单链DNA的原核生物一旦发生DNA单链断裂则可能导致机体死亡；但对于具有双链DNA的真核生物，DNA单链断裂后可以另一条DNA链为模板迅速修复。DNA双链断裂的修复较困难，与DNA辐射损伤引发的细胞杀伤效应有直接联系。

DNA交联　DNA双螺旋中一条链上的碱基与同一分子另一条链上的碱基发生共价键结合称为DNA链间交联。DNA分子同一条链中的两个碱基共价结合称为DNA链内交联。嘧啶二聚体是最常见的链内交联形式。还可能发生DNA与蛋白质分子间的DNA-蛋白质交联。电离辐射仅引发少量的嘧啶二聚体，而DNA-蛋白质交联的发生与辐射剂量和染色质结构的紧密程度相关。交联的发生影响核小体和更高层次的染色质结构，影响功能基因的表达和调控。

DNA辐射损伤的重要特点是损伤的发生具有非随机性，即DNA辐射损伤断裂点在染色体内的分布是非随机的，辐射引发的种类繁多的DNA损伤并非均匀地出现在基因组DNA上。检测辐射后DNA断裂导致的细胞染色体畸变位点，将X线诱发的2278个常染色体断裂点按照巴黎会议制定的人类细胞遗传学标准分带，观察到断裂点的分布呈现非随机分布的特征：在浅G带中畸变率较高，而在深带和可变带中的畸变率则较低。现今已知人类染色体中有4类不稳定部位（又称不稳定DNA序列）：普通脆性位点（c-fra）、可遗传的脆性位点（h-fra）、原癌基因（c-onc）、肿瘤特异断裂点（tsb）。由此，基因组DNA不同位点对损伤的敏感性不同，不同碱基构成的核苷酸对电离辐射的敏感性不同，碱基种类影响损伤位点的分布。细胞中染色质的高级结构状态也影响损伤的发生分布。

检测方法　碱基释放检测可用于间接检测DNA单链断裂的生成情况。利用醛反应性探针可与受损DNA上的碱基缺失位点开环结构中的醛基发生特异性反应的特性，将生物素等标记物分子加入到碱基缺失位点，对电离辐射诱导的DNA单链断裂损伤进行检测。通过流式细胞术或免疫荧光、免疫印迹检测磷酸化修饰的组蛋白H2AX的存在情况可方便快速地检测电离辐射诱导的DNA双链断裂的发生情况。除通过物理剂量计检测细胞受到的辐照剂量外，放射剂量诊断中常用的染色体畸变、微核、单细胞电泳法等生物剂量检测法所检测的“靶标”都是未修复的电离辐射诱导DNA损伤。对电离辐射诱导的线粒体DNA损伤进行检测时，可通过实时定量反转录聚合酶链反应技术扩增受照细胞中的线粒体DNA，而后对比分析扩增条带的长度大小，判断特定的线粒体DNA位点是否发生辐射诱发DNA损伤。

应用　DNA分子中蕴藏着丰富的遗传信息，是细胞生长、分化、传代的重要物质基础，细胞基因组DNA的完整性和稳定性是机体生存繁衍的必要条件。已获的研究结果指出：电离辐射诱发DNA损伤的最初时空特征很大程度上决定损伤引发的生物学后果；电离辐射诱发DNA损伤后，通过激活细胞内一系列物理、化学、生物学过程，部分或完全修复损伤。电离辐射诱发DNA损伤的最重要的健康危害是受照细胞功能异常或丧失而引发的急性放射病以及后期的致癌效应和遗传效应，若损伤的DNA分子得不到及时有效修复或发生错误修复，将导致机体的基因组不稳定，显著增加肿瘤等DNA损伤相关疾病的发生风险。因此，研究揭示电离辐射诱发DNA损伤的特征，多种类型DNA辐射损伤所激活的相应信号转导途径，以及生理、病理转归具有重要的理论和应用价值。相关研究的发展将有可能帮助人们解决放射病防诊治面临的一些瓶颈问题，对推动放射病的预防和诊治，尤其是肠型放射病和脑型放射病的治疗；防治辐射引发的免疫组织损伤和远后效应（放射性多器官纤维化、肿瘤），以及空间生物医学（空间重离子辐射损伤）等放射医学重要研究领域的突破具有重要意义。

（宋　宜）

diànlí fúshè yòufā rǎnsèzhì xiàoyìng

电离辐射诱发染色质效应

（chromatin aberration effect induced by ionizing radiation） 电离辐射作用于染色质各种组分以及组分之间相互作用产生的辐射效应。染色质是真核细胞间期核中DNA、组蛋白、非组蛋白及少量RNA所组成的复合体，是以核小体为基本单位连接而成的串珠状结构。根据染色质是否具有转录活性，将其分为活性染色质和非活性染色质。这两种染色质的辐射敏感性不同。此条目主要介绍电离辐射对染色质中蛋白质——组蛋白和非组蛋白的效应。

电离辐射对染色质影响的基本规律性 ①在细胞间期，活性染色质比非活性染色质对射线敏感，即使在细胞有丝分裂中期染色质变得浓缩时也是如此。②在分裂中期染色质总DNA的单链断裂重接速度比在间期细胞中重接速度慢。③在分裂中期细胞中，活性染色质DNA链断裂的修复速度比染色质总DNA速度快。

电离辐射对组蛋白的影响 辐射可引起组蛋白发生修饰，如甲基化、乙酰化、磷酸化及泛素化等修饰，进而影响染色质结构和功能，以及对DNA损伤反应的调控作用。电离辐射对组蛋白影响了解最多的是组蛋白H2AX抗体，细胞受到电离辐射后，即可引起H2AX发生磷酸化，形成γ-H2AX（染色体组蛋白H2A“家族的成员”之一），在DNA损伤位点聚集，参与DNA损伤修复过程。

组蛋白修饰对DNA具有保护作用 辐射后DNA损伤可促发损伤DNA周围的组蛋白发生一系列修饰，这些组蛋白修饰有利于促进DNA损伤的修复，这可用于解释单独照射DNA产生的损伤多于直接照射染色质产生的DNA损伤的原因。组蛋白翻译后修饰的主要作用包括松弛开放染色质和招募DNA损伤反应蛋白到DNA损伤位点。

（王治东）

diànlí fúshè yòufā xìbāomó xiàoyìng

电离辐射诱发细胞膜效应

（cell membrane effect induced by ionzing radiation） 电离辐射对细胞膜的结构、组分、理化性质及生物功能的影响。其影响效应可有以下几种。

对细胞膜组分的损伤作用 细胞膜主要是由磷脂双分子层和蛋白质或其复合物构成。细胞膜辐射效应主要由辐射产生的大量自由基对膜组分的损伤作用引起。①对脂质的损伤作用：辐射产生的·OH，O_2^-和$^1O_2$等可诱发脂质过氧化，其自由链式反应和脂质过氧化物均裂发生的支链反应，都可不断引起膜磷脂的破坏。②对蛋白的损伤作用：射线可使蛋白质的巯基氧化，或使二硫键还原断裂，造成膜蛋白变形或膜结合酶灭活。电离辐射还可引起蛋白肽链的电离，造成肽链断裂。膜脂质过氧化作用产生的丙二醛能引起蛋白质分子内部和分子间的交联。脂氢过氧化物均裂后产生的自由基，能从酶蛋白分子上抽氢生成酶蛋白自由基，引发酶分子的聚合反应。③对糖链的作用：电离辐射产生的自由基可氧化糖蛋白糖链上的羟基，产生对细胞毒性作用很强的α和β不饱和羰基型化合物。

对细胞膜物理化学性质的影响 ①对膜流动性的影响：由于辐射对膜脂质及蛋白质等的损伤作用，膜流动性也发生改变。②对膜表面电荷的影响：细胞膜表面负电荷的主要来源于暴露在膜表面上的糖蛋白的负电荷。由于电离辐射对蛋白和糖链的损伤作用，使得细胞膜表面电荷改变，导致照射后细胞电泳迁移率在一定剂量范围内产生与照射剂量依赖性改变。③对膜导电性的影响：电离辐射后膜导电性的改变能为整个细胞结构与功能的改变提供信息。膜导电性的变化一般比膜流动性的变化对辐射更敏感。

对细胞膜生物功能的影响 ①膜转运功能的变化：由于辐射导致膜结构的改变，损坏了与主动运输有关的Na^+-K^+-ATP酶，引起Na^+在红细胞内蓄积和K^+外逸。细胞膜运输功能的损伤导致Ca^{2+}泵活性下降，钙调蛋白含量升高，导致细胞内Ca^{2+}稳态失调。而细胞内Ca^{2+}浓度的升高能引起细胞凋亡。若射线导致膜结构严重破坏，膜的屏障和间隔作用部分消失，细胞通透性增加，细胞内组分外逸。②膜结合酶活性的变化：由于电离辐射对膜-SH和二硫键的破坏，肽键断裂、蛋白质和脂质交联、蛋白质构象改变和膜通透性改变等原因，膜结合酶的活性在照射后发生明显变化。其中，腺苷酸环化酶（AC）是重要的膜结合酶，与生物信息的跨膜传递密切相关。AC活性的变化与细胞辐射敏感性有关。小鼠经γ射线照射后24小时脾细胞AC活性明显增高，且与照射剂量有关；而肝细胞的AC活性变化不如脾细胞明显。ATP酶活性在照射后迅速下降，与照后膜蛋白巯基变化有关。③膜受体功能的变化：由于膜受体功能的改变，外源凝集素与细胞受体的结合能力可作为衡量辐射损伤的敏感指标，是探索辐射损伤的生物剂量的重要指标之一。④DNA 膜复合物的辐射效应：电离辐射可破坏 DNA 和核膜的复合物，损伤 DNA 与核膜的连接，使 DNA 复制停止，导致细胞死亡。

（潘秀颉）

diànlí fúshè yòufā xìbāo cúnhuó xiàoyìng

电离辐射诱发细胞存活效应（cell survival effect induced by ionzing radiation） 高剂量照射前预先给予低剂量辐射引起细胞存活能力显著增强的现象。一般情况下，照射会引起 DNA 损伤及细胞死亡。但当细胞接受非常低剂量（一般为 1～50cGy）的照射后，细胞产生适应性反应，对随后的高剂量照射变得不敏感，提示极低剂量照射对细胞是有利的。这种适应性在多种应激条件下均可被诱导，包括烷化剂、博来霉素及过氧化氢等。这种适应性反应依赖于适应剂量、剂量率、暴露时间、培养条件、pH 及细胞周期特定阶段。

基本内容 自从奥利维尔（Olivieri）等于 1984 年报告该现象后，系列研究都证实了电离辐射诱导的适应性反应。随后该现象也在哺乳动物细胞如小鼠精细胞、小鼠骨髓细胞、培养的小鼠 SR-1 细胞及 C3H 10T1/2 细胞中观察到。菲利波维奇（Filippovich）等先用 0.01Gy 分别照射人卵巢癌细胞（OVCAR3）、骨髓瘤细胞（IPMI8226）及纯化的人淋巴细胞，相隔一定时间后用攻击剂量 2～6Gy 照射，然后分析，发现细胞凋亡明显减少（与单纯攻击剂量照射相比），且存在剂量分割效应。石井（Ishii）等证明人胚胎细胞预先照射 10～20cGy 的 X 射线（D1），随后照射 200cGy X 射线（D2），细胞存活率明显高于接受单次 200cGy 照射组。人皮肤成纤维细胞株 AG5122 预先慢性照射 γ 射线（0.003Gy/min，累积剂量 4.25Gy）（D1），然后接受 4.25Gy（3Gy/min）照射（D2），细胞存活率在 D1+D2 组高单纯 D2 组 2 倍。布斯曼（Boothman）等用黑色素瘤细胞每天照射 5cGy 连续 4 天累积剂量为 20cGy 的适应照射（D1），然后再接受 4.5Gy 大剂量照射（D2），D1+D2 组的细胞存活率是单纯 D2 组的 3 倍，说明急性、慢性或分次照射均可诱导细胞存活适应性反应。

机制 非常复杂。①DNA 损伤修复机制。由于细胞 DNA 损伤修复是影响细胞存活的主要因素，目前认为低剂量辐射通过激活多种信号转导通路最终激活 DNA 修复基因，使其转录。近年研究较多的修复基因有 BRCCL、XPA、XPC、XRCC 等。一般认为，DNA 修复基因的表达产物主要是低剂量诱导蛋白。②存活效应可能是低剂量辐射通过诱导信号转导通路引起细胞周期变化导致。在 150cGy 照射前予 2cGy 的适应剂量照射，M 期的染色体异常显著降低，G2 期发生阻滞，使细胞有足够多的时间进行修复。③根据照射剂量的不同，电离辐射可激活多个信号通路或增加细胞死亡或促进细胞增殖。低水平辐射诱导细胞分泌某类物质，抑制细胞凋亡的启动或阻断其发展，使凋亡减少减慢，促进细胞的成熟分化，使细胞增殖加快，表现为兴奋效应。④低剂量辐射可促进机体自由基清除，减轻或防止自由基及活性氧对生物大分子的损伤作用，这主要源于低剂量辐射使动物组织（超氧化物歧化酶）活性明显增高。低剂量辐射还可诱导某些特异的蛋白质合成，如使某些原有的蛋白质合成增加、抑制某些蛋白的合成及激活某些酶类。

应用 由于细胞受到一次大剂量照射后，细胞内的所有关键靶点都发生电离事件，造成不可逆性损伤。而分次照射只会导致部分细胞发生损伤，剩余细胞可在一定时间内进行损伤修复。由于这种修复的存在，分次照射时的细胞存活率比一次照射时明显提高，在肿瘤放射治疗中正是利用这种修复，制订合理的分次照射方案，使之有利于杀死肿瘤细胞并修复正常细胞。放射治疗也会带来继发肿瘤的发生，能否利用低剂量照射以增强机体免疫力，减少继发肿瘤的发生，也是值得探讨的问题。

（李长燕）

fúshè mǐngǎnxìng

辐射敏感性（radiation sensitivity） 生物体、组织或细胞对放射损伤的反应性。体现在辐射作用于机体、组织或细胞后，其发生生理或病理变化的快慢强弱。辐射敏感性高则反应灵敏，产生的生物学效应大；反之，辐射敏感性低则辐射抗性高、灵敏性低，最终产生的损伤效应或生物学效应小。

电离辐射引发的生物效应分类如下。①确定性效应：以辐射引发的细胞致死效应为基础。②随机性效应：以辐射诱发的细胞变异为基础，主要指辐射致癌效应。在遭受相同辐射剂量照射的情况下，不同个体（不同物种或同一种属不同个体）发生损伤反应的速度、程度、后果可能大不相同，即引发同样效应的辐射剂量存在种属和个体差异。这种差异即为辐射敏感性差异的体现。辐射敏感性并非一成不变，机体的内外因素都可能导致辐射敏感性改变。

认识过程 20世纪初，发现不同组织、不同部位、不同分化状态的细胞对辐射的反应性不同，提出辐射敏感性的概念。其后检测了年龄、性别等因素对细胞辐射敏感性的影响。到60年代，利用已建立的多种辐射敏感性检测方法，开展了不同物种间的辐射敏感性差异研究和细胞在机体内外的辐射敏感性比较研究，证明淋巴细胞在离体和整体情况下辐射敏感性基本相同。遗传学和分子生物学技术的发展启动了辐射敏感性的机制研究，相继发现毛细血管扩张性共济失调综合征突变蛋白编码基因（ATM）、奈梅亨（Nijmegen）染色体断裂综合征突变蛋白编码基因（NBS）等多种细胞辐射敏感性相关基因。1979年有人提出细胞的辐射敏感性与DNA链断裂数目并不直接相关，而是损伤与修复等多种因素综合作用的结果。辐射敏感性的信号转导、分子机制研究成为热点。当前研究主要集中在辐射敏感性调控机制及其在放射病防治和肿瘤治疗中的应用等方面。

基本内容 包括以下几方面。

原因机制 年龄、性别、种族、体质、营养、健康状况、生活方式、疾病、药物、环境及遗传等诸多因素造成个体的辐射敏感性差异。遗传个体辐射敏感性增高主要见于部分先天性遗传疾病患者及携带缺陷基因的杂合子人群。已发现的伴辐射敏感性增高的遗传性疾病有20余种，如毛细血管扩张性共济失调综合征、奈梅亨染色体断裂综合征、视网膜母细胞瘤等。这些公认的机制明确的遗传性辐射敏感疾病的发病原因是患者的ATM、NBS和RB基因等突变，导致基因组不稳定和DNA修复缺陷，最终表现为辐射敏感性增高。以这些遗传性疾病作为辐射敏感性研究模型，研究致病基因的生理、病理功能，显著推进了对细胞辐射敏感性分子机制的认识。

即便同一个体，源自不同器官、组织类型的细胞受到辐射后的损伤反应性也各不相同。动物实验结果表明造血干细胞的辐射敏感性远高于小肠腺上皮细胞。坏死和凋亡是辐射诱发细胞死亡的两种主要方式。机体遭受辐照后，有些器官、组织类型的细胞容易发生凋亡，而另一些组织类型的细胞则只发生少量的凋亡或几乎不发生凋亡。即便是易发生凋亡的细胞，凋亡发生的时间也各自不同。总结已获得的研究结果，淋巴细胞、造血细胞、生殖细胞、肠上皮细胞等增殖分裂活跃的细胞通常辐射敏感性高；结缔组织、内皮细胞等辐射中度敏感；而肌细胞、神经细胞、成熟的软骨和骨细胞的辐射敏感性较低。同一种细胞，在胚胎阶段和幼稚细胞阶段通常比成熟细胞的辐射敏感性高。不同种属间也存在显著的辐射敏感性差异。以致死效应为检测指标，小鼠的半数致死剂量（9Gy）显著高于人类（5~7Gy）。进化程度越高的物种辐射敏感性越高，低等生物的辐射敏感性常低于相对较为高等的生物，但并非绝对。

影响辐射敏感性的因素很多。在辐射引发机体损伤的同时，机体也针对辐射的损伤而产生旨在消除损伤、保持正常组织、细胞结构与功能的防御性反应，即辐射损伤防御反应。最终的辐射敏感性取决于二者的综合结果。从电离辐射引发DNA断裂到机体细胞的转录调节、周期调控、损伤修复、凋亡诱导等一系列细胞反应事件中，核酸、蛋白质等大分子和生物膜上的辐射能量沉积传递、自由基作用、分子间相互作用和信号转导调控、代谢调控、细胞内源辐射防护物质的存在（如谷胱甘肽、维生素C、维生素E、还原型辅酶、β胡萝卜素等）等环节都影响细胞的辐射敏感性。同时，供血、供氧、营养素供应、神经体液调节等细胞外环境也可直接或间接影响细胞辐射敏感性。遗传物质——脱氧核糖核酸（DNA）是辐射致死效应中细胞内最重要的靶分子之一。细胞的染色质结构、DNA损伤修复能力、细胞周期分布等因素决定细胞的辐射敏感性。不同组织类型的细胞在受到相同剂量辐照后启动不同的损伤反应信号转导，产生各不相同的生理、病理反应；机体的辐射敏感性则通常取决于该个体中辐射敏感性最高的组织。干细胞和造血细胞受照后最容易发生凋亡，是机体辐射敏感性最高的组织；而非增殖状态的组织细胞通常对DNA辐射损伤有更高的耐受能力。

检测方法 衡量辐射敏感性有多种指标。对于细胞，常通过检测细胞存活曲线描述细胞增殖能力与受照剂量的函数关系。2Gy照射后的细胞存活分数（SF2）也是描述辐射敏感性的重要指标。对于整体受照，常用存活率或半数致死剂量进行辐射敏感性的研究评估。辐射引发的DNA损伤修复速率、半修复时间及残余DNA损伤量，以及染色体畸变、细胞增殖、克隆形成、辐射敏感基因突变情况等检测，也常用作反映细胞或机体、组织辐射敏感性的指标。

应用 深入探索影响机体辐

射敏感性差异的分子机制不仅可为战时或偶发的核事故辐射防护提供重要的科学理论指导，还有望为新型核辐射防护药物的研发提供新靶点，为放射病的诊治提供科学依据。尽管现有辐射防护药的作用机制多种多样，但其生物活性最终都归结为降低机体的辐射敏感性、增加辐射抗性。生物剂量计是用辐照引发的受照者的生物学改变为检测指标来度量受照剂量的方法。相对于物理剂量计，生物剂量计对辐射引发的机体危害的评估更直观。随着放射生物剂量学指标在辐射远后效应判断和预测中的应用，充分考虑个体辐射敏感性对剂量估算不确定性的影响十分重要。其研究成果在肿瘤放射治疗辐射增敏以及避免由于个体辐射敏感造成的放射治疗严重副作用等方面也具有重要应用价值。

（宋　宜）

fúshè kàngxìng

辐射抗性（radioresistance）

表示生物体抵抗电离辐射杀伤效应的能力特性。不同种系生物、不同个体、同一个体的不同组织器官对放射损伤的敏感性存在不同程度的差异，辐射抗性可以是某种生物体或器官、组织和细胞的遗传固有，也可以是诱导产生或突变诱发。耐辐射奇球菌是一种典型的自然的对电离辐射极度抗性细菌。普通细菌如大肠埃希菌受到200~800Gy照射后不能存活，而耐辐射奇球菌受到5000Gy照射仍能存活，致死剂量高达15 000Gy。部分肿瘤细胞也具有辐射抗性的特征，影响肿瘤放射治疗效果。

诱导的辐射抗性　一系列研究显示低剂量照射可诱导产生辐射抗性，可发生在细菌、酵母、原生动物、藻类、植物、昆虫、哺乳动物及人类细胞等。不断低剂量γ射线预先照射刺激可诱导辐射抗性，莫尔塔扎维（Mortazavi）等报道微波预先照射刺激也可诱导小鼠、兔对电离辐射的抗性。辐射抗性诱导辐射抗性的机制包括DNA修复活力和抗氧化损伤能力增加，抗凋亡能力增强等。无论是整体还是体外细胞，分割照射能耐受更大的总剂量。切尔诺贝利核电站事故过程中，有工作人员在地下室工作，受到分批次小剂量的照射，尽管累积剂量达10Gy，但仍然避免了急性放射效应的发生。放射生物学试验表明，予细胞一定剂量照射后培养一段时间再接受致死剂量照射，此时细胞丢失（死亡）比单独接受致死性照射的减少。

遗传辐射抗性　辐射抗性可由遗传因素决定，如辐射抗性突变，且可遗传给后代。比较典型的具有遗传辐射抗性的生物或微生物有耐辐射奇球菌、野生型彦根-H和美浓-H果蝇等。C57BL系小鼠对电离辐射有更高的抗性，而BALB/c小鼠对电离辐射相对敏感。

辐射抗性与放射肿瘤学　对癌细胞而言，由于不同肿瘤细胞的遗传背景变异很大，且受其他基质环境因素影响，使得部分癌细胞为辐射抗性细胞，成为困扰肿瘤放射治疗领域非常棘手的科学难题。决定癌细胞辐射抗性的可能因素主要有：①外环境或肿瘤微环境的影响，如传统放射生物学理论已经认识到的肿瘤组织缺氧。②肿瘤组织和癌细胞特性层面上的因素，也是目前肿瘤放射生物学研究的前沿领域，其中最受关注的静止期癌细胞群、癌干细胞，被认为是肿瘤放射治疗失败和放射治疗复发的细胞学基础。③带有一定普遍性的放射生物学特性，如细胞增殖速度、不同细胞周期等。④更多的是发生在癌细胞中的遗传和分子改变，导致DNA修复活性异常增加、细胞凋亡通路失活等。一般来说，前3个因素有一定的普遍性，后面的因素具有很大的个体差异。

癌细胞群体中含有一部分具有“干细胞样”特性的“癌干细胞”亚群，带有$CD44^{+}CD24^{-}$或$CD133^{+}$分子标志，具有强的自我更新能力。有研究报道，癌干细胞的DNA损伤检查点机制或DNA修复能力增强，被认为是肿瘤辐射抗拒和癌症复发的细胞来源。癌干细胞除自身固有的辐射敏感性决定因素外，还可通过分泌血管内皮生长因子等刺激肿瘤血管的形成。总之，癌干细胞无疑是决定肿瘤组织放射敏感性的特殊细胞亚群。

实体瘤（癌）组织中除处于分裂增殖状态的细胞群体外，还存在一定比例的静止期癌细胞（简称Q细胞）。正常组织的细胞与血管分布通常是距离血管只排列几个细胞层，而肿瘤组织中距离血管最远的细胞可能相距15~20个细胞层。显然离血管越远的细胞，氧气和营养越缺乏。Q细胞就是由于肿瘤组织的血管不发达导致癌细胞缺氧和缺乏营养，使细胞处于静止期状态，质量大小也不增长。但是这种细胞状态的癌细胞能长久存活，只是暂停细胞分裂，仍具有增殖潜能，一旦受到某种因素刺激，即可能恢复增殖活跃状态。有研究报道，相对于增殖癌细胞而言，静止期癌细胞对于γ射线或X射线显示出更加明显的辐射抗性，故放射治疗后可能有一定量的克隆性静止期癌细胞残留存活下来，其再增殖活性被触发后导致癌症复发。γ射线辐照后，静止期癌细胞辐照损伤的恢复能力显著高于增殖癌细胞，特别是具有较强的潜在致死损伤修复能力，致其放射抗性增加。

（周平坤）

fúshè quánzhòng yīnshù

辐射权重因数（radiation weighting factor） 用于修正辐射剂量当量和生物效应之间关系的系数。以 W_R 表示。是根据对不同辐射在随机效应方面的相对生物效能的评价而得出。辐射权重因数越大，表示该辐射产生的相对生物效能越大。需指出，为了辐射防护的目的需要，对辐射权重因数进行简化，只能粗略反映不同辐射的生物效能的差别。目前对于光子、电子和 μ 子等低 LET 辐射，其 LET 值<10keV/μm，辐射权重因数通常定为1。中子照射到人体上产生的生物效能主要与其能量有关。主要辐射权重因数如下表（表1）。

（王治东）

zǔzhī quánzhòng yīnshù

组织权重因数（tissue weighting factor） 对组织或器官的当量剂量进行修正的因数。表示在人体受到均匀照射时组织或器官对总健康危害的相对贡献。是相对值，总和等于1。辐射危害是用于定量辐射照射在身体不同部位的有害效应，总危害是身体各部位（组织和/或器官）的危害之和。全身照射在各个器官和组织中产生随机效应的概率不同，即不同组织和器官存在辐射随机效应敏感性差异。“有效剂量”是与给定照射的危害估计有关的一个概念，指用身体这些部位的相对危害对所感兴趣的各个器官和组织进行加权。在该体系中，各组织当量剂量的加权之和，称为有效剂量。不管当量剂量在体内分布如何，有效剂量应与所估计的该照射的总危害成正比。鉴于人体各个器官和组织在随机效应的辐射危害方面的相对辐射敏感性的不同，在计算有效剂量计算中引入组织权重因数。当全身剂量均匀分布时，有效剂量在数值上等于人体每个器官和组织的当量剂量。

国际放射防护委员会（International Commission on Radiological，ICRP）第26号出版物（1977年）对6个确定的组织（性腺、乳腺、红骨髓、肺、甲状腺和骨表面）和其余的一组组织（总称为“其余”）给出组织权重因数。在第60号出版物（1991年）中给出的组织权重因数扩大到12个确定组织和器官及其余组织。

表1 主要辐射权重因数

辐射种类	辐射权重因数
光子	1
电子和 μ 子	1
质子和带点 π 介子	2
α 粒子、裂变碎片和重离子	20
中子	见下面公式

注：中子辐射权重因数公式：

$W_R = 2.5 + 18.2e^{-[\ln(E_n)]^2/6}$ $E_n<1MeV$

$W_R = 5.0 + 17.0e^{-[\ln(2E_n)]^2/6}$ $1MeV \leqslant E_n \leqslant 50MeV$

$W_R = 2.5 + 3.2e^{-[\ln(0.04E_n)]^2/6}$ $E_n>50MeV$

式中 E_n 为中子能量。

在ICRP的2007年建议书（第103号出版物）中的组织权重因数是根据随机性效应的危害-调整标称危险系数确定（表1）。组织权重因数按性别平均，可用于评价工作人员及公众包括儿童的有效剂量。在ICRP第88号出版物（2001年）中，也将 $W_T w_T$ 用于发育中的胎儿。

ICRP的第103号出版物（2007年）所判断的相对辐射危害与第60号出版物中给出的不同，导致组织权重因数 w_T 值的变化。主要变化是对乳腺（从0.05增至0.12）、睾丸（从0.20降至0.08）及其余组织（从0.05增至0.12）。在根据女性卵巢的癌症发生率给出的相对危害中的性别差异方面，将按性别平均给出的0.08的 w_T 值赋予睾丸（癌症加遗传效应）与女性的卵巢（0.036）加遗传效应（0.039）很相似。对脑和唾液腺还给出0.01的特定 w_T 值。对于甲状腺来说，根据女性（0.021）和男性（0.008）癌症发病率得出的相对危害数值几乎差3倍。但考虑到幼儿的高感受性，赋予甲状腺的 w_T 为0.04。

进行有效剂量计算时的特殊之处是对其余组织的剂量评价，其余组织的剂量根据其余组织的器官和组织的当量剂量的质量加权平均进行定义。在ICRP第60号出版物中，给其余组织的权重因数为0.05。由于质量差异很大，指定组织和器官对其余组织剂量的贡献的差别也很大。由于质量

表 1 ICRP 第 103 号出版物建议的组织权重因数

组织	W_T	$\sum W_T$
红骨髓、结肠、肺、胃、乳腺、其余组织*（标称 W_T 用于 14 个组织的平均剂量）	0.12	0.72
性腺	0.08	0.08
膀胱、食管、肝、甲状腺	0.04	0.16
骨表面、脑、唾液腺、皮肤	0.01	0.04

注：* 其余组织（共 14 个），肾上腺、胸腔外区、胆囊、心脏、肾、淋巴结、肌肉、口腔黏膜、胰腺、前列腺、小肠、脾、胸腺、子宫/子宫颈。

大，肌肉所获得的有效权重因数近 0.05，这是不恰当的，因为其辐射敏感性被认定是低的。在 ICRP 第 103 号出版物建议给出的其余组织（14 个）中的特定组织的有效剂量可直接进行相加而无须做进一步的质量加权，即给每一个其余组织的权重因数低于其他任何有名称的组织的最小值（0.01）。对于其余组织，其 w_T 为 0.12。14 个其余组织的构成中，指定 12 个两种性别均有的组织和一个每个性别中性别相关的组织（男性前列腺和女性子宫/子宫颈），每个性别共 13 个组织。

（王治东）

jìliàng-jìliànglǜ xiàoyìng yīnzǐ

剂量-剂量率效应因子（dose and dose-rate effectiveness factor, DDREF） 表示与高剂量和高剂量率照射相比，在低剂量和低剂量率照射时生物效能通常较低之评价因数。用大剂量、高剂量率下的生物效应数据做线性外推，估计小剂量和低剂量率辐射危险度时，会得到一个偏高的估计值，故需要做剂量、剂量率效应的修正值。实验动物放射生物学数据和少量人群流行病学数据表明，低传能线密度（line energy transfer, LET）辐射单位剂量引起的生物效应，在小剂量和低剂量率下比大剂量和高剂量率下小。

认识过程 动物实验及人类经验积累，发现小剂量和低剂量率情况下癌症诱发率比大剂量和高剂量率情况下所观察到的低。例如，日本原子弹爆炸受害者调查发现，在受照剂量<0.5Gy 的人群中，发生白血病的危险度约为受照 1~2Gy 人群的 1/2。所以联合国原子辐射效应科学委员会（United Natious Scientific Committee on the Effects of Atomic Radiation, UNSCEAR）1988 年建议，用大剂量和高剂量率公式推算低 LET 辐射照射所造成的危险度时，需要用一个缩减因子，即 DDREF，小剂量和低剂量率情况下的癌症发生危险概率应除以 DDREF 值。1990 年建议书判断，为放射防护的一般目的，DDREF 值应取 2。

检测方法 UNSCEAR 在 1986 年报告就 DDREF 适用的剂量和剂量率提出建议：对低 LET 辐射来说，< 0.2Gy 属于小剂量，>2Gy 认为是大剂量，介于两个数值之间的剂量为中等剂量。<0.05mGy/min 或>0.05Gy/min 分别为低剂量率和高剂量率，介于两个数值之间的剂量率为中等剂量率。DDREF 用于小剂量、低剂量率范围，即低于 0.2Gy/min 和/或 0.05mGy/min。

应用 国际上的某些学术机构和组织根据实验数据的分析对 DDREF 推荐不同数值，包括 UNSCEAR 在内的 5 个学术/科研机构的 8 篇报告中，有 6 篇推荐以 2 为下限或接近于 2 的数值，ICRP 建议 DDREF 数值为 2。

（徐勤枝）

fúshè yǎng xiàoyìng

辐射氧效应（radiation oxygen effect） 受照射的生物系统或分子的辐射效应随介质中氧浓度的增加而增加的现象。在造成相同程度的放射损伤下，有氧条件下所需的照射剂量低于无氧条件的照射剂量。换言之，与有氧条件相比，细胞在无氧条件下更具有辐射抗性。

基本内容 氧效应是放射生物学中具有重要意义的现象。1921 年，霍尔特胡森（Holthusen）已注意到无氧时蛔虫卵对射线有一定的抵抗作用。1953 年，英国格雷（Gray）及其同事首先提出“氧效应”的概念，很快在放射生物学领域受到广泛关注。电离辐射过程中产生的自由基引起生物体的各种损伤，若有氧存在，氧与自由基 R 作用而产生有机的过氧化物自由基 ROO。ROO 是生物体内靶物质的一种不可修复的形式，使受照射后物质的化学成分发生变化。在缺氧条件下，上述反应不产生，且很多其他被电离的靶分子可自行修复。从这一原理而言，氧可以被认为能“固定”放射损伤，即所谓的氧效应。氧效应的确切作用机制尚未完全阐明，尽管存在不同解释，但认为氧作用在自由基上这一点是一致的。临床放射学家已经重视氧效应对肿瘤辐射敏感性影响的事实。

应用 肿瘤组织中含有相当

数量的缺氧细胞，这群细胞是肿瘤抗拒放射治疗的主要责任者之一，因此，设法改善肿瘤细胞的氧含量是提高放射治疗效果的措施之一。也有学者提出设法使缺氧细胞进一步缺氧，以增强一些生物还原性增敏剂的效果。现在正在研究或临床实践中的增加组织氧合的措施：①在高压氧舱中进行放射治疗。②在照射同时，在常压下，让患者吸入含95% O_2 与5%CO_2 的混合气体，可引起呼吸频率增加，促使末梢血管扩张，氧扩散增加。③采用传递修饰剂，如氟碳乳剂（FC）。由于它能携带大量的氧，并能在进入肿瘤组织的缺氧区而放出氧。④血红蛋白携氧能力增强化合物，如BW12C、BW589C。⑤钙离子拮抗药如桂利嗪、氟桂利嗪，一方面通过抑制细胞呼吸而达到提高肿瘤细胞氧张力的作用；另一方面使用血管舒张药肼屈嗪降低肿瘤组织的血流量，提高细胞的缺氧程度，可以增强另一类生物还原剂如RSU1069、SR4233等的辐射增敏效果。

（李长燕）

fúshè wēndù xiàoyìng

辐射温度效应（radiation temperature effect） 机体或细胞受到电离辐射时，降低温度可使辐射损伤减轻的效应。由于人体体内温度处于37℃相对恒温条件，早先对辐射温度效应的研究较少，随着肿瘤放射治疗的发展，对辐射温度效应的关注逐渐增加。

一般认为照射时和照射后早期温度升高会增强细胞的辐射敏感性，反之则降低。辐射温度效应在体外培养细胞研究方面的染色体畸变、细胞凋亡及动物外周血白细胞降低等不同水平均有相似表现。以染色体畸变为例，与18～20℃条件下照射相比，37℃条件下照射外周血淋巴细胞产生的染色体畸变率要高。但最近有研究发现相反结果，如温度对辐射后DNA损伤标志物γ-H2AX聚集点的数量无明显影响。也有研究发现，照射后将小鼠体温提高到39.5℃，可加速外周血中性粒细胞的恢复。对辐射的温度效应方面的认识较少，尚未形成共识，有待深入研究。

基于辐射温度效应，在肿瘤的放射治疗过程中，可考虑通过调节肿瘤组织和正常组织的温度差，增强肿瘤组织的放射敏感性，同时减轻辐射对正常组织。

（王治东）

fúshè jìnqī jiànkāng xiàoyìng

辐射近期健康效应（short-term effect of radiation） 个体受照后6个月以内表现出来的健康影响。与之相对应的是辐射远后健康效应。

由于机体受照剂量不同，所表现的近期健康效应亦不相同。机体在短时间内一次或多次受到大剂量（>1Gy）电离辐射照射可引起全身性急性放射病。机体受到1～10Gy全身照射后，骨髓等造血组织损伤是在发病中起主导作用的基本损伤，引起骨髓型急性放射病；照射剂量增至10～50Gy，肠道损伤为基本损伤，发生肠型放射病；若照射剂量增至50Gy以上，脑组织损伤成为基本损伤，多发生脑型放射病。其中中度以上骨髓型急性放射病的病程具有明显的阶段性，临床经过可分为初期、假愈期、极期和恢复期。肠型放射病患者表现为频繁呕吐、严重腹泻及血水便等胃肠损伤。因小肠黏膜上皮细胞更新周期为5～6天，在10Gy以上射线照射后约1周即可出现严重损伤。肠型放射病时造血损伤更严重。直至20世纪初，尚无肠型放射病经治疗存活的病例。脑型放射病的病情更严重，发病更迅猛，病程进展快，临床分期不明显，可出现共济失调、眼球震颤、肌张力增强，以及肢体震颤、抽搐等表现。患者多在2～3天内死亡。

人体受到小剂量（<1Gy）电离辐射后也会发生一定变化。主要表现为自主神经功能紊乱，如头晕、乏力、睡眠障碍、食欲减退、口渴、易出汗等。血液学变化以外周血白细胞总数和淋巴细胞绝对数减少为主，其中淋巴细胞改变较特异。淋巴细胞染色体对辐射较敏感，因此仅0.05Gy照射后早期即可见畸变增多。其畸变率随累积剂量的增加而升高，且与照射剂量呈正相关，畸变可长期存在。

（潘秀颉）

fúshè yuǎnhòu jiànkāng xiàoyìng

辐射远后健康效应（delayed effect of radiation） 个体在短时间内接受一定剂量的照射或长期小剂量慢性照射累积一定剂量后，经过较长时间（6个月以上，通常为若干年甚至几十年）后表现出来的健康影响。根据辐射效应发生的对象，即远后效应发生在受照者自身或发生在受照者的后代，将其分为躯体效应和遗传效应。

辐射引起的躯体远后健康效应的研究主要来源于动物实验、日本原子弹爆炸幸存者、原子弹爆炸试验落下灰受害者、核电站事故及核事故受害者的调查研究，主要有以下几方面。

对生长发育的影响 妊娠期受照对胎儿和新生儿的影响非常明显。日本广岛原子弹爆炸受害者长期的流行病学调查表明，宫内受照射引起新生儿小头症和严重智力发育迟缓，且发生率与宫内受照剂量呈正相关。辐射对发育中的胎儿大脑的影响主要见于妊娠 8~25 周。儿童受到辐射会引起生长发育缓慢，因此在妊娠期间应避免 X 射线检查。

放射性白内障 放射性眼损伤主要表现为晶状体混浊，形成放射性白内障。主要发生于核事故及头面部肿瘤放射治疗的患者。对日本原子弹爆炸幸存者、核事故及辐射事故受照射人员资料分析表明，辐射的远后健康效应有放射性白内障的发生。放射性白内障发生的潜伏期与受照时年龄和照射剂量相关，照射剂量越大，年龄越小，潜伏期越短。国内外报道发现，放射性白内障的潜伏期最短 9 个月，最长为 15 年。放射性白内障发生的概率与受照剂量有一定关系。在日本原子弹爆炸幸存人群中，受照射剂量在 2.0Gy 以上者，单眼晶状体混浊发生率为 5.8%，双眼则为 3.7%；受照射剂量在 2.0Gy 以下者，单眼晶状体混浊发生率为 0.5%，双眼则为 0.3%。放射性白内障的治疗与老年性白内障相似，早期可应用一些营养性眼药水，若晶状体完全混浊可采用手术治疗。

造血系统改变 造血细胞是辐射的敏感细胞，辐射早期（数天至数周）发生明显改变，包括红细胞、白细胞和血小板持续下降，但多数情况下在辐射后数月内可逐渐恢复。少数情况下，辐射后多年仍有血细胞低于正常水平的现象。

生殖系统影响 生殖系统，主要是精子细胞是辐射的敏感细胞，在照射后精子数量减少、活动减弱和形态异常，辐射对精子的影响及持续时间与受照剂量有密切关系，剂量越大，精子数量下降越低，持续时间越长。生殖系统受到照射后，可出现一过性不育，大多能恢复正常，生育健康男女后代。辐射对女性生殖系统的影响主要表现为月经不调或闭经。

染色体畸变 辐射早期，外周血淋巴细胞、骨髓造血细胞、精子可发生染色体畸变。随着时间延长，非稳定性畸变数量逐渐减少，可持续数年至数十年，稳定性畸变则可长期存在体内。

癌症发生 癌是辐射引起的躯体健康效应之一，即辐射致癌效应。根据 ICRP 2007 年建议书（第 103 号出版物），辐射远后效应的危险系数如下：全部人群的致癌效应为 0.055/Sv，遗传效应为 0.002/Sv；成年人群的致癌效应为 4.1/Sv，遗传效应为 0.001/Sv。

（王治东）

fúshè quèdìngxìng xiàoyìng

辐射确定性效应（deterministic effect of radiation） 辐射照射导致以一定数量细胞死亡为病理基础的效应。效应的严重程度（不是发生率）与照射剂量的大小有关，效应的严重程度取决于细胞群中受损细胞的数量或百分率。曾称非随机性效应。此种效应存在剂量阈值，超过此阈值效应即出现，如照射后的白细胞减少、白内障、皮肤红斑、毛发脱落等均属于确定性效应（表 1）。

自国际放射防护委员会（International Commission on Radiological Protection，ICRP）第 60 号出版物（1991 年）发表以来辐射确定性效应的概念已有很大发展。在 ICRP 第 103 号出版物建议书中提出组织反应概念，以取代 ICRP 第 60 号出版物中确定性效应的概念。鉴于“确定性效应”术语在放射防护体系中的使用已有很坚实的基础，因此在 2007 年建议书中，根据具体内容将原有术语和直接描述性术语作为同义词对待。

电离辐射作用于机体组织、器官的能量沉积是随机过程，即使是在相当低的剂量水平，若能量沉积在某个细胞的关键靶区，也可导致细胞发生变化或死亡。绝大多数情况下，一个细胞或少量细胞的死亡，对组织结构和功能无影响。照射剂量达到一定水平，将诱发足够量的细胞死亡事件，导致可检测到的组织反应，甚至是组织、器官的结构和功能改变。这些组织反应可发生于照射早期，也可延迟发生。

早期组织反应指辐射效应在受照射后数周内发生，如细胞渗透和组胺释放的炎性反应（如皮肤红斑），细胞死亡（如黏膜炎、上皮组织脱落），造血障碍等。晚期组织反应指辐射效应在照后数月甚至数年发生，包括靶组织上直接损伤的结果，如迁移性照射使血管闭塞导致的深部组织坏死；早期反应的继发反应，如严重表皮剥脱和慢性感染所致皮肤坏死，

表 1 辐射对人体健康的生物学效应

分类	确定性效应	随机性效应
躯体效应	白内障、皮肤良性损伤、骨髓内血细胞减少致造血障碍、性细胞受损致生育能力减退、血管和结缔组织受损等	非特异的辐射致癌
遗传效应	—	多种遗传危害

严重的黏膜溃疡所致小肠狭窄，肝、肺组织纤维化反应。

（潘秀颉）

fúshè suíjīxìng xiàoyìng

辐射随机性效应（stochastic effect of radiation） 发生率（而不是严重程度）与照射剂量的大小有关的效应。这种效应在个别细胞损伤（主要是突变）时即可出现，不存在阈剂量，主要指致癌效应和遗传效应。

机体受到电离辐射照射后，一些细胞受损伤而死亡，而有些细胞发生变异而没有死亡，可能形成一个变异的具有增殖能力的子细胞克隆。机体对变异体细胞克隆的反应较复杂：这种克隆的初始会被抑制；若机体防御机制不健全，经过不同的潜伏期，由一个变异但仍存活的体细胞生成的细胞克隆可能导致恶性病变，即发生癌症。辐射致癌是辐射导致最主要的迟发躯体效应。这种发生概率（不是严重程度）随照射剂量的增加而增大（表1），其严重程度与照射剂量无关，不存在阈剂量。若辐射所致变异发生在性腺细胞（精子或卵子），基因突变的信息传给后代而产生的损伤效应称为遗传效应。

按照辐射作用对象，辐射生物效应又可分为躯体效应和遗传效应。躯体效应指发生在受照射个体的损伤效应，故确定性效应都是躯体效应，而随机性效应可以是躯体效应（辐射诱发癌症），也可以是遗传效应（损伤生物效应发生在后代）。

（潘秀颉）

fúshè qūtǐ xiàoyìng

辐射躯体效应（somatic effects of radiation） 发生在受照射者自身的辐射有害健康效应。是相对于辐射遗传效应的一个概念。根据辐射效应发生的时间，辐射躯体效应可分为早期（急性）躯体效应和延迟躯体效应两大类，前者指受到一次急性照射后短时间内即产生的健康效应，如造血障碍、性腺细胞损伤造成的生殖障碍等；后者指受到照射后很长时间甚至数年后才发生的健康效应，如癌症、白内障、非癌症疾病等。1896年，即在伦琴（Rontgen）发现X射线后1年，人们发现其对人体皮肤和眼的“烧伤”，1902年有放射性皮肤癌的报道，1908年复制了电离辐射产生癌症的实验模型，1911年报道了首例放射性白血病，放射性对人体的伤害作用逐步得到印证。

电离辐射穿过机体组织或器官发生的能量沉积是随机的过程，即使在相当低的剂量水平，若能量沉积在某个细胞的关键靶区，也会导致细胞发生变化或死亡。绝大多数情况下，一个或少量细胞的死亡，对组织的结构和功能无影响。照射剂量达到一定水平后，将诱发足够量的细胞死亡事件，其结果是导致可检测到的组织反应和组织器官损伤，即为了达到可监测水平，受照的组织器官中需要一定比例的细胞量被辐射作用剔除。这些组织反应可发生于照射早期，也可延迟发生。

组织早期效应 指发生在受照射后数小时至数周以内的组织或整体辐射效应，可以源于细胞渗透、组胺和细胞因子释放的炎性反应如皮肤红斑，或组织细胞死亡引起的反应，如黏膜炎、上皮组织脱落反应、造血系统抑制、暂时或永久性节育等。由受照射组织中干细胞或祖细胞被清除，导致成熟细胞暂时性或永久性缺失，其与剂量相关。这些组织反应体现出自我更新细胞谱系连锁的特征性辐射反应，如表皮、黏膜、造血和生精细胞等。组织成分的改变和恢复时间过程，一般依赖于其正常的细胞更新率，在中低剂量而非高剂量下有剂量依赖关系。高剂量下这些组织完全剥脱的发生时间，相当于新生成熟细胞加上任何辐射抗性祖细胞生成细胞的寿命。组织基质产生各种生长因子，这些因子保护或促进特殊组织成分恢复所需要的再生细胞群体增殖和分化。应用能刺激修复过程的外源生长因子，可促使组织成分的恢复进程加速和恢复更完全。因此，具有自我更新能力的实质细胞群体的枯竭、基质因素的影响，在早期组织反应中发挥关键作用。对于大多数组织而言，照射体积（面积）越大，组织反应越明显。例如，皮肤早期反应的体积效应，是由于大面积照射后，来自周边的细胞迁移愈合非常有限，使得愈合能力降低。

组织晚期效应 指发生在照射后数月甚至数年组织或整体辐射效应，又称延迟效应。这类组织器官损伤反应发病前不但有一个长时间剂量依赖性潜伏期，而且有一个很长的进展期，有的疾

表1 癌症和遗传效应的危害调整标称危险系数（10^{-2}/Sv）

受照人群	癌症		遗传效应		合计	
	ICRP103	ICRP60	ICRP103	ICRP60	ICRP103	ICRP60
全部	5.5	6.0	0.2	1.3	5.7	7.3
成年人	4.1	4.8	0.1	0.8	4.2	5.6

病发生率甚至在照射后10年还在上升。组织晚期反应可以是“原生的”的，即直接发生于靶组织的反应。另外一种晚期反应是“继发的”，即受累靶组织的某一严重早期反应的延迟后果如组织纤维化。延迟效应的部分原因是组织成分实质细胞群体的更新速率慢和死亡，一般是功能细胞和具有分裂能力的细胞。细胞间通讯的复杂系统能调节不同组织和器官的功能，这一复杂系统的失调也可导致晚期组织反应。有些组织在不同潜伏期可出现不同类型的损伤。例如，脊髓组织在照射后数月内可发生早期脱髓鞘反应，照后6~18个月发生第二期白质脱髓鞘和坏死，照射后1~4年大多是晚期血管病变。延迟效应的体积效应与组织结构有关。若脊髓组织按功能系列成区域分布，照射体积越大，功能丧失的概率更大、更多，修复机会更少。与此不同的如肾、肺，这些组织结构中存在“组织功能单位”并呈平行排列，如肾小球、肺泡，一定数量组织功能单位的丧失并不影响整个组织器官功能，只有当组织功能单位丧失数量达到某一关键水平，才对组织功能产生影响。延迟效应是一个进行性发展过程，有明确的剂量依赖关系。根据临床放射治疗的资料显示，延迟损伤生发率在放射治疗后的10年开始有所上升。

组织器官反应的剂量阈值 剂量阈值是描述确定效应中一个重要的指标，指某一辐射剂量作用下，至少能在1%~5%的受照个体中产生某一特定的躯体效应或组织/器官反应。组织和器官反应随剂量而变化，同时表现在发生率和严重程度，且存在个体差异。实际上，在普通人群中因遗传突变，对辐射极为敏感的比例低于1%。分割照射、低剂量率迁移性照射的损伤低于急性照射。来自俄罗斯一个研究小组的调查显示，慢性照射引起免疫功能抑制的阈值为0.3~0.5Gy/y。国际放射防护委员会（International Commission on Radiological Protection，ICRP）根据新的研究报道，在其第103出版物（2007年）中和第41号出版物（1984年）中部分组织反应的剂量阈值做了修订，表1是更新后的成人全身γ射线照射1%的死亡率和效应发病率所涉及器官和组织的急性吸收剂量的估计阈值，1%发生率估计值是出版物中利用剂量-响应数据数学预测模型的推算值。

根据ICRP的判断，在吸收剂量低于100mGy的范围内，组织不会在临床上表现出功能损伤。该判断既适用于单次急性剂量，又适用于每年反复持续小剂量照射的情况。

全身照射致死效应 照射死亡的原因通常是机体内一个或多个重要生命器官的组织中细胞严重丢失或功能障碍。机体部分照射或全身不均匀照射的致死性，取决于何种器官受照射、照射体积及剂量水平。以约1MeV以上能量的贯穿性光子束全身照射为例，死因可能是几个不同综合征的其中之一，其特点是有特定诱发剂量范围和导致特殊器官系统损伤。

对于一个健康成人来说，$LD_{50/60}$即60天内死亡一半剂量的中位值为4Gy，但有报告估算的剂量为3~5Gy。联合国原子辐射效应科学委员会（United Nations Scientific Committee on the Effects of Atomic Radiation，UNSCEAR）给出的LD_{10}为1~2Gy、LD_{90}为5~7Gy。死亡原因一方面是生产功能性短寿命粒细胞的祖细胞缺

表1 成人受全身γ射线照射后1%死亡率和发病率的急性吸收剂量的估计阈值

效应	器官/组织	发生效应时间	吸收剂量（Gy）
发病率			
暂时不育	睾丸	3~9周	~0.1
永久不育	睾丸	3周	~6
永久不孕	卵巢	<1周	~3
血液形成抑制	骨髓	3~7天	~0.5
皮肤潮红	皮肤（大面积）	1~4周	<6
皮肤烧伤	皮肤（大面积）	2~3周	5~10
暂时脱发	皮肤	2~3周	~4
青光眼（白内障）	眼	数年	~1.5
死亡率			
骨髓综合征			
未进行医学治疗	骨髓	30~60天	~1
良好医学治疗	骨髓	30~60天	2~3
胃肠道综合征			
未进行医学治疗	小肠	6~9天	~6
良好医学治疗	小肠	6~9天	>6
肺炎	肺	1~7个月	6

失而导致造血衰竭；另一方面因得不到辐射抗性红细胞的补充而出血死亡。通过适当的医学处理，如输液、使用抗生素/抗真菌药、隔离护理、输注血小板和浓缩同源造血干细胞、注射粒细胞巨噬细胞集落刺激因子等生长因子等措施，有可能改善在 $LD_{50/60}$ 剂量甚至更大剂量照射个体的存活机会。采用积极的支持性医学治疗，能将 $LD_{50/60}$ 剂量提高至 5Gy，若加上生长因子等生物治疗即可能达到 6Gy 甚至更高。生长因子已在实施全身放射治疗的血液系统疾病的患者中使用多年，也有少数事故性照射患者使用生长因子，但对于处于死亡危险的患者，生长因子并未能挽救其生命，可能是使用不及时而延误治疗时机。尽管在照后早期使用生长因子被认为是有益的，但肺炎等器官反应仍是处于治疗中的个体死亡的原因。

若照射剂量>5Gy，敏感个体则产生包括严重胃肠道（干细胞和毛细血管内皮细胞）损伤，且并发造血损伤，处于这种伤情的受照射者会在 1~2 周内死亡。用于精确估算该综合征的 LD_{50} 的人体数据很少，但根据 UNSCEAR 的报告（1988 年），有可能达到 10Gy 的急性剂量，支持性医学治疗和生长因子有望适当提高此值。若是非均匀照射，有部分骨髓和大部分肠道可免于损伤，肺部急性剂量超过 10Gy，急性肺炎可能是致死原因。若肾脏受到照射，同样剂量范围可能导致肾损伤。动物系统照射实验表明，成功使用能减轻组织器官反应的生长因子或其他分子，能在一定程度上减轻所有这些效应。若照射剂量接近甚至超过 50Gy，则造成神经系统和心血管系统急性损伤，受照个体将在照后数日内死于休克。

若辐射剂量是在数小时甚至更长时间段照射给予，发生上述效应则需更大的全身剂量。例如，剂量率若为 0.2Gy/h，LD_{50} 可能提高 50%；若剂量在 1 个月时间段照射给予，LD_{50} 则可能加倍。有证据表明，低辐射剂量率或慢性照射可引起慢性放射综合征，特别是对造血、免疫和神经系统方面的影响。抑制免疫系统的阈剂量为 0.3~0.5Gy/y。以剂量<0.1Gy/y 的多年照射，成年人和儿童身体组织并未发生严重反应。

癌症效应 由体细胞突变而在受照个体内形成的癌症的辐射效应是随机效应，单个细胞中的 DNA 损伤响应过程对辐射照射后癌症的形成至关重要。基因组 DNA 损伤是辐射致癌的分子基础，细胞受到电离辐射作用后，有许多生物大分子受到损伤，其中最重要的是基因组 DNA 损伤。目前普遍认为未被修复或错误修复的 DNA 双链断裂是导致染色体畸变、基因突变和细胞死亡的最重要损伤，也是构成细胞恶性转化即癌变的主要分子基础。对于高传能线密度（linear energy transfer，LET）辐射来说，发生在 DNA 分子中一定区域位点的电离辐射损伤，并不以单一类型损伤出现，而是多种形式损伤并存，构成一定的“簇集”损伤。簇集损伤的发生率和复杂度与辐射的 LET 密切相关，低 LET 辐射诱发的 DNA 双链断裂损伤位点中约 30% 是同时由两个或以上双链断裂构成的复杂簇集损伤，而高 LET 辐射该比例则升至 70%。LET 辐射诱发的 DNA 链断裂有 60% 伴碱基损伤，而高 LET 辐射该比例则达 90%。染色体数目畸变包括非整倍体（亚二倍体、超二倍体）和多倍体，也是电离辐射损伤细胞基因组不稳定性的表现之一。

人体内电离辐射诱发肿瘤的形成通常需要数年至数十年，其中致人类白血病的潜伏期最短，为 3~5 年。辐射危害是用以定量辐射照射在机体不同部位有害效应的概念，由标称危险系数确定，还应考虑用致死性和寿命损失表示的疾病严重程度，总危害则是机体各部位（组织和/或器官）的危害之和。标称危险系数是通过对代表人群性别和受照时年龄的终生危险估计值的平均推算出来。全身照射的致癌效应是广泛性的，几乎累及所有组织器官，但不同组织器官对辐射致癌的敏感性不一，在辐射致癌的危险估计中，通常用组织或器官的当量剂量的权重因数表示在人体受到均匀照射时组织或器官对总健康危害的相对分布，相关内容见组织权重因数。

关于辐射致癌危险模型，在给定受照射人群内辐射相关危险的类似描述可以采用超额相对危险（ERR）或超额绝对危险（EAR）模型，只要这些模型考虑超额危险随如性别、到达年龄和受照时年龄等因素的变化。尽管数据相当丰富的相乘（ERR）或相加（EAR）模型对用以得出危险估计值的该人群超额危险给出实际相同的描述，但若用于具有不同基线率的人群，它们会给出明显不同的超额危险估计。关于辐射致癌危险系数和危险估算的详细描述见辐射致癌危险系数。

非癌症疾病 通过对日本原子弹爆炸幸存者的长期流行病学研究，以及癌症患者放射治疗后长期生存者的随访观察，近年来积累了一些在受照人群中非癌症疾病发病率增加的证据。其中有效剂量约为1Sv诱发非癌症效应最有力的统计学证据来自对日本原子弹爆炸幸存者1968年以后随访的死亡率分析，这些研究加强了与剂量有关的证据，尤其是对于心脏病、脑卒中、消化系统疾病和呼吸系统疾病。ICRP根据日本原子弹爆炸幸存者的资料判断，脑血管疾病和心脏疾病的超额相对危险分别约为9%/Gy和14%/Gy。辐射非癌症效应可能存在约0.5Sv的剂量阈值。尽管认识到非癌症疾病观察结果的潜在重要性，但ICRP认为，现有资料不能用于辐射剂量<100mSv情况下的危害估计，这与UNSCEAR（2008年）关于很少有证据证明低于1Gy时危险有任何增加的结论一致。

（周平坤）

fúshè yíchuán xiàoyìng

辐射遗传效应（hereditary or genetic effect of radiation） 辐射对生物体生殖细胞中遗传物质的损伤，即诱发基因突变和染色体畸变，可能在子代中出现且可在以后的许多世代中表现为各种先天性畸形的现象。1927年，穆勒（Muller）研究果蝇受X射线照射后，观察到在X染色体上诱发的隐性致死性突变，并准确地定量了与受照剂量的关系，提出辐射潜在的遗传危险的问题。日本原子弹爆炸后，辐射的遗传效应再次受到人们的关注。目前尚无直接证据表明双亲受到辐照导致后代遗传性疾病的增加。但是研究数据表明，辐射在实验动物可引起遗传效应。

辐射诱发生殖细胞遗传效应，主要指辐射引起精子细胞的染色体数目改变和结构畸变，畸变类型与体细胞染色体畸变相同。结构畸变包括非稳定性畸变和稳定性畸变，其中稳定性畸变可以通过繁殖过程传递给下一代，产生潜在的辐射遗传危害。

对果蝇、小鼠等动物的大量实验研究证实辐射遗传效应的存在。对小鼠的研究表明，辐射可引起染色体不同区域的微小缺失发生，引起智力障碍、严重畸形及生长迟缓等，但是小鼠模型研究结果并不能直接外推到人类。

日本对7万名广岛、长崎原子弹爆炸幸存者照射后妊娠所生的婴儿与对照人群进行比较分析，结果在原子弹爆炸幸存者的后代中，未发现人类辐射遗传效应。

根据ICRP第103号出版物（2007年建议书），照射后第一代遗传效应危险系数如下：对有生殖能力的人群危险系数为0.38%/Gy；对全部人群而言，危险系数则为0.16%/Gy。

（王治东）

fúshè zhì'ái xiàoyìng

辐射致癌效应（radiation carcinogenic effect） 照射引起的在受照者躯体上发生癌症的情况。电离辐射是确定的物理致癌因子。辐射致癌效应可以由X射线、γ射线、中子等外照射诱发，也可以是放射性内污染后由放射性核素发射α粒子等内照射作用的结果。电离辐射能直接穿透组织、细胞，将能量随机沉积在细胞中，造成分子电离，加上自由基和二级粒子的作用，使遗传物质DNA发生碱基损伤、交联、单链或双链断裂等多种类型的损伤。这些损伤改变了DNA分子结构，并激发细胞DNA损伤修复反应。DNA损伤的修复缺陷或错误修复，导致基因突变、缺失和染色体重排等畸变，是诱发细胞癌变的分子基础。

认识过程 1902年发现一例辐射造成的皮肤溃疡部位发生皮肤癌，1911年首次报道放射性工作人员患白血病的病例。第二次世界大战后日本原子弹爆炸幸存者流行病学调查及大量的辐射致癌动物实验，进一步验证了电离辐射的致癌作用。切尔诺贝利核电站事故造成大量放射性^{131}I泄漏，致使周边地区儿童甲状腺癌的发病率明显上升。辐射致癌效应具有潜伏期，人体受到照射后，发生白血病的潜伏期为3~5年，甲状腺癌/瘤为10~15年，肺癌、乳腺癌等为15~20年甚至更长。

氡辐射是人类肺癌发病的第二大诱因，发病人群是矿工、居住在高浓度氡环境下的居民。氡是一种无色无味的气体，可以通过呼吸道进入人体，主要沉积在肺组织，本身和其子体产生高传能线密度的α粒子，造成组织细胞损伤。20世纪50~60年代，美国、加拿大、瑞典和中国等开始进行氡致肺癌的多个大样本的流行病学研究，发现云南省的云锡矿、甘肃省部分地区世代居住空洞的居民的肺癌发生率和死亡率显著升高，支持肺癌发生与氡及其子体累积照射量的密切相关性。

应用 电离辐射致癌是否存在剂量阈值，尚无共识。20世纪50年代，根据日本原子弹爆炸幸存者癌症发生率的剂量-效应关系外推，提出辐射致癌“线性无阈”模型，认为任何微小剂量的辐射将增加癌症发生概率。通过对日本原子弹爆炸幸存者多年连续观察，发现每年照射5~50mSv（平均20mSv）人群的癌症死亡率，与对照人群比较无显著差异。高本底地区人群调查未发现低水平辐射增加癌症发生率，如中国阳江辐射高本底地区，发现2倍于对照地区的辐射水平未引起癌症发生率增高，甚至有所降低。但出于辐射防护的目的，尽量避免和最大限度降低辐射对人体健康的危害，无论是国际学术组织还是国家相关法规体系，都建议或采纳辐射致癌的“线性无阈”风险模型。

（徐勤枝）

fúshè zhì'ái bìngyīn gàilǜ

辐射致癌病因概率（probability of causation of radiation induced cancer） 辐射导致的癌症危险与辐射危险及基线危险之和的比值。照射组某一个人所患某一类型癌症可以归因于其接受的电离辐射照射可能性的估计值。属于概率论病因的判断方法。

认识过程 辐射可以导致任何一种癌症，除发生概率有显著差别外，其发生部位和类型无特殊性。曾受过电离辐射而今被诊断患有癌症的人难免会想到所患癌症是否由辐射所引起。若在工作岗位上受到照射，还会引发工伤判定和劳保赔偿等社会问题。为解决该问题，美国国立卫生研究院（National Institutes of Health，NIH）于1985年提出用病因概率（probability of causation，PC）评价癌症和曾受电离辐射之间的关系，并编制了计算PC的放射流行病学表简称PC表。2003年美国国家癌症研究所（National Cancer Institute，NCI）疾病预防控制中心工作组修订了1985年NIH放射流行病学表的报告，给出33个癌症部位，用于计算病因概率。33个癌症部位的资料来源于1950～1990年日本原子弹爆炸幸存者死亡率的数据，大部分属于1～10岁和11～20岁受照的队列成员。中国于1996年发布的国家标准《放射性肿瘤判断标准及处理原则》列入的供计算PC用癌症仅有5种，分别是白血病（包括慢性粒细胞性白血病和急性白血病）、甲状腺癌、女性乳腺癌、氡子体诱发的肺癌、^{226}Ra α射线诱发的恶性骨肿瘤。

检测方法 PC＝辐射所致危险/辐射所致危险＋基线危险。由于辐射致癌超额相对危险（ERR）＝辐射所致危险/基线危险，因此，PC＝ERR/（1＋ERR）。

可见计算PC需要确定ERR。由于辐射致癌的随机性，ERR的估计主要基于辐射流行病学研究。通过建立辐射致癌ERR数学模型，依据现有的辐射流行病学数据进行拟合得到相关参数，计算ERR，进一步计算PC。将PC应用到具体个人时，还需对个人所在群体、个体特征对ERR进行适当转换或修正。

应用 NIH最早提出PC旨在解决辐射致癌赔偿问题，因此作为赔偿依据，PC＞50%说明辐射的致癌贡献超过其他致癌因子的作用，这个最佳估计的点值是基于“至少可能是”这个民事过失的法律概念。在实际应用中，各国的判定方法和赔偿标准并不一致，一些国家只对PC＞50%者给予赔偿，也有一些国家根据PC计算结果给予一定比例的赔偿，也有只根据法律条文进行判断而不管PC值是多少。中国现存的放射性肿瘤判断标准，对PC＞50%者判定为放射性肿瘤。

（徐勤枝）

fúshè zhì'ái wēixiǎn xìshù

辐射致癌危险系数（risk coefficient of radiation induced carcinogenesis） 在辐射致癌危险评价中，对人群辐射致癌的危险估计通常采用超额绝对危险（excess absolute risk，EAR）和超额相对危险（excess relative risk，ERR）两个模型，这些危险模型的参数利用对原子弹爆炸幸存者1958～1998年实体癌发病率的随访研究结果计算。对实体癌，这些模型使用线性剂量响应，考虑性别、照射年龄和到达年龄的修正作用。这些作用被限定等于将所有实体癌视作一组时的数值，除非有些指标指出，当对不同病因癌症类型建立模型时，这些限定导致拟合优良程度明显降低。白血病危险估计依据具有线性平方剂量响应的EAR模型，它考虑了性别、照射年龄和照射后时间的修正作用。

辐射致癌危险评价的主要任务是根据流行病学研究得出的EAR、ERR计算单位剂量照射引起的危险，称为危险系数。其中EAR系数为的增加例数，即照射组癌症发生率与对照或参比人群癌症发生率的差值，一般用（106人年Sv）－1每106人年Sv的增加例数表示。由EAR与癌症总数的比值可得出归因危险（attributable risk，AR），AR表示全部癌症中有多少（%）起因于辐射因素。相对危险（relative risk，RR）是照射组癌症发生率与对照或参比人群癌症发生率之比值，ERR系数即为单位剂量的增加%（Sv^{-1}）。对照或参比人员的RR是1，因此，超额相对危险ERR即相对危险的增加额为RR－1。

辐射致癌的危险评价中以EAR还是ERR为指标，主要取决于使用目的。ERR是相对值，便于揭示和评价辐射致癌的因果关系。假设因果关系已确认，为确定辐射防护方案则采用EAR更适合，以便给出不同剂量照射后癌症增加的绝对值。一般而言，这些危险模型的参数利用对原子弹爆炸幸存者1958～1998年实体癌发病率随访研究结果计算。对实体癌，这些模型使用线性剂量响应，考虑性别、照射年龄和到达年龄的修正作用。这些作用被限定等于将所有实体癌视作一组时的数值，除非有些指标指出，当对不同病因癌症类型建立模型时程度明显降低。白血病危险估计依据具有线性平方剂量响应的 EAR 模型，考虑了性别、照射年龄和照射后时间的修正作用。利用超额相对危险（ERR）模型和超额绝对危险（EAR）模型估算 14 个器官或组织、男性和女性的终生超额癌症危险，然后求出其男女平均值，确定辐射相关癌症的终生癌症发病率危险估计值。

辐射致癌危险评价中另一个重要的概念是标称危险系数（nominal risk coefficient），通过对代表人群性别和受照时年龄的终生危险估计值的平均推算出来。将由一个人群中产生的危险模型应用到具有不同癌症类型谱的另一个人群存在不确定性，因此，不同人群标称危险是根据所选择模型求出危险估计值的平均值。这些标称危险是对每一个拟定部位计算的，将这些标称危险相加则给出某人群的合计标称危险。所有不同部位标称危险及合计标称危险是通过对不同人群进行平均危险计算得出，以例数/万人/Sv 表示。表 1 为 ICRP 的第 103 号出版物（2007 年）建议的

表 1　ICRP 第 103 号出版物建议的性别平均标称危险系数和危害一览

组织	标称危险系数/（例数/万人/Sv）	致死份额	致死性和生活质量调整标称危险	相对寿命损失	危害（关于第 1 列）	相对危害
全部人群						
食管	15	0.93	15.1	0.87	13.1	0.023
胃	79	0.83	77.0	0.88	67.7	0.118
结肠	65	0.48	49.4	0.97	47.9	0.083
肝	30	0.95	30.2	0.88	26.6	0.046
肺	114	0.89	112.9	0.80	90.3	0.157
骨	7	0.45	5.1	1.00	5.1	0.009
皮肤	1000	0.002	4.0	1.00	4.0	0.007
乳腺	112	0.29	61.9	1.29	79.8	0.139
卵巢	11	0.57	8.8	1.12	9.9	0.017
膀胱	43	0.29	23.5	0.71	16.7	0.029
甲状腺	33	0.07	9.8	1.29	12.7	0.022
骨髓	42	0.67	37.7	1.63	61.5	0.107
其他实体	144	0.49	110.2	1.03	113.5	0.198
性腺（遗传）	20	0.80	19.3	1.32	25.4	0.044
合计	1715		565		574	1.000
工作年龄人群（18~64 岁）						
食管	16	0.93	16	0.91	14.2	0.034
胃	60	0.83	58	0.89	51.8	0.123
结肠	50	0.48	38	1.13	43.0	0.102
肝	21	0.95	21	0.93	19.7	0.047
肺	127	0.89	126	0.96	120.7	0.286
骨	5	0.45	3	1.00	3.4	0.008
皮肤	670	0.002	3	1.00	2.7	0.006
乳腺	49	0.29	27	1.20	32.6	0.077
卵巢	7	0.57	6	1.16	6.6	0.016
膀胱	42	0.29	23	0.85	19.3	0.046
甲状腺	9	0.07	3	1.19	3.4	0.008
骨髓	23	0.67	20	1.17	23.9	0.057
其他实体	88	0.49	67	0.97	65.4	0.155
性腺（遗传）	12	0.80	12	1.32	15.3	0.036
合计	1179		423		422	1.000

各个组织的性别平均标称危险系数和危害。在致死率的调整中，基于超额癌症发生率的各个癌症部位的终生危险，通过乘以从有代表性的国家癌症存活数据取得的其致死份额转变为致死癌症危险。ICRP 还建议致死性调整癌症危险的标称危险系数，对全部人群为 $5.5\times10^{-2}\ Sv^{-1}$，对 18～64 岁成年工作人员为 $4.1\times10^{-2}\ Sv^{-1}$。

在剂量＜100mSv 的情况下，国际放射防护委员会（ICRP）（2007 年）和联合国原子辐射效应科学委员会（UNSCEAR）（2000 年）的意见是一致的，即给定的剂量增量与归因于辐射的癌症或遗传效应概率的增量成正比，该剂量-响应模型称为线性无阈，即 LNT 模型。对低剂量癌症危险的估计是通过剂量和剂量率效能因子（DDREF），将根据高剂量高剂量率情况下确定的癌症危险用到小剂量低剂量率情况下的危险估计，将终生危险估计值调低。一般来说，根据流行病学、动物和细胞学研究的综合资料，这些小剂量低剂量率情况下的癌症危险通过除以 DDREF 值得出。为放射防护的一般目的，ICRP 和 UNCCEAR 都建议 DDREF 的取值为 2。白血病是个例外，因为线性平方危险模型已考虑 DDREF。

（周平坤）

fúshè zhì'ái yíchuán yìgǎnxìng

辐射致癌遗传易感性

（genetic susceptibility of radiation induced cancer） 个体在电离辐射作用下表现出来对电离辐射致癌作用反应增强的现象。由于基因变异和基因与环境的交互作用，个体患癌症的概率不同。分子遗传学已鉴定出一些家族性肿瘤发生倾向的遗传性疾病，即癌症易感综合征。这些疾病患者或基因携带者通常具有高的癌症发病倾向和较高的辐射致癌敏感性。

认识过程 辐射防护体系是针对正常人群，但是人群个体差异不同，存在对辐射致癌敏感的亚群，导致人们对当前辐射致癌危险评价安全性的担忧，是否需要增加这些亚人群的剂量限制，提高防护标准的安全性。国际放射防护委员会（International Commission on Radiological Protection，ICRP）于 1997 年出版第 79 号报告“癌的遗传易感性”，该报告给出遗传易感性对人群辐射致癌危险影响的数值评估。人群中家族性癌症疾病的发病率＜1%，受照射人群中由于遗传因素所致超额危险性增加很小，难以对危险评估产生有意义的影响。例如，职业照射和诊断照射的情况下，由于癌易感者自发性癌的危险相当高，即使辐射致癌的敏感性提高很多，由于低剂量照射诱发癌的终生危害只有轻微影响，不必特意防范。

检测方法 辐射易感基因大部分属于抑癌基因和 DNA 修复基因，包括 10 种或以上肿瘤抑制基因，分别为 RB1、WT1、TP53、APC、NF1、NF2、VHL、BRCA1、BRCA2、CDKN2；11 种 DNA 修复基因，分别为 XPAC、XPBC/ERCC3、XPCC、XPDC/ERCC2、ERCC4、XPGC/ERCC5、hMSH2、hMLH1、hpMS1、hpMS2、FACC 等。基因突变的形式主要是碱基对的改变或缺失，可应用聚合酶链反应联合 DNA 测序等分子生物学方法检测。

应用 大剂量急性照射如放射治疗或事故的情况下，家族性肿瘤患者放射治疗诱发二次癌的高度危险已是不争的事实。研究表明，癌遗传易感者辐射敏感性提高 5～100 倍，为方便计算，ICRP 建议由癌遗传易感性而增加的辐射致癌敏感性单一最佳值是 10 倍。为此，临床医师需要平衡二次癌的危险和放射治疗收益，针对疑似为家族性肿瘤患者，实施放射治疗前遗传易感性的诊查很有必要。

（徐勤枝）

fúshè biǎoguān yíchuán xiàoyìng

辐射表观遗传效应

（radiation epigenetic effect） 无 DNA 序列改变而基因表达却稳定改变且可传递给其子代的分子和细胞“记忆”。其调控有多次多种形式，包括 DNA 甲基化、组蛋白修饰、染色体重塑和非编码 RNA 的修饰。表观遗传学在辐射效应中发挥重要作用。

DNA 甲基化 DNA 甲基化是唯一能直接修饰 DNA 的表观遗传学修饰。甲基化主要发生在胞嘧啶/鸟嘌呤双核苷酸位点（CpG），表现为胞嘧啶的一个氢原子被一个甲基化基团取代。这种修饰不影响胞嘧啶转录成 mRNA 的方式，但促使染色体结构发生更紧密的压缩，以及影响转录因子与 DNA 的结合。

DNA 甲基化与辐射的关系体现在 4 个方面：①单个基因的甲基化可影响辐射敏感性，如 ATM 启动子的甲基化可通过调节 ATM 表达，调控细胞的辐射敏感性。②DNA 甲基化调节低剂量辐射反应，包括旁效应、基因组不稳定性和致癌性。旁效应在本质上可能具有表观遗传学特性，多种表观遗传分子如 DNA 甲基化转移酶 DNMT3a、DNMT3b，去甲基化酶 MBD2 等介导旁效应，在细胞水平内照射可引起这些分子的表达提高，在小鼠模型中，X 射线局部照射小鼠头颅，可引起脾组织内DNA甲基化、组蛋白甲基化的表达变化。辐射诱导的基因组不稳定性具有代间传递的特性。无论在细胞、组织还是整个生物体水平，辐射诱导的基因组不稳定性均与基因组范围内的低甲基化有密切关系。在细胞水平上，卡里尼奇（Kalinich）等发现辐射后广泛的DNA甲基化失调持续20代以上，相似结果也出现在旁效应中。在组织水平上，慢性低剂量辐射与急性辐射相比，更易发生表观遗传学改变。在整体水平上，照射小鼠子代表现出整体胸腺嘧啶DNA甲基化明显减少。在肿瘤细胞中，DNA甲基化减少被确立为最初的表观遗传学异常，甲基化减少与基因组不稳定性现象和突变率增高有关。③辐射可诱导DNA甲基化。④DNA甲基化和辐射反应的相互调节。由于DNA甲基化和辐射效应的相互调节，许多抑制DNA甲基化的抑制剂可被用于增强放射治疗的疗效，如泽布拉林（Zebularine）可通过DNA去甲基化提高细胞对放射治疗的敏感性。

组蛋白修饰 作为染色体的基本单位，核小体由4个核心蛋白质H2A、H2B、H3和H4构成的八聚体缠绕146bp碱基所组成。H1连接组蛋白是使八聚体核心组装成染色体的高级结构。每一个组蛋白是由一个球状结构域和一个25~40个氨基酸末端残基的非结构“尾”组成。这个尾巴延伸出DNA骨架并突出在核小体周围。这些核小体内的核心蛋白经常有广泛的转录后修饰，包括甲基化、乙酰化、磷酸化、泛素化、核糖化等。因此，组蛋白转录后修饰被形象的成为“组蛋白密码”，它在核小体内的改变并不涉及DNA序列改变，但却调节基因表达。不同的修饰组合具有不同的生物学意义。

组蛋白甲基化是由甲基化转移酶催化调节，一般组蛋白质H3在赖氨酸-4、9、27和36位点和H4在赖氨酸-20等位点常被优先甲基化。修饰过的赖氨酸可呈现单甲基化、双甲基化或三甲基化，进一步增加组蛋白H3和H4转录后的复杂性。组蛋白H3在赖氨酸-79位点的甲基化也与DNA损伤修复有关，该位点是在DNA损伤位点募集细胞周期检查点蛋白所必需。X射线分次照射全身可使胸腺细胞中的组蛋白H4赖氨酸-20位点三甲基化明显减少，并伴随整体DNA甲基化的明显降低，以及DNA损伤的累积。最近研究表明，在肿瘤中有大规模缺失该位点的三甲基化，这种缺失是细胞恶变的通用标志物。尽管很多研究表明组蛋白甲基化修饰与低剂量辐射效应密切相关，但对甲基化水平与效应的关系并不明确，甲基化是否参与适应性反应、旁效应和辐射低剂量诱导的基因组不稳定性需进一步研究。

组蛋白乙酰化修饰可中和组蛋白末端电荷，进而减少组蛋白与DNA的结合以及改变组蛋白状态。H3的赖氨酸-9、14、18、23位点和H4的赖氨酸-5、8、12、16位点是常被乙酰化修饰的位点。根据细胞生理状态，组蛋白末端乙酰化与去乙酰化存在动态平衡，这种平衡是通过组蛋白乙酰转移酶和组蛋白去乙酰化转移酶调节。乙酰化的组蛋白通常与有转录活性的染色质有关，而去乙酰化的组氨酸与无活性的染色质相关。辐射能诱导组蛋白超乙酰化，如紫外线照射能使转录抑制的MFA2、ATF3、COX2、IL-8、MKP1和MnSOD等基因启动子区的H3超乙酰化。组蛋白乙酰化状态也影响辐射反应。组蛋白去乙酰化转移酶抑制剂有辐射增敏作用。有组蛋白去乙酰化活性的化合物主要包括丁酸钠、组蛋白去乙酰化酶抑制剂A、MS-275和曲古霉素等，均有辐射增敏作用。MS-275、丁酸苯酯、曲古霉素和丙戊酸均已被用作抗癌药。

组蛋白磷酸化主要发生在组蛋白H2和H3的丝氨酸残基上。其中研究最为深入的是H2AX的磷酸化修饰，该位点修饰是DNA双链断裂时最早的细胞内事件。组蛋白H2AX作为组蛋白八聚体核心成分参与核小体的形成。DNA损伤时，H2AX的丝氨酸-139位点被磷酸化，称为丝氨酸-139磷酸化形式的组蛋白（γ-H2AX）。γ-H2AX在DNA双链断裂处聚集，形成γ-H2AX聚点，H2AX的磷酸化与辐射诱导的DNA双链断裂数量之间存在直接相关性。γ-H2AX对于DNA断裂的修复及基因组稳定性维持非常重要。

组蛋白泛素化的研究较少，组蛋白H2B和H2A泛素化已被证实，具有调节转录、重组和损伤检查点等作用。在辐射诱导的DNA损伤中，紫外线能诱导H2A单泛素化，在各种基因毒物作用时，H2B的泛素化在检查点信号传递中发挥作用。

染色质重塑 指染色质位置和结构的变化。主要涉及核小体的置换或重排，改变核小体在基因启动子区的排列，增加基因转录装置和启动序列的可接近性。染色质重塑与组蛋白N端尾巴修饰密切相关，尤其对组蛋白H3和H4的修饰。通过修饰直接影响核小体的结构，并为其他蛋白质提供与DNA作用的结合位点。辐射引起的染色质改变，主要包括在DNA双链断裂下的染色质重塑和ATP依赖的染色质重塑。

电离辐射能诱发产生多种活性氧物质，导致在细胞周期各个时期的DNA链断裂。DNA双链断裂是重要的细胞死亡因素。细胞内存在精密的损伤修复机制，DNA双链断裂主要通过同源重组（hoacologous recombination，HR）或非同源末端连接（uon-homologous end joining，NHEJ）修复。通常，NHEJ在DNA损伤末端需要很少或者不需要DNA断端的同源序列，而且在NHEJ中动员的蛋白也逐渐被激活，以维持相近的两个断端在DNA连接酶作用下能聚集在一条DNA双链上。相反，HR修复需要姐妹染色单体或同源序列在异源位点上作为修复模板，这种修复需要染色质重塑，易于接近的DNA碱基便于DNA解旋、链间交联及DNA修复机制。

ATP依赖的染色质重塑主要是利用ATP水解的能量干扰组蛋白与DNA结合的酶，导致核小体结构改变、滑动，或排出核小体。至少有6种ATP依赖的染色质重塑因子参与DNA双链断裂的修复。

染色质结构变化时DNA双链断裂修复的一个观察指标，其变化早于DNA末端切除。DNA损伤后，染色质结构通常被组蛋白的共价修饰、组蛋白异质成分的掺入、ATP依赖的染色质重塑等因素影响。

非编码RNA 主要来自内含子和非蛋白编码基因的转录，在高等真核生物中，非蛋白编码基因转录占所有转录的50%～75%。传统的功能性非编码RNA包括转运RNA、核糖体RNA、小细胞质RNA、核内RNA及核酶等分子，已被广泛熟知。最近几年发现一种小分子非编码RNA（small non-coding RNA，snRNA），在调控基因表达、发育、肿瘤发生及基因组稳定性方面发挥重要作用。这种RNA与其他RNA不同，大小不超过33个碱基，功能作用广泛，产生方式不同。目前在哺乳动物包括人和小鼠中发现两类snRNA：micro RNA（miRNA）和piwi RNA（piRNA）。miRNA是一类18～24个碱基的进化保守的小RNA，一般在转录后水平调控基因表达。蛋白质组学研究发现敲除单个miRNA可引起上千种蛋白质表达变化，但其主要是通过结合特异位点针对特异基因发挥其功能。miRNA可调控细胞分化、胚胎发育、干细胞维持、细胞周期调控、凋亡及其他生物学过程。miRNA的异常表达与肿瘤发生有关。多个miRNA在肿瘤中缺失或沉默，作为抑癌因子，有些则作为原癌因子。与miRNA在机体发育过程中各个阶段的所有组织表达不同，piRNA只在生殖系统表达，一般为24～33个碱基，在睾丸及卵母细胞中高水平表达。敲减任何一个piwi成员可导致有丝分裂阻滞及精子发生障碍，伴转座子活性升高。

尽管大量研究表明miRNA在调控细胞功能中具有重要作用，其在辐射反应中的作用仍不明确。小鼠胚胎干细胞受照后miRNA表达谱发生明显改变。在果蝇中，照射可导致万丹（bantam，一种miRNA）的上调。对啮齿类动物进行全身照射后，发现照射可诱导miRNA在胸腺及脾组织中表达异常。在这些异常表达的miRNA中，肿瘤抑制因子miR-34a和miR-7变化最显著。miR-34a的表达升高伴其靶基因NOTCH1、MYC、E2F3和cyclin D1下调。MiR-7被证实靶向淋巴细胞特异性解旋酶LSH，LSH是调控DNA甲基化及基因组稳定性的关键调节分子。miR-7水平下调可使LSH表达升高，进而保护辐射诱导的甲基化减少。这些miRNA变化可能发挥细胞保护效应。

miRNA在辐射旁效应中也发挥重要作用。在体内旁效应组织中miRNA组学发生改变。第一例实验室用大鼠头部照射模型，发现miR-194在24小时及7个月后的脾组织中表达上调。人3-D组织培养体系中，辐射诱导的旁效应伴miRNA组学的表达改变。旁效应的关键过程如凋亡、细胞周期异常及DNA甲基化减少也由miRNA改变介导。特别是c-myc介导的miR-17家族上调与E2F1及RB1蛋白质水平下调相关，表明在旁效应组织中发生增殖增加，凋亡减少。MiR-29家族的上调可引起DNMT3a和MCL1表达水平降低，因此影响DNA甲基化及凋亡。

目前尚无关于辐射对piRNA水平影响的报道。miRNA与piRNA在辐射诱导的遗传效应中的作用仍需深入研究。

（李长燕）

fúshè yòudǎo jīyīnzǔ bùwěndìngxìng

辐射诱导基因组不稳定性

（radiation-induced genomic instability，RIGI） 在受照射细胞后代中获得高于正常情况下积累的任何突变的状态。其特征是在哺乳动物基因组中进行性地增加突变频率。可发生在不同水平，从单核苷酸、微卫星序列、基因、染色体结构性成分直至整条染色体。

基本内容 RIGI最初由卡齐

姆（Kadhim）和麦克唐纳（Macdonald）发现，他们利用 α 粒子照射小鼠骨髓干细胞，于随后的研究中发现在同一群体细胞的后代中发生可遗传的非克隆性染色体畸变，而该现象无法用辐射靶效应理论解释。在传统的放射生物学理论中，认为染色体损伤源于电离粒子或辐射诱发的自由基在照射中与染色体发生直接相互作用，这些损伤的修复发生异常并传给其后代细胞造成突变。但许多研究显示，辐射能诱导基因组不稳定性，高传能线密度或低传能线密度电离辐射均可导致非克隆性染色体畸变。RIGI 可检测的生物终点有延迟的细胞死亡、高突变率、双链 DNA 断裂、基因表达改变及 DNA 甲基化异常等。

RIGI 不仅在体外培养细胞中发生，在体内也可发生。将体外受照射细胞移植到受体动物，不但体外诱导的不稳定性可在体内继续，而且可向未受照细胞传递诱导不稳定性的旁效应。沃森（Watson）等将受中子照射的细胞核与未受照射细胞混合移植到受体小鼠中，然后应用一种特殊的染色体标记体系标记细胞，使受照和未受照射移植细胞核与来自宿主小鼠的细胞加以区分。染色体畸变分析结果表明，未受照射细胞群体中诱导了基因组不稳定性。这一结果后来被薛（Xue）等证实。这些研究不仅证实未受照细胞后代中染色体组的不稳定性，同时也提示，体外受照和体内表达后基因组不稳定性的诱导，可能由一种非靶、看似旁观者效应引起。

分子机制 关于在受照的细胞群体中，经过多次细胞分裂后 RIGI 仍能维持的分子机制并不明确，但已有证据表明，在活性氧基团代谢改变的同时，通常伴随可遗传的表观遗传学异常。若辐射诱发原发性分子损伤发生在编码修复酶以及与细胞增殖和周期调控有关的蛋白质的基因，受损 DNA 得不到修复而被错误复制，导致基因组不稳定性的形成。

应用 辐射诱导基因组不稳定性与辐射致癌有关，受照者后代虽然未直接受到照射，但发生肿瘤概率增高。野村（Nomura）最早发现在照射小鼠后代中肿瘤发生概率明显增高，随后达海尔（Daher）及其合作者发现 X 射线照射 N5 小鼠的后代中白血病发生概率显著增高。野村等对原子弹爆炸幸存者的表皮细胞基因组不稳定性进行评估，显示辐射基因组不稳定是原子弹爆炸辐射的后期效应，最终成为肿瘤的诱因。

（李长燕）

fúshè pángxiàoyìng

辐射旁效应（radiation-induced bystander effect）

在未被辐射径迹直接穿过的细胞中表现出的细胞死亡/凋亡、基因/染色体突变、基因组不稳定性和/或蛋白丰度谱改变的现象。

电离辐射旁效应信号表达的证据是细胞效应频率超过径迹贯穿数目产生效应的预计值。旁细胞能通过细胞间通讯，对来自相邻的受照射细胞的信号发生反应。这种细胞间通讯由穿过相邻细胞膜间缝隙连接的分子介导，或信号分子通过细胞培养液扩散传播。电离辐射旁效应的生物机制较复杂，目前研究较多的有氧化应激诱导、DNA 损伤反应通路机制调节、照射细胞释放某些染色体损伤因子（致畸变）及受照细胞内钙动员等。

电离辐射旁效应现象的发现冲击了传统认识，即机体对电离辐射的反应不仅是单个独立细胞对损伤的累积反应，而且是一种群体细胞相互作用的结果。进一步深入了解辐射旁效应的本质，有助于正确理解低剂量辐射效应，且对放射肿瘤临床及辐射防护标准的修订有重要指导意义。

（潘秀颉）

fúshè shìyīngxìng fǎnyìng

辐射适应性反应（radiation adaptive response）

预先给予细胞低剂量照射刺激，使其在一定时间间隔内对随后的大剂量照射产生的抗性或保护作用。奥利维耶里（Olivieri）等于 1984 年在《科学》（*Science*）杂志上首次报道辐射适应性反应现象，将人外周血淋巴细胞预先在有低水平放射性的［^{3}H］胸腺嘧啶的培养液中培养处理，然后照射 1.5Gy 的 X 射线，结果接受［^{3}H］胸腺嘧啶预处理和 1.5Gy 照射的细胞染色体畸变率低于单独照射 1.5Gy 的细胞。越来越多的实验证据表明，这种低剂量或低剂量率的电离辐射诱发的适应性反应特性从单细胞低等生物到哺乳类动物或细胞中广泛存在，可表现为细胞染色体畸变率减少、基因突变率和细胞恶性转化率降低等多种终点效应。低剂量辐射适应性还可在整体水平上表现出免疫兴奋效应。

主要特点 在体外培养的哺乳动物细胞中产生辐射适应性反应的辐射诱导剂量一般在 1～10cGy 的低剂量范围，不同剂量诱发的适应性反应的表现形式可能不同，这种差别与组织类型有关。作为细胞的辐射早期反应，其发生具有一定时间范围，在低剂量预照射后 2～4 小时即出现，6～12 小时达到高峰，可持续 24 小时甚至更长时间。通常发生在新陈代谢旺盛的细胞中，在 G_0 期休眠细胞中未发现其存在。除研究最多的人外周血淋巴细胞外，目前已在包括来源于人类、小鼠等多种系细胞中观察到这种现象，如正常人淋巴母细胞 AHH-1、纤维母细胞、人肿瘤细胞、白血病细胞、人-仓鼠杂交细胞 AL、中国仓鼠 79 细胞、兔淋巴细胞、C3H10T1/2 鼠胚细胞、小鼠生殖细胞、小鼠乳癌细胞 SR-1 等。辐射适应性反应主要是发生在低传能线密度（linear energy transfer，LET）的 X 射线、γ 射线、放射性氚标记的 DNA 合成前体化合物处理的细胞，尚未观察到中子、α 粒子、重离子等高 LET 辐射诱发适应性反应的现象。辐射适应性反应存在个体差异，包括正常人外周血淋巴细胞，部分个体也未观察到适应性反应。

交叉适应性反应 在电离辐射诱发细胞适应性反应被发现前，即有烷化剂诱发适应性反应的报道。随着辐射适应性反应规律被揭示，进一步发现与某些化学剂等之间存在交叉适应性反应。一方面低剂量电离辐射预照射，可减轻随后的化学剂处理诱发的细胞损伤效应，包括染色体畸变率、微核率、基因突变率、细胞死亡/凋亡等。这些化学剂包括拟辐射化学剂，如博来霉素、丝裂霉素 C、过氧化氢、碱基类似物、DNA 交联剂、烷化剂、镉等；另一方面，某些低浓度化学物如博来霉素、丝裂霉素 C、过氧化氢等预处理，也可诱发细胞对电离辐射的交叉适应性反应。

反应机制 关于低剂量辐射适应性发生机制，有众多研究给予多种解释，包括低剂量辐射诱导修复蛋白或激活修复酶类、抗自由基和抗氧化损伤、细胞周期调节等。

DNA 修复系统的激活 DNA 双链断裂被认为是电离辐射所致细胞 DNA 损伤的主要类型，低剂量辐射通过提高某些 DNA 修复基因的转录活性或诱导修复蛋白的合成增加，增强细胞 DNA 双链断裂修复能力，进一步表现为细胞对染色体畸变和基因突变的适应性反应。多腺苷二磷酸核糖聚合酶是一个重要的 DNA 修复活性调节蛋白，低剂量照射能激活其活性。辐射适应性反应细胞中姐妹染色单体交换发生率降低，或提示 DNA 双链断裂的同源重组修复机制未参与适应性反应，取而代之的是非同源末端连接修复机制的激活。直接的实验证据也表明，低剂量照射增加细胞非同源末端连接修复能力。

提高清除自由基和抗氧化损伤能力 低剂量照射可提高细胞的清除自由基和抗氧化酶类的表达量或活性。例如，人淋巴母细胞 AHH-1 受 2cGy 低剂量 γ 射线照射，6 小时后接受 3Gy 大剂量照射后超氧化物歧化酶（MnSOD）、谷胱甘肽硫转移酶（GST）、谷胱甘肽过氧化物酶（GPX）和过氧化氢酶（CAT）的活性均迅速轻度增高，抗氧化作用被认为是适应性反应发生的部分机制。

细胞信号转导激酶被激活 蛋白激酶 C（PKC）可磷酸化激活细胞内多条信号通路的调控分子，辐射适应性反应细胞中 PKCα 和有丝分裂原激活蛋白激酶（p38MAPK）信号通路被激活，包括磷脂酶 PLC-PKCα-p38MAPK-PLC 反馈信号通路的参与。p53 蛋白在辐射适应性反应中也发挥作用。MnSOD 除参与抗氧化损伤适应性反应外，还可能在低剂量照射下与线粒体多个功能调节蛋白结合，参与适应性反应中的信号过程，包括对细胞代谢、凋亡和 DNA 修复调控作用。

细胞周期蛋白的作用 cyclin D1 是 DNA 损伤细胞周期阻滞反应的关键调节分子之一，与分子伴侣 14-3-3ε 蛋白（凋亡抑制蛋白）形成复合物。低剂量照射可诱发 cyclin D1 与分子伴侣凋亡抑制蛋白的解离，出现在细胞质中而非细胞核内积累，参与适应性反应。在低剂量照射下，cyclin B1/Cdk1 复合物通过磷酸化 MnSOD（重组蛋白）的 Ser106 位点提供其活性和稳定性。电离辐射能暂时下调细胞姐妹染色体分离调控基因 CDC16 和 CDC27 的表达水平，预先低剂量照射可促使大剂量照射细胞 CDC16 和 CDC27 基因表达下调的时间提前，快速启动细胞周期纺锤体监视机制，以利于受损细胞暂时停止姐妹染色体分离和细胞分裂，有利于维护子代细胞的基因组稳定性。

电离辐射旁效应和兴奋效应的产生固然有其必要的条件，如辐射源的品质、照射剂量和剂量率大小等，但对人类健康的影响究竟有多大贡献目前尚无定论。关于低剂量辐射适应性反应，特别是整体水平上的免疫兴奋效应对人体健康影响的评价是正面的，并期望利用此效应为人类健康服务，如在肿瘤放射治疗领域的应用，通过低剂量辐射诱导的适应性反应能增强正常细胞或组织对治疗剂量照射的抵抗性，即可能减少放射治疗的副作用。如同享受太阳光辐射一样，享受一点有益的电离辐射的愿望是理想的。显然人们对电离辐射危害的顾虑仍大于电离辐射可能带来的健康利益。

（周平坤）

fúshè xīngfèn zuòyòng

辐射兴奋作用（radiation hormesis） 累积剂量在 0.5Gy 以下的单次或持续低剂量率的 X 射线、γ 射线照射诱导产生，可以刺激动物生长发育、延长动物寿命、提高生育能力、提高机体免疫能力及降低人和动物的肿瘤发病率等的现象。与大剂量辐射明显不同效应。

此种效应常表现为低剂量辐射预先作用对随后作用的大剂量照射产生的遗传损伤效应的减弱，包括染色体损伤的减少、基因突变的降低等。此类效应可发生于单次或慢性照射、离体或全身照射，并与化学因子有交叉诱导作用。剂量辐射诱导细胞遗传学适应性反应的机制可能与 DNA 修复酶类激活和保护性蛋白分子的诱导有关。

辐射刺激效应的研究不仅对放射生物学的发展具有理论意义，而且对辐射防护和医学临床均有实用价值，为辐射防护、临床治疗及其理论探讨开辟了新途径。

（潘秀颉）

DNA fúshè sǔnshāng xiūfù

DNA 辐射损伤修复（radiation induced DNA damage repair） 恢复正常 DNA 序列结构以保护遗传信息的完整性和相对稳定的细胞反应。主要有回复修复、碱基和核苷酸切除修复、错配修复和双链断裂修复等几种基本形式。

基因组稳定性是机体细胞维持自稳平衡，精确调控细胞增殖、分化、死亡/凋亡程序的遗传学基础。细胞的生长、增殖、分化、凋亡等各种功能都受基因携带的信息控制，若某个基因发生信息丢失或调控异常，其编码的蛋白或功能 RNA 将无法正常产生。故基因组的完整性是一切生命现象和活动的基础，有特别重要的生物学意义。DNA 辐射损伤修复是 DNA 辐射损伤反应中保障遗传信息的完整性和稳定性，维持细胞正常生理功能的重要环节。

认识过程 电离辐射在引发多种类型 DNA 损伤的同时启动细胞修复系统。关于 DNA 修复机制的研究已有 40 余年。自 21 世纪初开始，随着分子生物学和遗传学技术的发展，鉴定发现了多种 DNA 损伤修复酶和修复调控蛋白，揭示了多条修复途径。尽管人们对 DNA 辐射损伤修复机制的了解取得很大进展，目前仍有很多结构性、功能性和机制性的问题有待系统深入的研究。加强对 DNA 损伤修复功能机制的研究和阐述，获得对 DNA 辐射损伤修复功能完整的认识，是诠释基本生命现象与本质的重要内涵之一，将推动放射医学的进步。

基本内容 DNA 辐射损伤修复是保持细胞基因组完整性的重要机制，也是一个多因素共同参与、多步骤的复杂过程。针对多种类型的 DNA 辐射损伤，细胞内有多种不同的修复途径。

回复修复 是一种最简单的修复方式，由单一基因产物催化，一步反应完成，但修复的损伤种类局限，不是 DNA 辐射损伤修复的主要形式，如酶学光复活效应和嘌呤直接插入。

切除修复 是先切除损伤区域，而后利用互补链为模板，合成配对正确的碱基序列修复损伤。按切除基团的不同，切除修复分为碱基切除修复和核苷酸切除修复。此种修复途径有多种酶参与反应，较复杂。例如，现已发现的参与核苷酸切除修复的酶和蛋白分子多达数十种，主要有 X 射线修复交叉互补基因（XRCC1）、DNA 连接酶 hOGG1、MPG、APG、APE1 等。

错配修复 可纠正因辐射损伤引起的碱基配对或一条链上单个或少数几个核苷酸的插入错误，可看作碱基切除修复的一种特殊形式。现已证实的参与错配修复的蛋白分子有十余种。

同源重组修复 是真核细胞中 DNA 双链断裂修复的重要方式之一。细胞若不能及时正确修复辐射诱发的 DNA 双链断裂损伤，将导致细胞基因突变、死亡/凋亡、有丝分裂灾变、细胞转化等严重生物学后果。因此 DNA 双链断裂损伤的修复过程一直是辐射诱发 DNA 损伤修复研究领域的重点内容。同源重组修复依赖于细胞 S 期复制生成的同源的姐妹染色单体作为修复模板，修复过程较慢，但比非同源末端连接修复精确，只有在 S 期合成同源的姐妹染色单体作为修复模板时，才发生同源重组修复。同源重组修复反应器中已知的复合物代表 MRN/Rad52/Rad51B/Rad51C/Rad51D/XRCC2/XRCC3 等。在高等真核生物中，肿瘤抑制基因 BRCA1 和 BRCA2 也在同源重组修复中发挥重要作用。

非同源末端连接修复 DNA 双链断裂的非同源末端连接修复反应器中已知的复合物代表是 DNA-PK 复合物（Ku70/Ku80/DNA-PKcs）/Artemis/MRN，XRCC-4/Ligase4 等。在真核细胞中，非同源末端连接修复方式活性较高，但因修复过程中无指导修复的 DNA 模板，修复过程中有可能引入错误。

总体而言，只涉及 DNA 双链中 1 条链的损伤（单链断裂、单个碱基破坏或脱落等），在清除损伤区域后细胞可以利用另一条

DNA链为模板进行DNA的合成和修复；若损伤累及DNA双链（双链断裂、链间交联等），则修复相对较困难。因此，辐射致DNA单链断裂损伤的修复速度和效率很高。受照后即刻开始修复，修复速率和时间呈负指数关系，一般在照后1小时修复可达90%，半修复时间为10~40分钟。哺乳动物细胞中DNA双链断裂的修复过程可分为早期快修复和随后的慢修复两个阶段。快修复的半修复时间为十几至数十分钟，而慢修复的修复时间需数小时。

DNA损伤修复与染色质重构和基因转录活动密切关联。基因组内不同结构部位上的DNA修复具有不均一性。转录活性基因中的修复优先于转录沉默的基因；而对于转录活性基因，转录链上的修复优先于非转录链。据此，提出修复与转录偶联的概念。

真核细胞DNA被组装成高度紧密有序的染色质结构，其基本构造单位是核小体，由146bp长度DNA缠绕组蛋白8聚体（H2A，H2B，H3、H4各两个分子）1.7圈构成核心粒，核心粒之间由H1蛋白与12bpDNA复合体链连接。细胞核染色质周围有组织精细的核基质环境及具有特定空间结构的染色质间区室等，核基质系统提供基质环境，以及调控DNA代谢活动的相关蛋白或复合物。DNA损伤修复发生在染色质区，因此与DNA的其他代谢活动一样，DNA修复反应器中蛋白或其他功能组分到达或被募集到DNA损伤位点前，需要松弛染色质结构、开放损伤DNA。因此，DNA损伤修复与染色质重构密不可分，相互之间的联系和高度协调一致，既需要有功能蛋白的桥梁纽带，又需要有序的信号传递。有报道DNA损伤后，发生相关组蛋白修饰的变化，这些因子的突变或复合物的破坏会导致基因转录调节和DNA损伤修复的失控，导致一些癌症的发生。例如，DNA双链断裂后最早报道的酰基化事件是NuA4复合物对组蛋白H4的N端酰基化修饰，而且这种修饰有利于包括53BP1、BRCA1和Rad51等一系列修复蛋白募集到DNA损伤部位。对电离辐射诱发DNA双链断裂后导致组蛋白H2AX的快速磷酸化（Ser-139）为γ-H2AX及其功能机制已有大量的研究报道。催化H2AX磷酸化的蛋白激酶包括有DNA修复蛋白ATM和DNA-PKcs，可见修复与组蛋白修饰间的密切联系。DNA双链断裂后，在断裂点很快形成γ-H2AX复合体，通过原位荧光免疫杂交在显微镜下可见清晰的聚焦点。经鉴定γ-H2AX复合体中包含多个功能组分，如MRN复合物（Mre11-Rad50-Nbs1）、53BP1、BRCA1、MDC1/NFBD1、SMC1、INO80、黏粒蛋白等，其中不乏DNA修复蛋白和染色质重构因子。一些研究报道，提示γ-H2AX聚焦点蛋白复合体，具有放大和传递损伤信号、保护/掩护DNA双链断裂位点、黏粒募集、偶联染色质重塑、细胞周期监测点与DNA修复等复杂功能。

检测方法 磷酸化组蛋白H2AX的出现是电离辐射引发DNA双链断裂损伤发生的标志，其消失通常作为损伤修复的指标。而真正要检测基因组是否得到有效的无错修复则需要通过大规模测序来判断。单细胞电泳（又称彗星电泳）、脉冲电场凝胶电泳等方法也常应用于DNA辐射损伤修复的检测。

应用 辐照后细胞的转归很大程度上取决于损伤修复的结果。若DNA正确修复，细胞功能可恢复正常；若修复不及时或不完全、不精确，则导致细胞死亡，或虽然存活但携带遗传信息的异常（基因突变、染色体畸变等），导致细胞功能异常或恶变。DNA损伤修复机制及其信号调控网络在维持基因组稳定性中起决定性作用，是目前生命科学研究领域的重要热点之一，也是辐射损伤防治研究的核心领域。生物体具有近乎完美的DNA修复体系，如同高效不停运转的机器，守护生命与健康。一旦出现问题，则导致疾病发生。DNA损伤修复网络的功能缺陷可导致各种遗传性疾病，如毛细血管扩张性共济失调基因（ATM）缺陷引起的毛细血管扩张性共济失调综合征，LIG4缺陷引起的LIG4综合征；MRE11缺陷引起的ATLD综合征；NBS1缺陷引起的NBS，以及FANCD1缺陷引起的FANCD综合征；XP基因缺陷引起的着色性干皮病等。这些遗传性疾病的共同特点是患者的细胞通常对相应类型的DNA损伤因子异常敏感，患肿瘤的风险性显著增加。

（宋 宜）

DNA fúshè sǔnshāng xìnhào jiānshì

DNA辐射损伤信号监视（radiation induced DNA damage surveillance） 识别、感应多种类型的DNA辐射损伤，进而启动细胞的DNA损伤反应信号级联转导，激活DNA损伤细胞周期检查点、DNA修复或细胞死亡等后续一系列生物学效应。DNA辐射损伤信号监视是电离辐射损伤反应中细胞维持细胞基因组稳定性、防止肿瘤等辐射损伤相关疾病发生的首要环节，其功能异常与肿瘤、遗传易感综合征等多种疾病的发生、发展密切相关。

辐射引发基因组和线粒体DNA多种结构损伤。细胞内的“损伤监视分子”如MRN复合物(Mre11-Rad50-NBS1 complex)、毛细血管扩张性共济失调综合征突变蛋白(ataxia-telangiectasia mutated, ATM)、ATM和Rad3相关蛋白激酶(ATM and Rad3-related kinase, ATR)、Ku蛋白等能够迅速感应、识别损伤，而后启动细胞内的信号转导级联反应，调控下游多种“效应”分子的功能，激活细胞周期检查点，引发周期阻滞并进行损伤修复；若损伤不能修复或不能正确修复，则启动凋亡和非凋亡性死亡程序，清除有损伤或病变倾向细胞。由此，DNA损伤反应构成的防御系统最大限度地减低可遗传性突变危险并清除隐患，维护组织稳态平衡。

认识过程 DNA辐射损伤信号监视机制是保障细胞基因组稳定性、机体正常生命功能的基础，在进化上保守，因此该领域的许多发现在早期来自酵母等模式生物的研究。随着分子生物学、蛋白质组学、荧光成像等技术的发展，借鉴酵母等模式生物的研究进展，当前对哺乳动物细胞中DNA辐射损伤信号监视信号传递机制的研究取得越来越多的进展。

基本内容 包括以下方面。

原因机制 电离辐射引发多种类型的DNA损伤，如单链断裂，双链断裂，碱基修饰异常，DNA分子链内、链间或DNA-蛋白质分子间化学交联等。不同类型的DNA辐射损伤激活细胞内不同的损伤感应分子，对损伤的类型、时间、强度等做出相应特异性反应，启动信号转导级联，将信号传递给下游信号转导蛋白和效应分子，或修复损伤、维持细胞进一步生存，或诱导损伤过于严重的细胞死亡。

DNA辐射损伤发生后，大量损伤监测分子因DNA损伤或染色质构象改变而快速募集，形成辐射诱导的蛋白聚焦点(irradiation induced foci, IRIF)，而后通过功能蛋白间的相互作用和磷酸化、泛素化、乙酰化、甲基化、核糖基化等共价修饰激活信号级联转导。当前已知的参与DNA辐射损伤监测的蛋白分子包括MRN复合物、Ku70、ATM、ATR、DNA依赖蛋白激酶催化亚基(DNA-dependent protein kinase catalytic subunit, DNA-PKcs)、复制蛋白A(replication protein A, RPA)、p53结合蛋白1(p53-binding protein 1, 53BP1)、乳腺癌相关蛋白1(breast cancer type 1, BRCA1)等。

丝氨酸/苏氨酸蛋白激酶ATM是监测辐射诱导的DNA双链断裂损伤并启动下游信号级联的核心分子。损伤发生后，MRN复合物中的Nijmegen染色体断裂综合征蛋白(Nijmegen break syndrome 1, NBS1)识别损伤，并将MRN复合物募集到DNA损伤部位，同时通过与ATM蛋白的直接相互作用引导ATM到DNA双链断裂位点，诱导ATM构象变化及自磷酸化激活。ATM是磷脂酰肌醇-3-激酶样蛋白激酶(PI3K-like protein kinase, PIKK)家族成员，该家族的结构特征是在蛋白分子的C端含有磷脂酰肌醇-3-激酶(PI3K)结构域。此家族的另外两个重要成员ATR和DNA-PKcs分别在单链DNA损伤监视和DNA损伤的非同源末端连接(non-homologous end-joining, NHEJ)修复信号转导中发挥重要作用。在未发生DNA损伤的正常细胞中，ATM以无激酶活性的二聚体形式存在，辐射引发DNA双链断裂时，ATM与MRN复合物中的NBS1相互作用，分子第1981位的丝氨酸残基发生自磷酸化，ATM二聚体解聚，生成具有蛋白激酶活性的单体ATM，磷酸化下游多种调控DNA损伤修复和细胞周期检查点的靶蛋白，包括组蛋白H2A的变体-H2AX、MDC1、NBS1、53BP1、BRCA1、CHK2、SMC1、ABL、RAD17、肿瘤抑制蛋白p53等。H2AX和NBS1的磷酸化可进一步促进ATM激活和53BP1、BRCA1等蛋白在IRIF的聚集，正反馈促进信号转导。下游靶分子的激活最终启动细胞周期检查点，终止细胞周期进程，修复受损的DNA，或诱导DNA受损严重的细胞死亡。

与之对应，单链DNA损伤可被单链DNA结合蛋白RPA识别，而后通过ATR相互作用分子(ATR-interacting partner, ATRIP)募集ATR蛋白激酶至损伤位点，磷酸化激活CHK1等下游细胞周期检查点和DNA修复蛋白，调控DNA辐射损伤反应。

DNA辐射损伤监视系统除特异性识别不同种类的DNA损伤，还可识别染色质构象变化。这里的染色质构象变化指由于DNA损伤、蛋白翻译后修饰、组蛋白和核小体重定位而引发的染色质构象改变。可改变染色质结构的染色质重塑因子有两类：①修饰酶。它们催化组蛋白尾部或核心区氨基酸残基的多种翻译后共价修饰，如乙酰化、甲基化、磷酸化和泛素化；这些共价修饰有的使染色质结构松散，有的可介导下游信号分子对DNA损伤的识别和损伤信号级联的激活。②ATP依赖的染色质重塑因子。它们调控组蛋白与DNA的相互作用，促使核小体结构改变。高等真核生物细胞中，DNA 辐射损伤造成双螺旋拓扑结构改变，部分染色质区域的复制和转录抑制，染色质重塑和表遗传修饰改变。与染色质相邻的蛋白或蛋白复合体可感应上述染色质构象变化，如以早幼粒细胞性白血病蛋白（promylocytic leukemia protein，PML）为核心构成的多蛋白复合物 PML 核体（PML-NBs）。PML-NBs 定位于染色质之间的孔道和腔隙内，与常染色质和异染色质所在的染色体区毗邻，可监控周边染色质的拓扑结构状态和完整性，其结构、组成、数目和功能伴随 DNA 损伤发生急剧改变，被誉为 DNA 损伤的动态感应器。通过光学显微镜结合电子分光成像技术可观察到正常状态下 PML-NBs 与其周边染色质呈辐射对称式接触，处于相对稳态；DNA 损伤引起染色质拓扑结构改变，核体与周边染色体的辐射对称式接触被破坏，启动下游信号转导。在 DNA 辐射损伤反应中，PML-NBs 的数目迅速增加，并具有剂量依赖的特点。PML-NBs 还可反馈调控染色质结构，如 CBP/P300 等多种 PML-NBs 中的转录因子和转录辅因子具有染色质重塑活性；定位于 PML-NBs 的蛋白激酶（ATM/ATR）和组蛋白去乙酰化酶（HDAC7）等可调控组蛋白和基因组的表遗传修饰。目前已发现的被募集到 PML-NBs 的分子多达上百种，不仅包括多种 DNA 损伤感应分子、转录调控分子、细胞周期调控分子、凋亡调控分子，还有大量的蛋白翻译后共价修饰酶（如蛋白激酶、蛋白磷酸酶、乙酰转移酶、去乙酰化酶、泛素 E3 连接酶、SUMO 化 E2 和 E3 连接酶等）。PML-NBs 可依据细胞状态和辐射损伤强度动态地对多种功能分子进行组装、去组装，改变核体中蛋白的区域浓度、定位、修饰状态及分子间相互作用，实现 DNA 辐射损伤监视，并偶联激活下游细胞周期检查点、损伤修复、凋亡等细胞学反应。

检测方法 DNA 辐射损伤反应过程中，损伤监视信号转导分子的表达、定位及功能检测通常通过间接免疫荧光、荧光标记蛋白成像、染色质免疫沉淀及稳定同位素标记技术联合质谱等方法进行。

应用 DNA 辐射损伤监视机制中的多种核心功能分子在维持基因组稳定性中具有重要功能，其基因表达异常引发多种遗传易感综合征的发生。例如，NBS1 编码基因突变导致 Nijmegen 染色体断裂综合征，ATM 激酶编码基因突变导致遗传不稳定性综合征即毛细血管扩张性共济失调综合征。这些患者共同的特征是辐射敏感、肿瘤易感。

DNA 辐射损伤监视分子的激活还可作为电离辐射生物剂量计应用于辐射剂量评估和急性放射病诊治。例如，组蛋白变体 H2AX 磷酸化是一种与 DNA 双链断裂特异定量相关的组蛋白修饰。H2AX 羧基端的第 139 位丝氨酸残基（Ser-139）的磷酸化修饰由 PI3K 家族成员，包括 ATM、ATR 和 DNA-PKcs 等催化完成。辐射致 DNA 双链断裂发生后，DNA-PKcs 和 ATM 是负责磷酸化 H2AX 的主要激酶。细胞受到照射后的数分钟内在 DNA 双链断裂位点形成 γ-H2AX 聚焦点，而后 53BP1、BRCA129 和 MDC1 等其他多种 DNA 损伤监测蛋白也陆续被招募到同一位点。研究表明，哺乳类细胞核内 H2AX 的磷酸化荧光 foci 数量与电离辐射剂量线性相关，有可能作为辐射损伤的生物剂量计用于受照剂量评估。

（宋　宜）

fúshè sǔnshāng xìbāo zhōuqī jiǎnchádiǎn

辐射损伤细胞周期检查点

（cell cycle checkpoint related to radiation damage） 能够检测细胞的辐射损伤并调节细胞周期进程、保障细胞基因组稳定性的调控机制。哺乳动物细胞从一次有丝分裂结束到下一次有丝分裂结束的时间段称为一个细胞周期。在此过程中，细胞中检测 DNA 是否发生损伤，以调控细胞周期进程、保障非增殖细胞基因组稳定性、增殖细胞 DNA 准确复制和染色体精确分配的一整套检查机制被称为细胞周期检查点。

在一个细胞周期中，细胞先后经历 DNA 合成前期（G1 期）、DNA 合成期（S 期）、DNA 合成后期（G2 期）和有丝分裂期（M 期）共 4 个周期时相。非增殖细胞则处于有丝分裂期（M 期）后相对静止的间隙期（G0 期）。电离辐射损伤可激活辐射损伤细胞周期检查点，引发细胞周期进程的改变，表现为从 G1 期进入 S 期减慢、S 期延长、G2 期进入 M 期减慢、M 期延长等。这些改变在一定程度上可为细胞进行损伤修复、维持基因组稳定性提供时间，但过度的细胞周期紊乱则与辐射损伤相关疾病的发生、发展有关。辐射损伤细胞周期检查点由 DNA 损伤检查点即 G1/S 和 G2/M 检查点、DNA 复制检查点、纺锤体结构检查点共同构成，是细胞确保基因组稳定性，DNA 忠实复制、结构稳定和染色体精确分配的核心机制。在电离辐射诱发细胞多种 DNA 结构损伤时，辐射损伤细胞周期检查点不仅是监控并调节细胞周期进程的生化机制，也是调控 DNA 损伤修复或/和细胞凋亡反应最重要的关卡，是决定细胞命运最具关键意义的机制之一。

认识过程 早在 20 世纪 50 年代已发现电离辐射后的细胞出现细胞周期进程延缓的现象。到 20 世纪 80 年代，进一步发现这种辐射引发的细胞周期进程延缓有助于 DNA 损伤的修复。1980 年分离鉴定到第一株辐射损伤细胞周期检查点缺陷的辐射敏感裂殖酵母，随后对酵母细胞中复杂而精细的辐射损伤细胞周期检查点调控网络进行了广泛研究。当前 DNA 损伤检查点的生化基础已基本揭示，它并非检查站似的位于细胞周期进程特定点的细胞装置，而是细胞中持续存在的监测和应对系统，不断监控细胞 DNA 的完整性，并相应地调控细胞周期进程。该生化机制进化保守，在酵母等模式生物中发现的许多细胞周期检查点调控基因都在哺乳动物细胞中找到了同源基因，为哺乳动物辐射损伤细胞周期检查点的研究提供了很好的模型。

基本内容 包括以下几方面。

原因机制　细胞周期进程受众多基因表达产物的有序调控，其中周期蛋白（cyclin，包括 A、B、C、D、E、G 等多种类型）和周期蛋白依赖性激酶（cyclin dependent kinase，CDK）形成的 Cyclin-CDK 复合物是驱动细胞周期进程的核心装置；而 CDK 的抑制分子（cyclin dependent kinase inhibitor，CKI）则抑制 Cyclin-CDK 复合物的活性。在哺乳动物细胞周期的不同时期有不同的 Cyclin-CDK 复合物驱动细胞周期进程：Cyclin D-CDK4/CDK6 复合物调节 G1 期进程，Cyclin E-CDK2 复合物调节细胞从 G1 期进入 S 期，Cyclin A-CDK2 复合物调节 S 期进展，Cyclin B-CDC2 复合物调节细胞进入 M 期进行有丝分裂。

辐射损伤细胞周期检查点是细胞应答辐射诱发的 DNA 损伤，延缓或阻滞细胞周期进程的生化途径。与其他信号转导途径一样，参与辐射损伤细胞周期检查点的信号转导过程的功能分子可大致分为感应器分子、信号转导分子和效应分子。电离辐射作用于哺乳动物细胞时，细胞中的损伤感应器分子监测 DNA 损伤和染色质构象改变，启动信号转导级联，而后通过信号转导分子（通常为蛋白激酶和蛋白磷酶）和效应器分子（抑制细胞周期进程的蛋白质）激活辐射损伤细胞周期检查点。例如，毛细血管扩张性共济失调综合征突变蛋白（ataxia-telangiectasia mutated，ATM）、ATM 和 Rad3 相关蛋白激酶（ATM and RAD3-related kinase，ATR）等分子不仅作为辐射损伤监测分子分别识别 DNA 双链断裂和 DNA 单链断裂损伤，还作为“信号转换器”通过蛋白激酶活性启动下游信号分子的磷酸化信号级联，协同调控辐射损伤细胞周期检查点和损伤修复。G1 期的辐射损伤细胞周期检查点信号转导中 ATM 发挥主要作用，而 S 期和 G2 期的信号转导则由 ATM 和 ATR 协同主导。通过激活多种 CKI 分子或抑制 Cyclin-CDK 复合物而引发 G1 期、G2 期阻滞和 S 期延迟等辐射损伤细胞周期检查点，延缓细胞周期进程，为损伤修复提供时间。p53 等抑癌基因产物也参与辐射损伤细胞周期调控。研究发现，哺乳动物细胞的 G2/M 辐射损伤周期检查点的有效激活下限是细胞中出现约 20 个 DNA 双链断裂损伤。

辐射损伤细胞周期检查点是维持细胞基因组稳定性的最重要的关卡，辐射损伤细胞周期检查点中对 DNA 损伤做出反应的重要信号途径包括：① ATM/ATR-Chk2/Chk1-p53-p21$^{WAF1/cip-1}$ 通路。DNA 损伤通过激活 ATM/ATR 等 DNA 辐射损伤监测分子及其下游 Chk2/Chk1，协同催化转录因子 p53 蛋白 Ser15 和 Ser20 位点的磷酸化，同时 ATM 磷酸化 MDM-2、COP1 等 E3 连接酶，抑制 p53 泛素化降解。这是 p53 表达上调并发挥功能的最重要的翻译后修饰。激活的 p53 分子特异性地调控下游靶分子的转录表达。作为 p53 下游重要的转录靶，p21$^{WAF1/cip-1}$ 一方面结合并抑制 Cyclin E-Cdk2，启动 G1/S 阻滞；另一方面结合 Cyclin D-Cdk4/6，解除 Rb 磷酸化，抑制 E2F-1 释放，抑制多种 S 期进入所需基因转录。②辐射时处于 G2 期的细胞通过 ATM/ATR-Chk2/Chk1-Cdc25C 和 ATM-PLK3-Cdc25C 通路激活 G2/M 检查点，使带有 DNA 损伤的细胞阻滞于 M 期前，不能进入有丝分裂。Cdc25C 是调控 G2/M 检查点的关键分子。ATM/ATR-Chk2/Chk-1 途径可催化 Cdc25C Ser-216 位磷酸化，促进其与 14-3-3 结合，将其滞留于胞质，抑制 Cdc25C 对 Cdc2 的去磷酸化。磷酸化的抑制状态 Cdc2 无法催化 Cyclin B 磷酸化，驱动 G2 期向 M 期转换，引发 G2/M 阻滞。此外，ATM 还通过激活 PLK3（polo-like kinase 3）催化的 Cdc25C 磷酸化诱导 G2/M 阻滞。PLK3 还催化 Chk2 的 Ser62 和 Ser73 位点磷酸化，促进 ATM 对 Chk2 的 Thr68 位点磷酸化，激活 G2/M 检查点。ATM-Chk2-p53 通路还能转录激活 p21、14-3-3σ、

GADD45，转录抑制 Cdc25C，进而维持 G_2/M 阻滞。③处于 S 期的细胞发生 DNA 损伤或损伤未修复但逃脱了 G1/S 检查点的细胞主要通过 ATM/ATR-Chk2/Chk1-Cdc25A-CDK2 和 ATM-NBS1-SMC1 途径激活 S 期检查点，抑制 DNA 复制的启动。被 ATR 磷酸化激活的 Chk1 和被 ATM 磷酸化活化的 Chk2 可催化 Cdc25A 的 Ser123 位发生磷酸化修饰，诱导 Cdc25A 的泛素化降解，抑制 CDK2 的激活，抑制复制起始，引发 S 期阻滞；ATM 还可以 NBS1 和 BRCA1 依赖的方式磷酸化定位在 DNA 损伤部位的 SMC1 分子的 Ser957 和 Ser966，调控 S 期检查点。ATM 和 ATR 的磷酸化底物 53BP1、BRCA1、MDC1 还作为信号转导的接头分子调控下游 Chk1、Chk2、NBS1 的磷酸化，调控 S 期检查点。细胞还通过抑制 PCNA 而延缓 S 期复制叉的进程。

综上，当细胞监测到 DNA 辐射损伤时，启动包括感应因子（如 ATM、ATR 和 DNA-PK 等）、信号转导因子（如 Chk1 和 Chk2）和效应因子（如 Cdc25A、Cdc25C 和 p21 等）等在内的辐射损伤细胞周期检查点信号转导网络，使细胞周期分别阻滞于 G1 期、S 期和 G2/M 期。尽管辐射诱发的 DNA 损伤反应中激活 G1/S 检查点、S 检查点和 G2/M 检查点的信号途径的效应分子（抑制细胞周期进程的蛋白质）各不相同，但 ATM、ATR、9-1-1 复合物等 DNA 损伤感应监测分子在这 3 个信号转导途径中都发挥作用。与之类似，作为信号转导分子的蛋白激酶（如检查点激酶 Chk1、Chk2）和磷酸酶也在各个辐射损伤细胞周期检查点的信号转导中发挥作用，但可能在某个检查点中的作用更为突出。辐射损伤细胞周期检查点机制的激活是细胞的一种防御机制，旨在保障基因组的完整性和遗传稳定性。避免细胞携带基因错误进行分裂，或将突变等遗传异常传递给子代细胞。G1 期阻滞和 S 期延迟能够为细胞修复 DNA 损伤赢得足够时间，防止以受损的 DNA 为模板进行复制；G2/M 阻滞防止损伤传递给子代细胞，保障细胞有丝分裂的忠实性；严重受损的细胞通过凋亡、自噬、有丝分裂灾变等形式清除，避免基因组不稳定细胞的继续生存发生转化、癌变。

检测方法 通常采用 5-溴脱氧尿嘧啶核苷（BrDU）掺入法检测 S 期的 DNA 复制合成情况作为细胞 G1/S 检查点的监测指标；采用碘化丙啶（PI）标记 DNA 后联合流式细胞术检测细胞中的 DNA 含量作为 G2/M 检查点的监测指标；组蛋白 H3 的磷酸化是 M 期细胞特异性检测指标，可通过免疫印迹法或流式细胞术进行监测。

应用 2005 年发现人膀胱癌发生早期有 ATM、CHK2、p53、H2AX 等 DNA 辐射损伤反应分子的磷酸化激活，且 ATM-CHK2-p53 信号级联活化先于 p53 突变和/或基因组不稳定性增加。对乳腺癌、结肠癌和肺癌等实体瘤细胞的检测结果证实，多种类型肿瘤侵袭前阶段均存在 ATM-Chk2-p53 和 ATR-Chk1 途径异常组成性活化。在细胞中过表达 Cyclin E、Cdc25A 和 E2F-1 等分子而异常激活 DNA 复制应激时，也能直接或间接激活此信号级联，诱导细胞周期阻滞和/或细胞凋亡，在基因组稳定性维持、延迟并防御癌变中发挥重要作用。若上述信号分子发生突变或调控异常，基因组不稳定性增加，细胞自稳失衡，细胞无限增殖、恶性转化，促成肿瘤发生发展。Myc 转基因小鼠中的研究进一步确证了 ATM-p53 axis 在维护基因组稳定性、抗肿瘤生成中的重要意义。因此，ATM、CHK2、p53、H2AX 等 DNA 损伤监测及 DNA 损伤检查点分子的组成性活化不仅是辐射致癌的早期事件，也构成了机体的抗癌屏障。通过监测这些信号分子的表达及功能活性将可能对辐射致癌做出预警。ATM 和 ATR 蛋白激酶分别感应 DNA 双链断裂和单链断裂损伤，而后通过 Chk2 和 Chk1 等激酶协同调控细胞周期进程。G1 期 ATM 发挥主导作用；细胞处于 S 期和 G2 期，ATM 和 ATR 协同发挥重要调控功能。G2 检查点主要受到 ATM 和 ATR 激酶调控的 CDK1 磷酸化调节。

（宋　宜）

fàngshè yòufā xìbāo diāowáng

放射诱发细胞凋亡（radiation induced apoptosis）

细胞因遭受 X 射线、γ 射线或中子等电离辐射因素引起的凋亡。细胞凋亡是生物体增殖、分化和发育过程中的自然规律，是基因控制下的细胞自杀活动。在此过程中有基因转录和蛋白质合成，是机体对外界刺激进行主动应答的过程。它可见于胚胎发育、正常组织代谢和某些病理情况。apoptosis 一词源于古希腊词，描述的是树叶凋落的现象。早在 1885 年已观察到细胞凋亡现象，1914 年对之进行了描述，但并未被命名为凋亡，而称之为染色体溶解。1972 年克尔（Kerr）等首先引入这一术语，并提出凋亡的概念，用以描述细胞死亡的一种特殊类型。细胞以凋亡方式主动“自杀”，对维持组织器官的自稳态平衡有重要意义。

认识过程 通常情况下，照

射剂量12Gy以下，细胞凋亡较多见，尤其在致死和亚致死剂量照射后，骨髓造血细胞的死亡方式以凋亡为主。凋亡常见于照射后1天内，照射后6小时为高发期，1天以后渐呈减少趋势。凋亡的细胞形态多样，依据其形态特征，将凋亡的过程分为早期、中期及晚期3个阶段。早期电镜下见核染色质浓缩、聚集，在核内形成不规则的染色质团块，并聚集在核膜下，呈环状、半月形、条索状、戒指形或不规则形。中期见核染色质进一步浓缩、聚集，核完整性被破坏，形成数个大小不等、形状不一的核碎片。电镜下见进一步浓缩聚集的染色质团块，大小不一，多呈圆形或椭圆形，周围有核膜包绕。晚期见核碎片被细胞膜性结构包绕，连同局部细胞器一起形成凋亡小体。凋亡小体呈圆形或椭圆形，大小不一，可游离于细胞之间，亦可被邻近细胞吞噬。凋亡的细胞一般线粒体、内质网等细胞器结构完好。

基本内容 包括以下几方面。

细胞凋亡的形态特征 光镜与电镜一直以来是观察组织及细胞形态最重要的手段，观察细胞凋亡亦不例外。细胞凋亡有如下形态特征：①细胞皱缩、致密，曾称皱缩死亡。②胞核改变。染色质浓缩、边移，在核膜内呈新月牙形或环形排列，亦见有呈马蹄、镰刀、柳叶刀和船样分布，然后裂解成片段，但每一片段有膜包绕即核碎片形成。③凋亡小体形成。凋亡细胞由于胞质及染色质浓缩，继而分解成大小不等、形状不一的有膜包绕的团块，内含DNA物质及细胞器。凋亡小体呈圆形或椭圆形，常在凋亡小体内见高度浓缩的染色质轮廓，可被巨噬细胞或邻近细胞吞噬，有时在巨噬细胞质内亦可见形态完好的凋亡小体，很快凋亡小体可被溶酶体酶降解。④胞质浓缩，细胞器完整存在，变得致密，内质网扩张，并形成小泡，小泡与细胞表面融合并在细胞表面形成一些奇特的小泡。⑤胞膜结构完好，无内容物释放，因此无炎症反应。

细胞凋亡的生化特征 早在100年前，对细胞凋亡的变化已有认识，但仅局限于其形态改变。近年来，由于分子生物学、生物化学及细胞生物学等学科的发展，以及新兴技术如DNA分析技术、流式细胞术等的广泛应用，使人们对细胞凋亡有了更深入的认识，发现凋亡不仅是生理性细胞死亡，而且肿瘤细胞的死亡以及某些物理、化学及生物等因素的作用均可引起细胞凋亡。

细胞凋亡的重要生化特征为核内DNA降解和DNA片段形成，并可通过琼脂糖凝胶电泳检测到DNA梯带。此法自1980年首次提出已被认可，并认为此法是检测凋亡细胞核内DNA清除较好、早期和直接的方法。若细胞发生凋亡，内源性核酸内切酶被激活，在核小体之间切割DNA链，使DNA链断裂而成为多种约有185个碱基对及其整数倍的寡核苷酸片段。DNA片段形成是细胞凋亡的重要特征和早期改变，并与细胞的形态学改变有关。

原位末端标记法是检测细胞凋亡时DNA链断裂更为敏感的方法，建立于1992年，是在组织学水平标记凋亡的细胞，且显示细胞凋亡早于形态上的改变。其原理是细胞凋亡时内源性核酸内切酶被激活，使DNA链断裂，并在3′末端产生与DNA断裂数目相同的羟基（-OH），在脱氧核苷酸末端转移酶（TdT）的作用下，将生物素化UTP标记到3′-OH，然后再用酶标亲和素与生物素结合，加底物后使凋亡的细胞显色。用流式细胞仪分析凋亡细胞的细胞周期及DNA倍性，发现凋亡的细胞在G1期前存在亚二倍体DNA，此结果补充了细胞凋亡的生化特征。

细胞凋亡的检测方法 ①光镜：可采用3种染色方法。涂片用麦格吉（May-Grunwald）法染色；切片用甲基绿-派洛宁染色；厚片指电镜观察组织超微结构时，先进行组织定位用的切片，又称半薄切片，经HE染色，可在1000倍范围内光镜观察细胞凋亡。②电镜：采用3%戊二醛、1%锇酸固定标本后，制作半薄切片和超薄切片，采用透射电子显微镜观察凋亡细胞的细胞核及细胞器等形态特征。③DNA凝胶电泳：可在凋亡早期直接检测到凋亡细胞的DNA梯状图谱。④流式细胞术：指细胞或颗粒在液流中以单个形式由一个或多个探测器测量分析其物理和化学特征的技术。包括两方面，一是细胞生物学，二是仪器技术。流式细胞术是一门综合性技术，涉及细胞生物学、免疫学、电子学、计算机、光学、流体学等学科和技术。可检测凋亡细胞亚二倍体DNA，结合膜联蛋白5染色可检测凋亡和坏死的比值。⑤原位末端标记法：敏感性高，检测DNA链断裂达单个细胞水平，原位标记凋亡细胞，比DNA凝胶电泳更直接。

应用 对放射诱发细胞凋亡的认识，可进一步明确放射损伤后效应细胞的死亡方式，为放射所致多种组织器官损伤的诊断和治疗提供指导，对放射损伤的诊断和救治具有重要指导意义。

（彭瑞云）

fàngshè yòufā qìguān xiānwéihuà

放射诱发器官纤维化（organ fibrosis induced by radiation） X射线和γ射线或中子等电离辐射因素导致器官实质细胞发生坏死，纤维结缔组织异常增多和过度沉积的病理过程。轻者称为纤维化，重者引起组织结构破坏而发生器官硬化。纤维结缔组织包括细胞成分和细胞外基质（extracellular matrix，ECM）。

放射诱发器官纤维化主要有肺纤维化、肝纤维化、肾纤维化和骨髓纤维化等。放射诱发器官纤维化与其他物理、化学和生物因素引起器官纤维化的病理学过程和发生机制类似。正常肝组织中有Ⅰ型、Ⅲ型、Ⅳ型、Ⅴ型和Ⅵ型胶原，其中Ⅰ和Ⅲ型胶原占胶原含量的90%，且以Ⅲ型胶原为主。

放射性肺纤维化胶原含量的见放射性肺纤维化。肝纤维化时，胶原含量由多到少依次为Ⅰ型、Ⅲ型、Ⅳ型。肝硬化时，胶原含量约增加6倍。Ⅰ型胶原可达胶原含量的70%。肾间质纤维化时，集聚在肾间质的ECM成分，既包括正常肾间质已有的基质蛋白成分（Ⅰ型、Ⅲ型、Ⅳ型胶原，纤连蛋白和生腱蛋白等）的增多，又包括正常时仅存在于肾小管基膜的基质蛋白（Ⅳ型胶原）等的沉积。

引起不同类型组织纤维化的照射剂量基本一致，一般在20Gy以上。由于放射性器官纤维化是晚期并发症，引起纤维化时间较长，多发生于照射后2个月以上。

损伤机制 不同器官纤维化发生机制虽各有特点，但其病理过程基本相同，纤维化过程涉及多种细胞、细胞因子和ECM等多方面。多种因素、多个环节之间相互作用、相互调节，最终导致ECM大量沉积和纤维化发生。器官纤维化发生以实质细胞损伤为起点，实质细胞变性、坏死，并释放炎症介质；吞噬细胞被激活，释放多种细胞因子、生长因子和血管活性因子等；静息状态的ECM导致成纤维细胞激活，使之转化为肌成纤维细胞（myofibroblast，MFB）；MFB增殖并分泌细胞因子；MFB合成大量胶原等ECM成分，同时ECM降解减少，导致器官纤维化。

细胞学基础 参与放射诱发器官纤维化的细胞主要有：①实质细胞。纤维化发生起始，见实质细胞变性、坏死，并释放炎症介质。②吞噬细胞。包括肺组织中尘细胞、肝组织中库普弗（Kupffer）细胞、纤维结缔组织中巨噬细胞和炎症部位的巨噬细胞等。吞噬细胞能分泌和产生Ⅰ型胶原、纤连蛋白、硫酸软骨素等ECM，活化的巨噬细胞除自身产生大量的转化生长因子-β（transforming growth factor β，TGF-β）、白介素-1（interleukin 1，IL-1）和白介素-6、碱性成纤维细胞生长因子（basic fibroblast growth factor，bFGF）和肿瘤坏死因子-α（tumor necrosis factorα，TNF-α）外，还可使ECM产生细胞分泌TGF-β、血小板源性生长因子（PDGF）、结缔组织生长因子（connective tissue growth factor，CTGF）和bFGF增加。③ECM产生细胞。在纤维化形成的过程中，组织内有多种细胞参与EMC的产生，这类细胞被称为EMC产生细胞，主要是一些间充质细胞。病理情况下，一些器官实质细胞受到细胞因子刺激，可转变为ECM产生细胞。EMC产生细胞主要有肝、肺和肾等组织成纤维细胞，肝星状细胞、肾小球系膜细胞等。正常情况下ECM产生细胞处于静息状态，病理情况下ECM产生细胞活化分泌细胞因子、胶原合成和分泌增加，纤维化发生。ECM产生细胞活化被认为是纤维化发生的关键步骤和核心环节。④肌成纤维细胞。ECM产生细胞在一定条件下可发生表型转化，转化为表达α-平滑肌肌动蛋白的肌成纤维细胞（myofibroblast，MFB）。MFB兼有平滑肌细胞和成纤维细胞的特征，已成为控制纤维化发展的重要细胞。

细胞因子的作用 细胞因子是由细胞分泌能调节细胞功能的多肽，通过自分泌和旁分泌作用发挥其生物学效应。细胞因子通过与靶细胞表面相应受体相互作用，将生物信号转导至细胞内，启动信号转导的级联反应，调节基因表达事件。参与器官纤维化形成的常见细胞因子有TGF-β、CTGF、PDGF、bFGF、表皮生长因子（epidermal growth factor，EGF）、胰岛素样生长因子-1（insulin-like growth factor1，IGF-1）等。它们可来自炎细胞（中性粒细胞和单核-吞噬细胞等），也可来自血小板和组织的固有细胞。这些细胞因子相互制约、相互调控，形成复杂的细胞因子网络，共同参与纤维化形成的多种反应过程。

促进纤维化细胞因子在所有的细胞因子中，TGF-β的促纤维化作用最强；CTGF能促使Ⅰ型胶原、Ⅲ型胶原、纤维连接蛋白等细胞外基质合成，在创伤愈合和器官纤维化发生中起促进作用；TNF-α能刺激成纤维细胞增殖，促进胶原合成，在肝脏可促进星状细胞增殖并向MFB转化；PDGF可促进ECM产生细胞DNA

合成和细胞增殖，促使成纤维细胞转化为MFB，并促进胶原合成；bFGF具有多种生物学功能，是重要的促有丝分裂因子，能促进成纤维细胞的分裂增殖和分化，是纤维化发生的启动因子；IL-1能促进成纤维细胞的增殖和产生ECM成分。其他致纤维化细胞因子还有激活素、纤维素和成纤维细胞刺激因子-1等。

抑制纤维化细胞因子　纤维化形成的过程中，细胞在产生致纤维化因子的同时，也释放一些抑制纤维化的细胞因子，如肝细胞生长因子（hepatocyte growth factor，HGF）和γ-干扰素（IFN-γ），它们具有抑制纤维化发生发展的作用。HGF可通过促进MMP，抑制TIMP1、TIMP 2、TGF-β和MBF抑制纤维化的发生；IFN-γ通过降低TGF-β和Ⅰ型、Ⅲ型胶原而达到抑制纤维化的作用。

血管活性物质的作用　包括以下内容。

肾素-血管紧张素系统　机体多器官如肾、心脏、血管、肾上腺和脑等均存在肾素-血管紧张素，血管紧张素Ⅱ（AngⅡ）是该系统的效应分子，其在肾纤维化的作用机制如下：①影响全身及肾血流动力学，升高肾小球内压力，导致纤维化发生。②诱导肾小球系膜细胞和肾间质成纤维细胞的增殖和肥大，活化肾固有细胞和肾间质成纤维细胞，增加ECM蛋白的表达和合成，引起ECM积聚。③刺激TGF-β和血管纤溶酶原激活物抑制剂的表达，减少ECM的降解。④对单核细胞有趋化作用，增加趋化因子的表达。

内皮素（endothedin，ET）　ET是最强的缩血管物质，由内皮细胞合成，在肾、心、肝和肺等纤维化中发挥重要作用。ET通过血流动力学和非血流动力学途径参与纤维化主要机制有：①引起肾小球血管收缩，升高肾小球内压力。②刺激系膜细胞增殖和合成ECM，释放TNF-α、PDGF，以及刺激肾髓质产生超氧阴离子和过氧化氢等。③升高TIMP水平，减少ECM降解。④具有血管紧张素转换酶（ACE）样活性，使AngⅡ增加，进而使ET-1增加。⑤上调TGF-β，刺激成纤维细胞增殖，增加ECM合成，减少胶原酶活性，发生间质纤维化。

诊断标准　放射性肺纤维化的诊断标准见放射性肺纤维化。

治疗措施　尚无有效措施治疗纤维化，多种措施尚在探索阶段。治疗策略包括治疗原发病，去除致纤维化的因素；控制炎症，抑制ECM产生细胞的增殖、活化和诱导期凋亡；拮抗致纤维化细胞因子及受体，调节ECM合成与降解之间的平衡等。治疗靶标主要有吞噬细胞、ECM、MFB、TGF-β、CTGF、ECM产生细胞、细胞因子等。放射性肺纤维化的治疗措施见放射性肺纤维化。

（彭瑞云）

fàngshèxìng hésù tǐnèi dàixiè

放射性核素体内代谢（radionuclide metabolism in vivo）　描述放射性核素进入体后吸收入血，再由血液分散至机体各组织、器官及细胞，最后经一定途径排出的过程。

放射性核素跨膜转运　与其他外源性化合物一样，放射性核素不论经何种途径进入机体，其生物转运过程都要经过一系列生物膜。由于生物膜结构上的特点，放射性核素或外源性化合物经膜转运的方式有以下几种：简单扩散、滤过、主动转运、易化扩散、胞饮和吞噬作用。前两种过程中细胞不起主动作用，称被动转运；而后3种过程中细胞具有一定的主动性，称特殊转运。

简单扩散　又称被动扩散或顺流扩散，即在膜两侧的物质顺浓度梯度差，从高浓度一侧向低浓度一侧扩散。此过程中，化学物质不与膜起反应，不消耗能量。它是大部分化学物质透过生物膜的主要转运方式。影响简单扩散速度的主要因素有：①浓度梯度。膜两侧浓度梯度越大，其扩散速度越快。②物质的脂/水分配系数。该系数决定于物质的水溶性和脂溶性大小，脂/水分配系数接近于1的物质易于透过生物膜。③物质解离度和体液pH。许多物质在溶液中以解离或非解离的形式存在，解离部分脂溶性低，不易透过细胞膜；而非解离部分脂溶性高，较易透过细胞膜；弱酸、弱碱及酸性盐类和碱性盐类的解离度，除取决于其本身的解离常数外，还与体液pH有关，体内不同器官组织的pH变化很大（胃1.0~2.0，小肠5.3，血液7.4），所以化学物质或放射性核素在不同部位的解离度不同，吸收程度也不同。

滤过　化学物质或放射性核素通过细胞膜上亲水性微孔的过程。微孔由嵌入脂质双分子层中蛋白质的亲水性氨基酸构成。在胶体渗透压梯度和液体静压作用下，大量水可通过这些膜孔，水可作为载体，携带小分子化学物质从细胞膜微孔滤过。凡分子小于微孔的化学物质均可通过。肾小球滤过即属此种过程。

主动转运　此种转运最主要的特点是物质可逆浓度梯度转运，即可由低浓度部位向高浓度部位转运，因此消耗能量，需要由膜的蛋白质（转运酶系）提供“载体”，又称载体介导转运。载体对转运的物质有特异的选择性，并可被转运的物质所饱和。若有结构相近的物质竞争同一“载体”，可出现竞争性抑制。此外，代谢抑制剂和某些有毒物质可阻断主动转运过程。“载体”与水溶性大分子化合物、离子和极性物质可暂时性结合，发生空间构型变化，以复合物形式将物质携带到膜的另一侧并将携带物释放，“载体”又恢复原有构型，重新回到原来的一侧，故呈可逆性结合，可反复执行转运。最著名的主动转运“载体”是钠-钾“泵”，它是膜上的一种镶嵌蛋白，具有水解ATP获得能量的功能，可将K^+由细胞膜外泵入膜内，并将Na^+由膜内泵出膜外，以维持细胞内高钾、细胞外高钠的正常生理状态。在毒理学上，主动转运方式对被吸收后的化学物质呈不均匀分布及从肾和肝内排出的过程特别重要。已知肾具有排出体内有机酸和有机碱两种主动转运系统。肝至少有3种主动转运系统，分别负责有机碱、有机酸和中性有机化合物的排出转运，还有排出有毒金属的主动转运系统。

易化扩散 某些不溶于脂质的亲水性化合物，顺浓度梯度由高浓度处向低浓度处扩散而透过生物膜的转运过程。似有简单扩散的性质，但又借助于“载体”，其基本特点和转运机制又与主动转运方式相似。它与主动转运的不同之处是不能逆浓度梯度转运，因此不消耗能量。

胞饮作用和吞噬作用 细胞通过膜的变形运动及收缩，将大分子、颗粒状物质、液滴和微生物包绕起来，最后摄入细胞内的过程。胞饮作用是摄入液滴，吞噬作用是摄入颗粒状物质。这是细胞膜更复杂的一种特殊转运方式，与膜表面糖链的“识别”有关。目前已知肺泡巨噬细胞、肝和脾等单核-吞噬细胞对放射性核素和尘埃颗粒在体内的沉积具有重要作用。

放射性核素在体内吸收 经不同途径进入体内的放射性核素，其吸收规律也不同。

呼吸道吸收 气态放射性核素（如氡、氚等）易经呼吸道黏膜或透过肺泡被吸收入血。粉尘或气溶胶态的放射性核素在呼吸道内的吸收决定于粒径大小及化合物性质。一般粒径越大，附着在上呼吸道黏膜上越多，进入肺泡内越少，吸收率低。难溶性化合物在肺内溶解度很低，多被吞噬；而可溶性化合物则易被肺泡吸收入血。粒径>1μm者，大部分被阻滞在鼻咽部、气管和支气管内；粒径在0.01~1μm者危害最大，大部分沉积在肺部（包括细支气管、肺泡管、肺泡、肺泡囊）。部分吸收入血，部分被吞噬细胞吞噬后滞留在肺内成为放射灶。沉积在鼻咽部、气管和支气管的放射性微尘大部分通过咳痰排出体外或吞入胃内，仅少部分吸收入血。

消化道吸收 经消化道进入体内的放射性核素，吸收率最高的是碱族元素（钠、钾、铯）和某些非金属元素（碘、碲），可达90%以上；其次是碱土族元素（锶、钡）为10%~40%；镧系和锕系元素的吸收率最低，为0.01%~0.1%。

其他途径吸收 难溶性放射性核素一般很难经完整皮肤吸收；气态、液态及溶解性好的放射性核素可经完整皮肤不同程度的吸收。几乎所有放射性核素均可通过伤口吸收入血。注射的放射性核素几乎100%可吸收。

放射性核素在体内分布 放射性核素进入体内后，以两种方式参与体内的代谢过程：①参与体内稳定性核素的代谢过程，如放射性碘参与体内稳定性碘的代谢。②参与同族元素的代谢过程，如放射性核素^{90}Sr和^{137}Cs分别参与钙和钾的代谢过程。根据其在组织和器官的代谢特点，可分为均匀性分布和选择性分布。均匀性分布指某些放射性核素较均匀地分布于全身各组织、器官，如^{14}C、^{40}K、^{3}H等。选择性分布指某些放射性核素选择性地蓄积于某些组织、器官，如放射性碘大部分蓄积于甲状腺，碱土族元素^{89}Sr、^{90}Sr等主要蓄积于骨骼；镧系元素^{140}La、^{144}Ce等主要蓄积于肝；^{106}Ru、^{129}Te等主要蓄积于肾。

放射性核素排出 进入体内的放射性物质可通过胃肠道、呼吸道、泌尿道以及汗腺、唾液腺和乳腺等途径从体内排出。经口摄入或吸入后转移到胃肠道的难溶性或微溶性放射性核素，在最初的2~3天内，主要由粪便排出体外。例如，^{239}Pu、^{210}Po由粪便可排出90%以上。气态放射性核素（如氡、氚），以及挥发性放射性核素，主要经呼吸道排出，且排出率高，速度快。例如，氡和氚进入体内后，在最初0.2~2小时内大部分经呼吸道排出。停留在呼吸道上段的放射性核素，可随痰咳出。经各种途径进入体内吸收入血的可溶性放射性核素，主要经肾随尿排出。例如，^{131}I、^{3}H等进入体内后第1天尿中排出量约占尿总排出量的50%，3天内约占90%。

沉积在体内的放射性核素自

体内排出的速度以有效半减期(effective half-life，T_e)表示，它指体内放射性核素沉积量经放射性衰变和生物排出使放射性活度减少一半所需要的时间。放射性核素的有效半减期取决于该核素的物理半衰期(physical half-life，T_p)和生物半排期(biological half-life，T_b)。T_p 指该放射性核素自身衰变一半所需要的时间。T_b 指该放射性核素通过生物代谢排泄一半所需要的时间。

(朱茂祥)

fàngshèxìng hésù shèrù

放射性核素摄入(intake of radioactive substance) 描述放射性核素通过被污染的食物、水和空气经消化道、呼吸道、皮肤和伤口进入体内的过程和方式。以气态、气溶胶或微尘的形式存在于空气中的放射性核素主要经呼吸道进入体内。消化道摄入途径有：①通过污染的手。②饮用被污染的水、食物、药品等。③通过食物链等。伤口和皮肤沾染放射性核素后，若不及时洗消，放射性核素将通过伤口和皮肤黏膜的渗透进入体内。按摄入放射性核素的方式及其在体液中活度与时间的关系，有以下4种模式。

单次摄入 指持续时间不超过数小时的一次性摄入。此时吸收率骤升速止，器官组织内放射性活度迅速上升，而后随时间的延长而逐渐降低(图1)。这种摄入方式发生在职业性放射工作者的可能性较大。核装置事故释放的放射性烟云，可使部分居民造成这种摄入，但可能性较小。

短期多次摄入 指短期(如一个季度)发生的多次摄入(图2)。在此情况下，血液吸收率呈不连续的骤升速止状态，而器官和组织内放射性核素的含量则连续地速升缓降，如锯齿状。若放射性核素在器官组织内的有效半减期较短，相邻的两次摄入的间隔时间长达3～4个有效半减期，则可将每次摄入视作单次摄入处理。从事氧化氚、碘、镭、钴、铀和钚的工作比其他作业更易受到反复的体内污染，源于所接触的放射性物质的物理性质(氧化氚和碘易挥发成气态)，或所从事的工业生产的类型(涂描含镭的发光仪表、氧化钴生产和铀的开采与加工)。

一次摄入后在长时期内递减性吸收 该模式多发生在难溶性放射性核素，如U、Th或Pu的氧化物单次污染伤口或一次吸入而滞留于肺内的情况下。此时，伤口和肺内的放射性核素既难于迅速吸收，又难于迅速排出，血液内的含量逐渐降低。器官组织内的活度在起初时逐渐增多，当增至一定数值时，因血内含量减少，以及核素由器官组织内移出速率大于移入速率，致其含量缓缓减少(图3)。这种情况在核企业生产中屡见不鲜。

长期均匀摄入(持续摄入) 指在较长的一段时期内，以相当恒定的速率摄入放射性核素(图4)。此时，放射性核素的吸收率保持恒定状态，而器官、组

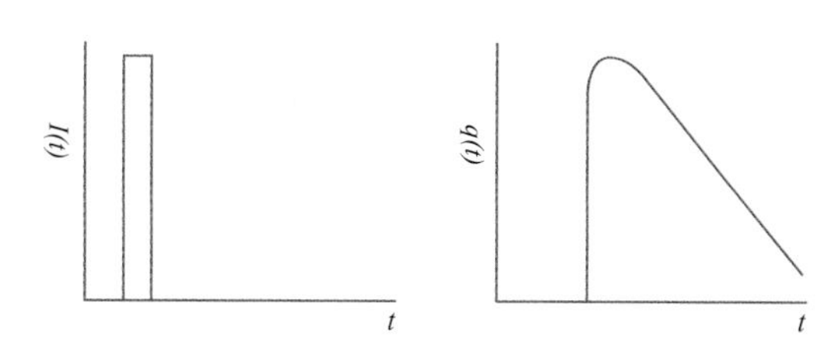

图1 放射性核素单次摄入模式(ICRP-10A，1975)

注：I，吸收速率；q，靶部位活度；t，时刻。

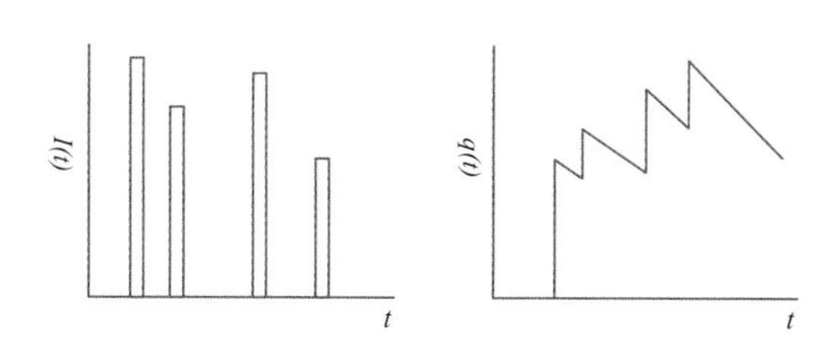

图2 放射性核素短期多次摄入模式(ICRP-10A，1975)

注：I，吸收速率；q，靶部位活度；t，时刻。

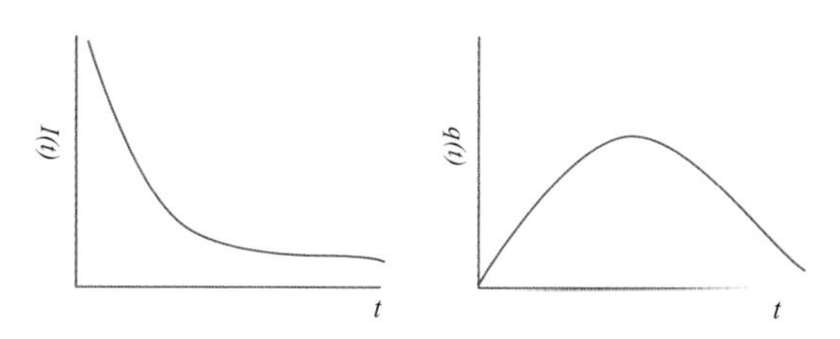

图3 放射性核素递减摄入模式(ICRP-10A，1975)

注：I，吸收速率；q，靶部位活度；t，时刻。

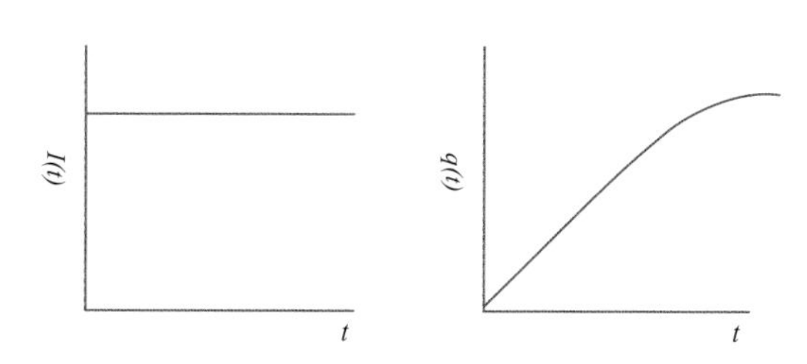

图4 放射性核素长期均匀摄入模式(ICRP-10A，1975)

注：I，吸收速率；q，靶部位活度；t，时刻。

织内的放射性核素含量则与日俱增。对于有效半减期较短的放射性核素（如甲状腺内的^{131}I），可在不很长的时间内，使进入和移出该器官组织内的核素量达到平衡。对于有效半减期很长的放射性核素，即使终生均匀持续地摄入，也不能使器官组织内活度达到平衡。例如，^{239}Pu 均匀持续地摄入50年，其在骨骼的含量仅达平衡值的29%。由于环境受放射性核素污染而使食品和水受到污染时，或高本底地区居民中的某些人员可能以此种模式摄入放射性核素。职业性工作中，接触氧化氚这类物质时也可能发生此种摄入模式。

（朱茂祥）

fàngshèxìng hésù xīshōu

放射性核素吸收（absorption of radioactive substance） 放射性核素由进入途径或接触部位进入血液循环的过程。由于摄入途径不同，吸收率差别很大。

呼吸道吸收 呼吸是不受意识支配的生理功能，人体无时无刻不与外环境进行气体交换，每人平均达23 m^3/d。在核工业生产或发生事故时，空气中放射性核素污染的概率较大，并以气溶胶或气态形式存在，防护上较为复杂和困难。因此，呼吸道是放射性核素进入人体内最危险的途径。放射性核素的物态不同，经呼吸道吸收的机制也不同。

气态（气体和蒸汽）放射性核素 氡、氚和碘等气态放射性核素极易以简单扩散的方式经呼吸道黏膜或肺泡进入血流。其吸收速率与其他毒物一样，受许多因素的影响。肺泡气中放射性核素浓度越高，吸收速度越快，吸收率越高。气态核素的吸收速度与其在血液内的溶解度成正比。溶解度高的放射性核素，其转运率取决于呼吸频率和深度，而溶解度低者则取决于通过肺的血流量。此外，还受放射性核素由血液分布到其他器官组织以及排出速度的影响。

放射性气溶胶 气溶胶在呼吸道内沉积、转移与廓清，是一个极为复杂的过程。它既取决于肺容量、肺活量、潮气量、呼吸频率等生理参数及解剖学特征，又依赖于气溶胶粒度、密度、溶解度等。

分散度是气溶胶的基本特征之一，根据它可大致评定气溶胶在呼吸道内沉积的状况。气溶胶粒子大小通常是呈对数概率正态分布。用粒径分布的中位值（中值直径）表示粒径的平均值，再附以其几何标准差，即可全面反映该气溶胶的分散度。表示放射性气溶胶粒径的参数有计数中值直径（count median diameter, CMD）、质量中值直径（mass median diameter, MMD）和活度中值直径（activity median diameter, AMD）。放射毒理学中一般用AMD表示放射性气溶胶粒度的大小。

气溶胶进入呼吸道并附着于其表面，经过以下3种作用：①惯性冲击或离心力作用。气溶胶随气流运行到鼻咽腔弯曲处及气管支气管分叉处，由于气流骤变方向，使气溶胶受惯性冲击力作用，直径>5μm的粒子附着于支气管分叉处表面。这种惯性冲击力的大小与气流速度及粒子质量有关，主要发生在气道上部，至终末细支气管处已不起作用。②重力或沉降作用。气溶胶粒子运行到支气管下部时，由于气流速度和进气压降低，粒子借重力或沉降作用而附着于支气管表面。粒子质量越重，沉降速度越快。③布朗运动或扩散。粒子越小，布朗运动速度越快，平均运动距离越远，越易与肺泡壁碰撞而附着。<2μm的粒子才具有布朗运动。<0.5μm的粒子处于持续运动状态，故易附着于肺泡壁。但是极小的粒子（0.01~0.03μm），由于其布朗运动速度极快，主要附着于较大的支气管内。概括说来，>5μm的粒子，几乎全部沉积于鼻咽部和支气管树；<5μm的粒子则到支气管树的外周分支处；≤1μm的粒子主要附着于肺泡。

附着于呼吸道内表面的粒子可有以下归宿：①被吸收入血液。水溶性粒子在局部溶解后被较快地吸收，特别是附着于肺泡壁的可大部被吸收。②随黏液咳出或被咽入胃肠道。附着于气管、支气管直至终末细支气管表面的难溶性固体微粒，可借该部位黏膜上皮细胞的纤毛摆动，随黏液向上移动（约3mm/min），被驱至咽喉部后被咳出或被吞咽。附着于肺泡表面的难溶性微粒，不管是否被吞噬细胞吞噬，均可随肺泡表面液膜向上移动（该液膜可能是渗出的淋巴液，或是Ⅱ型肺泡上皮细胞的分泌物），经肺泡导管和呼吸细支气管而达终末细支气管，再被气管、支气管廓清系统清除。③肺泡表面难溶性微粒，无论被吞噬与否，均可进入肺间质，有的被长期滞留，有的进入淋巴间隙和淋巴结，其中部分微粒还可随淋巴液到达血液。有些微粒亦可长久地滞留在肺泡内，形成辐射灶。

胃肠道吸收 放射性核素污染环境后，它可由大气、水和土壤进入食物链而由胃肠道吸收，也可经污染的食物和饮用水进入胃肠道。前已述及的进入呼吸道内的一部分放射性核素，可借气管廓清系统而转移到胃肠道。由于胃肠道各段具有不同的 pH 值，故酸性或碱性盐的放射性核素可分别在胃和小肠内，小肠内通过简单扩散方式吸收。小肠黏膜的皱褶，无数突起的绒毛及其上的微绒毛，使小肠表面积达 $300m^2$，绒毛内含有毛细血管网及其围绕的毛细淋巴管，极大地提高其吸收能力。哺乳动物胃肠道还具有吸收营养物质和电解质的多种特殊转运系统。有些放射性核素或外源性化合物可通过竞争机制经过这些主动转运系统而吸收。此外，肠道上皮细胞还可通过吞噬或胞饮作用而吸收或固着某些固体微粒。

各种放射性核素在胃肠道内吸收的差异极为悬殊：碱族元素（如 Na、K、Rb、Cs 等）和卤族元素吸收容易而完全（可达100%）；碱土族元素（如 Ca、Sr、Ba、Ra 等）易于吸收，吸收率较高（10%～30%）；大部分稀土族元素（如 La、Ce、Pr、Pu、Ce 等）以及钚和超钚元素（如 Pu、Am、Cm、Cf 等），吸收率甚低（吸收率为 10^{-5}～10^{-3}）。同种元素，可因其化合物不同而吸收率有很大差异。例如，钚的氧化物和氢氧化物吸收率为 10^{-6}～10^{-5}，而其他化合物则约为 10^{-4}。

放射性核素由胃肠道的吸收率，还受胃肠道的功能状态、肠内容物的多寡及性质等因素的影响。一般认为，减少小肠蠕动可延长放射性核素与肠表面接触的时间，因此增加吸收率，反之则不利于吸收。小肠近端 1/4 约占全小肠表面积的一半，故放射性核在小肠近端停留时间长，则增加其吸收，便秘或腹泻将影响吸收。钙、镁盐类及其离子可在肠内与某些放射性核素形成难溶性沉淀物而减少吸收。氨羧络合剂（如 EDTA）可增加某些核素的吸收，它与络合剂螯合膜上的钙而增加膜的通透性有关。

皮肤和伤口吸收 完好皮肤作为屏障能阻止一些放射性核素的吸收，大部分放射性核素都不易透过健康无损的皮肤，但是一些气态或蒸气态放射性核素（如 I_2、HTO）、溶于有机溶剂和酸性溶液的化合物，都能透过表皮而吸收。例如，在含 HTO 的环境中工作，HTO 经皮肤进入体内的量与经肺吸收的量几乎相等。实验发现硝酸钚的溶液 10mol/L 污染皮肤后，1 小时内吸收 0.05%，5 天内吸收 1%～2%。

放射性核素经皮肤吸收，主要依赖于简单扩散方式，先透过表皮脂质屏障进入真皮层，再逐渐移入毛细血管。也可经汗腺、皮脂腺和毛囊进入体内，但其量甚微，不占重要位置。

放射性核素经皮肤的吸收率，除受其理化性质影响外，还受皮肤污染的面积、部位、持续污染时间、温度及湿度等因素的影响。若皮肤涂有有机溶剂或皮肤充血，可使吸收率增高。

各种创伤对放射性核素的吸收率较高。放射性核素经创伤吸收，其吸收率可数十倍于完好皮肤。例如，在大鼠完好皮肤和划破的皮肤上涂以 $^{60}CoCl_2$ 盐酸溶液后 2 天，其吸收率分别为<5% 和 50%。放射性核素经伤口的吸收率，与受伤部位、受伤面积、伤口深度、伤情以及放射性核素化合物的性质有关。易溶性化合物从伤口吸收、转移迅速；而难溶性化合物（如超铀核素的氧化物）或在伤口易形成氢氧化物者，可较长期滞留于污染部位，仅有很少一部分被吸收。高浓度的污染，放射性核素化合物的刺激性反应，也可使吸收率增高。

注入吸收 在实验研究或临床的诊断和治疗中，有时采用静脉、腹腔、肌内和皮下注射，以及气管内注入和灌胃等方式将放射性核素引入体内。静脉注射可不需要任何吸收过程即迅速地将放射性核素分布于全身或某种器官组织内。这种方式能准确地掌握摄入的放射性活度。腹腔注射时，因吸收面积大和血管丰富，易溶性化合物吸收快而完全，主要沿门脉循环而先抵肝，这一点类似于由胃肠道吸收。皮下和肌内注射以及气管内注入时，吸收稍慢，且受局部供血情况和放射性核素剂型的影响。

（朱茂祥）

fàngshèxìng hésù tǐnèi fēnbù

放射性核素体内分布

（distribution of radioactive substance in the body） 放射性核素随血液循环分散到各器官和组织的动态过程。放射性核素分布到器官和组织内的数量，常用整个器官或组织内含量（放射性活度）或每克器官或组织的活度占摄入量或全身滞留量（放射性活度）的百分数表示。

放射性核素在血液中存在形式 放射性核素在血液内的存在形式，直接影响它离开血流的速度。常见的存在形式有：①离子状态。一些放射性核素的易溶性化合物，可溶解于血浆呈游离的离子状态，如 $^{43}Ca^{2+}$、$^{90}Sr^{2+}$、$^{226}Ra^{2+}$ 和 UO_2^{2+} 等。②与蛋白结合。放射性核素能与血浆的各种蛋白结合，但主要与含量较多的白蛋白结合。这种结合是非特异性、可逆、非共价结合，常以氢键连接。例如，铀酰离子可与血浆白蛋白结合成铀酰白蛋白。铀酰离子还可与细胞膜上的脂蛋白结合成铀酰脂蛋白。有些放射性核素如^{51}Cr和^{59}Fe能与红细胞内的血红蛋白结合。③形成复合离子或络合离子。某些放射性核素能与血浆中的无机盐阴离子形成可溶性复合离子。例如，UO_2^{2+}能与HCO_3^-复合，形成重碳酸复合物$[UO_2(HCO_3)_4]^{2-}$。也可与体内的有机酸阴离子如柠檬酸形成络合离子。④形成氢氧化物胶体。镧系和锕系的一些放射性核素在血液内易发生水解，形成难溶性氢氧化物胶体，如$^{232}Th(OH)_4$和$^{140}La(OH)_3$等。

以离子状态和可溶性复合物存在的放射性核素，在体内易于扩散和转移；而与蛋白结合和呈胶体氢氧化物的放射性核素，或形成的较大分子，扩散能力差，不能透过生物膜，可在血液内较长时间的滞留或易于局部聚集。游离的离子状态和与蛋白结合的两种形式之间，在血浆中维持动态平衡。一般认为，放射性核素与蛋白结合的能力，与阳离子的电荷及离子半径有关，电荷越多及半径越大，则与蛋白的结合越稳定。因此，稀土和锕系核素则与血浆蛋白结合得较紧，解离较难，扩散与转移过程较缓慢。放射性核素在血液中也可以两种形式同时存在。例如，血浆中的六价铀既能与白蛋白结合（40%），又能与重碳酸结合（60%），且两者之间在一定条件下呈动态平衡。

放射性核素分布类型 各种放射性核素在体内的分布特点可归纳为5种类型。

相对均匀性分布 即放射性核素比较均匀地分布于全身各器官组织。这种分布最为典型的放射性核素，多半是机体内大量存在且均匀分布的稳定性元素的放射性核素，如C、Na、K、Cl和H等，Cs、Rb也与其类同。

亲肝性分布或亲单核-吞噬细胞系统分布 此类分布的放射性核素主要是一些锕系核素和稀土族核素，如Ac、Th、Am、La、Ce和Pm等。这些放射性核素在体液pH条件下，极易水解成为难溶性氢氧化物胶体颗粒，故多被肝或其他单核-吞噬细胞系统滞留。

亲骨性分布 此类分布的放射性核素有Ca、Sr、Ba、Ra、Y、Zr、Pu以及某些超钚核素、重镧系核素等。按结构特点，骨骼分为皮质骨（即致密骨）和小梁骨（即疏松骨）两部分，分别占全骨质量的80%和20%，而小梁骨单位体积的表面积恰为皮质骨的4倍，故二者的表面积相等。骨表面和红骨髓是骨骼中受到危险的组织，骨表面和骨内膜的上皮细胞及骨髓造血干细胞，则是受到致癌危险的细胞，即靶细胞。放射性核素在骨组织的微观定位分为两型：①体积分布型，即放射性核素置换骨骼无机盐晶格中的钙而较均匀地分布于骨的无机质中。Ra即属此型分布。②表面分布型，是放射性核素沉积于骨内膜表面、小梁骨表面和皮质骨血管表面。Pu由转铁蛋白转运到骨内即呈此型分布。沉积于骨表面的放射性核素对表面下0~10μm处的辐射敏感性较高的成骨细胞及红骨髓细胞可形成较大的剂量，因此比体积分布型放射性核素的危害更大。绝大部分镧系及锕系核素为表面分布型，碱土族、钒族和铬族核素则两者兼有。同种放射性核素在不同骨骼内的分布也不尽相同，如Sr在脊椎、肋骨中含量较高，长骨较低；而在长骨髓和骨端的含量又高于骨干。

亲肾性分布 一些放射性核素较多的滞留于肾，如铀中毒时，肾的放射自显影可在肾近曲小管中段显示出大量密集的α径迹。某些五价至七价的放射性核素，也有这种亲肾性，不过其分布特点不像亲骨性分布那样突出。

亲其他器官组织的分布 是放射性核素选择性地滞留于某个器官组织的过程。放射性碘高度选择性地集中于甲状腺，分布到其他部位的量甚微。Zn浓集于胰腺，Mo集中于虹膜，S主要滞留于关节、表皮和毛囊，Fe较多地分布于红细胞。另外，Co、Te也具有亲血细胞性分布的特点。有些放射性核素的难溶性化合物，或在肺内pH条件下形成难溶性氢氧化物胶体，可大部分滞留于肺或肺淋巴结。

一般认为，凡化合价态相同的放射性核素，其在体内的分布基本上类同。一价阳离子放射性核素，如Na、K、Rb、Cs等均属均匀性分布。二价化合态的放射性核素如Ca、Sr、Ba、Ra等均属亲骨性分布。三价或四价放射性核素，在体内可发生水解而形成难溶性氢氧化物胶体，如La、Ce、Pr和Th等属单核-吞噬细胞系统分布。五价、六价、七价的放射性核素，有的属亲肾性分布（如U和Ru等），有的则属均匀性分布（如F、Cl、Br、Nb、Po等）。

放射性核素在体内的分布，受化合物、机体状态等多种因素影响，是复杂、多样的动态过程。随时间延长，有些放射性核素可出现再分布现象，如Pb被吸收后迅速分布于红细胞、肝和肾，之后逐渐转移到骨骼，取代骨晶格中的钙，1个月后90%以上的Pb

沉积于骨骼。又如 Ce、Pr、Y 吸收后早期分布于肝内最多，骨内次之，但以后肝内含量逐减，骨内沉积增多。同是稀土族核素，可因离子半径不同，分布上具有很大差异，如在肝内的滞留量，随离子半径增大而增多，而在骨内的滞留量则随离子半径的减小而增多。

（朱茂祥）

gòng fúshè fánghùyòngrén xiāohuàdào móxíng

供辐射防护用人消化道模型

（human alimentary tract model for radiological protection，HATM） 描述放射性核素在人消化道内转移、滞留和吸收的生物动力学模型。

1979 年国际放射防护委员会（ICRP）在其第 30 号出版物中提供了由 4 个区段（胃、小肠、大肠上段、大肠下段）组成的人胃肠道模型，以计算工作人员食入放射性核素所致的辐射剂量。之后，由于评估环境辐射对居民健康影响的需要，ICRP 发布了一些出版物讨论公众照射的情况。2006 年 ICRP 在第 100 号出版物中完整地介绍了 HATM。此模型的一般结构见图 1，不同年龄组模型各区段的形态计量学参数值列于表 1。为计算自口腔至直肠乙状结肠各区段可能诱发癌症的靶细胞的剂量，HATM 还给出了各区段上皮层的模式结构。

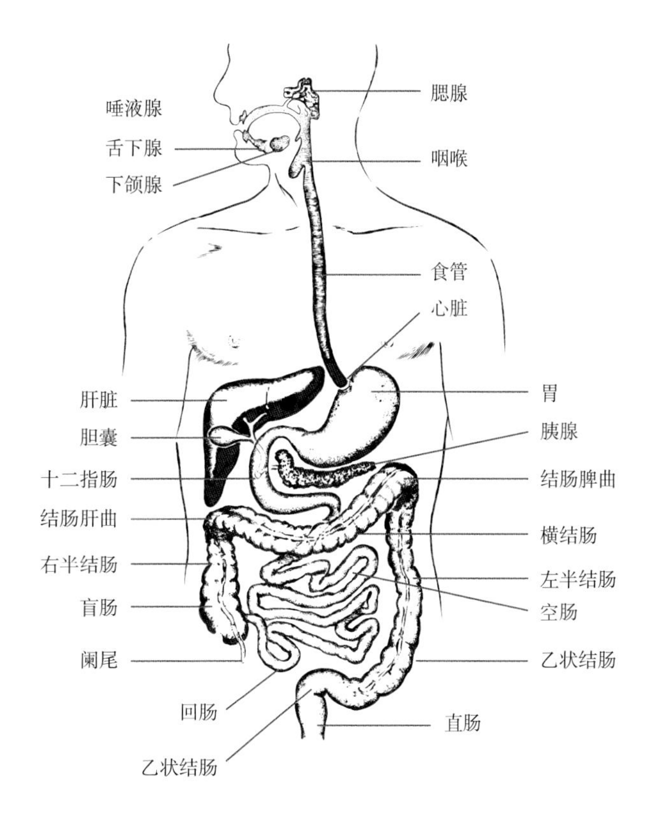

图 1　HATM 及其相关组织的一般结构

此消化系统的主要功能是传输、消化、吸收和排泄，以及防御和免疫功能，食管内含有的微生物群落有生成维生素的功能。描述放射性物质食入后在 HATM 各区间的转移行径见图 2。HATM 给出液体和固体类食物在口腔、食管、胃、小肠、右半结肠、左半结肠和直肠乙状结肠各区段年龄依赖的转移常数。若干元素在成人和婴儿消化道内的吸收分数（f_A）列于表 2。其中 f_A 指在不计

表 1　HATM 各区间形态计量学参数值

区间	参数	单位	新生儿	1 岁	5 岁	10 岁	15 岁		成人	
							男	女	男	女
食管	长度参考值	cm	10	13	18	21	27	26	28	26
	内径假设值	cm	0.5	0.6	0.7	0.8	1	1	1	1
胃	容积	cm^3	30	40	60	80	120	120	175	175
	黏膜表面积	cm^2	150	200	250	300	400	400	525	525
小肠	生理长度参考值	cm	80	120	170	220	270	260	280	260
	内径假设值	cm	1	1.2	1.4	1.6	2	2	2	2
大肠	生理长度参考值	cm	45	60	75	90	100	100	110	100
	内径假设值：右半结肠	cm	3	4	4.5	5	6	6	6	6
	左半结肠	cm	2.5	3	3.5	4	5	5	5	5
	直肠乙状结肠	cm	1.5	2	2.3	2.5	3	3	3	3

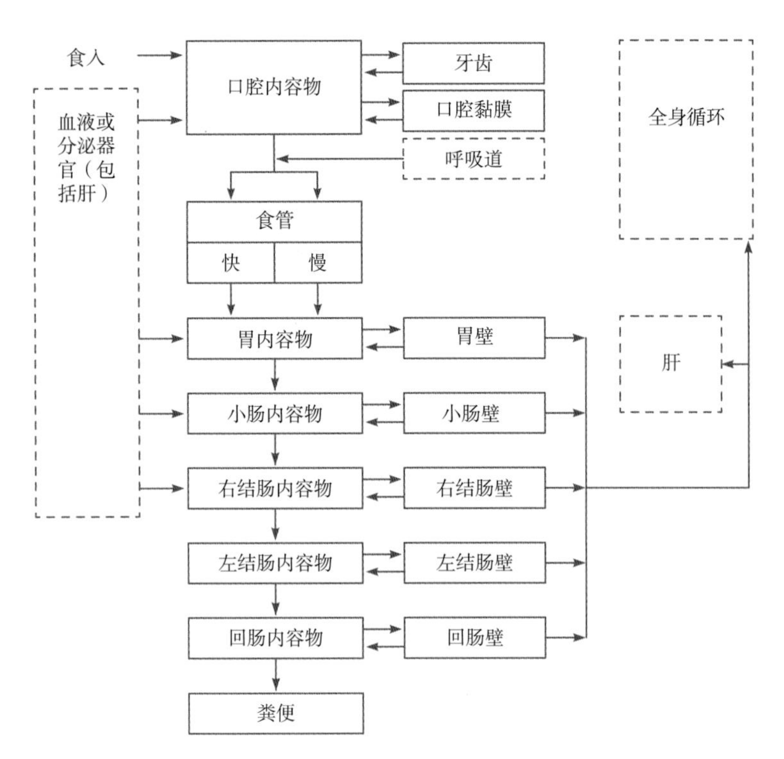

图2 HATM的区间结构模式图

注：图内的虚线方框表示与人呼吸道模型（HRTM）或系统生物动力学模型之间的联接

表2 若干元素在成人和婴儿消化道内的吸收分数（f_A）

元素	成人	婴儿	元素	成人	婴儿
H，C，Cs，S，Mo，I	1	1	Sb	0.1	0.2
Se	0.8	1	Ru，Ni，Ag	0.05	0.1
Zn，Te，Po	0.5	1	U	0.02	0.04
Te，Sr*，Ca*	0.3	0.6	Zr，Nb	0.01	0.02
Ba*，Ra*，Pb*	0.2	0.6	Ce，Th，Np，Pu，Am	0.0005	0.005
Co*，Fe*	0.1	0.6			

注：*对1岁、5岁、10岁和15岁儿童的中间值，Sr、Ca、Pb为0.4；Co、Ra、Ba为0.3；Fe为0.2。

放射性衰变和内源性输入消化道条件下进入消化道的物质被吸收的总分数。

（朱茂祥）

gòng fúshè fánghùyòng rén hūxīdào móxíng

供辐射防护用人呼吸道模型

（human respiratory tract model for radiological protection） 描述吸入的放射性核素在人呼吸道中沉积、廓清规律及辐射剂量计算的模型。

模型提出与发展 为计算工作人员职业照射的剂量限值，国际放射防护委员会（ICRP）于1959年提出含有3个解剖学区间（鼻咽部、气管-支气管、肺部）为特征的肺模型。1966年对该肺模型进行第一次修订，用于计算肺充血状态下的平均肺剂量。随着资料的积累，针对不同化合物从呼吸道中廓清速率差别悬殊的问题，1979年ICRP第30号出版物再次发表新的肺模型，推动了关于吸入气溶胶在人呼吸道中沉积、滞留、廓清及向体内其他组织转移的研究。此后，环境中放射性核素所致公众照射日益受到关注，而原有的肺模型只适用于职业照射人员，为此，ICRP在1994年的第66号出版物发表“供辐射防护用人呼吸道模型”。该模型依据呼吸道各组织具有不同的辐射敏感性、吸入核素所致剂量不均匀为前提制定。它既考虑到放射性核素气溶胶的可吸入率（进入呼吸道的空气中某核素的浓度与环境空气中该核素浓度之比），又考虑到参考人的呼吸率（主要取决于年龄、性别、活动量），计算每单位暴露（时间积分活度浓度）情况下的摄入量。此模型的解剖学区间划分更细，适用于全人口（包括工作人员和公众），既可根据生物检验结果，也可根据暴露资料计算呼吸道局部的辐射剂量。

参考人及其呼吸道分区 在放射防护上，为了在共同的生物学基础上计算放射性核素的年摄入限值而规定的一种假设的成人模型，其解剖与生理特性具有典型性，即可代表从事辐射工作的一般成人。

为了剂量计算目的，供剂量学研究用的人呼吸道模型给出参考人呼吸道解剖学分区形态学和细胞学尺寸参数值。呼吸道分为4个解剖学区（图1）：①胸腔外区（extrathoracic region，ET），包括前鼻通道（ET_1）和后鼻通道-口腔/咽喉（ET_2）。②支气管区（bronchial region，BB），包括气管和支气管，沉积的物质靠纤毛运动由此被廓清。③细支气管区（bronchiolar region，bb），包括细支气管和终末细支气管。④肺泡-间质区（alveolar-interstitial region，AI），包括呼吸细支气管、肺泡小管、带有小泡的小囊和间质结缔组织。所有4个区都含有淋巴组织（LN），其中LN_{ET}负责排出ET区物质，LN_{TH}负责排出BB、bb和AI区物质。不同年龄组参考人呼吸道各区间的质量不同（表1）。

呼吸道4区间中的敏感靶细胞分别是ET区上皮基底细胞、BB区基底细胞和分泌细胞、bb区分泌细胞（Clara细胞）、AI区分泌细胞（Clara细胞）和Ⅰ型肺泡细胞。有关参数列于表2。

呼吸参数 呼吸道组织和细胞所受的剂量与呼吸特点和某些生理参数有关，它们影响吸入空气的体积、速率、通过鼻和口吸入的分数，因此决定吸入放射性粒子和气体数量。呼吸特点和生理参数在不同种族人群中变化颇大，它们随身体大小、体力活动的轻重、呼吸道的健康状况及是否吸烟而变化。此模型选择有代表性的在岗工作的男女白种人用于工作人员；选择所有年龄的不处于工作状态的男女白种人代表公众成员。工作人员参考呼吸数值、换气率及不同状态下吸入空气的体积分别见表3～表5。普通白种人群呼吸参数参考值见表6

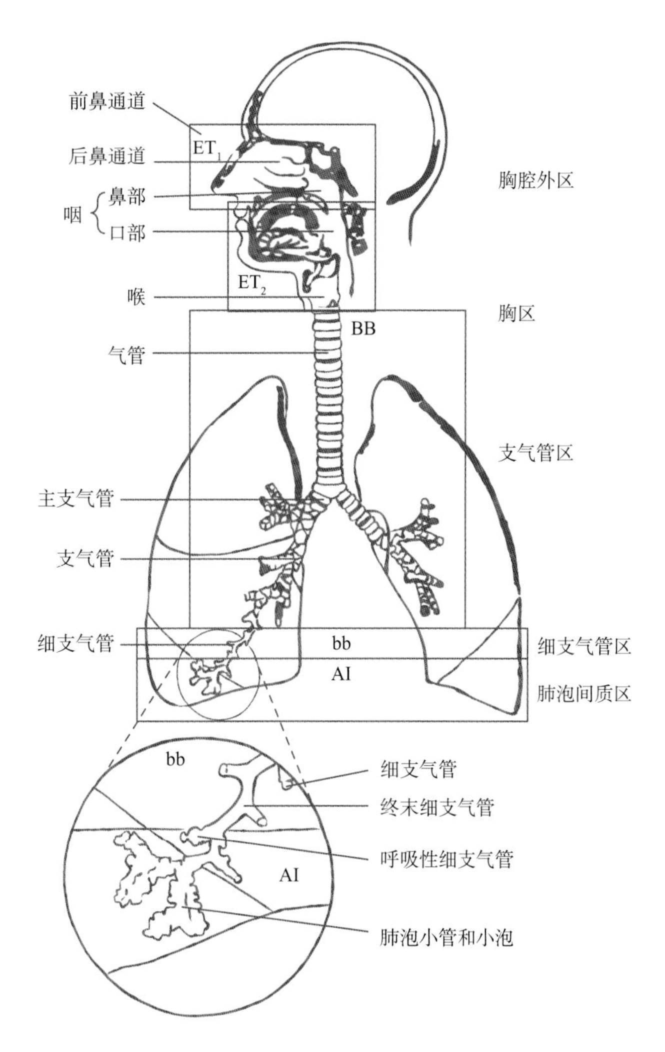

图1 呼吸道解剖学分区

表1 不同年龄组人员靶组织的质量（kg）

年龄	ET_1	ET_2	BB_{sec}[1]	BB_{bas}[1]	bb	AI[2]	LN_{ET}[3]	LN_{TH}[3]
成人（男）	2.2×10^{-5}	4.5×10^{-4}	8.6×10^{-4}	4.3×10^{-4}	1.9×10^{-3}	1.1	1.5×10^{-2}	1.5×10^{-2}
成人（女）	1.7×10^{-5}	3.9×10^{-4}	7.8×10^{-4}	3.9×10^{-4}	1.9×10^{-3}	0.90	1.2×10^{-2}	1.2×10^{-2}
15岁（男）	1.9×10^{-5}	4.2×10^{-4}	8.3×10^{-4}	4.1×10^{-4}	1.8×10^{-3}	0.86	1.2×10^{-2}	1.2×10^{-2}
15岁（女）	1.7×10^{-5}	3.8×10^{-4}	7.6×10^{-4}	3.8×10^{-4}	1.6×10^{-3}	0.80	1.1×10^{-2}	1.1×10^{-2}
10岁	1.3×10^{-5}	2.8×10^{-4}	6.2×10^{-4}	3.1×10^{-4}	1.3×10^{-3}	0.50	6.8×10^{-3}	6.8×10^{-3}
5岁	8.3×10^{-6}	1.9×10^{-4}	4.7×10^{-4}	2.3×10^{-4}	9.5×10^{-4}	0.30	4.1×10^{-3}	4.1×10^{-3}
1岁	4.1×10^{-6}	9.3×10^{-5}	3.1×10^{-4}	1.6×10^{-4}	6.0×10^{-4}	0.15	2.1×10^{-3}	2.1×10^{-3}
3月龄	2.8×10^{-6}	6.3×10^{-5}	2.5×10^{-4}	1.3×10^{-4}	5.0×10^{-4}	0.09	1.2×10^{-3}	1.2×10^{-3}

注：1. BB_{sec}指支气管上皮中分泌细胞核所分布的部分；BB_{bas}指基底细胞核所分布的部分。2. 包括血液，不包括淋巴结。3. 假定胸腔外区和胸区中淋巴组织的质量相等。

表 2　靶组织的参数

组织	靶细胞	黏液厚度（μm）	上皮厚度（μm）	靶细胞核深度（μm）
ET_1	基底细胞	—	50	40~50
ET_2	基底细胞	15	50	40~50
BB_{sec}	分泌细胞	5	55	10~40
BB_{bas}	基底细胞	5	55	35~50
Bb	分泌细胞	2	15	4~12
AI	Clara 细胞和Ⅰ型肺泡细胞	—	—	
LN_{ET} 和 LN_{TH}	淋巴细胞、内皮和生发中心细胞	—	—	

注：BB_{sec} 指支气管上皮中分泌细胞核所分布的部分；BB_{bas} 指基底细胞核所分布的部分。

表 3　工作人员的呼吸参数参考值*

呼吸参数	肺体积（L）
肺总量（TLC）	6.98
功能性剩余容量（FRC）	3.30
肺活量（VC）	5.02
无效腔（V_D）	0.146

注：* 白种人，男性，30 岁，身高 176cm，体重 73kg。根据 ICRP 参考人数据推导而来。

表 4　工作人员的换气率

活动状态	换气率	
	m^3/h	L/min
睡眠	0.45	7.5
休息、坐位	0.54	9.0
轻体力劳动	1.5	25
重体力劳动	3.0	50

表 5　工作人员不同情况下吸入空气的体积（m^3）

活动状态	轻体力劳动	重体力劳动
睡眠时间，8 小时	3.6	3.6
工作时间，8 小时	9.5[1]	13.5[2]
业余时间[3]，8 小时	9.7	9.7
合计，24 小时	23	27

注：1. 5.5 小时轻体力劳动+2.5 小时休息，坐；2. 7 小时轻体力劳动+1 小时重体力劳动；3. 4 小时休息、坐+3 小时轻体力劳动+1 小时重体力劳动。

和表 7。这些数据用于计算公众成员单位摄入量产生的剂量。

剂量估算　应用呼吸道模型可以计算呼吸道局部剂量。首先，分别计算胸外呼吸道的当量剂量（H_{ET}）和胸内呼吸道的当量剂量（H_{TH}）。为此，以胸外和胸内各呼吸道区间为靶组织，分别计算其单位质量吸收来自源器官的辐射能量，求得该区间的当量剂量（如 H_{ET1}，$H_{ET2}\cdots$，H_{BB}，$H_{bb}\cdots$）。鉴于呼吸道各区间的辐射敏感性不一，将胸外各区间的剂量相加求 H_{ET} 前，应分别以各区间在组织权重因数中所占的相对份额进行校正（表 8）。求 H_{TH} 时也是如此。其计算公式如下：

$$H_{ET}=H_{ET1}A_{ET1}+H_{ET2}A_{ET2}+H_{LN_{ET}}A_{LN_{ET}}$$

$$H_{TH}=H_{BB}A_{BB}+H_{bb}A_{bb}+H_{AI}A_{AI}+H_{LN_{TH}}A_{LN_{TH}}$$

式中，H_{ET} 和 H_{TH} 分别为胸腔外区和胸区的危害加权当量剂量；H_{ET1}、H_{ET2}、$H_{LN\,ET}$ 和 H_{BB}、H_{bb}、H_{AI}、$H_{LN\,TH}$ 分别为胸腔外区和胸区中相应组织的当量剂量，A_{ET1}、A_{ET2}、$A_{LN\,ET}$ 和 A_{BB}、A_{bb}、A_{AI}、$A_{LN\,TH}$ 分别为对组织 ET_1、ET_2、LN_{ET} 和 BB、bb、AI、LN_{TH} 指定的危害权重因数。

然后，引用 ICRP 第 60 号出版物所列的组织权重因数（W_T），分别计算呼吸道胸外部分和胸内部分的有效剂量。1990 年 ICRP 第 60 号出版物对肺指定的组织权重因数 W_T0.12 全部用于对胸区各组织所计算的经过用危害权重因子修正的当量剂量，即 BB、bb 和 AI 区的组织权重因数各为 0.04。LN_{TH} 的组织权重因数为 0.00012，胸腔外区组织（ET_1 和 ET_2）归到其余组织中。

（朱茂祥）

fàngshèxìng hésù tǐnèi chénjī

放射性核素体内沉积（deposition of radioactive substance in the body）　描述进入体内放射性物质在不同部位存留的量。通常用沉积份额表示。

呼吸道内沉积　以气溶胶形式吸入的液体或固体放射性物质，依其大小借助 3 种作用机制沉积于呼吸道表面：①惯性冲击或离心力作用。气溶胶随气流运行到鼻咽腔弯曲处及气管支气管分支

表 6　普通白种人群的身材及呼吸参数参考值

参数	3 月龄	1 岁	5 岁	10 岁	15 岁		成人	
					男	女	男	女
身高（cm）	60	75	110	138	169	161	176	163
体重（kg）	6	10	20	33	57	53	73	60
肺总量（L）	0.28	0.55	1.55	2.87	5.43	4.47	6.98	4.97
功能性剩余容量（L）	0.148	0.244	0.767	1.484	2.677	2.325	3.30	2.68
肺活量（L）	0.20	0.38	1.01	2.33	3.96	3.30	5.02	3.55
无效腔（L）	0.014	0.020	0.046	0.078	0.130	0.114	0.146	0.124

表 7 不同年龄普通白种人群处于不同状态的呼吸参数参考值

年龄	性别	休息（睡眠）			坐位			轻体力劳动			重体力劳动		
		V_T (L)	B (m^3/h)	f_R (min^{-1})	V_T (L)	B (m^3/h)	f_R (min^{-1})	V_T (L)	B (m^3/h)	f_R (min^{-1})	V_T (L)	B (m^3/h)	f_R (min^{-1})
3 月龄		0.039	0.09	38	N/A	N/A	N/A	0.066	0.19	48	N/A	N/A	N/A
1 岁		0.074	0.15	34	0.102	0.22	36	0.127	0.35	46	N/A	N/A	N/A
5 岁		0.174	0.24	23	0.213	0.32	25	0.244	0.57	39	N/A	N/A	N/A
10 岁	男	0.304	0.31	17	0.333	0.38	19	0.583	1.12	32	0.841	2.22	44
	女										0.667	1.84	46
15 岁	男	0.500	0.42	14	0.533	0.48	15	1.0	1.38	23	1.352	2.92	35
	女	0.417	0.35	14	0.417	0.40	16	0.903	1.30	24	1.127	2.57	38
成人	男	0.625	0.45	12	0.750	0.54	12	1.25	1.5	20	1.923	3.0	26
	女	0.444	0.32	12	0.464	0.39	14	0.992	1.25	21	1.364	2.7	33

注：V_T 为潮气体积，B 为换气率，f_R 为呼吸率，N/A 为不适用。

表 8 呼吸道各区间所占呼吸道组织权重因数的份额

区间		危害权重因数	份额
胸外区间	ET_1（前鼻）	—	0.001
	ET_2（后鼻-口腔/咽喉）	—	1
	LN_{ET}（淋巴结）	—	0.001
胸内区间	BB（支气管）	0.004	0.333
	bb（细支气管）	0.004	0.333
	AI（肺泡-间质）	0.004	0.333
	LN_{ET}（淋巴结）	0.00012	0.001

处，由于气流方向骤变，使气溶胶受惯性冲击力作用，直径>5μm 的粒子附着于支气管分叉处表面。这种惯性冲击力的大小与气流速度及粒子质量有关，主要发生在气道上部，至终末细支气管处已不起作用。②重力或沉降作用。气溶胶粒子运行到支气管下部时，由于气流速度和进气压降低，粒子借重力或沉降作用而附着于支气管表面。粒子质量越重，沉降速度越快。③布朗（Brown）运动或扩散。粒子越小，布朗运动速度越快，平均运动距离越远，越易与肺泡壁碰撞而附着。2μm 以下的粒子才具有布朗运动。<0.5μm 的粒子处于持续运动状态，故易附着于肺泡壁。但是极小的粒子（0.01～0.03μm），由于其布朗运动速度极快，主要附着于较大的支气管。概括说来，>5μm 的粒子几乎全部沉积于鼻咽部和支气管树；<5μm 的粒子则沉积于支气管树的外周分支处；≤1μm 的粒子主要附着于肺泡。

附着在呼吸道内表面的粒子可有以下归宿：①被吸收入血液。水溶性粒子在局部溶解后较快地吸收，特别是附着于肺泡壁上粒子可大部分被吸收。②随黏液咳出或被咽入胃肠道。附着在气管、支气管直至终末细支气管表面的难溶性固体微粒，可借该部位黏膜上皮细胞的纤毛摆动，随黏液向上移动（约 3mm/min），被驱至咽喉部后被咳出或被吞咽。附着于肺泡表面的难溶性微粒，不论是否被巨噬细胞吞噬，均可随肺泡表面黏膜向上移动（该液可能是渗出的淋巴液，或是Ⅱ型肺泡上皮细胞的分泌物），经肺泡导管和呼吸细支气管达终末细支气管，再被气管、支气管廓清系统清除。③肺泡表面难溶性微粒，无论是否被吞噬，均可进入肺间质，有的长期滞留，有的进入淋巴间隙和淋巴结，其中部分微粒还可随淋巴液到达血液。有些微粒亦可长久地滞留于肺泡，形成辐射灶。

气溶胶粒子在呼吸道内的沉积份额是气溶胶粒子大小及形状、气溶胶密度、肺部结构及呼吸道特征的函数。气溶胶粒子在呼吸道内的沉积依赖于其空气动力学特征，分散度是气溶胶的基本特征之一，根据它可大致评定气溶胶在呼吸道内沉积的状况。用粒径分布的中位值（中值直径）表示粒径的平均值，再附以其几何参数，就可全面反映该气溶胶的分散度。表示气溶胶粒径的参数有计数中值直径、质量中值直径和活度中值直径。放射毒理中一般用AMD表示放射性气溶粒度的大小，有重要意义的是活度中值空气动力学直径（activity median aerodynamic diameter，AMAD）和活度中值热力学直径（activity median thermodynamic diameter，AMTD）。

除粒子的大小、形状等空气动力学参数外，气溶胶粒子在呼吸道内的沉积还受解剖学和生理学参数的影响。为估算吸入气溶胶粒子在呼吸道不同部位的沉积份额，国际放射防护委员会（ICRP）将人呼吸道分为胸腔外区（ET，包括前鼻通道 ET_1 和后鼻通道 ET_2）、支气管区（BB，包括气管和支气管）、细支气管区（bb，包括细支气管和终末细支气管）和肺泡-间质区（AI），包括呼吸细支气管、肺泡小管、带有小泡的小囊和间质结缔组织等4个解剖学区（见供辐射防护用人呼吸道模型）。

ICRP第30号和第32号出版物发表的“职业吸入放射性核素限值”描述了粒子在呼吸道内沉积和廓清规律（图1）。

利用该模型推导出的职业参考人呼吸道各区中沉积份额（用吸入空气中放射性活度的百分数表示）随粒子AMAD和AMTD的变化（图2）。以吸入放射性气溶胶AMAD为5μm的职业照射和AMAD为1μm的环境暴露为例，计算粒子在各区的沉积份额（表1）。

ICRP第66号出版物发表的“供辐射防护用的人呼吸道模型”进一步完善了粒子在呼吸道内各区间的亚区间分配份额（表2）。表中，沉积在ET、BB和bb区的小部分粒子长期滞留在气道壁，这几个区分别用 ET_{seq}、BB_{seq} 和 bb_{seq} 表示；沉积在BB和bb区的大部分粒子因黏液纤毛运动而很快被廓清，这两个快廓清区分别用 BB_1 和 bb_1 表示；一部分粒子廓清要慢得多，这两个慢廓清区分别用 BB_2 和 bb_2 表示；沉积在AI区的3个亚区 AI_1、AI_2 和 AI_3 的物质廓清很慢。

表1 职业照射和环境暴露情况下吸入气溶胶的沉积份额

区间	职业照射（%）[1]	环境暴露（%）[2]
前鼻（ET_1）	33.9	14.2
后鼻-口腔/咽喉（ET_2）	39.9	17.9
支气管（BB）	1.8	1.1
细支气管（bb）	1.1	2.1
肺泡-间质（AI）	5.3	11.9
总计	82.0	47.2

注：1. AMAD＝5μm，AMTD＝3.5μm，密度 $3g/cm^3$，形状因子1.5；通过鼻吸入份额1；69%为轻体力劳动，31%为坐姿；平均换气率 $1.2m^3/h$。2. AMAD＝1μm，AMTD＝0.69μm，密度 $3g/cm^3$，形状因子1.5；通过鼻吸入份额1；55%为睡眠，30%为轻体力劳动，15%为坐姿；平均换气率 $0.78m^3/h$。

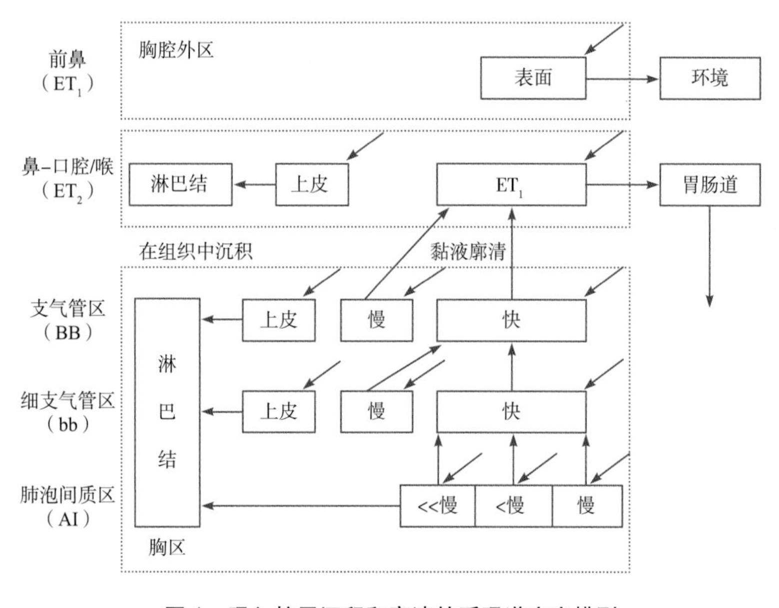

图1 吸入粒子沉积和廓清的呼吸道库室模型

注：图中向左下方的斜箭头表示沉积，其余箭头表示廓清，“快”和“慢”分别表示快廓清和慢廓清。胸腔外区包括两个直接廓清的解剖学区，即 ET_1 和 ET_2 区；沉积在胸区的放射性物质将分配在BB、bb及AI区，沉积在AI的物质又分配在3个慢廓清库室。

表2 呼吸道几个区间沉积物在其亚区间的分配份额

区间	亚区间	份额
ET	ET_1、ET_2	0.9995
	ET_{seq}	0.0005
BB	BB_1	0.993-fs*
	BB_2	fs
	BB_{seq}	0.007
Bb	bb_1	0.993-fs
	bb_2	fs
	bb_{seq}	0.007
AI	AI_1	0.3
	AI_2	0.6
	AI_3	0.1

注：* fs为慢廓清份额，与粒子大小有关。

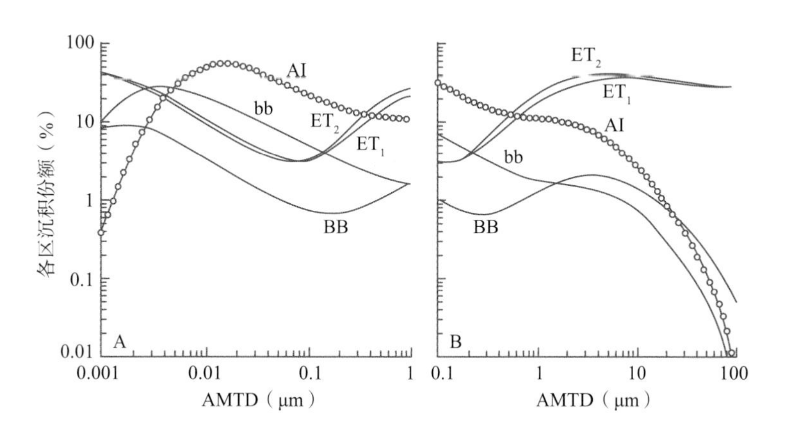

图2 吸入放射性气溶胶粒子在参考工作人员呼吸道各区的沉积份额随AMTD（A）和AMAD（B）的变化

注：假定空气中气溶胶的放射性活度随粒子大小呈对数正态分布，粒子密度为3g/cm^3，形状因子为1.5。ET、BB、bb和AI代表呼吸道的不同分区，分别是胸腔外区（ET）、支气管区（BB）、细支气管区（bb）和肺泡-间质区（AI），其中胸外区细分为鼻前区（ET_1）和鼻-口腔咽喉区（ET_2）。

细胞和亚细胞的沉积 在评价有些放射性核素（局限性沉积，释出粒子射程短）的危害时，必须考虑放射性核素在细胞和亚细胞水平的不均匀沉积。在肺的气道壁或肺泡内沉积的不溶性放射性微粒可由于吞噬作用而进入巨噬细胞。假如微粒含有α或β辐射核素，则紧邻巨噬细胞的肺组织局部可受到高剂量照射。有学者曾指出被吞噬钚（Pu）在不游走的巨噬细胞内含590Bq Pu的0.2μm直径的单个粒子，对周围细胞的局部剂量（1.4×10^4Gy）比假设此活性Pu均匀分布于肺组织所致剂量（3.2×10^{-2}Gy）高5个量级。

锕系和镧系放射性核素以及其他易水解的金属放射性核素（如^{67}Ga）具有在溶酶体内聚集的倾向，导致其在细胞内的不均匀分布，使邻近部位出现较重的辐射诱发的改变。

至少在肝细胞水平，钚（Pu）和镎（Np）在细胞内的分布依赖于核素的原子量。如^{239}Pu倾向定位于细胞核，而比活度较高的^{238}Pu则主要定位于溶酶体内。以^{237}Np 1.2mg/kg或^{239}Np1.7pg/kg的活度经静脉注入大鼠体内24小时后，在肝细胞核内的^{237}Np是^{239}Np的2倍。这种原子量差别引起的镎和钚在细胞内沉积差别所致放射毒理学意义还待评估。对发射俄歇（Auger）电子的核素（如^{67}Ga和^{125}I），若它们与细胞核结合，其后果具有放射毒理学意义。

有些^{3}H和^{14}C标记的化合物，如［^{3}H］或［^{14}C］胸腺嘧啶优先结合在正在分裂的细胞的DNA中。在^{3}H的例子中，细胞核受到的剂量可以是均匀分布于细胞内时剂量的50倍。^{14}C β粒子的平均能量约为^{3}H的9倍，因此细胞核受到的^{14}C平均剂量与^{14}C化合物均匀分布所致剂量无明显差别。若^{14}C结合于可以发生效应的分子部位，则转化效应非常重要，所幸对大多数^{14}C标记化合物来说，^{14}C结合到这些部位的可能性小。

（朱茂祥）

fàngshèxìng hésù tǐnèi zhìliú

放射性核素体内滞留（retention of radioactive nuclide in the body）

描述放射性核素在体内不同组织器官中的动态分布。

特点 放射性核素被吸入或食入后，以一定速率向体液转移，再分布到不同器官或组织中，在该处滞留，并以一定速度排出体外。按照隔室模型，体液在代谢中执行传递的功能称为传递区间；滞留核素的器官或组织以其代谢上的特点而区分为若干区间，称为组织区间（见供辐射防护用隔室模型）。国际放射防护委员会（ICRP）第30号出版物将体内的放射性核素分为均匀分布和不均匀分布两种类型，并按放射性核素的代谢特征分为单区间或多区间滞留模型（表1）。一些重要放射性核素在人体内分布与滞留特点见表2。

滞留分数 经给定时间后在沉积部位滞留的活性占初始吸收量的分数。设全身一次吸收放射性核素的活度为q_0，t天后全身的滞留量为q（t），单位时间内全身滞留量的减少等于单位时间内由于生物排出和物理衰变而减少的数量（公式1）：

$$-\frac{d}{dt}q(t) = E(t) + \lambda_r q(t) \quad (1)$$

式中，E（t）和λ_rq（t）分别为t时刻单位时间（d）内生物排出和物理衰变而减少的活度。

将公式1两侧均除以起始吸收量，则得公式2：

$$-\frac{d}{dt}(q(t)/q_0) = \frac{E(t)}{q_o} + \lambda_r \frac{q(t)}{q_0} \quad (2)$$

或写成公式3：

$$\frac{d}{dt}r(t) = -y(t) - \lambda_r r(t) \quad (3)$$

式中，r（t）=q（t）/q_0为放射性核素一次吸收后的有效滞

表1 各种元素在体内的滞留模式

分布特点	滞留模式	元素
均匀分布	单隔室：全身	H、C、F、Cl、K、Ti、Br、Au、At、Fr
	多隔室：全身	CO_2、Si、S、Ru、Rh、Cs
不均匀分布	单隔室：全身	Mg、Al、V、Cu、Fe、Rb、Y、Pd、Cd、In、La、Ce、Nd、Pm、Sm、Ho、Er、Eu、Tm、Tl、Po
	器官	P、Ni、Ge、Zr、Te、I、Pr、Eu、Gd、Tb、Dy、Yd、Lu、Hf、Ac、Th、Np、Pu、Am、Cm、Bk、Cf、Es、Fm、Md
	多隔室：全身	Sc、Co、Ga、As、Se、Nb、Mo、Ag、Sn、Sb、Os、Ir、Pt、Hg、Bi
	器官	Be、Na、Cr、Mn、Zn、Te、Ta、W、Re、Pb、Pa、U、Ca、Sr、Ba、Ra

注：一些在辐射防护上常遇到的元素在成人体内的分布与滞留特点列于表2。

表2 若干元素在成人体内分布与滞留特点

元素	主要沉积部位（占入血量%）	半滞留期
氢	^3H_2O，在所有组织中浓度类似	约10天
碳	在所有组织中浓度类似，取决于化合物类型	<40天
磷	骨骼（30%）	>20年
硫	在所有组织中浓度类似，取决于化合物类型	数周至数年
镓	骨骼（30%），肝（约10%）	1~50天
锶	骨骼（25%）	≥20年
锝	高锝酸盐；甲状腺（4%），胃（10%）；肝（3%）	甲状腺12小时，其他组织2~22天
碘	甲状腺（5%~55%）	80天
铯	在所有组织中浓度类似	50~200天
钋	肝（约30%），肾（10%），红骨髓（10%）	约50天
砹	胃（14%），肝（5%），肾（3%），甲状腺（2%）	<2天
氡	除脂肪组织浓度稍高外，其他所有组织浓度类似	
镭	骨骼（25%）	≥20年
钍	骨骼（约50%）	≥20年
铀	骨骼（约10%）	≥20年
镎	肝（10%），骨骼（45%~50%）	2~3年，>20年
钚	肝（30%），骨骼（30%）	约20年，>20年
镅	肝（50%），骨骼（30%）	2~3年，>20年
锔	肝（50%），骨骼（30%）	2~3年，>20年

注：根据ICRP第30、56、69、71号出版物资料汇总。

留分数，它表示初始全身滞留量在t时刻剩下的分数；y（t）=E（t）/q_0为放射性核素一次吸收后的有效排出分数，它表示t时刻单位时间内排出量占初始全身滞留量的分数（d^{-1}）。

有效滞留分数是表征物理衰变的因子（$e^{-\lambda_r t}$）与表征生物代谢的函数R（t）的乘积（公式4）：

$$r(t) = e^{-\lambda_r t} \cdot R(t) \qquad (4)$$

式中，R（t）为放射性核素一次吸收后的滞留分数，它表示在不考虑放射性衰变条件下，由于生物代谢使初始全身滞留量在t时刻剩下的分数。某一元素的滞留分数R（t）适用于该元素的任何同位素，包括稳定性同位素在内。

各元素在全身或紧要器官内的滞留分数大致分3种形式：

（1）单项指数：

$$R(t) = f'_2 e^{-0.693t/T_b} \qquad (5)$$

（2）多项指数之和：

$$R(t) = f_2 \sum_{i=1}^{n} a_i e^{-0.693t/T_{bi}} \qquad (6)$$

式中，f'_2：由血液转移到有关器官或组织的活度占全身活度的分数；

n：项数，最多为3项；

a_i：i区间在t=0时刻所占的活度分数；

T_{bi}：i区间的生物半排出期（d）。

（3）幂函数：

$$R(t) = At^{-n} \quad (o<n<1,\ t>1) \qquad (7)$$

式中，A表示经1天后元素在紧要器官滞留的分数，n为幂函数。幂函数通常表示元素在骨骼中的滞留，ICRP对碱土金属（钙、锶、钡、镭）的代谢模型采用公式（7）作为滞留分数方程的基本项，并分别考虑皮质骨和小梁骨两个区间不同的代谢速度。有时，为了推导方便公式（7）以公式（6）形式表示。

从辐射监测角度，滞留分数方程常用于其发射的粒子能释出体外而被探测器在体外直接测得的放射性核素：在职业照射中用于全身体外测量的核素有：^{51}Cr、

^{54}Mn、^{59}Fe、^{57}Co、^{58}Co、^{60}Co、^{85}Sr、^{95}Zr、^{106}Ru、^{110m}Ag、^{124}Sb、^{125}Sb、^{134}Cs、^{137}Cs、^{144}Ce、^{203}Hg、^{226}Ra、^{228}Ra、^{235}U；用于肺部体外测量的有^{238}Pu、^{239}Pu、^{240}Pu、^{241}Am、^{242}Cm、^{244}Cm、^{252}Cf；用于甲状腺体外测量的有^{125}I、^{131}I。表 3 列出一些放射性核素的全身滞留分数方程各项参数值。进入转移隔室（区间）的钚、镅和锔易位到肝和骨的f'_2均为 0.45，它们的生物半减期分别为 20 年和 50 年。^{125}I、^{131}I 自转移隔室内转移到甲状腺的$f'_2=0.3$，它们在甲状腺内的滞留分数方程为公式 8：

$$R_{甲状腺}(t)=-0.33e^{-0.693t/0.24}+0.018e^{-0.693t/11}+0.31e^{-0.693t/120} \quad (8)$$

（朱茂祥）

表 3　供全身测量结果推导用的若干核素全身滞留分数方程参数值，$f'_2=1$

核素	I	a_i	T_{bi}（d）	核素	i	a_i	T_{bi}（d）
^{51}Cr	1	0.3	0.5	^{110m}Ag	1	0.1	3.5
	2	0.4	6		2	0.9	50
	3	0.25	80	^{124}Sb，^{125}Sb	1	0.2	0.25
	4	0.05	1000		2	0.76	5
^{54}Mn	1	0.3	4		3	0.04	100
	2	0.7	38	^{134}Cs，^{137}Cs	1	0.1	2
^{59}Fe	1	1.0	2000		2	0.9	110
^{57}Co、^{58}Co、^{60}Co	1	0.5	0.5	^{144}Ce	1	1.0	3500
	2	0.3	6	^{203}Hg	1	0.95	40
	3	0.1	60		2	0.05	10000
	4	0.1	800	^{226}Ra，^{228}Ra	1	0.54	0.4
^{85}Sr	1	0.73	3		2	0.29	5
	2	0.1	44		3	0.11	60
	3	0.17	4000		4	0.04	700
^{95}Zr	1	0.5	7		5	0.02	5000
	2	0.5	8000	^{235}U	1	0.54	0.25
^{106}Ru	1	0.15	0.3		2	0.24	6
	2	0.35	8		3	0.20	20
	3	0.30	35		4	0.001	1500
	4	0.20	1000		5	0.023	5000

注：根据 ICRP 第 54 号出版物资料汇总。

fàngshèxìng hésù tǐnèi kuòqīng

放射性核素体内廓清（clearance of radioactive substance in the body）　描述体内放射性物质从某一区间向另一区间转移的过程。

廓清途径　国际放射防护委员会（ICRP）第 66 号出版物发表的“供辐射防护用人呼吸道模型”对呼吸道中物质廓清规律进行了系统描述，转移过程包括由呼吸道向胃肠道、淋巴结和由呼吸道的一部分向另一部分的转移，主要依靠 3 个途径廓清：①吸收入血。②通过吞咽进入胃肠道。③通过淋巴管进入各区淋巴结（图 1）。

廓清速率　粒子的转移过程与吸收入血的过程是相互竞争的两个过程。不同物质被血液吸收的速率差别很大。为描述气溶胶粒子在肺部的廓清，ICRP 第 66 号出版物发表的“供辐射防护用人呼吸道模型”将肺及其与之相关的环境、胃肠道和淋巴组织划分为 16 个库室（图 2）。沉积在前鼻区 ET_1 表面的物质只能靠外来作用（如擦鼻子）排出，沉积在所有库室的大部分粒子都可借气道表面的粒子转移而被运到鼻-口、咽和喉（ET_2），并在此被吞咽入胃肠道。沉积在 ET、BB 和 bb 区的小部分粒子长期滞留在气道壁，这几个区分别用 ET_{seq}、BB_{seq} 和 bb_{seq} 表示。沉积在 BB 和 bb 区的大部分粒子因黏液纤毛运动而很快被廓清，这两个快廓清区分别用 BB_1 和 bb_1 表示。部分粒子廓清慢得多，这两个慢廓清区分别用 BB_2 和 bb_2 表示。沉积在 AI 区的 3 个亚区 AI_1、AI_2 和 AI_3 的物质廓清很慢。每个库室中括号内的阿拉伯数字为该库室的序号，箭头旁边的数字为粒子的转移速率常数，单位用 d^{-1} 表示。

核素廓清分类　ICRP 第 30 号出版物按从肺部廓清一半所需时间长短（生物半廓清期，τ）将放射性核素分为 3 类，即 D、W 和 Y 类化合物，其中 D 类物质从肺部廓清较快（按天计），τ≤10 天；W 类物质从肺部廓清中等（按月计），10 天<τ≤100 天；Y 类物质从肺部廓清慢（按年计），τ>100 天。在 ICRP 第 30 号出版物列出的 94 个元素中，除惰性气体及其他一些气态物质外，需考虑肺部廓清速度分类的共 89 个元素，其微粒进入呼吸道后的廓清类别不同（图 3）。可以看出，碱金属均为 D 类，碱土金属、硼、碳、氮、氧族和卤素元素多为 D、W 类，稀土及锕系元素多为 W、

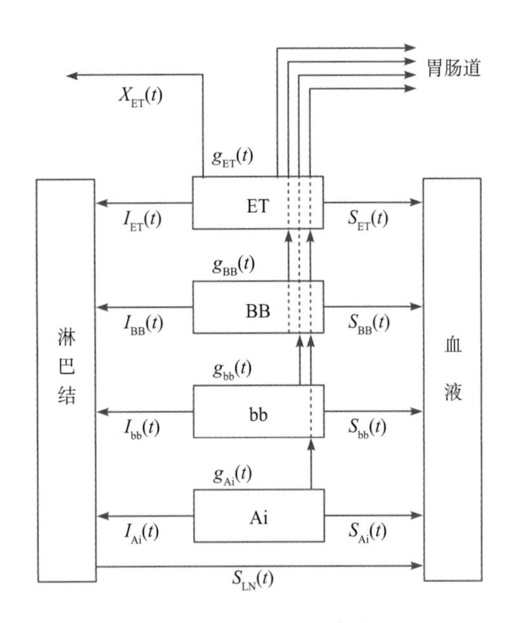

图1 物质从呼吸道的廓清途径

注：ET、BB、bb和AI代表呼吸道的不同分区，分别是胸腔外区（ET）、支气管区（BB）、细支气管区（bb）和肺泡-间质区（AI）；s_i（t）表示从i区向血液的吸收速率；g_i（t）表示粒子向胃肠道的转移速率；l_i（t）表示粒子向淋巴结的转移速率；x_{ET}（t）表示从ET区因外来作用产生的廓清速率。

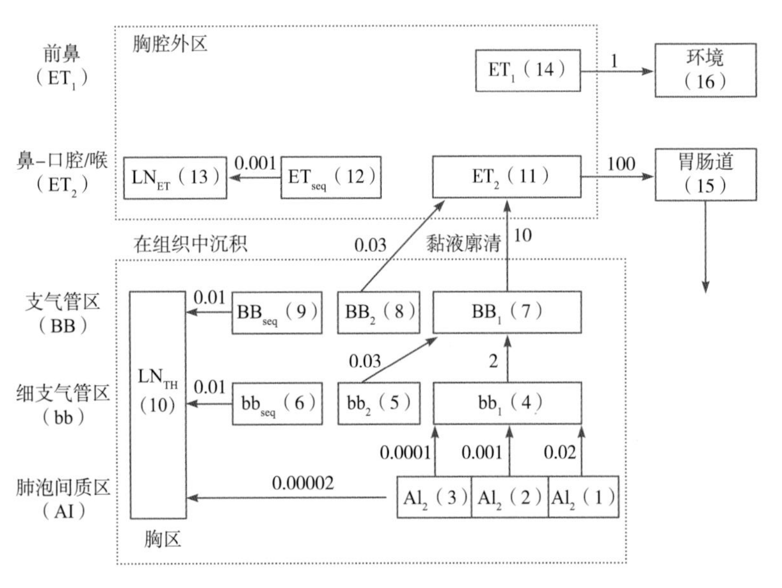

箭头和数字分别表示廓清途径和速率

图2 呼吸道内沉积粒子各区间转移模型

Y类，其他过渡元素分类趋势不明显。同一元素中化合物形式不同，肺廓清也有差别（表1）。依吸入物质化学形式的不同，对肺部的照射有的基本上在数天内完成，有的可延续数年。在无机化合物中，元素的氧化物、氢氧化物、碳化物、硫化物或硫酸盐，以及部分元素的卤化物和硝酸盐，比该元素的其他无机化合物的肺廓清速度慢。

在ICRP第66号出版物的“新肺模型”中，根据肺内物质吸收入血液的速率将放射性核素分为F、M和S类，替代ICRP第30号出版物中的D、W和Y类。F类物质指快速被血液吸收的物质，快速溶解速率 $s_r=100d^{-1}$，半减期 $t_{1/2}$ 近似为10分钟；M类物质指具有中等吸收速率常数的物质，对这类物质来说，快速吸收份额 f_r 约为10%，快速溶解速率 $s_r=100d^{-1}$，慢速溶解速率 $s_s=0.005d^{-1}$；S类物质指相对难溶的物质，假定对于大部分这类物质，被血液吸收的速率 s_r 为 $0.0001d^{-1}$，半减期 $t_{1/2}$ 近似为7000d。另外还假定，S类物质中有0.1%快速被血液吸收，因此其 $f_r=0.001$，$s_r=100d^{-1}$。尽管快速入血的这一小部分对剂量的影响可忽略不计，但它会明显影响尿中放射性核素浓度的测量结果。

上述分类对沉积物质到达血液的数量的影响如下：对于F类物质，几乎所有沉积在BB、bb和AI的物质和在 ET_2 区沉积物质的50%被快速吸收，在ET区沉积的物质的25%（对用鼻呼吸者）和50%（对用口腔呼吸者）属于快速吸收；对于M类物质，在AI区沉积物质的70%最终可进入血液，在BB和bb沉积物质的约10%，以及在 ET_2 区沉积物质的5%被快速吸收入血，这样，在ET区沉积物质的约2.5%（对鼻呼吸者）和5%（对于口腔呼吸者）属快速吸收；对于S类物质，在ET、BB或bb区内，几乎不被血液吸收，在AI区沉积物质的10%最终被血液吸收。

（朱茂祥）

gòngfúshèfánghùyònggéshìmóxíng

供辐射防护用隔室模型

（compartment model for radiation protection） 以隔室为组成单位，用动力学参数表达外源性毒物在体内转运的数学模式。按

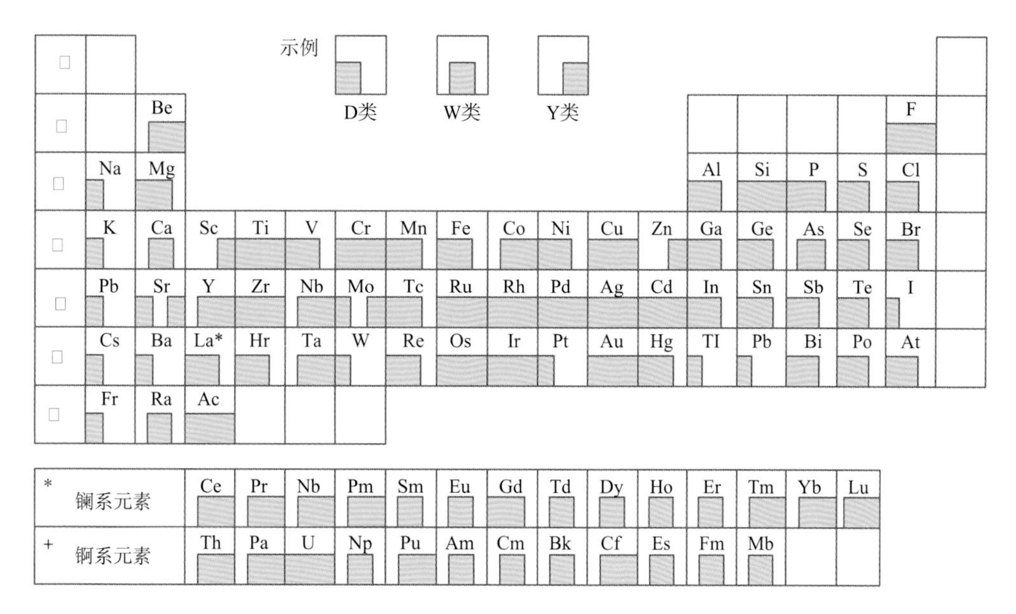

图3 各元素吸入后在呼吸道内廓清速度分类示意

表1 一些元素吸入后在人类肺部廓清情况

原子序数	元素	化学形式	廓清速度[1]
1	氢	气体，水，其他化合物	快
6	碳	一氧化碳，二氧化碳，甲烷，其他化合物	快
15	磷	除难溶性磷酸盐外的大多数化合物	中等
16	硫	二氧化硫，硫化氢，二硫化碳	快
31	镓	大多数可溶性化合物	中等
38	锶	大多数可溶性化合物	快
43	锝	高锝酸盐	快
53	碘	碘化物，碘酸盐	快
55	铯	大多数可溶性化合物	快
75	铼	高铼酸盐	快
83	铋	大多数化合物	中等
84	钋	大多数化合物	中等
85	砹	大多数化合物	中等
86	氡	气体	快（小部分）[2]
88	镭	大多数化合物	中等
90	钍	可溶性化合物	中等
		氧化物	慢
92	铀	六氟化铀，四氟化铀，硝酸铀酰	中等
93	镎	大多数化合物	中等
94	钚	可溶性化合物	中等
		氧化物	慢
95	镅	大多数化合物	中等
96	锔	大多数化合物	中等

注：1. 由ICRP模型中缺省类别来定义，并以廓清的1个或2个组分的半减期来表达，其速率相相当于：快—10分钟（100%）；中等—10分钟（10%），140天（90%）；慢—10分钟（0.1%），7000天（99.9%）。若用于放射性核素某一特定的化学形式，则需用专门的吸收数据。2. 只有小部分氡快速吸收，其余呼出。

外源性毒物在体内转移速度及分布的不同，将异常复杂的生物结构系统简化，分为一个和几个隔室（有的称房室）。隔室的概念不能与实际的生物区间完全等同。若同类组织在结构、血流速度、对毒物的亲和性都类同，受纳毒物的情况及速率类似的器官或组织，则可视为一个隔室。反之，一个器官和组织可含有一个或几个隔室。因此，隔室是个抽象的（理论的）非实体概念，不具体代表某种器官或组织。

分类 分为单室模型和双室模型。

单室模型 是一种最简单的隔室模型，即将整个机体作为单一的均匀空间，外源性毒物进入大循环后能迅速并较均匀地分布到血浆、体液以及肝、肾等血流丰富的器官组织，但不意味着任何组织于任何时间毒物的水平（含量或浓度）相等。血浆浓度和组织浓度的比值近似一个常数，各组织间保持着动态平衡。毒物的消除速率由始至终都与当时的比活度或浓度成正比，即按一级动力学进行：

$$\frac{dD}{dt} = -kD(\text{或}\frac{dC}{dt} = -kC) \quad (1)$$

式中，D 为毒物的质量；C 为浓度；t 为时间；k 为消除速率常数，负号表示活度或质量随时间减少，在增长过程中则改用正号。凡符合一级动力学的过程，其消除曲线在半对数坐标纸上（纵轴为浓度或比活度的对数值）均为随时间延长而下降的直线。如果将上式微分方程求解，则：

$$D = D_0e^{-kt}(\text{或 } C = C_0e^{-kt}) \quad (2)$$

两侧取对数，即为对数线性回归方程：

$$\lg D = \lg D_0 - \frac{Kt}{2.303} \quad (3)$$

双室模型　实际上单室模型较少见。若毒物在机体并非迅速而较均匀地分布全身，不能迅速达到平衡，而是在血浆、体液与器官组织间有一个逐渐分布、逐渐平衡的过程，则表明不适用单室模型估量其转运状态，而应以双室模型表达。双室模型将机体分为中心室和周边室。中心室假定为血液、供血良好的器官和组织（如肝、肾和心脏），室内浓度可迅速达到平衡；而周边室相当于供血少、血流缓慢的器官和组织（如脂肪、肌肉和瘦小的组织），室内浓度达平衡时间较长。若全过程的转运速率按一级动力学方式进行，则中心室的浓度变化方程式为：

$$\frac{dC_1}{dt} = -(k_{12} + k_e)C_1 + k_{21}C_2 \quad (4)$$

周边室浓度随时间变化的方程式为：

$$\frac{dC_2}{dt} = -k_{22}C_2 + k_{12}C_1 \quad (5)$$

式中，C_1、C_2 分别为中心室和周边室内毒物的浓度；k_{12} 和 k_{21} 为两室间转运速率常数；k_e 为中心室的消除速率常数。浓度随时间变化在半对数坐标纸上，显示出的是斜率不同的（a/2.303 和 b/2.303，2.303 是自然对数为常用对数间的转换系数）两条直线相叠加，形成凹向上的二项指数曲线。若上两式的微分方程求解，则简化为：

$$C(t) = Ae^{-at} + Be^{-bt} \quad (6)$$

式中，a 和 b 分别为分布相和消除相的速率常数，实际是 k_{12}、k_{21} 和 k_e 组成的复合常数，与毒物的分布、消除和转运有关。B 是消除相线段外延至 t=0 时在纵轴上的截距，A 是分布相理论线段延至 t=0 时在纵轴上的截距。

应指出，上述单室、双室模型都是瞬时单次吸收的情况，若毒物是经口、伤口等静脉外途径进入，应考虑吸收过程，时量曲线出现上升的吸收相。重复染毒时，若半减期比染毒间隔时间短得多，实际上与单次染毒的情况相仿；若半减期较长，或染毒间隔时间短，则体内有核素或化合物残留，染毒次数越多，累积的残留量越多，出现蓄积现象，毒物的时量曲线和数学方程更为复杂。

模型应用　毒物吸收入血早期，实际是分布和消除同时进行，以分布为主，反映毒物由中心室向周边室转移称分布相。毒物待分布呈平衡后，血浓度缓慢下降，反映毒物由体内消除称消除相。利用 B、A、b 和 a 值，可计算出下列参数：

周边室至中心室转运速率常数 k_{21}

$$= \frac{Ab + Ba}{A + B} \quad (7)$$

中心室至周边室转运速率常数 k_{21}

$$= a + b - k_{12} - k_e \quad (8)$$

$$\text{中心室消除速率常数 } k_e = \frac{ab}{k_{21}} \quad (9)$$

中心室表观分布容积 $Vd_1(t)$

$$= \frac{D_1}{A + B} \quad (10)$$

周边室化合物或核素的量 $D_2(t)$

$$= \frac{k_{12}D_1}{a - b} \quad (11)$$

（朱茂祥）

fàngshèxìng hésù tǐnèi páichū

放射性核素体内排出

（elimination of radionuclide form the body）　描述放射性核素由体内排出的过程。是防辐射性核素在体内转运过程的最后环节。若吸收的放射性核素量较少，它又能较快排除，则产生的内照射作用很小；反之吸收量多，排除速率低，在体内长期滞留，则可引起严重的内照射作用。

排出途径　进入体内的放射性核素，可经由肾、呼吸道、肝胆系统、肠道、汗腺、乳腺、皮肤及黏膜排出，其中以经肾排出最为重要，其次为肠道，其余途径对特定的放射性核素也很重要。放射性核素的排出途径及速率与其物理状态、进入途径及代谢特点密切相关。

经肾排出　肾排出放射性核素的机制与排出正常代谢产物或毒物一样，包括肾小球滤过、主动转运和肾小球简单扩散 3 种方式。凡是吸收入血的可溶性放射性核素，如 Na、Sr、I 等，主要经肾随尿排出。吸收入血后易水解的放射性核素，如 La、Ce、Th、Pu 等随尿的排出率比上述几种可溶性核素低得多。尿中放射性核素浓度常与血液内的浓度呈正相关，因此，可以从尿中放射性核素的浓度测定，间接判定机体对放射性核素的吸收和在体内滞留的状况。

经呼吸道排出　吸收至体内的气态和挥发性放射性核素，主要经呼吸道排出，且速度快，排出率高。例如，氡吸入后 2 小时大部分已排出，5 小时后肺内仅有微量存在。饮用含氡泉水后 2 小时，体内氡几乎全已排出，最初 30 分钟可排出 2/3。又如，气态氚进入体内后，大部分在最初 1.5 小时内随呼气排出，5～6 小时后体内仅存留痕量氚。放射性核素由呼吸道排出，主要通过简单扩散方式，其速度取决于肺泡壁两侧的分压差。血/气分配系数较小的放射性核素排出较快，反之则排出较慢。

经胃肠道排出　凡进入胃肠道而未被吸收的放射性核素，必经肠道排出，可谓“无关性”排出。已吸收入血液的放射性核素，可经胃肠液分泌（即约 3L/d）到胃肠道，随粪排出，但其数量有限，不是主要途径。有些放射性核素，尤其是吸收入血后易水解成为胶体氢氧化物或与蛋白质结合，分子量>300D 的大分子，滞留于肝脏者，可经肝的主动转运系统将其由肝细胞泌入胆汁，然后再随胆汁经肠道排出。有的放射性核素的化合物几乎完全经此途径排出，成为重要的排出途径之一。经胆道转运到肠内的放射性核素，除可随粪排出外，尚可由肠道再吸收沿门脉系统入肝，甚至不断往返。故肝肠循环具有重要的生理学和毒理学意义。放射性核素随粪便排出的量，是否可作为衡量机体吸收的状况，应视粪中放射性核素的来源而定。若仅有胃肠外摄入，并能除外由呼吸道转入胃肠的途径，可由粪便排出量（称为内源性排出）判断放射性核素的吸收情况。

其他途径排出　有些放射性核素还可经汗腺、乳腺、皮肤和黏膜等途径排出。例如，核反应堆所释放或泄漏到环境中的放射性碘，使草原污染，牛、羊食入这种牧草后，其奶汁中即有放射性碘，还可随唾液腺的分泌而排出。这些虽不是重要的排出途径，但却有一定的卫生学意义。应指出，有些放射性核素除可经乳汁转递给婴幼儿外，还可透过胎盘屏障而移入胎儿。婴幼儿的肝、肾排出功能尚未发育成熟，其对放射性核素的排出较成人差。动物亦是如此。

排除速率　在放射毒理学中，常用下述参数描述和表达放射性核素由体内排除的速率。

生物半排期（biological half-life，T_b）　指生物机体或特定的器官与组织内的放射性核素的排出速率近似地符合指数规律时，通过自然排出过程使机体内或特定器官组织内的总活度减少一半所需的时间。

有效半减期（effetive half-life，T_e）　指生物机体或特定的器官、组织内的放射性核素，由于放射性衰变和生物排出的综合作用而近似地按指数规律减少，使其总活度减少一半所需的时间。机体内放射性核素的实际减少量，是物理衰变和生物排出的总和，这是两个互不干扰、同时进行的过程。由物理衰变（半衰期以 T_p 表示）和生物排出综合的衰减常数称为有效衰减常数（λe）。λe 和物理衰变常数（λ_p）及生物排出常数（λ_b）的关系是：

$$\lambda e = \lambda p + \lambda e \qquad (1)$$

有效半减期为：

$$T_e = \frac{T_p \times T_b}{T_p + T_b} \qquad (2)$$

若某一放射性核素的物理半衰期和生物半排期两者相差甚为悬殊，其 Te 则主要由短者决定。通常将短寿命放射性核素的 T_e，近似或等于其 T_p，而长寿命核素的 Te 则近似或等于其 T_b。如 ^{131}I 的 T_p=8.1 d，T_b=138 d，T_e=7.6 d。一些放射性核素的 T_p、T_b 和 T_e 例举如表 1。

排除规律　是描述体内放射性核素的排除随时间变化的动态过程。通常是按给定时刻测量排除量，然后拟合排除函数 Y（t）或 E（t）的方程。有些放射性核素如 ^{3}H、^{210}Po 等，可用简单的指数函数方程表示，即：

表 1　放射性核素的 T_p、T_b 和 T_e

核素	滞留器官或组织	T_p	T_b	T_e
^{131}I	甲状腺	8.4d	138d	7.6d
^{32}P	骨	14.3d	1155d	14.1d
^{45}Ca	骨	63.0d	18000d	162.0d
^{3}H	体液	4500d	10d	12 0d
^{137}Cs	肌肉	10917d	140d	138d
^{226}Ra	骨	1602a	45a	44a
^{239}Pu	骨	24000a	200a	197a

$$Y(t)=e^{-\lambda t}或E(t)=ke^{-\lambda t} \quad (3)$$

式中，Y（f）为摄入后t天单位时间排除量占初始摄入量的分数；E（t）为摄入后t天单位时间排泄物中放射活度，Bq/d；k为生物区间的系数；λ为生物衰减常数；t为摄入后经过的时间，d。根据t天排泄物的放射性活度E（t），按$q_0=E(t)/Y(t)$，即可求出初始摄入量（q_0）。

由于大部分放射性核素是掺入到代谢率不同的各种器官和组织，因此其排除速率不是一个常数，不仅依赖于时间因素，而且受空间因素的制约。故大部分放射性核素如^{137}Cs、^{131}I、^{60}Co、^{32}P等的排除速率，呈现出快慢不同的时相，不能用单一的指数函数表示，而必须用几项指数函数之和表示，即：

$$Y(t)或E(t)=k_1e^{-\lambda_1 t}+k_2e^{-\lambda_2 t}+\cdots+k_ie^{-\lambda_i t} \quad (4)$$

式中，k1、k2、…ki为与生物区间分布有关的系数，其和等于1；λ1、λ2、…λi为相应的生物区间衰减常数（λe）。

一些亲骨性放射性核素如^{239}Pu、^{226}Ra和^{90}Sr等，由体内排除较缓慢，其排除规律可用幂函数近似地表示：

$$Y(t)=At^{-n} \quad (5)$$

式中，A为摄入后第1天的滞留份额；t为从摄入日起所经历的天数；n为排除常数，为正值。也可用指数函数与幂函数之和表示：

$$Y(t)=k_1e^{-\lambda_1 t}+k_2t^{-(n+1)} \quad (n>1) \quad (6)$$

指数函数项代表快排除组分，幂函数项代表慢排除组分，即放射性核素从骨骼排除的部分。在幂函数情况下，放射性核素每天从骨骼滞留量中排除的分数，则不是一个常数。

（朱茂祥）

fúshè jìliàng jiāncè

辐射剂量监测（radiation dose monitoring） 用于评价和控制辐射或放射性物质照射而进行的辐射或放射性测量及对测量结果的分析和解释。旨在保障公众和工作人员的健康和安全，促进核能和核技术的发展。辐射剂量监测已发展为人体（器官和组织）剂量、细胞微剂量、实验测量与计算相结合的新阶段。

由于电离辐射和放射性物质作用于人体的方式、途径的多样性，辐射剂量监测的内容、项目很广泛。核能和核技术应用及核爆炸早期核辐射剂量监测内容如下。①辐射剂量基本量：吸收剂量、剂量当量、当量剂量、有效剂量、集体剂量、内照射剂量。②辐射剂量限值：放射性核素年摄入量限值、导出浓度、战时核辐射控制量。③核辐射个人监测：个人光子监测、个人中子监测、人体表面放射性污染、体内放射性污染。④物理学外照射剂量估算：早期核辐射剂量估算、中子外照射剂量剂量估算。⑤辐射生物剂量估算：辐射染色体畸变、淋巴细胞微核估算法、应急早期快速分类。⑥体内照射剂量估算：生物样品分析、体外计数方法。⑦皮肤计数方法：回顾性剂量重建。⑧核辐射环境监测：地面、空气、食品放射性污染监测，国际核辐射监测系统。

辐射剂量基本量 辐射剂量学中所用的量、单位和定义比物理学其他领域中的单位复杂得多。国际辐射单位与测量委员会（Iuterhational Commission on Radiation Uaits，ICRU）于1928年建立X辐射的“量”，单位为伦琴，直到1956年才提出“照射量”概念，明确“伦琴”是用于辐射场的描述。期间，定义对“X辐射量”，X射线的“量”或“剂量”都含混不清。

随着辐射剂量学和防护事业的发展，辐射剂量学的量、单位和定义在不断地变化。若涉及辐射剂量测量，应了解辐射剂量基本量，依据单位和定义选择剂量测量方法。

吸收剂量按其定义，可以在一个点表示出来。但在辐射防护中，除非另有说明，均指组织或器官的平均剂量。

辐射剂量限值 指在正常情况下，为保护个人而制定的防护水平，是不可接受的剂量范围的下限值，不是允许接受的剂量范围的上限值，是辐射防护体系的一部分，是国家在参照国际标准的基础上自行确定的数值。包括以下方面的限值。

职业照射的剂量限值 国际放射防护委员会（ICRP）第60号出版物推荐应用于职业照射的剂量限值，代表经常的、持续的、有意的职业照射可以合理地视为刚好达到可以忍受程度的边缘上的一个点。达到或接近限值受照射人仍有安全性，发生后果的概率很小。剂量限值是对个人所受照射的限制。在实践中，将限值误解为评价的主要标准，常作为设计和安排任务的出发点，尽可能向限值接近的原则，忽略了以防护最优化为主要目标。

放射性核素年摄入量限值 参考人在1年内经吸入、食入或通过皮肤摄入的某种给定放射性核素的量所产生的待积剂量等于

相应的剂量限值。职业照射年摄入量限值以累积有效剂量 20mSv 为依据。它是评价内照射的次级限值，是更为实用的量。用摄入量评价可代替内照射剂量评价。

战时核辐射控制量　在参战人员遭遇核袭击后，为保障战斗力和参战人员健康而制定。受到这样的剂量后，一般情况下对人员作战能力无明显影响，不致对人有明显后患。核辐射控制量包括外照射控制量、各种表面沾染控制量和落下灰进入体内的控制量。

战时执行控制量要求是在不影响完成军事任务的前提下，使受照剂量控制在最低水平；一般情况下，不得超越控制量；特殊需要时，应以杀伤敌人保存自己为原则，对超标规定执行任务人员受照剂量实施控制，采取相应防护措施。

核辐射个人监测　分为外照射个人监测、内照射个人监测和表面污染监测。

外照射个人监测　用佩带在工作人员身上的装置进行的测量和对此测量结果的解释。旨在评价及限制工作人员的贯穿辐射有效剂量和当量剂量。外照射监测粒子种类有 X 射线、γ 射线、β 射线和中子。测量用的探测器种类较多，有测累积剂量计（直读和非直读）、报警实时剂量（率）计等。剂量计应佩带在人体表面具有代表性的位置上。中子个人剂量计从量程、能量响应、测量误差和实用等性能远不如 X 射线、γ 射线、β 射线剂量计。现有的物理剂量方法无论是准确性还是可靠性方面，基本上都可满足职业条件下对个人剂量监测的要求。

内照射个人监测　测量存在于全身、器官或组织、生物样品或环境样品中的放射性核素活度，估算人员放射性核素摄入量，乘以相应剂量系数，得到内照射剂量。放射性物质经各种途径进入人体，因物理衰变和生物代谢从体内逐步清除，期间发出射线对人体组织和器官形成照射，照射多少用内照射剂量度量。

表面污染监测　用表面污染监测仪测量存在于人体皮肤表面和衣物的放射性物质的活度，并对测量结果进行解释与评价。

物理学外照射剂量估算　借助通常涉及环境、代谢及剂量学等组成部分的模式推算器官当量剂量与有效剂量值，是测量或估算剂量防护实践的基本环节。对于难以进行或条件不满足的实验测量而言，物理学外照射剂量估算是一种极好的替代方法。估算涉及多学科的理论和技术。只有了解辐射与物质作用规律，测量对象的辐射特点和分布规律，才能建立测量和理论计算的基础。

计算机的发展促进了防护和事故剂量计算的开展。用于防护评价，中子照射可利用中子能量和注量转换为有效剂量；光子照射由照射量或空气比释动能换算成吸收剂量。

对于评价确定性效应，则需按实际照射条件估算吸收剂量。计算方法有多种。蒙特卡罗方法可以模拟许多大型、难以实现的复杂实验过程，用数字式拟人体模 MIRD 计算人体剂量（体素法）现已成为人体剂量计算的发展趋势。

剂量测量和估算方法各有优缺点，二者相结合才是提高辐射剂量监测水平发展之路。

辐射生物剂量估算　利用生物体内辐射敏感的标志物估计生物体的受照剂量，相对于物理或化学剂量方法，因其忠实性而具有不可代替的作用。现已研发如组织、细胞、染色体分析、DNA、蛋白质、基因等十余种不同层面的生物剂量估测技术方法。其中染色体畸变剂量估计技术应用较早而普遍，具有特异性强等优点，但技术复杂性限制其应用范围。有人用测定淋巴细胞微核率作为生物剂量测定的方法。测定方法与测染色体畸变率相似，观察分析容易，仍有许多待解决的问题。尚无可以满足理想生物剂量估计所要求的方法。

应急早期快速分类　早期分类诊断对战时受照人员救治非常重要。早期分类诊断的依据和步骤如下：①了解受照射历史估计受照剂量。重点了解有关核爆炸辐射和人员受照射信息。②确定性效应的严重程度随剂量而变化。体内剂量分布具有一定规律性（图 1），因此可以利用佩带的个

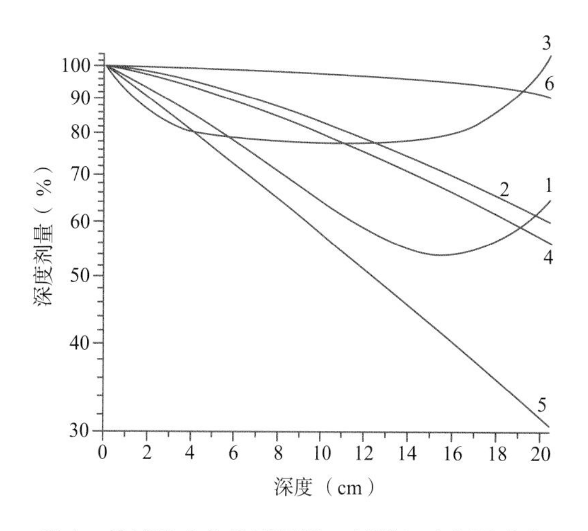

图 1　核试验人体模型早期 γ 射线深度剂量曲线

注：1. 空爆；2. 地爆；3. 落下灰；4. 反应堆；5. ^{60}Co；6. 加速器 10MV X 射线。

人剂量计读出剂量作为早期快速分类主要方法。个人剂量计读数与核爆炸时人体相对爆心的方位和姿势有关。γ射线剂量计佩带在胸前，若面向爆心，其读数不仅反映γ射线对人体的照射剂量，也可记录中子与人体作用产生的俘获γ射线（中子剂量主要贡献者）剂量；若背向爆心，剂量计受屏蔽，中子、γ射线混合场等情况剂量计读数小于人体剂量。在沾染区佩带电离室型剂量仪，表面受到放射性物质所污染时，读数会偏高。若未佩带个人剂量仪，在早期核辐射场，可参考一二十米内条件相似佩带剂量计者的读数，在沾染区可参照条件相似的剂量计读数。③依据初期症状判断放射病轻重。对于早期分类临床诊断已有相应国家标准和国家均用标准。尚缺乏简便易行且特异的生化指标，给快速分类带来困难。因此，应综合判断分类。快速分类应向更快和判断更准确的方向发展。

内照射剂量估算 内照射剂量不仅与进入体内放射性核素本身特性有关，还受人体代谢的生物动力学和剂量学模型所支配。内照射剂量计算很复杂。现在基本上沿用ICRP第30号出版物推荐的计算方法。通常采用放射性核素摄入量乘以剂量系数方法估算待积有效剂量。

个人摄入量监测方法有3种，从数据解释的准确度考虑，选择顺序是：全身或器官中放射性核素含量体外直接测量，排泄物或其他生物样品分析，空气采样分析。

回顾性剂量重建 是辐射流行病学调查研究中的重要方法。辐射剂量重建中有多种测量方法。电子自旋共振，热释光技术测量人的牙釉质、指甲、穿戴物、周围环境介质，用于剂量重建具有一定意义。利用几种测量技术组合进行剂量重建，不受场所及人群限制的内、外受照剂量测量，且估算快速、灵敏、简便，还能相互印证。核试验场下风向地区居民所受剂量利用外照射测量和生物学测量，以及相关模式进行重建。剂量重建方法存在敏感性低、误差大等实际问题。

核辐射环境监测 对工作人员和公众所处环境的辐射水平进行测量，估算公众及工作人员所受照射剂量，从而控制照射。环境监测包括本底调查、运行中常规监测和事故调查。调查项目有空气、水和土壤污染监测；动植物中放射性核素监测；环境中α射线、β射线、γ射线辐射监测。辐射环境监测工作要依《中华人民共和国放射性污染防治法》进行。

中国已建成城市、核设施、重要江河湖泊地下水源等陆海监测站（点）近800个，形成一个庞大的辐射环境监测网络。现在致力于监测数据信息实时联网，加强预警机制。核辐射环境监测涉及许多科学技术领域，需要共同努力提高监测水平。为保障良好生态环境，促进核能应用和公众安全努力。

（谢向东）

fúshè jìliàng jīběnliàng

辐射剂量基本量（basic quantities of radiation dose）

在辐射防护中用于进行剂量测量和评价必需的基本量。包括辐射吸收剂量、辐射剂量当量、辐射当量剂量、辐射有效剂量、辐射集体剂量等。它们只是辐射剂量学常用量的一部分。

辐射剂量学是用理论或实践的方法研究电离辐射与物质相互作用过程中能量传递的规律，并用于预测、估计和控制有关的辐射效应的学科。辐射剂量学的研究和应用，早期仅限于医疗方面，目前它已成为一个专门的技术领域，广泛应用于辐射防护、医疗、生产和科研等各个方面。

辐射剂量学研究的主要内容包括：电离辐射能量在物质中的转移、吸收规律；受照物质内的剂量分布及其与辐射场的关系；辐射剂量与有关的辐射效应的响应关系；剂量的测量、屏蔽计算方法等。为研究辐射效应的作用机制、实施辐射防护的剂量监测和评价、进行放射治疗与辐射损伤的医学诊断和治疗提供可靠的科学依据。

进行辐射剂量学研究，必须建立一套合适的量以度量辐射，其中辐射剂量学中常用量包括基本物理量、防护评价量、防护实用量和医学临床和生物学研究中常用量四大类，前3类量中都有辐射防护中涉及的辐射剂量基本量（图1）。

在这些量中，基本物理量是有严格定义的最基本的量，可从定义出发对其进行测量，本卷主要涉及辐射吸收剂量。防护实用量是从辐射防护监测的实际出发定义的量，这些量均是在一些特定的环境或辐射场中定义的，仅用在辐射防护监测方面，不能用于其他目的，它们都是以剂量当量为基础定义的量。防护评价量是辐射防护评价的目标量，主要通过物理量或实用量用计算或估算求得，它们本身是不可测的量，本卷包括当量剂量、有效剂量和集体剂量。医学临床和生物学研究中常用到的量大多也是用模拟测量或计算得出。

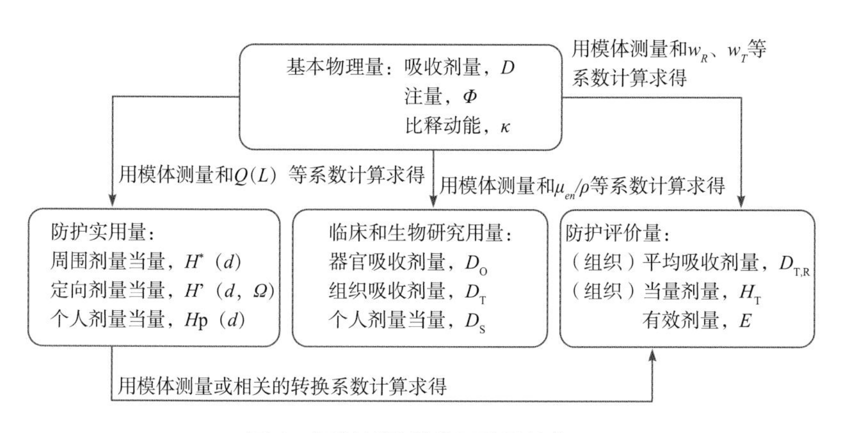

图 1 辐射剂量学常用量及其关系

辐射防护旨在控制电离辐射，使其达到防止组织效应发生，并将随机性效应控制到可以接受的水平。为评价辐射照射的剂量，国际放射防护委员会（ICRP）和国际辐射单位与测量委员会（ICRU）已研究提出一些特殊的剂量学量。ICRP 所采用的基本防护量是基于对人体组织或器官的能量给予的测量。ICRP 描述的辐射剂量基本量之间的关系如图 2 所示。

ICRP 将吸收剂量作为剂量评价的基本物理量，它通常是整个器官和组织的平均值，再适当选择一些的权重因数，这些权重因数考虑了不同辐射的生物效应的差异，以及不同器官和组织对随机健康效应的辐射敏感性的差异。有效剂量就是综合考虑了上述因素的一个辐射防护评价量。

用于辐射防护评价中的防护量主要指器官吸收剂量 D_T、器官当量剂量 H_T、有效剂量 E。器官吸收剂量和器官当量剂量用于确定性效应的剂量评价；有效剂量是一个与随机性效应有关的量，一般仅用在低于剂量限值的辐射防护评价中，在确定性效应中不应使用。

（谢向东）

fúshè xīshōu jìliàng

辐射吸收剂量（absorbed radiation dose） 电离辐射与物质相互作用时，用来表示单位质量的受照物质吸收电离辐射能量大小的物理量简称吸收剂量。通常用剂量英文单词 dose 的首字母 D 表示，在放射生物学、临床放射学和辐射防护中，吸收剂量 D 都是最基本的物理剂量，适用于所有类型的电离辐射和照射几何条件。

吸收剂量 D 定义为电离辐射授与体积元的平均能量（$d\varepsilon$）除以该体积元的质量（dm）而得的商，即：

$$D=\frac{d\varepsilon}{dm} \tag{1}$$

吸收剂量的 SI 单位是“J/kg”，SI 单位的专门名称叫“戈瑞”（Gray），符号是“Gy”，1Gy = 1J/kg。吸收剂量曾有的专用单位是“拉德”，符号为“rad”，1rad = 0.01Gy。

应注意，通常提到吸收剂量时，必须指明介质和所在位置。吸收剂量随辐射类型和物质种类而异，因此在描述吸收剂量时，必须说明是何种辐射对何种物质造成的吸收剂量。若吸收剂量不均匀，必须明确其位置。

形成与发展 国际辐射单位与测量委员会（ICRU）于 1953 年提出吸收剂量和专用单位拉德（rad，取义于 radiation absorbed dose，即辐射吸收剂量），自此过去使用的“物理伦琴当量”被淘汰。1980 年 ICRU 给出吸收剂量的另一严格定义，它是考虑在一小块质量中能量沉积的统计涨落可能起一定的作用，根据统计期望值给出，即为目前吸收剂量的定义。ICRU 起初只有“伦琴”的定义，未明确它是一个物理量还是这个量的单位。1956 年 ICRU 明确将以“伦琴”定义的量称为“照射剂量”，实际上这个量并不是“剂量”，它是根据 X 射线和 γ

吸收剂量，D
↓
平均吸收剂量，$D_{T,R}$（在组织和器官内） ← 模型、模体及剂量个人资料
↓
当量剂量，H_T（在组织和器官T） ← 辐射权重因数，w_R
↓
有效剂量，E ← 组织权重因数，w_T
↓
集体有效剂量，S ← 所考查的人群组

图 2 辐射剂量基本量之间的关系

射线对空气产生电离作用本领的大小而对X和γ辐射场所做的量度。那时将伦琴作为照射剂量的单位。1962年将照射剂量改为照射量，剂量这一名称专用于吸收剂量，以避免混淆。

基本内容 吸收剂量由随机量授与能 ε 的平均值推导出来，它不反映介质中相互作用事件的随机涨落特性。当定义为物质中任一点的吸收剂量，该值是对整个 dm 的平均得出，dm 包含物质中很多的原子和分子。

吸收剂量的定义满足基本物理量的科学和严格要求，吸收剂量概念的说明图见图1。带电粒子、中子和光子照射介质时会产生次级电子，V是吸收剂量所考虑的体积元。次级电子如图1中情况，A~D。A产生于V内并在V内完全被吸收；B产生于V内，只有部分能量在V内被吸收，其他能量被带到V外；C产生于V外，它本身及产生的δ射线进入V内后被完全吸收；D产生于V外，只有部分在V内被吸收，其他能量被带到V外。吸收剂量涉及辐射在体积V内沉积的能量，而不论能量来自V内还是V外。应注意，次级电子A~D在V内被吸收时可能发出轫致辐射，吸收剂量不考虑轫致辐射及其产生的次级电子的能量在V内的沉积。

从图1可看出，吸收剂量不但与质量为dm的小体元 V 内的相互作用有关，而且与发生在小体元 V 外周围的相互作用并进入该体元的次级带电粒子有关。吸收剂量是从随机量能量给予 ε 在小体元 V 内的平均求得，剂量不反映介质中相互作用事件的涨落。当它定义为物质内任意一点的吸收剂量时，该值是对整个dm的平均，因此它是对物质中的很多原子和分子平均。吸收剂量是一个可测量的量。

电离辐射的重要特征是它们与物质相互作用的非连续性和能量沉积的随机性。带电粒子通过与单个原子和分子的相互作用完成到介质的能量转移。人体由器官和组织组成，器官和组织由细胞、亚细胞结构和像DNA一样的大分子组成。吸收剂量定义为一个体积元中能量沉积随机分布的平均值。

应注意区分吸收剂量与比释动能的关系。不带电的致电离粒子与物质相互作用可分为两个步骤：第一步是不带电的致电离粒子在物质中产生带电的致电离粒子（带电粒子）和另外的次级不带电致电离粒子而损失其能量；第二步是带电粒子将能量授予物质。这两个步骤一般并不发生在同一地点。比释动能表示第一步骤的结果，吸收剂量表示第二步骤的结果，比释动能和吸收剂量虽然量纲和单位都相同，却有不同意义。比释动能可用于描述自由空间或吸收介质中，间接致电离粒子辐射场，它与被照射质量元的几何条件复杂性无关，但吸收剂量不适合于表征辐射场，因为吸收剂量不仅取决于辐射场和受照物质本身性质，其大小还可能与所研究的物质大小、形式和具体位置有关，即它依赖于测量时的几何条件。在接近带电粒子平衡的条件下，比释动能和吸收剂量的数值（采用相同单位）相等，在两种介质分界面附近，比释动能与吸收剂量之间则出现显著差异。

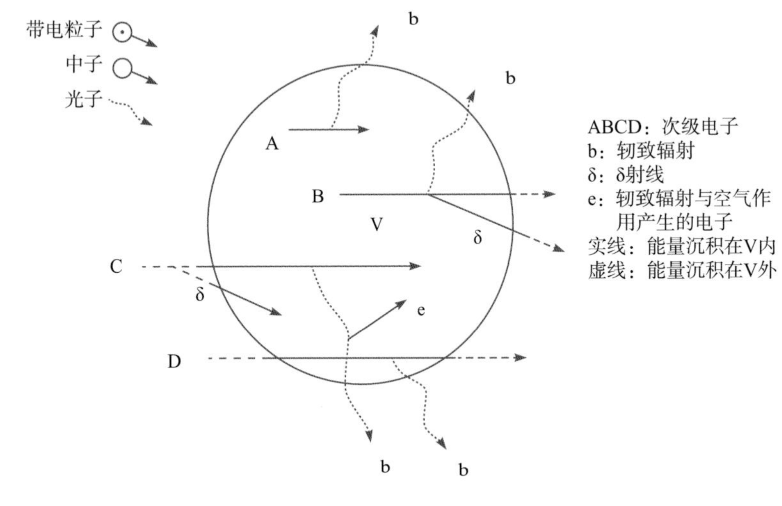

图1 吸收剂量概念示意

应用 通常需要考虑不同介质的吸收剂量、介质为混合物的吸收剂量及较大体积如器官或组织的平均吸收剂量。

不同介质的吸收剂量 主要取决于质能吸收系数（μ_{en}/ρ），辐射场相同的情况下，介质 m_1 与 m_2 的吸收剂量有如下的转换关系：

$$D_{m1}=(\mu_{en}/\rho)_{m1}/(\mu_{en}/\rho)_{m2}\times D_{m2} \tag{2}$$

表1是辐射剂量学中常用介质的（μ_{en}/ρ）$_m$。

混合物的吸收剂量 可以说氢（H）的吸收剂量，氧（O）的吸收剂量。若说空气、肌肉、骨等的吸收剂量，应是几种单一

表 1 不同光子能量的几种介质的 $(\mu_{en}/\rho)_m$ 值

光子能量 (MeV)	$(\mu_{en}/\rho)_m$ (m^2/kg) $\times 10^{-3}$				
	空气	水	软组织	肌肉	骨
0.015	130.0	134.0	123.5	137.1	572.6
0.02	52.55	53.67	49.42	55.31	245.0
0.03	15.01	15.20	14.04	15.79	72.90
0.04	6.694	6.803	6.339	7.067	30.88
0.05	4.031	4.155	3.922	4.288	16.25
0.06	3.004	3.152	3.016	3.224	9.988
0.08	2.393	2.583	2.517	2.601	5.309
0.10	2.318	2.539	2.495	2.538	3.838
0.20	2.672	2.966	2.936	2.942	2.994
0.30	2.872	3.192	3.161	3.164	3.095
0.40	2.949	3.279	3.247	3.250	3.151
0.50	2.966	3.299	3.267	3.269	3.159
0.60	2.953	3.284	3.252	3.254	3.140
0.80	2.882	3.205	3.175	3.176	3.061
1.00	2.787	3.100	3.071	3.072	2.959

介质的混合物/化合物，这类物质的吸收剂量应按其成分（按重量计）进行加权平均求得。

空气：C：0.000124，N：0.755267，O：0.231781，Ar：0.012827。

肌肉：H，0.101997，C，0.123000；N，0.035000；O，0.729003；Na，0.000800；Mg，0.000200；P，0.002000；S，0.005000；K，0.003000。

骨骼：H，0.063980；C，0.278000；N，0.027000；O，0.410061；Mg，0.002000。P，0.070000；S，0.002000；Ca，0.147000。

平均吸收剂量　如前所述，吸收剂量是物质内任一点的特定值。但在实际吸收剂量应用中，吸收剂量常指大的体积上的平均值。因此，在低剂量时，假定用一个特定组织或器官的吸收剂量均值作为吸收剂量的精度，对辐射防护而言是可以接受的。能量可以对任何确定的体积加以平均，平均能量等于授予该体积的总能量除以该体积的质量而得的商，即为平均吸收剂量。

在一个器官或组织（T），平均吸收剂量（$\overline{D}_T$）用以下公式计算：

$$\overline{D}_T = \frac{\int_T D(x,y,z)\rho(x,y,z)\,dv}{\int_T \rho(x,y,z)\,dv} \qquad (3)$$

其中，V 是组织区域 T 的体积，D 是组织区域内密度为 ρ 的任意一点（x，y，z）的吸收剂量。实际工作中通常将器官或组织 T 的平均吸收剂量 $\overline{D}_T$ 写为 D_T。

人体不同组织或器官吸收剂量的平均和它的加权求总和是定义辐射防护量的基础，这些防护量通常用在低剂量时限制随机性效应。这里假设基于线性无阈假设的剂量-效应关系和内外照射的剂量可以叠加。这种近似对辐射防护可以接受，它首先在国际放射防护委员会（ICRP）第 9 号出版物中采用。后来在 ICRP 第 26、60 和 103 出版物中又重申这一近似假设。在低剂量范围，所有辐射防护量的定义均基于上述假设。

吸收剂量均值是对整个特定器官（如肝）、组织（如肌）或组织区域（如骨组织表面、皮组织）进行平均。吸收剂量能否代表特定器官，组织或组织区域电离辐射能量沉积的程度与一些因素有关。对于外照射，主要决定于照射在该组织中的均匀性和入射辐射的穿透能力或射程。对强贯穿辐射（光子、中子），大多数器官内的吸收剂量分布足够均匀，因此平均吸收剂量是对整个器官或组织的一个适当的测量。

通常情况下，弱贯穿或有限射程辐射是非均匀辐射。即使是强贯穿辐射，它在一些全身性分布的器官或组织（如红骨髓、淋巴结）中，其器官或组织的吸收剂量分布可能非常不均匀。这时即使组织或器官剂量或有效剂量低于剂量限值，在极端情况下，可能造成组织的局部损伤。例如，若皮肤受到弱贯穿辐射照射，则可能发生这种情况。为避免组织效应，对局部皮肤需要一种特殊的限值。

对于沉积在体内器官或组织的放射性核素的辐射发射通常称为内发射体，器官的剂量分布主要决定于放射性核素在体内的分布、辐射的贯穿特性和射程，同时也受器官或组织结构的影响（如膀胱及呼吸系统气道等“壁类”器官，极不均匀的骨矿质混合物，活性和非活性骨髓）。发射 α 射线、软 β 射线、低能光子及俄歇电子的核素的吸收剂量分布极其不均匀，特别是放射性核素沉积在呼吸道（如沉积在支气管黏膜上的氡衰变子体），经过消化道，沉积在骨表面（如钚及相关元素）或皮肤，这种不均匀性容易显现。这类情况下，估计随机损伤的概率用整个器官或组织的平均剂量则不恰当。

ICRP 已研制不同的剂量学模式、呼吸系统、消化道、骨架，在这些模式中考虑了放射性核素的分布和计算组织平均剂量时敏感细胞的位置。在这些情况下，在辐射诱发肿瘤靶的组织区域内，其剂量是整个区域的平均剂量。

低剂量时应注意用上面讨论的平均处理程序中能量沉积不均匀分布的问题，特别是发射短射程粒子的放射性核素在器官或组织内的不均匀分布问题。在辐射防护实践中，尚未建立起有效的微剂量学或组织中的三维径迹结构及相关的能量沉积关系。考虑到辐射诱发肿瘤和遗传性疾病的随机性和对一个初始过程中可能仅遭受的一个单一的电离粒子作用的假设，在现在的科学技术水平下，辐射防护中用平均剂量是可行的，但必须记住该方法引入的不确定度。

（谢向东）

fúshè jìliàng dāngliàng

辐射剂量当量（dose equivalent） 组织中某一位点的吸收剂量（D）和到达这一位点的特定辐射的品质因子（Q）的乘积。即：$H=DQ$。式中：D 是该点处的吸收剂量；Q 是辐射的品质因数。简称剂量当量。

品质权重因数 Q 是无量纲量，剂量当量的 SI 单位与吸收剂量的单位相同，即焦耳每千克（J/kg），但是为避免与吸收剂量混淆，给予它一个专名希沃特（Sv），以前采用的专用单位是雷姆（rem），1rem = 0.01J/kg = 0.01Sv。

形成与发展 自从人类发现辐射并认识到辐射的危害以后，一直在探究用什么样的量才能更好地表示辐射的量和危害，逐步建立了包括辐射场量、辐射物理学量、辐射防护学量等一套比较完整的辐射量体系，其中国际辐射单位与测量委员会（ICRU）第10a 号报告统一并明确辐射防护量中的基本量——剂量当量后，国际放射防护委员会（ICRP）和 ICRU 出版了一系列报告，对包括剂量当量在内的辐射防护量做了修改、调整和补充。

1971 年 ICRU 第 19 号报告对辐射防护中用的量和单位进行系统阐述，强调这些量的实际运用。当时规定人体各器官的剂量当量不超过 500mSv 来限制人员的受照剂量，而人体各器官的剂量当量值各不相同，实际关心的是各器官的最大剂量当量，因此从实用的角度提出 ICRU 球和指数量的概念，认为在辐射防护中 ICRU 球可用来代替人体，ICRU 球内的最大剂量当量（即剂量当量指数）可用于估计人体躯干和头部的最大剂量当量。

1973 年 ICRU 19s 报告指出剂量当量可用于衡量所有辐射所致辐射危险，并将剂量当量的定义做了少许修改，即将 $H=\overline{Q}ND$ 改成了 $H=\overline{QN}D$，以适用于混合场，但这个定义在实际工作中使用较少。

1976 年 ICRU 第 25 号报告针对弱贯穿辐射（指剂量基本只限于皮肤的辐射）和贯穿辐射，引入浅表剂量当量指数和深部剂量当量指数两个量，分别用于估计皮肤和深部组织的最大剂量当量。

1977 年 ICRP 提出的 26 号出版物是辐射防护历史上的一个重大事件，它首次将辐射效应分为随机性效应和非随机性效应（即现在的确定性效应），并指出辐射防护的目的是限制非随机性效应的发生，并将随机性效应的发生概率限制在可接受的水平，提出统一的辐射防护量即有效剂量当量 H_E 和器官剂量当量 H_T，作为基本限值量。H_E 用于描述人体多个器官受到照射时总的随机性效应的发生概率，H_T 则用于描述单个器官或组织受照射的情况，并提出辐射防护的三原则。尽管基本限值量在描述随机性效应方面是一个较完美的量，但它是一个不可测量的量，因此委员会建议用以前提出的指数量作为次级限值量，用来估计 H_E。但是指数量本身存在许多不足（如不可直接测量，不可相加性，非点量等），这就给实际监测量与 H_E 的比较带来困难。

1985 年 ICRU 第 39 号报告提出 4 个统一的用于辐射防护中实际可测量的量，即周围剂量当量、定向剂量当量、深部个人剂量当量和浅表个人剂量当量，分别用于环境监测和个人监测。这 4 个量统称为实用量，它们可作为次级限值量，用于估计 H_E 和皮肤的剂量当量。

1986 年 ICRU 第 40 号报告在定义剂量当量 $H=\overline{Q}D$ 中取消其他因子 N，对 $\overline{Q}$ 重新给予定义，与 ICRU 第 19 号报告中的 $\overline{Q}$ 不同，它不再包含对器官的因素。

1991 年，ICRP 根据最新的放射生物学和放射流行病学数据，指出两个新的基本限值量，即当量剂量和有效剂量代替以前剂量当量和有效当量剂量，同时保留剂量当量概念用于表达 ICRU 第 39 号报告提出的实用量。

1993年ICRU第51号报告在剂量当量定义中采用ICRP第60号出版物中的Q（L）关系。

基本内容 辐射防护体系关注的是受到一定量的电离辐射照射可能产生的效应。不同品质辐射的相同吸收剂量，可能产生严重程度不同或发生概率不同的效应。引入剂量当量H就是试图考虑辐射品质的不同而带来的影响，剂量当量即为经过品质因数修正后的吸收剂量。

品质因数Q用以衡量不同类型的电离辐射产生有害效应差异。这种效果与所吸收的能量的微观分布有关系，因此将Q规定为在所关心的一点处的非限制传能线密度L_∞的函数。L_∞是包括一切可能的能量损失在内的传能线密度，即线碰撞阻止本领，$S_{碰撞}$，它反映带电粒子穿过物质时沿粒子径迹及在径迹内能量转移在空间分布上的特点。采用这种Q-L函数关系是为了粗略地指示Q值随辐射而变化，不应理解成这是一种精确的物理量关系。实际上，规定Q值所依据的是由实验资料得出的不同品质辐射的相对生物效能（relative biological effectiveness，RBE）值。RBE是一种标准辐射与另一种辐射产生同种程度的某一特定生物效应所需的吸收剂量之比的倒数。RBE与传能线密度有关，涉及很多复杂的因素，如与剂量水平和剂量率有关，与考虑的生物学终点有关。但作为一个用于辐射防护的剂量修正因数，品质因数Q应与所研究的器官、组织和生物终点效应无关。随着RBE数据的更新，Q-L关系也会相应地变动，以使Q值可反映新RBE值。

1991年，ICRP在第60号出版物中对Q-L关系做了修订，并且在1993年ICRU第51号报告对剂量当量的定义中被采纳，即：

$$Q(L)=\begin{cases}1 & L\leqslant 10\\ 0.32L-2.2 & 10<L<100\\ 300/\sqrt{L} & L\geqslant 100\end{cases} \qquad (1)$$

式中，L（即L_∞）的单位是keV/μm。

对于具有谱分布的辐射，可以计算出所关心的一点上的Q的有效值$\overline{Q}$。通常情况下，吸收剂量D由具有一定范围L_∞值的粒子产生，这时

$$\overline{Q}=(1/D)\int_0^\infty QD_{L\infty}dL_\infty \qquad (2)$$

式中，$D_{L\infty}$是吸收剂量对传能线密度L_∞的微分分布。

在实际防护中人们通常并不能对所关心的体积内（如一个器官内）在所有各点上都知道辐射按L_∞的分布，那么可以按辐射的类型使用ICRP建议的$\overline{Q}$近似值，即约定平均品质因数（表1）。这就等同于ICRP第60号出版物中规定的辐射权重因数w_R（见辐射有效剂量）。

表1 约定平均品质因数$\overline{Q}$

辐射质	$\overline{Q}$
光子、电子	1（能量>30keV）
中子	25
质子	25
α粒子	25

选取Q值所依据的RBE值也考虑到剂量限值是根据较高吸收剂量外推出来的这个事实，这些Q值不一定代表其他能观察到的效应的RBE值，所以剂量当量只限于在辐射防护中使用，可用于与限值的比较，但不能用于评价高水平事故照射效应。对于衡量高剂量效应（如人体最严重事故性照射的后果）来说，吸收剂量对每一种辐射类型的RBE（假若这种资料可以得到的话）加权后才是合适的量。

应用 剂量当量是定义在组织中某一点的量，在实际应用中并不对该量进行测量，而是用它定义辐射防护测量的实用量——周围剂量当量、定向剂量当量和个人剂量当量。在环境监测（或场所监测）中，对辐射场中给定地点测量的周围剂量当量、定向剂量当量，可以分别是人体处在该位置时，有效剂量和皮肤当量剂量的合理估计值。而在个人剂量监测中，人体佩带的个人剂量计测得的个人剂量当量，视定义个人剂量当量的深度不同，可以作为有效剂量、皮肤当量剂量或晶体当量剂量的合理估计值。

（谢向东）

fúshè dāngliàng jìliàng

辐射当量剂量（equivalent dose）

组织或器官接受的平均吸收剂量乘以辐射权重因子的乘积简称当量剂量。其定义为：

$$H_{T,R}=D_{T,R}\cdot w_R \qquad (1)$$

式中：$D_{T,R}$是辐射R在器官或组织T内产生的平均吸收剂量；w_R是辐射R的辐射权重因数。

若辐射场由具有不同w_R量值的不同类型的辐射组成，当量剂量为：

$$H_T=\sum_R w_R\cdot D_{T,R} \qquad (2)$$

w_R是无量纲量，当量剂量的SI单位与吸收剂量的单位相同，即焦耳每千克（J/kg），为避免与吸收剂量混淆，给予它一个专名希沃特（Sv）。

形成与发展 随机性效应的

发生概率不仅依赖于吸收剂量，而且还依赖于产生该剂量的辐射的种类和能量，吸收剂量用一个与辐射的“质”有关的因子加权，与辐射质相关的权重因数为辐射品质因数 Q，见以下公式，加权后的吸收剂量称为剂量当量（见辐射剂量当量）。

$$Q(L)=\begin{cases}1 & L\leqslant 10\\ 0.32L-2.2 & 10<L<100\\ 300/\sqrt{L} & L\geqslant 100\end{cases} \quad (3)$$

式中，L（即 L_∞）的单位是 keV/μm，Q 规定为在所关心的一点处的非限制传能线密度 L_∞ 的函数。

在实际放射防护中，通常并不能对所关心的体积内（如一个器官内）在所有各点上都知道辐射按 L_∞ 的分布，可以按辐射的类型使用国际放射防护委员会（ICRP）第 60 号出版物建议的 $\overline{Q}$ 近似值，即约定平均品质因数（表 1）。

由于剂量当量 H 为某点处的量，用它来表示在正常辐射防护中所遇到的吸收剂量水平下辐射照射的生物学意义，不足以反应整体器官的情况，因此，在 ICPR 第 60 号出版物中，改用由组织或器官中的平均吸收剂量导出的新量——当量剂量代替原来的剂量当量。剂量当量这个概念只专门用于辐射监测中实际运用的实用量的定义。

某一组织或器官的吸收剂量的平均值并按辐射的质进行加权，加权后的量称为器官当量剂量，简称当量剂量。因此它与剂量当量最明显的不同是，它是在一个器官的平均值，而不是器官中某一点的量。

在 ICRP 第 60 号出版物中，对于器官平均吸收剂量的加权量而言，辐射质的权重因数由约定平均品质因数 $\overline{Q}$ 改名为辐射权重因数 w_R（表 1），它与约定平均品质因数 $\overline{Q}$ 一样，只与入射体表的辐射性质（即辐射类型与能量）有关，不依赖于组织或器官在人体中的位置和人体与辐射的相对取向。但对某个器官和组织而言，无论是当量剂量还是剂量当量，由两个量都涉及器官和组织的平均吸收剂量，因此二者都与器官位置和人体与辐射场的相对取向有关。

对比表 1 中 $\overline{Q}$ 与 w_R 的值可以发现，对于光子和电子，权重因数无变化，对结果基本无影响；对于中子，w_R 对不同中子能量取不同的值克服了 $\overline{Q}$ 对所有能量取单一值对随机性效应产生的高估，但造成计算和测量都不便，因此从偏保守的观点可采用单一值 $\overline{Q}$；对于质子，只存在于加速器的情况；对于 α 粒子，仅限于内照射，对外照射剂量无影响，可以将当量剂量和剂量当量不加任何修正直接相加。

应用 当量剂量主要有两个用途：①用于定义最重要的基本限值量之一有效剂量（见辐射有效剂量）。②作为辐射防护用的基本限值量（见辐射剂量限值），在吸收剂量远低于确定性效应阈值时，当量剂量可估计器官或组织随机性效应概率，大略地评价辐射危险。若为了估计已知的一个群体受到照射后可能发生的后果，更好的做法是使用吸收剂量和所受辐射的相对生物效能的专用数据，以及与受照群体有关的概率系数；同时对有效剂量限值加以补充，以防止皮肤、手、足、晶状体确定性效应的发生。

（谢向东）

表 1 约定平均品质因数 $\overline{Q}$ 与 w_R

入射体表辐射的质	$\overline{Q}$	w_R
光子、电子	1（E>30keV）	1（所有能量）
中子	25	5（E<10keV） 10（10keV<E<100keV） 20（100keV<E<2MeV） 10（2MeV<E<20MeV） 5（E>20MeV）
质子	25	5（不包括反冲质子，能量<2MeV）
α 粒子	25	20

fúshè yǒuxiào jìliàng

辐射有效剂量（effective dose）

人体各组织或器官的当量剂量乘以相应的组织权重因数后的和。简称有效剂量。用符号 E 表示，公式为：

$$E = \sum_T w_T \cdot H_T \quad (1)$$

式中：H_T——组织或器官 T 所受的当量剂量；w_T——组织或器官 T 的组织权重因数。

由当量剂量的定义，可得到：

$$E = \sum_T w_T \cdot \sum_R w_R \cdot H_{T,R} \quad (2)$$

式中：w_R——辐射 R 的辐射权重因数（参见辐射当量剂量）；$D_{T,R}$——组织或器官 T 内的平均吸收剂量。有效剂量的单位是焦耳每千克（J/kg），称为希沃特

(Sv)。中国《电离辐射防护与辐射源安全基本标准》(GB 18871—2002)采纳了国际放射防护委员会(ICRP)第60号出版物建议的组织权重因数的值(表1)。

形成与发展 自从人类发现辐射并认识到辐射的危害后,一直在探究用什么样的量才能更好地表示辐射多少及危害,其中用什么样的辐射防护学量度量人体随机性效应,经历了多次的修改。

1977年,ICRP第26号出版物提出有效剂量当量 H_E 和器官剂量当量 H_T,作为基本限值量。H_E 用于描述人体多个器官受到照射时总的随机性效应的发生概率,H_T 则用于描述单个器官受照射的情况。H_E 的定义为:

$$H_E = \sum_T w_T \cdot H_T \qquad (3)$$

式中,T代表人体的组织或器官,H_T 是组织T所受的平均剂量当量,w_T 是组织权重因数,它表示组织T受照引起的随机性效应危险度占全身均匀受照时总危险度的份额。有效剂量当量的定义包括所有组织。ICRP第26号出版物建议用于计算 H_E 的 w_T 值只包括6个组织或器官,以及其余5个接受最高剂量当量的组织或器官(表2),所有其他剩下的组织所接受的照射可以忽略不计。其余组织不包括手和臂、足和踝、皮肤和晶状体。

表2 ICRP第26号出版物给出的组织权重因数

组织或器官	组织权重因数
性腺	0.25
红骨髓	0.12
肺	0.12
乳腺	0.15
甲状腺	0.03
骨表面	0.01
其余组织或器官*	0.30

注:*其余5个接受最高剂量当量的器官或组织,每个的 w_T 取0.06;所有其他组织受到的照射可以忽略不计。若胃肠道受到照射,胃、小肠、上段大肠和下段大肠当作4个独立的器官。

组织或器官中的平均剂量当量 H_T 是该组织中的平均品质因数 Q_T 和该组织的平均吸收剂量 D_T 的乘积(见辐射剂量当量)。Q_T 基于所涉及的器官中的辐射的类型和能量,因此在外照射情况下,指定组织或器官中的 Q_T 依赖于周围辐射场、身体在该场中的尺寸和取向以及该组织或器官。在实际防护中并不需要做这样精确的计算,而且在大多数情况下所涉及的器官中的辐射能谱是未知的,可以使用ICRP推荐的约定的平均品质因数 $\overline{Q}$ 作为任何器官的 Q_T 的近似值。

表1 ICRP第60号出版物建议的组织权重因数 w_T

组织或器官	组织权重因数 w_T	组织或器官	组织权重因数 w_T
性腺	0.20	肝	0.05
红骨髓	0.12	食管	0.05
结肠[1]	0.12	甲状腺	0.05
肺	0.12	皮肤	0.01
胃	0.12	骨表面	0.01
膀胱	0.05	其余器官[2]	0.05
乳腺	0.05		

注:1. 结肠的权重因数适用于在大肠上部和下部肠壁中当量剂量的质量平均。2. 为进行计算用,表中其余组织或器官包括肾上腺、脑、外胸区域、小肠、肾、肌肉、胰腺、脾、胸腺和子宫。在上述其余组织或器官中有一单个组织或器官受到超过12个规定了权重因数的器官的最高当量剂量的例外情况下,该组织或器官应取权重因数0.025,而余下的上列其余组织或器官所受的平均当量剂量亦应取权重因数0.025。

1990年ICRP第60号出版物引入辐射权重因数 w_R,其作用类似于 $\overline{Q}$。ICRP指定依照辐射类型和能量而区别的 w_R 的值,用于现行推荐的辐射防护目的。用 w_R 加权后的器官平均吸收剂量定名为当量剂量。人体所有器官或组织按组织权重因数 w_T 加权后的当量剂量 H 之和,称为有效剂量。

由上可以看出,有效剂量由有效剂量当量演变而来,两者不仅所加权的量不同,分别是组织或器官中的当量剂量(本身就是一个在组织或器官上的平均值)、组织或器官中的平均剂量当量,而且组织权重因数也有器官数量与数值上的变化。因此,两者在含义和数值上是有区别的。但多数情况两者数值上差别不大,在实际使用上,原来有效剂量当量的值,不需要重新计算转换为有效剂量的值,两者可以直接累加。

应注意,组织权重因数可能有调整变化,在ICRP第103号出版物中已经建议新的数值(表3)。

应用 有效剂量是基本限值量之一,《电离辐射防护与辐射源安全基本标准》(GB 18871—2002)规定职业照射的年剂量限值是20mSv(在规定的5年内平均,任一年内不得超过50mSv)。与有效剂量 E 相联系的辐射总危险度对成年工作者为 $5.6\times10^{-2}Sv^{-1}$。这个新的随机性效应标称概率系数

表 3　在 ICRP 第 103 号出版物组织权重因数

器官或组织	组织权重因子 w_T	器官或组织	组织权重因子 w_T
性腺	0.08	食管	0.04
红骨髓	0.12	甲状腺	0.04
结肠	0.12	皮肤	0.01
肺	0.12	骨表面	0.01
胃	0.12	脑	0.01
膀胱	0.04	唾液腺	0.01
乳腺	0.12	其余器官*	0.12
肝	0.04		

注：*其余器官可选择如下的组织或器官，如肾上腺、外胸区域、胆囊、心、肾、淋巴结、肌肉、口腔黏膜、胰腺、前列腺、小肠、脾、胸腺、子宫/宫颈。

不仅考虑了致死癌症危险及所有子代的严重遗传效应，也考虑了非致死癌症和寿命损失（如果效应发生）。其他情况下的剂量限值，见辐射剂量限值。

有效剂量是不可实际测量的量，在实际监测中，用辐射防护仪表或个人剂量计测量的有关实用量估计有效剂量，或者根据其他测量的辐射量，利用它们与有效剂量的转换系数，计算有效剂量。

应注意，有效剂量定义与计算中，其组织权重因数主要基于随机性效应，未考虑确定性效应，因此在剂量水平较高有确定性效应显现的情况，不能使用有效剂量的概念。一般情况下，有效剂量主要用于剂量限值以下的辐射防护评价，在事故剂量重建中不应使用有效剂量。

（谢向东）

fúshè jítǐ jìliàng

辐射集体剂量（collective dose）　受某一辐射源照射的群体的成员数与他们所受的平均辐射剂量的乘积。是群体所受的总辐射剂量的一种表示，单位为人希沃特（人·Sv）表示。集体剂量包括集体当量剂量和集体有效剂量两个量。对于群体或居民受到的照射，需要使用考虑受某个源照射的人数的量，即受到该源照射的人数乘该组的平均剂量。若涉及几个组，则总的集体剂量将为各组集体剂量之和。

一组人某指定组织或器官所受的总辐射照射定义为组织 T 的集体当量剂量，它由以下公式给出：

$$S_T = \int_0^\infty H_T \frac{dN}{dH_T} dH_T \qquad (1)$$

式中，$(dN/dH_T)\,dH_T$ 是接受当量剂量在 H_T 到 $H_T + dH_T$ 间的人数。

也可用以下公式表示：

$$S_T = \sum_i \overline{H}_{T,i} N_i \mathrm{i} \qquad (2)$$

式中，N_i 是接受的平均器官当量剂量为 $\overline{H}_{T,i}$ 的第 i 组人群的人数。可将集体当量剂量分成几部分，各部分里的个人剂量处于指明的范围内。

若要求量度某一人群所受的辐射照射，可以计算其集体有效剂量：

$$S = \int_0^\infty E \frac{dN}{dE} dE \qquad (3)$$

或：

$$S = \sum_i \overline{E}_i N_i \qquad (4)$$

式中，E_i 是第 i 组人群接受的平均有效剂量。

无论是集体当量剂量还是集体有效剂量，定义都未明确规定给出剂量所经历的时间。因此，应指明集体当量剂量求和或积分的时间间隔和人群特征和人数，以及针对何种辐射实践。

集体剂量是为评估特定辐射实践对受照群体造成的影响，便于放射防护的代价-利益分析，作为放射防护最优化工具而引入，但由于拟采取的防护措施、需投入的防护资金取决于个体的受照水平，所有给出集体剂量时，还应提供集体剂量按受照水平、地域、人数及性别的分布。

可以设想集体量表示一个群体受照射的总的后果，但在这种意义上的使用只限于后果确实是正比于剂量学的量与受照人数，而且已有适用的概率系数的场合（概率系数是随机性效应概率与剂量学量间关系，这种系数必然指一特定人群）。

（谢向东）

nèizhàoshè jìliàng

内照射剂量（internal exposure dose）　进入体内的放射性核素作为辐射源对人体照射之一种量度。放射性物质经各种途径进入人体，因物理衰变和生物代谢从体内逐步清除，期间发出射线对人体组织和器官形成照射，照射的多少用内照射剂量来度量。

形成与发展　内照射剂量是对体内源照射所致剂量的定性描述，有多种表述方式。1959 年国际放射防护委员会（ICRP）第 2 号出版物，“内照射容许剂量”定义了待积吸收剂量，中国国家标准目前仍然保留此定义。ICRP 第

26号出版物，ICRP 1977年建议书，定义了待积剂量当量和待积有效剂量当量，美国至今仍在使用。ICRP第60号出版物，ICRP 1990年建议书定义了待积当量剂量和待积有效剂量，取代待积剂量当量和待积有效剂量当量，并沿用至今。“待积剂量”曾被翻译为“约定剂量”。

基本内容 内照射剂量以待积剂量表示，包括待积吸收剂量、待积当量剂量及待积有效剂量。待积吸收剂量D（τ）定义为摄入放射性物质后经过时间τ，全身累积吸收剂量，单位为J/kg，称为戈瑞（Gy）。待积当量剂量H_T（τ）定义为摄入放射性物质后经过时间τ，器官或组织T的累积当量剂量，单位为J/kg，称为希沃特(Sv)。待积有效剂量E（τ）定义为摄入放射性物质后经过时间τ，全身各器官或组织的待积当量剂量H_T（τ）对组织权重因数W_T加权之和，单位为J/kg，称为希沃特(Sv)。当τ未加以规定时，对成人取50年，对儿童应算至70岁。

主要特点和应用 放射性物质经呼吸道、消化道、伤口、皮肤等途径或进入体内，经历摄入、吸收、滞留、沉积、排出等过程，所经历的时间与放射性物质的理化性质、医疗措施、饮食习惯、个体差异等因素有关。在此过程持续期间，放射性核素的原子核发生衰变，发出不同种类的射线，后者与构成组织或器官的细胞、分子、原子或原子核相互作用，使其状态或功能产生某种程度的改变，改变程度取决于放射性物质的数量、射线种类以及组织、器官的辐射敏感度等因素。由于放射源位于人体内部或作为器官或组织的组成部分长期甚至终生存在，与外照射剂量不同，内照射剂量无法通过远离和屏蔽来降低，但可通过服用阻吸收药物、促排药物减少放射性物质在体内的滞留量和滞留时间而降低。等量的内照射剂量和外照射剂量对人体的辐射生物效应相同。内照射剂量无法直接测量，摄入量是进入人体的放射性物质的活度，可作为实用量使用。通过放射性物质的摄入量和理化性质，以及人体生物动力学模型，可定量评价内照射剂量。电离辐射防护标准中规定的剂量限值针对的是内照射剂量和外照射剂量之和。

（曲德成）

fúshè jìliàng xiànzhí

辐射剂量限值（dose limit）

受控实践使个人所受到的有效剂量或当量剂量不得超过的值。简称剂量限值。有效剂量或当量剂量指在1年内所接受的外照剂量与这一年内摄入的放射性核素所产生的待积剂量二者的总和。计算待积剂量的期限，对成人的摄入一般应为50年，对儿童的摄入则应算至70岁。不包括天然本底照射和医疗照射。

基本内容 根据辐射防护的基本原则，工作人员职业照射以及一般公众所接受的辐射照射，都应有正当理由。应采取适当防护措施，使人员的受照剂量保持在可合理达到的尽可能低的水平，避免一切不必要的照射。所有人员的受照剂量不应超过规定的剂量限值。对职业照射、公众照射、应急照射、核战争条件下的参战人员照射，都规定相应的剂量限值。

职业照射剂量限值 应对任何工作人员的职业照射水平进行控制，使之不超过下述限值：①由审管部门决定的连续5年的年平均有效剂量（但不可作任何追溯性平均）为20mSv。②任何1年中的有效剂量为50mSv。③晶状体的年当量剂量为150mSv。④四肢（手和足）或皮肤的年当量剂量为500mSv。

对于年龄为16～18岁接受涉及辐射照射就业培训的徒工和年龄为16～18岁在学习过程中需要使用放射源的学生，应控制其职业照射，使之不超过下述限值：①年有效剂量为6mSv。②晶状体的年当量剂量为50mSv。③四肢（手和足）或皮肤的年当量剂量为150mSv。

在特殊情况下，可对剂量限值进行如下临时变更：①依照审管部门的规定，可将职业照射剂量平均期破例延长至10个连续年，期间任何工作人员所接受的年平均有效剂量不应超过20mSv，任何单一年份不应超过50mSv；当任何一个工作人员自此延长平均期开始以来所接受的剂量累计达到100mSv时，应对这种情况进行检查。②剂量限值的临时变更应遵循审管部门的规定，但任何1年内不得超过50mSv，临时变更的期限不得超过5年。

公众照射剂量限值 实践使公众中有关关键人群组的成员所受到的平均剂量估计值不应超过下述限值：①年有效量，1mSv。特殊情况下，若5个连续年的年平均剂量不超过1mSv，则某一单一年份的有效剂量可提高到5mSv。②晶状体的年当量剂量，15mSv。③皮肤的年当量剂量，50mSv。

以上所规定的剂量限值不适用于患者的慰问者（如并非是他们的职责、明知会受到照射却自愿帮助护理、支持和探视、慰问正在接受医学诊断或治疗的患者的人员）。应对患者的慰问者所受的照射加以约束，使他们在患者诊断或治疗期间所受的剂量不超过5mSv。将探视食入放射性物质患者的儿童所受剂量限制于1mSv以下。

应急照射剂量限值　是职业照射的一种特殊情况，指发生事故情况下，为制止事故扩大、营救遇险人员、进行抢修、消除事故后果以及其他应急行动时所接受的照射不应超过的限值。①一般情况下，从事应急的工作人员不得接受超过0.05Sv（50mSv）的有效剂量。②在控制严重事故及立即而紧迫的补救工作中，工作人员不得接受超过0.1Sv的有效剂量，四肢或皮肤的当量剂量不得超过1Sv。③为抢救生命而采取行动时，应尽一切努力使工作人员有效剂量不超过0.5Sv，四肢或皮肤的当量剂量不得超过5Sv。④在特殊情况下，为执行事故救援或在次生核灾害条件下执行任务，必要时应依据上级领导部门的决定，参见战时核辐射控制量。

应用　为确认是否遵守剂量限值，可采用下列方法之一确定是否符合有效剂量的剂量限值要求：①将总有效剂量与相应的剂量限值进行比较。总有效剂量 E_T 按以下公式（1）计算：

$$E_T = H_p(d) + \sum_j e(g)_{j,ing}I_{j,ing} + \sum_j e(g)_{j,inh}I_{j,inh} \quad (1)$$

式中，H_P（d）是该年内贯穿辐射照射所致的个人剂量当量；e（g）$_{j,jng}$ 和 e（g）$_{j,jnh}$ 是同一期间内g年龄组食入和吸入单位摄入量放射性核素j后的待积有效剂量；$I_{j,jng}$ 和 $I_{j,jnh}$——同一期间内食入和吸入放射性核素j的摄入量。②检验是否满足下列条件：

$$\frac{H_p}{DL} + \sum_j \frac{I_{j,ing}}{I_{j,ing,L}} + \sum_j \frac{I_{j,inh}}{I_{j,inh,L}} \leqslant 1 \quad (2)$$

式中，DL——相应的有效剂量的年剂量限值；$I_{j,jng,L}$ 和 $I_{j,jnh,L}$——食入和吸入放射性核素j的年摄入量限值（即通过有关途径摄入的放射性核素j的量导致的待积有效剂量等于有效剂量的剂量限值）。③通过任何其他认可的方法。

（谢向东）

fàngshèxìng hésù niánshèrùliàng xiànzhí

放射性核素年摄入量限值

（annual limit on intake，ALI）

参考人在1年内经吸入、食入或通过皮肤摄入的某种给定放射性核素的量，其所产生的待积剂量等于相应的剂量限值。用活度的单位表示。参考人由国际放射防护委员会（ICRP）提出，是用于辐射防护评价目的的一种假设的成人模型，其解剖学和生理学特征并非实际的某一人群组的平均值，而是经过选择，作为评价内照射剂量的统一的解剖学和生理学基础。在给定时刻，处于一给定能态的一定量的某种放射性核素的活度，是单位时间间隔内该核素从该能态发生自发核跃迁数目的期望值。活度的SI单位是秒的倒数（s^{-1}），称为贝可勒尔（Bq）。摄入（量）指放射性核素通过吸入、食入或经由皮肤进入人体内的过程，也指经由这些途径进入人体内的放射性核素的量。

在不考虑外照射剂量时，ALI等于年剂量限值除以相应的剂量系数。剂量系数是单位摄入量所致待积有效剂量，与放射性核素种类、化合物类型、年龄和摄入方式等有关，按摄入方式分为吸入剂量系数和食入剂量系数。对成人，剂量系数按50年计算；对儿童，剂量系数算至70岁。吸入剂量系数与放射性核素类型、形态和气溶胶粒径相关。食入剂量系数与肠吸收或转移因数 f_1 相应。职业放射性工作人员相应的年摄入量限值如表1所示。图中AMAD表示活度中值空气动力学直径，F、M、S分别表示快速、中速和慢速吸收。

（曲德成）

表1　职业放射性工作人员相应的ALI

放射性核素	类型/形态	吸入剂量系数（Sv/Bq）		肠道转移因子 f_1	食入剂量系数（Sv/Bq）	吸入ALI（Bq）		食入ALI（Bq）
		AMAD=1μm	AMAD=5μm			AMAD=1μm	AMAD=5μm	
氢-3	HTO	1.80E-11		1	1.80E-11	1.11E+09		1.11E+09
	OBT	4.10E-11		1	4.20E-11	4.88E+08		4.76E+08
	气体	1.80E-15				1.11E+13		
碳-14	蒸气	5.80E-10		1	5.80E-10	3.45E+07		3.45E+07
	CO_2	6.20E-12				3.23E+09		
	CO	8.00E-13				2.50E+10		

续 表

放射性核素	类型/形态	吸入剂量系数（Sv/Bq）		肠道转移因子 f_1	食入剂量系数（Sv/Bq）	吸入 ALI（Bq）		食入 ALI（Bq）
		AMAD=1μm	AMAD=5μm			AMAD=1μm	AMAD=5μm	
磷-32	F	8.00E-10	1.10E-09	0.8	2.30E-10	2.50E+07	1.82E+07	8.70E+07
	M	3.20E-09	2.90E-09			6.25E+06	6.90E+06	
铁-55	F	7.70E-10	9.20E-10	0.1	3.30E-10	2.60E+07	2.17E+07	6.06E+07
	M	3.70E-10	3.30E-10			5.41E+07	6.06E+07	
铁-59	F	2.20E-09	3.00E-09	0.1	1.80E-09	9.09E+06	6.67E+06	1.11E+07
	M	3.50E-09	3.20E-09			5.71E+06	6.25E+06	
钴-60	M	9.60E-09	7.10E-09	0.1	3.40E-09	2.08E+06	2.82E+06	5.88E+06
	S	2.90E-08	1.70E-08	0.05	2.50E-09	6.90E+05	1.18E+06	8.00E+06
锶-85	F	3.90E-10	5.60E-10	0.3	5.60E-10	5.13E+07	3.57E+07	3.57E+07
	S	7.70E-10	6.40E-10	0.01	3.30E-10	2.60E+07	3.13E+07	6.06E+07
锶-89	F	1.00E-09	1.40E-09	0.3	2.60E-09	2.00E+07	1.43E+07	7.69E+06
	S	7.50E-09	5.60E-09	0.01	2.30E-09	2.67E+06	3.57E+06	8.70E+06
锶-90	F	2.40E-08	3.00E-08	0.3	2.80E-08	8.33E+05	6.67E+05	7.14E+05
	S	1.50E-07	7.70E-08	0.01	2.70E-09	1.33E+05	2.60E+05	7.41E+06
锆-95	F	2.50E-09	3.00E-09	0.002	8.80E-10	8.00E+06	6.67E+06	2.27E+07
	M	4.50E-09	3.60E-09			4.44E+06	5.56E+06	
	S	5.50E-09	4.20E-09			3.64E+06	4.76E+06	
铌-95	M	1.40E-09	1.30E-09	0.01	5.80E-10	1.43E+07	1.54E+07	3.45E+07
	S	1.60E-09	1.30E-09			1.25E+07	1.54E+07	
钌-106	F	8.00E-09	9.80E-09	0.05	7.00E-09	2.50E+06	2.04E+06	2.86E+06
	M	2.60E-08	1.70E-08			7.69E+05	1.18E+06	
	S	6.20E-08	3.50E-08			3.23E+05	5.71E+05	
锑-125	F	1.40E-09	1.70E-09	0.1	1.10E-09	1.43E+07	1.18E+07	1.82E+07
	M	4.50E-09	3.30E-09			4.44E+06	6.06E+06	
碘-125	F	5.30E-09	7.30E-09	1	1.50E-08	3.77E+06	2.74E+06	1.33E+06
	V	1.40E-08				1.43E+06		
碘-131	F	7.60E-09	1.10E-08	1	2.20E-08	2.63E+06	1.82E+06	9.09E+05
	V	2.00E-08				1.00E+06		
铯-134	F	6.80E-09	9.60E-09	1	1.90E-08	2.94E+06	2.08E+06	1.05E+06
铯-137	F	4.80E-09	6.70E-09	1	1.30E-08	4.17E+06	2.99E+06	1.54E+06
铈-144	M	3.40E-08	2.30E-08	5.00E-04	5.20E-09	5.88E+05	8.70E+05	3.85E+06
	S	4.90E-08	2.90E-08			4.08E+05	6.90E+05	
钋-210	F	6.00E-07	7.10E-07	0.1	2.40E-07	3.33E+04	2.82E+04	8.33E+04
	M	3.00E-06	2.20E-06			6.67E+03	9.09E+03	
铅-210	F	8.90E-07	1.10E-06	0.2	6.80E-07	2.25E+04	1.82E+04	2.94E+04
镭-226	M	3.20E-06	2.20E-06	0.2	2.80E-07	6.25E+03	9.09E+03	7.14E+04
镭-228	M	2.60E-06	1.70E-06	0.2	6.70E-07	7.69E+03	1.18E+04	2.99E+04
钍-228	M	3.10E-05	2.30E-05	5.00E-04	7.00E-08	6.45E+02	8.70E+02	2.86E+05
	S	3.90E-05	3.20E-05	2.00E-04	3.50E-08	5.13E+02	6.25E+02	5.71E+05
钍-232	M	4.20E-05	2.90E-05	5.00E-04	2.20E-07	4.76E+02	6.90E+02	9.09E+04
	S	2.30E-05	1.20E-05	2.00E-04	9.20E-08	8.70E+02	1.67E+03	2.17E+05

续 表

放射性核素	类型/形态	吸入剂量系数（Sv/Bq）		肠道转移因子 f_1	食入剂量系数（Sv/Bq）	吸入 ALI（Bq）		食入 ALI（Bq）
		AMAD = 1μm	AMAD = 5μm			AMAD = 1μm	AMAD = 5μm	
铀-234	F	5.50E-07	6.40E-07	0.02	4.90E-08	3.64E+04	3.13E+04	4.08E+05
	M	3.10E-06	2.10E-06	0.002	8.30E-09	6.45E+03	9.52E+03	2.41E+06
	S	8.50E-06	6.80E-06			2.35E+03	2.94E+03	
铀-235	F	5.10E-07	6.00E-07	0.02	4.60E-08	3.92E+04	3.33E+04	4.35E+05
	M	2.80E-06	1.80E-06	0.002	8.30E-09	7.14E+03	1.11E+04	2.41E+06
	S	7.70E-06	6.10E-06			2.60E+03	3.28E+03	
铀-238	F	4.90E-07	5.80E-07	0.02	4.40E-08	4.08E+04	3.45E+04	4.55E+05
	M	2.60E-06	1.60E-06	0.002	7.60E-09	7.69E+03	1.25E+04	2.63E+06
	S	7.30E-06	5.70E-06			2.74E+03	3.51E+03	
镎-237	M	2.10E-05	1.50E-05	5.00E-04	1.10E-07	9.52E+02	1.33E+03	1.82E+05
镎-239	M	9.00E-10	1.10E-09	5.00E-04	8.00E-10	2.22E+07	1.82E+07	2.50E+07
钚-238	M	4.30E-05	3.00E-05	5.00E-04	2.30E-07	4.65E+02	6.67E+02	8.70E+04
	S	1.50E-05	1.10E-05	1.00E-05	8.80E-09	1.33E+03	1.82E+03	2.27E+06
				1.00E-04	4.90E-08			4.08E+05
钚-239	M	4.70E-05	3.20E-05	5.00E-04	2.50E-07	4.26E+02	6.25E+02	8.00E+04
	S	1.50E-05	8.30E-06	1.00E-05	9.00E-09	1.33E+03	2.41E+03	2.22E+06
				1.00E-04	5.30E-08			3.77E+05
钚-240	M	4.70E-05	3.20E-05	5.00E-04	2.50E-07	4.26E+02	6.25E+02	8.00E+04
	S	1.50E-05	8.30E-06	1.00E-05	9.00E-09	1.33E+03	2.41E+03	2.22E+06
				1.00E-04	5.30E-08			3.77E+05
钚-241	M	8.50E-07	5.80E-07	5.00E-04	4.70E-09	2.35E+04	3.45E+04	4.26E+06
	S	1.60E-07	8.40E-08	1.00E-05	1.10E-10	1.25E+05	2.38E+05	1.82E+08
				1.00E-04	9.60E-10			2.08E+07
镅-241	M	3.90E-05	2.70E-05	5.00E-04	2.00E-07	5.13E+02	7.41E+02	1.00E+05
锔-242	M	4.80E-06	3.70E-06	5.00E-04	1.20E-08	4.17E+03	5.41E+03	1.67E+06
锔-244	M	2.50E-05	1.70E-05	5.00E-05	1.20E-07	8.00E+02	1.18E+03	1.67E+05

fàngshèxìng hésù dǎochū nóngdù

放射性核素导出浓度（derived concentration of radionuclide） 根据一定模式从基本剂量限值推导出来的放射性物质的浓度。与人类健康密切相关的包括导出空气浓度、食品饮用水导出浓度。

导出空气浓度（derived concentration，DAC） 年摄入量限值（annual limit of intake，ALI）除以参考人（见供辐射防护用呼吸道模型）在1年工作或生活时间中吸入的空气体积所得的商。单位为贝克每立方米（Bq/m³）。

ALI 在1年内摄入到体内的某一种放射性核素的限制量。ALI是一种次级限值，用以限制因摄入放射性核素而引起的内照射。各类公众人员ALI见表1。

放射工作人员 DAC 按每周工作40小时（5天×8小时），每年50周，每分钟吸入空气量为0.02m³计，得出放射工作人员DAC如公式（1）：

$$DAC = ALI/(40\times50\times60\times0.02) = ALI/(2.4\times10^3)(Bq/m^3) \quad (1)$$

公众成员 DAC 每年按8760小时（365天×24小时）计，每分钟吸入空气量为0.02m³，得出公众成员DAC如公式（2）：

$$DAC(公众) = ALI/(8760\times60\times0.02) = ALI/(1.0512\times10^4)(Bq/m^3) \quad (2)$$

吸入氡的 ALI 与 DAC 对空气中的^{222}Rn及其短寿命子体，放射工作人员的ALI（α潜能，ALI_p）= 0.02J。按每周工作40小时（5天×8小时），每年50周，

表1 各类公众人员 ALI

放射性核素（元素）	ALI（Bq）		
	成人	儿童	婴儿
^{3}H	6.2×10^{7}	5.3×10^{7}	2.4×10^{7}
^{89}Sr	4.6×10^{5}	1.9×10^{5}	6.7×10^{4}
^{90}Sr	2.8×10^{4}	2.3×10^{4}	1.1×10^{4}
^{131}I	7.7×10^{4}	3.1×10^{4}	9.1×10^{3}
^{137}Cs	7.7×10^{4}	1.0×10^{5}	9.1×10^{4}
^{147}Pm	3.2×10^{6}	1.6×10^{6}	5.9×10^{5}
^{210}Po	2.2×10^{3}	1.0×10^{3}	3.3×10^{2}
^{226}Ra	4.0×10^{3}	2.5×10^{3}	1.0×10^{3}
^{228}Ra	2.0×10^{3}	2.1×10^{3}	7.7×10^{2}
天然钍*	347	297	206
天然铀*	551	358	142
^{239}Pu	1.0×10^{3}	1.0×10^{3}	7.1×10^{2}

注：* 天然钍、天然铀的单位为 mg。

每分钟吸入空气量为 $0.02m^3$ 计，得出导出空气浓度 $DAC_p = 8.3\times10^{-6}J/m^3$。换算成平衡当量氡浓度的 $DAC_{ECRn-222} = 1500Bq/m^3$。

对空气中的^{220}Rn 及其短寿命子体，放射工作人员的 ALI（α 潜能，ALI_p）= 0.06J，按每周工作 40 小时（5 天×8 小时），每年 50 周，每分钟吸入空气量为 $0.02m^3$ 计，得出导出空气浓度 $DAC_p = 2.5\times10^{-5}J/m^3$。换算成平衡当量氡浓度的 $DAC_{ECRn-220} = 330Bq/m^3$。

食品和水导出浓度 ALI 除以参考人在 1 年工作或生活时间摄入食物和水总量所得的商。单位为贝克每千克（Bq/kg）。按公式（3）计算：

$$DC = \frac{AIL}{f \times FI \times DCF} \quad (3)$$

式中，DC：放射性核素污染食物和水的导出浓度（Bq/kg）。AIL：公众年摄入量限值（表1）。f：污染的分数，除^{131}I 对新生儿为 1.0 外，所有放射性核素均为 0.3（ICRP，1989）。FI：食品和饮用水摄入量（kg）。美国食品药品管理局（U.S Food and Drug Administration，USFDA）给出的不同年龄组年摄入量见表2。DCF：剂量转换因子（mSv/Bq）。ICRP（1989）给出的不同放射性核素（器官）对不同年龄组的 DCF（表3）。

（朱茂祥）

zhànshí héfúshè kòngzhìliàng

战时核辐射控制量（restriction of nuclear radiation in war）

战时为合理保护战斗力和人员健康而规定的某种与人员伤害有关的辐射剂量控制值。是战时参战人员不可接受的核辐射剂量范围的下限。战时核辐射指战时核武器爆炸产生的早期核辐射和放射性落下灰发出的核辐射的总称。

在核战条件下，参战人员可能受到早期核辐射的外照射和放射性沾染所致人体外照射或内照射，引起不同程度的辐射损伤，甚至造成人员死亡。由于战时特殊环境，部队一方面要完成战斗任务，另一方面在辐射防护措施上受到时间、空间及物质条件的限制，部分参战人员不得不接受较大剂量的照射。为了科学、合理地控制此类人员的照射，必须对外照射剂量、放射性沾染、放射性落下灰摄入体内造成的内照射以及以上多种途径的复合照射等分别进行限定。其总体要求是：在不影响完成军事任务的前提下，应避免接受不必要的核辐射照射，并使受照剂量控制在可合理达到的最低水平。一般情况下，个人的受照剂量不得超过以下各项控制量的规定。

全身外照射剂量控制 对人员全身外照射规定的核辐射剂量战时控制值。对于外照射而言，在离核爆炸爆心较远处，γ 射线占早期核辐射的绝大部分，核裂变产物及中子流产生的感生放射性物质所释放的也是 γ 射线；同时放射性沾染也可产生 γ 射线全身外照射，或者在体表和衣物上放射性物质发射出 β 粒子对皮肤的局部照射。因此，需要对早期核辐射全身外照射剂量和放射性沾染全身外照射剂量分别进行控制。

早期核辐射全身外照射控制量 一次或数日内受照剂量不得超过 0.5Gy；一次或数日内受 0.5Gy 照射后的 1 个月内，不得再次接受照射；一次或数日内受 0.5～1.0Gy 照射后的 2 个月内，不得再次接受照射；分次或迁延受到照射的年累积剂量不得超过 1.5Gy；终生累积剂量不得超过 2.5Gy。

放射性沾染全身外照射控制量 仅指放射性沾染 γ 射线外照射，其控制量与早期核辐射全身

表 2　不同年龄组各类食品和饮水年摄入量（kg/年）

食品分类	年龄组（岁）									
	<1	1~4	5~9	10~14	15~19	20~24	25~29	30~39	40~59	>60
奶制品	208	153	180	186	167	112	98. 2	86. 4	80. 8	90. 6
鲜奶	99. 3	123	163	167	148	96. 5	79. 4	66. 8	61. 7	70. 2
蛋类	1. 8	7. 2	6. 2	7	9. 1	10. 3	10. 2	11. 0	11. 4	10. 5
肉类	16. 5	33. 7	46. 9	58. 4	69. 2	71. 2	72. 6	73. 1	70. 7	56. 3
鱼类	0. 3	2. 5	4	4. 9	6. 1	6. 8	7. 6	7. 1	8. 0	6. 3
农产品	56. 6	59. 9	82. 3	96	97. 1	91. 4	99. 1	102	115	121
谷物	20. 4	57. 6	79	90. 6	89. 4	77. 3	78. 4	73. 7	70. 2	67. 1
饮料	112	271	314	374	453	542	559	599	632	565
自来水	62. 3	159	190	223	243	240	226	232	268	278
其他杂食	2	9. 3	13. 3	14. 8	13. 9	10. 9	11. 9	12. 5	13. 3	13. 0
总摄入量	418	594	726	832	905	922	937	965	1001	930

表 3　不同核素不同年龄组剂量转换因子（mSv/Bq）

放射性核素（器官）	年龄组（岁）					
	3 月龄	1 岁	5 岁	10 岁	15 岁	成人
^{3}H	5.5×10^{-8}	4.1×10^{-8}	2.6×10^{-8}	1.9×10^{-8}	1.6×10^{-8}	1.6×10^{-8}
^{89}Sr（小肠下端）	2.8×10^{-5}	1.4×10^{-4}	7.1×10^{-5}	4.8×10^{-5}	2.3×10^{-5}	2.1×10^{-5}
^{89}Sr	3.0×10^{-5}	1.5×10^{-5}	7.7×10^{-6}	5.2×10^{-6}	3.5×10^{-6}	2.2×10^{-6}
^{90}Sr（骨表面）	1.0×10^{-3}	7.4×10^{-4}	3.9×10^{-4}	5.5×10^{-4}	1.2×10^{-3}	3.8×10^{-4}
^{90}Sr	1.3×10^{-4}	9.1×10^{-5}	4.1×10^{-5}	4.3×10^{-5}	6.7×10^{-5}	3.5×10^{-5}
^{95}Nb	5.2×10^{-6}	3.7×10^{-6}	2.1×10^{-6}	1.3×10^{-6}	8.6×10^{-7}	6.8×10^{-7}
^{129}I（甲状腺）	3.7×10^{-3}	4.3×10^{-3}	3.5×10^{-3}	3.8×10^{-3}	2.8×10^{-3}	2.1×10^{-3}
^{129}I	1.1×10^{-4}	1.3×10^{-4}	1.0×10^{-4}	1.1×10^{-4}	8.4×10^{-5}	6.4×10^{-5}
^{131}I（甲状腺）	3.7×10^{-3}	3.6×10^{-3}	2.1×10^{-3}	1.1×10^{-3}	6.9×10^{-4}	4.4×10^{-4}
^{131}I	1.1×10^{-4}	1.1×10^{-4}	6.3×10^{-5}	3.2×10^{-5}	2.1×10^{-5}	1.3×10^{-5}
^{133}I（甲状腺）	9.6×10^{-4}	8.6×10^{-4}	5.0×10^{-4}	2.3×10^{-4}	1.5×10^{-4}	8.3×10^{-5}
^{133}I	2.9×10^{-5}	2.6×10^{-5}	1.8×10^{-5}	7.0×10^{-6}	4.3×10^{-6}	2.5×10^{-6}
^{134}Cs	2.5×10^{-5}	1.5×10^{-5}	1.3×10^{-5}	1.4×10^{-5}	2.0×10^{-5}	1.9×10^{-5}
^{137}Cs	2.0×10^{-5}	1.1×10^{-5}	9.0×10^{-6}	9.8×10^{-6}	1.4×10^{-5}	1.3×10^{-5}
^{103}Ru	7.7×10^{-6}	5.1×10^{-6}	2.7×10^{-6}	1.7×10^{-6}	1.0×10^{-6}	8.1×10^{-7}
^{106}Ru	8.9×10^{-5}	5.3×10^{-5}	2.7×10^{-5}	1.6×10^{-5}	9.2×10^{-6}	7.5×10^{-6}
^{144}Ce（小肠下端）	7.6×10^{-4}	4.9×10^{-4}	2.4×10^{-4}	1.5×10^{-4}	8.2×10^{-5}	6.6×10^{-5}
^{144}Ce	8.0×10^{-5}	4.3×10^{-5}	2.1×10^{-5}	1.3×10^{-5}	7.2×10^{-6}	5.8×10^{-6}
^{237}Np（骨表面）	1.0×10^{-1}	8.9×10^{-3}	9.3×10^{-3}	9.9×10^{-3}	1.2×10^{-2}	1.2×10^{-2}
^{237}Np	5.5×10^{-3}	4.9×10^{-4}	4.3×10^{-4}	4.0×10^{-4}	4.7×10^{-4}	4.5×10^{-4}
^{239}Np（小肠下端）	9.8×10^{-5}	6.4×10^{-5}	3.2×10^{-5}	1.9×10^{-5}	1.1×10^{-5}	8.8×10^{-6}
^{239}Np	9.6×10^{-6}	6.3×10^{-6}	3.2×10^{-6}	1.9×10^{-6}	1.1×10^{-6}	8.7×10^{-7}

续 表

放射性核素（器官）	年龄组（岁）					
	3月龄	1岁	5岁	10岁	15岁	成人
^{238}Pu（骨表面）	1.6×10^{-1}	1.6×10^{-2}	1.5×10^{-2}	1.5×10^{-2}	1.6×10^{-2}	1.7×10^{-2}
^{238}Pu	1.3×10^{-2}	1.2×10^{-3}	1.0×10^{-3}	8.8×10^{-4}	8.7×10^{-4}	8.8×10^{-4}
^{239}Pu（骨表面）	1.8×10^{-1}	1.8×10^{-2}	1.8×10^{-2}	1.7×10^{-2}	1.9×10^{-2}	1.8×10^{-2}
^{239}Pu	1.4×10^{-2}	1.4×10^{-3}	1.1×10^{-3}	1.0×10^{-3}	9.8×10^{-4}	9.7×10^{-4}
^{241}Pu（骨表面）	3.3×10^{-3}	3.4×10^{-4}	3.5×10^{-4}	3.9×10^{-4}	3.9×10^{-4}	3.7×10^{-4}
^{241}Pu	2.2×10^{-4}	2.2×10^{-5}	2.1×10^{-5}	2.0×10^{-5}	2.0×10^{-5}	1.9×10^{-5}
^{241}Am（骨表面）	2.0×10^{-1}	1.9×10^{-2}	1.9×10^{-2}	1.9×10^{-2}	2.1×10^{-2}	2.0×10^{-2}
^{241}Am	1.2×10^{-2}	1.2×10^{-3}	1.0×10^{-3}	9.0×10^{-4}	9.1×10^{-4}	8.9×10^{-4}
^{244}Cm（骨表面）	2.5×10^{-1}	2.5×10^{-2}	1.6×10^{-2}	1.2×10^{-2}	9.9×10^{-3}	9.8×10^{-3}
^{244}Cm	1.4×10^{-2}	1.4×10^{-3}	9.2×10^{-4}	6.7×10^{-4}	5.9×10^{-4}	5.4×10^{-4}

外照射控制量相同。

放射性落下灰摄入量控制 早期放射性落下灰可能通过食入和吸入两种途径进入体内，其主要的靶器官为甲状腺，在摄入量相等的条件下，两种途径引起的内照射剂量大致相同。在单独考虑饮水中放射性落下灰的控制值时，根据总摄入量的控制值，取其2/3作为饮水中放射性落下灰的控制值，再导出不同饮水期的浓度限值。

放射性落下灰食入控制量 对人员规定的放射性落下灰的放射性活度战时食入控制值。通过饮水、食物和药品等经口摄入体内的早期放射性落下灰放射性总活度不得超过10MBq；连续饮用（或食用）7天的水（或食物），其放射性落下灰沾染活度不得超过200kBq/L（或200kBq/kg）；连续饮用（或食用）90天的水（或食物），其放射性落下灰沾染活度不得超过20kBq/L（或20kBq/kg）。

放射性落下灰控制浓度 对人员规定的放射性落下灰在空气中的放射性浓度战时控制值。人员在放射性沾染区内较长时间（数天）停留时，开始吸入时空气中的早期放射性落下灰浓度不得超过0.4kBq/L；人员在放射性沾染区内短时间（数小时）通过或停留时，空气中的放射性落下灰控制浓度按下式计算：

$$\text{放射性落下灰控制浓度(kBq/L)}=\frac{8\text{kBq}\cdot\text{h/L}}{\text{持续吸入小时(h)}} \quad (1)$$

放射性落下灰表面污染控制水平 对人员皮肤、服装和兵器、装备、工事及其他物体表面的放射性沾染规定的战时控制水平。人员及不同物体表面上早期放射性落下灰沾染控制水平列于表1。

复合照射剂量控制量 对人员同时或相继受到两种或两种以上复合照射（全身γ射线外照射、体表β射线照射及放射性核素进入体内的内照射）规定的战时核辐射剂量控制值。在放射性沾染区，人员可能接受3种途径的照射，即γ射线全身外照射，放射性物质（主要是β辐射体）对体表的局部照射，以及放射性物质随空气吸入或随饮水、食物进入体内造成的内照射。人员同时或相继受两种或两种以上途径的照射时，称为复合照射。在3种照射途径复合作用时，若各种途径的照射剂量均不超过战时核辐射控制量，则此种复合照射是可以接受的。

特殊情况剂量控制量 在核战条件下，要求在任何情况下对

表1 放射性落下灰在体表及物体表面上的沾染控制水平

表面	β沾染（kBq/cm^2）	核爆炸后γ剂量率（μGy/h）	
		<10天	10~30天
手及全身其他部位皮肤	10	40	80
创伤表面	3	—	—
炊具、餐具	0.3	—	—
服装、防护用品、轻武器	20	80	160
建筑物、工事及车船内部	20	150	300
大型兵器、装备、露天工事	40	250	500

核辐射照射都按以上规定的控制剂量进行控制有时会难以实现，因此，可能会出现由于军事任务的需要，个别或部分指战员必须接受超过以上规定的控制剂量，此时指挥员可参照表2～表5，根据任务需要和可能接受的剂量权衡利益与代价，确定适当的人员受照剂量进行控制，并采取相应

表2　人体受不同剂量γ射线照射后的影响及医学处理原则

受照剂量（Gy）[1]	辐射效应[2]	对战斗力的影响	医学处理原则
<0.25	无明显症状	无	不需处理
0.25～0.5	个别人员（约2%）有轻度头晕、乏力、食欲下降等	无	不需处理，可自行恢复
0.5～1.0	少数人员（约5%）有轻度头晕、恶心、乏力、食欲下降、失眠等	无	不需特殊处理，可自行恢复
1.0～1.5	部分人员有恶心、食欲减退、乏力、头晕、失眠等	不明显	症状明显者可对症治疗，个别人员需要住院治疗
1.5～2.0	半数人员有恶心、食欲减退、乏力、头晕、失眠等症状，少数人员症状较重，可有呕吐等	半数人员作战能力受影响	大部分人员需要对症治疗，少数人员需要住院治疗
2.0～4.0	中度急性放射病	全部或大部分人员失去战斗力	大部分人员需要住院治疗
4.0～6.0	重度急性放射病	全部或大部分人员失去战斗力	大部分人员需要住院治疗
>6.0	极重度急性放射病	全部人员很快失去战斗力	全部人员需尽快住院治疗

注：1. 一次或短时间内的受照剂量；2. 1Gy以下为放射反应，1～10Gy为不同程度的骨髓型急性放射病。

表3　人体食入不同活度放射性落下灰的影响及医学处理原则

食入量（MBq）	早期症状及预后	对战斗力的影响	医学处理原则
40	早期无明显症状，晚期发生甲状腺损伤的概率很低	无	及早应用防治药物
100	早期无明显症状，少数人员可能在晚期出现甲状腺损伤	无	及早应用防治药物
400	早期无明显症状，部分人员在晚期可能出现甲状腺损伤	无	及早应用防治药物，定期检查
2000	早期可能出现食欲减退、腹泻等症状，经一段时间后可能出现甲状腺功能减退	不明显	及早应用防治药物，定期检查或住院观察

表4　人体吸入不同浓度早期放射性落下灰的空气的影响及医学处理原则*

开始吸入时空气浓度（kBq/L）	早期症状及预后	对战斗力的影响	医学处理原则
2	早期无明显症状，晚期发生甲状腺或肺部损伤的概率很低	无	及早应用防治药物
4	早期无明显症状，少数人员在晚期可能出现甲状腺或肺部损伤	无	及早应用防治药物
20	早期无明显症状，部分人员在晚期可能出现甲状腺或肺部损伤	无	及早应用防治药物，定期检查
60	早期呼吸道无明显症状，经一段时间后可能出现甲状腺功能减退或肺部损伤	不明显	及早应用防治药物，定期检查或住院观察

注：*表内限定的条件是指核武器爆炸后0.5天内开始吸入，持续吸入5天；若持续吸入时间不足4小时，则预期早期症状及预后只相当于表内按开始吸入空气浓度给出的4种档次中低一档次浓度所致结果。

表5　人体表面受不同水平的放射性物质沾染后的影响及医学处理原则

沾染水平（kBq/cm^2）	体表异常所见	对战斗力的影响	医学处理原则
200	无	无	尽早消除沾染
400	无	无	尽早消除沾染
800	1～4周后可能发生体表β射线损伤	无	尽早消除沾染，对症治疗

的防护措施，包括服用辐射损伤防治药物；对于可能受到 2Gy 以上 γ 射线照射时，更应慎重决策。

（谢向东）

héfúshè gèrén jiāncè

核辐射个人监测（nuclear radiation individual monitoring）

用人体佩带的个人剂量计测量外照射剂量，用表面污染仪对体表进行表面污染测量，通过体内放射性活度测量、人体生物样品分析等技术测量人体放射性核素摄入量，以及对这些测量结果进行解释和评价的过程。可分别称为外照射个人剂量监测、人体表面放射性污染监测、内照射个人剂量监测。

基本方法 包括以下内容。

外照射个人剂量监测 包括个人光子剂量监测与个人中子剂量监测，监测时需要将测量个人所受外照射剂量的仪器（即个人剂量计）佩带在躯干前部或后部，迎着射线方向的适当位置。能直接读数，可直接给出结果。若需要使用相应仪器进行测量，分别进行测量后计算测量结果。个人剂量计常见类型如下。

胶片剂量计 将照相胶片放在有适当过滤片的容器内组成，根据电离辐射引起胶片感光测量剂量。一类胶片是采用溴化银感光材料，需要通过显影、定影处理后，胶片变黑，变黑程度与吸收剂量大小有关，测量胶片黑度进行测量即可确定吸收剂量的大小。一般拍片胶片可用于光子监测，不同品牌的胶片剂量的测量范围不同，适合常规监测的剂量为 1～50mSv，适合核爆监测的剂量为 0.1～30Gy。通过对不同滤片的响应分析，可估计入射辐射的类型和剂量。另一类是采用辐射自显影技术，不需要显影、定影过程，照射后直接变黑，适合核爆监测的测量范围为 0.02～8Gy，目前多用于放射治疗领域，是一种十分有前途的剂量测量方法。测量胶片的黑度需要使用光密度计，较简单的仪器是采用光电池的密度计，最大密度达到 3.0；采用光电倍增管和微安计的密度计，最大密度可达 6.0。由于胶片的黑度与胶片的处理过程密切相关，在实际中一般都使用同一批胶片，在相同条件下进行处理。胶片的信号会随时间衰减，正常条件下 1 个月衰减仅百分之几，若使用条件湿度较大，或监测周期较长，应考虑信号衰减的问题。

若在胶片上盖一片中子活化截面较大的金属箔，可利用活化产生的 β 射线、γ 射线对胶片产生的密度间接测量热中子。

固体剂量计 利用某些固体物质吸收辐射能量后发生某种物理性质的变化，如引起颜色变化、光致发光、加热发光等，通过测量这些变化确定剂量。例如，荧光玻璃剂量计在受到辐射照射后，若再使用近紫外线照射，荧光玻璃会发出荧光；热释光个人剂量计在受到辐射照射后，若加热也会发光，它们的发光强度正比于剂量计的吸收剂量。

目前试装的玻璃剂量计中所用的荧光玻璃为钠玻璃，长条形，尺寸约为 5.5mm×5.5mm×11mm。荧光玻璃使用时装在短笔杆形的剂量盒内，盒内安放有重金属薄片做成的能量补偿。荧光玻璃经过照射后需要用另外的仪器进行测量，这种仪器称为荧光玻璃读数器，它由激发紫外光源、光学系统、光电倍增管、电信息显示、电源及测量插孔等部分组成，用 4 节 1 号电池供电即可，工作温度在 -5～40℃。剂量测量在 0.05～10Gy，目前仅适合 γ 剂量测量。

用于热释光个人剂量计的元件材料有许多种，如氟化锂、氟化钙、硫酸钙、硼酸锂等，通常做成片状（3.2mm × 3.2mm × 0.9mm）、小棒或粉末，其中粉末在使用前装入玻璃管或小的胶囊中，最后都装入剂量盒中。测量时使用热释光读出仪，它将热释光元件加热，使其发光，通过光电倍增管放大及信号处理后给出计数，再求出受照剂量。测量过程一般为手动的，若结合专用剂量计卡和盒后也可全自动进行。一般热释光的剂量测量范围为 10^{-4}～10Gy。含有锂-6（^{6}Li）元素的氟化锂（LiF）对低能中子敏感，在面对辐射的一面放置硼或镉吸收入射的低能中子，则探测的是由人体慢化并反射的热中子。由于 LiF 对光子也灵敏，在测量中子时 ^{6}LiF 和 ^{7}LiF 配合使用，中子剂量就是两者的读数差。该方法只适合测量 10keV 以下的低能中子。若用于快中子测量，必须采用补偿方法，如增加一个单独测量快中子的固体径迹探测器。

固体剂量计通常无剂量率响应，特别适合早期核辐射个人光子剂量监测，也可用于剩余核辐射监测，热释光个人剂量计还主要用常规个人剂量监测。

电离室个人剂量计 直读式石英丝剂量计是电离室个人剂量计的一种，目前仍在使用，它是一个带有石英丝的小型电离室，石英丝的偏转正比于接受的辐射剂量，通过观察石英丝在剂量计刻度盘上的偏转即可读出剂量。其特点是设备简单，成本低，能量响应好，但敏感性不够，剂量测量范围有限，最大与最小为 50

倍，有的可改变充电时的正、负极性改变剂量测量上限。例如，84型直读式真空剂量计，通过改变极性，上限可为0.8Gy或8Gy。调零时需要配合小型光学显微镜。只用于γ剂量的测量，在辐射防护中主要用于核爆炸早期核辐射场的γ剂量监测，具有高剂量响应好，剂量率响应好，可直接读出所受剂量的大小等。

电子式剂量计　一般使用GM管、硅二极管探测器作为探测元件，信号经放大、处理、计数，直接显示照射剂量和剂量率等参数，还可提供声、光报警，通常可测量能量高于30keV以上光子的剂量，有的还可测量低能光子和β射线的剂量。一般情况下，电子式剂量计仅用于测γ射线，剂量率最高一般为10Sv/h。基于反冲质子测量、使用聚乙烯慢化并有热中子屏蔽的He-3探测器或使用宽基硅二极管时，还可测量快中子剂量。例如，AN/UDR-13军用个人剂量仪，使用宽基硅二极管测量快中子剂量，使用PMOS-FET测量早期核辐射γ剂量，使用GM管测量剩余核辐射或常规环境γ辐射剂量。一般的电子个人计剂量率响应有限，不适合早期核辐射监测，只适合剩余核辐射监测、常规环境γ辐射监测。

固体径迹剂量计　当快中子入射到可裂变物质上，可裂变物质产生裂变，裂变碎片射入固体径迹探测器中，在其通过的路径上造成电离损伤，用化学蚀刻时这些损伤区域可形成能被观测的蚀坑即径迹。径迹密度与中子注量成正比，然后根据注量可估算出中子剂量。可使用的裂变物质有^{232}Th、^{235}U等；探测器的材料可分为3类：①非结晶物质，如各种玻璃、金属和陶瓷。②结晶物质，如云母、石英、氯化银、氟化锂等。③聚合物，如聚碳酸酯、硝化纤维、醋酸纤维等。径迹观测需要显微镜人工计数，或采用电视扫描和火花计数技术自动计数。该方法不能直接读数、需要化学处理和特定的计数装置，耗时长，一般不适合作为便携式野战剂量计，仅用于快中子个人剂量监测。

核乳胶径迹剂量计　利用快中子与乳胶材料碰撞产生反冲质子，后者在乳胶上产生一个潜影，经处理后，胶片中沿粒子径迹将暗化，通过光学显微镜可观测其径迹数，再计算出与快中子剂量。该方法仅用于快中子个人剂量监测，监测中子能量阈为0.7MeV，剂量上限为50mSv。由于监测能量与剂量范围有限，且衰退现象明显，在高温、高湿情况下每周可衰变75%以上，这些缺点使得该方法逐渐被热释光和固体径迹剂量计替代。

人体表面放射性污染监测　使用表面污染测量仪对人体皮肤和衣服的表面放射性污染水平直接测量。表面污染测量仪有端窗正比计数器、薄窗塑料闪烁体和GM管等类型，低能β核素如^{3}H可采用薄窗正比计数器和无窗闪烁体。目前的仪器多开发成为智能型，能同时监测α和β辐射，若知道核素类型，通过选择相应核素还可直接给出以Bq/cm^{2}为单位的表面污染结果。

内照射个人剂量监测　分为生物检验与体外直接测量两类，根据各元素及其化合物在人体内的代谢规律、辐射性质选择检验方法。进入体内的放射性物质按一定规律排出，主要是粪便和尿，只要知道代谢参数，即可由排泄物中放射性核素的活度计算出摄入量，因此生物检验方法对各种辐射的放射性核素均可适用，且不受体表污染的影响。分析生物样品中的α、β放射性核素时，样品均需要经过适当浓缩、提纯、源制备等处理，制作成适合测量的样品，再对制成样品进行α和β辐射的测量。利用硫化锌探测器或流气型正比计数器可进行有效的总α放射性活度的简单计数，使用半导体探测器或屏栅电离室的α能谱分析方法，定量测量各个放射性核素；使用流气型盖革-米勒（Geiger-Müller）计数器或正比探测器，能获得沉积在样品盘或过滤器上的高能β放射性核素的总β测量结果，液态闪烁计数器特别适合低能β放射性核素探测。生物样品中的γ核素可使用闪烁探测器或半导体探测器直接测定γ能谱，对各种γ放射核素的含量进行分析。生物样品也可使用非放射测量技术，如紫外辐射荧光测定法可用于铀的分析，感应偶合等离子体质谱法用于测量特定的放射性核素。

对于发射γ射线和X射线的核素可在体外用较灵敏的仪器直接测量，经过探测效率的修正，可得出体内现存的核素含量，最后根据代谢参数和吸入日期计算摄入量。体外直接测量可采用全身计数器、肺计数器和甲状腺计数器3种形式。全身计数器多采用探测效率高的NaI晶体，也有采用能量分辨率高的半导体探测器。肺计数器常针对一些γ射线能量不是很低、不易转移以肺为主要沉积部位的核素，将普通的全身计数器对准肺部测量即可。对于肺部超铀元素为主体的α放射性核素，只能测定它们衰变时伴随的低能X射线，需要采用适合低能 X 线测量的正比计数器、无机双晶体闪烁计数器和大体积半导体探测器。甲状腺计数器是针对放射性碘主要积聚在甲状腺而设计，除可利用全身计数器测定全身负荷量外，还可利用较为简单的、使用 NaI 晶体为探测器的甲状腺计数器直接测定甲状腺内放射性碘的沉积量，其中^{131}I 最重要。全身计数器和肺计数器需要进行屏蔽以制造一个低本底的测量环境，在测量前需要进行人体表面去污；甲状腺计数器要求没有这么严格，只要将探头放在小型铅屏蔽罩中，其开口对准甲状腺即可使用。

应用 外照射个人剂量监测用于辐射防护目的的监测量是个人剂量当量，包括 H_p（10）和 H_p（0.07），可分别用于估计有效剂量和皮肤当量剂量，它们可与相应的个人剂量限值进行比较；也可能给出用于大剂量照射情况下估计急性放射损伤如核爆炸时佩带位置人体吸收剂量，需要根据受照情况再估算实际照射的人体中心剂量等结果，以估计急性放射损伤情况。

人体表面放射性污染监测结果为人体皮肤或衣服单位面积的活度值，它们可与表面污染限值进行比较，严重污染并有可能导致皮肤放射损伤时，需要进一步计算皮肤吸收剂量。

内照射个人剂量监测的结果为人体放射性核素摄入量，它既可与相应核素的年摄入量限值进行比较是否超标，还可与外照射剂量监测结果一起判断是否超过剂量限值，但在事故情况下需要精确估算人体吸收剂量时除外，此时需计算人体各个器官的吸收剂量。

（谢向东）

gèrén guāngzǐ jìliàng jiāncè

个人光子剂量监测（individual photon dose monitoring） 用人体佩带的个人剂量仪测量外照射中与剂量，并对测量结果进行解释的过程。人类接受到的电离辐射照射主要来源于 X 射线和 γ 射线（统称为光子），对于从事辐射和放射的工作人员，受到一定程度的外照射需要进行个人光子剂量监视与检测。监测有利于对光子的应用和防护。个人光子剂量监测以降低剂量仪读数和将其转换成体内器官和组织剂量的误差，提高监测质量和水平为中心。

主要任务 测定人员所受的外照射剂量是否超过规定的容许剂量，并借以了解辐射防护情况。在事故性照射的情况下，个人光子剂量监测是进行医疗处理和改进防护措施的重要依据。在核战争中监测的主要任务是为部队估计减员或对战斗力影响、战场急性放射病的医疗救治和在沾染区执行任务提供剂量数据。

方法 主要是利用工作人员佩带个人剂量仪进行测量，以及对测量结果进行解释。

对于单一成分已知能量的光子，可用普通个人剂量仪测定个人剂量。对于单一成分未知能量，多种成分已知能量，多种成分未知能量的光子情况，应使用能量鉴别式个人剂量计测定个人剂量。

原则 应根据工作人员从事的实践和辐射源的具体情况，进行外照射剂量监测和评价。当工作人员所接受的照射剂量可能超过为他们规定的正常情况下的剂量限值，异常照射（事故照射和应急照射）时，应进行照射监测和评价。

程序 制订监测计划，应特别规定监测类型和范围；选定监测方法；监测仪器选择、调试、校准和维修；监测数据判读和初步处理；剂量结果计算和评价；监测记录及其保存；对上述程序实施全面质量保证。

个人剂量仪选择 个人剂量仪（计）由佩带的剂量元件（探测器）和测读装置两部分组成，有时称其之一为剂量仪。直读式剂量计则合二而一。

一般要求 个人剂量仪的性能应满足如下要求：①仪器性能稳定，剂量仪本身的测量误差应在±20%以下。②应有适当的量程，好的线性和足够高的灵敏度。平时用下限最好能低到 0.1mGy；战时用 0.1~0.5Gy，沾染区执行任务应再低些。剂量仪量程上限常规监测一般应达 1Gy，对于战时和特殊监测应达到 10Gy。③剂量元件体积小，重量轻，结实，易于佩带，且不影响工作，价格适宜。④剂量读数衰减小，在一个监测周期内累积剂量的损失应不>10%。⑤正常环境条件（温度、湿度等）对测量结果无显著影响。⑥能量响应好，对于常见的 X 射线或 γ 射线，测量 H_p（10）时，测量范围应在 20keV~1.5MeV；对高能 γ 射线或 X 射线的场合，能量上限应达到 9MeV。监测 H_p（0.07）时，测量的能量范围应在 10keV~1.5MeV。还要防辐射场的高能 β 射线响应。⑦方向依赖性小，因能量响应和角响应共同引入的误差应不>30%（95%可信区间）。⑧剂量率响应小，对于早期核辐射，可测剂量率应 > 10^2Gy/s。⑨剂量仪测读手续快速简单，测读装置的结构不太复杂。⑩个人剂量元件应具有良好的组织等效性。

剂量仪性能 几种常用剂量

仪主要性能如表1。个人剂量仪种类多，各有特色。例如，真空室个人剂量仪结构与电离室直读个人剂量仪相似，其室内是真空，工作原理基于受照射时室壁发射电子作用，适用于测量强脉冲辐射和核爆炸早期核辐射剂量。还有个人辐射剂量报警仪，其中有盖革管、闪烁体和半导体等类型。它们各有其特点，可以配合其他个人剂量仪使用。依照用途和参照上述剂量仪性能选择符合要求的剂量仪。

个人剂量仪佩带 进行个人剂量监测的基本手段是使用个人剂量仪。个人剂量仪应佩带在身体有代表性的部位上，以期测量结果反应全身所受的照射。佩带个人剂量仪的数量应视辐射场所而定。

放射工作人员 在放射线装置及同位素应用中，工作人员大都在有防护的工作室内工作，辐射主要来自屏蔽的漏射线。工作位置、姿态不是固定不变，身体各部位受照剂量大小相差不多，一般在衣领、前胸或背部中间位置佩带一个个人剂量仪即可。为预防设备故障，操作不当等意外情况，还应佩带一个直读式剂量仪或报警仪。

工作中穿戴铅围裙的人员，可在围裙里面躯干上和围裙外面衣领上各佩带一个剂量仪。

可能受到非均匀照射的操作时，工作人员除应佩带常规个人剂量仪外，还应在身体可能受到较大照射的部位，或与主要器官相对应的体表部位佩带局部剂量仪。

核设施辐射工作人员 在核设备设施环境工作的辐射工作人员，虽然正常情况下，人员所受剂量都不超过标准规定，但存在偶然核事故有受到较大剂量和不均匀照射的可能性。因此，应佩带两个或两个以上的剂量仪，且置于不同方位角，如胸前和侧腰位置。

战时个人剂量仪佩带 对于战时个人量监测，主要针对早期核辐射，受照射剂量与入射方向有关，佩带剂量仪数目应在两个以上。但应从实战考虑，一个士兵装备很多东西，因此佩带剂量仪的位置和数量不应影响其行动。

在核爆炸落下灰辐射场工作人员佩带剂量仪量程应适当比平时监测的大些，辐射场均匀性比较好，佩带一个剂量仪也可。

测量与评估结果 包括以下内容。

测量误差 测量回收个人剂量仪，操作应按规范进行，确保测量数据不丢失，误差在相关规定的范围内。剂量测量的不确定度应优于10%。对于现场测量，若监测的剂量水平接近剂量限值或更低，其不确定度应不超

表1 几种个人剂量仪的性能综合比较

性能	直读电离室	胶片剂	辐射光致发光玻璃	热释光剂量仪
工作原理	空气电容电离室充电，照射后电荷减少量与照射量成正比	照相胶片受照射后变黑。变黑程度与剂量成正比，很早就用以测量X射线、γ射线和其他射线	特制荧光玻璃，照射后用紫外线激发，玻璃发出橙色荧光，其强度与剂量成正比	某些晶体含有微量金属或其他原因，受照射后加热放出可见光，总发光量与剂量成正比
X射线、γ射线量程	0.1~2mSv 0.5~1Sv	1~50mSv，0.1~30Gy 改变灵敏度扩量程	0.05~10Gy 线性到10Gy	10^{-4}~10Gy 线性<5Gy
能量响应（无补偿片）	±20% （>30keV）	10~50 （50keV/1.2MeV）	6 （50keV/1.2MeV）	1.25 （30keV/1.2MeV）
方向依赖性	可达3倍 （0°/90°）	包滤片，低能光子5~10倍（0°/90°）	决定于剂量元件形状滤片包装情况	一般可忽略
本底稳定性	决定于漏电情况	高温高湿引发雾	相当于约2mGy，与表面清洁程度有关	稳定
消退	决定于漏电	质量好的为20%/月	<±5%	<5%
重复使用	可	不能	可	可
可复测性	有	有	有	无
使中读数	可	不能	可	不能
其他性能	低能响应差；剂量率限制；与非直读的配合用	设备和条件较简单；操作烦琐；可估计射线能量；超量程“反转”	测读装置可携带	组织等效性好；测读装置结构复杂；监测前进行选片；成本低

过-33%~+50%和-50%~+100%。

个人剂量仪测量误差可分为两类：①仪器本身的误差，大多数可做到±20%以下。②从佩带在身体表面某一位置的剂量仪的测量结果反映全身或器官的剂量而引起的误差，比前一类误差大，源于射线照射的非均匀性和射线入射方向性变化，导致剂量仪读数与某一器官的剂量之间的比例关系有较大变化，且与射线能量有密切关系。在低能光子的场合，必要时需做适当矫正。若能同时佩带几个剂量仪，则会降低剂量测量误差。

剂量评价一般原则　外照射的剂量评价主要应以外照射个人监测为基础。若年受照剂量<5mSv，只需记录监测结果。对于平时监测的个人剂量读数若明显高出以往，应及时查明原因。因设备故障、防护屏蔽或操作不当引起者，应采取措施改正。

若年受照剂量达到并超过5mSv，除记录个人监测结果外，还应进一步进行调查。发现问题及时改进。

若年受照剂量大于年限值20mSv，除记录个人监测结果外，还应估算人员主要受照器官或组织的当量剂量。必要时尚需估算人员的有效剂量，以进行安全评价，并查明原因，改进防护措施。

若受照剂量比最大容许剂量高得多，则应设法提高测量的准确度。例如，在战时和某些严重事故性照射后，还需用物理测定剂量的方法和通过模拟实验确定器官的剂量。

质量保证　外照射个人监测质量保证应贯穿于从监测计划制订到结果评价的全过程。

从测量技术方面应考虑标准的方法、器具和物质以及参考辐射的应用与保持；器具、装置的性能与质量，以及定期校准和经常维护；监测过程中质量控制措施；监测结果的量值必须能溯源到国家基准，并符合不确定度要求。

制定和严格遵守剂量仪发放、佩带、运输、回收和保存等每一环节的标准操作规程。

应定期使用合适的体模对个人剂量仪进行校准。校准用的标准源或参考辐射，其标定的剂量率应能追溯到国家基准或国际标准。

数据处理应使用适宜的统计学方法，以尽量减少数据处理过程中可能产生和积累的计算误差。

（谢向东）

gèrénzhōngzǐjìliàngjiāncè

个人中子剂量监测（individual neutron dose monitoring）　用个人剂量仪及中子测量技术对个人受到的中子照射进行的剂量测量及对测量结果的分析与评价的过程。可分为职业照射、早期核辐射或核事故照射两种类型。由于中子个人剂量监测技术复杂性和中子辐射应用不如γ辐射早及普遍，目前尚未达到γ射线个人剂量监测的水平。

职业照射监测　包括以下内容。

特性及要求　在职业照射中，接受中子照射人数和剂量只占总人数和总剂量的少数份额。中子与介质相互作用，反应类型和截面及其沉积能量随中子能量密切变化，作用产生的次级带电粒子多为高传能线密度（linear energy transfer，LET）重粒子。中子注量，采用标准对中子剂量按能量进行加权计算。

一般认为，中子剂量超过X、γ剂量的20%或者有中子照射事故危险的场所，应进行中子个人剂量监测。中子个人剂量监测要测量的量是沿用国际放射防护委员会（ICRP）的个人剂量当量 H_p（d），监测值为 H_p（10）。

个人剂量仪以其功能可分为记录个人剂量仪、直读式个人剂量仪和个人报警仪。对中子个人监测剂量仪的性能要求与γ射线个人剂量仪的有些基本相同，但能量响应和量程（探测下限和上限）是两个很重要指标。

监测技术　中子个人剂量监测技术有反照率、固体径迹、气泡和胶片及，探测技术。表1是职业照射中子个人剂量监测要求

表1　中子探测器一般特性及与个人监测要求比较

特性（单位）	监测要求	反照率TLD	固体径迹CR39	气泡
剂量下限（mSv）	0.1	0.005~0.2	0.02~0.3	0.05~0.2
剂量上限（mSv）	10^3	>100	>50	~1~10
重复性，*SD*（%）	20	5	30	50
光子响应[1]（%）	5	20	无	无
角响应[2]（%）	各向同性	cos	有前峰	各向同性
能量响应（%）	±50	>10keV差（55）	好（40）	很好，测谱
能量范围（MeV）	热中子-20	热中子-10	0.2~>20	热中子~>14
衰退（30d）（%）	10	无	无	>20
易读性	好	很好	相当好	好
环境灵敏	不	很小	很小	热、振动
造价	低	低	中	高

注：1. 在1Sv的γ照射，当量中子（Sv）中子响应份额；2. 角度入射与正交入射比，cos为像cos随角度变化。

与几种中子探测器（剂量仪）一般性能比较。反照率技术发展的早，已比较成熟并得以常规剂量监测应用。固体径迹 CR39 技术发展较快，日臻完善，目前国际上被普遍采用。气泡探测器特性突出，极具希望，但使用范围受限制。胶片技术在 500keV 以上快中子监测中仍有一定的空间。

中子反照率剂量仪　中子反照率技术是 20 世纪 70 年代发展起来的，它是依据中子经人体反射回来变为热中子和超热中子，利用热中子探测器（主要是热释光 TL）进行个人剂量监测的。其一般设计是在含 Cd 或 B 材料包壳内放置 2 至 3 对 TL 探测器。其中^{6}Li、^{7}Li 用以甄别 γ 射线贡献，多单元可给出能谱信息。

TLD 反照率探测器的优点在于灵敏度高，能甄别 γ 射线，读出方便，造价低，可大量用。其缺点主要是，热中子反照率并非代表所有的体内中子；对不同能量的中子有显著不同的响应灵敏度（低能高估和高能低估）；配对 TL 探测器，读出系统和探测器性能严重影响中子剂量测量的准确性；探测器角响应大，必须把剂量仪紧贴在人体上佩戴；TLD 在加热读取剂量后剂量纪录即消失。这些缺点限制了这种剂量计的应用。

探测器经改进，各性能有不同程度的提高，使其扩大到个人剂量、环境剂量和场所剂量监测。如利用 LiF（Mg，Cu，P）还可以提高中子探测灵敏度，探测下限一般能达到 0.1mSv。同 CR39 一起组成组合剂量仪会得到宽的能量响应。在光致发光（OSL）材料中加入^{6}Li 或^{10}B 等元素中子转化剂，提高 OSL 反照率剂量仪对中子谱敏感度。

固体径迹探测器　固体径迹探测技术是在 20 世纪 80 年代发展起来的。基本原理是一些绝缘材料如石英、玻璃、有机聚合物等由于中子产生的带电粒子［可以是裂变碎片、反冲质子和基于（n，α）反应 3 种类型］的作用形成损伤痕迹，经过适当的蚀刻程序（化学蚀刻，电化学蚀刻或两者结合）这些痕迹显现出来。或在薄片上形成“孔”，用火花计数器计数给出剂量当量；或在较厚片子上在带电粒子径迹端形成“树”状斑点，用带有影像识别装置的显微镜等手段读取这些斑密度对应中子剂量。

CR-39 探测器，对 X、γ、β 辐射不灵敏，未观察到剂量率响应；环境的影响可以忽略；测量准确度为 ±10%；剂量仪结构简单，佩带方便。剂量纪录被永久储存在 CR-39 片上。符合 ICRP 剂量当量要求。缺点是中子注量灵敏度与中子能量和入射角有较强的依赖性，本底重复性差，对 α 粒子灵敏，有一定的老化及读数技术复杂等。

改进后，增加了热中子和超热中子响应；改善了角响应，但增加了读数困难；还给出能谱信息。反冲质子的快中子 CR-39 适用的中子能量范围为 40keV～40MeV，可测的中子剂量范围为 0.2～250mSv。硼膜全能谱 CR-39 适用的中子能量范围为 0.25eV～40MeV，可测的中子剂量范围为 0.1～250mSv，灵敏度高，可以 3 倍的本底标准偏差估算 LLD 为 0.01～0.5mSv；在一定范围内（如 0.5～5mSv）线性好，灵敏度与蚀刻技术无明显依赖关系。

在常规个人剂量监测中，CR-39（烯丙基二甘醇碳酸脂）剂量仪是目前国际上被普遍采用的方法。尤其全能谱的 CR-39 适合于反应堆和高能加速器的工作人员剂量测量。CR-39 通常与对中子不灵敏的光致发光 OSL 或者热释光 γ 探测器组合成一体，形成适用于测量中子、γ 混合场的个人剂量仪。

对于某一较小能量范围的中子（即窄谱），采用符合其能量响应特性的中子探测器，或进行探测器现场刻度和比对，可降低能量的依赖性，提高测量准确度。定量分析中子个人监测结果的可靠性，提高剂量监测水平。

裂变径迹剂量仪的能量响应曲线与 ICRP 推荐的理想中子剂量仪的能量响应曲线符合得较好。

气泡探测器　是 20 世纪 80 年代发展的一项技术。目前有气泡损伤探测器和过热微滴探测器两类，其原理相同，即杂散在液体或半固体胶状体内的过热微滴，由于中子和介质相互作用产生的带电粒子的作用引起膨胀，形成可视的气泡，视读或用其他手段读数，以总气泡数对应剂量当量。

这种探测器具有灵敏度高，光子不灵敏，阈值以上宽谱能量响应好，且阈值可以调节；无角响应，积分型，可直读，可重复使用和体积小等优点。特别是固体气泡损伤探测器的能量响应曲线与 ICRP 推荐的理想中子剂量仪的能量响应曲线符合得较好。它在中子剂量仪领域是一项有前景的技术。但该探测器灵敏度对环境温度和振动灵敏，随贮存时间变化，造价高以及重复使用时间短和量程有限等影响了它的实际应用。

现在气泡技术有新的进展。它们在灵敏度、能量响应等性能上已基本满足表1中的要求。例如，过热微滴探测器用声学方法在有微滴杂散的液体中获取数据，已有产品面市。凝胶体探测器，剂量范围 1μV～5mSv，灵敏度 0.033～3.3 个气泡，能量在 200keV～15MeV 具有平直的能量响应，可选择只对热中子测量。对于能量与剂量的测量范围有限。

半导体探测器　晶硅面垒探测器（SiSD）的直读式中子个人剂量仪和中子个人报警仪，在解决微电子学技术和噪声困难及造价高等问题上已有很大发展，现已有多种产品。现有高剂量中子个人剂量仪适合于油田、放疗、核电及科研辐射场所的中子个人剂量监测。采用硅半导体探测器袖珍型电子个人剂量仪，体积小，笔形结构佩带和数字显示操作方便，可进行一定期间内的累积剂量当量的测量，具有测量数值自动保持功能。缺点是其剂量响应随入射中子能量变化大，通常采用感兴趣能区的平均剂量响应确定中子个人剂量当量，因此不确定度通常较大。

市面产品性能，量程 0.01～99.99mSv（^{241}Am-Be，4.5MeV），能量范围 25keV～15MeV，0.10～99.99mSv 累积指示误差 ±40%，耐γ特性 0～约 100mSv/h 不响应，环境温度 0～45℃，外观尺寸 30mm×145mm×12mm。

早期核辐射和事故照射监测　包括以下内容。

特性及要求　早期核辐射主要是γ射线和中子，特别是中子弹爆炸中子占主要成分。评估中子对人员的确定性效应主要是快中子吸收剂量与职业照射随机效应剂量当量不同。由此，快中子剂量测量要求和探测器技术有其特点。测量中子能量范围主要是 0.5～14MeV；量程上限>6Gy；无剂量率响应；直读或携带式读数器支持。大型核事故个人中子剂量监测与此有些类似。

快中子探测器　目前适用于早期核辐射个人中子吸收剂量监测要求探测器当属半导体探测器。宽极硅二极管快中子剂量探测器受快中子辐照时，材料的少数载流子寿命随辐射剂量增加而降低，电阻率则增大。因而探测器的正向电压也随之增大，其正向电压增量（快中子响应）与快中子剂量成正比。这种探测器研究始于 20 世纪 60 年代，其性能和工艺日趋成熟。其主要性能：测量能量范围 0.25～14MeV，灵敏度 50mSv/cGy，体积小，测量电路简单，无源，便携式，大量程 0.01～10Gy。与剂量率无关。电子或γ剂量影响小。有明显温度效应。正确工艺，保持材料高寿命，提高器件可靠性；高电阻，高寿命硅材料提高灵敏度。例如，20 世纪 80 年代美军装备就采用这种探测器。主要参数：0.3～14MeV；量程 0.1 至数十 Gy；1Gy 时总误差 8%～15%；有衰退响应。Canberra 电子直读宽极硅二极管快中子个人剂量仪，多功能，数字化，小型化。中子剂量 1～999cGy；中子响应能量范围热中子约为 14MeV。反照率剂量仪可用于早期核辐射中子个人剂量监测。

（谢向东）

tǐbiǎo fàngshèxìng wūrǎn jiāncè

体表放射性污染监测（surface contamination monitoring）

用表面污染监测仪对存在于人体皮肤表面和衣物放射性物质的活度测量及对测量结果的解释与评价。监测项目包括两类：人体暴露部位（如手、足及头发等）的放射性表面污染监测；人员穿戴的防护用品及内衣等的放射性表面污染监测。

应用　除核武器爆炸外，脏弹爆炸、核电厂等反应堆意外事故造成放射性物质泄漏、工作场所密封源发生或怀疑发生泄漏等事件中，以及工作场所使用非密封源，需要对有关人群进行体表放射性污染监测。

通过监测可以判断其与表面污染控制水平或剂量限值的符合情况；探测可能扩散到控制区外的污染，以便及时决定是否采取去污或其他合适的防护措施，防止污染继续扩散，控制和减少人体对放射性物质的吸收；在工作人员一旦受到过量照射，为启动和支持适当的健康监护及医学治疗提供信息；为制订内照射个人评价计划和修订操作规程提供资料。

方法　包括监测仪器、测量方法、结果评价。

监测仪器　根据污染的放射性核素种类选择合适的污染测量仪器，放射性核素类型可分为α核素、β核素、α-β核素。若核素未知或两种类型核素均有，宜选择带有α和β两个探头能分别测定α和β表面污染水平的测量仪器。若已知污染类型为单一α或β表面污染，则可选择对α和β表面污染均灵敏响应的单探头测量仪器，且仪器对α和β表面污染的探测下限分别不应 < 0.04Bq/cm^2 和 0.4Bq/cm^2。若需在大量物品中快速发现少量污染物并确定其位置，则宜选用对α射线、β射线和γ射线均灵敏响应伴鸣叫声示警的仪器。在核爆炸条件下的表面污染测量，多选β表面污染水平的测量仪器。

测量方法　通常采用直接监

测法对皮肤及衣物的放射性表面污染水平进行测量。测量顺序一般应是先上后下，先前后背。在全面巡测的基础上，再重点测量暴露部位（如手、脸、颈和头发等），特别应注意发现严重污染的部位。必要时，测量结果应用图表示出污染分布及污染水平。

测量时应控制好监测仪探头离被测表面的距离与探头移动速度。测量 α 污染时应不>0.5cm，测量 β 污染时以 2.5~5cm 为宜，应小心避免监测仪探头污染；探头移动速度应与监测仪的读数响应时间匹配，一般<15cm/s，通常为 5cm/s。

若初始污染或持续污染水平显著高于控制水平，应注意污染监测仪的饱和上限。必要时选用监测上限值更高的监测仪。

对 α 核素和 β 核素混合物污染的场合，应通过带和不带吸收体（如一张纸）的检测进行鉴别。测量时应注意它们之间的互相干扰，尤其是低能 β 污染的测量，应注意 α 辐射的干扰。

用于 β 表面污染测量的 β 探头，除对 β 射线有响应外，对 γ 射线也呈一定程度的响应，所以测量时应尽量避开 γ 辐射场的干扰。特别在核爆情况下，通常使用 β 表面污染测量仪，地面和空气中放射性污染会导致明显的 γ 剂量率，造成探头 β 表面污染测量的“假计数”。此时可用遮挡法扣除 γ 射线干扰。表面污染测量仪通常有铝制的盖板，它可完全阻挡 β 射线，而对 γ 射线几乎不起任何阻挡作用。将有盖板时的读数可以当成本底计数扣除，即可消除 γ 辐射场的干扰。

对于常规监测，皮肤及衣物放射性表面污染水平监测的面积一般可取 $100cm^2$，对于面积较大或分布不均匀的污染表面，可取多个 $100cm^2$ 面积上污染水平的平均值作为监测结果。对于手，监测面积则可取 $300cm^2$。

结果评价　用年皮肤当量剂量 H_p（0.07）限值限制人员皮肤的受照程度，年皮肤当量剂量因职业照射不超过 500mSv，在事故应急中一般不超过 1Sv，为抢救生命而采取行动时不得超过 5Sv，特殊情况下为执行事故救援或在次生核灾害条件下执行任务，可按《战时核辐射控制量》进行控制。一般情况下，可以通过限制工作人员皮肤和衣物放射性表面污染控制水平控制对皮肤的照射。工作人员皮肤和衣物放射性表面污染控制水平见表 1。

若放射性表面污染水平不超过控制水平，或虽超过控制水平但不是很大，一般不需要估算皮肤当量剂量，而是应先去除或减少污染，并可能需要调查原因。若初始污染或持续污染水平显著高于控制水平，除抓紧控制污染源、去除或减少污染及调查原因外，可能还需要估算皮肤当量剂量。不同能量 β 放射性物质皮肤表面污染所致皮肤吸收剂量的估算见表 2。

在核爆炸情况下，可以根据皮肤或伤口的表面污染水平，开始受沾染的时间 t_1（爆炸后小时）和沾染持续时间 t_2（爆炸后小

表 1　工作人员皮肤和衣物放射性表面污染控制水平

表面类型	α 放射性物质（Bq/cm^2）	β 放射性物质（Bq/cm^2）
工作服、手套、工作鞋	0.4	4
手、皮肤、内衣、工作袜	0.04	0.4

表 2　β 放射性物质皮肤表面污染对皮肤不同深度处的吸收剂量[（μGy/h）/（Bq/cm^2）]

β 射线最大能量（MeV）	深度（mm）				
	0.01	0.07	0.5	1.0	5.0
0.1	0.33	0.005	–	–	–
0.2	0.56	0.09	–	–	–
0.4	0.56	0.20	0.007	–	–
0.6	0.52	0.25	0.04	0.005	–
0.8	0.50	0.27	0.06	0.02	–
1.0	0.49	0.28	0.08	0.03	–
1.2	0.48	0.28	0.10	0.05	–
1.4	0.47	0.28	0.11	0.06	0.005
1.6	0.39	0.25	0.12	0.07	0.001
1.8	0.38	0.26	0.12	0.08	0.003
2.0	0.38	0.26	0.13	0.09	0.004
2.2	0.38	0.26	0.13	0.09	0.006
2.4	0.38	0.26	0.14	0.10	0.01
2.6	0.38	0.26	0.14	0.10	0.01
2.8	0.38	0.26	0.14	0.10	0.01
3.0	0.38	0.26	0.14	0.11	0.02

时)，查表3可粗略地求出β射线对皮肤的外照射的剂量，以判断皮肤受β照射的程度。

（谢向东）

tǐnèi fàngshèxìng wūrǎn jiāncè

体内放射性污染监测（contamination monitoring in vivo） 直接测定人体全身或器官放射性核素活度以评估内照射剂量的过程。

当体内结合的放射性核素发射足够能量的贯穿辐射（通常是X射线或γ光子，包括轫致辐射），导致在体外可探测时，直接测量是可能的。对于大多数体内计数的应用，光子探测器置于身体周围的特定部位，通常至少应对探测器和/或测量对象作部分屏蔽，以减少来自周围外部源的干扰。

应用 用于从事核燃料循环，医学、科研、农业和工业中放射源使用职业工作人员的体内放射性污染监测。也可用于遭受核武器袭击、核电站事故、核恐怖袭击等各类人员的体内放射性污染监测。

方法 各种探测系统使用于不同目的。大原子序数材料的无机晶体、常用的铊激活碘化钠，通常用于探测高能光子（100keV以上），如由许多裂变产物和活化产物发射的光子。用光电倍增管探测晶体同高能光子相互作用产生的闪烁；这些闪烁产生一些电子脉冲，经过专门处理，获得一个能反应晶体所吸收的辐射状况的能谱。这类测量系统最适合于存在放射性核素数目较少的情况；对能量分辨有限，即使采用去卷积技术，也不可能测定给出复杂能谱（如由新的裂变产物混合体产生的能谱）的放射性核素。但在许多情况下，该方法是量化体内含量的最灵敏方法。

半导体探测器在能量分辨方面很有优势，能几乎毫不含糊地鉴别出混合物中的各种放射性核素，但使用不方便，因为它们需要冷却到液氮温度。高纯锗（HPGe）探测器容许整套系统置于室温中，但工作期间需要冷却。再者，可供使用的许多半导体探测器只有相当小的尺寸，因此其灵敏度比无机晶体和其他闪烁体低。紧凑排列的3~6个探测器正在成为监测特定器官（如肺）中污染的标准方法。

低能光子，如由^{239}Pu发射的光子（13~20keV）和^{241}Am发射的光子（60keV），可用薄的NaI（T）晶体探测，其探测效率与较大的晶体相似，但本底低得多。附加第二个晶体，通常是CsI（T1），作为反符合屏蔽，消除高能光子的影响，使得探测灵敏度得以改进。该装置通常称为层式磷光闪烁体（磷光夹层）探测器，它能将这些光子的探测限值降低一个多数量级。HPGe探测器阵列，由于其分辨率高和本底低，已越来越多地用于探测低能光子。对于低能光子的计数（如用层式磷光闪烁体或HPGe探测器），在确定探测效率时，必须考虑上面覆盖组织的厚度。

小型半导体探测器，特别是可在室温下工作的碲化镉（CdTe）探测器，正在越来越多地被使用。用CaTe探测器探测低能光子时具有高灵敏度，尺寸小（直径约为10mm，厚约2mm），使它们成为局部伤口监测的理想探测器。不需要将工作人员封闭在一个有屏蔽的室内，有可能快速评定外科切除操作是否成功。但这些小尺寸的探测器不适用于通过能谱测定法辨认和量化放射性核素。

建立一个先进的在体监测设施时，一般建议设置各种各样的探测系统，使之适用于可能受关注的特定放射性核素。

直接测量的测量对象应去除体表污染，穿着新的衣服（通常是一次性纸衣服）。珠宝、手表和眼镜等饰物应摘掉，有助于避免误认体内放射性活度，也可防止将污染转移到计数设备。被测人员应在实际可能的程度上处在确定的计数位置上，以确保连续测量的可重复性，并改进与刻度结果的比照。某些情况下，测量对象需保持静止状态达1小时，以使测量结果令人满意地准确。应为处于密闭屏蔽中的测量对象提供某些联络手段，特别是在有必要延长计数时间时。

探测器中出现的本底计数通常归结于4个来源：①来自天然

表3 核武器爆炸后不同时间人员体表受落下灰（$37kBq/cm^2$）沾染的β累积剂量

沾染持续时间 t_2（h）	爆炸后不同时间 t_1（h）沾染后的β累积剂量（Gy）					
	1	12	24	72	168	240
4	0.14	0.33	0.37	0.39	0.40	0.40
12	0.2	0.78	0.94	1.10	1.16	1.20
24	0.24	1.18	1.56	2.02	2.23	2.28
72	0.29	1.94	2.9	4.66	5.79	6.13
168	0.32	2.51	4.08	7.7	10.91	12.12
240	0.33	2.74	4.57	9.15	13.68	15.54

源的环境本底辐射，如宇宙射线或氡及其衰变产物。②来自屏蔽和其他设备中的放射性本底辐射。③来自测量对象中天然放射性辐射。④测量对象同环境辐射相互作用而散射到探测器的辐射。

对于基于闪烁计数［NaI（Tl）晶体或层式磷光闪烁体］的计数系统，探测器系统的本底计数应用一个适当的体模（尽可能类似于要计数的测量对象，且置于限定的计数位置）测定。对于全身计数，用性别、身高和体重方面相符的未受污染的测量对象测定本底计数，将能改进测量结果。但完全相符是不能的，如^{40}K含量等因素不能控制，因此，较好的结果能从相符合的控制组或从开始工作前对特定个人所作的测量获得。对计数器中本底的测量，在时间上应尽可能与测量对象的测量接近，理想情况是恰在其前和其后。用半导体探测器时，以相符的体模进行本底计数不必要。

应将与内照射评估有关的质量保证大纲仔细周到地编制成文件。质量保证计划的制订，应包含关于实施该大纲及其作业各阶段的一般说明。书面程序应描述每一项任务，并规定质量控制判据。例如，放射性化学分析程序应包含化学产额的可接受限值。质量控制程序应将控制图表以及探测仪器本底、效能和其他性能数值的其他方法的使用编制成文件，并应包含报告和纠正偏差的细则，以及作业中变化的细则。还应制订将结果编制成文件和报告的程序，正如应制订记录的整理、维护和归档的程序一样。编制的文件应为监查人员从头至尾调查这项作业并评定其真实性提供充分资料。一旦书面程序得到批准，对它们的任何偏离或修正都应得到许可并编制成文件。

对全体剂量测定服务人员进行恰当地培训，对于保证他们能可靠地执行任务必不可少。培训应包括：①他们在质量体系中的特定责任。②内照射剂量评估的基本原则和策略。③所用方法和程序的原理和细节，以及其局限性。④他们参与过程的技术细节和可能问题。⑤他们的工作与大纲其他部分的关系。⑥关于确认和报告所出现问题的指导性意见。⑦了解整个质量体系及其目的。

在未达规定标准的环境中，难以获得高质量的结果。应提供足够的实验室和办公空间，安置必要的设备和人员。设备应可靠、稳定，适于它从事的任务，程序应制订好，以防止放射性核素污染测量设备。为使设备在关键时刻（如在应急情况下）失效的概率降至最小，应制订预防性维护大纲。应将与实施剂量测定服务作业并无直接关系的活动分开，以避免不必要的干扰。还应考虑工作条件的一般安全问题。应为用于直接测量的设施提供更衣室和淋浴设备。应建立提供整个内照射剂量测定服务性能的质量指标的制度。该制度是对设备和程序进行检验用的一个常规大纲。所有检验结果，应连同检验导致的对程序的任何修正，一并编制成文件。

作为《质量保证大纲》的一部分，测量设备可确定参考样品（即放射性核素含量事先已知的样品）分析用的性能标准。性能标准应是对测量结果的可接受性明确界定的限值，这种可接受的测量结果是样品中放射性核素的含量相对于这种测量方法的最小可探测放射性活度（minimum detectable activity，MDA）之间的函数关系。例如，若真值是这种方法的MDA值的10倍，人体模型的肺中^{241}Am直接测量的可接受结果可能是0.75～1.5倍真值的测量值。

应对重复测量值的精确度确定性能标准，即若含量真值是这种方法的MDA值的5倍，则同一样品相继测量之间的变化应不超过30%。若放射性活度很低，以至于随机统计误差占主导地位，则性能标准不能严于统计涨落容许值。

用于内照射剂量测定的直接或间接测量的实验室，应参加国家和国际的比对活动。许多国家已有直接测量的国家比对计划，国际比对也正在协调中。同样，间接测量的国家和国际的比对活动也已协调好，已由法国原子能委员会（Commission Energy Atomique，CEA）协调。还应进行定期监查或评议，以核实对《质量保证大纲》的遵守和内照射剂量测定计划的有效性。用于进行监查和评议的指导性意见在有关的安全导则中给出。

（曲德成）

wùlǐxué wàizhàoshè jìliàng gūsuàn

物理学外照射剂量估算

（physical estimation of external radiation dose） 通过测量实践和理论计算方法获取辐射剂量值的方法。人体剂量与辐射场性质、人体结构等因素关系密切。有些场合下，由于探测技术、辐射场和时间需求等原因，不能直接进行外照射剂量测量，需要用物理学外照射剂量估算方法。例如，核战争时为赢得时间，利用估算法能快速地获得早期核辐射场里大量受照射人员的剂量资料。

模拟人选择 早期外照射剂

量计算，用圆柱、椭圆柱和球体作模拟人（人体模型）。随着计算技术发展，国际辐射防护委员会（ICRP）第23号报告（1975）给出参考人。之后在此基础上发展了医学内照射剂量（medical internal radiation dose，MIRD）模拟人。后来，德国人开发了“亚当”和“夏娃”一对异性模拟人。近年来基于真人资料研发成数字可视化虚拟人，提升了计算精确程度。在20世纪70年代，中国首次研制类似中国男人的模拟人，其主要组织和器官由数学来描述。在核试验中还制作了包含简化的骨骼和肺部，其余空间充以组织等效液体的非均匀人体模型，并进行了早期核辐射人体剂量学研究。在进行外照射剂量估计时，应依据要计算的人体型和所要求的剂量选择人体模型。

辐射源（场）参数 辐射工作人员在同位素装置、加速器、核反应堆等X射线、γ射线或中子源场所工作时，控制操作室里辐射主要来自屏蔽的漏射和散射线，因此可视为均匀场。射线能量（谱），剂量率可由设备操作条件或测量确定。通常核事故和核爆炸中子谱和注量参数测量，技术复杂，准确度差，难以获得计算所需全部剂量学数据，只能采取估算剂量方法。

方法 物理学外照射剂量估计方法步骤如下：①选择模拟人。②确定辐射源（场）的中子能谱和注量或剂量，X射线、γ射线剂量（率）等参数。③采用适合的方法进行计算。

估算γ射线、中子外照射剂量有多种方法。其中，点核积分法和蒙特卡罗方法使用较多。点核积分法模型简单易行，蒙特·卡罗方法（随机抽样+统计分析法）复杂，但其精度好于前者。现已有利用蒙特卡罗方法计算的人体器官剂量转换因子（器官吸收剂量/体表面剂量）和全身剂量转换因子，可根据体表面剂量和相关数据查出有关器官吸收剂量和体内剂量。

对于中子、γ射线混合场，计算的中子、γ射线剂量相加即总剂量。若γ射线剂量由佩带在人体上个人剂量仪测量，则其中有中子在体内产生的俘获γ剂量份额。

应用 包括以下内容。

γ射线照射量计算体模中吸收剂量 在体模中某点放进探测器测得照射量值（X，伦琴），乘以与光子能量及受照射物质的原子序数有关系数f（即f·X），即该点上的吸收剂量（D，拉德）。f数值有表可查。测得或算出空气中的某点的照射量（X，伦琴），乘以与射线能量，体内深度有关的剂量转换系数F（即F·X），即可得人体若处于该位置，人体内相应点上的吸收剂量（D，拉德），F值有资料可查到。

早期核辐射剂量估算 依据爆炸当量和至爆心距离等参数，通过理论计算早期核辐射混合场剂量。计算剂量可用于划分辐射场内人员伤亡半径，如出现重度放射病的半径范围。

中子外照射剂量估算 利用人体模型实验和计算相结合的方法计算中子外照射剂量。若提供测量的中子谱和注量，个人剂量仪测量数据，即可获得人体内器官和组织中子剂量。

（谢向东）

zǎoqī héfúshè γ jìliàng gūsuàn

早期核辐射γ剂量估算（estimation of initial nuclear γ radiation dose） 依据爆炸当量和离爆心距离等参数，理论计算γ射线辐射对人员照射剂量的方法旨在估计核爆炸后最初15秒内放出的γ射线对人员战斗力和健康的影响，以便采取相应的防护措施或卫生医疗措施。

理论基础 核武器爆炸时，早期核辐射γ射线是核爆炸后最初15秒内放出的γ射线，以区别于放射性落下灰在较长时间内释放的γ射线，它和核爆炸中子辐射均是核爆炸导致急性放射损伤的主要考虑因素。

早期γ辐射场包括瞬发γ辐射和缓发γ辐射。瞬发γ辐射在弹体物质蒸发和飞散（10μs）之前放出，主要包括裂变γ射线、少量短寿命裂变产物释放出的γ射线和中子与弹体物质发生作用产生的次级γ射线。其特点是在爆炸瞬间释放出来，在它进入大气之前先要通过弹体，并与弹体物质多次作用而大部分被吸收。余下的辐射出壳时平均能量为1.25MeV，具有极高的剂量率，但由于作用时间极短，它在总γ辐射中只占有极少的份额，在估算对人体剂量时可忽略不计。缓发γ辐射包括从弹体材料充分地蒸发与飞散的时间开始，到放射性火球烟云剂量率下降至对地面累积剂量的贡献可忽略的时间为止所释放出的γ辐射，时间10微秒~15秒。裂变碎片γ射线平均能量为1MeV，中子与大气、土壤作用产生的次级γ射线的平均能量为5.5MeV。其特点是不受弹体减弱，但在大气传播时受冲击波的影响，它是早期γ射线辐射剂量的主要来源。在较远距离处，中子与大气等作用产生的次级γ射线会形成平衡能谱；裂变碎片γ射线由于低能部分被吸收，只有少数高能γ射线传到较远距离处。因此，综合起来，早期γ射线辐射能谱随距离增加而变硬（平均能量增高），可导致人体全身各个器官的照射。在方向上，早期γ辐射可按平面平行入射近似处理。

早期核辐射中的γ射线和中子的比例，因核武器当量的不同而不同，随当量的减小，中子所占比例逐渐增加。例如，当量50万吨中子仅占5%，2万吨增至45%，1千吨则高达70%。中子弹所占比例更大，且主要是高能中子。因此，在使小当量战术核武器和中子弹的情况下，更需关注早期核辐射剂量。

基本方法 早期核辐射，无论爆炸当量大小，无论核弹种类（氢弹、原子弹、中子弹），其射线能量被大气层衰减，杀伤半径同样，仅限于2.5~3km，绝对不超过4km，仅核辐射剂量大小不同。因此，在距核爆炸投影点半径4km以外，可不考虑早期核辐射损伤。对于小型战术核武器，早期核辐射考虑的半径为1.5km。

万吨以下核爆炸，早期核辐射的杀伤范围大于光辐射和冲击波，当量越小，早期核辐射相对的杀伤范围越大；万吨以上核爆炸，早期核辐射的杀伤范围小于冲击波，更小于光辐射，随当量增大，光辐射和冲击波的杀伤范围越来越大于早期核辐射。早期核辐射的损伤发生于现场死亡边界（因极重度冲击伤而亡）以外的环形区内，对于50万吨当量以下核爆炸，这个环形区的宽度不超过1km。百万吨级核爆炸时，早期核辐射的杀伤范围小于极重度冲击伤的范围，对于暴露于地面的人员基本上不考虑早期核辐射损伤的问题。

一定爆炸当量和离爆心一定距离处，早期γ射线辐射所致人体剂量，与照射时间与人员屏蔽情况有关，因此应先估计人员受全部早期γ辐射剂量。

距离爆心一定距离处，早期核辐射γ射线所致人体吸收剂量计算公式如下：

当 rp≤2000（m・mg/cm³）

$$D(r) = 2.07K\frac{e^{-r\rho/345}}{r^2} \quad (1)$$

当 rp>2000（m・mg/cm³）

$$D(r) = 0.78K\frac{e^{-r\rho/415}}{r^2} \quad (2)$$

式中：

X（r）：距离爆心r处的人体吸收剂量，Gy；

K：与爆炸当量Q（千吨）有关的系数；

r：距爆心距离，m；

ρ：半爆高处空气密度，mg/cm³。标准情况下其数值见表1。

应用 人员实际受早期辐射的剂量大小，与人员所处位置的防护效果有直接关系，公式（1）和公式（2）给出的结果均未考虑人员所在位置地形和物体对射线的屏蔽，在实际估算还得除以其对早期核辐射的削弱倍数。表2给出一些工事和技术装备对早期γ辐射累积剂量的防护性能。一些具体实例如下：堑壕、交通壕和单人掩体，空爆时对早期核辐射的削弱倍数为2倍，地爆时为5倍，具体与其深度、走向有关；崖孔对早期核辐射的削弱作用主要与顶部土层厚度有关，当土厚1m时，其削弱倍数约为100；防破片型机枪工事的削弱倍数为26，轻型机枪工事的为75，轻型观察工事的为135；防护层厚1m的束柴圆筒避弹所内的削弱倍数为135，防护层厚1.2m的土袋人字拱避弹所的为300；轻型钢筋混凝土框架掩蔽部的削减倍数为1400。

早期核辐射的作用时间只有十几秒，剂量的主要贡献时间在

表1 标准情况下空气密度与海拔高度的关系

海拔高度（m）	空气密度（mg/cm³）	海拔高度（m）	空气密度（mg/cm³）	海拔高度（m）	空气密度（mg/cm³）
0	1.266	1800	1.031	3600	0.859
200	1.203	2000	1.01	3800	0.842
400	1.18	2200	0.99	4000	0.824
600	1.158	2400	0.971	4200	0.808
800	1.136	2600	0.952	4400	0.79
1000	1.115	2800	0.932	4600	0.774
1200	1.092	3000	0.914	4800	0.759
1400	1.072	3200	0.895	5000	0.742
1600	1.051	3400	0.878		

表2 一些工事和技术装备对早期γ射线辐射累积剂量的防护

名称	地形地物	中型坦克	无盖堑壕	掩盖堑壕	猫耳洞	掩蔽部	地下永备工事	民用地下室
削弱倍数	1~2	3~15	2~16	11~67	10~100	628~5000	10^4~10^6	227

前4秒内。其中，核装料在裂变、聚变瞬间发射的中子，以及这些中子与氮气作用生成的γ射线，作用时间均不到半秒。即使如此，在见到闪光后若能够迅速采取防护措施，仍有可能减少一部分γ射线照射剂量，特别是对万吨以下核爆炸，离爆点较低距离处，最多可减少30%，其他情况减少量一般在10%以下。

以上早期γ射线辐射的剂量是理论上的初步估算，仅供参考，人员实际受照剂量与许多因素有关，有剂量监测的情况下，应以监测结果为准。

（谢向东）

zhōngzǐ wàizhàoshè jìliàng gūsuàn

中子外照射剂量估算 （estimation of neutron external exposure dose） 计算中子辐射对人员照射剂量的方法。是对中子辐射进行防护的基础，也是评价受到中子照射后辐射效应和核事故中子外照射诊治的依据。在辐射防护评价中所用剂量主要是中子当量剂量和中子有效剂量。在事故剂量估算方面，用有效剂量当量主要器官（或组织）的器官吸收剂量和组织深部的吸收剂量。

在实际应用中，按上述剂量定义计算中子剂量有一定难度。为此，现已有人利用蒙特·卡罗（Monte Carlo）方法（简称M-C法）和拟人体模模拟计算，或通过在各种照射条件下，利用人体模型实验获得简易的中子剂量估算方法。例如，国际辐射防护委员会（ICRP）第74号出版物和国际辐射单位与测量委员会（ICRU）第57号报告中为防护目的外照射使用的中子注量——剂量转换系数。用户可依据获得照射几何条件、中子能量和注量估算中子外照射剂量。有的还开发出用于几种典型中子源相应的计算机剂量估算系统。

若受到核反应堆事故和核爆炸中子照射剂量较大，应通过中子照射人体模型实验测量模拟或用M-C法模拟估算剂量。中子外照射剂量估算方法比γ射线的外照射剂量估算方法复杂得多，准确度还不够理想。这与中子与人体组织作用机制、照射几何条件和计算方法等因素影响有密切关系。下面介绍中子外照射剂量估算中最复杂的核爆炸中子外照射剂量估算。

实验测量与计算相结合的方法 实验测量在核爆炸早期辐射场进行，测量项目有空气中中子能谱和注量，人体模型中中子注量分布。利用测量数据计算体模中外照射中子剂量，并以此估算相似照射条件下人的中子剂量。以下实验测量数据多数来源于测量和计算项目比较多的地面核试验。

中子能谱和注量及体模中子分布实验测量 实验测量在不同核弹类型（原子弹和氢弹爆炸）、爆炸当量大小、爆炸方式（3次地面和3次空中）下进行。根据预报爆炸当量和剂量，测量中子谱探测器和体模布放在距爆心不同距离的开阔地面上。

能谱和注量测量 中子谱和注量用活化法和固体径迹法测量。测量所采用的活化探测器是Mg、Al、Fe、S、In、Ni、Mn、Na、Co、Cu和Au，共11种。固体径迹探测器由包硼的^{235}U裂变片构成。用计算机计算中子谱探测器测量数据，获得体模前面1m高空气中和人体模（简称体模）型前表面两个位置的中子谱（图1）。

中子注量分布测量 实验用的全身体模几何尺寸近似于中国男人体型，身高度165cm，椭圆柱躯干长轴32cm，短轴20cm。体模有均匀和非均匀两种类型，前者全部由水组成，后者由模拟骨骼、肺等器官和组织当量液组成。为便于利用和比较国外同类研究资料还选择了其他尺寸的体模，其中有躯干长轴32cm、短轴22cm、高60cm椭圆柱体模；直径30cm、高度60cm圆柱体模。实验时将他们放在距离地面高90cm支架上。根据实验目的要求，躯干体模有水、组织当量液体或固体3种类型。

在体模表面不同高度和中心截面上放置硫和铟活化探测片、包镉或裸金箔片，他们分别用以测量能量>1.5MeV快中子，能量

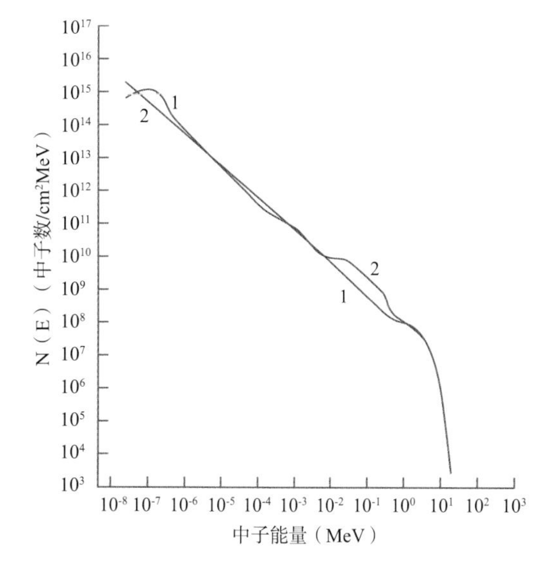

图1 空气和体模表面中子谱

注：曲线1为空气中子谱，曲线2为体模前表面中子谱。能谱宽度从热中子——快中子，达十个量级，可谓全谱。

≥1MeV 快中子和热中子。

用布置在中心截面上的硫探测器测量数据绘制的快中子等注量曲线，称为等剂量曲线（图2）。由布置在中心截面短轴上的金片测量结果绘制的热中子分布（图3）。曲线2是硫探测器测量的中心截面短轴上快中子分布，称为快中子深度剂量曲线（图4）。

实验测得的体模中心轴快中子分布呈弧形，头部最高，腹胸部之间最低。这种分布规律与体模自身辐射屏蔽作用有一定关系。

利用体模表面布放的硫探测器测量的快中子，可估计面向爆心（AP）照射时前（0°）、后（180°）表面剂量之比：椭圆体模是 1.00 ∶ 0.24，圆柱体模为 1.00∶0.19。这表明早期核辐射快中子有明显角分布，体表面和体内剂量分布随之变化，且都随爆高而变化。

体模内剂量分布　包括以下内容。

中心截面上中子深度剂量计算　利用测得的空气中中子谱，以及文献上用 M-C 法计算的单能中子平行入射到体内深度剂量资料，在计算机上计算出中心截面上反冲核，俘获 γ 射线及总中子深度剂量分布（图4）。它以实验测量的体模前后表面剂量之比双侧平行入射计算。曲线靠近前后表面有凸起，由热中子和低能中子产生的。图4中两曲线总体变化趋势相似。因此，在表示剂量分布、相互比较剂量关系中，用硫或铟探测器测量的注量可视为“剂量”。深度剂量曲线的斜率表明，中子外照射是非均匀性照射。

体模内空间剂量分布　利用图4计算的深度剂量标度图1中心截面上快中子等剂量曲线，再利用体模表面和中心轴上硫探测器测得的中子注量高度分布，可得到体模内不同高度层面上剂量分布，即空间剂量分布。

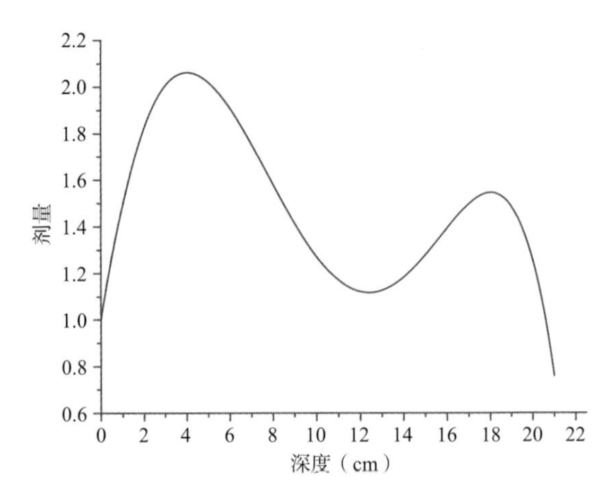

图3　热中子深度分布

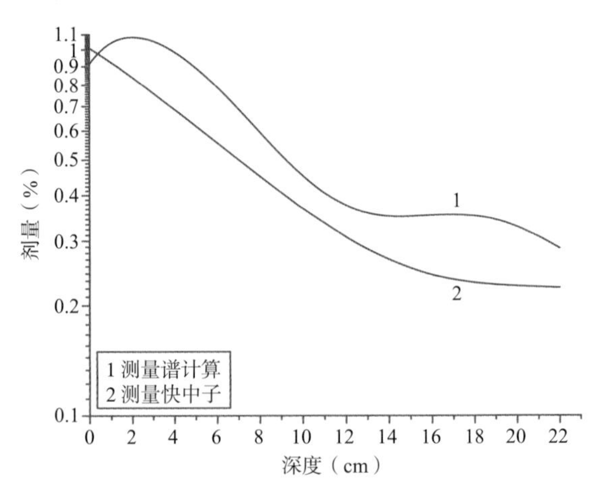

图4　中子深度剂量

人体器官和组织中子剂量估算　包括以下内容。

器官剂量　利用体模内空间剂量分布和器官位置坐标，可直接查出某一器官中子剂量。若器官体积较大，可取多点平均值。肺部体积大，密度比软组织小，应进行修正。人头部近似为长轴20cm、短轴14cm的椭圆柱体。头部自身屏蔽作用小于躯干部，故在全身中心轴线剂量分布曲线上，脑中心的剂量是最高点。

红骨髓平均剂量　人的中子红骨髓剂量依据测量的中子谱，

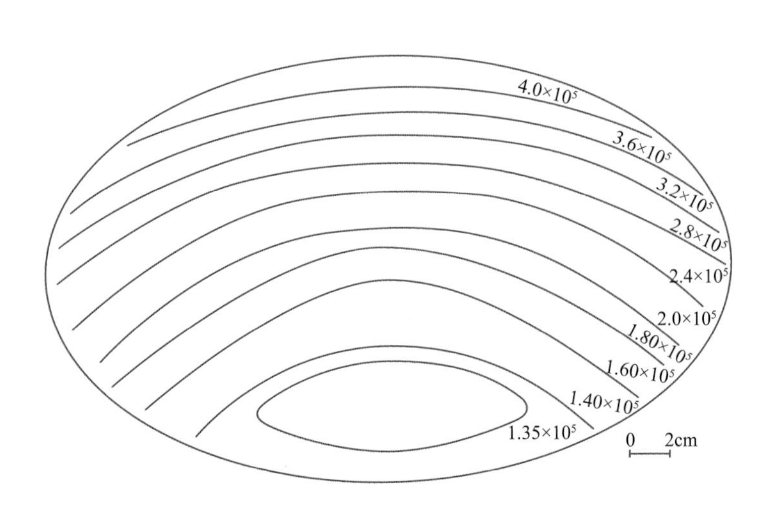

图2　快中子等剂量曲线

利用文献上红骨髓平均剂量与中子能量关系曲线进行计算（表1）。

干细胞剂量　按干细胞活存模型进行剂量计算，算得的剂量简称干细胞剂量。人的干细胞存活率计算如公式（1）：

$$S = \sum_i P_i S_i \qquad (1)$$

式中，P_i 为身体各部位红骨髓的干细胞在全部干细胞中所占的比例，即各部位红骨髓的相对数量；从这些部位红骨髓的吸收剂量 D_i 在干细胞的剂量活存曲线上查出干细胞存活率 S_i。算出 S 后可由同一根干细胞剂量活存曲线查出所对应的吸收剂量 D，即为所求的干细胞剂量。

在此，利用实验测量获得的体模内中子剂量分布，并假定中心点的剂量为170rad，查裂变中子干细胞活存曲线获得干细胞剂量（表1）。可见红骨髓平均剂量和干细胞剂量与其中心和表面的剂量之比，与中子入射方向有密切关系。

快速估算核爆炸早期核辐射中子外照射剂量　估算核爆炸中子外照射剂量方法和步骤如上所述。估算方法及结果可应用于类似场合：①只要知道场所或个人剂量仪的测量剂量，即可通过体表面与体内剂量比例关系，快速估算出外照射中子剂量和剂量分布情况（表2）；人体附近空气剂量略高于体表面剂量。②若能获得中子能谱和注量及其他较多资料，可采用上述估计算法和 M-C 法，获得更多剂量信息。

影响早期核辐射中子外照射剂量估算不确定度的因素　根据多次现场实验得知，影响早期中子外照射剂量估算的因素较多。

中子能谱与剂量关系　为了解中子能谱对估算中子外照射剂量方法的敏感性，对国内外几个有代表性核爆炸中子谱，用同样方法计算了他们的体中心与表面剂量之比，谱特性和计算结果（表3），其平均值及相对标准差是0.354%±7%，最大和最小误差分别是12%和-11%，可能源于不同核弹类型、当量、爆炸方式和距离等。

中子谱的注量分布与剂量分布不同（表4）。在谱的低能端注量虽然很大，但在全谱中所占剂量比并不高。因此，对人体剂量贡献主要在中子谱中快中子部分。

核爆炸中子能谱随至爆心距离而变化，到数百米之后则认为是“平衡谱”了。

表4　中子能谱注量剂量分布

能量（Mev）	<0.6	>0.6	>1.5
注量分布（%）	88	11	7
剂量分布（%）	39	61	42

中子入射角对体内剂量分布的影响　中子入射角越大（爆高越高），对体内剂量分布影响越大。从几次实验观察，深度剂量曲线前半部分，随入射角增加，斜度增加，但差别还不算大。曲线在达到一定深度后又呈上升趋势。这主要由两方面原因造成，一是入射角，二是中子在空气中传播散射成角分布，从各个方向

表1　红骨髓和干细胞剂量估算的比值

方　向	红骨髓平均剂量估算比值			干细胞剂量估算比值		
	比例	与中心剂量比	与入射表面剂量比	比例	与中心剂量比	与入射表面剂量比
面向爆心	1.00	0.84	0.33	1.00	0.92	0.30
背向爆心	1.84	1.54	0.61	1.28	1.18	0.39

表2　中子入射人体表面剂量与体内剂量比例关系

位置	入射表面	体中心	红骨髓		干细胞	
			前方入射	背面入射	前方入射	背面入射
剂量比	1.00	0.40	0.33	0.61	0.36	0.46

表3　中子谱对体中心与体表面剂量之比影响

核弹类型	当量	爆炸方式	距离（m）	体中心剂量/表面剂量
裂变	万吨级	地面	650	0.396
裂变	10~15千吨	高300m	700	0.348
		高300m	700	0.333
聚变	—	—	648	0.322
裂变	—	高215m	780	0.355
				0.358
裂变	10千吨	高100m	680	0.352
		高500m	—	0.387
裂变	20千吨	空爆	640（斜）	0.314

入射到体模上。地面核爆炸，在开阔地面上暴露的物体，来自于其背面方向的中子剂量可达到来自爆心方向中子剂量的 20%~30%。理论计算时应考虑中子角分布，如按单方向入射计算深度剂量曲线将一直下降。

人体几何尺寸和器官以及核爆炸瞬间所处取向姿态对中子剂量的影响　实验测量用的直径30cm 圆柱形体模和短轴 24cm 椭圆形体模的中心快中子中子剂量比为 66%，后表面剂量比 80%，都是前者低。深度剂量 10cm 以内相差不大，之后相差超过 10%。按谱计算，中子单侧平行入射，两种体模在 20cm 深度以内依然接近，中心剂量比圆柱为椭圆的66%，后表面之比为 21%。这表明人的体型大小对剂量估算有直接影响。

同样，人体器官和组织分布均匀性对剂量计算亦有影响。从深度剂量和等剂量曲线看，非均匀体模比均匀体模的曲线规律性变化多。

核爆炸瞬间人员所处取向姿势，如身体相对爆心朝向（面向、背向或侧向）、立姿或卧姿，对受照射剂量大小均有显著影响。在中子外照射剂量估算时，注意这些影响因素可减少剂量估算误差。本方法是用难得的现场实验测量资料和计算相结合。其中中子辐射场照射条件和体内剂量分布用理论计算难以模拟，用于类似场合，中子外照射剂量估算结果有较高可信度。

（谢向东）

fúshè shēngwù jìliàng gūsuàn

辐射生物剂量估算（bio-dose estimation of radiation exposure） 利用机体生物标志物变化程度与受照剂量之间的关系，通过剂量-效应曲线或数学模型推算受照剂量的方法。机体受到电离辐射照射后，会发生不同程度的生物学改变。某些生物标志物的变化量与受照射剂量之间存在一定的依赖关系，可以拟合成剂量-效应曲线和数学模型，并用来估算受照剂量。这种具有稳定的剂量与效应关系的生物学指标称为生物剂量计。作为一个理想的生物剂量计，除可在机体受照射后早期提供较准确的吸收剂量外，还应根据生物学上有意义的变化预测对受照射者远期的健康影响。

应用　在核武器爆炸或核辐射事故情况下，生物剂量估算的首要目的是对受照射者做出损伤程度的判断，为临床应急救治及确定治疗方案提供诊断依据，也为远后效应的危害评估提供参考。对职业性或持续性低剂量照射者的剂量估算，可以为受检者提供是否适合岗位工作的健康监测，同时为管理者制定辐射防护措施提供科学依据。

现行方法　迄今发现有剂量依赖关系的生物学指标有多种，但能够作为生物剂量计用于剂量估算的方法并不多。一个理想的生物剂量计最好具备如下条件：①对电离辐射有特异性，或正常人的自发本底值很低。②具有较高的灵敏度，且与受照剂量的相关性良好。③整体与离体效应一致。④对不同品质的射线均具有良好的反应。⑤对大剂量急性照射和对小剂量累积照射均具有较好的剂量-效应关系。⑥不受环境诱变剂的干扰或影响极小。⑦个体变异小。⑧方法简单，取材方便，受检者容易接受。⑧检测方法快速，且经济实用。⑩借助于仪器可实现自动化。尚无一种生物剂量检测方法能够满足上述所有条件。

目前已经得到应用或正在研究中的生物剂量估算方法已有多种，其中以细胞遗传学手段应用最普遍。主要有以下几类。

细胞分子遗传学指标　主要包括染色体畸变、淋巴细胞微核、早熟染色体凝集及荧光原位杂交等检测，因其具有高度敏感性和特异性，且与剂量之间有良好的依赖关系，可拟合剂量-效应曲线和数学方程式，是目前最成熟且应用最广泛的技术。

这些方法中，唯一得到国际公认的金标准是染色体畸变（双着丝粒体+环）生物剂量计。对一次全身急性外照射，剂量在0.5~5Gy 时，染色体畸变分析可以快速、准确地给出全身均匀受照剂量。在事故后越早取血检测，估算剂量越准确，最迟不宜超过照后 8 周。该方法对局部或分次外照射估算的剂量有一定的不确定性，也不适用于估算小剂量长期外照射的累积剂量和放射性核素内污染的内照射剂量。

用染色体畸变做生物剂量估算时，首先应在离体条件下，用不同剂量的射线照射健康人血，根据染色体畸变率和照射剂量的关系，拟合剂量-效应刻度曲线。在战时或事故情况下，取受照者的血，在与制作刻度曲线相似条件下进行体外培养，然后制片和分析畸变。根据畸变产额，用相同的射线所建立的刻度曲线推算出伤员所受的辐射剂量。

体细胞基因位点突变　目前绝大多数体细胞基因突变检测的特异性还不够强，敏感性不够高，个体差异较大，可用于生物剂量估算的实际很少。其中研究较多的包括血型糖蛋白 A（glycophorin A，GPA）、次黄嘌呤鸟嘌呤磷酸核糖基转移酶（hypoxanthine-guanine phosphoribosyl transferase，HPRT）、T 细胞受体（T-cell receptor，TCR）、人类白细胞抗原（human leucocyte antigen，HLA）等指标，与受照剂量之间都有一定的线性依赖关系。

GPA 是分布于人类红细胞表面的一种血型糖蛋白，通过荧光素特异标记抗体 McAb，用流式细胞术可以检测出 MN 杂合型的个体造血干细胞中的 GPA 基因突变频率。该方法具有快速、稳定、重复性高等优点，且因检测的是造血干细胞积累的突变，具有作为终生生物剂量计的优势。但受检对象必须是 MN 杂合型的个体（约占 50%），且由于成熟红细胞不具有自我增生能力，GPA 方法检测到的突变实际上是来自骨髓干细胞或红细胞前体细胞的突变，这就需要一段时间的积累，因此不能用于照后早期的检测。

HPRT 基因位于人类 X 染色体上，是核酸合成的催化酶。正常细胞在摄入嘌呤类似物 6-硫代鸟嘌呤（6-TG）制剂后会导致细胞死亡/凋亡，而 HPRT 基因突变的细胞由于不能摄入 6-TG 而仍能存活，通过放射自显影、多核细胞法和克隆培养等方法可以检测存活细胞的 HPRT 突变频率。但由于受年龄、吸烟、环境以及个体敏感性等因素影响较大，其自发突变率有较大差异，该方法用于群体流行病学调查比个体生物剂量估算更具有实际意义。

TCR 是淋巴细胞亚群 CD4、CD8 表面的蛋白受体，在识别抗原和免疫应答过程中起重要作用。采用流式细胞术检测 TCR/CD3 复合体的完整性，可以求得 TCR 基因的突变频率。该方法快速、用血量少，但突变频率易受年龄、性别等因素影响，也不适用于早先受照剂量估算。

HLA 是人类的主要组织相容性抗原复合体，具有高度多态性。对其基因突变的检测与 GPA 和 TCR 检测方法相似，主要采用荧光标记和流式细胞术。该项指标不宜用作终生生物剂量计，更多用于基因组不稳定性和辐射致癌机制研究。

DNA 损伤检测 此类指标很多，包括单细胞凝胶电泳（又称彗星电泳法），线粒体 DNA 以及 GADD45 和 γ-H2AX 等辐射敏感基因/蛋白表达的检测，均基于细胞核内外的 DNA 受电离辐射损伤后出现的细胞或分子水平的改变。这些指标具有较好的剂量-效应关系，但其时效性、稳定性和应用潜力还需进一步研究。

电子顺磁共振 又称电子自旋共振，是利用电子顺磁（自旋）共振波谱法，通过测量生物组织（器官）或样品中经电离辐射照射后自由基浓度改变估算剂量的方法。可测剂量和时间范围均较宽，用于回顾性剂量重建，但需要解决本底干扰和在体测量的问题，是具有发展潜力的终生生物剂量计。

临床医学应急指标 在事故发生后早期，可以根据受照者的症状、体征和实验室检测指标初步判定伤情并进行分类。*急性放射病诊断*有详细描述。

总之，生物剂量估算涉及多方面，任何一种估算方法都有其适用范围及固有的局限性和不确定性。因此，作为受照者剂量的确切估计，最佳方法是根据事件特点有针对性地采用物理、生物及临床多种方法，综合分析判断，最终给出较准确可靠的剂量。

（陈 英）

rǎnsètǐ jībiàn gūsuàn fúshè jìliàngfǎ

染色体畸变估算辐射剂量法

（dose estimation by chromosome aberrations） 利用外周血淋巴细胞染色体畸变率与辐射剂量之间的依赖关系，拟合剂量-效应曲线和数学模型推算人体受照射剂量的方法。

应用 染色体是细胞分裂时由核内染色质高度凝集形成的细棒状小体，主要成分是 DNA 以及少量 RNA 和蛋白质。DNA 是电离辐射的主要靶，外周血淋巴细胞受到一定剂量的电离辐射后，可引起细胞核内 DNA 断裂及错误重接，导致染色体畸变，畸变数量与受照剂量之间具有依赖关系，可以拟合剂量-效应曲线，并用于人体受照剂量的估算。因此，染色体畸变又称辐射生物剂量计，用于估算事故情况下人员所受的辐射剂量。

机体在较短时间内受到剂量 0.5～5Gy 的一次或多次全身均匀照射时，利用染色体畸变率（双着丝粒体+环，图 1）可以比较准确地估算出全身受照剂量。染色体畸变除在急性照射时为临床救治提供诊断依据外，也可用于早先受照的剂量重建以及远后效应评价和肿瘤风险预测。

方法 主要包括以下步骤。

细胞培养与标本制备 任何一种能自行分裂或在加入有丝分裂刺激剂后引起分裂的细胞都可被用于制备染色体标本。目前主要是采用外周血淋巴细胞，其他一些组织如骨髓和上皮细胞也可用于研究染色体畸变，但在取材和方法简便等方面不如淋巴细胞。

在无菌操作下取静脉血，肝素抗凝。已加抗凝剂的血样在温度不低于 4℃ 或不高于 38℃ 情况下可以放置数小时，不会影响分

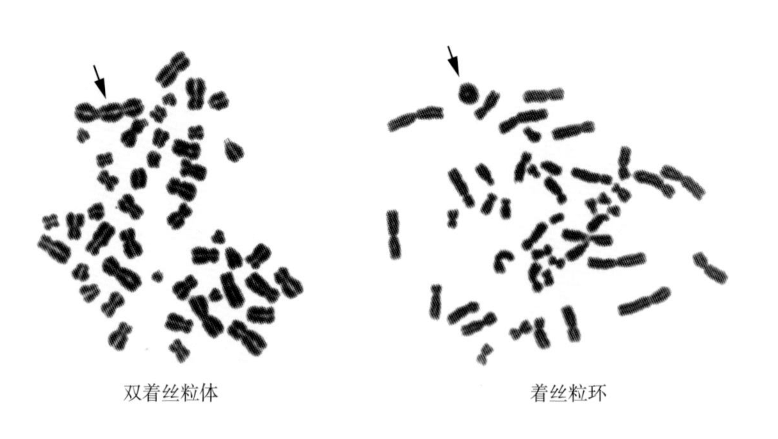

图1　染色体双着丝粒体和着丝粒环畸变

析的畸变产额。最好是在采血后立即进行培养，若不能立即培养，需将血样置于事先组合好的培养液中（不含植物凝集素），保存时间不宜超过24小时。

常用培养方法采用全血微量法，注入肝素抗凝全血，同时加入适量植物凝集素和纺锤体抑制剂，常用的纺锤体抑制剂是秋水仙碱。由于染色体非稳定性畸变随细胞周期复制较易丢失，为保证剂量估算的准确性，需要计数照射后第一个细胞分裂中期（M1期）的分裂细胞。目前多数实验室采用提前加入低浓度秋水仙碱的方法，以获得M1期细胞。

正常情况下，细胞经过48~52小时培养即可进行收获制片。若细胞受照剂量较大甚至超过5Gy，可以适当延长培养时间。收获步骤主要为低渗和固定。

畸变分析　在光学显微镜100×油镜下逐一计数染色体数目为46±1的中期分裂细胞，也可用中期细胞自动寻找装置拍摄图像后在电脑显示屏下分析。若同时有数张样片，应等分地对每张玻片上的样品分析部分细胞。若发现畸变，经两人确认后，记录位置坐标，描绘异常形态并记录畸变类型，以便核对。凡属于以下情况之一的细胞，应舍弃不作分析：染色体数目不够45条，染色体过长或过短，染色体过于分散不能在同一个视野内见到，染色体重叠过多无法识别各条染色体及畸变，染色体呈扭曲状或紧缩成团。

标准曲线的拟合与剂量估算　当用染色体畸变作为生物剂量计时，首先要在离体条件下，用不同剂量的X射线或γ射线照射健康人血，根据染色体畸变率（双着丝粒体+环）和照射剂量的关系，建立刻度曲线（图2）。在事故情况下，取受照射者的血，在与制作刻度曲线相似的条件下进行培养、制片和分析畸变。根据畸变产额，用相同剂量（率）的射线所建立的刻度曲线或数学模型推算出受照者所受的辐射剂量。

制备刻度曲线时，对健康人血的要求是：年龄在18~45岁，男女均可，无慢性病，近3个月未接受医学诊疗照射，近1个月未感染病毒，也未接触有毒有害化学物质，无长期服药史，无烟酒嗜好。

在无菌条件下，将人抗凝血分装于照射管内分不同剂量点进行照射。在标准条件下对血样（包括照射的和对照的）培养48~52小时，收获、制片和染色。照射温度、培养温度和培养时间等对染色体畸变率均有影响，应尽量保持离体条件与整体条件相近。

标准曲线中每个剂量点需要分析的细胞数目根据畸变细胞数目确定。一般来说，剂量越低，染色体畸变数越少，需要分析的细胞数越多；相反，剂量越高，染色体畸变数越多，需要分析的细胞数越少。计算公式是：

$$N=\frac{96(1-P)}{P} \quad (1)$$

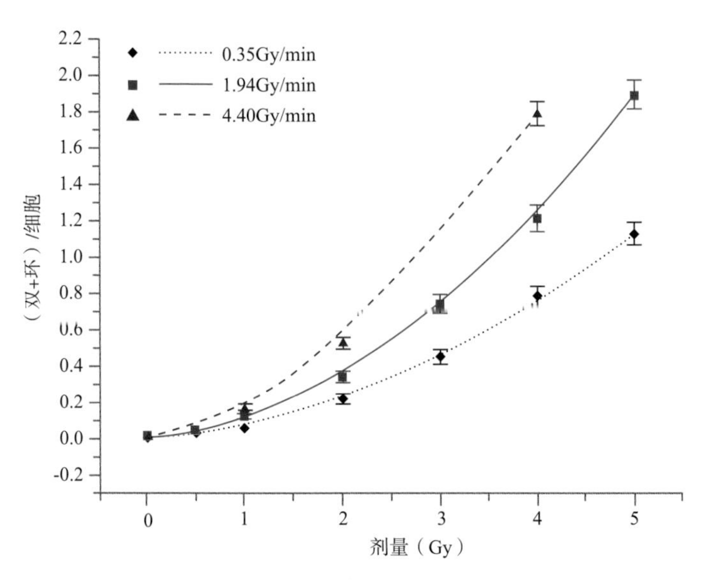

图2　不同剂量率^{60}Co-γ射线诱发染色体畸变剂量-效应曲线

式中，N 为需要分析的细胞数，P 为畸变细胞率，即畸变细胞出现的份额。

标准曲线的拟合与数学模型的建立采用计算机软件自动挑选相关系数最好的数学模式拟合回归方程。对于 X 射线或 γ 射线外照射诱发染色体畸变的剂量-效应曲线和数学模型满足线性平方模型，拟合数学方程式为二次多项式 $Y=A+\alpha D+\beta D^2$。式中 Y 代表染色体畸变产额，A 为染色体自发畸变率（因双着丝粒体+环自发畸变率极低，此项接近为 0），α 和 β 项分别表示一次击中和二次击中的畸变系数，D 表示受照剂量。

鉴于 X 射线、γ 射线在临床诊断、治疗以及工农业、科研单位等应用较普遍，目前除建立 ^{60}Co γ 射线、X 射线离体照射人血后染色体畸变与照射剂量的关系曲线外，还建立了快中子、人工中子源 ^{252}Cf、Am-Be 中子源的剂量-效应曲线。由于核爆炸瞬时辐射是中子-γ 射线混合照射，且中子所占比例变化不定，在进行不同比例中子-γ 射线混合照射研究基础上，在核试验现场，通过观察不同剂量点核爆炸瞬时辐射诱发人血染色体畸变与剂量的量效关系特点，为研究不同比例中子-γ 射线混合照射条件下的生物剂量估算提供了更加切合实际的科学依据。

根据事故照射的不同放射源特点，为使剂量估算更准确，可以分别建立低、中、高不同剂量率范围的染色体畸变剂量-效应曲线，在事故照射所致剂量估算应用时，应选择剂量率最接近的曲线。

对于局部照射的剂量估算，在体外拟合标准曲线时，可采用按不同比例将照射的与未照射的血进行混合，模拟局部照射情况，利用泊松分布分析法估算局部受照剂量。尽管该方法尚不成熟，但结合其他测量方法可以为解决局部照射的剂量估算提供参考。

（陈　英）

línbā xìbāo wēihé gūsuàn fúshè jìliàngfǎ

淋巴细胞微核估算辐射剂量法（micronucleus in lymph-cell）

利用外周血淋巴细胞微核率与辐射剂量之间的依赖关系，拟合剂量-效应曲线和数学模型估算机体受照剂量的方法。

应用　淋巴细胞微核指在淋巴细胞中存在的游离小核，其结构及染色与主核相似，大小为主核的 1/16~1/3。目前认为，微核由细胞分裂后期滞后的染色体断片、1 条或多条染色体组成的小体形成。在一定吸收剂量范围内（0.25~5Gy），离体照射人血淋巴细胞诱发的微核率或微核细胞率与受照射剂量之间呈线性依赖关系，可以作为事故剂量估算的辅助方法。虽然它没有染色体畸变分析准确可靠，但其制片和分析技术要求不高，比染色体畸变分析省时、省力，可推广及应用于大群体普查。从 20 世纪 80 年代开始将毒理学领域的微核检测技术引入到辐射生物剂量学领域，经过不断的方法学改善，目前已将淋巴细胞微核作为生物剂量估算的辅助方法。

方法　淋巴细胞微核制备方法有外周血直接涂片法、培养法和松胞素 B 法。直接涂片法已基本淘汰，目前后两种方法常用。

培养法　较简单的方法是将全血或白细胞悬液加入培养液内，终止培养后弃去上清液，将细胞悬液打匀后推片染色。目前多数实验室采用培养物加入植物凝集素的方法，淋巴细胞经过一定时间培养，按制备染色体的方法低渗、固定、制片及染色。用这种方法观察转化的淋巴细胞微核较清晰。

松胞素 B（cytochalasin B）法　简称 CB 法。在淋巴细胞培养过程中加入适量细胞松弛素（简称胞松素）B 以阻止胞质分裂而不阻止细胞核分裂，使多核细胞数增加的方法，分析时只观察双核淋巴细胞中的微核出现率。该方法使微核的检出率显著提高。全血按染色体培养相似方法培养 40 小时左右，加入终浓度为 6μg/ml 的松胞素 B，继续培养至 72 小时制片。制片方法和制备染色体标本相似，仅需防止细胞膜破裂，低渗时间要短，手法要轻，尽量减少对转化淋巴细胞的损伤。

当采用培养淋巴细胞方法时，在高倍镜下计数 1000 个转化的淋巴细胞。当采用松胞素 B 方法时，在高倍镜下计数 1000 个双核淋巴细胞。分别求出微核率及微核细胞率，并按剂量-效应刻度曲线求出吸收剂量。

目前采用 CB 法双核淋巴细胞微核估算受照剂量。拟合剂量-效应曲线与染色体相似，对于 X 射线或 γ 射线外照射同样符合线性平方模型。

CB 法微核的分析应注意：①微核着色与主核相似，主核细胞的胞质要求完整。②重叠在主核上的微核不计数，贴近主核，调焦距后能看清边缘的计数。③凡含有微核的双核淋巴细胞计数为微核细胞，一个双核淋巴细胞内含有 1 个或多个微核只记作 1 个微核细胞（图 1）。

微核率指 1000 个双核细胞中所见微核的总和；微核细胞率则为 1000 个双核细胞中含有微核的

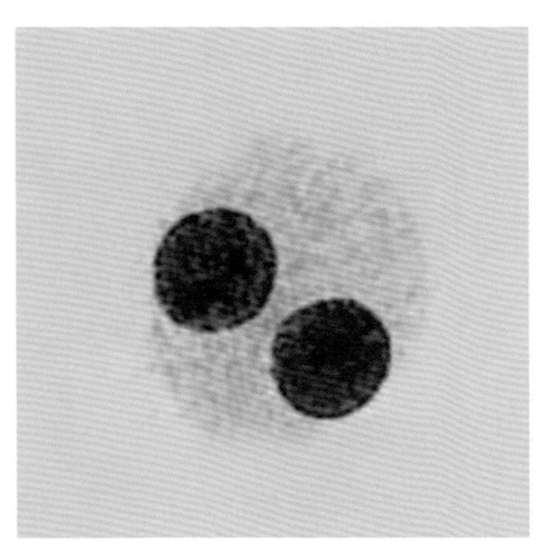
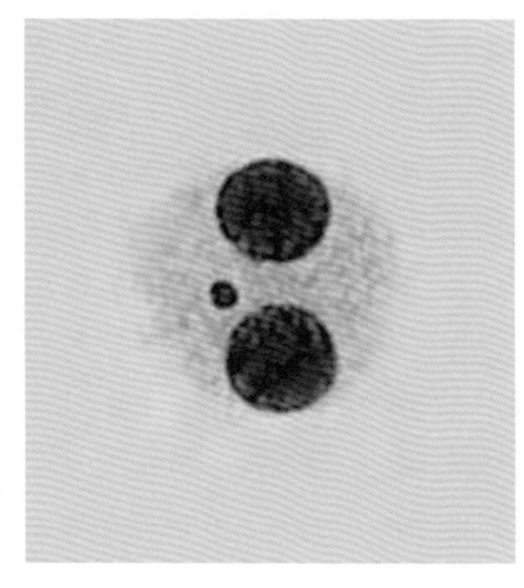
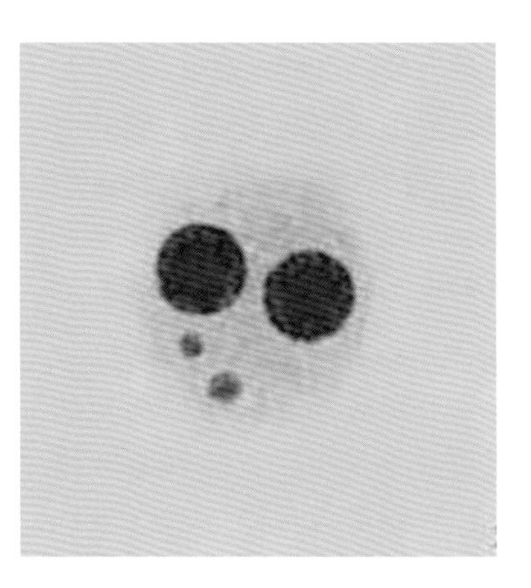

正常双核淋巴细胞　　含有 1 个微核的双核细胞　　含有 2 个微核的双核细胞

图 1　CB 法双核淋巴细胞微核（引自 IAEA，2011）

细胞总数，见公式（1）和公式（2）。

$$微核率=\frac{微核数}{观察细胞数}\times1000‰ \quad (1)$$

$$微核细胞率=\frac{含微核的细胞数}{观察细胞数}\times1000‰ \quad (2)$$

淋巴细胞微核的自发率根据方法不同所得结果也不同。直接法为 0.1‰～0.3‰，常规培养法为 0‰～8‰，CB 法在 10‰～40‰。微核的自发率可能受到年龄、吸烟、个体敏感性和环境污染等因素影响。其中年龄因素影响最大，不同年龄段微核的自发率不同，随年龄增加，微核自发率也会增加。

（陈　英）

fúshè yìngjí zǎoqī kuàisù fēnlèi

辐射应急早期快速分类（initial triage for radiation emergency）　在突发核事件时，根据受照射人员早期症状、体征和一些敏感的生物学指标变化粗略地判断受照射剂量并进行伤情分类的方法。突发核事件可能是核武器袭击、核恐怖袭击或突发核事故等，此时可能有大批量受照射人员需要快速进行伤情分类和临床救治。早期快速分类是应急救治的关键和前提。

主要方法包括：①早期症状和体征。1Gy 以下的照射与个体敏感性相关，通常不出现较明显的临床症状。若机体受到 1Gy 以上照射，可能出现恶心、呕吐、腹泻、皮肤潮红、结膜充血、口唇疱疹、腮腺肿大、发热、出血，甚至共济失调和抽搐等。早期症状出现的多少、出现时间及严重程度等取决于受照剂量的大小。一般是症状出现越多、出现越早、程度越重，提示受照剂量越大，伤情越严重。②早期血液学变化。照后早期血液学指标的变化与受照剂量和伤情关系密切，可作为早期病情分类诊断的依据之一。其中血液浓缩、白细胞先增多随后减少、淋巴细胞绝对值持续下降等对剂量评估具有较大意义。淋巴细胞绝对值下降速度取决于受照剂量的大小。在特大剂量照射时（如 10Gy 以上），淋巴细胞绝对值下降迅速，照后 24～48 小时甚至可降至 0。骨髓变化不仅对判断伤情和确定治疗方案具有直接诊断意义，而且可以根据是否有骨髓衰竭进行预后判断。③生物学指标。根据辐射损伤的靶学说，围绕 DNA 损伤的早期检测近年开展了大量研究。单细胞凝胶电泳（又称彗星电泳），在照后 30 分钟内通过测量外周血淋巴细胞的彗尾面积和长度（尾距）可反映 DNA 损伤程度，但随着损伤的自身修复，剂量依赖关系很快消失（图 1）。一些辐射敏感基因

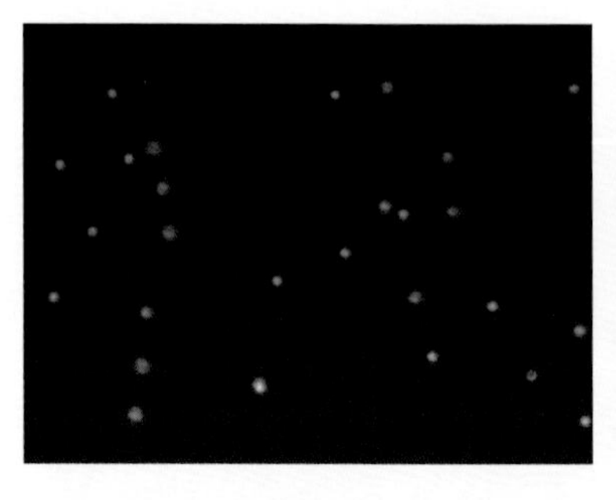
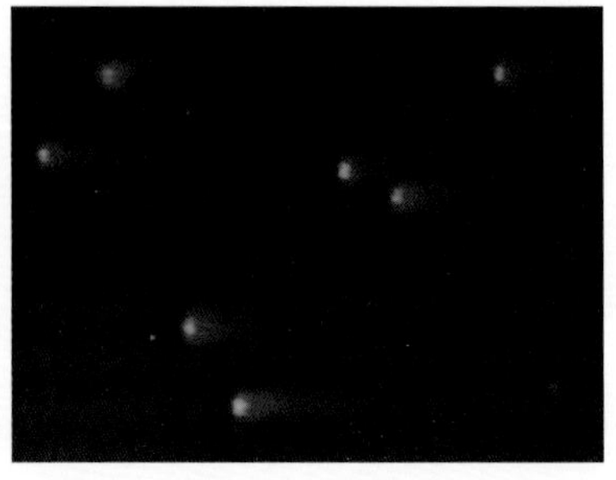

照射前　　照射后 30 分钟

图 1　外周血淋巴细胞单细胞凝胶电泳图

和蛋白，如 GADD45、γ-H2AX 等，照后早期均具有剂量相关性，在一定范围内可以反映辐射损伤的程度，但在特异性和稳定性上尚存在一些问题，仍然有待研究。利用生物芯片、基因表达定量分析、免疫荧光原位分子探测等敏感的分子生物学技术，围绕 DNA 辐射靶分子，开展新的辐射生物剂量计的研究，有望对辐射生物剂量估算的技术有较大突破，部分解决灵敏、快速、规模化检测的技术难题。

除上述症状、体征和生物学指标变化的综合判断外，还应与物理剂量学方法相结合，给出更为合理的分类。

（陈　英）

nèizhàoshè jìliàng gūsuàn

内照射剂量估算（internal exposure dose estimation）　用放射性核素测量数据评估内照射剂量的方法。根据全身或器官组织、排泄物等生物样品以及空气过滤样品等放射性核素活度测量结果，计算初始摄入量，乘以与放射性核素种类、化合物类型和形态、年龄相关的剂量系数，得到内照射剂量。

应用　①评估从事核燃料循环以及医学、科研、农业和工业中放射源使用职业工作人员的内照射剂量。②评估遭受核武器袭击、核电站事故、核恐怖袭击等各类人员的内照射剂量。

方法　测量存在于全身、器官或组织、生物样品或环境样品中的放射性核素活度，估算人员放射性核素摄入量。

摄入量估算法　摄入后时间 t 时仍留在体内或从体内排出的摄入量份额，用 $m(t)$ 表示。摄入量份额取决于放射性核素类型、化学和物理形态、摄入途径及时间 t。为了剂量评估而估算摄入量，测得的体内含量或排出量需要除以适当的 $m(t)$ 值。用所测体内量或排出量 M，除以摄入后 t 时刻摄入量份额 $m(t)$，得到摄入量。摄入量 $=M/m(t)$。对直接测量，$m(t)$ 为摄入量滞留份额。对间接测量，$m(t)$ 为摄入量排出份额。用摄入量乘以剂量系数，可得到待积有效剂量，即内照射剂量。剂量系数是单位摄入量所致待积有效剂量，与放射性核素种类、化合物类型、年龄和摄入方式等有关。按摄入方式，分为吸入剂量系数和食入剂量系数。对成人，剂量系数按 50 年计算；对儿童，剂量系数算至 70 岁。吸入剂量系数与放射性核素类型、形态和气溶胶粒径相关。食入剂量系数与肠吸收或转移因数 f_1 相对应。剂量系数由相关国家标准发布。

国际放射防护委员会（ICRP）已发表选定放射性核素在组织或排泄物中的通用 $m(t)$ 值，以及全身放射性活度的滞留函数。ICRP 第 78 号出版物用更新的生物动力学模型提供了进一步的信息。

若摄入量较大，应考虑个体差异，做更精确的计算。可以进行多次跟踪测量，通过最小二乘法拟合获得滞留函数，以得到摄入量的最佳估计值。

ICRP 开发的用于描述体内放射性核素的行为（因而也用于评估摄入量）的模型，为剂量评估提供了最新方法。

活度测量法　直接方法依赖于全身或器官组织的测量结果。测量的准确度，主要取决于放射性活度水平，也取决于测量设备校准的准确性。放射性核素的探测限，可以根据设备探测效率和本底计数计算。

对于间接测量，实物或生物样品中放射性活度水平测量的准确度取决于类似的考虑。但准确地界定计数的几何条件通常是可能的，为了得到所有样品（放射性水平非常低或半衰期非常短的样品除外）的可接受的计数统计，计数时间可以延长。

根据全身放射性活度或者组织样品或排出物样品中放射性活度的评估，然后通过用于描述体内放射性核素行为的模型估算出摄入量和剂量。

注意事项　剂量估算的可靠性取决于模型的准确性，以及它们在特定情况下应用的任何限制。这将取决于许多因素，特别是摄入时间、急性或慢性摄入，对于可靠的剂量评定非常重要。

若取样周期使得放射性核素的生物半排期不能被估算，为了评估剂量而假定它们在体内具有长的滞留期，该做法会导致低估摄入量，进而低估待积有效剂量。过高或过低估计剂量的程度，取决于在体内滞留的总体模式。

食入或吸入体内的放射性核素的行为，将取决于它们的物理化学特性。对于吸入的放射性核素，颗粒大小在影响在呼吸系统中沉积方面特别重要，而对于食入，肠吸收因子 f1 能明显地影响有效剂量。对于照射量完全处于摄入限值之内的常规监测，国家标准中推荐的参数缺省值可能足以满足评估摄入量的需求。但对于接近或超过这些限值的照射，为改善模型预测的准确度，可能需要关于摄入物的物理和化学形态以及个人特征方面的更具体的信息。

（曲德成）

fúshè jiāncèyòng shēngwù yàngpǐn fēnxī

辐射监测用生物样品分析

（biological sample analysis） 对摄入放射性核素人员生物样品放射性核素定性、定量测量的方法。采集摄入放射性核素人员的排泄物、体液、毛发等生物样品，经适当的物理、化学处理，制成测量源，使用放射性测量设备，识别样品中包含的放射性核素种类，测量其活度或活度浓度。

应用 ①评估核武器袭击、核事故、核恐怖袭击等情况下受到放射性体内污染的各类人员的内照射剂量。②监测核燃料循环、医学、科研、农业和工业等领域中操作或接触放射性核素的职业人员的内照射剂量。

在事件现场，可以采用快速简易、无需复杂样品处理的设备、技术和方法。在实验室，可采用低本底、高灵敏度的测量设备，仔细设计的复杂放射化学样品处理流程，以及各种提高测量准确性的技术和方法。样品分析对象包括剩余核材料、裂变产物和中子活化产物。

方法 最常用于摄入量估算的生物样品是尿液和粪便，特殊情况下也用呼气、血液或其他样品。例如，鼻涕和鼻擦拭物样品的放射性分析，可及早提供吸入放射性物质的放射性核素种类和组成成分信息，但样品中的放射性核素活度和摄入量之间的对应关系分散性很大，仅能用于对摄入量大小进行非常粗略的估计。

样品制备 根据摄入的放射性物质的物理、化学形态，以及元素的生物动力学模型，生物样品的选择既取决于主要排出途径，也取决于样品采集、处理、分析和结果解释的难易程度等因素。摄入的易溶放射性物质很快进入体液，并随尿液排出。尿样容易获得和分析，并提供放射性核素摄入量信息。摄入的难溶放射性物质主要随粪便排出，因此一般用粪便样品评估其放射性核素摄入量。

放射性核素进入血液、淋巴液等细胞外体液循环后，一般通过膀胱排尿从体内廓清。尿中含有废物和其他物质，包括经肾从血液中分离出的水，这些水排出前在膀胱中的聚集长达数小时或更长。由于在膀胱中存在的这种混合，在解释急性摄入后不久获得的尿样的放射性核素水平时应特别谨慎。摄入后应立即排空膀胱，然后获取第二个样品和随后的样品，所有样品都应分析。在前几天，尿液24小时样品通常能为估算摄入量提供最好的基础。在没有取得24小时样品的情况下，根据肌酐含量测量结果可估算总的排泄量。在监测具有快速排出成分的放射性核素时，应尽可能准确地确定摄入时间和取样时间，因为样品中放射性核素浓度随时间变化极快，即使是很小的时间误差，所取样品也可能有很大变化，并导致很大的摄入量估算误差。对于氚化水的摄入，氚在尿液中的浓度和在体内水中的浓度相同，因此能用尿中氚的浓度估算体内含量和剂量率，无须参考排泄的生物动力学模型。

粪便样品包含水、从胃肠道壁上脱落的细胞残骸、通过胃肠道输运的未被吸收废物，包括从肺部清除出来的不可溶解物质，以及胆汁中从肝清除出来的代谢产物。每次排放的粪便在数量和成分上变动很大，与日常饮食有很大关联。因此放射性物质每日从粪便排出率的可靠估算通常仅能根据3~4天内总的收集量，大多数情况下，单个样品只应用于筛查目的。假期过后的测量为区分能通过胃肠道快速廓清的那部分吸入放射性核素与周身放射性活度中延迟廓清的部分，以及长期沉积在肺中的不可溶放射性核素创造了条件。因此，当监测长期受长寿命放射性核素照射的工作人员时，最理想的是应在假期之后（至少离岗10天）和返回工作环境之前收集粪便样品。

仅对直接呼出或代谢成气体或挥发性液体的少量物质，呼气才是重要的排出途径。对于这些情况，测量呼气样品能提供测量排出的放射性活度的简便方法，它排除大多数其他放射性污染源。对于体内由于摄入^{226}Ra和^{228}Ra而产生的氡和钍射气，已有一些可用于剂量评估的模型。

血液样品为估算全身循环中存在的放射性核素提供最直接的信息，由于取样过程存在医学限制而不常使用。除少数几个例外（如标记红细胞的HTO、^{59}Fe和^{51}Cr），由于从血流中迅速廓清并沉积在组织中，血液样品只能提供关于摄入后全身总放射性的非常有限的信息。

不应利用鼻涕估算摄入量，但在与任务有关和专门监测以表明需要附加取样和分析时非常有用，特别是在可能发生锕系元素的照射时。它们也可用于鉴别放射性核素混合物中的各种成分。

对于局部沉积在伤口中的具有高度放射毒性的放射性核素（如超铀元素），征求医师意见后，在摄入后立即切除污染通常是可取的。用破坏性和/或非破坏性方法对切除的组织做放射化学分析，能提供关于放射性核素及它们的相对浓度方面的信息，并可能有助于评定血液的摄取量和确定进一步行动的方向。

虽然其他生物样品（如毛发和牙齿）可用于评定摄入量，但是一般来说它们不能用于定量的剂量评估。尸体解剖时所取的组织样品也可用于评定放射性核素的体内含量。

在处理用于评估内照射的样品时，应特别小心，避免处理过程中放射性污染或生物污染的转移，确保分析结果和原始样品之间的可追溯联系。

来自污染的潜在危害，生物污染和放射性污染两者都应考虑。生物样品可能含有病原体，如细菌和病毒。在整个样品变成灰烬或灭菌前，这些病原体可能一直有活性。因此，所有这些样品都应以降低温度储存，最好是冷冻，直到分析时为止。这样处理也能减少类似有机结合的氚的物质的不希望发生的生物学降解，对于这些物质，分子形态是随后分析中的重要因素。防止降解的另一种办法是用酸处理样品。

为确立可追溯性，应维护一条监护链，即对样品收集、运输和分析中的每一个步骤，都编制好相应的文件，以记录和验证样品的传递。

尿液、粪便和其他生物样品，不应在污染区中收集，以确保从样品中测得的放射性活度代表身体廓清物。样品应清晰标记，以表明人员的身份以及收集样品的日期和时间。

应将人员受照射环境可能的放射性核素的情况告诉负责对样品的分析类型做出决定的人员，特别是样品可能具有高水平放射性活度的情况。他们知晓任何可能干扰样品分析或其结果解释的药物或治疗的使用情况也很重要。

生物样品的分析包含用适当的仪器设备探测并定量测量放射性核素发出的射线。在许多情况下，放射性核素必须首先从样品基质中分离出来，以允许做灵敏和能再现的探测。在另一些情况下，探测器的局限性妨碍它在具有类似发射的放射性核素（如某些锕系元素）之间做出甄别。在这种情况下，在计数前，样品必须经过元素的化学分离（放射化学分离）。

在许多情况下，放射性核素在计数之前应从样品基体中或者从其他元素的放射性同位素中分离出来，以便可靠地确定放射性活度。该过程在很大程度上为分离的元素所特有，但一般包括样品制备和预浓缩、提纯、源制备和产额测定。各种不同的方法可用于将一个特定的放射性核素同干扰源隔开，以改善探测。该过程的一个重要因素是应跟踪该放射性核素。通过每一步回收，以可靠地将同原始样品中的浓度关联起来。为了测量本底，应制备一些适用的空白样品。

测量仪器　测量样品中放射性核素的仪器通常可分为3类，即用于测量α粒子的仪器、用于测量β粒子的仪器及用于测量X射线和γ射线光子的仪器。

α粒子可用很多设备和技术探测，它们各具优缺点。利用硫化锌探测器或流气型正比计数器可进行有效的总α粒子放射性活度的简单计数，但不能甄别不同能量的α粒子，因此不能识别或定量测量混合核素样品的放射性核素组成。进行放射化学分离后，使用半导体探测器或屏栅电离室的α能谱分析方法，定量测量各个放射性核素，只要它们的能量充分不同，但一般需要很长的计数时间才能达到足够的灵敏度。其他方法如α径迹蚀刻，对于一些特殊应用甚至更灵敏，但可能要以1个月或更长时间为周期才能完成一个完整的分析，而且难以区分不同α粒子的能量。

β粒子最常用液态闪烁计数器探测，特别是对于低能β粒子发射体。某些情况下，在探测器响应上设置能量窗可达到区分混合物中两个或两个以上β粒子发射体（如氚、^{14}C和^{32}P）的目的。使用流气型盖革-米勒（Geiger-Müller）计数器或正比探测器，能获得沉积在样品盘或过滤器上的高能β发射体的总β测量结果。

从生物样品发射的X射线、γ射线光子通常用NaI（Tl）闪烁体或半导体探测器（如高纯锗）探测。对于能量非常低的X射线，如由超铀元素的几种放射性同位素发射的特征X射线，需要特殊的计数方法，如薄探测器或反符合屏蔽等，以降低高能光子的影响，提高测量灵敏度。

探测器中出现的本底计数通常有4个来源：①来自天然源的环境本底辐射，如宇宙射线或氡及其衰变产物。②来自屏蔽和其他设备中的放射性本底辐射。③来自测量对象中天然放射性辐射。④由于测量对象同环境辐射相互作用而散射到探测器的辐射。

也有非放射测量技术可供利用。例如，紫外辐射荧光测定法可用于铀的分析，不管其浓缩度大小；其他技术如裂变径迹分析、中子活化分析和感应偶合等离子体质谱法，可用于测量特定的放射性核素，但非常昂贵，仅在特殊情况下才有必要使用。所有这些方法的测量时间取决于样品中的放射性活度、使用的测量设备及所需的精确度。

质量保证　应将与内照射评估有关的质量保证大纲仔细周到地编制成文件。质量保证计划的制订，应包含关于实施该大纲及其作业各阶段的一般说明。书面程序应描述每一项任务，并规定质量控制判据。例如，放射性化学分析程序应包含化学产额的可接受限值。质量控制程序应将控制图表以及探测仪器本底、效能和其他性能数值的其他方法的使用编制成文件，并应包含报告和纠正偏差的细则，以及考虑作业中的变化的细则。还应制订将结果编制成文件和报告的程序，正如应制订记录的整理、维护和归档的程序一样。编制的文件应为监查人员从头至尾调查这项作业并评定其真实性提供充分资料。一旦书面程序得到批准，对它们的任何偏离或修正都应得到许可并编制成文件。

对全体剂量测定服务人员进行恰当地培训，以保证他们能可靠地执行任务。培训应包括：①他们在质量体系中的特定责任。②内照射剂量评估的基本原则和策略。③所用方法和程序的原理和细节及其局限性。④他们参与的过程的技术细节和可能的问题。⑤他们的工作与大纲其他部分的关系。⑥关于确认和报告所出现问题的指导性意见。⑦对整个质量体系及其目的的了解。

在未达规定标准的环境中难以获得高质量的结果。应提供足够的实验室和办公空间，安置必要的设备和人员。设备应可靠、稳定，适于打算从事的任务，程序应制订好，以防止放射性核素污染测量设备。为使设备在关键时刻（如在应急情况下）失效的概率降至最低，应制订预防性维护大纲。应将与实施剂量测定服务作业并无直接关系的活动分开，以避免不必要的干扰。还应考虑工作条件的一般安全问题。

通风装置、通风柜及实验台空间，对于放射化学作业必不可少。应对探测器（包括直接评价设备中使用的探测器）提供屏蔽装置。所有装置的出入控制，对于保护敏感的设备，以及维护记录的适当机密性，都是必须的。设施应有一个相当连续的地面覆盖层（如聚乙稀薄膜），以便清洗和去污。

对工作场所应适当控制，以确保任何设备不会遭遇到可能影响其性能的情况。应加以控制的因素包括温度、湿度、亮度级别、灰尘和活性化学蒸气。

需要一个稳定的电源，使电压和交流电频率保持在所用设备的技术要求之内。应使杂散电磁场减至最小，以免影响设备。

应建立一个制度，以提供整个内照射剂量测定服务性能的质量指标。该制度是对设备和程序进行检验用的一个常规大纲。所有检验结果，应连同检验导致的对程序的任何修正，一并编制成文件。

作为其质量保证大纲的一部分，测量设备可确定参考样品（即放射性核素含量事先已知的样品）分析用的性能标准。性能标准应是对测量结果的可接受性明确界定的限值，这种可接受的测量结果是样品中放射性核素的含量相对于这种测量方法的最小可探测放射性活度（minimum detectable amount，MDA）之间的函数关系。例如，若真值至少是该方法的 MDA 值的 5 倍，粪便中 ^{239}Pu 分析的可接受结果可以是处于真值 0.75～1.5 倍的测量值。

也应对重复测量值的精确度确定性能标准，即若含量真值是该方法的 MDA 值的 5 倍，则同一样品相继测量之间的变化应不超过 30%。若放射性活度很低，以致随机统计误差占主导地位，则性能标准不能严于统计涨落容许值。

打算用于性能评估的样品的分析，至少应以一种单个盲样的方式进行。也就是说，虽然评估用样品可以与用于性能评估的那个样品相同，但是分析人员也不应事先知道真值。在双盲样评估中，并不告诉分析人员该样品同常规样品有任何不同的地方。虽然双盲样方式评估可能给出实验室能力的更真实图像，但是这种评估从数理逻辑上来说难以进行。

用于内照射剂量测定的直接或间接测量的实验室，应参加国家和国际的比对活动。在许多国家中，已有直接测量的国家比对计划，国际比对也正在协调中。同样，间接测量的国家的和国际的比对活动也已协调好，例如已由法国原子能委员会（Commision Energy Atomique，CEA）协调。应进行定期监查或评议，以核实对质量保证大纲的遵守和内照射剂量测定计划的有效性。用于进行监查和评议的指导性意见在有关的安全导则中给出。

（曲德成）

tǐwài jìshù fāngfǎ

体外计数方法（counting in vitro）　采集摄入放射性核素人员的排泄物、体液、毛发等生物样品，经适当的物理、化学处理，制成测量源，使用放射性测量设备，识别样品中包含的放射性核素种类，测量其活度或活度浓度的方法。

应用　①评估从事核燃料循环，医学、科研、农业和工业中放射源使用职业工作人员的内照射剂量。②评估遭受核武器袭击、核电站事故、核恐怖袭击等各类人员的内照射剂量。

方法 最常用于摄入量估算的生物样品是尿液和粪便，但特殊情况下也用呼气、血液或其他样品。例如，鼻涕和擦鼻物放射性活度的分析，可及早提供吸入混合物中放射性核素的特性和相对水平。

生物学检验样品的选择不仅取决于排出的主要途径，正如根据摄入物的物理化学形态和所涉及元素的生物动力学模型所决定的那样，而且还取决于收集、分析和解释难易等因素。尿样容易获得和分析，而且通常能提供其化学形态易于转移到血液中的放射性核素的摄入量信息。不可溶解物质的摄入量通常仅能从粪便样品中可靠地评定。

放射性核素进入血液和系统循环后，从体内的廓清一般将通过尿。尿中含有废物和其他物质，包括通过肾从血液中分离出的水，这些水在排出之前在膀胱中的积集长达数小时或更长。由于膀胱中存在的这种混合，在解释急性摄入后不久获得的尿样放射性核素水平时，应特别谨慎。摄入后应立即排空膀胱，然后获取第二个样品和随后的样品，所有样品都应分析。在头几天后，尿的24小时样品通常能为估算摄入量提供最好的基础。在没有取得24小时样品的情况下，根据肌酐测量结果可估算总的排泄量。在常规监测具有立即排出成分的放射性核素时，应考虑取样日期，因为在接受照射前和后哪怕很短一段时间，所取样品也可能有重大差异。对于氚化水的摄入，氚在尿中的浓度和在体内水中的浓度相同，因此能用尿中氚的浓度估算体内含量和剂量率，而无须参考排泄模型。

粪便样品包含水、从胃肠道的壁上脱落的细胞残骸、通过胃肠道输运的未被吸收废物，包括从肺部清除出来的不可溶解物质，以及胆汁中从肝清除出来的代谢产物。每次排放的粪便在数量和成分上变动很大，并强烈取决于日常饮食。因此，放射性物质每天从粪便的排出率的可靠估算通常仅能根据3～4天内总的收集量，在大多数情况下，单个样品只应用于筛选的目的。假期过后的测量为区分能通过胃肠道快速廓清的部分吸入放射性核素与周身放射性活度中延迟廓清的部分，以及长期沉积在肺中的不可溶放射性核素创造了条件。因此，若监测长期受长寿命放射性核素照射的工作人员，最理想的是应在假期后（至少离岗10天）和返回工作环境前收集粪便样品。

呼气仅对直接呼出或代谢成气体或挥发性液体的少量物质才是重要的排出途径。但是，对于这些情况，测量呼气样品能提供测量排出的放射性活度的简便方法，它排除了大多数其他放射性污染源。对于体内由于摄入^{226}Ra和^{228}Ra而产生的氡和钍射气，已有一些可用于剂量评估的模型。

血液样品为估算全身循环中存在的放射性核素提供最直接的信号源，但由于取样过程存在医学限制而不常使用。除少数几个例外（如在标记红细胞中的HTO、^{59}Fe和^{51}Cr），由于从血流中迅速廓清并沉积在组织中，血液样品只提供关于摄入后全身总放射性的非常有限的信息。

不应利用鼻涕估算摄入量，但在与任务有关的和专门的监测以表明需要附加取样和分析时非常有用，特别是在可能发生锕系元素的照射时，它们也可用于鉴别放射性核素混合体中的各种成分。

对于局部沉积在伤口中的具有高度放射毒性的放射性核素（如超铀元素），征求医师意见后，在摄入后立即切除污染通常是可取的。用破坏性和/或非破坏性方法对切除的组织作放射化学分析，能提供关于放射性核素及它们的相对浓度方面的信息，并可能有助于评定血液的摄取量和确定进一步行动的方向。

虽然其他生物样品。如毛发和牙齿能用于评定摄入量，但是通常它们不能用于定量的剂量评估。尸体解剖时所取的组织样品也可用于评定放射性核素的体内含量。

在处理要用于评估内照射的样品时，应特别小心。要避免处理过程中放射性污染或生物污染的转移；要确保分析结果和原始样品之间的可追溯联系。

至于来自污染的潜在危害，生物污染和放射性污染两者都应考虑。生物样品可能含有病原体，如细菌和病毒。在整个样品变成灰烬或灭菌之前，这些病原体很可能一直具有活性。因此，所有样品都应以降低温度储存，最好是冷冻，直到分析时为止。这样处理也能减少类似有机结合氚的物质不希望的生物学降解，对于这些物质，分子形态是随后分析中的一个重要因素。防止降解的另一种办法是用酸处理样品。

为确立可追溯性，应维护这样一条监护链，即对样品收集、运输和分析中的每一个步骤，都要编制好相应的文件，以描述和检验已发生的转移。

尿液、粪便和其他生物样品，不应在污染区中收集，以确保从样品中测得的放射性活度是代表身体的廓清物。样品应清晰地标记，以表明人员的身份以及收集样品的日期和时间。

应将人员可能受照射的区域的情况告诉负责对样品的分析类型做出决定的人员，特别是样品很可能具有高水平放射性活度。他们知晓任何可能干扰样品分析或其结果解释的药物或治疗的使用情况非常重要。

生物或实物样品的分析包含用适当的仪器设备探测并量化放射性核素的发射。在许多情况下，放射性核素必须首先从样品基质中分离出来，以允许做灵敏和能再现的探测。在另一些情况下，探测器的局限性妨碍它在具有类似发射的放射性核素（如某些锕系元素）之间做出甄别；在这种情况下，在计数之前，样品必须经过元素的化学分离（放射化学分离）。

放射测量评定用的仪器可分为3类，即用于测量α粒子的仪器、用于测量β粒子的仪器及用于测量光子发射的仪器。

α粒子可用各种各样技术探测，它们各具优缺点。利用硫化锌（ZnS）探测器或流气型正比计数器可以进行总α放射性活度的最简单的计数。这些方法是有效的，但不能甄别不同能量的α粒子，因此不能识别或量化一个混合物中的各种放射性核素。放射化学分离后，使用半导体探测器或屏栅电离室的α能谱学方法能量化各个放射性核素，只要它们的能量充分不同，但一般需要很长的计数时间才能达到足够的灵敏度。其他一些方法，如α径迹蚀刻，对于一些特殊应用甚至更灵敏，但它们可能要以1个月或更多的时间为周期才能完成一个完整的分析，而且可能不能区分不同的α粒子的能量。

β粒子最常用液态闪烁计数器探测，特别是对于低能β发射体。在某些情况下，在探测器响应上设置能量窗能达到区分混合物中两个或两个以上β发射体（如氚、^{14}C 和 ^{32}P）的目的。用流气型盖革-米勒计数器或正比探测器能获得沉积在样品盘或过滤器上的高能β发射体的总体测量结果。

从实物或生物样品发射的光子通常用NaI（T1）闪烁体或半导体探测器（如高纯锗）探测。对于能量非常低的X射线，如由超铀元素的几种放射性同位素发射的X射线，需要特殊计数方法。

也有非放射测量技术可供利用。例如，紫外辐射荧光测定法可用于铀的分析，不论其浓缩度是多少，其他技术如裂变径迹分析、中子活化分析和感应偶合等离子体质谱法（ICP/MS），能用于测量特定的放射性核素，但非常昂贵，仅在特殊情况下才有必要使用。所有这些方法的计数时间取决于样品中的放射性活度、使用的测量设备以及所需的精确度。

在许多情况下，放射性核素在计数前应从样品基体中或者从其他元素的放射性同位素中分离出来，以便可靠地确定放射性活度。这个过程在很大程度上是被分离的元素所特有的，但一般包括样品的制备和预浓缩、提纯、源制备和产额测定。一般来说，各种不同方法可用于将一个特定的放射性核素同干扰源隔开，以改善探测。该过程的一个重要要素是要跟踪该放射性核素通过每一步的回收，以可靠地将同原始样品中的浓度关联起来。为了测量本底，应制备一些适用的空白样品。

（曲德成）

pífū β jìliàng gūsuàn

皮肤β剂量估算（skin β dose estimation） 核爆炸后通过测量受放射性落下灰影响区域人员的体表放射性污染情况或地表γ射线剂量，估计放射性落下灰β射线对皮肤的照射剂量，以判断皮肤损伤情况的方法。

理论基础 核爆炸产生的放射性物质有核装料的裂变产物（碎片）、装料的未裂变部分及在中子作用下形成的感生放射性同位素。裂变产物是多种元素的同位素的混合物，原子序数为30~64，大多数是β或β射线、γ放射性元素。装料的未裂变部分是^{235}U、^{238}U、^{239}Pu等α放射性元素，半衰期长，与裂变产物的放射性相比，其影响可以忽略。感生放射性同位素是核爆炸时稳定元素俘获中子后形成的β或β射线、γ放射性元素，它在地爆爆区与裂变产物相比属次要；在空爆爆区，它是放射性沾染的主要来源，但其所致皮肤损伤远小于核爆其他杀伤因素致伤，不需要估算其皮肤β射线剂量。地爆后核裂变碎片β射线放射性强度，也指其对皮肤产生的照射剂量率随时间增加逐渐减弱，计算皮肤总剂量需考虑各时间剂量率的不同，皮肤总剂量为各时间段受照剂量的累积。任何时间的放射性强度或剂量率可由以下公式计算：

$$A = A_0\left(\frac{t}{t_0}\right)^{-n} \qquad (1)$$

式中，A和A_0分别表示爆后t和t_0的时间β放射性强度或剂量率，指数 n 称为衰变因子，它与时间有关，其取值如下：

$$n=\begin{cases}0.89 & 1分钟<t\leqslant30分\\1.11 & 30分钟<t\leqslant1天\\1.25 & 1天<t\leqslant4天\\1.65 & 100天<t\leqslant3年\end{cases}$$

裂变碎片产生的 β 射线的最大能量与爆后时间有关，随爆后时间增加，其 β 射线的最大能量逐渐减小，爆后 1 小时、1 天、2 天、10 天和 100 天，β 射线的最大能量分别为 2.4MeV、1.5MeV、1.3MeV、0.9MeV 和 0.8MeV。这些能量级别的 β 射线穿透人体组织的深度为 0.8~1.2cm，在该范围内最重要的人体器官是皮肤，其有效深度在 0.07mm 处，在此处 $1Bq/cm^2$ 体表放射性污染对应的剂量率为 0.28μGy/h。该结果是人体皮肤受无限薄源照射的情况，未考虑放射性粒子的大小和衣服的影响。

基本方法 在核爆炸后，人员体表 β 射线剂量与体表沾染程度有关。位于云迹区的人员，若在放射性落下灰沉降过程中停留于室外而受到沾染，其体表沾染程度与落下灰沉降量直接相关。沉降量大小受爆炸当量、比高、风速、距离等多种因素影响。若放射性落下灰保持在体表不脱落，但考虑到物理衰变，可以前面的数据计算得到核爆炸后不同时间体表受到的沾染和不同的持续照射时间内皮肤所受的累积吸收剂量（表 1）。可见皮肤 β 剂量与体表沾染量、受沾染的开始时间、沾染物在体表滞留时间有关。因此在计算核爆炸后皮肤 β 剂量时做两项假设：①开始沾染时间。人员体表是在放射性落下灰沉降过程中受到沾染，因此受沾染开始时间是在爆后数小时内。在爆后更长时间后，烟云达到较远的地区，具体表沾染程度较轻，一般不会发生 β 射线损伤，不需进行 β 射线剂量估算。对于 100 000t 级以下的中小当量核爆炸，体表 β 射线损伤主要见于数十千米以内，而百万吨级以上大当量核爆炸，β 损伤可见于 100km 处。根据理论计算和实测数据的结果，在估算云迹区人员体表 β 剂量时，分别取爆后 1 小时和 5 小时作为体表受沾染的开始时间。②持续受照时间。人员体表受严重放射性沾染时，其 γ 射线全身外照射剂量也较大，人员可在爆后 1~7 天内撤离，并进行全身洗消，因此沾染持续照射时间取为 3~4 天。在持续照射时间内，假设在持续照射时间内粒子不脱落。

根据以上两点假设，体表受 $1Bq/cm^2$ 的早期放射性落下灰无限薄源沾染后，小当量核爆和大当量核爆所致体表累积 β 射线剂量分别为 8.1μGy 和 30μGy。

以上是无限薄源的情况，而实际上放射性粒子是有一定大小，严重影响 β 射线剂量，粒子越大，β 射线剂量越小；粒子越小，β 射线剂量越大，越接近无限薄源时的情况。云迹区放射性粒子的大小与土质、爆炸当量、风速和距离等因素有关。在距爆心近处下风向的放射性落下灰粒子较大，远区则较小。若放射性粒子最大直径 1000μm、平均直径 100μm，其 β 射线剂量只有薄源的 1/5；若最大直径 1000μm、平均直径 500μm，则为薄源的 1/25。在距爆心较近的云迹区，人员可能受到较大剂量照射而患中度以上急性放射病甚至死亡，关注皮肤 β 剂量的实际意义不大。对于中小当量核爆炸时，对人员体表 β 射线损伤有意义的距离可能处在数十千米处，放射性落下灰粒子直径可能约在 100μm，比薄源的放射性沾染 β 剂量减少 5 倍。对于大当量核爆炸，沾染区范围更大，相应的放射性粒子平均直径更小，比薄源的放射性沾染 β 剂量减少 3 倍。因此，在小当量和大当量核爆后，人体受 $1Bq/cm^2$ 的早期放射性落下灰沾染后，体表 β 剂量分别为 1.6μGy 和 9.9μGy。

核爆后地表污染水平与地表 γ 射线剂量也有直接关系。计算表明：地表 γ 射线剂量率为 0.01Gy/h 的地区，地表污染为 $3.7\times10^5Bq/cm^2$，中国核试验实测

表 1 核武器爆炸后不同时间人员体表受落下灰（$1kBq/cm^2$）沾染的 β 射线累积剂量

沾染持续时间 t_2（h）	爆炸后不同时间 t_1（h）沾染后的 β 射线累积剂量（μGy）				
	1	3	5	7	12
4	3.8	6.2	7.6	8.1	8.9
12	5.4	11.1	14.6	17.0	21.1
24	6.5	14.3	20.0	24.3	31.9
48	7.3	17.6	25.4	31.9	44.6
72	7.8	19.2	28.4	36.2	52.4
96	8.1	20.3	30.5	39.5	57.6
168	8.6	22.4	34.3	44.9	67.8
240	8.9	23.8	36.5	48.1	74.1

结果也接近于该数值。但地表污染转换为人员体表沾染量时，需考虑体表滞留份额的问题。颗粒越大，滞留量越小，万吨级核爆时地面剂量率为 0.01Gy/h 的地区的滞留量为 20%，0.1Gy/h 的地区的滞留量为 10%。因此，也可根据地表 γ 射线剂量率水平粗略估算皮肤 β 剂量。

当落下灰沉降完毕后人员再进入沾染区作业时，或者停留在居室的人员由于居室密封不严导致放射性微粒进入室内，人员体表也会受到沾染，但其程度比落下灰沉降过程中受到的沾染轻得多，也不会导致皮肤的确定性效应，因此无须估算其 β 剂量。

应用 在地爆云迹区，若利用表面污染仪在沾染一开始即测得人员体表的 β 射线放射性污染水平为 M（Bq/cm^2），在小当量和大当量核爆后体表皮肤 β 射线剂量分别为 M×1.6 和 M×9.9（μGy）。若测得地表 γ 剂量率为 D（μGy/h），按 20%滞留量估计时，在小当量和大当量核爆后体表皮肤 β 剂量分别为 D×12 和 M×73（μGy）。若是爆后第 4 天准备洗消前测得的结果，则需考虑衰变修正，上述小当量和大当量的体表皮肤 β 剂量需要分别乘以 1.7 和 1.4。

若沾染后很短时间内即进行处理，使沾染时间 t<4 小时，则小当量和大当量核爆后体表皮肤 β 剂量分别为 0.056×M×t 和 0.093×M×t（μGy）。

以上计算未考虑落下灰从体表脱落的因素，沾染后测量的结果高估皮肤剂量，沾染多天后洗消前测量的结果低估皮肤剂量。人体衣服对落下灰所致皮肤 β 剂量的影响可忽略。

引起皮肤 Ⅰ 度 β 射线损伤（脱毛、红斑）的阈剂量为 3Gy，Ⅱ度 β 射线损伤（水疱、湿性皮炎）的阈剂量为 10Gy。若达到相应的阈剂量值，需对皮肤进行预防性或对症治疗处理。若未达到阈剂量值，估算结果也可用于评价皮肤的当量剂量和有效剂量。

（谢向东）

huígùxìng jìliàng chóngjiàn

回顾性剂量重建（retrospective dose reconstruction）

利用体内长期存在与辐射剂量相关的生物学指标改变，对早先受照射剂量重新进行测量和估算的方法。机体受到照射后，染色体畸变率可最客观、真实地反映受照射剂量，被公认为生物剂量估算的金标准。其中双着丝粒体和着丝粒环是早期生物剂量估算的首选方法。但由于这类畸变不稳定，照射后一段时间会随着细胞周期代谢而逐渐减少，以致全部丢失，因此不能真实反映若干年前的受照射剂量，无法作为回顾性剂量重建的指标。以相互易位为代表的染色体稳定性畸变，由于受细胞周期的影响较小可以长期保存在体内，在受照射后相当长时间仍然可以用于推算早先受照的剂量。

先用稳定性畸变率和不同照射剂量拟合剂量-效应曲线和数学模型，再用相同的检测方法通过稳定性畸变率推算早先受照射剂量。由于染色体稳定性畸变特别是对称性互换不引起明显的结构改变，用常规方法难以判别，需要特殊的识别方法。常用的有 G-显带核型分析与荧光原位杂交（fluorescence in situ hybridization，FISH）。前者标本在常规制片后经老化处理、胰酶消化和吉姆萨（Giemsa）染色，制成 G-显带标本，经计算机自动分析系统识别和人机对话核型分析，通过带纹的改变可以识别出包括易位等稳定性畸变在内的各种类型的染色体畸变（图 1）。FISH 方法选用单个或 2~3 对组合的全染色体探针，经分子杂交后通过荧光显

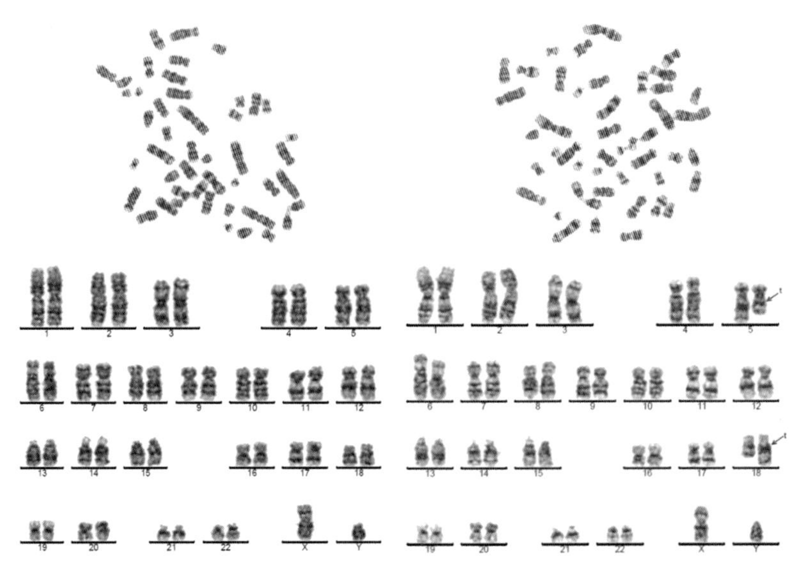

46, XY（男性正常核型）　　46, XY, t（5; 18）（q13; q11）

图 1　G-显带染色体核型分析

注：右图表示 5 号与 18 号染色体相互易位，易位点在 5q13、18q11。

微镜计数一条染色体上出现不同颜色标记的染色体数量（图2），通过卢卡斯（Lucas）建立的全基因组畸变公式（1）换算为全部观察细胞的染色体易位率或畸变率。

$$F_G = F_p / 2.05 f_p (1 - f_p) \qquad (1)$$

式中，F_G 为全基因组畸变率，F_p 为 FISH 检测出的畸变率（畸变数/观察细胞数），f_p 为所选探针占全基因组的份额。根据已经建立的染色体稳定性畸变的剂量-效应曲线和数学模型，按照射染色体畸变估算辐射剂量的方法进行剂量重建。

需指出，尽管用稳定性畸变估算早先受照射剂量较非稳定性畸变准确，但稳定性畸变也并非终生不变，随着时间推移会逐渐减少，丢失速度与受照射剂量、照射后时间及机体免疫状况等均有关。早先受照射剂量越大、剂量重建时间越晚，估算剂量可能越偏低。应充分考虑时间及其他因素的影响，对结果进行适当校正。

（陈　英）

héfúshè huánjìng jiāncè

核辐射环境监测（environmental monitoring for nuclear radiation）

辐射源所在场所的边界以外进行的辐射环境质量和辐射污染源监测。辐射环境质量监测系源项单位在正常运行期间周围环境的辐射水平及环境介质中放射性核素的含量，按预定场所和时间间隔所进行的测量。辐射污染源监测是为查明放射性污染情况和辐射水平。监测数据用于估计有关单位向环境中释放放射性物质的数量是否符合规定，评估环境污染的发展趋势和制定有关标准。

人类生产和生活改变了赖以生存的环境。核能和核技术的应用给人们带来巨大好处，但也影响辐射环境质量。为控制污染和保护环境，应进行辐射环境监测。

主要对象　从事伴有核辐射或放射性物质向环境中释放，且其辐射源的活度或放射性物质的操作量超过国家标准（GB—18871）规定的豁免限值的一切单位。

监测计划大纲　辐射环境监测是一项系统工程，监测的地域广泛、内容和项目多，技术复杂，旷日持久。实施监测前，应制定遵循辐射防护最优化原则的监测计划大纲。计划应达到如下目的：测定辐射环境质量状况，评价核设施对放射性物质排出控制的有效性和评价公众受照剂量。

辐射环境质量监测　依据监测对象的类型、规模、环境特征等因素制定相应的质量监测计划。监测内容，测量点和频次如表1。

辐射污染源监测　是用以对核设施、放射性同位素与射线装置应用等运行单位实施监测和核验污染源排放情况的监督性监测。

制定监测计划依据是，源项单位排出流中放射性物质的含量和排放量，排放核素的相对毒性和潜在危险；运行时可能发生事故的类型及环境后果；受照射群体的人数及分布；运行单位周围土地利用和物产情况；和监测的代价和效果及监测条件的保障等。

核设施辐射环境监测　包括以下内容。

运行前环境辐射水平调查　在新建核设施装料运行前，或在某项设施实践开始前，应对有关区域环境中已存在的辐射水平、环境介质中放射性核素含量，以及为评价公众剂量所需的环境参数、社会情况进行全面调查（本底调查）。对核电厂来说，调查要鉴别出向环境排放的关键核素、途径和居民组；确定环境本底水平的变化；运行时准备采用的监测方法和程序进行检查；调查居民个人所受的剂量的来源；判定是否满足限制向环境排放放射性物质的规定和要求。本底调查内容和项目与表1基本相同。采样点数和样品种类一般比常规监测更广泛，采样周期更频繁。调查本底变化的时段连续不得少于2年。调查的地理范围决定于运行规模。大型核设施 γ 射线辐射水平和比活度的调查半径分别为 50km 和 10km。

运行期间环境监测和流出物监测　核设施运行期间环境辐射监测计划应视监测对象的特点和运行前本底调查所取得的资料而制定。监测内容和项目参照表1。

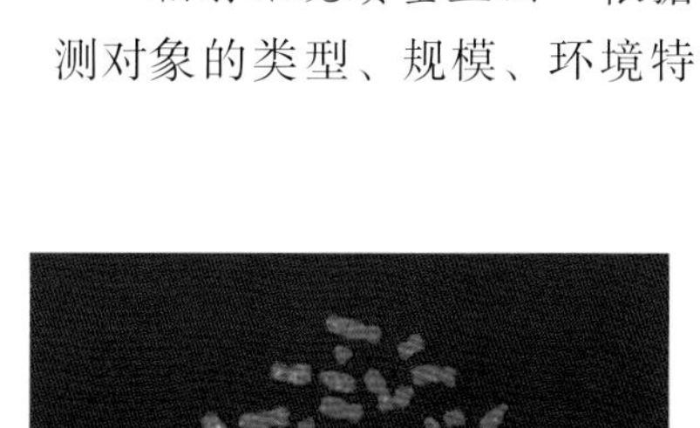
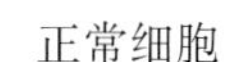

正常细胞　　　　易位细胞

图2　FISH 法观察染色体畸变（1、2、4号全染色体探针）

表 1　核辐射环境质量监测内容、项目、监测点和频次一览表

监测内容			监测点布设
陆地	地面	γ射线辐射空气吸收剂量（率）连续、1次/月或1次/季	相对固定开阔地
空气	气溶胶	悬浮中微粒固体或液体中放射性核素浓度总α射线、β射线、γ射线谱，1次/季	空旷地或周围无高大建筑物影响的建筑物的无遮盖平台
	沉降物	空气中沉降地面尘埃、降水中的放射性核素含量，γ射线谱，1次/季	
	氚	空气中氚化水蒸气中氚的浓度，1次/季	
水	地表水	江、河、湖泊和水库中的放射性核素浓度，1次/半年	尽量同国省水测点
	地下水	放射性核素浓度U，Th，^{216}Ra，总α，除K总β，^{90}Sr，^{137}Cs，1次/半年	—
	饮用水	自来水和井水及其他饮用水中的放射性核素浓度，1次/半年	水管末端，深水井
	海水	沿海海域近海海水中的放射性核素浓度，1次/半年	近海海域
	降水	^{3}H、^{210}Po、^{210}Pb，1次降雨（雪）期/年	—
底泥	水底	江河湖库及近岸海域沉积物中的放射性核素含量，1次/年	—
土壤	上下层	土壤中的放射性核素含量U、Th、^{216}Ra、^{90}Sr、^{137}C，1次/年	无水土流失原野田间
生物	陆生	谷类蔬菜牛奶牧草等中放射性核素含量^{90}Sr、^{137}Cs，1次/年	采集区样品种类固定
	水生	淡水海水的鱼类，藻类和其他水生物放射性核素含量，1次/年	尽量同地表、海水一致

测量或取样点尽可能与本底调查时的位置相同。核电厂（压水堆）流出物监测主要是气载和液态流出物的监测。流出物监测项目、取样和测量方式是惰性气体连续进行；^{131}I、气溶胶、^{3}H、^{14}C皆为累积取样和定期测量。液态对象采样在贮存槽排放口排放前，为定期取样，测量^{3}H、β射线活化产物和γ射线核素分析。

核事故场外应急监测　意外事件或事件序列人为错误、设备失效或其他损坏等原因有可能导致核事故。例如，由于核反应堆核燃料过热引起的烧结、临界事故等均有放射性物质意外地释放到环境中。苏联切尔诺贝利核电站和日本福岛核电站两起事故规模和影响不亚于小型核武器爆炸。

对于存在事故排放危险的核设施，运行期间监测计划必须包括应急监测内容。对各种可能发生的事故应有预案。其中有储备足够的仪器，准备随时可调动的人员和车辆。事故发生后，要对大气、地面和水污染进行初步调查，迅速确定污染的程度和受到影响的地区范围，估计危害的大小，以决定是否采取应急措施。事故已被控制，灾害已减小，进入后续调查阶段，调查范围要求更广泛，重新估计初步调查获得的数据，决定应急措施是否需要继续或撤销应急计划。必要时估计事故后果、居民接受的剂量、累积核素在环境中行径及生物效应等。

核试验场外地区监测　进行核试验时，为保障试验场外地区居民安全及观察落下灰带状沉降动向，需进行场外辐射环境监测。为对国内外核试验进行监测，中国已建立全国性监测网，对从空中到地面各种环境介质、地面（包括水源）和海洋环境进行监测。①地面γ射线剂量率，空气中放射性微尘浓度和地面放射性沉降量的数据可立即检出是否有新的沉降。②爆炸后40天内监测项目和频度，地面放射性沉降量为1次/小时，高峰后1次/日；地面放射性微尘浓度4次/日；γ射线剂量率1次/日，峰值后减少监测频度。③爆炸40天后地面环境放射性调查的监测项目和采样频度如表1。应对观察早期落下灰进入生物循环的信号样品牛、羊甲状腺碘含量进行监测。沿海监测站对海水每季度测量一次总β放射性，每半年测量一次^{90}Sr浓度，监测近海和远海鱼类的总β和^{90}Sr。必要时测定人体内和排出物的放射性，分析其他核素（^{131}I、^{133}Xe等）。

样品采集　样品采集从布点、采样到管理的全过程都必须实施质量控制。采样点数和范围可由能受到影响区域大小和污染情况决定。依据污染源的稳定性等确定采样频度。采集应具有代表性样品，即被取样介质相同的一部分，具有被取样介质的性质和特征。采样应避开外界因素影响。采集到的水样必须进行预处理，以防核素浓度发生变化。采集的样品必须妥善保管，防止损失及被污染或交叉感染。常用样品的采集方法按《HJ/T 61—2001 辐射环境监测技术规范》进行。

监测方法和数据处理　辐射环境测量可分为就地测量和实验室测量。①就地测量：应依照射测量对象的核素种类、活度范围和理化性质；避开环境条件的影响和选在有代表性的地方进行。应在

现场进行初步数据分析，如有异常应及时补测。②实验室测量：先做放化分析，在处理样品时应防止放射性核素损失和污染。实施标准化，定期进行实验室间的比对，制作好本底样品和标准样品。

放射性测量应选择适合的核素种类、活度范围、样品理化状态和足够灵敏的仪器。使用与样品形状、几何尺寸及质量相同的标准源标定仪器。在使用γ射线谱仪时，应定期用标准源检验其稳定性。用液体闪烁计数器测低能β射线，必须注意猝灭问题。

放射性测量准确度估计与取样、放化分离和放射性测量等环节密切相关。还应对小于探测限数据、可疑数据和宇宙射线响应值进行处理。

监测结果评价 依据国家制定的有关标准和规定对放射性监测结果进行评价。利用有关模式、参数从环境监测的介质中放射性核素含量估算出公众剂量，与有关剂量限值进行比较，评价公众受到的剂量。图1为核试验释放环境核素所致人体剂量。根据环境样品监测结果（比活度）与以往监测结果进行比较，评价环境放射性污染变化趋势。评价辐射单位的放射性排放，应用监测的排放浓度和排放总量与规定的排放导出限值和总量限值进行比较。

（谢向东）

dìmiàn fàngshèxìng wūrǎnjiāncè

地面放射性污染监测（terrene radioactive contamination monitoring）

在核与辐射事件条件下，使用表面污染测量仪对地面单位面积的放射性活度进行测量的过程。在核爆炸等地面污染严重情况下，还可使用场所剂量率仪对场所的周围剂量当量率进行测量，以及对这些测量结果进行解释与评价。旨在检查和判断各种污染表面是否超过控制水平，确定污染的程度和范围，及时采取去污措施或其他合适的防护措施，或为应急行动划定区域提供资料；估计人员受照剂量，在工作人员万一受到过量照射时，为启动和支持适当的健康监护及医学治疗提供信息。

测量单位面积的放射性活度时，仪器的选择和测量方法见体表放射性污染监测。小面积的地面污染测量可使用手持式设备，大面积的地面污染测量，可使用带有轮子的手推式设备。监测面积则可取 $1000cm^2$ 的平均值作为一个位置的读数。

测量周围剂量当量率时应使用X、γ剂量率仪进行，测量用的仪器多为电离室、充气计数管或闪烁计数器探头，探测范围0.01μSv/h~10Sv/h，不应使用环境级的剂量率仪，因为很容易超出测量上限。

对于一般的放射性事件导致工作场所地面污染，若污染水平超过表1中所列数值，应采取去污措施。

对于核与辐射突发事件的现场应急处置，按周围剂量当量率100μSv/h，β、γ表面污染 $1000Bq/cm^2$，α表面污染 $100Bq/cm^2$ 来划定区域控制边界，大于这些数值时只允许抢救人员进入。

对于核爆炸情况下测出的周围剂量当量率，代入下列公式（1）、公式（2）、公式（3），就可估计出在此处停留或通过该地时受照剂量，并按战时核辐射控制量的规定，控制人员在该处停留或通过的时间。

停留时所受的照射剂量

$$D=3.33(P_1t_1-P_2t_2) \quad (1)$$

步行通过时所受的照射剂量

$$D=\bar{P}\cdot T \quad (2)$$

乘车通过时所受的照射剂量

$$D=(\bar{P}\cdot t)/K \quad (3)$$

式中，P_1 为在爆炸后 t_1 时刻进入污染区测得的周围剂量当量率（Sv/h）；P_2 为爆炸后 t_2 时刻离开污染区测得的周围剂量当量率（Sv/h）；$\bar{P}$ 为通过路程上测量各点周围剂量当量率的平均值

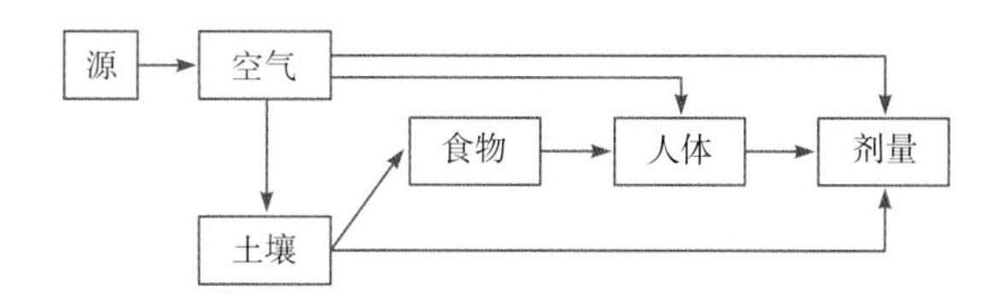

图1 核试验释放环境核素所致人体剂量

注：参照联合国原子辐射效应科学委员会（UNSCEAR）评价大气层核试验释放环境放射性核素所致的污染剂量模型绘制。

表1 工作场所的地面放射性表面污染控制水平（单位：Bq/cm^2）

工作区域	α放射性物质		β放射性物质
	极毒性	其他	
控制区	4	40	40
监督区	0.4	4	4

(Sv/h)；*T* 为步行通过时间（h）；*t* 为车行通过时间（h）；*D* 为所受周围剂量当量率（Sv）；*K* 为车辆减弱倍数。摩托车与各种汽车 $K=1.5\sim2$，装甲车 $K=2\sim3$，坦克 $K=3\sim10$。

（曲志成）

kōngqì fàngshèxìng wūrǎn jiāncè

空气放射性污染监测（contamination monitoring of air radioactivity） 对空气中放射性核素的检测与评价的过程。检测分析空气中放射性核素的种类和含量，根据检测结果和有关标准，为管理部门采取干预行动提供建议和依据。

应用 用于核武器袭击、核事故、核恐怖袭击等条件下，空气中放射性污染的特殊监测或应急监测。亦可用于涉核设施内部工作区域和受放射性核素正常排放影响的环境空气中放射性污染的常规监测。由监测结果也可以估算群体放射性核素摄入量及内照射剂量。

方法 以纤维、颗粒、微孔等不同特性的过滤材料制成单一或组合空气过滤器，用空气泵等设备驱动空气流过过滤器，分别收集空气中的气溶胶粒子和气体放射性污染物。过滤材料经物理化学处理制成待测样品，然后用放射性测量设备对样品进行分析测量，得到样品中放射性核素的种类和活度，结合采样和测量参数，计算得出空气中各种放射性核素的活度浓度。经适当设计的采样器或过滤材料可无须样品处理，直接用于测量。使用气体放射性探测设备时，可直接用抽真空取样瓶等容器取样。使用粒径分析仪可以获得放射性气溶胶粒子的粒径分布数据，用于吸入放射性核素的内照射剂量评价。个人空气采样器（PAS）是一种由工作人员佩带的空气采样器，抽气速率与人呼吸相近，位于口、鼻高度附近，用于人员吸入放射性污染的监测。沉降物收集和降水收集器也常用于空气放射性污染监测。

空气采样器主要由空气过滤器、抽气泵和气体流量计组成。空气过滤器包括过滤、吸附材料和固定架，用于气流通过时收集气溶胶粒子和气体。抽气泵用于在滤材两侧形成压力差，驱动空气流动。流量计用于测量采样器流过的空气体积。采样过程中，空气连续由过滤器、流量计、抽气泵流过。在坑道、室内等有限空间取样时，由于反复循环，应注意对空气体积进行修正。

空气采样器应置于核设施或放射性污染地域下风向不同距离处的开阔地面，避开建筑物或树木对气流的影响。采样器通常距离地面 1.5m 高度。

采样时应注意流量变化，记录风向、风速、温度、压力等气象、气候条件，便于进行估算和修正。滤材样品应编号以防止混淆，适当保存，防止损坏、丢失。

空气过滤样品放射性分析方法按地点可分为现场分析和实验室分析，按样品处理可分为无损分析和放射化学分析。一般用于放射性无损分析方法的样品处理简单快速，适用于现场，而用于放射化学分析的样品处理则费时费力，适用于后方实验室。有条件时也可利用移动实验室在现场进行简易快速的放射化学分析。γ 放射性核素通常采用无损分析方法，而 α 核素和纯 β 核素采用放射化学分析方法。

样品处理的目的是浓集对象核素、去除干扰核素、将样品的物理形态转换成易于进行放射性检测的形态。一般采用衰变法、共沉淀法、灰化法、电化学法等方法。

γ 谱分析方法一般采用安装在铅屏蔽室中的碘化钠或高纯锗 γ 谱仪等测量设备。γ 谱分析方法可对样品进行直接测量，无须经过化学分离富集。对于样品中的放射性核素，既可做定性识别，又可做定量测定。定量测定时，测量设备的探测效率需经过刻度，并溯源到国家标准。

放射化学分析方法一般使用 α 计数器、β 计数器、α 谱仪、液体闪烁谱仪或同位素质谱仪等测量设备。使用标准放射源或标准放射性物质刻度设备，并溯源到国家标准。不同元素采用不同的化学流程。常使用放射性核素或稳定同位素示踪法确定放射化学流程的回收率。无法采用示踪方法时，要严格控制实验条件，保证回收率的一致性和稳定性。

空气采样器与放射性测量设备集成在一起，具备边采样边测量的能力，可用于空气放射性污染的实时监测。实时监测常用于固定地点放射性污染水平报警或放射性污染地域移动侦查巡测。卷筒式滤纸支持长时间连续采样测量，滤纸先通过气体孔道采样，再移动到探测器位置进行测量，持续不断知道滤纸用尽才需要人工更换。可用的探测设备包括 α 计数器、β 计数器，半导体 α 谱仪和 γ 谱仪等，可以完成很多放射性核素的识别。随着技术的进步，可布放的、无人值守的区域测量系统网络有望投入使用。

根据空气放射性污染监测测量结果，结合人员逗留时间、平均呼吸速率等数据，可以粗略估算污染区人员平均摄入量。结合空气放射性污染的粒径分布、化学组成等数据，可以对人员吸入空气放射性污染所致内照射剂量进行评价。摄入量乘以对应条件下的内照射剂量转换系数即可得到内照射剂量。吸入模式内照射剂量转换系数由人体呼吸道生物动力学模型、放射性核素物理、化学性质等数据计算得到。从国家标准或国际标准中得到的剂量转换系数通常仅限于少数几种条件，必要时应当加以修正。

空气放射性污染常规监测结果通常与有关标准规定的导出空气浓度进行比较，为管理机构干预行动决策提供建议和数据支持。

核战争条件下，用空气采样器抽滤一定体积的空气，将滤材上收集的放射性物质制成测量样品，用放射性检测仪器进行测量，测得放射性代入下列公式，即可计算空气中放射性沾染浓度：

$$C=\frac{N \cdot S}{L \cdot T \cdot A \cdot K \cdot E_C \cdot \mu} \qquad (1)$$

式中，C 为空气沾染浓度（dpm/m^3）；N 为滤材样品测出计数率（计数/分，ct/min）；S 为过滤器面积（m^2）；A 为测量所用的滤材面积（m^2）；L 为抽气流量（m^3/min）；T 为抽气时间（min）；K 为探测器测量几何效率；Ec 为滤材收集气溶胶粒子的效率；μ 为样品中的 β 射线的吸收系数。一次采样需要采集的空气体积，在 30 分钟内不得少于 $30m^3$。根据空气中放射性浓度，按照战时控制量的规定，确定部队应采取的防护措施。

（曲德成）

shípǐn fàngshèxìng wūrǎn jiāncè

食品放射性污染监测（contamination monitoring of food radioactivity） 对食品（含饮用水）中放射性核素进行检测与评价的过程。检查食品及其原料的表面放射性污染，定量检测食品及其原料中放射性核素的种类和含量，根据测量结果和有关标准，为管理部门采取干预行动提供建议和数据。

应用 用于核武器袭击、核事故、核恐怖袭击等条件下，释放到环境中的放射性核素，对食品和动植物等粮食原料造成的放射性污染的应急监测。亦可用于受涉核设施放射性核素正常排放影响的食品及其原料放射性污染的常规监测。

方法 饮水、食品放射性监测方法按地点可分为现场分析和实验室分析，按样品处理可分为无损分析和放射化学分析。一般用于放射性无损分析方法的样品处理简单快速，适用于现场，而用于放射化学分析的样品处理则费时费力，适用于后方实验室。有条件时也可利用移动实验室在现场进行简易快速的放射化学分析。γ 放射性核素通常采用无损分析方法，而 α 核素和纯 β 核素采用放射化学分析方法。

水和食品样品的采集应根据监测目的和监测对象、待测核素的种类、辐射特性及其物理化学形态采集样品。从采样点的布设到样品分析前的全过程都必须在严格的质控措施下进行。采集样品的代表性与选用分析方法同等重要，必须给予足够的重视。根据监测目的和现场具体情况确定监测项目、采样容器、设备、方法、方案、采样点的布置和采样量。采样量除保证分析测定用量外，应留有足够的余量，以备复查。采样器使用前必须符合国家技术标准的规定，使用前须经检验，保证采样器和样品容器的清洁，采集的样品要分类保存，防止交叉污染。采样记录一般包括采样地点、日期、品名、批号、采样条件、数量、检验项目、采样人。无采样记录的样品不予检验。样品应妥善包装，明显标记后运送实验室，防治污染、混淆和损坏。短半衰期核素检验项目应尽快送检。样品运输前，认真填写送样单，并附上采样现场记录，对照送样单和样品卡认真清点样品，检查样品包装是否符合要求。运输中的样品要有专人负责，以防发生破损和洒漏，发现问题及时采取措施，确保安全送至实验室。食品原始样品应在有代表性的多个采样点或样品部分中等量采集、混合均匀而成。在已知不同批号、产地的食品混存场所，应对各批、各地样品按要求分别采样或混合而成原始样品。车、舱、库装食品可将整个食品分成多层采样。每层取四角及中心部位样品混合，然后再将各层样品混匀成原始样品。例如，待检食品是大包装的食品，可从随机选定的某些包装件中不同部位采取；对于小包装食品，可采集若干代表性的小包装内全量食品，混合成原始样品。对市售食品按随机取样原则在市场上采购、混合而成。采样时应有足够的采样点。固定监测区（点）的食品应在该地区内选定合适的采样地点，按五点法（四角和中心）采样，混合成原始样品。样品采集后，应及时处理，注意防腐。牛奶、羊奶样品采集后，立即加适量甲醛，防止变质。分析样品应在原始样品中用等分法采取，其总需要量可以根据有关测定方法实际分析用量的 2~3 倍量采集。每次样品检验实际用量可参照所用检验方法要求样品或样品灰用量和该种食品的灰样比确定。

在自来水管末端或水井或其他水源设饮用水监测采样点。自来水水样取自来水管末端水，井水水样采自饮用水井，泉水水样采自出水量大的泉水。用自动采水器或塑料桶采集水样，但分析氚的样品不可用塑料桶采集。凡用泵或直接从干管采集水样时，必须先排尽管内的积水，方可采集水样。采样前洗净采样设备，采样时用样水洗涤 3 次后采集。水样采集后一般用浓硝酸酸化。监测氚、^{14}C 或^{131}I 的水样不酸化，监测铯的水样用盐酸酸化。若水中含泥沙量较高，待 24 小时后取上清液再酸化。应尽快分析测定。水样保存期一般不得超过 2 个月。

样品预处理包括采取可食部分，对用干样分析的样品应进行干燥，对用灰样分析的样品应进行干燥、炭化和灰化。选用方法要严格防止待测核素的损失和污染。食品样品灰化温度，铯、钷、钚不超过 450℃，锶、镭、天然铀、天然钍不超过 550℃。

对要求分析澄清的水样应通过过滤或静置使悬浮物下沉，后取上清液。河水、井水等淡水样品的制备可使用蒸发浓缩、离子交换、沉淀分离等方法。推荐简便而又准确的蒸发浓缩法。

样品处理的目的是浓集对象核素、去除干扰核素、将样品的物理形态转换成易于进行放射性检测的形态。一般采用衰变法、共沉淀法、灰化法、电化学法等方法。

γ 谱无损分析方法一般采用碘化钠或高纯锗 γ 谱仪等测量设备。可对样品进行直接测量，无须经过化学分离富集。对于样品中的放射性核素，既可做定性识别，又可做定量测定。放射化学分析方法一般使用 α 计数器、β 计数器、α 谱仪、液体闪烁谱仪或质谱仪等测量设备。不同元素通常采用不同的化学流程。常使用示踪法确定放射化学流程的回收率。

在对食品放射性监测结果进行评价时，应考虑干预的正当性、最优化原则，以及不同于适用于实践的剂量限制考虑。只有根据对健康保护和社会、经济等因素的综合考虑，预计干预利大于弊时，干预才是正当的。对食入放射性核素的剂量评价既可以利用饮水、食品中放射性核素浓度的测量结果，也可以利用某些个体的内照射剂量监测的结果进行。必要时，应在应急计划中规定用于停止和替代特定食品与饮水供应的行动水平。

核战争条件下，可采用两种简单快速的方法：①直接测量法，即用 β-γ 射线探测器直接检测沾染物表面的 β 或 γ 放射性。②间接测量法，即取样检测。例如，取一定体积的水或用滤纸、棉花等擦拭沾染物表面，然后测量样品的放射性。这类沾染的监测应在地面 γ 剂量率<1μSv/h 的地区进行，以免本底辐射影响测量结果。战时为了处理大面积和大量粮、菜、水的沾染，多采用大样品测量，即用成堆、成桶的样品，测量落下灰的 γ 放射性。此法虽不能准确测量，但简便迅速，足可发现沾染的大概程度，有助于快速采取消除沾染和控制体内摄入量等措施。

（曲德成）

guójì jiāncè xìtǒng

国际监测系统 （international monitoring system，IMS） 由国际原子能机构（International Atomic Energy Agency，IAEA）协调执行，为监督和核查禁止核试验而建立的全球监测核武器试验的台站。包括地震、水声、次声、放射性核素的国际监测系统，在维也纳设立国际数据中心（International Data Center，IDC），接受各监测台站传送的监测数据，进行分析，提供相关信息。

监测台站由全面禁止核试验条约（Comprehensive Test Ban Treaty，CTBT）组织建立的位于世界各地的 337 个设施组成，用于对地球上地下、水下或大气中的任何核爆炸进行监测，IMS 是 CTBT 检查制度的一个组成部分。

IMS 采用 4 种不同的技术监测地球核爆炸，包括地震、水声、次声和放射性核素探测，对应每种探测技术需要建立不同类型的台站。全部建成后，国际监测系统将包括 321 个监测台站和 16 个放射性核素实验室，分布在全世界范围内 CBTB 指定地点，涉及世界各地的 89 个国家，其中许多设施都位于偏远地区和难以到达的地区。截至 2013 年 5 月 17 日，CTBT 组织规定的 IMS 尚未完全建成，共建立 295 个国际监测系统台站，占整个网络的 88%。其中，放射性核素台站 66 个（其中有惰性气体系统的 30 个），占计划数的 83%（其中有惰性气体系统的占计划数的 75%）；放射性实验室 14 个，占计划数的 88%，占计划总数的 40%。

通过核准的台站总数达到 275 个（占整个网络的 82%），其中通过核准的放射性核素台站 63 个（点总数的 79%），放射性核素实验室总数达到 11 个（占总数的 69%）（表 1）。

主要职能 IMS 主要用于地球上核爆炸的监测，实现 CTBT 的核查。科研人员已经开始探索 IMS 系统在民用和科学研究中的

表1 截至2013年5月17日IMS台站安装方案的情况

IMS 台站类型	安装已完成		建设中	计划中	合计
	经核证	未经核证			
基本地震台站	42	3	2	3	50
辅助地震台站	104	10	3	3	120
水声台站	10	1	0	0	11
次声台站	45	0	5	10	60
放射性核素台站（带惰性气体的）	63 （12）	3 （18）	9 （10）	5 （0）	80 （40）
放射性实验室	11	3	0	2	16
共计	275	20	19	23	337

应用。在民用方面的应用实例是地震灾害评估（地震监测）、近地面灾害性化学爆炸监测（次声监测）、海啸告警（水声监测）以及及时绘制由事故性核泄漏产生的放射性物质空气散布图（放射性核素监测）等。在科学研究方面，应用实例是对地球内部结构（地震监测）、大气过程（次声监测）、海洋过程（水声监测）以及对遥远地区的放射性背景水平（放射性核素监测）的研究等。具体实例是，IMS能提供海震警报中心关于水下地震几乎实时的信息，这样可更早地帮助警告人们，保存生命。2011年3月福岛核电站事故时，放射性监测网络探测到放射性的全球范围内的扩散。这些数据也能帮助人们更好地了解海洋、火山、气候反常、鲸的运动和许多其他事情。

工作制度 IMS由国际地震监测系统、国际次声监测系统、国际水声监测系统、国际放射性核素监测系统及国际数据中心组成。IMS利用地震、水声和次声监测技术来探测地下、水下和大气环境中因爆炸或自然事故释放出的能量，需用放射性测量技术确认爆炸是否是核试验。

地震监测 是CTBT核查制度使用的3种波形技术之一，旨在对地下核爆炸进行检测和定位。地震监测由国际地震监测系统（International Earthquake Monitoring System，IEMS）进行，它由50个基础台站和120辅助地震台站组成，基础台站发送实时监测数据，辅助台站是利用现有地震台站进行升级，以满足IMS的技术标准，但不发送实时数据，仅应要求提供数据。该系统探测到的地球上的震动，绝大多数每年有上千次由地震引起，但人造爆炸如采矿或2006年、2009年和2013年朝鲜核试验，也被探测到。由地震监测数据来区分地下核爆炸和众多每天发生的自然和人造事件，如地震和采矿爆炸。它是检测疑似核爆炸一种非常有效的手段。地震波传播如此之快，由分布在世界各地的地震台站记录产生这些波事件，时间只需从数秒钟到约10分钟不等。

水声监测 由国际次声监测系统（International Infrasound Monitoring System，IIMS）进行，它由11个水声台站组成。水声技术被用于测量声波引起水的压力变化。从水声监测获得的数据提供水下核爆炸位置，附近的海洋表面或靠近其海岸的信息。水可以高效地传输声音，即使是相对较小的信号在很长的距离之外也很容易检测到，11个站都足以监测地球的海洋，重点在由水为主的南半球。其中6个为水听站，有效覆盖大型海洋区域，使用水下麦克风将水的压力变化引起的声波转换成电信号，然后进行测量。5个为T相站，位于海洋岛屿与陡峭的山坡上，使用的地震传感器来检测水传播的声能，因为声能撞击陆地时声能其转化为地震波（T相）。水听器站的水声监测可以用来区分是人类活动或自然事件引起的信号，还是核爆炸所产生的信号。这些活动或事件可能包括石油勘探或军事演习，或自然现象如火山爆发或水下地震。

次声监测 由国际水声监测系统（International Underwater Acoustic Monitoring System，IUAMS）组成，它由地面上60个台站组成，能探测大爆炸发出的次声频率声波（人耳不可听到的）。次声波具有能够覆盖很长的距离，几乎没有损耗，是一项有用的用于检测大气和浅层地下核爆炸的技术。它主要聚集于疑似大气核爆炸的探测，用于帮助确定爆炸位置，这可增加成功现场核查大气核爆炸的可能性。由于地下核爆炸也产生次声波，次声波和地震技术的协同使用可以更好地收集和分析可能的地下核试验的信息。

放射性测量 由国际放射性核素监测系统（International Radionuclide Monitoring System，IRMS）进行，它与3种波形验证技术互补，是唯一能够证实由其他方法已经探测且定位爆炸是否是核试验的技术。它由80个台站（其中40个还能监测惰性气体）和16

个放射性实验室组成，台站监测大气中的放射性粒子和惰性气体，放射性实验室提供技术支撑。3种波形探测方法监测到某地发生爆炸后，还需要放射性测量才可确定由以上方法探测到的爆炸是否为核爆炸。大气核爆炸后固体裂变产物附着尘埃随盛行风传播很远的距离，一般水下核爆炸和浅地下核爆炸也会释放放射性微粒，故可以利用空气采样器收集大气中的物质微粒，然后进行样品分析，寻找核爆炸产生的核素通过大气传播的证据。对于完全密封地下或深水下核爆炸，不会释放任何放射性微粒到空气，但核爆炸产生的放射性惰性气体同位素尤其是氙同位素，不会附着杂物或灰尘上形成较大颗粒，将保持气态，其中一些会渗透穿过层层岩石和沉积物逸出到空气中，可随大气扩散到距离爆炸地点数千千米外，被收集、分离、浓缩和分析。

数据处理与分析 所有监测数据，最后都汇总到由位于维也纳的CTBT组织总部的国际数据中心。全球监测站的数据量达上GB。这些原始数据和处理后的数据分发至CTBT组织成员国。2006年和2009年朝鲜核试验时，成员国在2小时内收到该核试验的位置、强度、时间和试验深度的信息，比朝鲜公开核试验时间还要早。

（谢向东）

fàngshè sǔnshāng

放射损伤（radiation injury）

机体遭受X射线、γ射线或中子等电离辐射后引起以造血、免疫、肠道等损伤为主的多器官损伤。放射损伤效应分为确定性效应和随机性效应。

认识过程 早在威廉·康拉德·伦琴（William Conrad Rontgen，1845~1923）发现射线的第二年（1896年），人们就已开始研究放射所致脑、皮肤及其他脏器组织损伤的病理形态学改变。20世纪中叶，尤其在日本广岛和长崎遭受核袭击后的40~60年代，对放射损伤（尤其急性放射损伤）的病理变化进行了系统研究，其焦点主要集中在骨髓、淋巴组织、胃肠道等放射敏感组织。20世纪70~80年代，随着中子武器的发展和脑部肿瘤放射治疗的开展，对中枢神经系统的放射损伤研究给予更多关注。随着研究的发展，对急性放射病治疗水平逐渐提高，可救治剂量范围的增大，遭受大剂量照射的患者虽然可能渡过极期，但中后期的某些严重并发症（如放射性肺、肝等脏器纤维化，造血和免疫功能长期低下，真菌感染和顽固性放射性皮肤溃疡及其癌变等）通常影响治疗效果，并危及生命。20世纪90年代以来，分子生物学、分子免疫学、生物化学、遗传学、形态计量学等高新技术迅速发展，为在分子水平上探讨放射损伤的分子病理、机制和新的防治措施提供了有利条件。

基本内容 包括以下内容。

组织细胞放射敏感性 因辐射敏感性差异，机体受到射线作用后，各类组织器官的损伤不同。一般而言，辐射敏感性取决于细胞分化程度、细胞增殖能力、代谢状态及细胞周围环境等。细胞分化程度低、分裂活跃、代谢旺盛（即DNA合成旺盛）的组织辐射敏感性较高，反之则较低。但在同一组织器官中各类细胞成分对辐射敏感性也有较大差异，如小肠黏膜组织中，腺窝上皮细胞对射线高度敏感，而其绒毛上皮敏感性则较低；睾丸生精上皮细胞高度敏感，而其间质细胞和支持细胞则属低度敏感。概言之，淋巴细胞、造血细胞、肠腺窝上皮细胞（尤其小肠）、生殖细胞（尤其生精细胞、卵泡细胞）和胚胎细胞对射线最敏感，其放射损伤最迅速和严重（见*放射敏感性*）。

放射损伤病理改变 小剂量（1Gy以下）照射仅引起放射反应，一般不发生明显组织器官的病理形态学变化；极大剂量（狗和大鼠在1500Gy以上）照射引起射线下死亡，仅发生全身性严重的脏器充血和出血，不属于急性放射病；在1~1500Gy全身照射后分别引起骨髓型（1~10Gy）、肠型（狗为10~100Gy，大鼠为10~250Gy）和脑型放射病（100~1500Gy）。上述3型急性放射病的基本病变，早期表现为组织细胞广泛变性、坏死和凋亡，严重血管反应和出血，致死性继发性感染，晚后期则表现为多种远期损伤效应病变。

组织细胞的广泛变性、坏死和凋亡 在射线照射后，迅速发生变性和坏死的细胞包括淋巴细胞、造血细胞、生精细胞（在3型急性放射病中均可见到）、肠上皮细胞（见于肠型和脑型急性放射病）、神经元细胞（见于脑型急性放射病）。其形态上细胞肿大，胞核浓缩或肿胀，空泡化，终至核固缩、碎裂、溶解消失等典型坏死的变化，电镜下可见线粒体、内质网一系列损伤，核糖体减少。上述细胞均同时出现典型的凋亡现象，具有良好的剂量-效应关系和时间-效应关系。

放射损伤后组织坏死的显著特点是受累及的组织细胞具有广泛性，上述器官组织损伤病变通常同时发生；坏死部位的细胞反应极弱或缺如；同时，其再生能力也较强，但完全性恢复却较缓慢，引起机体的造血、免疫和生育能力长期低下。

严重的血管反应和出血 见急性放射病出血并发症。

致死性继发性感染 见急性放射病感染并发症。

放射损伤远期效应 远期效应指受射线照射后数月、数年甚至终生所发生的慢性损伤效应。包括血液和造血系统变化、白内障、恶性肿瘤、生育力下降、胚胎畸形以及青少年发育障碍、寿命缩短和遗传效应等。远期效应发生在急性损伤后已恢复者，也可发生在长期受小剂量照射者。外照射和内照射均可引起。

血液和造血器官的变化 ①常见变化：最多见且最明显的变化是白细胞、血小板、红细胞计数减少，尤以白细胞减少为著。形态上还可见白细胞胞质空泡形成、中毒颗粒、核肿胀，重者核固缩、碎裂或溶解，核分叶过多等，中性粒细胞碱性磷酸酶活力降低，淋巴细胞糖原增多。骨髓中白细胞有时呈成熟障碍甚至再生减退。骨髓和外周血细胞染色体畸变率高达3.0%，远高于正常水平（0.3%）。②白血病：是造血系统最严重的远期效应之一。核武器爆炸后白血病发生率在1~9Gy时为线性关系增长，发病高峰期为照射后3~8年，至照射后近30年仍未降至对照组水平。在放射科工作者中白血病发生率为对照组的3~8倍甚至10倍以上。接受放射治疗儿童和子宫内照射过的患者中，白血病也较多见。以急性、慢性（尤其急性）髓细胞性白血病多见，其次是急性淋巴细胞白血病。③贫血：其发生率与受照射剂量有一定关系，辐射所致贫血的骨髓所见与其他原因贫血相似。④其他：日本原子弹爆炸后幸存者中，骨髓纤维化和真性红细胞增多症发病率增高，尤以近中心者多见。

辐射致癌效应 ①发生情况：是最重要的远期效应。自1902年报道辐射所致手部皮肤癌以来，已累积大量资料。各类型的射线及不同方式照射（局部或全身照射、外照射或内照射）后均可致癌，中子致癌效应比X射线及γ射线强2~5倍。大鼠吸入^{239}Pu氧化物后近年来肺癌发生率随肺吸入剂量（1.2~36.4Gy）的增加而由24%增至100%。②肿瘤类型：人体各组织对辐射致癌的敏感性并不相同，最多见且与剂量呈线性关系的为肺癌、乳腺癌、甲状腺癌和白血病；经大剂量射线照射后易致癌但其剂量-效应关系尚待阐明的为是皮肤癌、胃癌、骨肉瘤及唾液腺癌。③辐射致癌机制：迄今学说较多，但尚无定论。如体细胞突变学说（即辐射引起染色体畸变或基因突变，导致癌细胞形成）、病毒激活学说（即病毒RNA进入宿主细胞的复制密码或通过反转录过程使宿主细胞的DNA发生变异）等。随着分子生物学尤其分子遗传学和分子免疫学的进展，其辐射致癌机制有望进一步阐明。

对胎儿的损伤效应 由于幼稚和增殖活跃的组织细胞对射线非常敏感，故胎儿放射损伤远较出生后尤其较成人严重得多。胎儿受射线照射后的损伤效应主要表现如下：①胎儿死亡率增加。胚胎发育的不同阶段辐射效应不同。着床受照射的受精卵不再分化，器官形成期受照射则多致死胎或畸形发育。日本原子弹爆炸后幸存者中，曾患急性放射病的妇女中，胎儿死亡率23.3%（7/30例），远较对照组2.7%（3/113例）高。照射后10年仍见同样趋势，故死胎、流产多见。②新生儿死亡率增加。前述两组中新生儿死亡率分别为26.1%和3.6%。③影响宫内受照射胎儿的生长、发育。主要是出现小头症（广岛胎儿受照射0.1~0.2Gy者小头症发生率11%，1.5Gy以上者达38%，对照组为4%）、智力发育不全（即低能儿，广岛受2~3Gy照射组为37.5%，对照组为0.3%）、生长发育迟缓和畸形儿概率增加。

加速老化 衰老指机体性成熟后逐渐失去功能的现象。照射后机体胶原纤维萎缩、收缩力丧失，出现与老年人相似的变化，晶状体混浊，虹膜萎缩，毛发脱色、变灰或变白，皮肤弹性减弱。5Gy γ射线照射狗存活2~5年者无例外均出现上述现象。

缩短寿命 动物实验证实，寿命缩短与受照剂量呈线性关系，据估计，每增加约1Gy，可缩短寿命5%。

（彭瑞云）

fúshè zhìsǐ jìliàng

辐射致死剂量（lethal dose）

能使生物体（人）死亡辐射所需要的最小剂量。对应急事件的处理、伤员分类和及时治疗有重要意义。在核爆炸和重大核事故情况下，急性辐射照射可能造成包括人类在内的某种生物有许多个体的死亡。在发生这类事件时，应依据剂量-效应关系估计受照射人员伤亡概率。目前积累人的事故大剂量照射资料较少，且人员受照射的条件、剂量估算误差及照射后治疗措施等影响样本的规范性，故尚无人类典型剂量-效应曲线。目前用受照射哺乳动物典型剂量-响应曲线及人类有限的事故照射和治疗照射的经验预测某一受照人群的死亡概率。

一般来说，死亡是体内一个或多个重要器官系统严重缺失细胞的结果，因此正如在细胞水平的研究中所见，剂量-效应关系曲线一般说来是适合的。图 1 是一次性低传能线密度（LET）辐射照射哺乳动物增殖性细胞的剂量-存活曲线。在直角坐标系里损害概率与剂量的关系曲线呈 S 状。在剂量<1Gy 的情况下预计不会发生个体死亡。随剂量增加会有更多的个体死亡，随剂量继续增加直至约 6.5Gy 全部被杀死。曲线的起点剂量称阈剂量，终点剂量称致死剂量。图 2 取自美国陆军战争局“核战争射线伤亡新标准”(1995)。从该图可以查出早期核辐射所致人员伤亡的潜伏期、机械障碍、失能和死亡等与受照射剂量和发生时间的关系。

致死剂量与造成死亡的主要效应类型有关。对健康成人来说，如 1MeV 的 γ 射线急性照射剂量-效应及死亡时间见表 1 和表 2。

在理解和应用剂量效应及致死剂量时应关注以下要点：①从阈剂量到致死剂量之间，致死事件平均频率可近似地用基于线性二次方程描述。②人类致死剂量数值以动物实验为基础，结合少量事故和放射治疗病例而导出，不确定度较大。③病理状态的严重程度、阈剂量和致死剂量等适用于群体，在受照个体间因敏感性有差异。④剂量率小和分次照射其剂量响应比急性照射减小。

现在文献资料所给出人辐射致死剂量的数值和表述也不尽相同。例如，有的报导人受<1.5Gy、

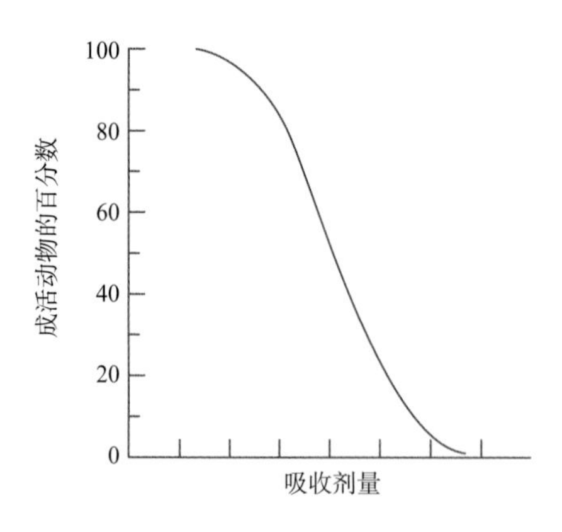

图 1　受照射哺乳动物典型剂量-效应曲线

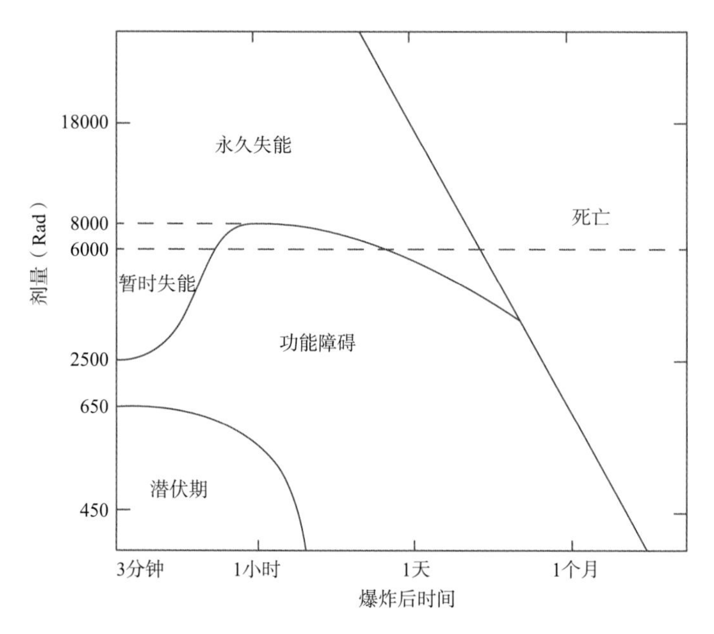

图 2　体力工作者核辐射效应

表 1　人类受全身均匀急性照射诱发综合征和死亡的特定剂量

全身吸收剂量（Gy）	造成死亡的主要效应	照后死亡时间（天）
3~5	骨髓损伤（$LD_{50/60}$）	30~60
5~15	胃肠道及肺损伤	10~20
>15	神经系统	1~5

表 2　图 2 所示不同剂量范围引起的效应

辐射效应	剂量（Gy）	爆炸后伤情	死亡时间
即刻永久失能	180（170~190）	5 分钟内任何工作都失能，直至死亡	多在 1 天内
	80（70~80）	5 分钟内失能，体力工作将继续失能，直至死亡	多在 1~2 天内
即刻暂时失能	30（25~35）	5 分钟内失能，持续 30~45 分钟后恢复为功能障碍，直至死亡	多在 4~6 天内
后期死亡	6.5（5~8）	2 小时内变成功能障碍直至死亡。少数可能经治而存活	2 周内

4.5Gy和6.5Gy照射，死亡率分布为0%、5%和100%。国家军用标准（GJB1761—93）给出几种类型放射病剂量：骨髓型重度4Gy，急重度6.0Gy；肠型10Gy；脑型50Gy。

（谢向东）

zàoxuè xìtǒng fàngshè sǔnshāng

造血系统放射损伤（radiation induced hematopoietic system injury） 造血系统遭受一定剂量的X射线、γ射线或中子等照射后所致损伤。是核武器所致放射损伤中最常见的损伤，也可见于核与辐射事故和临床恶性肿瘤放射治疗。造血系统属电离辐射高度敏感组织，射线直接作用后可迅速发生严重破坏，引起骨髓型急性放射病。在肠型和脑型放射病，可见更严重的造血系统放射损伤。

正常骨髓充满各系统各阶段造血细胞和间质组织，全身骨髓重量约相当于肝脏重量，占体重的4%~5%。骨髓属电离辐射高度敏感的组织。已证实较小剂量（<1Gy）照射仅引起放射反应，一般不发生明显的骨髓损伤，极大剂量（>1500Gy）照射可引起射线下死亡；1~1500Gy全身照射后分别引起骨髓型（1~10Gy）、肠型（10~80Gy）和脑型（100~1500Gy）放射病，机体各器官包括骨髓、胸腺、脾、肠道和生殖腺等有不同程度的损伤，出现程度不等的贫血、出血和感染等造血功能障碍症状。

发生机制 包括以下内容。

生长因子及受体 ①白介素-3（interleukin 3，IL-3）蛋白检测：正常骨髓组织中仅少部分造血细胞质内IL-3呈弱阳性，中度以上骨髓型放射病时于照射后6小时至6天，骨髓造血细胞进行性减少，其内IL-3进行性减少，尤其是造血细胞损伤最严重时，IL-3表达几乎为阴性。照射后10天，骨髓造血细胞处于恢复期，IL-3表达亦见增多，于照射后15~21天，造血细胞中IL-3逐渐增多，表现为IL-3表达的造血细胞增多，阳性强度增强。②IL-3 mRNA检测：采用原位杂交及原位反转录聚合酶链反应等分子病理手段，正常骨髓造血细胞内有一定量的IL-3 mRNA，在骨髓急性损伤期，造血细胞凋亡时IL-3 mRNA进行性减少，当造血细胞处于修复期，IL-3 mRNA明显增加。造血细胞增殖修复时，IL-3基因表达增多，内源性IL-3基因表达在放射诱导骨髓细胞凋亡后修复中起促进作用。③干细胞因子受体：又称C-kit蛋白。在骨髓放射损伤早期，C-kit蛋白于造血细胞质内表达明显短暂性增多，而照射后损伤极期，其表达明显减少。于恢复期时较多的幼稚造血细胞的胞膜C-kit蛋白阳性，C-kit蛋白阳性的造血细胞即可与干细胞因子结合，加速造血重建。

癌基因及抑癌基因 照射可导致骨髓造血细胞凋亡，且存在一定的剂量-效应关系。采用现代分子病理手段如免疫组化、原位杂交等技术研究某些癌基因如bcl-2、bax和c-myc以及抑癌基因p53在放射诱导骨髓造血细胞凋亡及修复中起重要作用。

bcl-2及bax 采用链霉卵白素-生物素（LSAB）免疫细胞化学方法、原位杂交及图像分析技术，定位及定量检测bcl-2及相关基因bax在放射诱导的骨髓细胞凋亡及修复中的改变：正常骨髓造血细胞中仅少数造血细胞质内bcl-2蛋白及mRNA阳性。造血细胞损伤时，其蛋白及mRNA均进行性减少，表现阳性细胞减少，阳性强度减弱。造血细胞增殖、分化，处于恢复期，其mRNA和蛋白于较多造血细胞质内及胞膜阳性，即bcl-2 mRNA的增加先于其蛋白的增加。bcl-2基因于造血细胞凋亡后修复中过量表达，提示bcl-2基因过量表达可能有效促进骨髓造血细胞的增殖。

正常骨髓造血细胞中仅极少数造血细胞质内Bax蛋白阳性。造血细胞损伤早期，骨髓造血细胞中Bax蛋白明显增多，表现为Bax阳性强度增强及表达Bax的造血细胞数目增多。其阳性部位多见于造血细胞质内，若其阳性增强，可几乎将细胞核掩盖。造血细胞损伤极期，其表达明显减少；恢复期时造血细胞数开始增加，Bax蛋白亦见于造血细胞质内，呈弱阳性。表明bax基因于造血细胞凋亡时过量表达，提示bax基因过量表达可能诱导造血细胞凋亡。照射后骨髓造血细胞凋亡时，bax基因过量表达是促进造血细胞凋亡的原因之一；bcl-2于骨髓再生期的过量表达是促进造血细胞凋亡后再修复的原因之一。

p53 以小鼠为模型，采用免疫细胞化学及cDNA-DNA原位杂交技术检测wtp53及mtp53在放射诱导骨髓细胞凋亡及修复中的变化：wtp53于造血细胞凋亡期明显增多，而mtp53基因则于造血细胞凋亡后的修复中明显增多。表明wtp53可诱导造血细胞凋亡，而mtp53则抑制之，且促进骨髓造血细胞凋亡后的修复。

p53诱导凋亡的分子机制：①射线照射使细胞内p53蛋白增加。②wtP53蛋白的过量表达可以阻止细胞周期的进程，使细胞停留在G1/S期。③p53通过bax诱导凋亡。④射线照射使细胞产生稳定的 p53 蛋白和过表达的 c-myc。p53 蛋白可介导 c-myc 激活导致的细胞凋亡。

c-myc 采用 LSAB 免疫细胞化学技术，动态检测 C-myc 蛋白在放射诱导的骨髓造血细胞凋亡及修复中的改变：C-myc 蛋白在造血细胞凋亡及修复时均明显增加。关于 C-myc 蛋白参与放射诱导的骨髓造血细胞凋亡及修复的调节作用，在造血细胞凋亡期，IL-3 表达减少，环境中 IL-3 减少（生长因子撤除），C-myc 蛋白的高表达可诱导造血细胞凋亡；造血细胞恢复期，造血细胞 IL-3 表达增多，在环境中生长因子存在情况下，C-myc 蛋白的高表达可促进造血细胞进入细胞周期，进行增殖。

临床表现 早期主要表现为骨髓型急性放射病。根据放射剂量不同，分为轻度、中度、重度和极重度骨髓型放射病，临床经过可分为初期、假愈期、极期和恢复期 4 个阶段。临床上患者表现为不等程度的贫血、出血和感染症状，可有发热、乏力、面色苍白、皮下出血等临床表现。晚后期可出现外周血细胞持续减少，以及贫血、骨髓纤维化和真性红细胞增多症等表现。

诊断与鉴别诊断 依据主要有：①电离辐射接触史。②出现发热、乏力、面色苍白、皮下出血等症状。③外周血细胞检查见白细胞、红细胞和血小板计数均减少，骨髓穿刺有明确的造血细胞损伤，见各系造血细胞数量减少，呈凋亡和坏死状，以成熟细胞为主。④骨髓穿刺有明确的造血细胞损伤，血管出血。⑤需排除其他非电离辐射原因所致造血系统损伤和疾病，如再生障碍性贫血、急性白血病、骨髓增生异常综合征、肿瘤化疗后造血系统损伤等。

外周血细胞检查 可见白细胞、红细胞和血小板均减少，外周血红蛋白含量降低，此改变与接受射线剂量呈明显的剂量-效应关系。

骨髓有核细胞计数检查 骨髓中有核细胞数量减少，且呈剂量相关性，即剂量越大，减少程度越明显，出现减少的时间越提前，且恢复越慢。

骨髓病理学检查 中重度放射病，骨髓造血细胞均出现明显损伤，且剂量越大，损伤越重，出现时间越早且恢复越慢。病理过程呈 5 个阶段，即造血细胞凋亡和坏死清除期、骨髓残留期、空虚期、再生修复期及基本恢复期，其中以中度骨髓型放射病的病理变化最典型。

造血细胞凋亡和坏死清除期 照射后 3~5 分钟即可见造血细胞核膨胀，15~30 分钟见核固缩、碎裂，1~1.5 小时坏死细胞增多，2.5~4 小时可累及大部分造血细胞，4.5 小时见凋亡和坏死的细胞被吞噬，6 小时可见造血细胞核碎裂，数目减少，10~15 小时坏死和清除达到高峰，36~48 小时凋亡和坏死的细胞大多已被清除。红系细胞（尤其是原幼和早幼红系细胞）对射线更敏感，损伤出现早且严重；其次为粒系和巨核系细胞。血窦和小血管扩张、出血。此期持续 2~3 天。照射剂量 12Gy 以下时，骨髓造血细胞凋亡较多见，尤其在致死和亚致死剂量照射后，骨髓造血细胞的死亡方式以凋亡为主。凋亡细胞最多见于照射后 6 小时，于照射 1 天后逐渐呈减少趋势。依据凋亡细胞形态特征，凋亡过程分为早期、中期及晚期 3 个阶段：①细胞凋亡早期。细胞核染色质浓缩、聚集，在核内形成不规则的染色质团块，并聚集在核膜下，呈环状、半月形、条索状、戒指形或不规则形。②细胞凋亡中期。细胞核染色质进一步浓缩、聚集，核完整性被破坏，形成数个大小不等、形状不一的核碎片。③细胞凋亡晚期。见核碎片被细胞膜性结构包绕，连同局部细胞器一起形成凋亡小体。凋亡小体呈圆形或椭圆形，大小不一，可游离于细胞之间，亦可被邻近细胞吞噬。

电镜下，凋亡细胞核染色质浓缩、边集，线粒体、内质网等细胞器结构完好，亦可见核固缩，胞质发泡，或细胞皱缩，胞质浓缩。坏死的造血细胞表现为核肿胀，染色质溶解，核膜间隙不清。

残留期 骨髓腔内造血细胞坏死崩解明显减少，仅残存少量的发生变性的巨核细胞及更少量的晚幼红、中幼红、粒系细胞。充血和出血加重，出现水肿，血窦结构模糊不清，持续 3~7 天。

空虚期 又称枯竭期。骨髓腔内造血细胞几乎不可见，仅见血管内皮细胞，骨髓腔状如血池，呈现“荒芜”的景象，显示造血功能极度低下。由于骨髓腔内广泛、弥漫性出血，有学者称为“血湖”状。

再生修复期 即于骨髓腔“空虚”基础上出现新生的造血细胞灶，其形态呈灶状分布，以幼稚造血细胞为主，分布致密，形态完整，着色良好，结构清晰，每见核分裂象，细胞核内 Ag-NOR（银染核仁形成区反映细胞核的增殖活性）及 DNA 含量均逐渐增加。再生灶多位于小梁旁、骨内膜下或小血管周，以红系细胞再生较早，粒系和巨核细胞居后，可分为红系细胞再生灶、粒系细胞再生灶、巨核细胞再生灶、网状细胞灶和混合细胞再生灶。

基本恢复期　于中重度放射病1~3个月后，骨髓腔内造血细胞明显增多，形态良好，增生活跃，各系统各阶段造血细胞比例及形态基本恢复至正常状态。辐射事故患者和大量动物实验证实，骨髓造血组织受大剂量辐射损伤后的恢复重建是一漫长的过程，如实验动物经5Gy照射，于照后150天虽基本恢复，但直到照后2年仍见各系统造血细胞的比例和巨核细胞的形态异常。间质细胞的恢复更较缓慢。

射线下死亡者骨髓造血细胞仅发生早期变性坏死，脑型和肠型放射病时分别呈残留型和空虚型图像，骨髓型放射病时骨髓造血细胞病变一般经历上述典型的5个阶段。

治疗　原则主要有：①以造血损伤为中心进行综合治疗。一方面要减轻或延缓造血器官损伤发展，促进损伤恢复；另一方面要大力防治由造血损伤所致感染和出血等症状。加强综合治疗。②根据造血系统损伤后急性骨髓型放射病的分度和分期进行治疗。要狠抓早期、主攻造血、着眼极期。

治疗措施主要有：①应用抗放药。应尽早应用。②防治感染。包括对患者及病室消毒隔离，注意皮肤黏膜卫生，全身应用抗生素。③及时输血和血液有形成分。④造血干细胞移植。即将供者的含有大量造血干细胞的骨髓细胞输入受致死剂量照射的受者体内，使供者细胞在受者的骨髓中形成新的造血灶，起到替代和补充受体的骨髓干细胞，促进造血恢复的作用。骨髓移植可用自体骨髓移植和同种异体骨髓移植，宜边采集、边输入，通过静脉输入。⑤其他对症治疗。

（彭瑞云）

xiāohuà xìtǒng fàngshè sǔnshāng

消化系统放射损伤（radiation induced digestive system injury）

消化管和消化腺受到一定剂量的X射线、γ射线或中子等电离辐射后所致损伤。是核武器所致放射损伤中常见的损伤，也常见于核与辐射事故和临床恶性肿瘤放射治疗。消化系统典型放射损伤发生在肠型放射病中。肠道由小肠（空肠和回肠）和大肠（升结肠、横结肠、降结肠和乙状结肠）组成，是机体对食物消化和各种营养成分与水分吸收的器官。肠道对射线高度敏感，尤其是隐窝干细胞和肠道淋巴组织。

肠型放射病照射剂量一般为10~80Gy，以小肠损伤为主要特征，以频繁呕吐（每天十几次或数十次）、顽固性腹泻（每天十数次或数十次，以血性便为主）和严重脱水为主要临床表现，具有初期、假愈期和极期3个阶段，人员在1~2周（实验动物在3~5天）内全部死亡，尚无治疗活存的报道。消化系统各器官中，肠道为高度辐射敏感组织，照射后肠道组织细胞急速发生破坏，其中小肠最严重，大肠次之，以下依次为食管、胃，同时消化腺（肝、胰腺、唾液腺等）也发生不同程度损伤。

病理学改变　包括以下内容。

小肠黏膜改变　小肠放射损伤主要累及黏膜层，尤以隐窝为著。黏膜病变一般经历4个阶段：①隐窝上皮细胞凋亡坏死期。大体见小肠黏膜充血，镜下隐窝上皮坏死，或胞核淡染，核分裂象消失，早期见较多细胞凋亡，隐窝腔中充填脱落的上皮细胞。于照后数分钟即见隐窝上皮变性，照射后30~60分钟凋亡和坏死增多，于4小时已较广泛，5小时可见吞噬清除象，约于24小时坏死清除达到高峰。持续1~2天。②黏膜上皮细胞剥脱期。照射后3~5天（实验动物）或2周（人）出现肠壁变薄，黏膜皱襞消失，表面平坦，弥漫渗出性出血，镜下小肠黏膜上皮广泛的坏死剥脱，绒毛萎缩变短秃，大量畸形细胞形成，短秃裸露的绒毛浅层小血管扩张充血，常伴血停滞、微血栓形成及出血。小肠黏膜广泛剥脱是肠型放射病特征性病变。③隐窝上皮细胞再生期。肠壁渐增厚，黏膜表面“绒状”感渐恢复，出血渐减轻，于黏膜深层出现新生的隐窝。新生隐窝细胞排列紧密，每呈实心状或小腺腔样，胞质嗜碱性，多见核分裂象。隐窝再生较迅速，动物微弱再生最早见于照射后3天（1.1Gy），中等再生最早见于照射后4天（1.1Gy），明显再生始于照射后5.3天（1.3Gy）。人的微弱再生和中等再生分别始于照射后9~11天和12~14天。④基本恢复期。大体与正常黏膜甚难区分，镜下绒毛高度和结构接近正常，仅核分裂象尚较少。在肠型放射病实验动物中此期始见于经治疗后活存至7天的死亡例。肠型放射病患者经救治活存90天，其小肠绒毛也已近基本恢复。其消化和吸收功能完全恢复较缓慢，需更长时间。

骨髓型急性放射病时，小肠上皮由坏死期迅速再生恢复，并不发生黏膜上皮剥脱。肠型放射病时小肠全部发生坏死和剥脱，约54%仅可出现早期微弱或中等再生。脑型急性放射病无活存3天以上者，仅见隐窝上皮坏死病变。射线下死亡病例则仅见隐窝上皮变性和少数核固缩。

在10Gy以上照射后于小肠黏膜出现一种形状异常的畸形细胞，始见于照射后2天（17.3%），以照射后3天（100%）和4天（92.2%）最多见，经治疗后活存时间延长至7天以上者则未出现。该细胞形态多样，体积较大，胞核肿胀、增大，核膜清晰，染色质稀疏，沿核膜分布，核仁巨大，致密深染，形如鸟眼，每见双核仁，偶见异常核分裂，部分呈合体细胞状；微绒毛稀疏紊乱，变短、变细，线粒体肿胀、空泡化，内质网扩张，核糖体减少。畸形细胞是大剂量照射后一段时间内小肠上皮干细胞不能正常分裂，而出现的暂时性畸形发育，即为致伤而未致死的小肠干细胞在照后短暂时间内继续其生命活动的一种病理性代偿反应。

小肠肌层改变 于脑型、肠型和骨髓型急性放射病中，小肠壁平滑肌和肌间神经丛神经节细胞常发生变性、坏死，前者的发生率分别为39%、98%和11%，后者为48%、97%和11%，其中肠型中多见和严重，这可能是此型中易发生肠套叠的病理学基础。

小肠壁血循环障碍 小肠壁常发生一系列血循环障碍病变。早期以充血、水肿为主，极期则以出血为多见，脑型、肠型、骨髓型时的出血发生率分别约为78%、95%、96%。小肠出血迅速，在3型急性放射病中，其最早出现时间分别见于2小时、17小时、75小时，远较临床见到皮肤和黏膜出血为早。肠腔积血见于44%～66%，犬的肠腔积血量可达约数百毫升甚至1000ml，可加重全身失血甚至导致死亡，并造成内源性细菌感染。

小肠感染 是肠道辐射损伤多见和严重的并发症，于脑型、肠型和骨髓型急性放射病中分别占6%、45%和83%。其最早出现的时间分别见于照射后34小时、69小时和108小时。脑型和肠型中以局灶感染多见，而骨髓型中则还常见斑片状甚至全小肠感染坏死。致病菌主要是革兰阳性球菌，肠型和极重度骨髓型放射病中常见和严重的真菌感染。

肠套叠 是肠道辐射损伤的常见并发症之一，大剂量照射后肠道蠕动功能紊乱，增强和减弱交替出现，易促进和导致肠套叠的发生。骨髓型中肠套叠发生率约7.1%，肠型可达16.7%，以照射后第2～3周多见，以照射剂量3～15Gy为多见。大多为单套叠（87.0%），少数为双套叠、三套叠，尚见四套叠者。小肠套叠占61%，回肠－结肠套叠略少见（17%），大多数发生肠梗阻伴淤血、坏死，少数为水肿型，多数为嵌顿型。与其他原因引起的肠套叠比较，急性放射病肠套叠特点是感染坏死及血液循环障碍更多见和严重，缺乏炎细胞反应，手术治疗困难，一旦发生常成为重要或主要死因。

食管改变 10Gy以下照射后食管黏膜多无明显的形态学改变，10Gy以上约半数发生黏膜上皮变性和坏死。在肠型放射病中多为局灶性，脑型中多为斑片状或弥漫性。混合腺萎缩状，分泌功能显著下降，并多见小灶状出血。治疗后存活时间延长例中常见真菌感染，尤以白念珠菌多见，少数合并酵母菌和毛霉菌，导致黏膜层坏死，并多累及固有层深层，侵犯血管，形成菌栓，并向全身播散。

胃改变 胃的辐射损伤明显比食管轻，即使在脑型和肠型放射病例中也未发现胃黏膜上皮坏死脱落者，仅出现壁细胞（分泌盐酸）、主细胞（分泌胃蛋白酶）及黏液分泌细胞的变性，胞体变小，胞质深染，胞核凝聚、固缩，少数出现碎裂。

口腔改变 口腔黏膜属射线中度敏感组织。在骨髓型放射病中，所有死亡患者和实验动物的牙龈、舌、颊、咽部黏膜均可发生出血性坏死性炎症，尤其口咽部和喉咽部的病变更严重和广泛，出血和坏死几乎累及全咽部，明显水肿、肿胀，坏死性假膜覆盖，致食管入口狭窄、吞咽和呼吸困难，并多累及扁桃体和腭垂。口腔黏膜常见菌团生长，感染的菌丛常为球菌和杆菌混合感染，并每见念珠菌、酵母菌，少见曲霉菌、毛霉菌感染，均伴组织坏死，坏死灶内及其周围缺乏中性粒细胞浸润，水肿和出血严重。舌部出血、感染，其中舌尖和舌根部尤为明显，溃疡多见于舌缘。

胰腺改变 胰腺属对射线低度敏感组织。大剂量（>10Gy）照射后外分泌腺腺泡（末房）萎缩变小，细胞变性，分泌颗粒减少，闰管和排泄管腔内充填凝聚浓染的“胰液团块”，伴间质充血，微血栓及出血，出血于骨髓型放射病极期较多见。

唾液腺改变 唾液腺为中等辐射敏感组织，尤其腮腺较敏感，腺泡较腺管敏感。致死剂量以上照射后腺泡（黏液腺和浆液腺腺泡）上皮变性，分泌减弱，出现口干，并持续较长时间。

胆管改变 于肠型和脑型放射病中偶见肝外胆管和肝内各级小胆管上皮细胞变性（主要为空泡变性），甚至坏死，脱落于管腔中。

临床表现 以胃肠道症状为

主，以频繁呕吐、严重腹泻和血水样便为主要症状，具有初期、假愈期和极期3个阶段，伴严重的造血功能损伤症状。发病急、病情重、病程短，临床分期不明显。易发生感染，可伴肠梗阻和肠套叠。

诊断与鉴别诊断 依据主要有：①电离辐射接触史。②物理剂量测定和生物剂量测定。③受照后出现频繁呕吐、严重腹泻和血水样便，伴严重的造血功能损伤症状。④外周血细胞分析和血清学检查见全血细胞减少，血清电解质紊乱。⑤病理学检查见消化道和消化腺损伤，组织结构异常。⑥需排除其他非电离辐射原因所致肠道损伤和疾病，如霍乱、伤寒、细菌性痢疾、一般性肠炎和克罗恩（Crohn）病等。

治疗 尚无有效措施。主要是针对消化系统损伤，采取综合对症治疗，兼顾造血功能障碍的治疗。肠道放射损伤，治疗难度大，预后严重。未经治疗的肠型放射病中，所有实验动物均于照后3~5天死亡，存活（3.6±0.2）天，而人员则于照后7~13天死亡。其死亡原因主要有脱水、酸中毒、败血症、中毒性休克等。因此，应首先针对肠道损伤采取综合对症治疗，同时早期进行骨髓移植。待渡过肠型死亡期后，以治疗造血功能障碍为重点。

（彭瑞云）

gān fàngshè sǔnshāng

肝放射损伤（radiation induced liver injury） 肝接受一定剂量的X射线、γ射线或中子等电离辐射后所致损伤。可见于骨髓移植照射预处理、恶性肿瘤放射治疗、核与辐射突发事件。肝脏是中度辐射敏感器官，一般接受20Gy以上照射可引起明显肝损伤。

发生机制 包括以下内容。

小血管及结缔组织损伤 受照射后，小静脉通透性增高，血浆蛋白及白细胞渗出，刺激成纤维细胞增生，功能活跃，合成及分泌胶原增加；同时，放射造成内皮细胞损伤，纤维素局部沉积，血栓形成，管腔闭塞。

成纤维细胞增多 在肝纤维化前期即明显增多，起初多位于门管区及血管周围，之后渐增多，向肝小叶内延伸，并产生Ⅲ型胶原和纤维连接蛋白（fibronectin，FN），电镜下可见能合成和分泌胶原原纤维。

贮脂细胞增多 在肝纤维化发生过程中，贮脂细胞进行性增多，胞质内可见Ⅲ型和Ⅳ型胶原以及胶原原纤维，说明贮脂细胞可直接合成胶原。

肥大细胞增多 肥大细胞增多和变大与肝内纤维结缔组织增生密切相关，即肥大细胞增多和变大先于纤维结缔组织增生，并见肥大细胞脱颗粒现象。

转化生长因子-β_1含量增多 肝细胞坏死崩解时释放出转化生长因子-β_1，刺激纤维结缔组织及成纤维细胞增生，肝发生纤维化。在放射性肝纤维化早期FN首先增多，随后渐被胶原取代；而层粘连蛋白（laminin，LN）在肝纤维化发生过程中窦壁沉积进行性增多，基膜形成（即肝窦毛细血管化）。

肝组织中自由基含量增加 在放射性肝纤维化发生过程中自由基含量增高，尤以照射后1年时明显。肝组织清除自由基能力逐渐下降，自由基在肝内堆积，促进肝纤维化的发生发展。

肝细胞受照射后，可通过直接或间接因素作用于效应细胞，最终导致胶原合成及分泌增加，肝发生纤维化甚至硬化。直接因素是射线作用于纤维化效应细胞，使其产生过多胶原；间接因素包括放射导致血管结缔组织损伤，血管通透性增加，血浆蛋白渗出，并引起肥大细胞增多，其内生物活性物质释放；FN和LN等基质成分增加，肝细胞自由基产生过多，库普弗（Kupffer）细胞及贮脂细胞增多，肝细胞坏死、崩解等均可导致成纤维细胞数增多，功能活跃。最终引起肝纤维化甚至硬化。LN在窦壁沉积进行性增多，导致或加重肝窦毛细血管化。

病理学改变 包括以下内容。

动物模型 采用^{60}Co γ射线单次与分次照射大鼠肝区，动态观察1年，发现单次照射30Gy组发生放射性肝纤维化病变，其病理过程分为急性放射性肝炎期、肝纤维化前期、肝纤维化期及肝硬化期。

急性放射性肝炎期 多发生在照射后1个月内。大体见肝肿胀及充血，体积略有增加。光镜下见肝内小血管（尤其是小静脉）及肝窦扩张，充血及出血；肝细胞点状嗜酸性变。电镜下见内皮细胞退变，渐进性坏死；肝窦扩张及血浆蛋白渗出，肝窦周隙水肿，其中胶原纤维略有增多，贮脂细胞呈类成纤维细胞样。

肝纤维化前期 多发生在照射后1~3个月。光镜可见门管区、肝窦及中央静脉周围成纤维细胞增多，并呈条索状排列，核仁组成区嗜银蛋白含量增多，肝细胞点灶状坏死；胶原颜色维于汇管区增多并向肝小叶内肝索间及肝小叶间延伸，窦壁网状纤维增多、变密及变粗；库普弗细胞增加，门管区肥大细胞增多。电镜下见肝窦壁增厚，基膜样物质出现，贮脂细胞及肝窦周隙内类成纤维细胞功能活跃，胞质内及其周围有多量的胶原原纤维。

肝纤维化期　常见于照射后半年。大体见肝颜色灰白，体积减少，表面见点状坏死灶，欠光滑。光镜可见肝内纤维组织大量增生，相互连接，中央静脉间及其与门管区间形成纤维性“桥”，肝细胞片状变性及坏死。电镜下见肝细胞内及其间，肝窦周隙内和肝窦存在大量成片和成束的胶原纤维，分隔挤压肝细胞；肝细胞胞质内脂滴沉积，出现髓鞘样小体，次级溶酶体增多，糖原颗粒明显减少。

肝硬化期　多发生在照射后9~12个月。大体见肝体积明显变小，灰白色，表面见有隆起不平的结节，细颗粒状，散在针尖至米粒大小白色坏死灶，质韧。光镜下见肝内纤维结缔组织明显增多，分隔肝细胞形成完整的假小叶，少数肝细胞结节状再生，发生肝硬化，肝细胞大面积坏死。电镜下见内皮细胞退变、脱落及肝窦出血，其内可见纤维样及成纤维样细胞；窦壁厚，胶原纤维明显增加；肝细胞受压，周围有大量的胶原原纤维包绕，并呈旋涡状排列。

临床标本　放射对肝损伤的特征性变化是静脉非特异性闭塞性损伤，即肝静脉闭塞症（veno-occlusive disease，VOD）。肝放射损伤早期（1.5~2.5个月）可见肝窦扩张、充血，中央静脉周围的肝细胞进行性萎缩，肝细胞坏死少见，VOD的典型改变出现在该时期，但在照射2.5~6个月最显著，在许多小静脉及中央静脉腔内可见纤细的嗜银、嗜品红纤维附着于内膜，其内纤维逐渐增多变粗，在内膜内出现一些成纤维细胞；管腔进行性狭窄，伴肝窦充血加重，肝细胞萎缩，中央静脉壁内及肝窦附近网状纤维增生，库普弗细胞增生，也常见中央静脉血进入肝窦周隙内。照射后半年甚至数年后，充血及肝细胞萎缩少见，中央静脉与门管区的距离缩短，肝细胞丧失。

临床表现　早期表现与肝炎相似，患者厌油腻、恶心、食欲减退、上腹胀满。查体可见肝大，可伴黄疸和腹水，腹围及体重增加；肝功能异常，血清谷丙转氨酶和胆红素水平增高，白蛋白减少，球蛋白增多。严重者可因肝衰竭、肝性脑病、肾衰竭及恶病质而死亡。

诊断与鉴别诊断　依据主要有：①电离辐射接触史，包括核与辐射事故、临床肿瘤放射治疗病史。②放射后出现厌油腻、恶心、食欲减退、上腹胀满等症状。③血清学检查肝功能异常，血清谷丙转氨酶和胆红素水平增高，白蛋白减少，球蛋白增多。④病理学检查见肝细胞损伤，组织结构异常。⑤需排除其他非电离辐射原因所致肝脏损伤和疾病，如病毒性肝炎、酒精性肝炎、肝硬化、肝癌等。

治疗　尚无安全有效的方法，主要是对症处理，包括应用保肝药物、高能量饮食、加强休息、限盐、利尿等。

预防　肝放射损伤一旦发生，通常不可逆转。预防的主要措施是适当减少化学药物用量，避免应用对肝有损害的药物。放射治疗照射前保持肝功能正常，减少照射剂量及降低剂量率等。

（彭瑞云）

miǎnyì xìtǒng fàngshè sǔnshāng

免疫系统放射损伤（radiation induced immune injury）　免疫细胞、免疫组织和免疫器官遭受一定剂量的X射线、γ射线或中子等照射后所致损伤。是核武器所致放射损伤中常见的损伤，也常见于核与辐射事故和临床恶性肿瘤放射治疗。免疫系统主要由中枢免疫器官（胸腺）、周围免疫器官（脾、淋巴结）和弥散淋巴组织等组成。免疫细胞主要有T细胞和B细胞等。T细胞可产生多种细胞因子，参与细胞免疫；B细胞产生免疫球蛋白，参与体液免疫。免疫系统对电离辐射高度敏感，表现为免疫活性细胞数量减少、抗体形成抑制和细胞因子网络调节失常，导致免疫功能低下和障碍，引发一系列并发症。

发生机制　细胞凋亡是由基因介导的一种细胞主动自杀的死亡方式。在免疫组织淋巴细胞凋亡过程中，受到某些癌基因和抑癌基因如bax、bcl-2、Fas/Apo-1、bcl-X_L、p53和p16等基因调控。

bcl-2家族　6~12Gy γ射线照射后，小鼠免疫组织淋巴细胞凋亡率呈剂量依赖性增加，而此时bax基因和蛋白也呈现相同变化趋势，照射后Bax蛋白阳性淋巴细胞计数持续增加，在淋巴组织和外周血分别于照射后1~3天和7天达到高峰，与淋巴细胞凋亡率呈现较好的相应关系。bcl-2基因是目前发现的抗凋亡作用较强的基因之一。若免疫组织和外周血淋巴细胞凋亡率呈剂量依赖性增加，淋巴细胞bcl-2基因和蛋白则呈持续下降趋势，甚至几乎无阳性表达。照射后24小时，胸腺、脾和淋巴结3种免疫组织bcl-2阳性淋巴细胞数下降至对照值的36%~46%，外周血下降至对照值的21%。照射后无论是bcl-2 mRNA的转录还是其蛋白的表达均呈现下降趋势，证实bcl-2基因在转录和翻译水平上都受到抑制。

Fas/Apo-1　又称CD95，为肿瘤坏死因子家族成员。6～12Gy照射后随凋亡率的增加，Fas/Apo-1表达也出现相同的变化趋势，即在照射后3小时表达增加，6～24小时达到高峰。若照射剂量增加至15～20Gy，Fas/Apo-1表达出现明显下降趋势。随照射后时间延长，Fas/Apo-1表达也出现降低，至照射后7天逐渐恢复至正常水平。已知该基因在淋巴细胞表面表达较丰富，其促凋亡作用或是通过抗Fas/Apo-1抗体与膜表面抗原结合，或是Fas配基（Fasl）结合于膜表面受体，激活受体介导的信号转导途径，引发细胞内一系列转导信号，最终导致细胞凋亡。

p53和p16　p53是继Rb后发现的又一个肿瘤抑制基因。该基因能调控复杂的DNA损伤系统，与细胞凋亡关系密切。在一定照射剂量范围内，Wtp53（p53+/+）小鼠发生凋亡的频度与照射剂量呈正相关，且明显高于杂合型（p53-/+）和纯合型（p53-/-）小鼠。照射后随凋亡率的增加，免疫组织淋巴细胞p53基因和蛋白在一定照射剂量范围内显示出剂量依赖性增加，表明在辐射诱导的淋巴细胞凋亡调控中p53基因起重要的促进作用。

p16基因又称多肿瘤抑制基因（MTS1），p16蛋白是目前发现的首个直接控制细胞增殖周期的细胞固有蛋白，而p53控制细胞增殖周期需要通过p21间接发挥作用。照射后p16蛋白增加与淋巴细胞凋亡率呈现一定的剂量-效应关系。

病理学改变　胸腺、脾和淋巴结等部位淋巴组织对射线高度敏感，照射后首先在淋巴滤泡和脾白髓生发中心出现明显病变，发生早、程度重。其病变过程与骨髓造血组织相似，经历淋巴细胞凋亡和坏死清除、淋巴细胞残留、淋巴细胞枯竭、淋巴细胞再生修复和基本恢复的病理过程。

与骨髓造血组织比较，淋巴组织照射后病变特点在于：坏死清除更迅速和剧烈，残留期极短，甚至在照射后24～30小时即可发生枯竭图像；再生能力比骨髓强，再生开始时间比骨髓早，尤其淋巴结更明显。B细胞的辐射敏感性比T细胞更敏感，故脾白髓和淋巴滤泡生发中心的病变早且严重。淋巴组织受1～12Gy射线照后，凋亡是淋巴细胞死亡的重要方式之一，具有良好的剂量-效应和时间-效应关系。

胸腺　胸腺系中枢淋巴组织，照射后的破坏比周围淋巴组织早且严重。照射后淋巴细胞很快出现分裂抑制，核固缩、崩解。于枯竭期多为脂肪和纤维细胞代替，胸腺小体也消失，胸腺极度缩小。胸腺内不同的淋巴细胞群辐射敏感性也不同，如胸腺皮质的淋巴细胞在照后很快出现崩解、消失，而髓质的淋巴细胞仍可保留较长时间。

脾　照射后脾体积缩小，被膜皱褶，质地变软。脾小体缩小或消失。光镜下可见白髓中各类淋巴细胞出现核固缩，核肿胀，核质空泡和细胞坏死崩解，淋巴小结中有许多核裂解碎片。核碎片由周围细胞吞噬清除，仅残留极少数的淋巴细胞，而主要为大量的网状细胞、纤维细胞及较多的浆细胞。

淋巴结　照射后淋巴结体积缩小，大体呈灰褐色，出血明显。光镜下可见各类淋巴细胞的核固缩、核碎裂和细胞崩解，尤以淋巴滤泡生发中心部位病变最明显。网状细胞、浆细胞增多，含铁血黄素多见。

黏膜淋巴组织　指位于消化道、呼吸道、泌尿生殖道黏膜中的淋巴滤泡和散在的淋巴细胞。这些部位的各种淋巴细胞组成免疫屏障，是机体抵御微生物和抗原入侵的第一道防线。受到照射后，黏膜淋巴组织中的淋巴滤泡发生破坏，其损伤和再生重建过程与前述淋巴组织相似。

扁桃体　位于消化道和呼吸道入口的交汇处，可分为腭扁桃体、咽扁桃体和舌扁桃体。整个咽部黏膜含有许多分散的淋巴组织，是机体第一道防线的重要组成部分。其中腭扁桃体最大，具有发育很大的淋巴滤泡和明显的生发中心。照射后，扁桃体淋巴细胞的损伤和再生修复过程与前述淋巴组织相似。由于扁桃体的特殊位置，在滤泡坏死清除后通常易于发生细菌感染，常伴出血和水肿，极易发生坏死性化脓性扁桃体炎，是机体受到照射后全身感染最严重的部位之一。

临床表现　早期主要是出现因免疫组织损伤而引起的免疫功能低下的临床表现，伴造血细胞损伤和造血功能低下症状。患者表现为程度不等的体质虚弱、营养不良、精神萎靡、疲乏无力、食欲降低、睡眠障碍等。常伴发热、面色苍白、出血和感染症状。晚后期可导致身体和智力发育不良，易诱发重大疾病。

诊断与鉴别诊断　依据主要有：①电离辐射接触史，包括核与辐射、事故、肿瘤放射治疗史。②出现体质虚弱、营养不良、精神萎靡、疲乏无力、食欲降低、睡眠障碍等症状；常伴发热、面色苍白、出血和感染症状。③外周血细胞检查见白细胞尤其是淋巴细胞减少，CD4/CD8 细胞比值降低，血清学检查见白介素-2（interleukin2，IL-2）、IL-4 等细胞因子含量减少，且上述改变与接受射线剂量呈明显的剂量-效应关系。④免疫器官病理学检查见免疫细胞损伤，组织结构异常。⑤需排除其他非电离辐射原因所致免疫系统损伤和疾病，如免疫缺陷病、自身免疫病、获得性免疫病等。

治疗 主要措施有：①保证睡眠，适度锻炼，增加机体免疫力。②增加免疫功能药物应用：可适度使用免疫球蛋白、免疫细胞因子，如 IL-2、肿瘤坏死因子及干扰素等。③细胞免疫治疗：是采集人体自身免疫细胞，经过体外培养，使其数量成千倍增多，靶向性杀伤功能增强，然后再回输到人体，杀灭血液及组织中的病原体、癌细胞、突变细胞，打破免疫耐受，激活和增强机体免疫能力，兼顾治疗和保健的双重功效。包括细胞因子诱导的杀伤细胞（cytokine-induced killer，CIK）疗法、树突状细胞（dendritic cell，DC）疗法、DC-CIK 细胞疗法、自然杀伤细胞疗法、DC-T 细胞疗法等。④防治感染：应用适宜的抗生素，注意配伍用药和防止副作用及耐药性。⑤改善造血功能低下：包括输全血、白细胞、血小板等。⑥积极防治并发症等。

（彭瑞云）

xiōngxiàn fàngshè sǔnshāng

胸腺放射损伤（radiation induced thymus injury） 胸腺组织接受一定剂量的 X 射线、γ 射线或中子等电离辐射后所致损伤。常见于职业性放射损害（医学 X 线和人工放射性同位素的使用、原子能等放射性物质的研究和利用等）、放射治疗损伤及核武器损伤。

发生条件和辐射敏感性 胸腺为中枢免疫器官，由处于不同发育阶段的幼稚淋巴细胞和较成熟的淋巴细胞组成。这些细胞的辐射敏感性不同，可分为高辐射敏感性和低辐射敏感性。分布在皮质区的幼稚淋巴细胞对辐射具有高敏感性，照射后很多细胞死亡，细胞数急剧下降；分布在髓质内的细胞较成熟，有相对高的辐射抗性。抑制性 T 细胞的辐射敏感性高于辅助性 T 细胞。

病理学及病理生理学改变 胸腺照射后的破坏较周围淋巴组织早且剧烈。照射后淋巴细胞很快出现分裂抑制，胞核固缩、崩解，其染色质的变化最早可出现在照射后 2 小时。枯竭期多仅为脂肪和纤维细胞代替，胸腺小体消失，胸腺极度缩小。胸腺内不同淋巴细胞群辐射敏感性不同，如胸腺皮质淋巴细胞（排列密集，染色较深而均匀，胞体较大，属幼稚型 T 细胞），照射后很快出现崩解、消失，而髓质淋巴细胞（较小而成熟）仍可保留较长时间。

胸腺在最小致死剂量全身照射后 1 天，重量可减少 80%。胸腺细胞敏感性与细胞核仁有关，小淋巴细胞、成淋巴前细胞、成淋巴细胞核仁呈环状，它们对射线非常敏感，而核仁为棒状的细胞则对射线抗力强。胸腺放射损伤在照射后 4~7 天开始恢复，30 天后胸腺中中等及大淋巴细胞可达 30%。经致死剂量照射后病变特点表现为胸腺小体消失，胸腺极度缩小，淋巴细胞分裂抑制，核固缩、崩解。

救治原则 尚无针对胸腺放射损伤的特殊治疗，一般采用积极的综合对症治疗。

（董　霁）

pí fàngshè sǔnshāng

脾放射损伤（radiation induced spleen injury） 放射线照射所致脾组织损害。常见于职业性放射损害（医学 X 线和人工放射性同位素使用、原子能等放射性物质的研究和利用等）、放射治疗损伤及核武器的损伤等。

辐射敏感性 脾对辐射具有高度敏感性，但很少单独发生，大剂量射线瞬间照射或低剂量射线长时间照射都可能引起脾组织损伤，且损伤程度与照射剂量呈正相关。

病理学及病理生理学改变 脾为淋巴细胞“定居”并发挥免疫功能的周围免疫器官。其对射线敏感，但在小剂量慢性照射时，病变发展很缓慢。接触小剂量照射的人员，1~2 年内见不到脾的明显病变。慢性放射病初期，有时可见脾增生性反应。噬红细胞和含铁血黄素沉积现象也很明显。终前期，淋巴细胞可显著减少，甚者可见脾萎缩和纤维化。

人体受大剂量射线（100~1000cGy）照射后，发生的急性放射病可分为骨髓型、肠型和脑型。在后两者的损伤表现中，造血器官脾的损伤症状被掩盖或尚未发展，机体即已死亡。

经致死剂量照射后 1~2 天，脾体积缩小或完全消失，被膜皱褶，核固缩、肿胀，核质空泡，细胞坏死崩解。照射后 1~3 小时内，光镜下可见白髓中各类淋巴细胞出现胞核固缩，核肿胀，核质空泡，细胞坏死崩解，淋巴小结中有许多核裂解碎片。照射后 24 小时，核碎片由周围细胞吞噬清除，照射 2~3 天后仅残留极少数的淋巴细胞，主要为大量网状细胞、纤维细胞及较多的浆细胞。在实验动物，如小鼠、大鼠，脾的红髓有类似骨髓的结构与功能，可产生红系、粒系和巨核系细胞，因此照射后不仅脾白髓变化明显，多数红髓细胞也发生明显变性和坏死，脾窦出现扩张、充血、出血。电镜下淋巴细胞在照射后数小时核染色质凝集，核膜增厚，核内空泡，胞质线粒体肿胀，线粒体嵴受到破坏，线粒体内有时可见有空泡形成。照射后早期，大量淋巴细胞凋亡是导致脾淋巴细胞计数减少的重要原因，继而引起后期免疫功能受损。

救治原则 尚无特殊治疗，一般采用积极的综合对症治疗。

（董 霁）

línbā zǔzhī fàngshè sǔnshāng

淋巴组织放射损伤（radiation induced lymphohistic injury） 淋巴组织接受一定剂量的X射线、γ射线或中子等电离辐射后所致损伤。常见于职业性放射损害（医学X线和人工放射性同位素的使用、原子能等放射性物质的研究和利用等）、放射治疗损伤及核武器损伤。淋巴细胞生成组织（淋巴结、脾、胸腺、扁桃体等）都具有较高的放射敏感性。

发生条件 淋巴组织放射损伤很少单独发生，淋巴细胞对射线作用十分敏感，无论全身照射或局部照射，离体照射或整体照射，很小剂量的照射都能引起淋巴细胞数量、形态及功能变化。因此，淋巴细胞被广泛用于研究DNA损伤修复、染色体畸变、细胞凋亡等辐射诱发的重要事件，也被作为临床放射病分型、分度重要的剂量学参考指标。机体受到辐射照射后产生的生物效应的轻重，与受照射剂量有重要关系。若照射剂量较小，只有少量细胞受到损害，此种改变或变化仅限于细胞水平，尚不会造成全身性反应或临床上可察觉的症状。若照射剂量增大到一定程度，机体内大量细胞和组织受到损害。通常在发生形态学变化的同时，机体在功能方面也会出现损伤变化，甚者出现临床症状，即发生确定性效应。

辐射敏感性 淋巴细胞是对辐射最敏感的细胞群体之一。全身各部位淋巴组织均对射线具有高度敏感性，以淋巴滤泡和脾小体（尤其生发中心）病变最早、最明显，并发生基本相似的病理变化。随着射线剂量的增加，淋巴细胞绝对数降低的幅度亦增大，持续时间不断延长，恢复程度亦差。照射后淋巴细胞数减少的原因主要有：①对射线敏感的淋巴细胞发生明显和快速的凋亡坏死。②淋巴细胞生成受抑，来源匮乏。淋巴组织受照后发生严重破坏的过程中，凋亡是淋巴细胞死亡的重要方式之一，尤其12Gy以下凋亡是细胞死亡的主要方式，具有良好的剂量-效应和时间-效应关系。

病理学及病理生理学改变 其病变过程经历淋巴细胞坏死清除、残留、枯萎（枯竭）、再生修复和基本恢复期5个阶段。病变特点在于：①坏死清除更迅速和剧烈，残留期极短，甚至在照射后24～30小时即可发生枯竭图像。②再生能力强，尤其淋巴结更明显。③所有淋巴组织（尤其淋巴结和扁桃体）在枯竭期均出现大量浆细胞，说明其免疫功能发生改变，可认为是自身免疫。淋巴细胞中B细胞辐射敏感性较T细胞敏感，这也是脾小体和淋巴滤泡生发中心病变早而剧烈的重要原因。

急性放射病，受照射后30分钟即可见淋巴小结的小淋巴细胞和幼淋巴细胞核肿大、淡染、固缩、空泡变甚至碎裂崩解，6小时累及全淋巴小结。此时核分裂象消失，但见有大量巨噬细胞吞噬、活力碎片。幼淋巴细胞亚微结构可见染色质有部分凝集、部分疏散现象，核质肿胀、核固缩、核膜消失也明显可见。有的网状细胞染色质结构清晰，但线粒体破坏、消失。淋巴细胞急剧减少，这是由于部分细胞破坏、消失，部分细胞被排至淋巴或血液。受照射后24小时，网状细胞逐渐增多，淋巴结呈无结构状态。受照后2~4天，淋巴结见窦扩张、充血。髓窦淋巴细胞锐减，浆细胞出现。受照射后2周左右，淋巴小结结构消失，仅残有网状细胞、纤维细胞、单核样细胞及少量浆细胞。此时可出现散在的异常分裂的细胞。

急性放射病极期时淋巴结出血及水肿较明显。淋巴窦中含有衰退的红细胞，且多被吞噬。此时淋巴小结有再生细胞和成灶的再生细胞出现。其中部分是畸形和分裂的淋巴细胞与浆细胞。淋巴结内残存的网状细胞，经常出现出网状细胞变形而构成的肥大细胞样细胞。此时，淋巴细胞增殖功能仍处于抑制状态。这一时期淋巴结处于高度萎缩状态，造血器官损伤达到极点，造血功能降至最低，外周血各细胞成分也都处在最低值。活跃的代偿适应功能已接近消失。

恢复期时，在原淋巴小结部位逐渐有淋巴细胞集小，有丝分裂增强，形成小生发中心，其外周绕以小淋巴细胞。电镜下可见再生的幼淋巴细胞线粒体变长而大，数日后增多，数月后即形成小结结构。浆细胞逐渐减少，但含铁血黄素消失较晚。淋巴结髓质中的血循环障碍也减轻或消失，髓索结构也逐渐恢复。各部淋巴结的变化规律相同，但以头颈部和肠系膜淋淋巴结的变化最明显。中重度急性放射病患者一般可在受照射后5~9周恢复造血功能。此时出血停止，体温恢复正常，食欲和自觉症状均好转，而渐治愈，但防御功能恢复较慢。

长期遭受小剂量外照射的人员，淋巴结中淋巴细胞的生成过程在早期逐渐减少。淋巴结也逐渐萎缩，其数目也减少。在淋巴结内可见明显的噬红细胞和含铁血黄素沉积现象。也可出现较多的菱形网状细胞，逐渐形成纤维化。随着骨髓造血抑制的发展，有的淋巴结中也可发生髓外造血灶、网状细胞灶状增生和浆细胞集聚。发生白血病的患者，其淋巴结内常可见幼稚型造血细胞。在终末期也常见有血管扩张充血，甚至是出血等循环障碍变化。

后果 淋巴细胞计数数量减少和功能抑制及其恢复的迟缓对辐射后免疫障碍的意义十分重要。淋巴细胞的辐射损伤导致免疫细胞增殖分化受抑，免疫反应和抗体形成障碍，导致机体对感染的抵抗力全面下降。

诊断 主要依据：①病史、职业史、明确的放射性物质接触史。②急性放射病时，淋巴细胞数可作为早期诊断的指标。骨髓型急性放射病时，照后1~2天（治疗前）外周血淋巴细胞绝对数分别为轻度$1.2\times10^9/L$，中度$0.9\times10^9/L$，重度$0.6\times10^9/L$，极重度$0.3\times10^9/L$。肠型和脑型急性放射病照射后1~2天（治疗前）外周血淋巴细胞绝对数均$<0.3\times10^9/L$。③淋巴细胞染色体畸变：除非稳定型畸变外，另一类缺失、易位、倒位等稳定型畸变，可推测受照射剂量。④淋巴结萎缩（长期低剂量照射）或增大（肠型放射病）。

救治原则 尚无特殊治疗，一般采用积极的综合对症治疗。主要治疗措施有减轻原发中毒、调节机体反应性、促进造血恢复、抗感染、抗出血、造血生长因子的应用、骨髓等造血干细胞移植、纠正代谢紊乱及改善全身营养等。受到6Gy以上照射的患者因病情太重，目前尚难救治存活。

（董 霁）

shēngzhí xìtǒng fàngshè sǔnshāng

生殖系统放射损伤（radiation induced procreant system injury）

男性和女性受直接或散射的X射线、γ射线、中子和质子束等急性和迁延照射所致生殖器官结构和功能损伤。常见于放射工作人员，下腹部、盆腔器官、腹股沟淋巴结及生殖系统肿瘤放射治疗，也可因核事故泄漏或核污染引起。男性生殖系统包括睾丸、生殖管道（附睾、输精管、射精管和尿道）、附属腺（精囊、前列腺、尿道球腺）及外生殖器（阴囊和阴茎），其主要功能是产生和输送精液，实现种族繁衍和后代延续。睾丸是男性生殖系统的主要器官，能产生精子和分泌雄激素，为高度辐射敏感组织，不育是放射损伤效应的终点，男性暂时不育的剂量阈值，睾丸单次照射的吸收剂量为0.15Gy；在迁延照射条件下，剂量率的阈值约为每年0.4Gy；永久性不育剂量的阈值为3.5~6Gy，剂量率的阈值约为每年2Gy。女性生殖器官包括阴道、子宫、输卵管、卵巢等内生殖器以及外阴、阴唇和阴蒂等外生殖器，担负孕育与繁衍后代的重任。卵巢是女性主要的性腺器官，主要功能是产生卵子和分泌女性激素。卵巢放射敏感性低于睾丸，但它是女性生殖系统中对放射最敏感的器官，在急性照射条件下，女性永久不孕的剂量阈值为2.5~6Gy，在迁延照射条件下，永久性不孕的剂量率阈值为0.2Gy/年。辐射造成女性不育时，伴与绝经期相似明显的激素水平改变。虽然尚未发现人受放射损伤后具有明确的遗传效应，但其诱发的基因突变和染色体畸变对健康均有害，会造成某些遗传危险。因此，当受到一次明显的照射后，为减少先天性畸形的危害，建议育龄男女应有计划地将妊娠时间推迟6个月。

临床表现 射线对男性睾丸生精细胞造成的一系列损伤会导致生育力下降甚至不育，但一般不影响间质细胞或性激素的产生，对第二性器官或性特征无或仅有轻度间接影响。与男性生殖放射损伤表现相比，女性受到照射后不仅破坏放射敏感性高的卵巢和各级卵泡细胞，而且影响性激素的产生，引起月经失调，如周期缩短、经期延长、痛经、闭经等，并对第二性器官和性特征发生明显的间接影响，还可导致异常妊娠结局（流产、早产、死胎、低体重儿等）。

急性或慢性放射所致睾丸损伤 由于各级生精细胞变性、坏死、凋亡等导致近期睾丸重量减轻，远后期睾丸萎缩和纤维化。精液常规检查见精子总数及存活精子数减少，精子活动力减弱，发育不良的精子增多、成熟精子头尾部出现各种畸形；精子分析见精子DNA损伤增加，染色体畸变，Y-型精子比例增高。严重者可见剂量依赖的无精子期和一过性不育或绝育。由于照射方式不同，中等剂量（2~5Gy X射线或

γ射线）急性放射可引起睾丸生精细胞出现典型的辐射损伤，主要病理变化为各类生精细胞分裂停止，变性、凋亡、坏死，线粒体和核糖体减少，多核巨细胞形成，精母细胞出现病理性有丝分裂，精子头部形态异常，尾部形成受阻，精子颈部线粒体排列紊乱等。最敏感的细胞为精原细胞，其次为精母细胞，再次为精子细胞和精子。睾丸支持细胞和间质细胞敏感性最低。一般经历3个阶段即生精细胞变性坏死期、空虚期和再生恢复期，除超大剂量照射可引起血清睾酮水平降低外，即使受到不育剂量的照射，其性欲和体能等并不出现明显改变。睾丸慢性放射损伤与急性放射损伤具有相似性，但其阶段性不明显；具有典型的累积损伤效应，无论其剂量率高低，若累积到一定剂量，可引起生精细胞损伤；病变具有广泛性，所有生精细胞甚至支持细胞和间质细胞均可发生明显形态学改变，可引起男性性欲减退、勃起功能障碍；照射剂量率不同，损伤效应也不同，剂量率的生物效应比累积剂量的生物效应更明显；分次照射所致损伤比一次照射相同总剂量出现快，损伤程度重，恢复过程缓慢。男性生殖系统除睾丸损伤外，阴茎和阴囊皮肤与身体其他部位的皮肤具有相同的辐射敏感性，可出现急性皮肤损伤，表现为脱毛、红斑（Ⅰ度损伤），水疱或湿性皮炎（Ⅱ度损伤），坏死、溃疡（Ⅲ度损伤）；或皮肤慢性损伤，表现为慢性放射性皮炎、硬结水肿和溃疡等。生殖排泄管、男性附属腺、阴茎海绵体和尿道海绵体一般无明显损伤，但阴茎营养血管受到强烈照射后最终造成血流量明显减少，或神经局部损伤导致勃起功能障碍。

急性或慢性放射所致卵巢损伤　主要变化是各级卵泡细胞的变性、坏死、凋亡，导致卵巢重量减轻，急性放射损伤的典型病理变化经历变性坏死、枯萎（空虚）和恢复阶段，由于成熟的或正在发育的卵泡减少或消失，引起性激素异常和内分泌失调，临床表现为内外生殖器官及第二性征衰退，月经失调如周期缩短、经期延长、痛经等，性欲减退，面部及胸背部皮肤潮热出汗，还可出现骨质疏松，严重者出现暂时性闭经和不孕。远期效应出现卵巢萎缩、结缔组织增生，引起子宫、输卵管、阴道和乳腺都发生变化，出现月经周期紊乱或绝经，不规律性子宫出血、性淡漠、阴道干涩、性交痛、永久性不育等。女性生殖系统除卵巢损伤外，输卵管管壁可出现纤维化，但输卵管阻塞极少见。宫颈早期出现黏膜红肿，伴炎性脓性纤维蛋白渗出物；中期常见宫颈浅表性溃疡和出血，晚期和远后期见瘢痕形成，宫颈管回缩甚至闭塞。阴道急性期表现为上皮充血和水肿，黏膜下层出血、脓性纤维蛋白渗出物，进而上皮脱落发生浅层糜烂；晚期阴道上皮萎缩变薄，黏膜下层纤维化常导致阴道狭窄。外阴、阴唇和阴蒂的辐射敏感性与其他部位的皮肤类似。

诊断　生殖系统放射损伤诊断主要依据：①病史、职业史，尤其生殖器官受放射线照射病史。②男性精液常规分析精子数量、活力参数，精子染色体畸变和DNA损伤检测；女性出现典型的性功能紊乱，血清黄体生成素及卵泡刺激素水平增高，雌二醇水平降低，超声检查显示卵巢和子宫缩小，卵巢中卵泡数量减少或缺失；通过促排卵试验可判断卵巢功能。③排除其他因素对睾丸和卵巢功能的影响。

预防与救治　生殖系统放射损伤重在预防，目前缺乏有效的治疗手段。男性主要服用促进精子生成、改善精液参数，提高精液质量的药物，可服用抗氧化剂如维生素E和维生素C、促进血液循环和能量代谢营养剂等，或采用中医治疗、辅助生殖技术等。对无生育愿望的妇女，一般采用雌孕激素替代治疗以改善低雌激素水平引起的各种并发症；对渴望生育者诱导其生育功能，可试用促排卵治疗、中医治疗和辅助生殖技术。

（王水明）

yǎn fàngshè sǔnshāng

眼放射损伤（radiation induced eye injury）　X射线、γ射线、中子或质子束急性或慢性照射所致各种眼组织损伤。包括结膜、角膜、晶状体、视网膜、视神经、泪腺等的损伤，常见于眼眶、鼻窦、鼻咽部和鼻腔等头部恶性肿瘤放射治疗，也可因核事故泄漏或核污染引起。

临床表现　受照后出现结膜充血、水肿、坏死，角膜炎或虹膜睫状体炎，视网膜水肿、出血或渗出，患者常出现流泪、畏光、视物模糊、眼干及疼痛，还可出现眼睑皮肤红斑、眉毛及睫毛脱失、放射性皮肤炎；晚后期出现晶状体混浊、放射性白内障、放射性视网膜血管病变或视神经萎缩等改变，导致视力下降甚至失明。

晶状体无血管和神经，新陈代谢缓慢，损伤效应最敏感，晶状体上皮受照射后，破坏晶状体纤维化过程。这些上皮细胞移行至赤道部，进行异常分裂，出现泡状细胞向后囊移动，然后集中在阻力最低的后极部，出现后极混浊。放射性白内障是晶状体损伤最严重的表现形式，其临床分期与形态特征如下。①早期：晶状体后极部后囊下皮质先出现细小的点状混浊，或为多色素性颗粒样斑点，呈白色、灰色或金色，该阶段视力不受影响，患者主观上感觉不到混浊存在。②二期：混浊逐渐扩大，直径达 1～2mm 时，周围散在一些胡椒样颗粒的小空泡，空泡总是在混浊平面之前，此时可能影响视力。③三期：混浊继续发展，变成一个中央比较透明的直径达 3～4mm 的环状结构，用裂隙灯检查可见混浊劈裂成双瓣结构，此时视力明显下降。④四期：晶状体完全混浊，视力完全受损，此时与老年性白内障的成熟期已无区别。

诊断与鉴别诊断 眼放射损伤诊断主要依据病史、职业史和眼科常规检查。放射性白内障的诊断依据包括：①眼部有明确的一次或短时间（数日）内受到大剂量照射，或长期受超过剂量当量限值的外照射史，累积剂量在 2Gy 以上。②裂隙灯检查见晶状体后极部的皮质后囊膜下发生混浊，绝大多数表现为粉尘状、颗粒状、片状、条状，重者可发展至块状，有时可见空泡。③排除先天性、老年性、外伤性、并发性等白内障。

预防与救治 眼放射损伤重在预防，目前尚无特殊治疗方法。泪腺、结膜、角膜、虹膜睫状体损伤的处理主要为对症治疗，如镇痛、抗炎等。视网膜、视神经损伤者可给予糖皮质激素和神经细胞营养剂。放射性白内障在潜伏期或病变早期可用维生素 C、维生素 E、维生素 B_1、中药及其他营养剂内服，眼局部滴用抗自由基药物。若晶状体完全混浊，可做白内障摘除术和人工晶状体植入术。

（王水明）

fàngshèxìng fèi sǔnshāng

放射性肺损伤（radiation induced pulmonary injury） 肺组织接受一定剂量的电离辐射照射所致损伤。是核武器爆炸所致放射损伤之一，也见于辐射事故，同时也是临床胸部肿瘤放射治疗常见而难治的并发症之一，最多见于肺癌、乳腺癌的放射治疗，其次是食管癌、纵隔恶性肿瘤的放射治疗。肺为中度放射敏感器官。部分肺组织受到照射时，放射性肺损伤的阈值一般为 20～30Gy；全肺受到照射时，阈值为 6～8Gy。放射性肺损伤一般表现为早期的急性放射性肺炎和后期的放射性纤维化，也可仅表现为放射性肺炎，或隐匿起病，早期无明显症状，后期出现放射性肺纤维化的临床表现。对于放射治疗所致放射性肺损伤，一般将发生在放射治疗开始后 90 天内者称为急性放射性损伤，发生在 90 天以后者称为后期放射性损伤。

影响因素 照射所致放射性肺损伤主要与受照剂量有关，是否发病存在个体差异。放射治疗医用照射所致放射性损伤的发生与照射野、照射剂量、剂量率、分割方式、照射部位、放射治疗前原发病、治疗时是否使用化疗药物等有关：①放射性肺损伤的发生率与照射野面积及总照射剂量成正比。②肺受照体积是放射性肺损伤发生的决定性因素，若接受 20Gy 以上剂量照射的肺体积占总肺体积的百分比（V20）不超过 22%，不发生放射性肺损伤，若 V20 在 22%～31%，放射性肺损伤的发生率为 7%，若 V20 在 32%～40%，放射性肺损伤的发生率为 13%，若 V20>40%，放射性肺损伤的发生率达到 36%。③超分割放射间隔时间与放射性肺损伤的关系，显示间隔时间越短放射性肺损伤越重。④肺门或纵隔受到照射易发生放射性肺损伤。⑤第二次进行胸部放射治疗时，放射性肺损伤的发病率为首次放射治疗的 3 倍以上，且起病更早。⑥肺组织不同部位的放射敏感性不同，肺底部照射的放射敏感性高于肺尖部。⑦肺部原有慢性疾病或其他疾病时更易导致肺部的损伤。⑧与年龄的关系：一般认为年龄越大，发生放射性肺损伤的可能性越大。

临床表现 放射性肺炎急性期的症状与一般肺炎相似，无特殊症状，包括低热、刺激性咳嗽、咳少量白色黏痰、胸痛、气短等非特异性呼吸道症状。严重病例也可出现高热、胸闷、呼吸困难、不能平卧、剧烈咳嗽、咳血痰。急性期过后可有潜伏期，后期放射性纤维化一般由急性放射性肺炎发展而来，也可无急性放射性肺炎症状而由隐性肺损伤发展为放射性肺纤维化。放射性肺纤维化的临床表现主要为进行性呼吸困难，轻度肺纤维化者，呼吸困难仅在剧烈活动时出现，严重者在静息时也发生呼吸困难。严重患者可发展为慢性呼吸衰竭。胸部体征可有局部实变征，湿啰音、胸膜摩擦音等，晚期可有杵状指和慢性肺心病体征。严重病例可并发急性心力衰竭而致死。

辅助检查 ①胸部 X 线检查：可以发现与照射野形状一致的弥漫性片状密度增高影，部分患者照射野外有时也会出现相应变化。②胸部 CT：比胸部 X 线检查更敏感，典型放射性肺炎的CT表现为与照射野或接受照射范围一致的斑片状淡薄密度增高影或条索样改变，且病变不按肺叶或肺段分布；部分患者放射性肺炎的发生部位在照射野外，甚至弥漫分布于双肺。③肺功能检查：肺功能改变表现为肺活量和肺容量降低，小气道阻力增加，肺顺应性降低；或弥散功能障碍，换气功能降低。④实验室检查：无特异性指标。若未伴发肺部细菌感染，外周血白细胞计数并不增高，中性粒细胞比例也不增高，严重放射性肺炎患者可以出现血氧分压下降等表现。

诊断 放射性肺损伤的诊断主要为排除性诊断，诊断依据主要有：①电离辐射接触史，包括事故照射史、胸部放射治疗史。②肺部受到照射后3个月内出现刺激性咳嗽、活动后气短及发热等症状。③经典放射性肺炎X线胸片或CT检查可以发现与照射野或接受照射范围一致的斑片状淡薄密度增高影或条索样改变，病变与正常肺组织的解剖结构不符（不按肺野或肺段分布）；也有部分患者放射性肺炎的发生部位在照射野外。

鉴别诊断 ①肿瘤进展：通过胸部CT检查可以明确诊断。②肺部感染：影像学表现病变常与肺组织的肺叶或肺段分布相一致，伴外周血白细胞增多，痰细菌培养可以发现致病菌，适当的抗感染治疗可以有效控制病情。③肺栓塞：多数有深静脉血栓史，发病较急，血氧分压下降较明显，D-二聚体显著升高，较大的血管栓塞经CT血管成像检查可以发现，溶栓、抗凝治疗多数有效。④药物性肺损伤：有使用可导致肺损伤药物史，如博来霉素、多烯紫杉醇、吉非替尼等，病变分布弥漫，与照射野及照射范围无关。

治疗 ①对症支持治疗：包括吸氧、化痰、应用支气管扩张药等，保持呼吸道通畅，缓解呼吸困难。②糖皮质激素：可以减轻病变部位的炎性反应及间质水肿，有效缓解弥散功能障碍。③抗生素：单纯放射性肺炎一般不主张应用抗生素，但由于肺组织渗出增加，气道排痰不畅，且肿瘤患者放化疗后抵抗力较弱，易于合并感染，此时应预防性应用抗生素，但不宜长期应用，以免诱发真菌感染，使病情复杂化。④活性氧清除剂：阿米福汀、还原型谷胱甘肽、超氧化物歧化酶及其类似物、褪黑素、辅酶Q_{10}和硒制剂等活性氧清除剂可保护正常肺组织，减少放射性肺损伤。⑤中医中药：多种中药对于放射性肺损伤有一定防治作用，包括清热解毒、滋阴降火、益气养阴、润肺化燥、化痰通络、活血化瘀和健脾益气、培土生金类的中药。⑥肺移植：放射性肺损伤发展至纤维化晚期阶段，肺移植是有唯一有效的治疗方法。

预防 主要针对放射治疗所致放射性肺损伤而言。①放射治疗前根据患者的年龄、肺功能情况、病灶部位及范围、既往病史等制订准确、系统、个体化的放疗方案，尽可能减少对正常肺组织的放射剂量，可采用超分割放射治疗、调强放射治疗和高剂量率近距离放射治疗等。对于高龄、肺功能差、病变位于下肺且范围广泛者，尽量不要与化疗同步应用，对肺的受照剂量体积应更为严格地控制。②治疗过程中注意预防肺部感染。③胸部肿瘤接受放射治疗过程中，患者应进食高维生素、高蛋白、低脂肪饮食，有助于放射损伤的防护。

（李 杨）

fàngshèxìng fèiyán

放射性肺炎（radiation induced pneumonia） 肺组织接受一定剂量的电离辐射所致急性炎症反应。是核武器爆炸所致损伤之一，也见于放射性事故，且是临床胸部肿瘤放射治疗和骨髓移植预处理常见而难治的并发症之一。通常将发生于肺部受到照射后3个月内的肺损伤称为急性放射性肺炎。

临床表现 放射性肺炎通常发生于放射治疗后3个月内，若照射剂量较大或同时接受化疗等，或遗传性放射损伤高度敏感的患者，放射性肺炎也可能发生于放射治疗开始后2~3周内。放射性肺炎的症状无特异性，通常表现为咳嗽、气短、发热等，咳嗽多为刺激性干咳，气短程度不一，轻者只在用力活动后出现，严重者在静息状态下也会出现明显呼吸困难。部分患者可伴发热，甚至发生在咳嗽、气短等症状出现前，多在37~38.5℃，但也有出现39℃以上高热者。放射性肺炎多无明显体征，部分患者有体温升高、肺部湿啰音等表现。放射性肺炎临床症状的严重程度与肺受照射的剂量和体积相关，也与患者的个体遗传差异相关。

根据放射性肺炎严重程度的不同，将放射性肺炎分为4个等级。最新的肿瘤治疗副作用通用术语标准（Common Terminology Criteria Adverse Events 4.0，CTC AE 4.0）根据放射性肺炎的严重程度将放射性肺炎分级如下。Ⅰ级：无症状，仅需要临床观察，不需治疗干预；Ⅱ级：有症状，需要医疗处理，影响日常工作；Ⅲ级：有严重症状，日常生活不能自理，需要吸氧；Ⅳ级：指危及生命的呼吸功能不全，需要紧急干预如气管切开等；Ⅴ级：引起死亡的放射性肺炎。

辅助检查 见放射性肺损伤。

诊断与鉴别诊断 见放射性肺损伤。

治疗 见放射性肺损伤。

预防 见放射性肺损伤。

（李 扬）

fàngshèxìng fèi xiānwéihuà

放射性肺纤维化（radiation induced pulmonary fibrosis）

肺组织接受一定剂量的电离辐射所致严重肺部病变，肺泡组织被损坏后经过异常修复导致结构变异性病变。肺纤维化是一组病因各异，表现相似的疾病谱。放射性肺纤维化为核武器损伤的远期并发症，也见于放射性事故、临床胸部肿瘤放射治疗和骨髓移植预处理后。最多见于肺癌、乳腺癌的放射治疗，其次是食管癌、纵隔恶性肿瘤的放射治疗。主要病变特征为肺组织胶原沉积增多，晚期胶原完全取代正常肺组织，导致正常肺组织结构改变，功能丧失，气血交换障碍，临床主要表现为进行性呼吸困难。

发病机制 放射性肺纤维化的病因是肺部受到一定剂量射线（常见为γ射线，也可为X射线、中子等）的照射。发病机制目前尚未完全阐明，Ⅱ型肺泡上皮细胞、巨噬细胞、成纤维细胞、肥大细胞、血管内皮细胞等发生凋亡、坏死、增殖、活化，以及分泌多种细胞因子等参与放射性肺纤维化的发生发展。放射性肺纤维化还与辅助性T细胞（Th1和Th2）免疫失衡有关，纤维化过程中Th2反应过度。此外，过量自由基是导致肺组织脂质过氧化损伤和刺激成纤维细胞增殖的重要原因，氧自由基能增加肺泡毛细血管膜的通透性，并且活性氧可以通过调节脯氨酰羟化酶活性影响胶原合成而导致纤维化的形成。

临床表现 症状可继发于放射性肺炎后出现，也可隐匿起病。呼吸困难是放射性肺纤维化最常见症状。轻度肺纤维化时，呼吸困难仅在剧烈活动时出现；病变进展时于静息状态下也可发生呼吸困难，严重的肺纤维化患者可出现进行性呼吸困难。干咳少痰或少量白色黏痰，晚期出现以低氧血症为主的呼吸衰竭。查体可见胸廓呼吸运动减弱，双肺可闻及细湿啰音或捻发音。有不同程度发绀和杵状指。晚期可出现右心衰竭体征。

诊断 依据。如下①胸部电离辐射接触史。②临床症状和体征。③影像学检查：X线胸片早期呈磨玻璃样改变，典型呈弥漫性线条状、结节状、云絮样或网状阴影，肺容积缩小；偶见胸腔积液，胸膜增厚或钙化，可出现肺段或肺叶不张；纵隔移位或仅表现为气管扭曲移位。CT检查可见磨玻璃样改变，即放射肺野内片状均匀絮状模糊影，病变密度淡，内可见肺纹理，与正常组织分界不清。④实验室检查：可见红细胞沉降率增快，乳酸脱氢酶水平增高，一般无特殊意义。⑤肺功能检查：可见肺容量减少、弥散功能降低和低氧血症。⑥肺组织活检提供病理学依据。

鉴别诊断 此病应与喘息性支气管炎鉴别。

治疗 包括以下几方面。

对症支持治疗 包括吸氧、化痰、应用支气管扩张药等，保持呼吸道通畅，缓解呼吸困难；应用呼吸机可以增加肺通气量，改善呼吸功能，减轻呼吸功消耗，节约心脏储备能力。

药物治疗 ①糖皮质激素：是治疗肺纤维化的传统药物，临床应用较多的是泼尼松，可抑制炎症和免疫反应，减轻肺泡炎症，延缓肺纤维化进程，但其显效率常低于20%，且常为一过性反应。②免疫抑制药：常用的有环磷酰胺、硫唑嘌呤、环孢素等，大多采用口服小剂量糖皮质激素与免疫抑制药联合治疗。临床上以上治疗方法均不能明显改善患者的生活质量或延长其生存期，甚至有的药物因为较大的副作用而表现为弊大于利。③抗氧化剂：N-乙酰半胱氨酸、氨溴索、牛磺酸等具有清除自由基的作用。④血管紧张素转换酶抑制药：常用的有卡托普利等。⑤抗纤维化药物：比啡尼酮、伊马替尼等。⑥中药：单味药如丹参、川芎嗪、当归、汉防己甲素、刺五加、银杏叶等；复方药肺康颗粒、补气通肺汤、抗纤汤、黄芪桃红汤、肺泰等具有减轻放射性肺纤维化的作用。⑦肺移植：放射性肺纤维化晚期，肺移植是唯一有效的治疗措施。

（李 扬）

nǎo fàngshè sǔnshāng

脑放射损伤（radiation induced rain injury）

脑部受到电离辐射所致脑组织和其他中枢神经系统功能与形态学改变。脑对放射线低度敏感，脑型放射病仅见于>50Gy极大剂量照射时。脑放射损伤偶发于电离辐射事故中，尸检发现大脑水肿，小脑轻度水肿，脑内弥漫性小血管周围出血和水肿等。脑放射损伤资料多来源于临床脑部放射治疗患者。

临床表现 较复杂，且缺乏特异性。颅内压增高最常见，主要原因是广泛的脑组织水肿，其中脑白质水肿比脑灰质更明显。脑损伤病灶较小者亦可无症状，常在影像学检查时被发现。

根据症状出现时间，放射性脑损伤分为急性期、早期迟发性反应和晚期迟发性反应。急性期（数小时至3周）临床上少见，主要由于血脑屏障受损，通透性增加而导致脑水肿、颅内压增高和一过性神经功能障碍等，一般可自愈。早期迟发性反应（3周至3个月），主要是少突胶质细胞的脱髓鞘病变伴轴索水肿，临床多表现为嗜睡及精神障碍，一般经治疗可恢复。晚期迟发性反应（3个月至数年），分为局限性放射性脑坏死和弥漫性放射性脑坏死两类，临床表现为局限性神经功能障碍，呈进行性加重，可出现一侧肢体运动、感觉障碍、失语、癫痫、智力减退和精神异常。晚期损伤通常不可逆，且呈进行性加重。

诊断 采用影像学检查结合患者病史、照射剂量、临床症状综合分析。脑放射损伤的影像学诊断以CT和MRI作为常规检查方法。CT平扫时可见病灶呈均匀低密度，周围血管性水肿，边界不清，随病变继续进展，最终CT可出现囊性病变伴中央液化坏死的表现。MRI平扫横向弛豫时间（T1WI）呈低信号，纵向弛豫时间（T2WI）呈高信号。由于放射线引起血脑屏障破坏，晚期放射性脑坏死在CT和MRI上也可增强显像，出现占位效应，此时需与肿瘤复发或转移鉴别。与CT相比，MRI能更早发现小的、隐匿性损害。常规CT、MRI能显示的是已无法逆转的放射性脑损伤。磁共振灌注成像（MRP）和磁共振波谱（MRS）对检测放射性脑损伤的急性期与早迟发期的改变具有诊断意义：MRP能评价放射性脑损伤引起的毛细血管水平的组织灌注改变；MRS能提供放射性脑损伤生物化学方面的代谢信息。单光子发射计算机体层显像（SPECT）和正电子发射体层显像（PET）能在代谢活性水平上成像，对晚迟发期放射性脑损伤及肿瘤复发具有鉴别诊断价值。

治疗 缺乏特异性方法，尤其是晚期迟发性脑损伤，尚无逆转的方法。急性反应及早期迟发性反应阶段可应用糖皮质激素治疗，其抗炎及免疫抑制作用有助于稳定受损脑组织的毛细血管完整性，减轻脑水肿，但不能影响放射性脑损伤的临床进程。高压氧治疗可提高组织氧分压，刺激血管内皮生长因子生成，激发细胞及血管修复机制。目前认为高压氧可作为与药物治疗同时进行的常规治疗方法。放射性脑坏死患者若出现进行性神经功能障碍，颅内压增高，长期依赖糖皮质激素治疗，影像学提示广泛性脑水肿和占位效应，可行手术治疗，切除坏死组织。若肿瘤复发与放射性脑坏死难以鉴别，而病灶占位效应较明显，也应积极手术切除病灶。

（杨蕾蕾）

nèifēnmì xìtǒng fàngshè sǔnshāng

内分泌系统放射损伤（radiation induced endocrine system injury） 体内沉积的放射性核素所致甲状腺、甲状旁腺、垂体等内分泌腺功能的损伤。其他内分泌系统对放射线低度敏感。本章重点介绍甲状腺辐射损伤。

临床表现 放射线可引起原发性甲状腺功能减退，其发生率在20%～30%，多在照射后2～3年发病。根据血清激素水平变化又分为临床甲状腺功能减退和亚临床甲状腺功能减退，大多数亚临床甲状腺功能减退可以发展成临床甲状腺功能减退，也有20%患者可以完全缓解或不进展。若下丘脑/垂体的受照射剂量＞50Gy，会出现下丘脑/垂体性甲状腺功能减退。

甲状腺功能减退的症状主要表现以代谢率减低和交感神经兴奋性下降为主，典型症状包括畏寒、乏力、手足肿胀、嗜睡、记忆力减退、少汗、关节疼痛、食欲减退、大便秘结、体重增加、性欲减退、男性勃起功能障碍、女性月经紊乱或不孕等。典型的体格检查可发现：特征性黏液性水肿面容，表情呆滞，反应迟钝，声音嘶哑，听力障碍，面色苍白，颜面和眼睑水肿，唇厚舌大，常有齿痕，皮肤干燥、粗糙，皮温低，毛发稀疏干燥，跟腱反射时间延长，脉率缓慢等。亚临床甲状腺功能减退仅是血清激素的变化，无明显临床症状。

放射线会使甲状腺癌的发生率增加，若剂量增至20Gy，则约为普通人群的14.6倍。甲状腺癌90%的病理类型是分化较好的乳头状癌和滤泡状癌，预后较好，与普通人群中甲状腺癌的特征相同。

急性放射病的初期和极期，可出现肾上腺皮质功能增强，表现为皮质类固醇合成和分泌增多，随后功能降低；低剂量率慢性照射时，肾上腺皮质功能趋于低下或对促肾上腺皮质激素应激反应低下，尿中17-羟类固醇和17-酮类固醇减少。腺垂体在急性放射病初期分泌细胞增多，分泌活动增强，促肾上腺皮质激素和促甲状腺素分泌增多，损伤后期分泌功能减弱。

诊断 血清促甲状腺激素

（TSH）是诊断初期甲状腺功能异常最敏感的指标。临床甲状腺功能减退的典型特征是血清游离甲状腺激素（FT_4）水平降低，TSH升高；亚临床甲状腺功能减退的特征是血清 FT_4 正常，但 TSH 较正常值高。下丘脑/垂体性甲状腺功能减退 FT_4 水平下降或正常，TSH 水平下降，在接受促甲状腺激素释放激素（TRH）兴奋试验后仍然无明显增加。B 超可检测甲状腺的体积、组织回声，发现临床不易触及的小结节，确定结节的数量、大小和分布，并鉴定甲状腺结节的实性、囊性等。

治疗 甲状腺功能减退的治疗以激素代替治疗为主，对临床甲状腺功能减退和有症状的亚甲状腺功能减退患者左旋甲状腺素的替代治疗。甲状腺功能亢进、甲状腺炎也应早期干预，因其降低甲状腺损伤的潜在后果。

（杨蕾蕾）

xīnzàng fàngshè sǔnshāng

心脏放射损伤（radiation induced heart injury）

心脏受到一次或在短时间（数日）内受到多次外照射剂量达到 10Gy 或受到分次局部外照射的累积剂量达到 45Gy 引起的损伤。多为胸部放射治疗后并发症。心脏为辐射中度敏感器官，其受照后易发生损伤，包括心包、心肌、冠状动脉和心内膜损伤等。

临床表现 急性心脏放射损伤轻者症状不明显，重者表现为心包积液，以及心肌、冠状动脉和心内膜受累的相关症状，如心悸、气短、胸闷、胸痛、发热，并出现心脏杂音、心律失常、心包摩擦音等。大量心包积液可发生心脏压塞，胸闷、憋气等症状加重，并表现颈静脉怒张、奇脉、心界扩大、肝大及下肢水肿等。

急性心脏放射损伤于照射后 1 年内或数年甚至十几年后可迁延成为慢性损伤。轻者常无临床症状，严重者可出现与急性损伤相似的临床表现，如慢性心包炎渗出亦可导致心脏压塞，晚期有可能发展成为缩窄性心包炎；冠状动脉狭窄进而发展成为冠状动脉堵塞，出现心肌梗死的临床表现；慢性心肌及心内膜损伤常出现心律失常（如窦性心动过速、心脏传导功能异常）及心脏瓣膜狭窄或关闭不全等相应临床表现。

辅助检查 ①实验室检查：外周血淋巴细胞染色体畸变分析可出现染色体型畸变。急性心肌损伤时可出现肌钙蛋白 T/I（cTnT/cTnI）、天冬氨酸转移酶（AST）、肌酸激酶（CK）、肌酸激酶同工酶 MB（CK-MB）、α-羟丁酸脱氢酶（HBDH）和乳酸脱氢酶同工酶-1（LDH-1）水平于不同时间出现不同程度升高。②心电图检查：可有急性心包炎的心电图改变；累及心肌和心内膜者可出现心肌缺血性或损伤性心电图改变、心律失常，如心动过速、期前收缩、房室或束支传导阻滞等；累及冠状动脉者可出现急性心肌缺血的心电图改变，累及冠状动脉严重者可出现心肌梗死的心电图表现。③胸部 X 线检查：可出现心影增大，并随体位不同而改变，若心包积液量 >1L，心影可呈烧瓶状影像学特点。亦可有胸腔积液征象。单纯放射性心肌炎无影像学改变。④超声心动图：可探及心包积液和心脏功能异常。心肌受损者可探及心房、心室肥大；心内膜损伤者可探及心脏结构改变，如瓣膜狭窄或关闭不全，以及心脏血流反流等功能异常。

诊断 具有受照史，受照剂量达到剂量阈值（急性照射剂量阈值为 10Gy，分次局部照射累积剂量阈值为 45Gy），且符合下列条件之一者即可诊断：①临床表现异常改变。②心肌损伤标志物异常改变。③心电图异常改变。④超声心动图显示异常。⑤心脏影像学改变。出现外周血淋巴细胞染色体畸变有助于诊断。

鉴别诊断 心脏放射损伤主要与病毒性心肌炎、细菌性心肌炎、药物性心脏损伤、高血压性心脏病及癌性心包积液鉴别。心脏放射损伤患者的受照史和受照剂量是与非放射性致病因素所致心脏损伤鉴别的主要依据。

治疗 尚无特殊治疗方法，多采取对症和支持疗法、糖皮质激素、心包穿刺抽液减压或心包切除，后者被认为对晚期患者疗效确定可靠。对胸部放射治疗 40Gy 以上患者行超声心动图检查随诊，早期发现心脏异常，及早采取补救措施，可降低死亡率。

预防 主要针对放射治疗所致心脏放射损伤。放射剂量是影响心脏放射损伤发生率的关键因素。肿瘤放射治疗时应尽可能屏蔽心脏，最大限度地减少直接通过心脏的射线量，目前采用放射增敏剂或放射治疗配合热疗，可以增加肿瘤细胞的放射敏感性，采用脱氧右旋糖酐-血红蛋白灌注法增加组织抗辐射能力，也是预防心脏放射损伤的一种手段。尽可能避免联合使用多柔比星等增加心脏毒性的药物，可使用顺铂、氟尿嘧啶等增加肿瘤放射敏感性化疗药。

（李　扬）

shèn fàngshè sǔnshāng

肾放射损伤（radiation induced kidney injury）

一定剂量的电离辐射所致肾组织损伤。是核武器所致损伤之一，也见于放射性事故，临床见于肿瘤放射治疗、骨髓移植前全身照射、放射性核素治疗等。肾脏为辐射中度敏感器官，受照射后发生损伤的阈值为单次照射剂量>10Gy，或3天以上累积剂量为14Gy，或4周以上累积剂量为20Gy。

临床表现 主要有蛋白尿、镜下血尿、水肿、氮质血症、高血压、程度不等的贫血甚至肾衰竭。临床常分为急性肾脏放射损伤、慢性肾脏放射损伤和血栓性微血管病等。

急性肾脏放射损伤 通常出现在照射后约6个月，主要表现为贫血、高血压、水钠潴留、容量超负荷、高钾血症及酸中毒等。尿常规检查异常不明显，尿蛋白一般不超过2.5g/24h。

慢性肾脏放射损伤 可由急性肾脏放射损伤演变而来，也可隐匿起病。放射治疗后1年或数年后逐渐出现蛋白尿，轻至中度高血压，部分患者可出现恶性高血压。病情严重者可出现肾功能不全，通常进展缓慢。血尿常不明显。出现夜尿增多、低钠血症、低钾血症和肾小管酸中毒，血尿酸升高。

血栓性微血管病 包括溶血性尿毒综合征（hemolytic uremic syndrome，HUS）/血栓性血小板减少性紫癜（thrombotic thrombocytopenic purpura，TTP），临床上出现血小板减少和红细胞碎片时，应考虑HUS/TTP。HUS突出的表现主要包括高血压、水肿、血尿素氮和肌酐升高，微血管病性溶血性贫血和血栓性血小板减少，外周血红细胞碎片阳性，血清乳酸脱氢酶（LDH）常升高。TTP临床特征为微血管病性溶血性贫血、血小板减少性紫癜、神经和精神症状、发热、肾功能损害及血清LDH升高。肾功能不全常呈慢性、进行性加重。

诊断 ①肾脏或腹部或全身受照射。②受照射单次剂量>10Gy，或3天以上累积剂量为14Gy，或4周以上累积剂量为20Gy。③肾脏损伤在受照射数月或更长时间发生，主要特征是高血压、蛋白尿、进行性贫血及肾功能障碍。

鉴别诊断 需排除药物相关损伤。顺铂可引发间质性肾炎，临床表现类似放射性肾损伤，但其特点是尿镁排泄明显增多。双膦酸盐可引起肾病综合征，尿蛋白可达10g/24h，病理改变为局灶性节段性肾小球硬化，而放射性肾病患者尿蛋白一般不超过2.5g/24h。

治疗 减少肾脏负担，包括卧床休息，低蛋白饮食，限制液体和盐的摄入量，纠正水电解质紊乱，维持酸碱平衡等。透析疗法可使肾衰竭患者长期生存，肾移植是肾脏放射损伤所致肾衰竭最彻底的治疗。

药物治疗包括使用血管紧张素转换酶抑制药和血管紧张素Ⅱ受体拮抗药，以控制血压、降低蛋白尿、延缓肾损害的进程。抗氧化剂尤其是过氧化物歧化酶无论在抑制纤维化的形成，还是逆转纤维化方面都起一定作用。贫血者可用促红细胞生成素治疗。

预防 接触放射线时应尽量避免射线剂量超过肾耐受剂量，同时尽量避免二次照射。在放射治疗前需评估肾脏储备功能。对原有肾损伤的患者应避免放射治疗，若必须进行放射治疗，应对肾脏部分进行屏蔽，并采用小剂量分次照射。避免脱水、酸中毒及使用肾毒性药物。对肾脏有射线照射史的患者可酌情给予水化、碱化尿液等治疗。放射治疗期间注意随访检查尿液及血压变化，若出现放射性肾损伤，需停止放射治疗。可采用含巯基的化合物可减轻自由基反应，促进损伤生物分子修复，减弱生物效应。

放射治疗后应观察心、脑、肾等重要器官功能，对放射性肾性高血压进行积极的内科处理；若一侧肾放射损伤所致高血压可行肾切除；对肾动脉狭窄患者应经血管造影后决定治疗方式。

（李 扬）

pífū fàngshè sǔnshāng

皮肤放射损伤（radiation induced skin injury） 放射线照射所致皮肤结构和功能的损伤。分为急性皮肤放射损伤和慢性皮肤放射损伤，前者指身体局部受到一次或短时间（数日）内多次大剂量外照射所引起的急性放射性皮炎和放射性皮肤溃疡；后者指由急性放射性皮肤损伤迁延而来或由小剂量射线长期照射后引起的慢性放射性皮炎、慢性放射性皮肤溃疡及放射性皮肤癌。皮肤对放射线较敏感。

临床表现 事故性照射病例中大多数患者体表可能受到大面积损伤，部分患者受到全身不均匀外照射，伴发急性或慢性放射病。患者可伴一定剂量的全身照射或内脏损伤，皮肤损伤程度对全身受照剂量有提示作用。急性皮肤放射损伤潜伏期为数日，临床经过分为4期：初期反应期、假愈期、症状明显期和恢复期。按照损伤轻重分为4度。Ⅰ度（脱毛）：局部可有暂时性炎症反应，表现为毛囊丘疹和暂时脱发；Ⅱ度（红斑）：有界限清楚的红斑，2~6周内最明显，真皮乳头层血管扩张充血，少量中性粒细胞和淋巴细胞浸润，真皮水肿；Ⅲ度（水疱）：表皮层细胞变性加重，大量空泡形成，基底细胞坏死，表皮下大量水肿液积聚，表皮和真皮层分离而形成水疱；皮肤水肿、充血及炎细胞浸润更显著；愈合遗留色素沉着、永久性脱发等；Ⅳ度（坏死，溃疡）：表皮和真皮逐渐发生坏死、脱落、溃疡形成，创面覆盖污秽的纤维素样痂皮，溃疡周围水肿，纤维素样变性。严重者累及肌层甚至骨膜，常经久不愈，并逐渐成为慢性溃疡。

慢性皮肤放射损伤按损伤轻重分为 3 度。Ⅰ度（慢性放射性皮炎）：皮肤干燥、粗糙、失去弹性、脱屑、指纹变浅或紊乱、指甲灰暗或纵嵴、甲脆皲裂；Ⅱ度（硬结水肿）：局部常逐渐出现非凹陷性水肿，皮肤角化过度、皲裂，较多疣状突起或皮肤萎缩变薄，指纹紊乱或消失，指甲增厚变形；Ⅲ度（慢性放射性溃疡）：长期不愈的溃疡、角质突起物、指端严重角化与指甲融合，可合并肌腱挛缩、关节变形强直、功能障碍。慢性皮肤放射损伤，皮肤可发生扁平或疣状增生，或形成顽固性溃疡，可继发基底细胞癌或鳞癌。

诊断 皮肤对放射线中度敏感。皮肤放射损伤的诊断主要根据局部受照史、受照剂量和临床表现，通过综合分析做出诊断。

急性皮肤放射损伤诊断 临床上凡有以下症状与体征应考虑皮肤急性放射损伤。在接触放射性物质过程中或接触后数天内，接触部位皮肤出现红斑、灼痛、肿胀或麻木等，上述症状持续 1~3 天后红斑逐渐消失，肿、痛减轻或消失，继首次红斑消退或上述症状减轻、消失之后再次出现红斑、肿胀、灼痛等并逐渐加重，重者局部皮肤逐渐形成水疱、坏死、糜烂或溃疡等（表 1）。

慢性皮肤放射损伤诊断 长期从事放射工作或接触放射性物质、皮肤受照射量较大的人员，累积剂量一般>15Gy，以及皮肤急性放射损伤半年未愈，皮肤出现脱毛、干燥、脱屑、萎缩变薄、色素沉着或溃疡经久不愈者，应诊断为慢性皮肤损伤（表 2）。

治疗 较复杂，尤其是事故性照射患者伴一定剂量的全身照射或内脏损伤。慢性放射性皮肤损伤具有潜在性、进行性和反复性损害的特征，破溃后所致坏死溃疡通常经久不愈，甚至恶变。

急性皮肤放射损伤 急性损伤应立即脱离辐射源，防止被照皮肤再次受到照射或刺激；疑有放射性核素沾染皮肤者，应及时给予洗消去污处理。

全身治疗 若皮肤损伤面积较大、较深，不论是否合并全身外照射，均应卧床休息，给予全身治疗。高蛋白、高维生素及微量元素饮食；加强抗感染措施，应用有效的抗生素；应特别注意中毒和脱水的防治，适量补液；疼痛严重者，予镇静、镇痛药物。根据病情需要，可使用各种蛋白水解酶抑制剂、自由基清除剂及增加机体免疫功能的药物。必要时，可使用活血化瘀、改善微循环的药物。若合并内污染，应使用络合物促排。

局部保守治疗 Ⅰ度、Ⅱ度放射性皮肤损伤或Ⅲ度放射性损伤在初期反应期与假愈期，注意保护创面，避免一切理化刺激，受伤部位涂以无刺激性的镇痛的外用粉剂、洗剂、乳剂或冷霜等。有红斑反应时，局部涂止痒清凉油、0.1%醋酸去炎松软膏等，以减轻皮肤红肿和灼痛。恢复期可用复方甘油以滋润皮肤。

Ⅲ度、Ⅳ度放射性皮肤损伤出现水疱时，对于较小、张力不大的水疱可保留疱皮，让其自行吸收。对于较大或张力大的水疱

表 2 慢性皮肤放射损伤分度诊断标准

分度	临床表现
Ⅰ度	皮肤干燥、色素沉着、脱皮，指甲灰暗、变脆、粗糙，常出现裂纹
Ⅱ度	皮肤角化过度，皲裂或萎缩变薄，毛细血管扩张，指甲增厚变形
Ⅲ度	皮肤坏死溃疡，角质突起，肌腱挛缩，关节变形，功能障碍

表 1 急性皮肤放射损伤分度诊断标准

分度	初期反应期	假愈期	临床症状明显期	参考剂量（Gy）
Ⅰ度	—	—	毛囊丘疹、暂时脱毛	3~5
Ⅱ度	瘙痒、红斑	2~3 周	脱毛、红斑	5~10
Ⅲ度	红斑、烧灼感、剧痛	1~3 周	二次红斑、水疱	10~20
Ⅳ度	红斑、麻木、瘙痒、水肿、剧痛	数小时至 10 天	二次红斑、水疱、坏死、溃疡	≥20

可在严格消毒下抽去水疱液，可用维斯克溶液湿敷创面，加压包扎，预防感染。疱皮有放射性核素沾污时，应先行去污，再剪去疱皮。Ⅳ度放射性皮肤损伤，水疱破溃形成浅表溃疡，治疗原则以镇静、镇痛及防止感染为主。急性期应尽量避免手术治疗，因此时病变尚在进展，难以确定手术的病变范围，进入恢复期后适时手术。位于功能部位的Ⅳ度放射性皮肤损伤或损伤面积>25cm^{2}的溃疡，应进行早期手术治疗。

慢性皮肤放射损伤　Ⅰ度慢性放射性皮肤损伤患者，应妥善保护局部皮肤避免外伤及过量照射，并长期观察；Ⅱ度损伤者，应视皮肤损伤面积的大小和轻重程度，减少射线接触或脱离放射性工作，并予积极治疗；Ⅲ度损伤者，应脱离放射性工作，并及时给予局部和全身治疗。

局部治疗　Ⅰ度损伤勿需特殊治疗，可用润肤霜、润肤膏保护皮肤。Ⅱ度损伤具有角质增生、脱屑、皲裂，使用含有尿素类药物的霜或膏软化角化组织或使用刺激性小的霜膏保护皮肤。Ⅲ度损伤早期或伴小面积溃疡，短期内局部可使用维斯克溶液或含有超氧化物歧化酶、表皮生长因子、锌的抗生素类霜或膏，并配合用α_2-巨球蛋白制剂，能促使创面加速愈合。对经久不愈的溃疡或严重的皮肤组织增生或萎缩性病变，应尽早手术治疗。

手术治疗　对严重放射性皮肤损伤的创面，应适时施行彻底的局部扩大切除手术，再用皮片或皮瓣等组织移植，做创面修复。手术治疗适用于以下情况。①指征：局部皮肤病损疑有恶性变。②皮肤病变：有严重角化、增生、萎缩、皲裂、疣状突起或破溃。③皮肤功能：瘢痕畸形有碍肢体功能。④皮肤溃疡：经久不愈的溃疡，面积较大较深，周围组织纤维化，血供较差者。

（杨蕾蕾）

jíxìng fàngshèbìng

急性放射病（acute radiation sickness）　机体一次或短时间内分次受到大剂量γ射线、X射线或中子等电离辐射照射后引起骨髓、胃肠、脑等部位的损伤。其为基本损伤的全身性疾病，是电离辐射最严重的一种确定性健康效应。根据患者的临床表现和损伤特点与受照射剂量大小，急性放射病可分为以造血损伤为主的骨髓型放射病、以胃肠损伤为主的肠型放射病和以中枢神经系统损伤为主的脑型急性放射病。

发病机制　γ射线、X射线和中子具有很强的穿透能力，并使受照射物质发生激发和电离，达到一定剂量可使组织细胞发生形态学改变和功能障碍而发病。核武器爆炸、核反应堆泄漏、辐射装置事故或误拾放射源，均可使受照射人员发生急性放射病。射线照射是急性放射病的病因，机体受照射剂量的大小是决定急性放射病病情轻重的主要因素。

造血系统损伤　研究证实，机体更新活跃、增殖旺盛的造血干/祖细胞、淋巴细胞、小肠上皮细胞、生殖细胞等均有很高的辐射敏感性。造血干/祖细胞和造血微环境受电离辐射作用后，血细胞生成急剧减少。正常情况下每天都有大量衰老的血细胞死亡，辐射损伤后的炎症反应等改变使消耗进一步增加，患者很快出现造血功能全面抑制的临床表现——全血细胞减少，导致感染、出血等严重并发症。造血组织辐射损伤的程度与照射剂量的大小直接相关。受照射剂量越大，进行性减少开始时间越早，减少越明显，最低值越低，开始恢复和恢复至正常的时间越长。以外周血白细胞计数的变化为例，在照射剂量低时，损伤轻、变化小、历时短；照射剂量若达到引起中度和重度骨髓型急性放射病，骨髓辐射损伤重，出现典型时相性改变；照射剂量若达到发生极重度骨髓型急性放射病，骨髓损伤十分明显，骨髓腔内仅残留少数细胞，造血细胞有丝分裂指数锐减到零，时相变化不明显；照射剂量再大到引起肠型和脑型急性放射病时，骨髓损伤更严重，骨髓腔内细胞空虚，加上微血管的破坏造成广泛出血，骨髓可呈血水样。造血组织辐射损伤后恢复速度比肠上皮的慢，常迁延数周甚至数月，全血细胞长时间在低水平波动，或某一系血细胞持续减少，患者可出现较长时间的淋巴细胞、血小板和粒细胞计数减少或贫血。受照射剂量<10Gy照射所致骨髓型急性放射病患者体内，仍不同程度残留能恢复自身造血功能的造血干细胞。事故性照射多为不均匀照射，照射剂量较小或受屏蔽部位的造血干/祖细胞则可有存活。早期给予造血细胞生长因子刺激造血干细胞增殖、分化，有望恢复自身造血功能。>10Gy较均匀照射时，体内造血干细胞残留太少甚至全部被杀灭，难以或根本不能恢复自身造血功能。

消化系统损伤　表现在以下几方面：①消化道屏障功能缺失。照射后隐窝底部肠上皮干细胞丧失增殖能力，脱落的上皮细胞得不到新生细胞的补充，绒毛缩短、脱落，肠隐窝裸露，形成溃疡，肠壁变薄，甚至出血或穿孔。肠道黏膜坏死脱落或溃疡形成后消化道丧失屏障功能，肠道内细菌和有毒物质进入血液。②消化道分泌功能减退。射线直接导致消化腺细胞形态结构损伤后继发分泌功能紊乱，自主神经系统功能紊乱导致消化腺分泌功能失调。③消化道吸收功能降低。大剂量照射后，消化酶活性降低，食物消化不全，导致营养不良和抵抗力下降；大量水和无机盐不能回收而从粪便排出，加重水电解质紊乱和酸碱平衡失调。④消化道运动功能失常。射线抑制胃蠕动，排空减慢，患者出现食欲减退、拒食、恶心、呕吐；肠道运动紊乱出现腹泻，甚至诱发肠套叠。⑤肝解毒功能下降。射线导致肝细胞坏死，肝的代谢和解毒功能下降，致使毒性物质滞留体内而引起全身中毒反应。

临床表现 轻度骨髓型急性放射病症状少而轻，照射后早期可出现疲乏、头痛、头晕、失眠、食欲减退和恶心等，外周血淋巴细胞数$>1.0\times10^9/L$，白细胞计数最低值$>3.0\times10^9/L$，一般不出现脱发、出血和感染。中、重度骨髓型急性放射病在照射后数小时即出现眼睑水肿、皮肤潮红（酒醉脸）、腮腺肿胀、头晕、乏力、恶心、呕吐等症状，外周血淋巴细胞计数$(0.6\sim0.9)\times10^9/L$；极期毛发脱落，多次呕吐，可有腹泻、出血和感染，外周血白细胞、血小板进行性减少，重度病例多发生代谢紊乱、水电解质紊乱及酸碱平衡失调。极重度骨髓型急性放射病在照射后1小时内可出现反复呕吐和腹泻，2天内外周血淋巴细胞数$\leqslant0.3\times10^9/L$，极期严重出血、感染和脱水，严重者死亡。肠型急性放射病照射后2天内出现频繁呕吐，呕吐物可为胆汁，频繁腹泻，可出现水样便或血水便，严重脱水，外周血淋巴细胞数$<0.3\times10^9/L$，患者在数日内死亡。脑型急性放射病照射后很快进入极期，出现共济失调、抽搐、定向障碍等中枢神经系统症状，患者在照射后1~2天内死亡。

不同类型急性放射病的发病学主要特点有：①受照剂量大小决定急性放射病病情的轻重。受照剂量越大，所致急性放射病的病情越重、进展越快、病程越短、预后越差。②不同剂量照射后主要受损器官的病变决定急性放射病的类型。受照射剂量<10Gy，可出现全血细胞计数减少、感染、多发性出血等骨髓造血障碍的临床表现；受照射剂量>10Gy，可出现严重呕吐和腹泻，血水便、脱水和电解质紊乱，患者多在数日内死亡；受照射剂量>50Gy，可出现共济失调、抽搐等中枢神经系统症状，患者多在1~2天内死亡。③急性放射病病程具有明显的阶段性。受照射剂量3~6Gy所致典型的骨髓型急性放射病病程可分为初期、假愈期、极期和恢复期4个阶段，各期的开始和持续时间、症状的多少与受照射剂量密切相关。对于肠型和脑型急性放射病其病程分期虽不十分明显，但仍有一定的阶段性。④在一定的照射剂量范围内机体有自行恢复的可能性。骨髓型急性放射病体内只要保留1%的骨髓造血细胞，给予积极综合对症支持治疗，机体造血功能完全有可能自行恢复。

诊断与鉴别诊断 急性放射病的诊断是治疗和评估预后的依据，主要包括患者是否受到照射、照射剂量的大小、病情类型与分度、病程的时期等。诊断放射病必须依据受照射史、早期临床表现及实验室检查进行综合判断。急性放射病的诊断可分为早期诊断和临床诊断两个阶段。早期诊断主要依据患者早期症状及其出现时间、受照射剂量初步估算、血象变化，其目的是对核与辐射突发事件中大量伤员及时做出初步分类诊断，确定是否受到辐射损伤，以及急性放射病的类型和严重程度，将大量伤员及时分类处置或后送，同时给予有效的早期药物或其他治疗。临床诊断是早期诊断的继续，通过对患者全面检查和连续观察，对病情的类型和轻重、发展阶段、各重要器官系统的功能状态，以及有无并发症，预先或及时地做出正确判断。临床诊断应随病情的发展贯穿于病程始终。

治疗 原则是根据不同病情的主要发病环节，坚持早期治疗、减轻损伤和控制病情发展；积极预防和治疗极期并发症，及时纠正机体营养和物质代谢紊乱，尽量维持机体内环境的相对稳定，扶持机体渡过极期，促进恢复。

骨髓型急性放射病 轻度骨髓型急性放射病一般不需特殊治疗，可采取对症处理，加强营养，注意休息。对症状较重或早期淋巴细胞计数较少者，可住院诊治。

对中、重度骨髓型急性放射病采取相应的保护性隔离措施和对症治疗。①初期：镇静、脱敏、止吐、调节神经功能、改善微循环障碍，尽早使用抗辐射药物或造血生长因子。②假愈期：对有指征者（白细胞总数$<3.0\times10^9/L$，皮肤黏膜出血）预防性使用抗菌药物，主要针对革兰阳性细菌，预防出血，保护造血功能。尽早使用造血生长因子，必要时可输注经15~25Gy γ射线照射的

新鲜全血或血小板悬液。③极期：根据细菌学检查或对感染源的估计，积极采取有效的抗感染措施（特别注意针对革兰阴性细菌）。严格消毒隔离，使用层流洁净病室。控制出血，减轻造血损伤，输注经 γ 射线照射的新鲜全血或血小板悬液。纠正水电解质紊乱。注意防止肺水肿。④恢复期：强壮治疗，促进恢复。

极重度骨髓型急性放射病可参考重度病情的治疗原则，但应特别注意尽早采取抗感染、抗出血等措施。及早使用造血生长因子。注意纠正水电解质紊乱，保留深静脉导管插管，持续输液，积极缓解胃肠和神经系统症状，注意防治肠套叠。在大剂量应用抗菌药物的同时，应注意霉菌和病毒感染的防治。一般对受照 9Gy 以上的患者，若有人类白细胞抗原完全相合的供者，可考虑造血干细胞移植，注意防治移植物抗宿主病。

肠型急性放射病　采取积极综合对症的支持治疗：①轻度肠型放射病患者尽早无菌隔离，纠正水电解质紊乱和酸碱平衡失调，改善微循环障碍，调节自主神经系统功能，积极抗感染、抗出血，有条件时尽早进行造血干细胞移植。②重度肠型放射病患者应用对症治疗措施减轻患者痛苦，延长生命。

脑型急性放射病　治疗主要是减轻患者痛苦，延长患者生存期。可采用镇静、解痉、抗休克、应用糖皮质激素等综合对症治疗。

预后　轻度骨髓型急性放射病无死亡。中度和重度骨髓型急性放射病综合对症治疗后可以治愈；部分病例可致终生不育。极重度骨髓型急性放射病尚无救治后长期存活的病例。肠型急性放射病造血损伤更加严重，已失去自身恢复的可能性，迄今尚无经救治后存活的病例。极危重的脑型急性放射病患者多在 2 天内死亡。急性放射病临床治愈后应脱离射线工作，并进行严密医学随访观察和定期健康鉴定，注意可能发生的远期效应，可视情况安排疗养或适当工作。

（罗庆良）

jíxìng fàngshèbìng zàoxuè sǔnshāng

急性放射病造血损伤（hematopoietic injury of acute radiation sickness）　大剂量电离辐射致全身骨髓和淋巴结实质细胞及其微环境的损伤。其可导致机体造血功能障碍、免疫功能水平低下等病变。是急性放射病的主要病理损伤之一。

发病机制　骨髓造血细胞代谢旺盛，增殖活跃，属于电离辐射高度敏感组织。骨髓是人体最主要的造血器官，急性放射病造血损伤常指骨髓造血损伤。受照射后损伤重，临床表现出现早。造血和免疫器官受电离辐射作用后，血细胞生成急剧减少。正常情况下每天都有大量衰老的血细胞死亡/凋亡，辐射损伤后的炎症反应等原因消耗进一步增加，患者很快出现造血功能全面抑制的临床表现——全血细胞计数减少，导致急性放射病的感染、出血等严重并发症。

临床表现　骨髓造血组织辐射损伤的程度与照射剂量的大小直接相关。受照射剂量越大，外周血细胞计数进行性减少开始时间越早，减少越明显，最低值越低，开始恢复和恢复至正常的时间越长。以外周血白细胞计数的变化为例，在照射剂量小时，损伤轻、变化小、历时短；照射剂量若达到能引起中、重度骨髓型急性放射病，骨髓辐射损伤重，明显出现早期升高后急剧下降→暂时性回升后又下降→持续低下后逐渐回升可超过正常值→恢复正常的时相性改变；若照射剂量大到发生极重度骨髓型急性放射病，骨髓损伤十分明显，骨髓腔内仅少数细胞残留，造血细胞有丝分裂指数锐减到零，无暂时回升阶段和恢复阶段的征兆，时相变化不明显；照射剂量再大到引起肠型和脑型急性放射病时，骨髓损伤更剧，腔内细胞空虚，加上微血管的破坏造成广泛出血，骨髓可呈血水样。骨髓造血组织辐射损伤后恢复速度比肠上皮慢，常迁延数周甚至数月，全血细胞长时间在低水平波动，或某一系血细胞持续低下，患者可出现较长时间的淋巴细胞、血小板和粒细胞数目减少或贫血。

诊断　在一定照射剂量范围内，骨髓造血损伤变化可经历早期破坏、清除、严重空虚和恢复阶段。照射剂量较小时无严重空虚，过高剂量照射后可由早期破坏直接进入严重空虚阶段，无缘进入恢复期，死亡（凋亡）细胞的清除及渗出或出血的吸收也可能不出现。造血实质细胞减少的同时可见血窦明显破坏，并可见出血和水肿。低剂量率、局部或分次照射时可减轻骨髓造血组织的损伤。照射后外周血象可反映机体造血的损伤程度，如照射后 1~2 天淋巴细胞计数为（1.2、0.9、0.6）$\times 10^9$/L，或照射后 7 天白细胞计数为（4.5、3.5、2.5）$\times 10^9$/L 时，其损伤程度分别可达轻、中和重度骨髓型急性放射病，经综合对症治疗后患者能恢复自身造血功能；若照射后 1~2 天淋巴细胞计数$<0.25\times 10^9$/L，表明损伤极其严重，患者难以恢复自身

造血功能，预后不良。

血象检查须在对患者给予抗放药、输血、地塞米松等糖皮质激素或造血细胞因子处理措施之前进行，以排除药物对损伤程度判断的干扰。

治疗 主要原则是减轻或防止造血损伤的发展，保护造血微环境，改善造血功能并促进其恢复。受照剂量<10Gy照射所致骨髓型急性放射病患者，体内仍不同程度残留能自身恢复造血功能的造血干细胞。因受照射时在现场所处位置不同，伤员身体局部可能受到金属物件、墙壁等地形地物的屏蔽，此类事故性照射多为不均匀照射，照射剂量较小或受屏蔽部位的造血干/祖细胞则幸免存活，在去除恶化造血的影响因素后，尽早给予造血细胞生长因子加速造血干细胞增殖并促进其分化，经抗感染和抗出血等措施综合对症治疗后可恢复自身造血功能。骨髓型急性放射病经抗放药和/或造血因子等综合对症治疗后，造血功能恢复明显加快，主要表现在减缓白细胞、血小板的减少速度，增多最低值，缩短最低值持续时间，开始恢复时间明显提前。>10Gy较均匀照射时，体内造血干细胞残留太少甚至全部被杀灭，难以或根本不能恢复自身造血功能，经外源性造血干细胞移植后，少部分病例可重建造血功能，延长生存时间。

（罗庆良）

jíxìng fàngshèbìng chūxuè bìngfāzhèng

急性放射病出血并发症

（haemorrhage complication of acute radiation sickness） 急性放射病极期，血液通过扩大的血管内皮细胞间隙和受损的血管基底膜漏出于管腔外，进入组织间隙、体腔内或流出体外的现象。呼吸、循环、消化、中枢神经系统等重要器官出血均可导致其功能障碍，表现出一系列临床症状。

发病机制 急性放射病出血的主要原因有：①血小板数量和质量的改变。照射后骨髓造血功能受损，巨核细胞分裂成熟受到抑制，血小板生成数量减少；血小板消耗增多；照射后血小板黏附聚集功能、凝血作用、携带5-羟色胺能力及对毛细血管的支撑保护作用均减弱。血小板减少为主要因素，外周血小板减少至$(20\sim50)\times10^9/L$时常见严重出血。②血管壁结构和功能缺陷。照射后血管壁结构破坏、微血管代谢紊乱，导致毛细血管通透性和脆性增加。③体内凝血功能紊乱。照射后因多种凝血因子缺乏导致凝血时间、再钙化时间和凝血酶原时间延长，血栓形成能力减退，纤溶系统功能异常。④肠黏膜脱落。肠型急性放射病患者肠上皮细胞坏死，肠黏膜脱落，肠道可见弥漫性出血。

临床表现 血管丰富、代谢旺盛的器官或组织容易出血。肝、肾、脾等实质性器官的出血多为斑点状；肺、皮肤和黏膜层出血常较广泛成大片或血肿；心脏、胃、肠和膀胱的各层均可形成全层性出血；胃、肠、膀胱等空腔脏器的出血量较多时可有血性内容物排出，甚至形成大的血凝块。个别部位少量出血无碍，多部位大量出血可致器官缺血进而影响器官功能和全身状况。临床能直接观察到的出血，主要表现为体表皮肤、黏膜出血，与外界相通的某些内脏出血时临床可表现为咯血、鼻出血、呕血、尿血、便血、月经过多等。内脏出血早于体表出血，中度和重度骨髓型急性放射病出血发生率可分别达75%～85%和90%～100%；极重度为100%，且多较严重；轻度患者机体抗出血和凝血机制若无明显改变，则出血不严重。脑型患者因患者早期死亡，有时观察不到充分发展表现的出血症状。急性放射病患者体表出血开始时间随病情加重而提前，也是病程进入极期的征兆之一；若出血开始时间早于发热开始时间，则预示病情较轻。出血是急性放射病最严重的并发症，大出血或脑干、心、肺等重要器官出血是导致患者死亡的直接原因。出血导致红细胞丧失的患者可出现贫血，并可加重出血部位的感染。严重感染可加剧出血。

诊断 外周血小板减少和功能障碍是引起急性放射病出血并发症的主要原因。照射剂量越大，血小板减少越快，最低值水平越低，且出现时间越早；血小板$<50\times10^9/L$时可出现皮肤黏膜出血，$<20\times10^9/L$时多发生明显出血；血栓弹力图r、k和r+k值进行性延长，m_a值和纤溶率降低，血液呈低凝状态；定期检测血小板计数及其功能可预估出血并发症的危险。束臂试验阳性、出血时间和凝血时间延长、粪便隐血试验阳性、血块收缩不良等实验室检查也有助于出血倾向的判断。病程极期若出现体表皮肤黏膜出血，或出现咯血、鼻出血、呕血、尿血、便血、月经过多等与外界相通的某些内脏出血，即可诊断为出血并发症。

预防与治疗 防治出血是急性放射病综合治疗的重要环节，主要措施有补充和保护血小板，改善血管功能，纠正凝血功能障碍。

为促进骨髓造血功能重建，

防止极期患者外周血小板数过度低下，加速恢复，对于大剂量照射患者可首选重组人血小板生成素（rhTPO）治疗，照射后48小时内给药1~2次为宜，给药剂量可达正常用量的3~5倍。rhTPO除促进骨髓巨核系造血功能的恢复外，还可促进外周血白细胞的恢复和改善造血微环境。

若外周血小板计数降至100×10^9/L以下，无论患者是否有出血表现，均可给予云南白药、酚磺乙胺、卡巴克洛、维生素C、维生素K、6-氨基己酸等药物预防出血。云南白药对预防消化道出血的效果明显；止血敏除可改善微血管功能外，还具有促血小板生成的作用；安络血、维生素C可降低毛细血管通透性、促进毛细血管收缩和改善毛细血管功能；维生素K可参与体内凝血因子的形成。这些药物在急性放射病防治出血中已列为常规用药。若患者出血表现明显，可用巴曲酶（立止血）静脉滴注。立止血是从一种毒蛇的毒液中提纯制备的血凝酶，具有明显的止血作用而无促进血栓形成的副作用。输注新鲜血小板悬液可补充血小板计数和维持血小板正常功能，具有良好的抗出血效果。输注血小板悬液主要视患者血小板计数减少和出血的程度而定，一般在外周血小板计数$<50\times10^9$/L或出现皮肤和黏膜出血或镜下血尿时即可输注，以预防大出血。血小板悬液在制备后应尽早输注，放置4小时后其活性和功能明显降低。血小板悬液在输注前应照射20Gy，杀灭残留在悬液中的造血干细胞和淋巴细胞，防止其植入。输注人类白细胞抗原（HLA）相合或半相合亲属的血小板悬液抗出血效果较无关供者要好，若无亲属供血者，可尽量选用单一供血者，尽量减小患者体内形成抗血小板抗体的概率。内脏出血不能直接观察，因此能见到的出血量远低于实际出血量，常导致临床症状与出血量不符或输血后效果不满意。

及时处理局部出血，可用明胶海绵、止血纱布局部压迫止血，也可用云南白药等止血中药粉止血。患者应注意防止碰撞等外伤，停止用牙刷刷牙，可用抗生素溶液含漱或用棉签轻轻擦拭。尽量减少注射穿刺给药，必要时可采用深静脉插管的给药方法。其他医疗操作亦应轻柔。不要进食油炸食物，宜进食软质或流质食物，以防诱发出血。

（罗庆良）

jíxìng fàngshèbìng gǎnrǎn bìngfāzhèng

急性放射病感染并发症（infection complication of acute radiation sickness） 急性放射病患者的造血和免疫器官严重损伤。其白细胞数明显减少，细胞免疫和黏膜防御功能减退低，抗体生成严重抑制，细菌、真菌、病毒和寄生虫等病原微生物侵入患者体内大量生长繁殖和分泌毒素所致局部组织或全身性炎症反应。感染是急性放射病最常见的严重并发症。感染可使机体内环境发生紊乱，妨碍造血功能恢复，加重出血，增加治疗难度，重者可导致患者死亡。

发病机制 急性放射病感染的发生机制十分复杂。主要影响因素有：①正常屏障功能减弱。大剂量射线照射后皮肤、黏膜通透性增高，分泌杀菌物质减少，屏障功能明显减弱，微生物容易侵入组织或血液，尤其是肠道黏膜通透性增加或完整性破坏，肠道细菌可直接进入机体而导致感染。②正常防御功能破坏，细胞与体液免疫功能受到抑制。辐射杀伤免疫细胞，损伤免疫器官，单核-吞噬细胞的吞噬功能减弱，灭活病原微生物的能力下降甚至丧失。分泌调节免疫反应的溶菌酶、白介素、补体和抗体等细胞因子减少，削弱机体防御感染能力。照射后淋巴细胞数明显减少，细胞免疫功能下降。③体内原有的菌群平衡受到破坏。长期大量使用多种抗生素后，体内敏感微生物被大量杀灭，而不敏感或产生耐药的微生物则大量繁殖，体内菌群失调。

大剂量射线全身照射后，还可使潜在的感染活化，造成内源性感染，是急性放射病最常见、最主要的感染来源，如慢性痢疾，流感病毒或扁桃体链球菌携带者，手、足癣等；照射后假愈期前愈合的伤口可以在极期重新破溃形成局部感染灶，导致全身感染。潜在感染活化的原因主要是照射后机体免疫功能严重低下。组织出血坏死又可进一步加重感染的发展。

临床表现 急性放射病感染分为局部感染和全身感染。局部感染的主要临床表现为局部红、肿、热、痛或溃疡。主要的局部感染有皮肤感染（溃疡、蜂窝织炎等）、口腔感染（口腔溃疡、扁桃体炎、咽峡炎等）、眼部炎症（结膜炎）等，其中口腔感染最常见，不仅影响进食和呼吸，大多发展为全身感染。发热是全身感染的主要临床表现。全身感染主要由体内器官感染扩散所致，多见于肺炎、肠炎（黏膜坏死脱落）、尿路炎、胆囊炎、腹膜炎等。局部感染灶的细菌不断进入血液，并在体内大量繁殖和产生毒素导致败血症。败血症是急性放射病全身感染的主要表现形式，典型临床表现是畏寒、发热、中毒和全身衰竭及相关器官功能障碍。经积极的抗感染治疗，部分重度骨髓型急性放射病可不出现明显的感染症状。

诊断 急性放射病患者皮肤、黏膜拭子细菌培养阳性预示可能会发生感染，出现肿胀、疼痛、出血和溃疡等局部感染灶即可确定发生感染，患者发热并血细菌培养阳性可确诊为全身感染并发症。急性放射病病程不同时期感染病源微生物的种类可不相同。照射后早期以革兰阳性球菌和革兰阳性杆菌居多，感染的微生物主要来自呼吸道，以后则主要来自肠道；放射病极期以后的感染则以大肠埃希菌和副大肠埃希菌多见；病程晚期的严重感染可由耐药细菌、病毒、真菌甚至肺孢子菌等多种病原微生物混合感染引起，特别是在长期大量使用抗生素后导致菌群失调的情况。

感染的早期诊断利于治疗。晨间护理时，溃疡表面或鼻、咽拭子涂片直接染色或免疫荧光或酶标记抗体染色镜检是简便而快速的方法之一，但大多数病原菌的形态与染色并无特征，可用拭子或血培养方法分离与鉴定细菌。利用血清生化、抗原检测、抗体检测、基因探针或聚合酶链反应等方法也可较早发现体内的病原微生物。极期患者体温升高可以确诊感染并发症，需及时抽血培养并做抗生素药敏试验。经抗生素治疗无效者，应考虑患深部真菌、病毒或肺孢子菌感染。近年来发现细菌感染可致血清降钙素原水平明显升高，而病毒感染则不明显，可作为新的血清标志物用于全身感染诊断和鉴别诊断。

预防与治疗 急性放射病感染使内环境发生紊乱，抑制造血功能恢复，加重出血，组织出血因血液循环障碍又可加重感染，其病理生理过程复杂，治疗难度大。因此，急性放射病感染并发症重在预防。常用的防治感染措施主要有：严格的消毒隔离和无菌护理、抗感染药物的应用、增强机体免疫力、局部感染灶的处理等。

消毒隔离和无菌护理主要是控制和阻断外源性感染源，即尽量减少患者生活环境中的病原微生物。患者入院时剪短发，修剪指甲，擦拭鼻腔和外耳道，全身药浴后更换消毒衣服进入洁净病房。及时发现和处理口腔溃疡、龋齿、手足癣、皮肤小疖肿和外伤伤口等潜在感染灶，消除全身感染的来源。患者的食物、饮料和日常用品均要消毒。接触患者的相关人员要按规定着隔离服，护理和处置均应无菌操作。病室内定期进行紫外线照射消毒、药液喷雾或擦拭物体表面。

及时合理应用抗生素是防治急性放射病感染并发症的重要措施，尽早实施口腔卫生护理，可用多种漱口液反复交替漱口，口服肠道不吸收的抗生素以减少来自肠道的病原微生物。目前多主张有指征地预防性应用全身抗菌药物，若已发生感染和白细胞数进行性下降，方予抗菌治疗，抗菌效果降低且治疗难度增加。全身应用抗菌药物的指征有：白细胞$<3\times10^9/L$；明显脱发；皮肤黏膜开始出血；发现局部感染灶；有感染趋势和红细胞沉降率增快等。抗菌药物的使用应根据需要有计划地进行，多先用窄谱抗生素，后用广谱抗生素；根据治疗效果和细菌培养药物敏感试验及时更换有效药物，注意维持药物的有效抗菌浓度和对器官的毒副作用。严重感染可几种抗生素交替配伍使用，用药量宜大些，以静脉给药为主。大剂量应用广谱抗生素应注意防止菌群失调。可适当应用人丙种球蛋白等免疫增强药。

局部应用抗菌药物时，应尽量避免拟用于全身感染治疗的药物，以防止产生耐药性。局部皮肤辐射损伤或感染灶的处理是在全身治疗基础上进行，其基本原则是：保护局部、减少刺激、防治感染，早期处理、防止扩散、促进再生修复，必要时手术切除损伤皮肤甚至截肢。局部用药宜选用刺激性小，既有抗感染作用又能改善局部血液循环，促进组织再生的粉剂、油剂、霜剂等药物。

目前中度和重度骨髓型急性放射病的感染并发症完全可以得到有效控制，但对于极重度骨髓型以上的急性放射病，由于机体造血和免疫功能极度低下，感染的防治效果多不理想。

（罗庆良）

jíxìng fàngshèbìng zhěnduàn

急性放射病诊断（diagnosis of acute radiation sickness）

依据核爆炸、核与辐射突发事件伤员的受照射病史、临床症状和体征以及实验室检查结果，综合判断该患者是否受到辐射损伤以及伤情的严重程度的过程。可为治疗预后判断提供依据。一般分为早期诊断和临床诊断两个阶段。

方法 早期分类诊断主要依据患者受照射后48小时内恶心、呕吐、腹痛、腹泻等症状出现的时间和次数以及外周血淋巴细胞和白细胞计数的变化，结合患者与爆心的距离和现场停留时间等进行综合分析与判断，一是估计患者是否受到辐射照射，二是粗估急性放射病的类型和严重程度。临床诊断是早期诊断的继续，通过对患者的全面检查和连续观察，对病情的类型和轻重、病程阶段、各重要器官系统尤其是造血系统的功能状态以及有无危及生命的并发症，预先或及时地做出正确判断。临床诊断应随病情发展贯穿于病程的始终。

依据国家标准《外照射急性放射病诊断标准》（GBZ104—2002），急性放射病可分为脑型、肠型和骨髓型3种类型。

脑型急性放射病　中枢神经系统辐射损伤为主要发病原因，照射后短时间内相继出现昏迷、休克、意识障碍、共济失调、肌肉强直震颤、抽搐等神经系统症状，伴极其严重的消化道和造血损伤，受照射剂量>50Gy。此型是极其严重的急性放射病，患者在照射后1~2天内死亡。

肠型急性放射病　胃肠道辐射损伤为主要发病原因，临床表现主要为剧烈的胃肠道症状，可出现水样便或/和血水样便，排出物中含有片状或管状肠黏膜，患者极度衰竭，受照射剂量10~50Gy。此型病情发展急骤，尚无救治成功的病例，目前仅能延长患者生命数天至数十天。

骨髓型急性放射病　照射后以骨髓造血损伤为主要发病原因，临床表现主要为造血功能障碍、出血和感染等并发症，受照射剂量1~10Gy。按病情和照射剂量分为轻度、中度、重度和极重度4度（表1、表2），依病程发展分为初期、假愈期、极期和恢复期4个阶段。

轻度骨髓型急性放射病　病情轻，病程无明显分期。早期可出现头晕、乏力、失眠以及轻度食欲减退和恶心，不出现呕吐和腹泻，受照射剂量1~2Gy。个别患者可出现紧张、恐惧和失望等精神心理表现。不出现脱发、感染和出血等临床表现。部分患者在照射后1~2天外周血白细胞有一过性增多，此后逐渐减少，30天可降至$(3\sim4)\times10^9$/L，2~3个月可恢复到照射前水平或有小幅度波动。血小板和红细胞计数及血生化检查无异常改变。轻度骨

表1　各型急性放射病鉴别诊断要点

临床表现	极重度骨髓型	肠型	脑型
共济失调	-	-	+++
肌张力增强	-	-	+++
肢体震颤	-	-	++
抽搐	-	-	+++
眼球震颤	-	-	++
昏迷	-	+	++
呕吐胆汁	±	++	+~++
稀水粪便	+	+++	+
血水粪便	-	+++	+
柏油样粪便	+++	-~++	±
腹痛	-	++	+
血红蛋白增多	-	++	++
最高体温（℃）	>39	↑/↓	↓
脱发	+~+++	-~+++	-
出血	-~+++	-~++	-
受照剂量（Gy）	6~10	10~50	>50
病程（天）	<30	<15	<5

注：+++表示严重，++为中度，+为轻度，-为不发生。

表2　骨髓型急性放射病分度诊断标准

症状和指标	轻度	中度	重度	极重度
初期				
呕吐	-	+	++	+++
腹泻	-	-	-~+	+~++
口咽炎	-	+	++	++~+++
受照后1~2天淋巴细胞数（$\times10^9$/L）	1.2	0.9	0.6	0.3
极期				
开始时间（天）	-	20~30	15~25	<10
最高体温（℃）	<38	38~39	>39	>39
脱发	-	+~++	+++	+~+++
出血	-	+~++	+++	-~+++
柏油样粪便	-	-	++	+++
腹泻	-	-	++	+++
拒食	-	-	±	+
衰竭	-	-	++	++
白细胞计数最低值（$\times10^9$/L）	>2.0	1.0~2.0	0.2~1.0	<0.2
受照剂量下限（Gy）	1.0	2.0	4.0	6.0

注：+++表示严重，++为中度，+为轻度，-为不发生。

髓型急性放射病不出现死亡。

中度和重度骨髓型急性放射病 临床表现典型，症状相似，只是病情的严重程度有所不同，病程分期明显。①初期（照射后当天至4天）：中度病情的患者可有疲乏、头晕、失眠、食欲减退、恶心和呕吐等症状，持续1～3天，受照射剂量2～4Gy。重度急性放射病时呕吐发生早而频繁，还可出现腹泻，受照射剂量4～6Gy。外周血白细胞和中性粒细胞在照射后数小时可增多，随即减少。淋巴细胞于照射后12～48小时迅速减少，其数值与照射剂量有平等关系，可作为早期诊断的参考指标。②假愈期（照射后5～20天）：初期症状减轻，外周血白细胞、淋巴细胞和血小板呈进行性减少，其减少速度与照射剂量和病情有平行关系，照射后7～12天外周血白细胞数可出现暂时性回升，回升持续时间和幅度与照射的剂量也有一定的平行关系。假愈期时间的长短是判断病情轻重的重要指标之一，中度为20～30天，重度为15～20天，假愈期末常见毛发开始脱落。③极期（照射后20～35天）：患者外周血白细胞严重减少，中度病情$<2.0\times10^9/L$，重度病情$<1.0\times10^9/L$。毛发脱落和皮肤黏膜出血是极期开始的先兆，出现发热、全身衰竭、食欲减退是进入极期的标志。中度急性放射病最高体温为38～40℃，重度可达39～41℃。还可出现败血症、体温下降和全身衰竭的症状。局部感染以口腔炎症最常见。出血可在感染发热前或同时发生，最初可见皮肤和黏膜散在出血点，病情越重，出血范围越广，重要器官出血可表现出咯血、尿血、便血或柏油样粪便、鼻出血、子宫出血、颅内出血。由于高热、呕吐和腹泻可导致水电解质紊乱和酸碱平衡失调。严重者可出现精神萎靡、烦躁不安、表情淡漠等症状，死亡前常出现意识蒙眬、谵妄和昏迷。④恢复期（照射后35～60天）：此时患者精神好转，食欲增加，各种症状开始减轻，体温逐渐恢复正常，外周血白细胞和血小板数开始回升，出血停止，毛发再生，红细胞和血红蛋白恢复较慢，需3～4个月。中度病情生殖腺功能的恢复需1～2年，重度病情可造成永久性绝育。绝大部分中、重度骨髓型急性放射病可临床治愈，预后良好。

极重度骨髓型急性放射病 病情危重，分期不明显。照射后1小时内出现频繁呕吐和腹泻，全身衰竭，受照射剂量6～10Gy。可由初期直接进入极期，患者出现高热、拒食、呕吐和腹泻、柏油样粪便、严重脱水和代谢紊乱。外周血白细胞1周内减少至$1.0\times10^9/L$以下，3天时淋巴细胞数减少至$0.25\times10^9/L$以下，照射后2周病情十分危重，患者预后不良。

注意事项 根据患者的临床症状和检测指标，急性放射病的分型诊断不难，但照射剂量一时无法确定。因此，某些具有诊断意义的局部症状或指标应详细观察和收集，详细调查患者受照射史，必要时做现场模拟和测量，重点查明射线的性质、放射源活度、受照射时间及照射距离、患者的体位和屏蔽情况，如佩带个人剂量仪可参考其读数，也可利用患者受照射时身上佩带的某些材料如手表内红宝石作为估计受照剂量的待测元件。详细记录照射后3天内初期症状发生的时间、性质、频率、严重程度和持续时间等重要的诊断指标。受照射剂量>2Gy可有食欲减退、恶心、呕吐，>6Gy时可出现频繁呕吐，>10Gy可出现腹泻，且症状出现早，持续时间长。频繁呕吐与腹泻、意识障碍、体温升高、血压下降等是病情危重的标志。脱发、出血、感染和胃肠功能紊乱等症状，其出现时间和严重程度有重要的诊断意义，如在照射后<10天、10～20天和20～30天内出现上述症状则分别属于极重度、重度和中度急性放射病。应特别注意菌血症和败血症、各种感染灶、重要脏器的出血、肠梗阻、腹膜炎、水电解质紊乱和酸中毒等危及生命的并发症（表3）。简单的血常规检查即可确定造血系统损伤和修复的基本情况，尤其是照射后1～2天内外周血淋巴细胞、白细胞和血小板数的最低值均与受照射剂量和病情密切相关，应定期检查。有条件时应对造血系统进行合成检查，以便了解各系造血干/祖细胞的功能状态。外周血淋巴细胞染色体畸变率与受照射剂量呈函数关系，被称为生物剂量金指标，已广泛用于急性放射病的诊断。淋巴细胞转化率、淋巴细胞和骨髓细胞的微核率、骨髓细胞有丝分裂计数、中性粒细胞碱性磷酸酶和淋巴细胞酸性磷酸酶的活性等生物学指标，也可用于急性放射病的诊断。尿中核苷、牛磺酸和β-羟基丁酸（β-HB）的排出量与肌酸和肌酐的比值对急性放射病的诊断有一定参考价值。

（罗庆良）

jíxìng fàngshèbìng zàoxuè yīnzǐ liáofǎ

急性放射病造血因子疗法

（cytokine therapy of acute radiation sickness） 对体内仍残留有造血干细胞的急性放射病患者施以造血因子为主要措施的治疗方法。

表3 引起某些局部症状的最小照射剂量或剂量范围

局部症状		局部最小剂量或剂量范围（Gy）
脱发	8~10天开始	>6
	10~15天开始	4~6
	16~20天开始	2~4
	少量	3
	大量、全秃	6~7
	永久	>7
皮肤改变	早期一过性轻度充血	2~4
	早期一过性中度充血	4~6
	早期明显充血	>6
	红斑	3~10
	干性表皮炎（脱屑）	10~15
	渗出性上皮炎（水疱）	12~25
	溃疡性坏死皮炎	>25
口腔	干燥症（唾液分泌停止）	10
	黏膜溃疡、坏死	10
眼	眼睑皮肤轻度色素沉着	3
	眼睑皮肤明显色素沉着	4~6
	结膜充血	>5
	白内障	2~5
	青光眼急性发作	>60
精子	中度减少	0.15~0.2
	明显减少	0.5
	严重减少	1
	消失	2~6
生育力	暂时不育（12~15个月）	2~3
	暂时不育（18~24个月）	4~5
	绝育	>5~6

作用机制 造血细胞生长因子简称造血因子，由体内免疫和非免疫细胞自分泌，或旁分泌，具有刺激造血干/祖细胞增殖和增强成熟细胞功能作用的一类细胞因子。造血因子的典型代表是粒细胞集落刺激因子（granulocyte colony-stimulating factor，G-CSF）和血小板生成素（thrombopoietin，TPO），除刺激造血细胞增殖和分化造血生成调控作用外，还具有改善造血微环境，调节免疫、神经和内分泌，促进上皮细胞生长，参与炎症反应，动员造血干/祖细胞和增强成熟粒细胞功能等作用。G-CSF促进造血细胞增殖和分化，增强成熟粒细胞的趋化和吞噬功能，主要用于肿瘤放化疗后粒细胞减少症患者的对症治疗；G-CSF具有使骨髓中造血干/祖细胞进入外周血的强力动员作用，现已作为常规造血干细胞动员剂用于外周血干细胞移植术中供体干细胞的动员。TPO主要刺激巨核系造血祖细胞的增殖和分化，促进成熟巨核细胞释放血小板进入血液，是调节血小板的主要细胞因子，其血清水平与血小板计数呈负相关；TPO还可协同红细胞生成素（erythropoietin，EPO）促进红细胞生成。临床上主要用于癌症患者因放化疗而导致的血小板减少症的治疗，也用于再生障碍性贫血和其他骨髓造血功能不全、特发性血小板减少性紫癜及艾滋病患者血小板减少的治疗。也有人将TPO作为动员剂动员供者造血干/祖细胞或血小板捐献者的血小板。照射后早期单剂量TPO可增加G_0期造血干细胞，机体需要时再进入细胞周期，还具有改善造血微环境的作用。重组人G-CSF（rhG-CSF）和重组人TPO（rhTPO）与天然G-CSF和TPO氨基酸序列一致，因此均具有相同的生物学活性。

适应证 刺激造血，有助于放射病的治疗。重组人造血因子的问世，使骨髓型急性放射病的治疗取得了突破性进展。受2~10Gy全身照射所致中至极重度偏轻的骨髓型急性放射病患者均可施予造血因子治疗。

造血因子用于治疗急性放射病的理由是：①造血细胞数量减少，增殖能力下降。为满足生理需要，全身骨髓等造血器官每天释放大量的新生血细胞进入循环系统替换衰老、死亡的细胞，它这种更新活跃、增殖旺盛的特性使其具有高度的辐射敏感性。由于射线对造血干/祖细胞的直接杀灭作用，骨髓有核细胞数量急剧减少，增殖能力低下，外周血细胞来源匮乏，加之辐射损伤后机体对成熟细胞的消耗增加，白细胞、血小板严重缺乏，并可由此而使急性放射病患者发生致命的感染和/或出血并发症。②造血微环境损伤。照射后造血组织血管内皮细胞及间充质干细胞严重损伤，使循环血中造血干细胞归巢受阻，即使归巢的干细胞也不能正常增殖、分化。③造血细胞受照后对造血因子增殖反应性降低。造血因子依赖细胞株的增殖反应性随照射剂量的增加，反应曲线逐渐下移，表明造血细胞受照射后对造血因子的增殖反应性降低，造血因子的半数有效剂量（ED_{50}）均明显增加。造血细胞受照射后对 rhG-CSF 的最大增殖幅度随受照剂量的增加而明显降低。ED_{50} 的增加提示，欲获得同等程度的增殖水平，照射细胞所需造血因子的浓度比未照射细胞高。最大增殖幅度的降低则表明，即使给予充足的造血因子刺激，照射细胞也不能达到照前的增殖水平。④照射后机体造血刺激和造血抑制活性物质的变化。体内许多组织细胞都能产生粒系、单核系或粒单系集落刺激因子（G-CSF、M-CSF 或 GM-CSF 统称 CSFs），它们可以刺激骨髓细胞生成相应的祖细胞集落。正常血清仅有较微弱的粒系造血抑制活性物质，而照后早期体内即有干扰 G-CSF、EPO 和 TPO 类细胞因子促发造血活动活性物质的增多，而这种造血抑制活性的增强是辐射造血损伤的一种加害因素，因此在较早期开始应用细胞因子治疗急性放射损伤是有理由的。

从 1980 年起，中国发生的几起辐射事故所致的 15 例急性或亚急性放射病患者的临床治疗中，“500”和“408”对急性放射病有较好的治疗作用，可用于中度和重度骨髓型急性放射病的早期治疗，但对受 LD_{100} 或以上剂量照射的辐射事故患者未见有保护作用。动物实验的研究结果表明，屏蔽小鼠一条大腿（含 4% 骨髓）可使 $LD_{50/30}$ 从 7Gy 增至 12Gy，屏蔽狗 1~2 节椎骨足可以防止动物死亡，充分显示辐射损伤后残留造血干/祖细胞的造血重建功能。事故性照射多为不均匀照射，人体全身 206 块骨总有小部分因遮挡而被屏蔽，即使全身受到 5~10Gy 较均匀照射，患者体内仍有造血干/祖细胞残留，这些残留的造血干/祖细胞成为造血因子治疗急性放射病的物质基础。以往将造血干细胞移植重建极重度急性放射病的造血功能作为主要治疗手段，但数十例接受造血干细胞移植的急性放射病患者中部分病例受照射剂量<10Gy 亦无一长期活存，移植后使用大剂量免疫抑制药致免疫功能丧失引起的感染、出血及多器官衰竭无疑是加速患者死亡的重要原因之一。随着分子生物学高新技术的快速发展，基因重组造血生长因子相继问世并广泛应用于临床实践，已取得较好的治疗效果。1996 年发生于吉林的 ^{192}Ir 事故患者“文”的右下肢、左手和全身吸收剂量分别为 3700Gy、830Gy 和 2.9Gy，属极不均匀外照射所致中度骨髓型急性放射病。该例患者伤后 4 天开始接受重组人粒细胞集落刺激因子（rhG-CSF）7μg/kg 治疗，连续 20 天。伤后 18 天外周血白细胞降至最低值（0.65×10^9/L），血小板数为 19×10^9/L。24 天白细胞数>4.0×10^9/L，26 天、30 天血小板数分别>50×10^9/L 和 120×10^9/L。如以外周血白细胞和血小板数分别增加至 4.0×10^9/L 和 50×10^9/L 作为骨髓造血功能恢复指标，与 1990 年发生于上海的误入辐照室的“6·25”事故全身吸收剂量要小的 3 例（“武”“给”“军”分别为 2.5Gy、2.4Gy 和 2.0Gy）且无局部损伤的患者相比，“文”为 24 天，后 3 者分别为 50 天、38 天和 55 天；血小板数同样增至 50×10^9/L 的时间，“文”为 26 天，后 3 者则分别 36 天、30 天和 45 天。2000 年发生于成都的事故照射患者中 3 例患中度骨髓型急性放射病（1.6~2.2Gy）的临床救治中，伤后 29 天开始应用 rhG-CSF 治疗。其中 1 例全身受照剂量为 2.2Gy，接受 rhG-CSF 治疗后第 6 天和第 8 天，患者外周血白细胞数由治疗前 0.6×10^9/L 分别升至 7.2×10^9/L 和 16.7×10^9/L；另两例患者的外周血象也很快恢复。rhTPO 尚无治疗急性放射病的临床报道，动物实验治疗结果表明，照射后 0.5 小时和 24 小时给药可明显促进 7Gy 照射恒河猴造血功能恢复，改善急性放射病症状，简化对症治疗措施，提高生存率，rhTPO 有望成为一种新型辐射防护剂。

用量与用法 rhG-CSF 和/或 rhTPO，用量均为 10μg/kg，每天 1 次皮下注射，连续 2 天。

注意事项 造血因子对急性辐射损伤有明显的治疗作用，极期给药的疗效不如照射后早期给药好。rhGM-CSF 促进粒细胞恢复的作用不如 rhG-CSF。重组人白介素-11（rhIL-11）可促进辐射所致三系造血功能损伤的恢复，以巨核系的恢复更明显，但效果不如 rhTPO，且 rhIL-11 的水钠潴留副作用明显。在骨髓型急性放射病的治疗中宜联合使用造血细胞因子，给药时间越早越好，但不是越长越好。重复给药和二次照射的结果未促进造血干/祖细胞库耗竭。造血因子应用于事故照射患者的疗效尚不如动物实验治疗效果，开始给药时间太晚和给药剂量偏小是其主要原因。鉴于数十例接受造血干细胞移植的重症急性放射病患者无一长期生存，建议对受照射剂量为 2~10Gy 的辐射事故重症患者，因其体内仍残留有造血干细胞，大剂量 rhG-CSF 或/和 rhTPO 早期干预不失为首选的治疗策略，不仅可以节约大量紧缺的医疗资源，还可避免造血干细胞移植后应用大剂量免疫抑制药的副作用。首次造血因子给药时间应在指标检查的抽血后尽早皮下注射。

（罗庆良）

jíxìng fàngshèbìng zàoxuè gànxìbāo yízhí liáofǎ

急性放射病造血干细胞移植疗法（hematopoietic stem cell transplantation therapy of acute radiation sickness） 对造血功能不能恢复的急性放射病患者予以造血干细胞移植为主要措施的治疗方法。可分为同基因（自身，同卵双胞胎）或异基因造血干细胞移植。移植种类和造血干细胞来源均与恶性血液病患者的造血干细胞移植相同。急性放射病患者受照射后即可移植预先准备的自身的或同卵双胞胎的造血干细胞。

适应证 全身受照射剂量在10Gy 以上的极重度偏重和轻度肠型急性放射病患者体内残留的造血干/祖细胞数目太少或已无残留，因此难以或不能恢复自身造血功能，一般综合对症治疗已不能奏效，此种情况下须尽早输入外源性造血干细胞，重建患者的造血功能。

移植现状 1986 年苏联切尔诺贝利核电站事故中 13 例受照射剂量为 5.2～13.4Gy 的患者在伤后 4～16 天接受了异基因骨髓移植，除 2 例受照射剂量分别为 5.6Gy 和 8.7Gy 的患者在完全排斥移植的造血干细胞并自身恢复骨髓造血功能外，余 11 例照射后 15～91 天均死于皮肤、肠道损伤或间质性肺炎或移植物抗宿主病（graft versus host disease，GVHD）。1990 年以色列事故 1 例受照射剂量>12Gy 的患者接受骨髓移植后于照射后 36 天死于多器官功能衰竭。1990 年上海“6・25”^{60}Co 辐射源事故 2 例患者受照射剂量分别为 11Gy 和 12Gy，照后 7 天和 11 天分别接受其 18 岁女儿和 54 岁同胞弟弟的骨髓移植，前者移植后造血功能基本恢复，后者无明显植入证据，分别于照射后 90 天和 25 天死于多器官功能衰竭。1999 年日本临界事故中 2 例患者受中子和 γ 射线混合照射 16～20Gy 和 6～10Gy，伤后分别接受人类白细胞抗原（human leucocyte antigen，HLA）相合的外周血和脐血干细胞移植，均于照射后 83 天和 210 天死亡，是同类照射剂量事故中生存时间最长的 2 例患者。2004 年山东济宁事故 2 例患者照射剂量分别为 15～25Gy 和 9～15Gy，伤后第 7 天两例患者均接受 HLA 相合的同胞兄妹的外周血干细胞移植，终因受照射剂量过大，全身各重要器官损伤严重，分别于照射后 33 天和 75 天均死于多器官功能衰竭。2008 年山西太原事故病例 A 受照射剂量>12Gy，尽管于照射后 7 天接受 HLA 半相合的异基因外周血干细胞移植，移植后血象一度恢复正常，但患者仍于照射后 63 天死于肠坏死等多器官功能衰竭。对 29 例接受造血干细胞移植的事故照射患者治疗结果分析表明，尽管绝大部分可检查到植入证据，但 24%发生 GVHD，其中 7 例 GVHD 直接致死，29 例患者无一长期存活，中位生存期仅 33 天。国内外数十例患者的救治结果表明，尽管移植的造血干细胞对患者的造血重建发挥重要作用，但终因 GVHD 或多器官功能衰竭等并发症而死亡。

存在问题 国内外数十例急性辐射损伤患者接受造血干细胞移植后尚无一例长期存活，主要原因有：由于辐射事故的突然性，急性放射病患者受照射时间、位置等条件均不确定，全身照射不均匀、剂量估算不准确；患者淋巴细胞少、配型困难，且难以精确，移植后严重 GVHD 发生率高；受者全环境保护、静脉插管准备时间仓促，寻找 HLA 位点相合的供者时间长，延误造血干细胞移植的最佳时机；局部皮肤严重烧伤，多器官功能衰竭发生率高；移植前受者的预处理及移植后 GVHD 的防治措施中大剂量免疫抑制药的应用促进或加重多器官功能衰竭。

GVHD 与辐射损伤二次红斑的鉴别：皮肤受照射剂量>10Gy，可发生急性放射性皮肤损伤，开始为红斑，有烧灼感，消退 1～3 周后出现二次红斑、水疱；>20Gy 照射后，皮肤初期反应为红斑、麻木、瘙痒、刺痛、水肿，数小时至 10 天后出现二次红斑、水疱、坏死及溃疡。造血干细胞移植后的 GVHD 的皮肤改变多发于手掌、足底，无疼痛感；对糖皮质激素的诊断性治疗反应敏感，伴肝功能异常、胆红素水平升高及胃肠道症状，这些临床表现均可与急性辐射皮肤损伤的二次红斑鉴别。

注意事项 合并有不可逆转的胃肠、肺、肾等器官损伤，严重的放射性皮肤损伤，严重的普通外伤，严重烧伤或内污染的患者不宜进行造血干细胞移植。鉴于上述急性放射病患者干细胞移植后无一存活的现状和目前医疗技术发展水平，对于受照射剂量为 5~10Gy 所致的重度至极重度偏轻的急性放射病患者，体内残留的造血干细胞仍有重建其自身造血的可能，可优先考虑尽早实施造血细胞因子治疗。由于极重度患者照射后 1 周进入极期，临床医师需要在提供物理和生物剂量前提下，根据症状、体征和实验室检查综合快速判断患者造血损伤程度能否自身恢复，尽早决定是否实施造血干细胞移植。若照射后半小时内出现呕吐，1~2 小时内出现腹泻，12~48 小时内外周血淋巴细胞数<0.2×10^9/L，24~36 小时出现腮腺肿胀，在比较均匀照射条件下面部明显潮红、球结膜充血、唇和鼻出现弥漫性单纯疱疹，均可考虑实施造血干细胞移植。移植的干细胞需要 14~20 天才能植入，确定干细胞移植的患者应尽早实施移植术，力争在极期出现后不久就有植入的血细胞生长，以防止感染和出血并发症，故受者锁骨下静脉插管、全环境保护、预处理、HLA 配型和混合淋巴细胞培养等移植前准备工作应尽快抢时间完成。关于供者的选择，首选血缘相关的 HLA 完全相合或 7/8 HLA 相合的同胞供者，次选 HLA 完全相合的无关供者或 HLA 9/10 相合供者或 HLA 大于 4/6 相合的脐带血。在辐射事故紧急情况下，血缘相关 HLA 完全相合的供者较少见，而寻找血缘不相关供者需要时间，随着单倍体移植技术的更趋成熟，血缘相关 HLA 不相合供者实际上也是放射病移植最易选择的供者。在 HLA 配型结果相同的情况下，应优先选择年轻、男性、未婚女性、ABO 血型相合、巨细胞病毒抗体阴性的供者。若供者来不及循环递增采血，可用 800~1000ml 血库血照射后备用。供者的查体、造血干细胞动员、采集、分离、计数、检测、输注、冷冻等方法均与恶性血液病患者的造血干细胞移植相同。为保证移植成功，移植物中细胞数量须满足下列条件之一：$CD34^+$ 细胞数>2×10^6/kg 体重；骨髓或者外周血单个核细胞数≥3×10^8/kg 体重；脐带血单个核细胞数≥3×10^7/kg 体重；骨髓间充质造血干细胞数≥1×10^6/kg 体重。甲氨蝶呤可损伤口腔及胃肠黏膜，不宜用于预防 GVHD，以免加重肠道放射损伤或肠道 GVHD。

（罗庆良）

zhōngzǐ jíxìng fàngshèbìng

中子急性放射病（neutron acute radiation sickness） 机体一次或短时间内分次受到大剂量快中子照射所致全身性疾病。与 γ 射线照射一样，大剂量快中子急性照射也能使人员发生骨髓型、肠型和脑型急性放射病，其病程经过与病理变化基本与 γ 射线引起的急性放射病类似。

发病机制 机体受中子照射后引起电离和激发，导致分子、细胞、组织甚至全身各个器官损伤。中子主要作用于组织中氢、碳、氧、氮等轻核元素，胃肠道组织中含有大量氢核元素，中子放射病胃肠道损伤症状表现突出与此有关。中子作用于体内钠、磷等元素后可使其活化成为放射性核素（如 ^{24}Na、^{32}P），即感生放射性核素，照射后早期感生放射性核素在体内分布广泛，但衰变很快。感生放射性核素使人体组织的吸收剂量增加甚微，在中子损伤中意义不大，但在早期测量感生放射性强度有助于推算中子剂量。

中子损伤特点 中子损伤效应一般用相对生物效应（relative biological effectiveness，RBE）表示，即产生相同生物效应所需 X 射线或 γ 射线的剂量与中子剂量的比值，中子的 RBE 值>1，以 400keV 快中子的 RBE 值最大（通常为 2~5）。依据中子的能量分为热中子（<0.5eV）、慢中子（0.5~1keV）、中能中子（1~10keV）、快中子（10keV~10MeV）和高能中子（>10MeV）。快中子损伤效应重，中能中子、慢中子、热中子和高能中子损伤效应较为减轻。0.01~20MeV 快中子范围内，损伤效应随中子能量增加而降低。小剂量中子照射 RBE 值较大，照射剂量增加，则 RBE 降低。剂量率降低 RBE 值增加。相同剂量中子分次照射 RBE 值大于一次照射。一些对 γ 射线或 X 射线效应有较明显影响的因素，如氧分压、剂量率和细胞周期对中子损伤效应影响不大。皮肤对中子的吸收剂量远高于深层组织和器官，其 RBE 值明显高于 γ 射线。快中子引起细胞 DNA 双链断裂和不能修复的单链断裂均比 γ 射线多，甚至发生错误修复，这种能遗传的稳定性畸变染色体在体内持续时间长，可导致白内障、癌症、白血病及寿命缩短等远期效应。

核武器爆炸时释放出大量 γ 射线和中子，原子弹爆炸时所产生的裂变中子其能量约为 1MeV，而中子弹爆炸时所产生的快中子能量为 2~3MeV，核爆炸所致急性放射病多为以 γ 射线为主的 γ 射线-中子混合照射，非实验条件下的单纯中子急性放射病罕见。若人员遭受以中子为主的混合辐射，则可具有中子急性放射病的特点。核武器当量越小、距离爆心越近，中子比例越大。混合照射快中子所占比例越大损伤效应越重。

临床表现 与γ射线照射所致急性放射病相比，中子急性放射病胃肠症状严重，感染出现早，早期死亡率高；造血损伤严重，但恢复开始时间和程度与γ射线照射所致同类型急性放射病相似；远后效应重。

中子骨髓型急性放射病病程较短，可不出现假愈期。受致死剂量中子照射后10天内死亡可达50%，其中部分可在4~7天死亡，而在相同致死剂量的γ射线照射后11天才开始出现死亡。中子照射后的早期死亡在中等致死剂量照射时即可出现，照射剂量越大，早期死亡越明显。中子急性照射可引起严重的胃肠系统损伤，主要表现为照后早期出现呕吐、腹泻、血水便、食欲减退甚至拒食。极期时，柏油样粪便和血水便更常见，胃肠功能紊乱非常突出，肠套叠、肠麻痹等并发症常成为致死原因。造血干细胞对中子的敏感性比γ射线高，造血系统损伤亦重。实验动物经致死剂量中子照射后外周白细胞数很快下降到极低水平，照射后5天就可降至正常水平10%以下，但与同样致死效应的γ射线照射比较，白细胞开始恢复时间和程度基本相似。感染也是中子急性放射病常见的并发症，其特点是开始时间早、持续时间长、部位多（口腔、肢体等）的体表感染灶。

中子脑型放射病的特点为早期失能，表现为各种不同程度的中枢神经系统损伤症状，如共济失调、定向障碍、抽搐、痉挛、强直和昏迷等。所谓失能指只能完成其受照前所完成任务50%或更少的人员。高剂量中子照射后表现为休克和昏迷；较低剂量照射后，表现为乏力或精神萎靡，执行任务的效率降低。

诊断 中子急性放射病诊断基本上与γ射线照射所致的急性放射病相似，根据辐射源的性质、照射距离、现场停留时间、中子与γ射线比例，以及患者的临床表现、血液学变化、淋巴细胞染色体畸变率或血液、毛发的^{24}Na和^{32}P活度检测等判断伤情。从中子离体照射血液所获得的剂量-染色体畸变率刻度曲线不能直接用于估算全身的中子照射剂量。

治疗 骨髓型中子急性放射病的治疗原则基本与γ射线损伤相同，针对中子急性放射病的特点加以调整，保护消化道黏膜和维护其功能、抗感染、改善造血功能尤为重要。可采用抗生素、细胞因子、输血和造血干细胞移植等综合治疗，早期采取有力的治疗措施，包括纠正水电解质及内分泌紊乱，改善微循环等；抗感染措施要及时得力，早期应用对肠道有效的抗菌药物，注意使用广谱而效价高的抗生素，加强对局部感染灶的预防和处理。肠型中子急性放射病主要是对症处理，延长患者生命。脑型中子急性放射病可采取镇静、抗休克治疗，以减轻患者痛苦。

预防 尚无可用于人体的预防中子损伤的药物。

防护 中子的防护主要是防快中子和γ射线辐射对人员的致伤作用，钢、铁、铅等重金属均能很好地屏蔽γ射线。中子和轻元素弹性碰撞时能量损失较多，对中子防护要采用轻材料，可轻重材料并用，原则上是先用轻材料，特别是石蜡、塑料和水等一些含氢元素的物质能使中子慢化，然后加一层含铝、硼吸收慢中子的材料，最后加一层钢筋混凝土及重金属等重材料。土层对中子和γ射线都有削弱作用，50.8cm混凝土或76.2cm湿土能阻止99%的中子，2m厚的湿土足够防护中子弹的辐射。因此，对战时掩蔽部及民防工事加厚覆土层是最简单而有效的方法。

（罗庆良）

jíxìng fàngshèbìng zhěn-zhì xìnxī xìtǒng

急性放射病诊治信息系统

（information system for diagnosis and treatment of acute radiation sickness） 利用计算机软件对国内外辐射事故概况以及急性放射病病例的临床表现、实验室检查结果、诊断和治疗原则、相关诊治标准等信息资源组成的放射病快速诊断和治疗咨询系统。

意义 急性放射病是一种病情错综复杂、危及生命的疾病，在医学处理时要求及时正确诊断和治疗。但由于此种疾病平时罕见，发生时可能涉及大量人群，国内外经验都表明误诊常有发生，延误治疗，以致死亡。迄今国内外已累积了大量事故和病例报告，但资料分散在各种专业资料中，很难被非专业医师问津。中国军事医学科学院于1992年建立了一个以国内12次事故53例急性放射病患者数据为主，以及国外54次事故894例患者资料的数据库和医学咨询系统，它包括事故病历报告、定量定性数据资料、照片等3个数据库及诊断和治疗处理两个咨询子系统。该系统旨在指导正确、快速诊断和处理平时辐射事故和核战争时受过量照射的患者，培训缺乏此类经验的医护人员，总结人急性放射病医学处理的程序和经验。

基本内容 该系统包括国内发生的主要辐射事故的详细资料

和经验，以及国外可收集到的资料；克服原始数据不规范问题。数据库在设计上包括原事故病历录入，按统一规范归一。数据库包括文字、图表及原始照片等资料。数据库和咨询系统的资料来源，在国内发生的急性放射病患者的原始临床和实验检查资料主要由经治医师负责从原始病历收集，国外资料来自原始事故或病历报告。数据库在设计上兼容各种不同类型和性质的资料：原始病例报告、事故报告、归一化的定性和定量资料，包括一般情况、辐照情况、临床表现、实验室检查、各种治疗措施、原始图像资料、原始文献索引库等。

系统采用菜单提示，选择相关病例的临床表现、实验检查和治疗措施及效果，以显示病程进展。在诊断咨询中采用患者指标动态变化和数据库内资料重叠显示进行比较，用统计学和数学模型分析的方法对病情和照射剂量做预测分析。为了比较研究在临床病程中血液学指标变化和临床症状体征或各种治疗措施的相互关系，程序根据用户选择将在同一屏幕上同时显示上述指标随时间进程的情况，或也可按用户指定的数据库内其他病例进行比较。在医学处理咨询中包括中国的相关国家标准和美国、俄罗斯和法国等资料中给出的处理意见，专题咨询还包括对放射事故患者中骨髓移植和造血因子的应用，以及治疗中的某些特殊问题。系统设计还考虑了数据库的维护更新和新功能模块的增添。

该系统的程序设计成窗口和子窗口系统，用户可以根据窗口中提示的功能菜单任意调用。窗口中显示的项目由各自独立的模块组成。各种资料数据以文书、表格和不同形式彩图表示。

咨询系统构成 包括两个子系统。

受照剂量和病情诊断咨询子系统 放射病的致病因子是高能量电离辐射，决定放射病病情的严重程度和死亡的根本因素是辐射吸收剂量、照射剂量率和剂量在体内的分布。借助数据库咨询系统技术可根据患者受照后症状、体征和实验室指标变化对患者受照剂量和病情进行预测。如从窗口点击进入该子系统的“序贯诊断”子目录，依次输入照射后开始恶心时间、开始呕吐时间和次数，照射后 24 小时或 48 小时外周血淋巴细胞计数绝对值等主要指标，回车后计算机即可给出照射剂量的估算值；如同时输入有无头晕、头痛、失眠、腹痛、腹泻、皮肤红斑等重要指标，系统可对估算值进行修正，预测患者可能的受照剂量、预期发生放射病病情的严重等级，以及死亡危险的概率。用户可将待咨询的事故受照个体的某个或多个指标和数据和数据库内指定病例或全部病例该指标变化值直接比较，得到当前患者病情或指标变化与以往哪个患者相当。

从照射后损伤效应估计患者的受照射剂量和病情，必须兼顾时机和可信度两方面，最好在照射后早期（如照射后 3 天内）做出剂量诊断和病情判断，及时制订治疗计划。某些病情或指标变化的出现需要经历一定时间过程，需依疾病进程不断咨询诊断和修正。

医学处理咨询子系统 包括中国的国家标准，国内外专家和机构对此类疾病诊治的主要意见，以及放射病治疗中的特殊问题。

（罗庆良）

tǐbiǎo fàngshèxìng wūrǎn β shāoshāng

体表放射性污染 β 烧伤（β-burn skin caused by radioactive contamination on body surface）

人体暴露部位在放射性落下灰沉降过程中受到污染或与受污染的物体直接接触后，未及时进行洗消，皮肤受到 β 射线照射所致损伤。又称皮肤 β 损伤。

损伤途径 皮肤 β 损伤多发于暴露的体表（如头、面部），易积垢的颈、肩、腰部，以及易直接接触污染物体的手足部。在放射性落下灰沉降过程中，人员若停留于室外，则可受到较重的体表污染，污染程度主要受地面照射量率和落下灰颗粒大小的影响，颗粒小的落下灰比颗粒大的容易在体表滞留。沉降完毕后进入污染区作业时，人员体表也会受到污染，但程度要轻得多，主要是落下灰再度扬起所致。

损伤特点 皮肤 β 损伤的程度和伤情与人员在落下灰沉降时所处的位置、体表污染时间的长短有关，其他如落下灰理化性质、不同的防护措施、人员活动情况和体表状态等也起一定作用（表 1）。皮肤 β 损伤的深度划分类似于一般热烧伤。Ⅰ度表现为脱毛、轻度红肿、脱屑，仅伤及表皮。Ⅱ度表现为明显红肿和水疱形成，毛囊部分破坏，尚能再生，损伤主要在网状层上 1/2。Ⅲ度为水疱破溃、坏死，伴溃疡形成，毛囊几乎完全破坏，不易再生，损伤累及网状层下 1/2。Ⅳ度伤及皮肤全层及皮下，以至深层组织。

皮肤 β 损伤与一般热烧伤有本质差别。①病因：皮肤 β 损伤由落下灰 β 辐射作用引起的损伤，实际并非烧伤。②发病过程：与普通烧伤后立即出现病变不同，皮肤 β 损伤有潜伏期，潜伏期长短与皮肤受照剂量大小有关。③皮肤β损伤一般是浅表的，但因毛囊对射线较敏感，故在表皮和真皮浅层组织已遭破坏、深层组织尚正常时，毛囊可全遭破坏，而热烧伤要达到Ⅲ度时毛囊才全被毁。由于血管损伤引起营养障碍，若再合并继发感染，皮肤β损伤可反复发生溃疡，经久不愈，并累及皮下组织、肌肉甚至骨膜。

放射性污染所致皮肤损伤，儿童比成人敏感，女性比男性敏感，身体部位屈侧比伸侧敏感。皮肤厚度可影响损伤程度。在皮肤各层级附属组织方面，以基底细胞、毛囊、皮脂腺较敏感。受损面积大小也影响损伤及愈合过程，受损面积大，反应重，恢复慢。

皮肤β损伤的远期效应。在110名受到放射性落下灰沾染发生皮肤β损伤的马绍尔群岛居民、美国及日本渔民中，照射后15年观察，仅少数人在皮肤损伤部位有良性色素斑和黑痣数增多，未见癌变。1945年美国在新墨西哥州进行核试验时，放牧区受落下灰沾染的60头牛，皮肤受到β射线照射剂量约37Gy，其中3只在15年后于皮肤损伤部位发生鳞状上皮细胞癌。

医学诊断 皮肤放射损伤病程缓慢，初期和假愈期症状不明显，易误诊、漏诊而延误治疗。但根据受照射史，结合射线损伤后的病变特点和辅助检查，一般都可得到及时、正确的诊断。凡接触射线后有以下征象者，应考虑为皮肤放射损伤：①接触放射性物质过程中或以后数日内，皮肤出现红斑、灼痛、麻木和肿胀等。②首次红斑消退或症状减轻后，再次出现红斑、肿胀、疼痛，并逐渐加重，或出现水疱、糜烂、溃疡等。③长期从事放射工作的人员，凡出现脱毛、皮肤干燥、脱屑、萎缩变薄、粗糙、弹性减弱，或发生经久不愈的溃疡；手部出现指甲变形、增厚、纵嵴、质脆、易劈裂等。

受照射史 详细询问职业史和射线接触史，包括接触放射性物质的情况，核素或射线种类、射线能量、受照射时间、距放射源的距离，以及个人防护条件等。在核反应堆、核电站事故或核爆炸条件下，主要考虑放射性物质污染和受照情况，尤其应注意患者在当时所处的位置、环境情况、风向、在污染区停留时间、洗消情况，是否合并有其他损伤等。

辐射剂量检测和估算 根据受照射现场、射线种类及能量、受照射时间、距放射源距离，或受污染的特点及照射情况等，通过实际检测、模拟，估算出人员受照剂量，有助于皮肤放射损伤的诊断（表1）。

症状 受照射后皮肤出现的红斑是损伤严重程度的早期特征，其出现早晚及程度与受照剂量关系密切，受照射的剂量大，红斑出现早、颜色较深，假愈期短，二次红斑出现亦早。水疱和溃疡出现的早晚及程度，也与受照射的剂量相关。因此，根据受照射后早期的临床征象，尤其是出现红斑、水疱及湿性皮炎的时间及程度，对急性皮肤放射损伤有重要的诊断意义。

鉴别诊断 可根据受伤和放射性物质接触史进行鉴别。急性皮肤放射损伤早期，某些临床征象虽与皮肤热损伤有相似之处，但较易鉴别。还应与日光性皮炎、过敏性皮炎、药物性皮炎、甲沟炎、丹毒等鉴别。慢性放射皮肤损伤，应与神经性皮炎、慢性湿疹、皮疣、上皮角化症，以及其他非特异性溃疡鉴别。必要时，可借助组织学等检查以确诊。

医学防护 除采取有效的防沾染措施（如穿防护服，利用房屋、车辆等密闭性能防护等）外，主要是及时对体表放射性污染进行洗消。脱去外衣，迅速清洗暴露的皮肤和毛发可以去除95%的污染。用于化学洗消的0.5%次氯酸盐溶液也有很好的去除放射性污染的效果。洗消时注意不要刺激皮肤，若皮肤出现红斑，某些放射性核素可以经皮肤直接吸收。用外科清洗液清洗伤口、腹部和胸部时，溶液用泵抽吸，不要用海绵擦拭。眼部只能用清水、生理盐水或洗眼液冲洗。

健康皮肤上污染的洗消 若污染物酸碱度不大，不是有机物质或其他油溶性物质，用普通肥皂消除皮肤放射性污染的效果可达95%以上，用专门配制的洗消肥皂［内含6%乙二胺四乙酸（EDTA）］效果更好。对全身有多处大面积污染者，在医护人员的帮助下用专用的淋浴设备，进行全身洗浴消毒，用普通浴液；

表1 β射线引起人体皮肤不同程度损伤所需剂量

剂量（Gy）	皮肤变化	病理变化	分度
<5	无明显症状	—	—
5~7	脱毛	毛囊变化	Ⅰ
7~10	红斑、色素沉着	毛细血管变化	Ⅱ
10~15	水疱形成	表皮变化	Ⅲ
>15	溃疡、坏死	全层坏死	Ⅳ

用软毛刷轻轻刷洗污染较重的部位，注意不可使污染面积扩大和擦伤皮肤，并及时更换严重污染的毛刷，以预防因洗消所致污染扩散或擦伤皮肤而促使污染物经伤口吸收。皮肤表面状态对消除率有一定影响，若掌面粗糙、有裂口，且在污染过程中经常摩擦，则消除率降低。污染时间延长会降低消除率，故应尽早洗消。在缺乏水源的地区，采用干擦的方法亦有约60%的效果。

伤员洗消　应在医护人员监督下进行。首选应对双侧鼻黏膜用潮湿的棉签擦拭，保存这些棉签用来检测是否吸入放射性微粒。在对患者紧急后送时小心脱去外衣，更换干净的止血带。伤口周围部位洗消时，应将伤口用塑料布或塑料袋盖严，并将新止血带放到离原止血带1~2cm的距离，再撕开原止血带；有夹板时，拉开夹板以便将体表冲洗干净。

伤口污染处理　具体措施应依致伤因素、污染伤口所在部位和污染核素性质等因素而定。初期均可用消毒的生理盐水或含10%二乙烯三胺五乙酸三钠钙（促排灵，$DTPACaNa_3$）的生理盐水反复冲洗。防止冲洗的废液再次污染其他部位。确定已完全洗消后，伤口应用盐水或其他生理溶液再次彻底清洗。冲洗和清洁伤口时，应避免刺激患处，水疱不要弄破，已经破烂的水疱按照烧伤治疗原则清洗和处理。必要时可用外科手术如清创术来消除放射性沾染。手术时，应随时更换污染的器械和敷料，并用有关的络合物（如促排灵）冲洗伤口，手术切除的范围取决于污染伤口的情况。对于严重污染的伤口，在不影响功能的条件下，尽可能一次切除污染的组织。

治疗　原则与一般烧伤基本相同。早期措施应以减少或防止受伤组织病情发展、促使机体调节和修复功能的恢复为主。应加强护理，依据病情使用抗组胺药物和内服补气养阴、活血化瘀等类中药，适当给予抗感染药物。局部创面的治疗原则是镇痛、防止感染和促进组织再生，保护损伤的皮肤，避免重复受照和其他刺激。注意改善局部血液循环，逐步增加肢体、关节的功能运动，防止关节强直和肌肉失用性萎缩。对损伤较深的创面，或虽不很深但创面较大，或已发展成慢性皮炎，以及因继发性病变影响功能者，均可考虑扩创和植皮等手术治疗，时机视病情而定。慢性期保守疗法主要是保护创面，减少刺激，防止破溃，增强新生上皮的抵抗力。

（朱茂祥）

shāngkǒu fàngshèxìngwūrǎnchúlǐ

伤口放射性污染处理（medical measures for radioactive contamination of wound）

根据致伤原因、伤口类型和部位、严重程度及污染伤口放射性核素性质等采取的不同污染处理措施。

通用措施　用防水敷料或布料封闭伤口周围皮肤，以防止伤口洗消时放射性污水的污染。除去所有可见的异物（如金属碎片、血凝块等）。尽快用消毒生理盐水或洗消液反复冲洗。同时对污染创伤部位进行污染测量或做采样测量，以确定污染水平和污染放射性核素种类。确定已完全洗消后，伤口应用盐水或其他生理溶液再次彻底清洗。用防水敷料封闭伤口，防止污染扩散。伤口缝合或其他处理（如封闭）前，应尽可能彻底去除伤口周围皮肤的污染。

手术清创　若冲洗效果不佳，或多次冲洗后，污染水平仍然很高，应考虑由专业医师实施伤口清创手术。清创手术除遵循一般外科手术原则外，需遵循放射性污染手术的处理规程，每切除一次污染组织更换刀片、镊子等，避免因手术器械导致的污染扩散，同时用含2%利多卡因生理盐水反复冲洗伤口。去除的组织，更换的刀片、镊子、异物，收集的洗消废液等，用密封袋封存做好标记。手术切除的范围取决于污染伤口的情况，对于严重污染的伤口，在不影响功能的前提下，尽可能一次切除污染的组织。最后对清创的伤口进行包扎（按外科开放伤口清创后处理包扎）。窄、深的伤口要放置引流（或负压引流），引流液用密封袋收集不得扩散，辐射检测环保处理。

洗消液　通常情况下可用生理盐水或含10% EDTA的生理盐水冲洗污染伤口；对稀土元素、钚或超钚元素污染的伤口，宜用弱酸性（pH 3~5）含10% $DTPA\text{-}CaNa_3$溶液冲洗；对锶污染伤口，可用含10%酒石酸钾钠溶液冲洗；需要清创时，可用含2%利多卡因生理盐水中冲洗。

注意事项　①冲洗和清洁伤口时，应避免刺激患处，水疱不要弄破，已经破烂的水疱按照烧伤治疗原则清洗和处理。②擦破伤结痂时，残留放射性核素可能留在痂皮内。对刺破伤位于深部的污染物，要进行多维探测定位以便取出。对撕裂伤要清整伤口，清除坏死组织。③开放伤口无防护、污染时间长、创面深等导致放射性核素进入人体，形成内污染，根据检测放射性核素情况，伤口洗消时可以考虑尽早给予针对性的抗放药、促排药等，如静脉滴注促排灵500ml。④严重伤口污染，应留尿样分析放射性核素或做整体测量。若已知有放射性内污染或怀疑有内污染，必须尽快（最好在污染后4小时内）开始使用促排或阻止吸收措施。但应慎用可能加重伤情的促排措施。⑤因伤病情或全身状况不稳定或加重，暂时伤口去污中断时，应保护好伤口，消除或隔离伤口周围皮肤污染，应绝对避免皮肤上污染物进入伤口。⑥难以去除污染的伤口：经过外科手术切除组织、冲洗等反复去污操作而伤口内污染难以去除时，可以采用负压引流装置覆盖伤口，保持持续负压，做好标记。若无负压引流装置，可以采用其他措施，但要防止渗漏液体而污染扩大，如医用手术贴膜覆盖，伤病员尽快后送。

特殊伤口 一些特殊伤口的放射性污染处理列举如下。

浅表伤口 表面擦伤、划伤、切线伤等无明显的组织坏死、感染的浅表伤口，在伤口周围皮肤进行手术贴膜贴敷，暴露伤口，用生理盐水、专用伤口洗消液擦拭伤口，再用生理盐水冲洗伤口，污染检测合格、伤口清创消毒后无菌敷料包扎伤口。若需对全身去污，应做好伤口（手术贴膜、胶带等）防水封闭，再进行全身去污。

深窄伤口 贯通伤、穿透伤、断肢、撕裂及撕脱伤等深窄伤口，由于伤口深、口小、腔隙窄、组织损伤重，坏死、感染严重，清创范围大，疼痛剧烈，去污洗消处理宜采用臂丛、硬膜外、全麻等麻醉方式下进行。

小面积烧伤及水疱 未破裂的水疱不要弄破，防止破溃，做表面冲洗去污；已破溃水疱（有污染情况），采用局部洗消机、注射器、伤口洗消液、生理盐水处理，检测合格后按照烧伤治疗原则处理，预防感染促进愈合。较小面积的烧伤，若去污后仍残留放射性物质，可用2%硝酸银涂抹创面，污染物被固定在痂上并随之脱落，可以采取创面引流术。

冷冻伤 冷伤分为冻结性、非冻结性损伤，冻伤冻僵易加重伤病情、易漏诊误诊、分类救治效率低等。①后送采取隔离污染，保温后送，先尽快复温救治后去污洗消。以有治疗冷伤经验的医师加强冻伤局部处理和冻僵急救复温处置，按照“先重后轻、先急后缓、先救治后洗消”的原则进行救治和去污。②优先复温，复温温度控制在40℃±2℃，不宜采用导致污染扩散的复温装置；伤员复温前先脱去（剪除）服装，既可以减少污染又提高复温效果，如足部或手部与鞋、袜、手套等仍冻结在一起时，采用肢体复温袋、热水袋等融化冻结之处，避免污染扩散，待融化后缓慢脱下或剪开服装，如出现较剧烈的疼痛，可给予适量镇痛药。③冷伤出现水疱，去污后按照控制感染促进愈合的原则处理，未破裂的水疱要防止破溃，对较小的水疱随其自然吸收，只做表面冲洗去污，但应防止破裂；较大的水疱在去污检测合格后，可在无菌条件下抽出疱液或低位切开排液引流，未破溃水疱切勿去除疱皮使疱底暴露。已破溃水疱或皮肤脱落皮下组织暴露污染时，麻醉后采用伤口洗消机、4#伤口洗消液、温生理盐水冲洗，检测合格后按照冷伤治疗原则处理创面预防感染。去污后仍残留放射性核素时，在伤口上撒玫棕酸钾（钠）盐等，使之形成不被吸收的络合物，或采取覆盖防扩散或创面引流技术，后送进一步处置。

（朱茂祥）

fàngshèxìng hésù nèizhàoshè sǔnshāng

放射性核素内照射损伤 （internal radiation injury of radioactive nuclides） 放射性核素通过内照射所致具有临床意义的病理学损伤的总称。包括内照射引起的器官或组织损伤、内照射放射病及内照射诱发的恶性肿瘤。放射性核素通过多种途径进入人体，造成放射性核素的内污染。内污染的放射性核素作为辐射源对人体产生的照射，称为内照射。内照射有可能伴某些生物指标的变化（如染色体畸变），称为内照射损伤。

损伤特点 放射性核素引起内照射损伤的机制与外照射相似，不同的是内照射损伤受到放射性核素的辐射与化学特性、体内生物转运、靶器官和组织的种类、摄入途径与方式、照射剂量在空间与时间分布等因素的影响，因此内照射损伤具有以下特点。

病程分期不明显 与一次大剂量外照射相比，内照射损伤的病程分期不明显，常发展缓慢，病程迁延或呈慢性过程。例如，^{134}Cs和^{137}Cs内照射急性损伤病例与外照射不同，无初期反应期，极期也不典型，以后病程转为慢性。又如，口服^{226}Ra的患者，在照后2.5年时外周血白细胞数仍$<2\times10^9$/L，2~3年后骨髓细胞仍处于抑制状态，转成慢性损伤。原因是沉积在体内的放射性核素按其衰变规律持续地释放带电粒子，引起一系列原发反应和继发损伤的交叉。

损伤部位的选择性 鉴于放射性核素在体内分布的选择性，

将受辐照剂量较大、对机体健康影响较重要的组织或器官称为靶组织或靶器官。对有大量放射性核素滞留的组织或器官则称为源组织或源器官。因此，放射性核素内照射损伤具有一定的部位特异性。例如，亲骨性放射性核素对骨髓的造血功能和骨骼的损伤特别严重，常引起持续性中性粒细胞减少，严重贫血，骨质疏松、骨坏死、骨肿瘤等。亲单核-吞噬细胞系统的放射性核素对肝、脾、淋巴结等损伤严重，因此淋巴细胞减少明显，并可发生急性弥漫性中毒性肝炎及肝硬化，晚期可引起肝肿瘤。

进入和排出途径的局部损伤　难溶性放射性核素常因其在进入和排出途径的滞留而引起明显的局部损伤。例如，较大量的放射性核素由呼吸道进入和排出，可引起鼻炎、咽喉炎、支气管炎和肺炎，晚期可出现肺癌；经口食入或经肠道排出时，常引起胃肠道功能失调，黏膜出血、炎症、溃疡及坏死性病变；污染伤口可延缓创伤愈合，易并发感染和出血，严重者可形成长期不愈的溃疡和皮下组织肿瘤。

损伤分类　放射性核素内照射损伤效应，按发生时间的早晚可分为近期效应和远期效应。近期效应在摄入后数周内发生；远期效应在摄入后数月、数年或数十年后出现。按受照后效应发生的个体可分为躯体效应和遗传效应。躯体效应是显现在受照射者自身的辐射效应；遗传效应发生在受照射者后裔。妊娠期间来自母体的放射性核素，可引起胚胎和胎儿的损伤，是躯体损伤的特殊情况。躯体效应又可分为急性、亚急性和慢性效应。从辐射防护角度可分为随机性效应和非随机性效应。随机性效应指发生概率（而非严重程度）与剂量大小有关的效应，并假定不存在剂量阈值。非随机性效应又称确定性效应，指严重程度随剂量而变化的效应，且可能存在剂量阈值。遗传效应和某些躯体效应如恶性肿瘤为随机性效应，与个别细胞损伤有关，剂量限值水平的照射也不能排除发生癌的可能性。非随机性效应是受照组织中大量细胞被杀死或严重损伤所致，其发生需要接受超阈剂量的照射。

非随机性效应　是较大剂量射线对细胞群体的损伤作用，即以细胞生存和增殖能力丧失程度表达辐射损伤效应的严重性。若细胞群体中被损伤的细胞达一定份额，即表现为结构和功能改变，出现具有临床意义的病理学损伤。由于各种组织、器官特性的不同，其生物学响应亦不同。如造血器官表现为再生障碍性贫血，性腺则为生育能力障碍。血管损伤引起的继发性损伤、某些功能细胞被纤维组织代替，从而降低器官功能和某些分泌腺功能等，均属于确定性效应。引起此类损伤的阈剂量，亦随各种组织或器官的辐射敏感性不同而有差异，也会因所规定的生物终点而异。内照射急性损伤是以放射性核素滞留部位（靶器官）损伤为主的全身性疾病，可同时或先后出现不同的临床表现，通常称为内照射放射病。

骨髓损伤　放射性核素内照射引起骨髓损伤的特点和严重程度与放射性核素的辐射特征和分布密切相关。亲骨性放射性核素损伤的早期，骨髓充血，出现灶性出血和浆细胞浸润，分叶粒细胞减少，以中幼粒细胞、晚幼粒细胞和杆状核细胞为主，部分造血细胞坏死，出现核浓缩与核溶解。以后由于造血功能受抑制及部分细胞坏死，骨髓内有形成分进行性减少，脂肪组织增多。严重者发展为再生障碍性贫血、骨髓衰竭，这与造血干细胞增殖分化受到严重抑制或破坏有关。非亲骨性放射性核素如碘、铯、铷等亦对骨髓有损伤作用。骨髓损伤的同时，可伴相应的外周血变化。损伤初期出现以中性粒细胞为主的白细胞增多或波动，随即出现淋巴细胞减少，中性粒细胞减少，血小板减少。以后可见到粒细胞分叶过多、细胞溶解、核碎裂、空泡形成等。红细胞亦可出现一定改变，如红细胞减少及大小不等。

骨骼损伤　放射性核素滞留于骨骼可引起骨组织破坏。初期骨质更新过程增强，出现含大量破骨细胞的成骨组织，骨髓腔内小静脉及毛细血管扩张。继而成骨组织减少，成骨细胞及破骨细胞几乎消失，骨髓和成骨组织被黏液样组织代替，小血管高度扩张，并有出血。后期可出现骨质疏松、病理性骨折，特别是管状骨多见。骨折愈合缓慢，有时可出现异常骨痂，又不被吸收，含有不成熟的骨组织。

肺损伤　难溶性放射性气溶胶被吸入后，可滞留于肺泡壁、肺淋巴结。若累积剂量达10Gy以上，可引起放射性肺炎、肺水肿，晚期出现肺纤维化。严重者可因呼吸功能不全、循环衰竭及窒息而死亡。由肺泡内转移到气管-支气管淋巴结的放射性核素，可引起淋巴结炎、淋巴结纤维化和萎缩。

胃肠道损伤　放射性核素经胃肠道吸收、排出或在该部位滞留，可引起胃肠道损伤。急性损伤时，出现胃功能紊乱、溃疡性胃炎、放射性肠炎，以及溃疡、便血、黏液，伴里急后重。严重者出现水电解质紊乱。

肝损伤　亲单核-吞噬细胞分布的放射性核素（如^{232}Th）可引起肝损伤，其特点是灶性营养不良和坏死。出现肝索解离，肝细胞退行性变，空泡形成和内皮细胞肿胀，随后发展为肝脂肪变性和急性坏死，晚期出现间质纤维增生和肝硬化。放射自显影证明，上述病变处的吞噬细胞吞噬有活性胶体颗粒，径迹聚集成放射灶。

肾损伤　一些亲肾性放射性核素可引起肾损伤。部分肾小管上皮细胞坏死、脱落，伴肾小球变化。早期间质水肿，晚期肾小管上皮萎缩，间质纤维增生。上述变化通常由皮质向髓质扩展，最终引起肾硬化。肾功能改变，轻者表现为蛋白尿、上皮脱落、管型，重者出现无尿和尿毒症。

内分泌腺损伤　放射性碘可损伤甲状腺，组织学上可见滤泡上皮细胞空泡形成，细胞肿胀和胞核崩解，继而出现滤泡上皮不规则生长，间质纤维增生；滤泡内胶体减少，甲状腺萎缩。甲状腺功能表现为吸碘率降低，^{131}I在甲状腺内的有效半排期缩短。放射性碘损伤甲状腺的同时可累及甲状旁腺，使之肿大。亲骨性放射性核素的慢性损伤，可因钙、磷代谢异常伴甲状旁腺肿大。放射性核素内照射时，也可因出现垂体-甲状腺系统的功能障碍，导致其他内分泌腺变化。垂体可出现萎缩及营养不良性改变，腺体结构不规则，嗜酸细胞增多等。

物质代谢异常　放射性核素内照射损伤，可引起与外照射相似的物质代谢的一系列紊乱。如机体受^{239}Pu、^{90}Sr、^{210}Po及^{222}Rn内污染时，可见组织内DNA和RNA因解聚而含量降低。这种解聚效应可随放射性核素摄入量的增加而增强。较大剂量的内照射可引起蛋白质分解代谢加强，合成抑制，体内负氮平衡。许多组织内磷酸酶、胆碱酯酶和透明质酸酶等的合成功能遭到破坏。血清蛋白中白蛋白含量明显减少，A/G比值倒置。血和尿的蛋白分解产物如尿素、肌酐量显著增高。放射性核素内照射损伤使糖代谢发生障碍。早期由于组织蛋白质大量分解，提供大量的生糖氨基酸，此时肝脏仍保持合成糖原的作用，故出现肝糖原增高和高血糖症。随着病程发展，肝脏合成糖原的功能被破坏，肝糖原合成量减少，糖的分解过程和氧化过程发生障碍。内照射损伤亦可引起脂肪代谢失常。如机体受^{144}Ce内污染后，随着损伤的发展，肝糖原降低严重，动用脂库以补充能量来源的不足，导致血液内类脂物质增多，甚至形成高脂血症，肝、肾出现脂肪浸润。由于脂肪代谢异常，导致血液内酮体含量增高，严重者可引起碱储减少和酸中毒，出现酮血症和酮尿症。内照射损伤还可引起水盐代谢障碍。水代谢的变化表现为尿量先增多后减少。由于毛细血管通透性增加，部分白蛋白渗至组织间引起水肿。无机盐的变化，主要是血中氯、钾、钙、钠离子含量的变化，以及骨组织中钙磷代谢失常。如^{32}P内照射使血内氯、钙离子含量降低，^{239}Pu、^{32}P等使磷、钙离子参与骨质代谢过程受阻。

免疫功能障碍　一些放射性核素长期滞留于免疫器官如淋巴结及脾，使其中的淋巴细胞长期受到照射，引起免疫功能变化。内照射损伤引起的免疫反应具有时相性，抑制相与刺激相或正常相交替出现。但通常最常见的是淋巴细胞减少和免疫功受抑制。如犬吸入$^{239}PuO_2$、$^{238}PuO_2$气溶胶，滞留于肺和淋巴结，可引起淋巴细胞减少，免疫功能抑制。滞留于淋巴器官的其他放射性核素，如^{226}Ra、^{210}Po、^{137}Cs、^{90}Sr、^{131}I、^{32}P、^{3}H等，也可引起免疫功能的变化，包括非特异性抗感染保护功能、细胞免疫及体液免疫功能的降低或异常。与外照射一样，内照射也能发生自身免疫现象，如用放射性碘治疗甲状腺疾病时人体可产生抗甲状腺的自身抗体，引起自身免疫性甲状腺炎。

体细胞染色体畸变　很多放射性核素如^{226}Ra、^{232}Th、^{239}Pu、^{222}Rn等都能引起体细胞染色体畸变。钚工作者体内^{239}Pu滞留量与外周血淋巴细胞染色体畸变密切相关，^{239}Pu滞留量达390Bq以上，染色体畸变率即趋增加，并随^{239}Pu体滞留量的增多而增加。从事镭夜光表盘描绘工作连续5~7年的62名女工，停止接触17~19年后，镭滞留量<3.7kBq组，外周血细胞畸变率无显著变化，而>3.7kBq者畸变率明显高于对照组。染色体畸变的生物学意义主要取决于辐射作用的靶细胞种类。若辐射作用于体细胞，引起细胞突变，它只能影响受照射的个体，不影响后代，与辐射致癌、致畸（胚胎接受照射）有密切关系。若辐射作用于生殖细胞，引起生殖细胞突变，可影响后代的正常发育及健康。

致畸效应　是妊娠母体摄入放射性核素，使胚胎受到内照射作用，干扰胚胎的正常发育所致。在受精卵（配子）植入前或植入后最初阶段受到放射性核素的内照射作用，可使胚胎死亡或不能植入。在器官形成期受照射，则可能使主要器官发育异常，易发生畸形。胎儿期受照射，易发生出生后生长发育障碍和畸形，严重者可使随机性效应发生概率增加。如用 HTO 饲养妊娠大鼠，发现体水氚为 370MBq/L 组的胎鼠发育停滞，性腺和脑的重量显著减轻。子宫内的人胚胎受镭作用后，出现小脑畸形伴智力发育的缺陷。

随机性效应　放射性核素内照射损伤可引起细胞遗传物质的变化。若 DNA 分子受到损伤，并能通过各种机制进行修复，则细胞仍能继续生存，并保存正常分裂增殖能力。若修复功能缺陷或错误修复，则可能导致细胞死亡或发生基因突变。体细胞突变能导致细胞恶性转化，使细胞不受正常调节机制的调控而异常增殖，出现辐射致癌效应。生殖细胞突变可能使后代发生遗传性疾病，即遗传效应。辐射究竟能击中哪些细胞，细胞的遗传物质产生何种损伤都是随机过程，它取决于统计学概率，通常可以根据照射剂量估计出受照人群中随机性效应的发生率，但不能预知哪个受照射者将发生该效应。辐射致癌和遗传效应都属于随机性效应。目前对放射性核素内照射损伤效应的研究以远期效应为重点，尤其注重小剂量、低剂量率照射的致癌效应和遗传效应，因为它们是估计和评价放射性核素职业性工作者及人群危险度的生物学依据。

致癌效应　已由人群的辐射流行病学调查及大量动物实验资料证实。人群调查和病例观察资料如临床诊断和治疗用^{131}I 后、事故性摄入裂片核素放射碘后所致甲状腺癌；铀矿工吸入^{222}Rn 及其子体发生的肺癌；早期接受含钍造影剂检查后发生肝癌；接受^{224}Ra 治疗强直性脊柱炎及关节炎者发生的骨肉瘤；从事发光涂料作业及接受^{226}Ra 治疗后诱发的骨恶性肿瘤等。实验研究也证明，放射性核素对各种实验动物都具有显著的致癌作用，许多器官组织均可诱发癌瘤。例如，钚及超钚核素（^{238}Pu、^{239}Pu、^{241}Am、^{244}Cm 等）、^{228}Th 和^{210}Po 等释放 α 粒子的核素能诱发骨肉瘤、肺癌；碱土族核素（^{89}Sr、^{90}Sr、^{140}Ba、^{45}Ca）引起骨肉瘤、白血病、垂体肿瘤；稀土族核素（^{144}Ce、^{147}Pm、^{140}La 等）可使骨、肝、肾、胃肠和内分泌腺等发生各种肿瘤；^{137}Cs、^{95}Nb、^{106}Ru 可使许多器官组织（肺、乳腺、胃肠、性腺、皮肤）发生癌症和白血病；放射性碘（^{131}I、^{125}I、^{132}I）可引起甲状腺癌；^{222}Rn 子体能诱发肺癌等。可以看出，放射性核素内照射主要诱发恶性肿瘤，且主要是来自上皮组织的各种癌、间叶组织的肉瘤和造血组织的白血病。

内照射诱发肿瘤与放射性核素在体内的滞留部位具有一致性，即肿瘤的易发部位多是放射性核素主要的滞留部位。骨骼和肺是一些放射性核素的重要滞留部位，也是其诱发肿瘤的常见部位。放射性核素内照射诱发肿瘤与化学致癌相比具有多发性和广谱性，即同一机体内可有多个器官或组织同时发生某些类型或不同类型的肿瘤。个别实验动物可同时发生 4~6 种肿瘤。

机体受照射至发生肿瘤的时间间隔称为潜伏期，其长短受许多因素影响，如肿瘤类型、动物种属和受照年龄等。一般认为白血病潜伏期较短（2~4 年），而实体癌潜伏期较长，约相当于动物寿命的 1/3 时间。成人诱发肿瘤的潜伏期平均为 25 年。受内照射人群或动物发生的肿瘤类型与对照人群或动物并无不同，只是其潜伏期缩短，发生率增高。

影响放射射性核素致癌效应的因素很多，包括放射性核素的辐射类型，摄入的放射性活度，摄入途径与方式，吸收、分布和滞留的特点，动物种属、性别和年龄，以及环境的综合因素等。其中最重要的是受照射组织以及受照剂量和剂量率。

遗传效应　放射性核素内照射所致遗传效应，同外照射一样，是受照射者生殖细胞遗传物质的突变而导致受照者后代的危害效应。辐射所致遗传物质的突变包括基因突变和染色体畸变。

基因突变　哺乳动物生殖细胞发生突变后，通常不能与异性细胞结合，即失去结成合子的能力，不能使卵细胞受精，或使受精卵在着床前死亡，或使着床后的受精卵不能成活而导致胚胎早期死亡。例如，小鼠连续饮用 111kBq/ml 的氚水（HTO），性腺剂量率为 3~4mGy/d，累积剂量约 300mGy 时，可检出其胚胎生存率显著降低，即显性致死突变率明显增高。又如，给雌性小鼠注入 1.85~18.5kBq/kg 的^{239}Pu 后，与雌性小鼠交配，可见到妊娠鼠子宫内显性致死突变增加，表现为胚胎早期死亡。给雌性小鼠注入 185~925kBq 的^{32}P 时，也可见仔鼠的显性致死突变明显增加。基因突变除引起显性致死外，还引起遗传性疾病，即突变可传递给后代，使之发生先天性疾病如先天性畸形、严重智力障碍等。

生殖细胞染色体畸变　生殖细胞染色体对电离辐射具有高度敏感性。正常大鼠睾丸生殖细胞染色体畸变数平均每个细胞为0.012；给大鼠注入^{239}Pu（柠檬酸盐）22Bq/g后，则上升为0.017，注入量增至74Bq/g后上升到0.027。放射性核素诱发的生殖细胞染色体畸变，可在体内保留相当长的时间，主要表现为初级精母细胞染色体相互易位。雄性小鼠静脉注入^{239}Pu柠檬酸盐379kBq/g，然后与雌性原种小鼠交配，从注入Pu到交配期中点时间之隔分为23.5周、29周、52.5周和56.5周，估计精原干细胞的剂量分别为0.54～1.07 Gy、0.70～1.41Gy、1.42～2.85Gy和1.55～3.09Gy，它们各自诱发的染色体相互易位发生率依次为0.20%、0.23%、0.39%和0.56%，发生率随时间（即累积剂量）而增加。用对照组发生率（3.7×10^{-4}）校正后，估计每Gy的诱发率在（1.45～2.91）$\times10^{-3}$。有关放射性核素诱发人体遗传效应的资料很少。目前只发现接受Ra治疗的92例男性及34例女性的后代中，出现2例缺指畸形。因例数尚少，无统计学意义。

（朱茂祥）

fàngshèxìng diǎn nèizhàoshè sǔnshāng

放射性碘内照射损伤（internal irradiation damage induced by radioiodine） 通过吸入、食入等途径进入体内的放射性碘所致健康危害。

放射性碘 碘共有27种同位素，即^{125}I～^{141}I，除自然界中的^{127}I是稳定性同位素外，其余26种均为放射性核素。放射性碘是早期混合裂变产物中的主要成分之一。由于裂变碘在早期混合裂变产物中的份额较大，外环境中放射性碘的含量增高，表明有新的早期混合裂变产物的污染。因此，放射性碘可作为监测核爆炸或反应堆泄漏事故的信号核素。核爆炸产生的早期落下灰中的裂变碘包括^{129}I以及^{131}I～^{141}I，它们在混合裂变产物中的产额可达30%以上，其中较重要的有^{131}I、^{125}I、^{129}I等。除^{129}I外，其他放射性碘的物理半衰期都较短，数小时后放射性碘在混合裂变产物中的份额即降至10%左右。

损伤途径 放射性碘极易经胃肠道、呼吸道、完整皮肤及伤口吸收，且吸收速度快、吸收率高。经口摄入放射性碘，几乎全胃肠道都能吸收，但主要在小肠。1小时内可吸收摄入量的75%～85%，3小时即可全部被吸收入血。放射性碘自肺吸收非常迅速，5分钟约60%的碘被吸收，40分钟可达到80%，第3天吸收率接近100%。放射性碘化物的溶液或蒸汽可经黏膜和完整皮肤吸收，污染伤口后其吸收率更高。进入血液中的放射性碘，很快转移至体内的各个组织器官，呈高度不均匀分布，选择性地浓集于甲状腺，其他组织器官中只有很少量的放射性碘存在。按^{131}I在体内各组织器官的滞留量递减顺序排列是：甲状腺、血液、骨髓、肝、肾、小肠、肺、心、脑、肾上腺和性腺等。

损伤类型 进入体内的放射性碘主要滞留在甲状腺组织，因此它对机体的危害主要表现为甲状腺的辐射损伤。

放射性甲状腺功能减退症 指甲状腺局部一次或短时间（数周）内多次大剂量受照射或长期超剂量限值的全身照射所致甲状腺功能减退。甲状腺组织受到电离辐射直接作用后，诱发甲状腺功能性或器质性损害而出现甲状腺功能减退，称为放射性原发性甲状腺功能减退症，表现为三碘甲腺原氨酸（T_3）、四碘甲腺原氨酸（T_4）值水平降低和促甲状腺激素（TSH）值水平升高。相同剂量条件下，外照射诱发甲状腺功能减退症的发生率一般是内照射的2.2～3.6倍。

急性放射性甲状腺炎 指甲状腺短期内受到大剂量急性照射后所致甲状腺局部损伤及其引起的甲状腺功能亢进症。口服^{131}I时，由于急剧破坏甲状腺组织细胞后可引起急性放射性甲状腺炎，一般认为源于^{131}I损伤滤泡上皮细胞引起贮存的甲状腺激素释放入血循环。给^{131}I后24～48小时血中T_3及T_4增加，病理检查上皮细胞肿胀、坏死，滤泡解体、水肿，炎细胞浸润。给^{131}I后1～2周，甲状腺轻度肿胀、压痛，有时因甲状腺被破坏释放出大量甲状腺激素，可引起甲状腺危象。剂量超过200Gy后，每增加100Gy，急性甲状腺炎的发生率增加5%。尚无外照射引起急性放射性甲状腺炎的报道。^{131}I致急性放射性甲状腺炎的阈值为200Gy，初期为甲状腺功能亢进症，以后出现急性放射性甲状腺炎，1年后产生黏液性水肿，可累及甲状旁腺。8～10Gy照射后4周可发生亚急性放射性甲状腺炎。

慢性放射性甲状腺炎 指甲状腺一次或短时间（数周）内多次或长期受照射后所致自身免疫性甲状腺损伤。又称慢性放射性淋巴性甲状腺炎。内外照射皆可诱发。发病机制可能与自身免疫反应有关，具有抗原性的甲状腺球蛋白和微粒体漏出，导致体内产生自身抗甲状腺抗体。引起慢性放射性甲状腺炎平均剂量为4.5Gy。

甲状腺癌 甲状腺组织受到

大剂量或长期超剂量限值的照射后，经过10～22年潜伏期，平均16.2年，可在甲状腺组织内产生结节性增生改变，包括腺瘤、腺瘤样改变、胶质性结节和结节性甲状腺肿等。^{131}I诱发甲状腺癌、甲状腺结节和甲状腺功能减退的危险度估计值，列于表1。

切尔诺贝利核电站事故后，在白俄罗斯、乌克兰全国以及俄罗斯4个污染最重地区，由于饮用^{131}I污染的牛奶和山羊奶，居民甲状腺受到较大剂量照射。按事故发生时18岁以下和14岁以下两个年龄段进行统计，在1991～2005年的15年间，甲状腺癌患者分别为6848例和5127例，其中15例在此期间死亡。

临床诊断 综合接触史、内污染检查、体格检查、特异性病理指标和靶器官损伤等指征进行诊断。

接触史 调查是否有接触放射性碘的经历，包括环境放射性碘的水平，是否饮用放射性碘污染的水和食物，可能接触放射性碘的时间和地点等

内污染检查 体内放射性碘主要被甲状腺吸收，可通过甲状腺计数器直接测量，检测下限为100Bq。也可以进行尿样β液闪计数（对^{125}I和^{129}I）或直接γ谱分析（对^{131}I），检测下限4Bq/L。

体格检查 除常规体检指标外，重点针对放射性碘在甲状腺分布的特点，进行甲状腺功能指标检测，如甲状腺功能减退、甲状腺结节形成和甲状腺癌等。

特殊检查 为治疗目的而摄入^{131}I（0.74～3.7GBq）的患者中，观察到轻度（偶尔是重度）的甲状腺炎和甲状腺功能减退等症状，表现在血清中T_3、T_4浓度降低，TSH浓度升高。甲状腺功能减退的发生率与^{131}I的摄入量有关，且随观察年限的延长而增高，是放射性碘内照射损伤的重要诊断指标。

5例甲状腺功能亢进症女患者口服185MBq^{131}I，在2小时至1年期间，外周血淋巴细胞染色体畸变率明显增高。畸变类型有断片、双着丝点及环，以断片为主，并可见一个细胞中同时有两个畸变存在，出现畸变分布的不均一性。因此，染色体畸变分析也是放射性碘内照射损伤的重要诊断指标之一。

急性放射性甲状腺炎诊断标准 指甲状腺短期内受到大剂量急性照射后所致甲状腺局部损伤及其引起的甲状腺功能亢进症。诊断标准如下：①有射线接触史，甲状腺剂量为200Gy以上。②一般照后2周内发病。③有甲状腺局部压痛、肿胀。④有甲状腺功能亢进症状与体征，重症可出现甲状腺危象。⑤T_3、T_4及甲状腺球蛋白（Tg）升高。⑥其他参考指标如白细胞减少、红细胞沉降率增快、淋巴细胞染色体畸变率及微核率升高等。

慢性放射性甲状腺炎诊断标准 指甲状腺一次或短时间（数周）内多次或长期受射线照射后所致自身免疫性甲状腺损伤。诊断标准如下：①有射线接触史，甲状腺吸收剂量为0.3Gy以上。②潜伏期1年以上。③甲状腺肿大，多数无压痛。④甲状腺微粒体抗体（Tm-Ab）和/或甲状腺球蛋白抗体（Tg-Ab）阳性，TSH增高。⑤可伴甲状腺功能减退症。需鉴别原发性慢性淋巴细胞性甲状腺炎、单纯性甲状腺肿、甲状腺癌等。

放射性甲状腺功能减退症诊断标准 指甲状腺局部一次或短时间（数周）内多次大剂量受照或长期超当量剂量限值的全身照射所致甲状腺功能低下。诊断标准如下：①有射线接触史，甲状腺吸收剂量为10Gy以上。②潜伏期：受照后数月、数年甚至数十年。③血清T_3、T_4经数次检查低于正常，TSH升高（原发性）或降低（继发性）。④其他参考指标如：甲状腺摄^{131}I率降低，TRH兴奋试验，确定病变部位、头颈、上胸部外照射可伴放射性皮肤损伤，放射性口腔黏膜损伤，淋巴细胞染色体畸变率升高等。需鉴别碘缺乏性甲状腺功能减退症、先天性甲状腺功能减退症、其他因素引起的甲状腺功能减退症以及低T_3、T_4综合征等。

表1 ^{131}I内照射引起甲状腺病变的危险度估计

甲状腺疾病和观察对象	平均吸收剂量（Gy）	危险度（例数/10^4/Gy）
甲状腺癌		
儿童	90	0.06（0～0.16）
成人	88	0.06（0.044～0.076）
甲状腺结节		
儿童	90	0.23（0～0.52）
成人	88	0.18（0.13～0.23）
甲状腺功能减退		
儿童	0.1～19	4.9（3.9～22.9）
成人	25～200	4.6（2.8～7.8）

放射性甲状腺良性结节诊断标准　指甲状腺组织受到大剂量或长期超当量剂量限值的照射后诱发的结节性病变。诊断标准：①明确的射线接触史，甲状腺吸收剂量为 0.2Gy 以上。②潜伏期 10 年以上。③经物理学、病理学和临床化验检查综合判定为良性结节。④参考指标：甲状腺制剂治疗后结节可变小和外周血淋巴细胞染色体畸变率升高。需鉴别缺碘性甲状腺结节、其他因素引起的甲状腺结节和甲状腺癌等。

医学处理　放射性碘的内照射损伤最有效的医学防护手段是预防性服用稳定性碘。对已发生甲状腺放射性损伤者，可使用抗甲状腺药物处理。

稳定性碘　碘是维持人体正常新陈代谢不可缺少的物质。成人体内含碘 20～50mg，其中约 20% 存在于甲状腺（总量约 8mg），成人每日摄入 100～200μg 的碘即能满足生理需要。口服稳定性碘化物，可以阻断吸收入血的放射性碘在甲状腺的蓄积，提高其排出体外的速率，减低甲状腺摄入放射性碘所致的吸收剂量。正常甲状腺一次摄入放射性碘后在 24～48 小时吸收达到最大值，这一时间服用碘化钾可阻止甲状腺吸收放射性碘，减少甲状腺受照剂量。一般在放射性碘进入体内的前一天或进入体内的同时服用碘化钾，最迟不能晚于放射性碘进入体内后 6 小时。超过 6 小时用药已无明显的保护作用，至 24 小时后用药已基本无效。

随着服用碘化钾剂量的增加，其防护效果也随之增加。<2mg 对甲状腺并无明显的防护效果；10～50mg 的防护效果虽可达 81%～84%，但其波动范围较大；100mg 对可减少 ^{131}I 所致甲状腺吸收剂量 98% 以上，再增加服用量防护效果提高并不大，反而有个别服用者发生胃肠功能紊乱、上腹痛等副作用。作为预防性常规用量，成年人 100mg（相当于碘化钾 130mg），儿童用量为成人的 1/10～1/3，24 小时内的防护效果大体可维持在 90% 的水平，新生儿为成人用量的 1/10～1/8。

由于甲状腺素的代谢作用，一次服用碘化钾并不能长久地保持对放射性碘的阻断作用，每经过 24 小时，其阻断作用约消失 50%。对于已预防性服药，但可能多次受到放射性碘内污染的情况（如反复进入污染区执行救援任务及在污染区停留时间较长的人员）则必须多次服用碘化物。服药方式以每日一次 200mg，或每日 2 次，每次 100mg 的防护效果最好，但控制服用碘化钾总量不超过 1g。

对于以下患者应慎用稳定性碘化物，特别是多次服用：①有甲状腺结节。②曾用放射性碘治疗甲状腺功能亢进症。③做过甲状腺切除。④有亚临床甲状腺功能减退，尤其是有遗传性 T_3 和 T_4 缺乏的高龄者。⑤对碘过敏。⑥有较重的皮肤病，如痤疮、疱疹、牛皮癣等。⑦有严重的心、肾疾病及肺结核。⑧孕妇与婴儿等。确需服用者，需严密观察。若有不良反应或副作用，应立即停药。

抗甲状腺药物　硫脲类化合物能抑制碘化物氧化成碘的过程，抑制酪氨酸的碘化，影响甲状腺素的生成。给予大鼠放射性碘，同时一次使用抗甲状腺药物丙基硫氧嘧啶、硫脲或甲硫噻唑，甲状腺内放射性碘 24 小时的滞留量显著降低。前者可降至对照组的 1/30，后两者则分别降为对照组的 1/4 和 1/10。大鼠服用 ^{131}I 后 4 小时，再予丙硫氧嘧啶，48 小时后尿 ^{131}I 的排出量比对照组高出 7 倍多。相同条件下使用无机离子类药物如过氯酸钾，尿中碘含量只增加 3 倍多。从促排 ^{131}I 的效果来看，以硫氧嘧啶类药物最好。

临床上曾观察到数例甲状腺功能亢进症患者，预先服用丙硫氧嘧啶，再予示踪量的 ^{131}I，测得甲状腺的摄 ^{131}I 率明显降低，以 1 小时为最明显，仅占对照组的 18%，24 小时为对照组的 52%。说明硫氧嘧啶类物质能明显阻断甲状腺摄 ^{131}I 的功能。但这类药物能引起白细胞减少，应注意。

TSH 能加速碘的代谢，可以缩短 ^{131}I 在甲状腺内的滞留时间。因此，适当伍用能加强上述 3 种抗甲状腺药物的作用。

（朱茂祥）

fàngshèxìng sè nèizhàoshè sǔnshāng

放射性铯内照射损伤（internal irradiation damage induced by radiocesium）　通过吸入污染的空气和/或食入污染的水、食物等进入体内的放射性铯所致机体损伤。

放射性铯　铯有 ^{116}Cs～^{146}Cs 31 种同位素，除自然界种存在的稳定核素 ^{133}Cs 外，其他 30 种都是人工放射性核素，主要来自核裂变，其中放射毒理学意义最大的是 ^{137}Cs、^{134}Cs 和 ^{131}Cs。放射性铯在 ^{235}U 的核裂变产物中，最初只占约 1%，随着短半衰期放射性核素的不断衰变，2 年后可占 4.85%，5 年时达 15.2%。^{137}Cs 是 β 射线辐射源，半衰期为 30.17 年，放射性比活度为 3.2MBq/μg，其 β 射线能量为 0.514MeV（93.5%）和 1.176MeV（6.5%）。衰变子体是位于激发态的 ^{137m}Ba，半衰期仅为 2.55 分钟，释放能量为0.662MeV的γ射线，最终产物为稳定性^{137}Ba。^{134}Cs是β射线、γ射线辐射源，半衰期为2.062年，β射线能量为0.662 MeV（71%）和0.089MeV（27%），主要的γ射线能量为0.605和0.796MeV。

损伤部位 放射性铯无论经呼吸道、胃肠道或注入等进入机体，都极易被吸收，且吸收迅速。如$^{137}CsCl$由气管注入后，在最初几天从呼吸道消失很快。气管注入后5分钟，即有39.5%的摄入量被吸收，在注入后1天，已有89.7%被吸收，到第6天的吸收率为97.5%，而停留于呼吸道的部分，仅占0.2%。

放射性铯进入机体后的分布与钾类似，表现为全身性、相对均匀性分布。主要滞留于全身软组织中，尤其是肌肉中，且进入细胞。在骨和脂肪中的浓度较低。

吸收入血的Cs呈离子态存在，不与血浆蛋白结合，部分Cs可进入红细胞。静脉注入^{137}Cs后30分钟，肌肉滞留量为18.7%，占各个器官的首位；注入后第4天，肌肉滞留量（52.2%）达高峰，此时皮肤中占3.2%，肝为2.3%，骨为1.6%，睾丸约为1%，其余部位都在0.5%以下。1个月后肌肉滞留的放射性铯的大部分被排出体外。

^{137}Cs进入母体后，很容易透过胎盘进入胎儿体内，其分布与滞留规律与母体一致。不同的是胎儿体内的滞留能力较低。若以几个主要组织器官如肌肉、肾、肝和皮肤等的滞留程度做对比，母体中的滞留程度比胎儿体内高4~5倍。

人体内^{137}Cs生物半排期随人的生活地区、年龄与性别不同而异。孕妇^{137}Cs的生物半排期相当于正常妇女的1/3~1/2。

损伤类型 放射性铯进入体内后呈全身相对均匀性分布，造成软组织等多个组织不同程度的损伤。

确定性效应 机体摄入较大剂量放射性铯，可引起急性和慢性损伤。^{137}Cs急性损伤类似外照射急性放射病，主要表现为体重下降、胃肠道损伤、骨髓破坏和出血症状群。例如，肺、胃肠道、皮下组织和脑膜等部位出血和大肠溃疡，白细胞和血小板计数显著降低，贫血，出现颗粒细胞中毒，红细胞大小不均和异形，肝、肾肿大，脾萎缩等。放射性铯由呼吸道吸入，可引起支气管周围腺体增生，血管周围水肿，肺泡和血管周围有出血灶。

对1例1次经口吞服0.15GBq ^{137}Cs和另1例因事故摄入0.19GBq ^{137}Cs患者的临床观察发现，其主要症状为3天后出现不适、头痛、头晕、多汗、无力、手足震颤和皮肤感觉过敏等神经症状，第9天起脉搏和血压不稳定，心音低钝，2周后出现心悸和心前区疼痛等心血管系统症状，同时出现恶心、呕吐、上腹痛、胃和结肠部位有压痛，肝大和肝压痛等，经治疗有好转。但在事故发生半年内，上述症状时好时坏，白细胞减少，时有核左移，血小板亦减少，且衰老型增多。其中1例原有的多发性神经炎症状加重。

曾观察了5例1次进入体内2.22~3.7MBq ^{137}Cs而引起的慢性损伤病例。患者于半年至1年后，出现肝大、肝功能异常，网织红细胞增多，红细胞脆性增高，白细胞计数较原始水平降低24%，并有天冬酰酸转氨酶活性增高。这些表现均与心肌和骨骼肌坏死有密切关系。

^{137}Cs对机体的慢性损伤效应的另一表现为各组织器官的炎症性病变，最明显的是肺、胃肠道、泌尿道及生殖系统炎症。

随机性效应 放射性铯可致软组织肿瘤，甲状腺癌、卵巢癌、乳腺癌、膀胱癌、胆管癌、神经细胞肉瘤和淋巴肉瘤等。大鼠摄入^{137}Cs 78~130kBq/g，7个月后肺、肾、血管、乳腺等部位出现肿瘤。^{137}Cs对狗的最低致癌累积剂量为10~14Gy。

临床诊断 综合接触史、内污染检查、体格检查、特异性病理指标和靶器官损伤等进行。

接触史 调查是否有接触放射性铯的经历，包括环境放射性铯的水平，是否饮用放射性铯污染的水和食物，可能接触放射性铯的时间和地点等。

内污染检查 体内放射性铯可通过全身计数器直接测量，检测下限为400Bq，或对尿样进行直接γ射线谱分析，检测下限为4Bq/L。

体格检查 除常规体检外，针对放射性铯在体内均匀性分布的特点，其临床表现与外照射急性放射病相似，可有不典型的初期反应、造血功能障碍和神经衰弱症状群等。

特殊检查 放射性铯对机体的慢性损伤，临床上分为3个阶段：①刺激期。主要表现为血象波动不稳定，心血管系统、中枢神经系统、自主神经系统和内分泌系统功能的不稳定。这个阶段通常持续1年。②假愈期。血象变化和功能失调有所恢复，但当有附加的生理或病理因素时，如妊娠、分娩、出血及药物作用等，可以出现病理改变。③造血功能明显减弱。表现为网织红细胞减

少，周期性贫血，白细胞减少和淋巴细胞绝对数减少等。

医学处理 放射性铯的内照射损伤最有效的医学防护手段是预防性服用阻吸收药物，如亚铁氰化物、稳定性铯。对于吸收入血的放射性铯，可使用高钾饮食置换和络合物促排等措施。

亚铁氰化物 在各种亚铁氰化物中，研究得最多的是三价铁盐，即普鲁士（Prussia）蓝，其次为镍盐，即亚铁氰化镍。成年男性口服 1.85kBq 的无载体^{137}Cs后 10 分钟，口服亚铁氰化镍 1g，4.8 小时后再备服 0.5g，在摄入 Cs 后第 1 天，粪便中排^{137}Cs 量比不给药时高 60 倍。延缓用药时还能阻断^{137}Cs 的再吸收。治疗过程中，不影响体内的钾含量。

稳定性铯 给大白鼠注入^{137}Cs 的同时给予稳定性铯，在 1 周内^{137}Cs 的排出量比对照组增加 1 倍左右。在摄入^{137}Cs 6 周后活杀，对照组体内尚滞留注入量的 10%左右，而在使用稳定性铯的动物体内，未能测出放射性铯。

高钾饮食 机体受^{137}Cs 内污染后，服用稳定性的氯化钾或食用多钾食物（如肉类、马铃薯），利用钾离子与^{137}Cs 的置换作用，可促使体内^{137}Cs 的排出加速。饮食中的钾浓度增加 9 倍时，在 5 周内^{137}Cs 的排出量可增加 2 倍左右。同时^{137}Cs 在各组织器官中的滞留量明显下降。

氨羧型络合物 曾对 1 例误食^{137}Cs 0.15GBq 的患者用乙二胺四乙酸（EDTA）盐进行促排治疗。先后共用两个疗程，第 1 个疗程始于误食后的第 5 天，静脉滴注 2g，每日 2 次，持续 4 天。在此阶段中，由粪便排出的^{137}Cs 达 11.1MBq，尿中排出 6.3MBq。第 2 个疗程在 10 天后进行，其用量和持续时间同前，观察到^{137}Cs 排出的第二个高峰。在此阶段中，共排除^{137}Cs 10.6MBq，从尿中排出约 3.3MBq。对因事故摄入 0.19GBq ^{137}Cs 的病例，也曾用 DTPA 做促排治疗，用药后最初 10 天内，^{137}Cs 排出量明显增加。

（朱茂祥）

fàngshèxìng sī nèizhàoshè sǔnshāng

放射性锶内照射损伤（internal irradiation damage induced by radiostrontium） 通过吸入污染的空气和/或食入污染的水、食物等进入体内的放射性锶所致机体损伤。

放射性锶 锶元素共有 21 种同位素，即^{78}Sr～^{98}Sr，除^{84}Sr、^{86}Sr、^{87}Sr 和^{88}Sr 是稳定性同位素外，其余均为放射性同位素。自然界中含有的锶是稳定性核素，广泛存在于土壤、水和食物中。生活中每人每天随膳食和饮水摄入 1.0～1.3mg 的锶。Sr 的放射性同位素中，^{89}Sr 和^{90}Sr 在混合裂变产物中份额较高，对生物机体的危害较大，是具有重要毒理学意义的核素。^{90}Sr 和^{89}Sr 分别是^{235}U 裂变时产生的^{90}Kr 和^{89}Br 裂变产物经 β 射线衰变而成。^{90}Sr 的半衰期为 28.1 年，释放的 β 粒子最大能量为 0.544MeV，平均能量为 0.20MeV；^{89}Sr 为半衰期为 50.4 天，释放的 β 粒子最大能量为 1.46MeV，平均能量为 0.56MeV。

损伤途径 由于锶与钙为同族元素，化学性质类同，故其在机体内的生物转运与钙酷似，且与磷的转运密切相关。

血液及软组织中的放射性锶，可迅速进入骨组织。放射性锶由血液进入骨组织的分数分别是：^{85}Sr 为 1，^{89}Sr 为 0.7，^{90}Sr 为 0.3；骨组织中放射性锶占全身活性的分数分别是：^{85}Sr 为 1，^{89}Sr 和^{90}Sr 为 0.99。放射性锶进入骨骼后，主要沉积在骨细胞间质中的骨盐部分，即无机质部分。

骨盐表面的离子成分经常不断地与细胞外液中的各种离子成分自由进行交换。体内的放射性锶可通过与骨盐晶体表面的钙离子交换而沉着于骨盐结晶。由于钙的离子半径为 0.104μm，锶的离子半径为 0.12μm，两者很近似，易发生离子交换。

成骨作用除了由血浆中钙、磷浓度超过其溶解度乘积而产生沉淀的生理过程外，还依赖于骨细胞的活力。随着时间延长，放射性锶参与骨盐的形成而进入骨无机盐的晶体中。随生理性成骨过程而在骨内沉积的放射性锶难以转移。放射性锶在骨组织内的沉积，可因机体的年龄和骨骼的不同而异。幼年机体摄入的放射性锶，可选择性滞留于骨形成区域钙化旺盛的部位，呈局部性滞留。老年机体不再发生活跃的成骨过程，故锶在骨内多呈弥散性分布。放射性锶在不同年龄人体骨骼中的滞留有明显差异，在成骨过程最活跃的 4 岁以下儿童的骨骼中，放射性锶含量最高，成人最低。

放射性锶在不同骨骼的沉积量有差异，脊椎骨和肋骨内的含量明显高于长骨。即使在同一骨骼中，放射性锶分布也是不均匀的，在骨的无机盐部分的滞留量比骨的其他部分高 10～20 倍。放射性锶在牙齿内的滞留量，与骨骼内的放射性锶含量有一定的比例关系。根据人的资料，每克牙齿与每克骨骼放射性锶比活度之比值为 1.22。因此，从测得牙齿中的^{90}Sr 含量，可间接推算人体内的放射性锶总含量。锶在机体内的生物转化虽然与钙类似，但是机体在生理代谢过程中对锶和钙有鉴别能力，常以鉴别因数（DF）表示。锶和钙在机体内被吸收的程度，在骨骼中的滞留比例，以及经肾的排出份额，都有明显差别。总的说来，若外源性锶和钙同时进入体内，钙优先被吸收和滞留在骨组织中，且排出缓慢。

损伤类型 锶在机体内主要滞留在骨骼，其辐射作用可对骨髓造血组织和骨骼组织造成确定性效应和随机性效应。

确定性效应 ^{90}Sr 进入骨组织后，主要滞留于长骨靠近骨髓腔的无机质，使骨髓受到β粒子的照射。^{90}Sr 内照射的早期致死原因，主要是骨髓造血组织受到严重破坏而导致白细胞、红细胞和血小板数显著减少，发生再生障碍性贫血。放射性锶引起骨髓损伤的程度因注入量而异：给猴注入 74MBq/kg 的 ^{90}Sr 时，骨髓中含大量脂肪细胞，而造血细胞成分很少，80%以上是网状细胞，也看不到分裂细胞，猴在 1~2 周内死亡。注入 37MBq/kg 的 ^{90}Sr 时，骨髓中造血细胞成分亦减少，但可见到少数成髓细胞及成红细胞，在 3~4 周内死亡。注入 18MBq/kg 的 ^{90}Sr 时，骨髓细胞成分较多，可见有丝分裂细胞，但细胞形态异常，于 1~2 个月内死亡。病理解剖发现再生障碍性贫血，淋巴结及脾萎缩，肺、心、胃肠道及膀胱等器官出现广泛的出血性病变。由于摄入体内的放射性锶可大量侵入骨盐，导致骨质形成异常，骨组织钙化过程受到严重抑制，可出现自发性骨折和弥散性骨质疏松等。

随机性效应 ^{90}Sr 所致随机性效应主要为骨组织肉瘤（骨肉瘤、软骨肉瘤、骨纤维肉瘤和骨血管肉瘤），其中尤以骨肉瘤多见，其次为白血病。

给小鼠、大鼠、家兔、猴、狗和猪注射 ^{90}Sr 后，致骨肉瘤最低剂量分别为 33Gy、35Gy、57Gy、25Gy、39Gy 和 63Gy。给狗注入 ^{90}Sr 后诱发骨肉瘤的危险度为 $\leqslant 5\times10^{-4}$/Gy。在一定剂量范围内，骨肉瘤发生率与 ^{90}Sr 累积剂量呈正相关。给小鼠注入 ^{90}Sr 后，累积剂量从 0.9Gy 增至 120Gy 时，骨肉瘤发生率由 1.7% 增至 73%。大白鼠累积剂量由 35Gy 增至 58Gy 时，骨肉瘤发生率由 38%增至 51%。^{90}Sr 致骨肉瘤发生率还与动物种属有关。注入 ^{90}Sr 的活度为 37kBq/g 时，每个动物发生骨肉瘤的数目，小鼠为 4.3，中国仓鼠仅为 0.23。^{90}Sr 诱发的骨肉瘤发生率在不同骨骼处各异。管状骨的发生率很高，占骨肉瘤发生数的 61%，脊椎骨为 22%，下颌骨为 10%，盆骨仅为 1%。骨肉瘤多发生在长骨两端，这与该部位代谢过程较活跃、血流供应较丰富，放射性锶的滞留率较高等因素有关。放射性锶诱发骨肉瘤的相对生物效应（relative biological effectiveness，RBE），比一些亲骨性α放射性核素小。以注射 ^{90}Sr 和 ^{226}Ra 后 8 年能使猎犬死于骨肉瘤的剂量而论，^{90}Sr 与 ^{226}Ra 相比的 RBE 为 0.07~0.24。

^{90}Sr 对各种动物（小鼠、大鼠、兔、狗、小猪）白血病的最适骨剂量为 6~70Gy，骨髓剂量为 3.6~42Gy。在一定的剂量范围内，白血病的发生率随 ^{90}Sr 摄入量的减少而增加。较低剂量率时，易诱发白血病。但剂量率过低时，白血病的发病率也下降。

临床诊断 综合接触史、内污染检查、体格检查、特异性病理指标和靶器官损伤等指征进行。

接触史 调查是否有接触放射性锶的经历，包括环境放射性锶的水平，是否饮用放射性锶污染的水和食物，可能接触放射性锶的时间和地点等

内污染检查 体内 ^{85}Sr 可通过全身计数器直接测量，检测下限为 400Bq；或对尿样进行直接γ谱分析，检测下限为 4Bq/L。体内 ^{89}Sr 和 ^{90}Sr 需取生物样本（如血液、尿液等）进行化学分离和液闪β计数分析，检测下限可达 0.4Bq/L。

体格检查 除常规体检外，重点针对放射性锶亲骨的特点，进行骨骼结构与功能指标检测，如骨髓细胞数及骨骼 CT 等。

特殊检查 在放射性锶的持续作用下，血液组胺的含量随累积剂量的增大而增加，如骨累积吸收剂量由 0.28Gy 增至 5.4Gy 时，组胺由比对照射值高 38%增至 85%，因此通过测量血液组胺的含量可估计体内放射性锶的内照射剂量。

靶器官损伤 针对放射性锶所致骨损伤，进行骨质疏松、病理性骨折和骨肉瘤的诊断。

医学处理 摄入放射性锶的初始阶段，可采取特异性阻吸收措施以减少吸收。对于吸收入血的放射性锶可采取络合物促进排放的措施加速其排出体外。对于进入骨骼中沉积的放射性锶可采取影响骨质代谢的措施。

减少吸收 在胃肠道特异性阻吸收的药物中，以褐藻酸钠对放射性锶的阻吸收效果为好，其中又以裂叶马尾藻中的褐藻酸钠为最佳。褐藻酸钠从褐藻中提取，由分子量较大的 L-古罗糖醛酸和 D-甘露糖醛酸聚合物组成的钠盐，无毒，在胃肠道内不被吸收，对 Sr、Ra 有特殊亲和力，能与胃肠

道内的^{90}Sr相遇而起络合反应，进而起到阻吸收的作用。该制剂黏度较大，一般制成制剂含量为2%褐藻酸钠糖水、3%饼干或6%面包服用。褐藻酸钠的用药时间不得迟于放射性锶在胃内的排空时间，与放射性锶同时一次服用的阻吸收效果最佳。褐藻酸钠对人体胃肠道内^{90}Sr的阻吸收效果明显大于治疗给药。预防用药时给药的间隔时间越短，效果越佳。

磷酸铝凝胶、磷酸三钙和氢氧化铝等，也有阻止胃肠道吸收放射性锶的效果。吸入放射性锶时，这类制剂也有实用价值。

加速排出　双（二氨基乙基）醚四乙酸钙（Ca-BAETA）、双（二氨基乙基）硫四乙酸钙（Ca-BASTA）、有机膦酸络合物S_{106}（丙酰胺基乙烯二膦酸）、S_{186}（乙酰胺基丙烯二膦酸）等对放射性锶都有较好的促排作用。曾对3例静脉注入$^{85}SrCl_2$的病例，静脉滴注Ca-BAETA，每天4g，连续3天，给药后第1天内，尿^{85}Sr的排出量由给药前的1%、9%和14%分别增至5%、18%和25%。5天的累积排出率由给药前的4%、28%和38%分别增至8%、42%和50%。在注射放射性锶的同时使用Ca-BASTA，骨骼中的放射性锶滞留量减少40%~50%。大白鼠注入^{89}Sr后立即肌内注射S_{106} 100mg/鼠和S_{186} 600mg/鼠，2天尿锶排出量分别比对照组高8倍和9倍，整体滞留量分别为对照组的39%和35%，骨骼滞留量分别为对照组的41%和32%。

影响骨质代谢　稳定性锶对骨骼内沉积的放射性锶有置换作用，大鼠同时一次腹腔注入大量的稳定性锶和^{89}Sr，24小时后^{89}Sr在骨骼中的滞留减少约30%。高钙饮食也可减少放射性锶在骨内的沉积。曾对4例静脉注入$^{85}SrCl_2$的受试者，观察静脉给予葡萄糖酸钙对^{85}Sr排出量的影响。给药后数小时，^{85}Sr的排出量显著增加。其中1例24小时尿中排锶量提高4倍。

口服氯化铵能明显促进放射性锶的排出。因为氯化铵能造成体内代谢性酸中毒，骨质分解代谢的增强，使骨中钙离子进入血流的量增加，肾对钙的廓清率亦增加，因此尿钙排出明显增多。此时，机体内的放射性锶也伴随钙自骨中释出而排出体外。用氯化铵治疗放射性锶内污染病例，口服量每天9g，共服5天，12天内尿中放射性锶排出量增加50%~80%。若氯化铵与葡萄糖酸钙合并应用，促排效果更好，对^{85}Sr内污染者，单独采用高钙饮食治疗，10天的尿^{85}Sr排出量（占摄入量的27%）比对照病例（17%）增加60%；高钙饮食合并氯化铵，受试者体内的^{85}Sr排出量（占摄入量44%）为对照的2.6倍。

（朱茂祥）

hùnhé lièbiàn chǎnwù nèizhàoshè sǔnshāng

混合裂变产物内照射损伤

（internal irradiation damage induced by mixed fission products）　核裂变反应产生的混合裂变产物经不同方式造成环境污染，进入人体所致不同程度的损伤。

混合裂变产物　^{235}U、^{239}Pu等在中子的轰击下发生裂变，生成具有不同物理半衰期的放射性核素。包括原子序数从30（锌）到65（铽）的36种元素、300种同位素的混合体，其质量数分布在72~161的范围内，其中以质量数为84~104（包括锶、钇、锆、钌等元素）及130~140（包括碘、钡、铈、钷等元素）的放射性同位素的比例较高。

损伤特点　混合裂变产物的核素组成、理化性质、体内代谢等与核爆炸产生的放射性落下灰大同小异，因此，其造成内照射的损伤途径、损伤类型等也与放射性落下灰相同。早期造成的内照射损伤主要是放射性碘对甲状腺的损伤，晚期混合裂变产物的危害主要是长半衰期放射性核素如^{90}Sr、^{137}Cs等引起。见放射性落下灰内照射损伤、放射性碘内照射损伤、放射性铯内照射损伤、放射性锶内照射损伤。

临床诊断　见放射性落下灰内照射损伤。

医学处理　见放射性落下灰内照射损伤、放射性物质内照射损伤医学防护、非特异性促放射性核素排出措施、特异性促放射性核素排出措施等。

（朱茂祥）

fàngshèxìng luòxiàhuī nèizhàoshè sǔnshāng

放射性落下灰内照射损伤

（internal irradiation damage induced by radioactive fallout）　核爆炸产生的放射性落下灰通过吸入、食入或体表污染等进入体所致机体损伤。

放射性落下灰　是核爆炸时核裂变产物被高温熔融汽化，并与爆区尘柱物质和弹体物质混熔在一起，在烟云冷却过程中这些物质逐渐凝结成放射性微粒，由于本身重力和风向的作用，逐渐沉降到地面和物体表面的放射性微粒，简称落下灰。放射性落下灰的放射性物质主要包括核裂变产物，核爆炸中子流对土壤或物体中的铝、锰、钠、铁等元素作用而产生的感生放射性物质，以及未裂变的核燃料。其中主要是核裂变产物，放射性落下灰中的放射性核素组分随冷却时间而改变，新形成不久的放射性落下灰很快在局部地区沉降，称早期落下灰，主要含有混合碘、^{132}Te、^{99}Mo、^{95}Zr、^{95}Nb、^{140}Ba、^{140}La 等；年月较久的放射性落下灰呈全球性沉降，称晚期落下灰或延迟性落下灰，主要含有物理半衰期较长的放射性核素，如^{89}Sr、^{90}Sr、^{137}Cs、^{144}Ce、^{144}Pr、^{147}Pm、^{106}Ru、^{106}Rh 等。

损伤途径 放射性落下灰可通过不同方式和不同途径作用于人体，造成对人体的内、外照射。对人体的照射方式有 3 种：①γ射线全身外照射。②β 射线粒子皮肤照射。③进入体内造成的内照射。进入人体的途径为吸入污染的空气、食入受污染的食物或饮水、经污染的皮肤或伤口吸收。

核爆炸后，人员在进入、穿过或停留在有空气污染的爆区或云迹区时，均有可能吸入放射性物质造成体内污染。放射性微粒吸入呼吸道后，直径<5μm 的粒子沉积在肺泡，较大的粒子暂时积存于咽部，随吞咽动作进入胃肠道。可溶性微粒可直接或通过淋巴系统被血液吸收，分布到全身，引起造血系统损伤。难溶性微粒存留在呼吸道中，造成局部炎症反应，在肺部则可能发生慢性肺炎和肺纤维化。

人员在落下灰沉降过程中进食，或食入受污染的食品或水，或手部污染后未经洗消拿食物吃，均会食入放射性物质造成体内污染。食入的放射性物质的吸收和代谢取决于污染物的化学组成和溶解性，难溶性放射性核素易随粪便排出体外，可溶性放射性核素被血吸收后，部分蓄积在组织器官中，另有约一半经尿排出。进入体内的放射性物质分布不均匀，早期落下灰主要蓄积在甲状腺、骨骼、肝等器官，其中存留在骨组织的核素主要是^{89}Sr 和^{140}Ba，甲状腺内主要是^{131}I、^{132}I 和^{133}I，肝中主要核素是^{99}Mo，但几乎所有组织均能检出放射性。

大多数放射性核素不能穿透皮肤，但创伤和烧伤伤口为其穿越上皮屏障提供了入口，因此在放射性环境下外伤都要仔细清洗去除污染。一般放射性落下灰污染伤口后其吸收入血的比例不高，仅约为污染量的 1%，但落下灰水溶液在伤口的吸收率高，应注意。

损伤特点 放射性下灰落所致内照射损伤特点：①内外复合作用同时存在。早期以外照射损伤症状为主，如胃肠道功能紊乱、外周血象变化等；晚期出现放射性碘所致甲状腺损伤症状。②以靶器官为主。主要是甲状腺功能和结构变化，其他各系统改变轻微。③病程过程缓慢。分期不明显，潜伏期长。④受照射儿童内照射损伤发病率高。同样落下灰污染量，放射性碘所造成的甲状腺剂量，儿童约为成人的 8 倍，辐射敏感性为成人的 2~3 倍。

损伤类型 放射性落下灰对机体的损伤，与其裂变后的冷却时间有关。早期以引起甲状腺损伤为主，晚期则多引起骨组织的损伤。

食入早期放射性落下灰造成的内照射损伤，主要是放射性碘对甲状腺的损伤和其他不易被吸收的核素对胃肠道的损伤。例如，狗食入早期落下灰混合裂变产物水溶液 0.37GBq，经过 2.5 年，出现甲状腺轻度萎缩和轻度黏液性水肿症状；食入 1.8GBq，甲状腺损伤严重，正常滤泡结构破坏，广泛纤维化，出现典型的黏液性水肿症状；食入 5.2GBq，吸收入血和未被吸收的放射性核素分别在甲状腺、肠道内造成较大的剂量，引起急性内照射放射病，出现急性辐射性胃肠炎症状和造血组织损伤所致全血细胞减少等。

对 1954 年美军在太平洋氢弹试验意外而受到伤害马绍尔群岛共和国的马绍尔群岛居民，按体内污染量的估算值分为 3 组：第 1 组居民食入落下灰量约为 110MBq，第 2 组为 56MBq，第 3 组为 28MBq。这些居民的甲状腺由于受到内、外照射而发生病变。甲状腺受照射剂量较大的第 1 和 2 组居民，其甲状腺病变发生率分别为 37.5%和 33.3%，明显高于当地未受照射的居民组的发病率。尤其是第 1 组中受照时年龄<10 岁的儿童，甲状腺发病率高达 89.5%，而对照组仅为 1.6%。甲状腺发病率的增高，源于混合裂变产物的内、外照射造成的损伤，但内照射起重要作用。在第 3 组 158 名居民中，仅发现 10 例甲状腺病变，其发病率为 6.3%，与对照组相比，无明显差别。甲状腺异常的病例中，大部分病变为腺瘤和结节，有 7 例为甲状腺癌，其中第 1 组甲状腺癌发生率较高，达 6.3%。

晚期落下灰无论经口服或吸入均能诱发肿瘤。肿瘤发生部位，因进入途径和裂变核素组分的不同而有差异。口服或静脉注入时，多诱发骨肉瘤；吸入时出现肺肿瘤。晚期混合裂变产物的危害主要是长半衰期放射性核素如^{90}Sr、^{137}Cs、^{147}Pm、^{144}Ce 和^{106}Ru 等引起。^{90}Sr 对骨质及骨髓产生照射而诱发骨肉瘤和白血病。

临床诊断 综合接触史、内污染检查、临床检查等进行诊断。

接触史　调查是否有接触放射性落下灰的经历，包括接触的时间和地点、接触经过、接触发生的可能原因、接触现场环境监测数据等。

内污染检查　①鼻咽擦拭物测量法：采集放射性落下灰暴露人员的鼻、咽擦拭物，检测其放射性活度，可估算放射性落下灰进入体内的含量。该方法操作简便，但误差大，适用于大批量人群放射性落下灰内污染的快速筛查。②直接测量法：包括全身计数器法和器官计数器法。在早期，可通过体外测量甲状腺的δ放射性活度推算进入体内的放射性落下灰含量。在晚期，可通过全身计数器测量^{137}Cs活度推算体内放射性落下灰的滞留水平。吸入放射性落下灰情况时，可通过肺部计数器测量放射性活度估算吸入放射性落下灰的量。③尿液放化分析法：收集放射性落下灰暴露人员的尿液进行放射性活度分析可推导体内污染水平。

收集尿样时需考虑：①必须注意防止尿样附加的或外源性污染。②通常有必要从提供的样品估算单位时间（天）内经尿排泄的总活度，对大多数分析来说，最好能收集24小时尿液；若难以做到，必须同时测量尿肌酐浓度做校正。③进行分析所需的尿样体积。取决于分析技术的灵敏度和导出参考水平的数值。对于暴露量较低或暴露后时间较长人员，可能需要合并若干天的尿样进行分析，才能达到足够的灵敏度。

临床检查　在放射性落下灰内污染病例中尚未见有急性放射病的报道，但早期可见与外照射放射病相似的临床表现，如不典型的初期反应、造血功能障碍和神经衰弱症状群等。在晚期，可观察到内照射所致靶器官损伤的临床表现，如放射性碘引起的甲状腺功能减退、甲状腺结节形成等；放射性锶等亲骨放射性核素引起的骨质疏松、病理性骨折等。

诊断标准　经物理、化学等手段证实，有过量放射性落下灰进入人体，致其受照情况符合下述条件者可诊断为放射性落下灰内照射损伤：①一次或较短时间（数日）内摄入放射性落下灰，使全身在较短的时间（数月）内，均匀或比较均匀地受到照射，使其有效累积剂量当量可能>1.0Sv者。②在相当长的时间内多次摄入放射性核素落下灰；或一次或多次摄入晚期放射性落下灰，致使机体内某一种放射性核素超过其年摄入量限值10倍以上。

医学处理　原则是：①及时脱离暴露放射性落下灰的环境。②及时除去体表放射性落下灰污染（特别是伤口污染）。③对确诊有放射性核素落下灰内污染者尽早采取阻吸收和促排措施（见放射性物质内照射损伤医学防护、非特异性促放射性核素排出措施、特异性促放射性核素排出措施）。

（朱茂祥）

yóu nèizhàoshè sǔnshāng

铀内照射损伤

铀内照射损伤（internal irradiation damage induced by uranium）　体内铀通过化学毒性和辐射作用造成机体不同程度的损伤。

铀　是核工业的重要原料，有质量数为226~240的15种放射性同位素，其中^{234}U、^{235}U和^{238}U是天然放射性同位素，天然铀是这3种天然放射性同位素的混合体。按质量计，天然铀中99.28%是^{238}U，^{235}U只占0.714%，按放射性活度计，^{234}U和^{238}U各占约48.9%，^{235}U仅占2.2%。^{238}U虽然不能直接用于核燃料，但可经中子照射俘获中子后衰变成^{239}Pu，后者是极重要的核燃料。

损伤途径　吸入铀污染的空气、食入铀污染的水和食物及体表污染的铀，均可被机体不同程度地吸收，并经血转运到机体各个器官，造成机体损伤。

吸收入血的铀呈铀酰离子（UO_2^{2+}）状态，主要分布在血浆中。UO_2^{2+}易与血浆中许多成分如柠檬酸、乳酸、磷酸、丙酮酸、苹果酸和重碳酸及蛋白质反应，其中主要是与重碳酸根和蛋白质反应。UO_2^{2+}与重碳酸根反应生成的重碳酸铀酰络离子，扩散性强，易透过生物膜，从血液中消失快，因此对铀在机体内的生物转运具有重要意义。UO_2^{2+}可与蛋白质的羧基结合形成铀酰蛋白，主要是血浆的白蛋白和细胞膜上的脂蛋白。

体内的铀在各器官组织的分布与铀吸收后时间、铀化学价态和摄入途径有关，主要蓄积于肾、骨骼、肝和脾。5例脑瘤患者静脉注入硝酸铀酰，患者死于脑瘤后的尸检分析结果表明，铀在体内的分布情况是早期肾脏中的含量最高，骨骼次之，然后为肝、脾；晚期则骨骼中铀的含量为各器官之首。骨中的铀取代羟基磷酸盐复合物中的钙，生物半排期约300天；肾脏中的铀主要集中在近曲小管。铀在体内的分布与铀化合物的溶解度关系密切。吸入的难溶性铀化合物（如UO_2）主要蓄积于肺及其相关淋巴结；可溶性的铀，85%分布于骨骼，剩下的15%中，90%以上分布于肾，肝中微量。

损伤类型　铀是低比活的放射性重金属。铀的毒性研究也包括化学和放射性影响。体内吸收铀的量很大程度上取决于暴露途径和铀化合物的溶解性。吸入的难溶性铀化合物主要是长时间滞留在肺组织中，尤其是肺淋巴结节，造成放射性危害。通常与呼吸道相比，铀很少能通过肠道吸收。化学毒性主要表现为可溶性铀暴露所致肾功能障碍，而肺损伤源于铀衰变产物的电离辐射。铀的化学和辐射特性能协同造成组织损伤，因此，很难区分癌症是由于铀的辐射影响还是重金属所致器官损伤。

可溶性或难溶性铀化合物中毒时，无论是急性或慢性，主要损伤器官是肾脏，其次是肝脏。肝损伤的程度比肾脏轻，恢复也较肾脏早，主要源于继发性肾功能障碍，起因于肾功能障碍导致的酸中毒和氮质血症。1 例急性铀中毒临床资料表明，中毒后第 5 天先出现急性肾衰竭，第 7 天血清丙氨酸转氨酶（ALT）升高、肝区疼痛，临床诊断为铀中毒急性肾衰竭，并发中毒性肝炎。

肾损伤　铀在肾内主要沉积在近曲小管上皮细胞中，与细胞膜结合导致细胞膜的传输功能和渗透性发生改变，继而进入溶酶体和胞质，破环线粒体功能，导致氧化磷酸化作用的抑制和 ATP 减少。

铀作为重金属毒物，可引起典型的急性肾衰竭（acute renal failure，ARF），导致尿中肌酐排泄量及葡萄糖重吸收率减低。大鼠急性铀中毒后的肾坏死源于铀对肾近曲小管上皮细胞内微绒毛、溶酶体、线粒体和线粒体酶的损害，伴细胞内液体转输的障碍，主要部位在近曲小管第 2 段，其次是近曲小管第 3 段和肾小球。大鼠肾上皮细胞坏死的极期在中毒后第 2~5 天，临床极期在中毒后第 6~8 天。

一次注射能使全部大鼠肾造成损害的铀剂量为 0.1mg/kg；能使部分大鼠造成损害的剂量为 0.01mg/kg；不造成任何损害的剂量为 0.001mg/kg。一次注射不能引起肾脏病变的剂量在多次注射时也不能引起，一次注射可以引起部分或全部大鼠出现损害的剂量，在多次注射时病变并不比同剂量一次注射时严重，表明多次注射并无累积效应。

肝损害　铀中毒引起的肝损害是肾坏死的继发结果，表现为肝细胞变性、坏死，伴不同程度的肝功能变化，如血清中 ALT 增高，四溴酚酞磺酸钠（BSP）排出减少，血浆白蛋白减低，白蛋白与球蛋白比值下降等。肝损害与中毒剂量、摄入途径和动物种类有关。大剂量经口摄入和中毒后死亡的动物易出现肝损害，狗的肝脏对铀最敏感。

家兔于腹腔注射硝酸铀酰 0.5mg U/kg 后第 2 天血清中 ALT 及天冬氨酸转氨酶（AST）的活性出现高峰，持续 3 天后下降到对照水平。引起家兔这两种酶活性改变的最低铀量为 0.01mg U/kg，比铀引起家兔尿中过氧化氢酶活力增高的最低铀量（0.001mg U/kg）高 10 倍，表明铀中毒时肝功能改变不如肾功能敏感。

致癌与遗传毒效应　大鼠气管注射 ^{235}U 的四价铀（0.57~18.7）mg/kg 或六价铀（0.55~5.32）mg/kg，观察到骨肉瘤、肺癌、肾癌、肺网织淋巴肉瘤和白血病等多种肿瘤，总发生率（四价铀和六价铀均为 24%）明显高于正常对照（12%）。比格狗暴露二氧化铀（5 mg/m^3），30%~46%出现肺淋巴瘤和非典型性上皮增生。体外细胞实验表明，氯化铀酰诱发的转化细胞出现 k-ras 癌基因表达增高、抑癌基因 Rb 表达下降等与癌变有关的改变，最终在裸鼠体内成瘤。

其他损伤　大鼠、小鼠和豚鼠暴露 UF_6（6h/d，共 30 天，13mg/m^3）出现肺水肿、出血、肺气肿以及支气管、肺泡炎症。狗暴露（UF_6）（0.5~18）mg/m^3 30 天，高剂量组在 13 天出现食欲减退、肌无力和步态不稳等症状。小鼠用饮用含二水合醋酸铀酰［10mg/(kg·d)、20mg/(kg·d)、40mg/(kg·d) 和 80mg/(kg·d)］，64 天后与未处理的雌性鼠交配，出现显著但无剂量-效应关系的妊娠率下降，高剂量组［80mg/(kg·d)］观察到睾丸间质细胞空泡化。雄性小鼠口服二水合醋酸铀酰［5mg/(kg·d)、10mg/(kg·d) 和 25mg/(kg·d)］，60 天后与相同剂量处理 14 天的雌性鼠交配，雌性鼠在交配、妊娠、分娩和哺乳期持续给予铀化合物，高剂量组［25mg/(kg·d)］观察到胚胎致死效应，幼鼠死亡数在出生和哺乳第 4 天显著增加，子代生长速度明显低于未处理组。

临床诊断　综合接触史、内污染检查、临床检查等进行诊断。

接触史　调查是否有接触铀的经历，包括接触的时间和地点、接触经过、接触发生的可能原因、接触现场环境监测数据等。

内污染检查　对 ^{235}U 可用全身或肺计数器直接测量，全身计数检测下限为 2000Bq，肺计数检测下限为 400Bq。也可取尿样进行化学分离-α 谱分析，检测下限可达 0.02Bq/L。对 ^{238}U 只能取尿样进行化学分离-α 谱分析，检测下限可达 0.02Bq/L。

体格检查　除常规体检指标外，重点是肝肾功能检查。

特殊检查　逐日测定尿铀浓度和24小时尿铀排出量；测定尿蛋白定量、尿 β_2-微球蛋白、尿17-羟皮质类固醇以及尿K、Na和总氮的排出量等。有条件的可测定尿中视黄醇结合蛋白（RBP）、N-乙酰-D-氨基葡糖苷酶（NAG）或腺苷脱氨基酶（ADBP）等。禁食测定血中NPN（或尿素氨）、电解质、肌酐、总蛋白及白蛋白，以及血清乳酸脱氢酶同工酶活性等。必要时测定肝功能，包括AST、絮状试验和血浆蛋白电泳等。血象、外周血淋巴细胞染色体畸变分析和微核率测定。肝、脾、肾、胆囊超声学检查。对吸入难溶性铀化合物者定期进行胸部X线检查及痰细胞学检查。对角膜受到化学性腐蚀损伤者，定期进行视力测定。必要时进行体表污染水平及体内放射性活度的体外测量。

医学处理　促排及护肾保肝是减轻铀损伤的有效医学措施。

促排　目前有效促进体内铀排出的药物主要有碳酸氢钠和各种络合物。①重碳酸根在血液中与铀酰离子有较强的亲和力，可减少肾小管对原尿中重碳酸根的重吸收，减轻铀对肾小管的损伤作用。可在大量摄入铀后尽早静脉滴注5%碳酸氢钠，一般2～3天可以缓解中毒症状。②临床上常用 $CaNa_2$-EDTA 或 $CaNa_2$-DTPA（促排灵）来促排铀，用量每次0.5～2.0g，加入等渗盐水或5%葡萄糖溶液中静脉滴注，共3天。对摄入难溶性铀，可反复静脉滴注2～3个疗程。喹胺酸和Tiron（钛铁试剂）对体内六价铀有较好的促排效果，优于DTPA，且对肾毒性明显低于EDTA和DTPA。急性铀中毒后立即给予二磺酸钠（Tiron，500mg/kg，静脉滴注5～8分钟），中毒症状减轻。氨烷基次膦酸型络合物能与体内铀酰离子形成稳定性高的可溶性络合物，具有良好的促排效果，且毒性作用小。无论对急性或慢性铀过量摄入，均能有效地减少肾和骨中的铀含量。在这一类络合物中，以二胺二异丙基次膦酸（EDDIP）和二乙三胺五甲基次膦酸（DTPP）的钙钠盐的促排效果较好，疗效优于DTPA。临床上用量是 Na_2-EDDIP 每次2g，用10%葡萄糖溶液静脉滴注，2次/天，连用3～4天，停药3～4天，1～2个月为一疗程。对吸入铀者，也可吸入5% Na_2-EDDIP气溶胶进行促排，每天1～2次，每次15分钟。在急性铀中毒时，可用 Ca_2Na_4-DTPP 以5%溶液静脉滴注，第1天，每次2g，每2～3天各1g。

护肾保肝　铀过量摄入体内主要引起肝肾损害，需采用护肾保肝为主的治疗原则。主要包括：①控制摄水量。尤其是肾功能严重衰竭者，尿排出量明显减少时，以防止水电解质紊乱。②纠正电解质和酸碱平衡失调。使血钠保持在接近正常水平，及时纠正高血钾或低血钾，并尽量使血清二氧化碳结合力保持在接近正常的水平。③使用抗生素。预防感染，减少氮质血症的发生。④增强机体免疫力。促进肾功能恢复。

（朱茂祥）

bù nèizhàoshè sǔnshāng

钚内照射损伤（internal irradiation damage induced by plutonium）

进入体内的钚所致机体损伤。

钚　人工放射性元素，用作核燃料和核武器裂变剂，具有16种同位素，质量数为232～246及 ^{237m}Pu，其中最重要的为 ^{239}Pu 和 ^{238}Pu。^{239}Pu 是高能α辐射源，物理半衰期为 2.44×10^4 年，比活度为2.28GBq/g。^{238}Pu 也是高能α辐射源，物理半衰期为87.75年，比活度为644GBq/g。

损伤途径　钚可通过呼吸道、消化道及皮肤进入体内。在事故情况下，多见的是吸入。

吸入肺组织的钚，若是可溶性化合物，自肺廓清较快，主要转移至骨骼和肝。若是难溶性化合物，则在肺内较长时间滞留，并缓慢向肺淋巴结中转移。

骨骼是钚的主要滞留器官，其中腰椎、胸骨含量最高，股骨次之，肋骨、颅骨和颌骨最低。钚在骨骼中的沉积特点：①由于生长中的骨骼不断吸收和重建，沉积在骨表面的钚可被埋入或吸收，故钚在骨骼中的滞留是一个动态变化的过程。②钚在骨内的分布不均匀，主要滞留在骨表面，即骨内膜、骨小梁表面和骨外膜，其中骨内膜和骨小梁表面的钚浓度最高。③沉积在骨表面的钚，在骨骼的重建过程中，或者被新骨覆盖，或者被破骨细胞吸收和吞噬细胞吞噬，并重新释放到血液中再分布。④滞留在骨表面的钚，主要与基质中的蛋白和骨细胞表面的膜蛋白结合，如糖蛋白、唾液蛋白及软骨蛋白等。⑤除骨表面滞留外，一部分钚也向骨髓中转移，主要是聚合钚和易于水解的钚盐。骨髓中的钚多滞留在吞噬细胞的溶酶体中。

肝也是钚的主要滞留器官。最初钚均匀地分布在肝细胞内，随后逐渐浓集，晚期大量的钚沉积在单核-吞噬细胞及肝门脉区的组织中。

钚在肝和骨骼中滞留的同时，也有少部分滞留在肾组织、生殖腺等其他器官。事故钚吸入、钚职业人员及实验研究的资料表明，进入血液的钚，除10%直接排出体外，其余90%的分布是骨骼占50%，肝占30%，其他器官占10%。

体内的钚主要经肠道和肾脏排出，但排出速率非常缓慢，生物半排期为40~100年。

损伤类型 钚是极毒类放射性核素之一，可诱发机体严重的辐射损伤效应，损伤的靶器官主要是骨骼和肝脏。当吸入难溶性钚化合物时，肺及淋巴结也是主要危害靶器官。

确定性效应 大鼠注入^{239}Pu（0.74~2.4）MBq/kg导致的急性损伤效应包括：食欲减退、腹泻、体重减轻、贫血、内出血、脾萎缩、骨髓严重破坏及白细胞明显减少（甚至完全消失）等。在1周内，骨骼出现大量破骨细胞；3~5周时，骨细胞大量死亡及骨生成抑制。在骨骼中沉积的钚可引起骨髓广泛性坏死及纤维化，呈胶样化骨髓和纤维化骨。在钚沉积较多的长骨两端，损伤最为严重，骨髓细胞明显减少甚至消失。脾受到不同程度的损伤，严重时出现脾萎缩。淋巴结严重损伤，失去正常淋巴成分，被纤维结缔组织所代替。肝出现肝小叶坏死、结缔组织增生及脂肪浸润等病变，伴腹水、皮下水肿及黄疸等。

大鼠或犬吸入$^{239}PuO_2$，肺病变：①以炎症坏死性病变为特征，肺组织出现严重的炎症反应，如水肿、出血和广泛性坏死。②以广泛性纤维性增生病变为特征，如肺组织中胶原纤维明显增多、肺泡内胶原纤维聚集、肺泡壁增厚、终末支气管纤维增生、各级血管损伤等。

随机性效应 钚可诱发实验动物的骨肉瘤、肝癌和肺癌。可溶性钚（硝酸钚等）主要诱发骨肉瘤和肝癌，而吸入难溶性钚（二氧化钚等）主要诱发肺癌。

钚诱发的骨肉瘤多见于椎骨和长骨，但存在动物种系差异，小鼠多见于椎骨，猎犬多为四肢骨。骨肉瘤在密质骨的发生率远低于松质骨。在40只实验猎犬发生骨肉瘤中，93.9%位于松质骨，6.1%在密质骨，推算^{239}Pu诱发猎犬骨肉瘤的危险度为$5200/10^4/Gy$。

钚诱发的肺癌多数发生在肺周围区域。肺癌的类型主要是鳞状上皮细胞癌、腺癌及血管内皮细胞癌等。吸入相同剂量的钚，$^{238}PuO_2$诱发肺癌的发生率低于$^{239}PuO_2$，而骨肉瘤的发生率却高于$^{239}PuO_2$，这与^{238}Pu的α辐射裂解特性有关，它可裂解成直径约为1nm的微粒，易在肺组织液中溶解，从而使^{238}Pu在肺的沉积量减少，而在骨骼的沉积量相对增多。

猎犬注入^{239}Pu-柠檬酸盐溶液后，在较高的剂量（11~110）kBq/kg组，仅发生骨肉瘤，未见肝癌发生；而在较低的3个剂量（0.59~3.52）kBq/kg组同时发现骨肉瘤和肝癌。肝对^{239}Pu的敏感性比骨骼低，肝癌的潜伏期比骨肉瘤的长。在高剂量组，动物由于过早死于骨肉瘤，掩盖了肝癌的发生；但在较低剂量组，骨肉瘤发生率低，动物活存时间延长，肝癌可能显示出来。

钚与其他放射性核素复合作用时的损伤效应 在核能生产厂及核电站事故中，常有可能释放多种核素污染环境，再通过呼吸道或消化道等途径进入人体，造成混合核素内污染。大鼠同时注入硝酸钚（7.4MBq/kg）和硝酸锶（0.18MBq/kg）比单一注入等剂量硝酸钚或硝酸锶的损伤效应大。除动物活存时间更短和体重下降更明显外，骨肉瘤的发生具有如下特点：①发生率高（64.3%），且具有相加性，钚和锶单独作用诱发骨肉瘤的发生率分别为42.9%和31.0%。②潜伏期短，为275天，钚和锶单独作用时分别为337天和632天。

人钚内污染资料分析 钚的生产已有近80年的历史，积累不少人体钚内污染资料，主要包括：①美国注入钚的患者医学随访资料。②事故性和职业性钚内污染人员死后的尸检资料。③钚职业工作者的定期健康检查资料。

分析结果表明：①以人体器官组织钚浓度计，支气管淋巴结>肺>肝>骨>肾。②根据尿钚分析结果估算的体含量比尸检组织分析结果高1~10倍。③肝钚浓度大于骨钚浓度，并发现随年龄增长，肝钚有累积现象。④就钚的致癌效应而言，人与动物之间存在较大差异性。尽管动物实验资料证实钚具有强烈的致癌性，但在人体尚未得到证实。

临床诊断 综合接触史、内污染检查、临床检查等进行诊断。

接触史 调查是否有接触钚的经历，包括污染钚水平，是否饮用钚污染的水和食物，可能接触钚时间和地点等。

内污染检查 肺内污染的钚可用肺计数直接测量，检测下限：对^{238}Pu和^{240}Pu为1000Bq；对^{239}Pu为2000Bq。体内^{239}Pu还可取排泄物（尿、粪等）进行化学分离-α谱分析，检测下限可达0.02Bq/L（尿）或0.02Bq/样（粪）。

临床检查 除常规体检外，重点针对钚亲骨的特点，进行骨骼结构与功能指标检测，如行CT检查骨质疏松、病理性骨折和骨

肉瘤等。

医学处理 沉积在体内的钚排出十分缓慢，且辐射危害严重，因此应尽速采用适当的医学措施。

应用络合物 目前加速体内钚的排出，主要是应用络合物。其中应用最多、效果最佳的是DTPA钙盐和锌盐。DTPA的疗效与用药时间、用药剂量及用药途径有密切关系。若用药得当，体内钚的沉积量可减少50%以上，尿钚排出量增加10~100倍。用药途径有静脉滴注、肌内注射和雾化吸入等。吸入可溶性钚化合物气溶胶后，使用雾化吸入DTPA气溶胶的方法促排效果最好。其优点是可以小剂量多次用药，毒副作用小，患者易于接受。若用药及时或能预防性用药，药物效果发挥更佳。

扩创处理 伤口污染难溶性钚化合物或金属钚时，若去污处理未见明显效果，对处在伤口深处的钚，手术切除是有效措施。在伤口部位允许的条件下，应采取一次性彻底切除。切除后伤口部位残留的钚量应控制在15Bq以下。在手术前后，应使用DTPA，尽量将入血的钚排出体外，以防止或减少钚向骨骼和肝沉积。若手术切除彻底，伤口已无或极少有钚向体内转移，为进一步减少体内钚的沉积量，可考虑对个别浓集有较多钚的局部淋巴结施行手术摘除。为使手术去污取得满意效果，应注意：①准确标定伤口污染的范围、深度及污染量，这是手术去污成败的关键。②选择适宜的麻醉方式。放射性核素污染的伤口大多数为刺伤或小的切割伤，在局麻下施行简单的扩创手术时，由于局麻的穿刺过程、药液的浸润蔓延及手术过程中的挤压等，易引起钚污染范围的扩散。因此，以选用远离伤口部位的神经阻滞麻醉为好。③为防止手术过程中的再污染，在每个操作阶段应更换器械及布巾等。④切除污染的组织时，应在标定污染范围外至少5mm处进刀，并整块切除。

支气管肺泡灌洗术（洗肺疗法） 遇有吸入难溶性钚化合物的案例时，除合理应用一些清除呼吸道内钚的措施外，可在权衡利弊后，谨慎地使用该疗法清除进入肺中的钚。若方法使用得当，可使肺钚沉积量减少约50%。

（朱茂祥）

fàngshèxìng wùzhì nèizhàoshè sǔnshāng yīxué fánghù

放射性物质内照射损伤医学防护

（medical protection for internal radiation injury of radioactive substance） 减少体内放射性物质的内污染量，防止或减轻对机体的内照射损伤，预防可能导致远期效应的医学措施。

医学诊断 包括体内放射核素检测与临床诊断。

体内放射核素监测 旨在了解放射性核素在体内的滞留量及其动态变化，估算内照射剂量，对危害进行评价，为受到内污染的人员进行必要的医学处理提供依据。方法有体外直接测量，以及排泄物和他生物样品的放射化学分析。

体外直接测量 指在人体外部测量全身或某些器官释出的X射线或γ射线判断其活性的方法。分为整体测量和器官测量。①利用全身计数器测量人体内放射性核素种类和活度：它是运用探测器测定放射性核素衰变时发射的γ射线或X射线，探测元件常用高纯锗、NaI晶体或塑料闪烁体。其中高纯锗、NaI晶体最常用，探测效率也最高。通过分析γ射线谱可对体内滞留的放射性核素进行定性和定量测量，很快得到体内是否受γ辐射源污染或污染程度的数据，而且灵敏度较高。现有的全身测量装置，对人体内污染^{137}Cs、^{131}I和^{226}Ra等放射性核素的可测下限一般为180Bq，相当于各该放射性核素年摄入量限值的0.1%~1%。使用一些特殊技术还可用整体γ射线测量装置测量高能β射线辐射体如^{90}Sr、^{32}P等核素产生的韧致辐射，其精确度较测量γ射线辐射体时差，但可与生物样品监测的结果做比较。为降低整体测量装置的本底，一般可设置良好的屏蔽，采用全屏蔽的形式，将探测器及被测者置入屏蔽体内进行测量，或增加屏蔽体厚度。探测效率的提高可通过增加探测元件的体积而实现，如使用300nm×200mm的NaI（T1）晶体，数目为1~4个；或使用400mm×500mm×200mm的截圆锥形塑料闪烁体，数目为4~8个。整体测量装置应具有合适的能量分辨能力和响应，以使体内存在的各种放射性核素能被识别，达到监测的目的。②器官测量：肺部计数可以用大面积正比计数器、单一NaI晶体或组合的NaI-CsI晶体来测量肺内钚释出的低能X射线（平均能量17keV）或^{241}Am释出的γ射线（60keV），由此估算肺钚或镅的含量。由于人体胸壁的厚薄对低能X射线或γ射线吸收程度影响较大，欲获得肺部Pu滞留量的定量结果，必须用超声法精确地测定胸壁厚度，以便对测量结果进行修正。

甲状腺测量用带铅准直孔的小型NaI晶体探头，即可测定甲状腺内放射性核素碘释出的γ射线。监测应选择在未受放射性沾染的地点进行，并测定当地γ射线本底。受检者先经洗消，最好是全身洗消。在条件受限制时亦可采用局部洗消，着重洗净颈部的沾染，换穿干净的服装。受检者仰卧位或坐位，将仪器的探头放在受检者颈前甲状腺部位（环状软骨下缘），紧贴皮肤进行测量。测量时，待其读数稳定后记录读数，一般重复测量3次，取其平均值。将测得的甲状腺外放射性照射率或计数率，减去本底，得到照射量率或计数率。根据监测结果，推算甲状腺受照剂量。

放射分析　在某些场合下，对于不发射γ射线或只发射低能量光子的某些放射性核素，排泄物和其他生物样品的监测是唯一测量技术。分析排泄物和其他生物样品可用于检查何种放射性核素进入体内，在某些情况下，可以用来估算它们在体内的含量。这种分析的优点在于测量时不需要受检者在场，因为样品的分析在实验室内进行。但是放射化学分析的操作费时，通常不能及时给出结果，也不可能重新获得另外一个完全相同的样品。在许多情况下，在排泄物的分析中需要测量极小量的放射性核素，因此样品的收集和分析过程中应特别注意避免样品的外来污染。

为了评价体内污染，可供分析的样品有尿、粪、呼出气、鼻涕和鼻腔擦拭样品、痰、唾液、汗等。人体组织如血液和毛发也可供分析。

测量尿中放射性核素含量是最常用的方法。在最有利的情形下，1天内随尿排出的放射性核素的数量可以直接用于计算体内总含量。为了测量1天内放射性核素随尿的排出量，需要收集24小时尿样，这是比较困难的。一种可采用的方法是测量尿中肌酐含量，由此推算出收集的尿样中所含放射性核素量占24小时随尿排出量的分数，因为每天肌酐排泄量较恒定。

其他排泄物和生物样品中，粪样的分析最适合于难溶性物质的摄入和提供这类物质从肺内廓清的证据。若知道某种难溶性放射性核素已被吸入，则在此后数天内随粪排出的总数量可以用来粗略估算留存在肺中的数量（肺内留存量大致为粪排出量的1/5）。鼻涕和鼻腔擦拭样品一般用来指示沉积在鼻腔里的最粗大的吸入粒子。若吸入量较多，例如在事故吸入情况下，利用鼻腔擦拭样品可以查出所吸入的放射性核素的种类，但是它不能对体内沉积量做出定量估计。假如体内放射性核素发生衰变时产生的子体是放射性的惰性气体（如镭产生的氡和钍产生的钍射气），则此种惰性气体将存在于呼出的空气中，而它在呼出气中的浓度可用来估算其母体核素在人体内的含量。痰可以指示最初沉积在肺内，之后由于纤毛运动而排出的非转移性物质。在体内氚污染的情况下，通过测定唾液和汗中的氚浓度可估算全身剂量。但尿氚的测量更方便，样品收集也容易。在核临界事故中，测量血液中的活化产物^{24}Na和毛发中的活化产物^{32}P，可以估算全身或局部受到的中子剂量。对头发中的某些金属的放射性核素如^{210}Po和^{210}Pb的测量，只要采集受检者的少量头发样品，一般取0.1g即可供分析用。这种活体检查材料既便于贮存，也易于传递，可用于判断职业性某些金属放射性核素的内污染状况。

临床诊断　结合接触史、病史和体格检查对放射性内照射损伤进行综合诊断。

接触史　包括接触放射性核素的种类及特性，从事放射性核素工作的工龄、工作条件、工作性质和接触的放射性核素数量，工作场所放射性气溶胶的浓度及粒度，工作场所表面放射性沾染情况，平时沾染检查登记资料，以及个人防护情况等。事故情况下，还需了解发生事故的经过及有关事故现场的调查资料，如据事故发生点的距离，当时的气象条件及所处的环境，在沾染区停留的时间，体表的放射性沾染情况，个人防护情况，是否饮用污染的水和食物等。

病史　主要是既往健康状况，出现症状的时间及症状的特点等。

体格检查　体内有关器官功能检查出现的改变，一般来说都是非特异性的。所以应在体内污染量测定的基础上，再综合判断为宜。针对内污染放射性核素在体内选择性蓄积的特点，以及由此而进行的器官功能检查，对疾病的早期诊断、医学处理和预后的判断，都非常重要。对铀接触者，应做肾肝功能检查，如氨基酸氮和肌酐的比值、过氧化氢酶等指标。对亲骨性核素^{90}Sr、^{220}Ra和^{239}Pu等的接触者，可做骨髓检查及X射线骨骼照片。对单核-吞噬细胞系统性核素^{144}Ce、^{147}Pm和^{232}Th等的接触者，可做肝功能及血象检查。

医学干预水平　针对应急照射和持续照射情况，预先制定可防止的剂量水平。若达到或超过该水平，应采取相应的医学干预措施。体内污染的医学干预措施包括治疗性和预防性两类。

在发生严重损伤时，对受害者一定要给予治疗。患者健康状况容许时，方可采用体表去污和促排措施；在伴严重的贯穿辐射照射后的1～2天内，容许细心地除去体表污染和采取促排措施。此类措施属于治疗性医学处理。在大多数情况下，放射性核素内污染剂量低到只需考虑远期辐射危险时，应用某些医学措施可能引起暂时性不适，而能降低可能引起的严重随机性效应，它属于预防性医学处理。

从医学干预的时间与其效果的依赖性考虑，医学干预分为3期。①初期：指事故后0～2小时期间，若摄入量可能>1个年摄入量限值（annual limit of intake，ALI），应考虑治疗；对吸入锕系核素，特别是钚的摄入量可能>1个ALI时，尽可能及时应用DTPA治疗；若可转移性核素摄入量可能>10个ALI，必须进行治疗。②第2期：指内污染后第1天或最初几天期间，若残留的放射性可能>5个ALI，应继续进行治疗。除对放射性碘的内污染无需用碘片外，其他的放射性核素内污染均可用阻吸收或促排药物进行治疗，如对锕系核素可用DTPA-Zn-Na_3治疗。③第3期：为晚期治疗，指事故后3～5天以后的时间。期间可以进行深部污染伤口的特殊外科手术；若锕系核素的摄入量超过5～10个ALI，仍需继续治疗；吸入难转移性核素后3～5天是进行洗肺治疗的最适时间。若吸入量不超过100个ALI，将不采用支气管肺泡灌洗术（洗肺疗法），甚至超过100个ALI时也不一定采用该疗法。

不同核素和不同途径摄入时的医学干预水平如下。①吸入可转移性核素：若摄入量可能在1～5个ALI（50～250mSv），应考虑治疗；>5个ALI，必须给予治疗。治疗持续时间取决于体内污染严重程度，估计摄入量<10个ALI，宜在短期内采用治疗措施。若用药后有大量放射性核素由体内排出，应考虑进一步治疗。估计摄入量>10个ALI，一定要继续进行治疗。②吸入难转移性核素：对吸入难转移性核素，如$^{239}PuO_2$，最有效的方法是双侧支气管肺泡灌洗术。该疗法在吸入量显著>100个ALI时才考虑应用。即使如此，也应衡权内污染者生存期间发生肺纤维化或肺癌的可能性和支气管肺泡灌洗引起并发症的危险性（如全身麻醉引起死亡的危险约为5×10^{-4}）的利弊后，再做出选用支气管肺泡灌洗的决策。反复洗肺仅可能排出肺内沉积物的50%～60%，若吸入的气溶胶中有相当的可移性核素，需静脉滴注络合物，以降低经血行转移并沉积于其他组织内的放射性核素所致剂量。③伤口污染：对可转移性核素污染的伤口，医学干预程度的确定应与吸入者相同。大多数非转移性核素的沉积，可用外科切除的方法去污。在这种情况下，不推荐干预水平。遇到有可能造成功能障碍部位，医师应根据主导性因素做出全面判断后决策。④食入放射性核素：对食入放射性核素的医学干预水平的考虑与吸入者相同。大肠下段是食入难溶性核素主要照射的部位，应尽快排便。食入放射性碘所致甲状腺吸收剂量不受进入途经的影响，若可能受到放射性碘内污染，并估计甲状腺的剂量有可能>100mGy，应给予预防性医学干预。

医学干预措施　体表放射性污染的处理措施主要是洗消，体内放射性污染的医学处理措施主要是阻吸收和促排。

体表污染洗消　指除去物品或人员体表的放射性污染。个人洗消是自我洗消；伤员洗消是医护人员对伤员进行洗消。负责洗消的工作人员应穿防护服并佩带个人剂量仪。洗消时脱下的衣服、擦洗用后的纱布、清除伤口时所用的盖布以及其他接触污染的用具应集中在一个特制的容器中，并及时将这些容器送至安全地带，以减少洗消地点的辐射剂量率。脱去外衣，迅速清洗暴露的皮肤和毛发可以去除95%的污染。用0.5%次氯酸盐溶液也有很好的除去放射性污染的效果。洗消时注意不要刺激皮肤，若皮肤出现红斑，某些放射性核素可以经皮肤直接吸收。用外科清洗液清洗伤口、腹部和胸部时，溶液用泵抽吸，不要用海绵擦拭。眼部只能用清水、生理盐水或洗眼液冲洗。

污染检查　进行全身辐射测量，并在污染部位用防水记号笔做好标记（或在人体体模图上标注）。测量时，仪器探头与皮肤的距离尽可能小，并保持固定，以减少测量误差；在人体图表上记录每次测量（初始和洗消过程中）结果，并在每次洗消后更新结果（或用新的人体图表）。

污染处理　进行去污染处理，包括全身洗消，弹片伤或开放性污染伤口洗消，眼、鼻、口、耳、头等重点部位污染的洗消，其他局部污染的洗消（从高污染到低污染顺序依次进行）。

注意事项　去污的目标是将放射性污染降至低于当地本底辐射水平的2倍。进行至少2次循环洗消，且每次洗消后都要进行污染检查。使用温水进行洗消，因为水太冷可能使皮肤毛孔闭合，导致污染物不能彻底去除，且使体温下降；而水太热会加快血液循环，促进放射性物质通过皮肤吸收，且存在热烧伤危险。加入中性洗涤剂（如肥皂）可提高去污洗消效果（乳化和溶解污染物）。防止污染废水经过身体其他部位，避免造成二次污染。有下列情况之一者应停止洗消，并转送专业医疗机构进行处理：①多次洗消后，污染水平仍高于本底辐射水平的2倍。②与前一次洗消后污染检查结果比较，再一次洗消后去污效果低于10%。③某些放射性物质可能滞留在皮肤浅表（如角质层），需要12~15天才能脱落。④过度洗消可能导致完整皮肤受损，反而增加内污染危险。

体内污染的医学处理　主要阻吸收和促排。一些重要放射性核素的医学处理方案（表1）。

（朱茂祥）

fēitèyìxìng cù fàngshèxìng hésù páichū cuòshī

非特异性促放射性核素排出措施（non-specific measure of removing radioactive nuclides）　根据放射性核素进入体内途径及

表1　一些重要放射性核素内污染的医学处理方案

核素	呼吸道吸收、沉积	消化道吸收、沉积	皮肤伤口吸收	主要毒性	医学处理措施
^{241}Am	75%吸收 10%残留	极少 通常不溶	最初几天快	骨骼沉积，骨髓抑制，肝内沉积	吸入后24~48小时给予促排药DTPA或EDTA
^{137}Cs ^{134}Cs	完全吸收	完全吸收	完全吸收	经肾排出，产生β射线和γ射线	离子交换树酯和普鲁士蓝促排。摄入早期可灌洗胃肠和服泻药
^{60}Co	吸收率高 沉积少	吸收小于5%	未知	产生γ射线	洗胃，泻药，重者可用苯妥拉明促排
^{131}I	吸收率高 沉积少	吸收率高 沉积少	吸收高 沉积少	甲状腺损伤	摄入前，口服碘化钾100mg/d。摄入后，口服碘化钾100~200mg/d，持续3~5天；或口服丙基硫尿嘧啶100mg/8h，持续5~8天，或口服甲巯咪唑10mg/8h，2天后再5mg/8h，持续5天
^{32}P	吸收率高 沉积少	吸收率高 沉积少	吸收率高沉积少	骨，快速复制细胞	灌洗，氢氧化铝，磷酸盐
钚（^{238}Pu、^{239}Pu）	吸收率高 沉积少	极少 通常可溶	吸收较少 形成小结	肺，骨，肝	接触钚24小时内注射促排灵1支，24小时后每天注射促排灵1支，观察尿钚水平。严重者需支气管肺泡灌洗
钚的氧化物	吸收较少 沉积率高	极少 通常可溶	吸收较少 形成小结	肺沉积局部效应	
^{210}Po	吸收率中等 沉积率中等	极少	吸收中等	脾，肾	灌洗，二巯丙醇
^{226}Ra	未知	30%吸收 95%随粪便排出	未知	骨骼沉积，骨髓抑制，肉瘤	摄入后立即用10%硫酸镁洗胃并给盐水和镁盐泻剂。氯化铵可增加镭随粪便的排出
^{90}Sr	沉积较少	吸收率中等	未知	骨释放钙	摄入后立即口服海藻酸钠或磷酸铝能够减少锶的吸收。服用稳定性锶可阻断^{90}Sr在体内代谢。大剂量钙和氯化铵可增加^{90}Sr的排出
^{3}H、氚水（HTO）	氚极少 氚水完全	氚极少 氚水完全	氚水完全	骨髓细胞减少	定量喝水稀释，利尿。注意防止饮水过多引起医源性水中毒
铀（^{235}U、^{238}U）可溶化合物	吸收率高 沉积率高	吸收率高	吸收率高 皮肤刺激	肾，随尿排出	碳酸氢钠可降低铀对肾的毒性。肾小管利尿可能对患者有益。实验室检查应包括：尿分析，24小时尿铀鉴定，血清尿素氮、肌酐，$β_2$-微球蛋白，肌酐清除率，肝功能检查。DTPA或EDTA有较好的促排效果
铀（^{235}U、^{238}U）微溶化合物	吸收率中等 沉积率高	吸收率中等	未知	肾，经尿排出	
铀（^{235}U、^{238}U）难溶化合物	吸收极少，沉积率与颗粒大小有关	吸收极少，排出率高	未知	肾，经尿排出	
贫铀（^{238}U）	沉积率与颗粒大小有关	吸收极少 排出率高	随尿排出 吸收较少	肾，沉积于骨、肾、脑	尽可能清除伤口中的贫铀碎片，不提倡专门行清除贫铀碎片的延期手术。其他医学处理与上述铀化合物相同

其滞留的特点和规律，适用于所有放射性核素，而不是针对特定核素采取的促进放射性核素排出的措施。

胃肠道进入途径 针对放射性核素在胃肠道转运的不同阶段而采取的医学措施。早期催吐，中期洗胃，晚期缓泻为宜。

催吐 放射性核素摄入后早期（一般在2小时内）主要滞留在咽喉和食管部位，此时采取催吐措施能有效地促进放射性核素排出。包括用洁净的钝器刺激咽部引吐，服用催吐剂（如1%硫酸铜25ml），皮下注射阿朴吗啡（5~10mg）等。

洗胃 放射性核素摄入后2~4小时，主要滞留胃部，此时最佳医学措施是洗胃。胃灌洗可采用温水、生理盐水、弱碱性液体（如苏打水）或混有活性炭的温水。

缓泻 放射性核素摄入超过4小时，主要滞留在肠道，此时适当服用缓和泻剂，如硫酸镁（10g）或硫酸钠（15g）等，以缩短放射性核素在肠内滞留时间。一般不宜采用对胃肠道有过度刺激的药物。

呼吸道进入途径 针对放射性核素在呼吸道转运的不同阶段采取的医学措施。包括上呼吸道促排措施和支气管肺泡灌洗术（洗肺疗法）。

上呼吸道促排 放射性核素吸入后，初期主要滞留在鼻腔、咽喉和气管等上呼吸道内，此时的措施有：用棉签拭去鼻腔内的污染物，剪去鼻毛；向鼻咽部喷血管收缩剂（如0.1%肾上腺素或1%麻黄素溶液），然后用生理盐水反复冲洗鼻腔和咽喉部；服祛痰药（如氯化铵0.3g或碘化钾0.25g）等。

支气管肺泡灌洗术（洗肺疗法） 用洗液将滞留在肺内的难溶性放射性核素（或其他有害物质），随同肺泡内容物一并洗出，以减少放射性核素肺内的滞留量。吸入难溶性放射性核素，特别是毒性较大的核素（如钚及超钚元素），或吸入其他难溶性放射性颗粒的量较大时，可考虑实施该疗法。应用时除考虑放射性核素本身的性质和特点外，还应考虑内污染者的年龄、体质，以及肺、肝、肾和心功能可否接受麻醉等因素。

具体方法是在麻醉状态下，用叉头胶皮管通过气管插入一侧肺叶，用洗液进行灌洗，另一侧维持正常呼吸功能（也可用泵输入氧气）。随后再交替灌洗另一侧肺叶。灌洗时先缓慢注入体积与该肺有效余气量相等的洗液，经反复抽吸与注入，估计达预期效果时将所有液体吸出，恢复该侧的呼吸功能。

洗液一般常用37℃生理盐水或含二乙基三胺五乙酸（DTPA）的生理盐水（pH=7.2）。灌洗次数可1~20次不等。一般两肺交替进行，间隔2~3天或更长时间。有的在同日内进行左右两肺叶灌洗。通常是最初一次洗肺的疗效高，随时间延长而疗效差。

最佳洗肺时间一般在吸入后的1~2天。因为难溶性放射性核素进入肺泡内数小时，大部分被肺内的巨噬细胞吞噬，吸入后2天，几乎所有的放射性粒子都可被吞入巨噬细胞。洗肺时间过早，可将放射性核素颗粒冲至肺底部，影响肺对放射性核素的早期清除和巨噬细胞的吞噬效果；洗肺过迟可因巨噬细胞已转移至淋巴结内，使洗肺效果降低。吸入后6个月，洗肺仍有一定效果。

皮肤和伤口进入途径 除气态或蒸气态放射性核素、溶于有机溶剂和酸性溶液的化合物外，完好皮肤能阻止一些放射性核素的吸收，但所有放射性核素都能通过伤口进入体内，且吸收率较高，是完好皮肤的数十倍。因此，一旦发现伤口存在放射性污染，应立即进行去污染处理（洗消），包括全身淋浴洗消，伤口污染洗消，眼、鼻、口、耳、头等重点部位污染的洗消，以及其他局部污染的洗消等。

淋浴洗消 条件允许的情况下（无伤口且水源充足），全身淋浴是最有效的措施。用普通浴液[或用含6%乙二胺四乙酸四钠（$EDTANa_4$）的肥皂水]和软毛刷轻轻刷洗污染较重的部位，注意勿使污染面积扩大和擦伤皮肤，并即时更换严重污染的毛刷，以防因洗消所致的污染扩散或擦伤皮肤而促使污染物经伤口吸收。注意不要刺激皮肤。

伤口洗消 用防水敷料或布料封闭伤口周围皮肤，以防止伤口洗消时放射性污水的污染。除去所有可见的异物（如金属碎片、血凝块等）。用生理盐水或伤口专用洗消液冲洗伤口（通常需要多次冲洗），进行辐射测量，并记录结果（用消毒棉签轻轻擦洗伤口，测量棉签的放射性水平；用污染仪直接测量时，应先除去污染的防水敷料或布料）。若冲洗效果不佳，或多次冲洗后污染水平仍很高，应考虑由专业医师实施伤口清创手术。用防水敷料封闭伤口，防止污染扩散。伤口缝合或其他处理（如封闭）前，应尽可能彻底去除伤口周围皮肤的污染。

眼污染洗消 若角膜有污染，而晶状体完好，用清水或生理盐水小心冲洗眼部（晶状体破裂时不能冲洗)。保持冲洗液沿眼角流出，避免污染泪管，测量冲洗液的放射性活度，直至符合要求。去污后进行结膜炎检查。

耳部去污 去污前应检查鼓膜是否受损（鼓膜破裂时不能冲洗）。用洗耳器冲洗耳道，测量冲洗液的放射性活度，直至符合要求。

口腔去污 用牙膏刷牙，并反复用清水漱口；咽部有污染时，用3%过氧化氢溶液反复漱口；测量漱口液的放射性活度，评估去污效果。

头部和头发去污 用温水和中性肥皂或不含护发素的洗头液洗头，洗消时避免污水的扩散，并注意防止污水进入眼、耳、鼻、口等部位。用干净毛巾擦干头发。若去污效果不佳，可将头发剪短，但不剃光，避免损伤、摩擦头皮。

（朱茂祥）

tèyìxìng cù fàngshèxìng hésù páichū cuòshī

特异性促放射性核素排出措施

特异性促放射性核素排出措施（specific measure of chelating radioactive nuclides） 针对特定放射性核素的理化性质及其在体内代谢的特点采取的特异性促进其自体内排出的措施。包括阻吸收、络合物促排和代谢疗法。

阻吸收 可阻止放射性核素由进入部位吸收入血。所用制剂如下。

褐藻酸钠 是由褐藻中提取、分子量较大的L-古罗糖醛酸和D-甘露糖醛酸聚合物的钠盐，无毒，在胃肠道内不被吸收，对Sr、Ra有特殊亲和力，能与胃肠道内的^{90}Sr相遇而起络合反应，起到阻吸收的作用。褐藻酸钠对人体胃肠道内^{90}Sr的阻吸收效果优于治疗给药，且治疗用药时间不得迟于放射性锶在胃内的排空时间。

亚铁氰化物 其镍、铜、铁、钴等金属盐与碱金属元素的结合能力依次为：Cs>Rb>K>Na。在各种亚铁氰化物中，研究得最多的是三价铁盐，即普鲁士蓝，其次为镍盐，即亚铁氰化镍。亚铁氰化物基本上不被胃肠道吸收，属低毒性物质，与一价阳离子起一种离子交换作用。当它在肠道内遇铯时即形成难溶性$Cs_2Fe_2[Fe(CN)_6]_3$，从而阻止Cs的吸收。

稳定性碘制剂 预防或治疗性服用稳定性碘制剂（KI、NaI），可使甲状腺被稳定性碘饱和，阻断放射性碘参与代谢环节，而使进入体内的放射性碘大部分以无机碘化物的形式经肾排出。在事故应急中，若服用稳定性碘制剂的时机、剂量得当，则可收到良好的效果。一般认为，放射性碘摄入前12小时或同时服用稳定性KI，防护效果最佳；在摄入放射性碘后4小时服用KI，则效果减低。

络合物促排 利用络合物螯合金属离子的性质，促进体内金属放射性核素排出体外的措施。用于促排体内金属放射性核素的络合物，多是有机化合物，因为它能与血液、组织内的多种放射性核素配位结合成溶解度大、解离度小、扩散能力强的络合物，故易于经肾随尿排出，或经肝胆系统随粪排出。理想的络合物应具备以下条件：①毒性低，安全用药范围宽。②能与放射性核素形成稳定性络合物，络合物促排放射性核素的效能通常与其形成络合物的稳定常数成正比，即稳定常数越大，该络合物的促排效果越好。③在体内生理pH条件下，能够与放射性核素形成易溶、易扩散和可透过生物膜的络合物，且排出迅速；在体内的廓清速率慢，维持有效血浓度的时间长。④经胃肠道吸收，便于经口给药。主要促排药物如下。

氨基羧基型络合物 此类络合物中目前应用颇广的有乙二胺四乙酸钙钠盐（$EDTA\text{-}CaNa_2$，又称依地酸钙）；二乙三胺五乙酸钙钠盐（$DTPA\text{-}CaNa_2$，商品名促排灵），其锌盐（$DTPA\text{-}ZnNa_3$）称新促排灵。

氨基羧基型络合物对于钍及超铀核素（^{232}Th、^{234}Th、^{239}Pu、^{241}Am、^{242}Cm、^{252}Cf等）和稀土族核素（^{90}Y、^{140}La、^{144}Ce、^{147}Pm等）有显著促排效果；对^{60}Co、^{65}Zn和^{137}Cs等亦有一定疗效。临床应用证明，DTPA的促排作用显著优于EDTA，前者不仅使体内放射性核素排出量高于后者，且其毒副作用比后者小，故DTPA已逐渐取代乙二胺四乙酸（EDTA）。DTPA和喹胺酸对人体内^{239}Pu都具有显著的促排效果。

应用时间一般越早效果越好，反之越差。经口摄入放射性核素时，在其未从肠道完全排空前，切忌服用，避免增加放射性核素的吸收。同时也应考虑口服此类络合物使经肝胆系统排至肠道内的放射性核素重吸收的弊端。

氨基羧基型络合物进入人体后，在体液pH条件下，不但能络合放射性核素，而且能与钙及机体必需微量元素如Zn、Mn、Co等络合，引起血钙降低及某些微量元素缺失所致一些代谢环节障碍，引起一系列毒副作用，如毛囊炎、咽喉炎、口腔炎、扁桃体炎、阴囊炎等。络合物引起的人体内源性Zn减少，导致与Zn有关的许多酶活性受到严重影响，是此类络合物毒副作用的主要原因。应用DTPA钙盐时，肾和消化道黏膜细胞中DNA合成能力降低；若改用DTPA锌盐，上述现象即消失。DTPA也有胎儿致畸的影响。因此，主张用DTPA锌盐代替钙盐，以降低其毒副作用。由于DTPA-$ZnNa_3$的毒性只有钙盐的1/10，故患有肝、肾和消化道疾病者以及妊娠的内污染者应禁用DTPA-$CaNa_2$促排。

羟基羧基型络合物 此类络合物有柠檬酸、乳酸、酒石酸等，它们是机体内正常的代谢产物，是体液中存在的自然络合物。当受^{239}Pu内污染时，应用柠檬酸钠可增加尿^{239}Pu排出量达3.5~4倍。^{90}Sr内污染时注入柠檬酸钠使血浆内Sr水平增高，降低游离的Sr浓度，从而抑制^{90}Sr在骨内的滞留，加速Sr由尿排出。由于柠檬酸盐是正常代谢产物，可很快由体内消失，不易维持有效浓度。为了能更好地利用体内自然络合物，可考虑设法阻断其代谢环节，使其在体液与组织内有适当的蓄积，有利于体内放射性核素的促排。

巯基型络合物 含巯基(-SH)的络合物有：二巯丙醇、二巯基丙烷磺酸钠、二巯基丁二酸钠等。这类络合物中的两个巯基能与^{210}Po络合，形成稳定的金属络合物，减少^{210}Po与体内蛋白质中巯基的结合，促使钋随尿、粪排出。

氨烷基次膦酸型络合物 是一类聚氨的膦酸衍生物，它是将氨基羧酸型络合物中的羧基被次膦酸基取代而成，能和U、Pb、Be、稀土等金属离子络合成可溶性络合物，尤其对铀的促排有特效。这类络合物中效果最好的是乙二胺二异丙基次膦酸（EDDIP）和二乙三胺五甲基次膦酸（DTPP）的钙钠盐。这类络合物不论在增加尿铀的排出量，还是降低肾和骨内铀含量方面，均显著优于氨基羧基型络合物。

酰胺型络合物 这类络合物中具有较强络合作用的药物是去铁敏（DFOA，又称去铁草酰胺），是由放线菌株中分离出来的铁胺组的多肽物质，临床上用于治疗急性铁中毒。它不仅对^{59}Fe促排有效，而且对^{239}Pu也有促排作用，使骨、肝、脾内钚含量明显减少，但效果不及DTPA，与DTPA伍用时，对减少骨内钚的滞留量有明显的协同作用。

二羟基甲酰胺型络合物 是儿茶酚胺类螯合剂，包括线状排列儿茶酚胺类（linear catecholamines，LICAM）和环状排列儿茶酚胺类（cyclar catecholamines，CYCAM）两大类。促排钚的效果和DTPA相近，且具有以下优点：在机体生理pH值下不与Ca^{2+}、Mg^{2+}、Mn^{2+}、Co^{2+}络合，与Cu^{2+}、Zn^{2+}作用也弱；毒性比DTPA小，极小剂量仍有较好疗效，而同样剂量的DTPA则无效；减少骨内沉积钚的效果优于DTPA。另一种与LICAM类似的化合物LICAMC（线状排列儿茶酰胺的四聚体），对钚也有良好的促排效果。在钚和超钚核素内污染时，可立即应用LICAM类络合物，继之重复应用DTPA锌盐。

代谢疗法 利用机体维持其内环境甚至某器官组织的物质代谢的平衡功能，影响代谢平衡的某种环节或条件，以排出放射性核素的疗法。

脱钙疗法 是采用促进骨质分解代谢的药物、激素或控制膳食等，使已沉积在骨骼无机质部分的放射性核素如^{90}Sr、^{226}Ra和^{140}Ba等向血液转移，加速其排除的疗法。临床上应用甲状旁腺素、甲状腺素和低钙膳食等方法，其作用是甲状旁腺素能使骨质溶解，血中Ca^{2+}增高，并使肾小管对磷酸根的重吸收减少或分泌增加导致低血磷；甲状腺素使基础代谢增强的同时，使骨钙释放，并随之使沉积在骨内的^{90}Sr或^{226}Ra等释放至血液中，达到促排目的。低钙饮食使血钙浓度降低，促使骨钙释放的同时，将Sr、Ra等移出。^{226}Ra内污染时，用脱钙疗法可使尿镭增加4~8倍。

致酸剂 指氯化铵而言。它是一种强酸弱碱盐，进入体内后被分解，铵离子被肝合成尿素，氯离子使体内碱储备降低，导致体液及尿液酸化，甚至引起代谢性酸中毒。这种状况可使骨质分解代谢增强，有利于Sr、Ra等由骨中释出，进而随尿排出。临床上对放射性内污染病例用氯化按通常是9g/d，连续5天为一疗程，在10~12天内可见尿中放射性排出量增加1倍左右。口服氯化铵的同时静脉注入葡萄糖酸钙，治疗较晚期的放射性锶内污染者，也有一定效果。

利尿促排 是应用利尿药或其他加速水代谢的方法，加速均匀分布于体液的放射性核素的排出。人体受氚水内污染时，先令其每天饮水1~2L，以后5~10L/d，连续7~14天，可使氚排出量增加10~20倍。有的受氚水内污染者，每天饮水量12.8L，^3H的有效半排期由11.5天缩短为2.4天。给^3H内污染的大鼠服用氢氯噻嗪和2%茶水，使尿^3H排出量增加9倍。

（朱茂祥）

fúshè fángzhì yàowù

辐射防治药物（radiation-protective agents） 被照射前给予能减轻辐射损伤，照射后早期使用能减轻辐射损伤的发展、促进损伤恢复的药物。

作用机制：①药物参与辐射化学变化，清除放射所产生的H·、OH·、和H_2O_2·等自由基，降低组织氧张力，减弱氧效应或捕获、转移辐射能，避免继发损伤反应，使目标分子得到修复。②药物参与生化和生理学变化，通过改变代谢过程与功能状态提高机体免疫能力，产生防护效果。③药物参与物理或化学变化，阻止机体对核素的吸收或促进机体内的核素排出，避免内照射。

根据作用机制分为3类：*急性放射病防治药物*、*放射性核素阻吸收药物*、*放射性核素促排药物*。

（董俊兴）

jíxìng fàngshèbìng fáng-zhì yàowù

急性放射病防治药物

（protection and cure drugs of acute radiation） 抑制辐射损伤初始阶段，或在照射后早期使用可减轻辐射损伤发展，促进损伤恢复的药物。

作用机制 ①药物参与辐射化学变化，清除放射所产生的自由基，降低组织氧张力，减弱氧效应，捕获或转移辐射能，避免发生继发损伤反应，使受到辐射的靶分子得到修复。②药物参与生化、生理学变化，通过改变代谢过程和功能状态提高机体的抗辐射能力。药物进入机体后与蛋白质结合形成引起一系列复杂的生化过程，产生防护效果，包括休克、神经内分泌应激反应、对核酸代谢和有丝分裂的影响等。

分类 按照化合物结构分为含硫化合物、有机磷化合物、激素衍生物、高分子化合物、中草药、细胞因子等。

含硫化合物 主要包括氨巯基类、硫辛酸类、硫辛酸类聚离子化合物、环状双硫衍生物、四氢噻唑类。

氨巯基类 核爆炸现场动物实验表明盐酸胱胺有一定辐射防护效果，临床试验表明能用于放射治疗患者以减轻辐射反应。盐酸胱胺的优点是口服有效，结构简单、性质稳定。作为预防应用，毒副作用仍较大，主要表现是对胃肠道的刺激，引起恶心、呕吐，血压下降和体重减轻等。其棕榈酸盐具有缓释作用，可提高生物利用度，对胃肠道刺激小，由于口服用药量大，作为预防用药有明显不足；氨丙基-N-甲基异硫脲的抗辐射效果较好，具有注射和口服给药均有效、药物的有效剂量宽、作用时间较长的优点，但临床试用发现对胃肠道有明显的刺激，并对心血管有一定影响，难以作为临床用药；氨乙基硫代磷酸和氨磷汀（WR-2721）的特点是游离巯基经磷酰潜伏化，不仅抗辐射活性明显增加，毒副作用也降低。WR-2721是氨巯基类中抗辐射作用最强的化合物，对肠型放射病和中子杀伤均有一定的预防作用，已用于肿瘤放射治疗患者。

硫辛酸类 硫辛酸是一种含有双硫环脂肪酸型的维生素，具有广泛的生物活性。N, N-二乙基硫辛酰胺在有效剂量范围内未发现明显毒性，作用时间长，抗辐射作用显著。作为油溶性注射剂稳定性不高，随着聚合失去抗辐射效果，照射后给药无效；硫辛酸二乙氨基乙酯在照射前和照射后短时间内给药都有辐射防护作用，并能明显升高动物外周血白细胞。但对注射部位有严重的刺激，化学性质不稳定，难以控制其聚合度。

硫辛酸类聚离子化合物硫辛酸及其衍生物在一定的条件下分子内的二硫键断裂，形成分子间的二硫键，形成线性多聚物。聚硫辛酸钠和聚硫辛酸二乙胺基乙酯柠檬酸钠对受亚致死剂量γ射线照射小鼠和狗的造血组织有保护作用，能促进小鼠体内干细胞提前进入细胞增殖，使动物造血功能获得较快的恢复。

环状双硫衍生物 六元环双硫化合物如1, 2-二硫环己烷-3-脂肪酸、1, 2-二硫环己烷-3, 6-二羧酸衍生物、5-烷基-1, 2-二硫环戊烷-3-羧酸衍生物等，比五元环化合物稳定性增加，仍能保持一定的抗辐射作用。

四氢噻唑类 是氨基硫醇醛或酮的脱水产物，其优点是性质稳定，能够在体内转化为氨巯基类产物而发挥抗辐射作用。

有机磷化合物 是一类有效的辐射防护剂，因结构差异导致在抗辐射作用、毒性和给药途径上有很大差别。胺烷基硫磷酸酯和S-烷基异硫脲烷基亚磷酸盐等类型可使受亚致死剂量射线照射小鼠提高存活率，而毒性无显著增加。

激素衍生物 包括天然甾体激素或人工合成的非甾体激素，在动物实验中都显示出一定程度的辐射防护作用。

催乳素 能够延长辐射小鼠的生存期，对辐射小鼠的红细胞有明显促再生作用，提高造血体系对辐射的耐受力。体内外实验均证实其参与机体造血和免疫系统的发育与成熟。胸腺素α原具有免疫调节活性，能提高血淋巴细胞和血小板数量及血红蛋白含量，促进放射损伤后免疫功能的恢复与重建。白藜芦醇可抑制受照射小鼠脾细胞凋亡，照射前给药可提高受照小鼠的存活率，延长存活时间。

“523” 口服吸收后贮存于脂肪组织，在体内代谢为乙炔雌三醇和雌三醇发挥作用，可明显提高受照射动物的存活率，减轻辐射所致骨髓细胞染色体损伤，改造造血功能，对造血系统损伤有明显保护作用。“500”能提高小鼠受照射后的存活率，延缓放射病症状的出现时间，减轻症状的严重程度，对骨髓有核细胞、造血干细胞和祖细胞都有明显辐射防护作用，并能促进它们的恢复。无论是照前给药还是照射后给药，对受照小鼠造血干细胞的增生和分化都有明显促进作用。

高分子化合物 聚离子化合物、具有干扰素诱导功效的多聚物具有辐射防护作用。其中葡聚糖硫酸酯钠盐作为阴离子化合物能提高受照射的大鼠外周血淋巴细胞数，能显著提高受照射小鼠存活率。腹腔注射给药对造血系统有保护作用，促进其早期恢复。

中草药 具有清热解毒、活血化瘀、补血益气、养阴、升白细胞的中药均有不同程度的抗辐射作用，机制主要为清除自由基、抗氧化、保护 DNA、保护免疫和造血系统等。中药抗辐射效果显著，活性成分广泛，毒副作用低，作为辐射防护药物具有广阔前景。

单味中药人参、灵芝等单味中药提取物具有较好的抗辐射作用。人参能提高放射治疗后小鼠空肠隐窝细胞的存活率，增加内源性脾克隆形成率，减少细胞凋亡。灵芝能够提高照射小鼠白细胞总数和巨噬细胞吞噬能力，提高 30 天存活率，延长平均存活时间。

中药中的不同组分中药的多糖类具有明显的抗辐射作用，与抗免疫损伤、保护造血系统、清除自由基等有关。其本身毒性低，无蓄积作用。香菇多糖、猪苓多糖等制剂已应用于临床；酚类成分可以抑制体内自由基产生，降低脂质过氧化反应，具有抗辐射、抗癌和抗衰老等多方面的功效，能明显提高照后小鼠的存活率、外周血白细胞数和外周血超氧化物歧化酶活性、降低骨髓嗜多染红细胞微核率；生物碱类对造血组织具有保护作用，可以显著促进照射小鼠外周血血小板数和白细胞数的回升，提高存活率。香豆素类可抑制 cAMP 磷酸二酯酶的作用，产生辐射防护作用。4-甲基-6-烯丙基-7-乙酰氧基香豆素毒副作用低、抗辐射活性高。

中药复方制剂中药复方如补肾泻肝才能改善辐照小鼠的外周血象，增加骨髓有核细胞数，增加粒系祖细胞集落形成单位数量，对放射治疗所致白细胞减少有显著疗效。四物汤对受照小鼠的骨髓造血祖细胞有很好的保护作用。

细胞因子 利用基因重组技术制备了包括粒细胞-巨噬细胞集落刺激因子（granulocyte-macrophage colony-stimulating factor，GM-CSF）、粒细胞集落刺激因子（granuloayte colony-stimulating factor，G-CSF）、白介素（interlukin，IL）等多种造血细胞生长因子。

IL-1 是第一个被证明具有辐射防护作用的细胞因子，照射前注射可以减轻电离辐射对小鼠的致死效应，且具有剂量依赖性。重组人白介素 3（rhIL-3）与 GM-CSF 联用后，能明显抑制照射引起的淋巴细胞百分数的降低以及 T 细胞和 Th 细胞的降低。IL-6 对不同组织细胞辐射的保护作用不同，与机体细胞中 IL-6 数量、亲和力等存在差异有关。G-CSF 和 GM-CSF 可刺激早期具有多向潜能的造血祖细胞增殖和分化，在临床上广泛用于中性粒细胞减少症。干细胞因子本身不刺激集落的生成，但与其他生长因子（GM-CSF、G-CSF、EPO 等）有较好的协同作用，能促进多系造血祖细胞的增殖与分化。

细胞因子辐射防护作用的机制主要有：①通过诱导线粒体一些酶的表达，降低辐射引起的自由基的过氧化损伤。②通过诱导 Bcl-2 减少细胞凋亡，通过上调 Bcl-2 和 Bcl-L，下调 Bax 的表达，抑制受照细胞凋亡，达到辐射防护作用。③诱导正常处于禁止状态的早期祖细胞进入细胞周期，使其处于具有较好抗辐射性质的晚 S 期。④保护受照动物骨髓造血干细胞和造血微环境基质细胞。

代表药物 包括以下几种。

盐酸胱胺 能减轻放射治疗后血液中白细胞计数减少的程度，使血液淋巴细胞染色体畸变率和骨髓分裂细胞畸变率降低。优点是口服有效、结构简单、性质稳定。但作为预防用药的毒副作用仍较大，主要表现是对胃肠道的刺激，引起恶心、呕吐、血压下降，以及动物体重减轻等。

氨基丙氨乙基硫代磷酸酯（WR-2721）对多种射线都有很好的防护作用，对辐射所致动物体重下降，胸腺及脾系数降低，白细胞总数及骨髓 DNA 含量下降均具有明显的升高作用。WR-2721 可以明显减低照射小鼠骨髓细胞的微核率，对照射小鼠小肠有明显的防护作用，能明显提高照射小鼠肠隐窝细胞的存活，对免疫反应 B 细胞和 T 细胞有良好的辐射防护作用。明显提高小鼠脾空斑形成细胞的辐射抗力，WR-2721还可纠正照射动物组织DNA代谢的紊乱。该药辐射防护效价高，毒性较低。

N,N-二乙基硫辛酰胺 可减轻射线对骨髓细胞的损伤，对造血组织有明显的保护作用，主要表现在骨髓有核细胞数和核酸含量降低程度明显减轻。N,N-二乙基硫辛酰胺肌内注射后吸收很快，在骨髓组织中有一定量的分布，其浓度与对动物的防护效价大体一致。

（董俊兴）

fàngshèxìng hésù zǔxīshōu yàowù

放射性核素阻吸收药物（absorption preventive agents of radioactive nuclides） 能够有选择性地阻止或减少放射性核素（碘、锶、铯、钡、镭、氚等）吸收，减轻其进入机体后引起的急性内照射，降低对机体损害的药物。

分类 放射性核素阻吸收药物主要有无机盐、凝胶或沉淀剂、中药等三大类。按照阻吸收核素的类型分为：①减少放射性碘吸收，碘化钾。②阻止放射性锶、钡、镭吸收，褐藻酸钠。③阻止放射性铯吸收，普鲁士兰。

无机盐 核事故时放射性碘可释放到环境中，容易沉积于甲状腺而引起内照射。口服碘化钾后，甲状腺与稳定性的碘结合，可明显减少放射性碘在甲状腺吸收和引起的内照射。碘化钾是放射性碘的特异性阻吸收剂，能阻止放射性碘在甲状腺的沉积而引起的内照射。褐藻酸钠是锶的阻吸收剂，能对混合裂变产物中的锶特异性阻吸收而不能阻止其他核素的吸收；普鲁士兰是铯的特异性阻吸收剂，只能阻止混合裂变产物中铯的吸收。在分别使用的情况下，能不同程度地降低组织和尿中放射性核素的含量。普鲁士蓝阻吸收的作用比褐藻酸钠更明显，源于铯在此混合裂变产物中所占比例比锶大（铯是锶的273倍）。两种阻吸收剂同时使用显示出比分别单独使用更明显的协同作用。

凝胶或沉淀剂 磷酸铝、硫酸钡、磷酸二钙可用作放射性锶的阻吸收药物。氢氧化铝凝胶具有较高的阻吸收作用，在预防性给药的措施中，发现氢氧化铝凝胶的阻吸收疗效优于磷酸铝。锶、钡、镭等二价放射性核素可用硫酸钡、磷酸二钙、氢氧化铝凝胶等沉淀剂。

中草药 口服中药鸡内金水煎液可使尿锶排出量比对照组高3倍，使骨中锶蓄积量降低。在放射性锶沾染前、后24小时给予鸡内金都有明显疗效，以提前1小时给药疗效最高，鸡内金排锶效果稳定，尿锶排出比对照组高518倍。甘草、土茯苓等对放射性锶也具有较好的阻吸收和促排效果。排氚片由黄芪、茯苓、猪苓、泽泻、白术、桂枝、桔梗等中药组成，具有调节免疫以及阻止和排出氚的作用，用于预防放射性核素对机体的损害效果较好。

代表药物 主要有以下几种。

碘化钾 为无色透明或白色透明的结晶或白色颗粒状末，无臭，带苦、味咸，有引湿性，在水中极易溶解。是普遍装备的放射性核素阻吸收药。

人体摄入放射性碘后，可迅速地被吸收入血，1小时内吸收量可达摄入量的75%以上，并很快地转移至甲状腺内。^{131}I半衰期为8.3天，在摄入后24小时人体甲状腺内活度达到峰值，甲状腺是体内受照射剂量最大和主要受损害的器官。口服大量碘化钾后，稳定性碘可迅速进入甲状腺并达到饱和，抑制甲状腺进一步摄取放射性碘，减少放射性碘在甲状腺内的蓄积量，降低受照剂量。碘化钾应在污染前或污染后立即使用才能达到最大限度的保护。在照射后4小时服用碘化钾可使得保护作用降低一半，24小时后使用无效。在污染前或污染后应及时口服100mg，最迟不宜超过污染后4小时。在持续受到污染的情况下，可以重复用药。本品不良反应很少，一般长期大量使用才可能出现不良反应。已知对碘或碘化物过敏者禁服。饭后服用可减少对胃肠道的刺激。

褐藻酸钠 由D-甘露糖醛酸和L-古罗糖醛酸通过1，4碳原子键结合的多糖。从裂叶马尾藻中提取，易溶于水，不溶于乙醇。口服后在胃肠道内基本不被吸收，与摄入的放射性锶作用后，可形成褐藻酸锶盐，随粪便排出。除锶以外，还可与钡、镭形成稳定的化合物，其结合能力随原子半径增大而增强。褐藻酸钠用于意外地摄入大量放射性锶、钡、镭等核素时或在放射性锶等核素严重污染的环境内停留或工作时。经口污染4小时内，将本品10g溶于500ml水口服；吸入污染后，首次口服本品溶液150～250ml，以后每3～4小时口服150ml。本品多次连续服用，可出现一过性腹胀或便秘。停药后可自行恢复。有活动性消化性溃疡或出血患者禁用，有习惯性便秘者慎用。服用期间少食含锶食物，并辅以多渣食物。

普鲁士蓝 即亚铁氰化铁，为深蓝色结晶粉末，无味，不溶于水和乙醇。口服后不被肠道吸收，在肠道内能有选择地与铯（摄入或由肠腺再分泌）结合，开

成稳定的亚铁氰化铯盐，由粪便排出，因此可减少放射性铯的吸收，加快其代谢。临床试验结果表明，一天内用药次数增多，效果更好。普鲁士蓝应用于意外摄入、吸入大量放射性铯以及较长期居住或工作于放射性铯明显增高的环境时。每次用量1g，每日3次，连续5天为一疗程。本品无明显副作用，活动性胃溃疡或消化道出血者禁用。

（董俊兴）

fàngshèxìng hésù cùpái yàowù

放射性核素促排药物（excretion promoting agents of radioactive nuclides） 在体内能选择性地与沉积的放射性核素的阳离子结合，形成稳定、可溶性络合物，很快地经肾排出体外，减少体内放射性核素沉积量的药物。

分类 放射性核素促进排出药物主要有无机盐、胶体、有机螯合剂、利尿药等几大类。

无机盐 ①碳酸氢钠：在众多排铀化合物中碳酸氢钠效果最好，临床上用于治疗铀中毒的基本方法是注射1.4%碳酸氢钠溶液。碳酸氢钠有一定的副作用，如碱化尿液，可能引起机体酸碱平衡失调，出现低钾血症或碱中毒。②氯化铵：造成代谢性酸中毒，通过使骨质分解代谢达到排锶的作用，沉积在骨骼中的锶通常采用脱钙疗法，可服用氯化铵。

胶体清除剂 锆盐或聚磷酸钠盐在生理条件下水解成胶状氢氧化物和磷酸盐，使钚、钍等共沉淀或通过吸附而去除。锆盐毒性小，易从体内除去，用于体内除钚有一定效果；聚磷酸钠与钚能形成与锆盐性质相似的胶体，使骨中钚量减少1/3，但胶体会在肝中积聚。胶体清除剂只能除去循环系统的钚，不能去除组织内的钚，胶粒大小可直接影响促排效果。某些清除剂如聚磷酸钠盐还具有一定的生物毒性，在一定程度上限制了胶体清除剂的使用。

有机螯合剂 绝大多数放射性核素促排药物均属于此类，包括巯基化合物（如可从有机体内排出汞、铝、钒、镉、锑、铅、铋等金属的2,3-二巯基丙醇等）、生物螯合剂（如用于铜、钋、钨、镭促排的维生素C、烟酸、吡啶甲酸、红酵母酸、新曲霉酸、万古霉素、羟基四环素等）、超分子及分子印迹技术（如可作为铀促排化合物的杯六、杯八芳烃，水溶性印迹交联壳聚糖）、氨酸螯合剂（如可用于促排钍、钚的促排灵、新促排灵）、磷酸类螯合剂、邻苯二酚类螯合剂（CAM类）、羟基吡啶酮类（HOPO类）螯合剂。研究应用较多的是磷酸类、邻苯二酚类、羟基吡啶酮类，已表现出很好的排铀和排钚特性。

邻苯二酚类 该类药物有钛铁试剂（Tiron）、811（喹胺酸）、7601（双酚胺酸）、H73-10、8102等，其结构中都有邻苯二酚基团，排铀效果均明显。喹胺酸对促排钍、锆有特效，口服和静脉滴注均有效，毒副作用小。7601、7603、8307、8102对钚、镅均显示不同程度的促排作用。构效关系研究表明，邻苯二酚的两个羟基氧原子上的配位电子能与各种金属离子形成稳定的络合物，因此其促排作用优于对、间苯二酚。

羟基吡啶酮类 含铁细胞络合单元主要是邻苯二酚或异羟肟酸，基于仿生学，将二者环合形成的HOPO，综合了邻苯二酚和异羟肟酸的结构和电荷特点，酸性又较二者强，具有很强的络合能力。因为高度的选择性、较强的络合能力及显著的生理活性，为促排药领域的一大研究热点。简单的双齿配体作为螯合剂时具有很大的局限性，为了进一步提高HOPO类螯合剂的促排能力，制备了混合配体。利用甲酰氨基连接的多齿HOPO衍生物较1,2-HOPO简单的双齿配体而言，增强了HOPO的酸性和稳定性。在与放射性核素螯合时能形成很强的氢键，使螯合物在生理条件下非常稳定。构效关系研究表明含有HOPO的配体能明显降低铀在软组织中的沉积。HOPO类用于促排放射性核素具有很好的应用价值。

羧酸类 氨羧化合物中应用最广的有乙烯二胺四乙酸钙钠盐（依地酸钙）、二乙烯三胺五醋酸钙钠盐（促排灵）等。它们对钚、钍、铈、镧、镅、锕等有显著的促排效果。对于钴、锌、铯、铀等也有一定疗效。临床应用表明二乙烯三胺五乙酸的促排效果显著高于乙烯二胺四乙酸；羟羧化合物是一类在机体血液中存在的自然络合物，如柠檬酸、乳酸、酒石酸等，能破坏放射性核素与蛋白质的牢固结合，逐渐使其转变为水溶性络合物。柠檬酸钠能增加钚、锶在体内的排出。

巯基类 巯基化合物能与钋形成稳定的络合物，随尿液、粪便排出。在促排效果上，二巯基丙烷磺酸钠优于二巯丙醇。二巯丙醇的毒性较大，可有头痛、恶心、腹痛、心动过速等不良反应，而二巯丙烷磺酸钠的毒性较小。同二巯丙烷磺酸钠相同剂量的二巯丁二钠对钋有更好的促排效果，毒性更小，偶有头痛、乏力。但其水溶液不稳定，宜在临用前配制。

磷酸盐类 多磷酸型化合物中六偏磷酸盐及三甲基磷酸盐对

锶、铯有较好的促排效果。但该类化合物毒性较大，在组织中经酶作用后变成磷酸而放出 H^+引起组织酸中毒。聚胺的磷酸衍生物对体内铀的促排有特效，可作为铀的特殊解毒剂。该类药物口服时在胃肠道吸收率低，必须采用胃肠道外途径给药。

酰胺类 去铁草酰胺（DFOA）是由放线菌株中分离出的铁胺组的多肽物质，对铁有较强的络合作用，临床上用于治疗急性铁中毒。

利尿药 可引起利尿，使放射性核素随尿排出。此方法对促排碱土金属族放射性核素和减少其在骨内的沉积有较好效果。

代表药物 目前应用最广、效果最好的是氨羧酸化合物，主要有促排灵和新促排灵。

促排灵 即二乙烯三胺五乙酸三钠钙盐，在体内能够选择性地与超铀、超钚和稀土等放射性核素的阳离子结合，形成稳定、可溶的络合物，经肾排出体外，减少体内放射性核素的沉积量。

促排作用因核素种类、给药时间、给药途径和剂量不同而异。其中给药时间对促排效果的影响最大。随给药时间的延迟，排出率明显降低；吸入给药能明显减少吸入肺内的放射性核素在体内的沉积量；静脉或腹腔注射给药只能减少非吸入途径所致的体内核素污染，而不能减少肺内的沉积量。在一定范围内，剂量增高，促排效果也增高。

促排灵应用于人员进入空气中放射性核素浓度明显增高，有可能使吸入核素超过年摄入量限值的场所前；确知或怀疑受到放射性核素内污染后。已知污染后应尽早用药，时间越近，用药效果越好；预防用药的时间也以距离污染时间越近越好；对吸入途径造成的内污染，最好采用吸入给药。

本品进入机体后能与体内的微量金属离子形成络合物而排出，故用药时需注意补充微量元素。不良反应有口腔溃疡、咽炎、发热和缺锌引起的毒副作用，孕妇、严重肾病者禁用，急性呼吸道或咽喉部炎症者禁忌吸入给药。

新促排灵 即二乙烯三胺五乙酸三钠锌盐，药理作用同促排灵。新促排灵的促排效果弱于促排灵，在污染的最初 24 小时内，应首选促排灵，随后再应用新促排灵。促排灵引起缺锌的毒副作用可以被新促排灵克服，新促排灵造成的低钙血症可由促排灵弥补。

单独使用的剂量与方法同促排灵。若长期使用，促排灵和新促排灵应该交替使用或配合使用。

（董俊兴）

héfúshè sǔnshāng xīnlǐ zhàng'ài zhìliáo

核辐射损伤心理障碍治疗

（therapy of psychological disorder after nuclear radiation injury）

对核辐射事件刺激造成的救援人员或被救人员心理障碍进行干预的行为。

病因及发病机制 核辐射不但能对人体造成不同程度的损伤甚至死亡，还会对伤员及公众造成心理障碍，出现不同程度的心理和生理反应（应激反应），轻者很快消失，严重时影响健康甚至造成心身疾病（主要表现为应激性精神创伤），其负面影响甚至持续很长时间。

临床表现 人们在面对核辐射时会产生一系列身心反应，一般维持 6～8 周，主要表现如下。①生理方面：肠胃不适、腹泻、食欲下降、头痛、疲乏、失眠、噩梦、容易惊吓、感觉呼吸困难或窒息、肌肉紧张等。②情绪方面：常出现害怕、焦虑、恐惧、怀疑、不信任、沮丧、忧郁、悲伤、易怒，绝望、无助、麻木、否认、孤独、紧张、不安，愤怒、烦躁、自责、过分敏感或警觉、无法放松、持续担忧、担心家人安全，害怕死去等。③认知方面：常出现注意力不集中、缺乏自信、无法做决定，健忘、效能降低、不能将思想从事件上转移等。④行为方面：社交退缩、逃避与疏离，不敢出门，容易自责或怪罪他人、不易信任他人等。

核辐射影响的心理反应过程，一般大致可分为警报期、冲击期、复原期、调整期和远期效应。每期有其共性的心理反应特点。①警报期：一般表现为心理恐慌，听信谣言，或者不听从和不相信等表现。②冲击期：又称灾难期，受害者出现茫然、眩晕、焦虑、痛苦和迷惑等灾难综合征，此期心理灾害的直接破坏作用达最高峰，可经历数分钟至数小时或更长时间。③复原期：伤害的直接破坏作用已消退，人们在事故伤害中的处境已明朗，表露出焦虑、害怕、愤怒的情绪。④调整期：从获得确实的安全时起转入这一期，受害者领悟到所受的各种损失，常见反应有疲劳、焦虑、噩梦、抑郁和一时性混乱等。⑤远期效应：包括焦虑、生存内疚感和其他心理生理症状。人们会产生一种条件恐惧反应，降低控制感情的能力，痛苦记忆会多次再现。冲击期精神和行为失常的人，在长期效应里可能发展为慢性或严重精神病态。

诊断 包括以下内容。

急性心理应激反应 包括以

下内容（表1）。

急性焦虑反应　是急性心理应激反应临床表现中的一种综合征。核辐射导致产生此类精神障碍的高危人群包括：①直接受照者。②发生事件前由于有精神病史而易受影响者。③事件后遭受财产损失和社会支援中断者。此类患者常担心自己会发生严重疾病，或怀疑自己已患放射病等，进而激发情绪反应，以此反复，形成恶性循环，导致惊恐、惧怕，其中部分人可能发生精神病。这部分人既往大多是无精神病史。

迷走神经反应　可能使人感到身体某个部位剧烈疼痛和情绪紊乱，有时可引起意识丧失。应激反应的心理反应和生理反应通常作为一个整体出现，许多症状出现与心输出量急剧下降、血压降低、脑血流量减少有直接关系。

过度换气综合征　临床表现胸闷、窒息感、呼吸困难等呼吸系统症状。由于过度换气，二氧化碳丢失过多，引起呼吸性碱中毒；二氧化碳分压下降，造成脑动脉收缩、脑血流量下降，临床表现眩晕和晕厥。严重碱中毒可致血压降低，出现手足抽搐、心电图改变和胸痛等。

慢性心理应激反应　临床表现与急性心理应激反应临床表现相同，但不如后者强烈。典型综合征是神经血管性虚弱、自觉疲劳、呼吸困难、心悸和胸痛等。慢性心理应激反应也常出现焦虑反应伴生理反应，如交感肾上腺髓质系统活动增强，表现为心率增快、血压升高、脉压增大，有时还有头痛、全身不适、腹泻和便秘等症状。

治疗　包括以下内容。

加强宣传教育　是减缓或防止核辐射的心理效应最根本的措施，使公众对电离辐射的性质、危害及防护措施有科学、正确的认识。①对基层医务人员必须进行必要的专业技术教育与培训。经验表明，公众对经常联系的医师和医疗机构较信任。②教育培训小学教师，因为他们是对公众进行宣传教育，传播有关辐射危害、辐射防护等科普知识的重要力量。③教育、培训有关行政和专业部门的领导层和工作人员，提高对此问题的认识和主动性。若他们不了解有关的基本知识，则很难理解陌生的技术问题和术语，无法向群众宣传、解释，甚至怀疑或否定政府的正确决策，出现不协调的言论或行动。④做好公众和新闻媒介系统的教育工作。凡参与核事故有关新闻报道的人员，必须先接受教育，以免提供或传播错误信息，加剧公众的思想混乱。⑤对公众的宣传教育，要有统一的大纲或纲要，以免各抒己见。还应形式多样，生动、易懂。让一般群众参加适当的事故应急工作，有利于提高他们对辐射特点及人员照射情况的了解，对减轻核事故对公众的不良心理影响有益。⑥宣传教育实施中，应鼓励当地官员、社区居民代表及新闻部门的人员共同参与制订计划和具体实施，以取得较好的效果。

重视舆论导向，做好信息服务　信息的发布与传播是影响公众心理反应最重要的因素。因此有关主管部门应积极主动掌握舆论，做好信息的发布与传递工作。核与辐射突发事件发生时，主管部门一般都不愿发生人群恐慌和秩序混乱等问题，因此必须控制舆论。信息的发布必须有组织、有计划地进行。应由一个权威性的政府信息部门统一发布相关信息。信息的发布与传播，还应将事件情况通报与应采取的防护措施结合。不应将有分歧或未确定的见解公开地“自由”地传播到群众中去，以避免加剧对公众的心理影响。加强舆论导向和信息服务过程中，还应注意表彰先进，鼓舞士气，增强克服困难、战胜灾害的信心。

采取有效的心理干预措施　发生核与辐射突发事件时，需采取适当的心理干预措施，避免引起思想混乱，减轻事件引起的群众心理效应。对群众采取心理干预措施应当由心理专业人员组织实施。其基本方式包括心理辅导、集体晤谈和治疗性干预。

心理辅导　对具有恐惧和焦虑的人员，可采取单独心理辅导的方法，进行解压及缓解应激状态。例如，讲解射线的性质和损伤特点；心理反应的普遍性、必然性特点；主动接纳和缓解紧张情绪，如放松训练等；采取积极、

表1　急性心理应激临床综合征

综合征	症状	体征
急性焦虑反应	烦躁不安，过敏，震颤，呼吸困难，心悸，出汗，食欲减退，恶心，腹部不适	皮肤湿冷，苍白，瞳孔散大，气促，深大呼吸，血压升高
迷走神经反应	虚弱，头晕与晕厥，精神错乱，出汗，恶心，腹部不适	面色苍白，出汗，皮肤湿冷，心动过缓，血压下降
过度换气综合征	头晕、虚弱，呼吸困难，窒息感，胸部压迫感，心悸，指端麻木	手足抽搐，痉挛

恰当的态度应对；开展舒缓紧张情绪的活动；保持正常的进食、睡眠和工作习惯，增加营养，提高免疫力；保持正性、平衡的健康心态，多看有利因素，避免消极的应对方式等。

集体晤谈　是一种系统的、通过交谈减轻集体心理压力的方法。可以按不同人群分组进行集体晤谈。这种集体晤谈定位为一种心理服务的方式，通过交流、倾诉、解释、辅导、自我解脱、相互解脱的方法，解除群体共同的心理压力。对怀疑自身受到辐射，感觉异常的人员，以及确诊为放射病而住院的伤员进行集体晤谈的效果较好。

治疗性干预　对心理应激严重的人员，可以采取各种取向的个别心理治疗，如支持性心理治疗、认知治疗、认知行为治疗、放松训练等，以及集体治疗、婚姻及家庭治疗等。心理治疗的同时，可以配合精神药物治疗。急性期伤员的精神心理治疗原则是简短、及时、就近、集中、着眼全面恢复、浅显。治疗目标是促进患者面对、接受、加工、整合被压抑的和难以承受的情绪。治疗方式包括个别治疗、集体治疗，适当配合镇静和缓解激越的药物治疗。创伤后应激障碍的治疗可用心理治疗与药物治疗相结合。心理治疗可采取针对各种取向的个别治疗、集体治疗、放松训练、眼球运动脱敏和再加工、社会康复治疗等方法。

（陈肖华）

héfúshè sǔnshāng shèhuì xīnlǐ gānyù

核辐射损伤社会心理干预

（psychosocial intervention after nuclear radiation damage）　有计划、有步骤地对包括受核辐射损伤对象在内的社会公众的心理活动、个性特征或行为问题施加影响的行为。核辐射在造成机体损伤的同时，会对人员造成心理和精神压力，引发一系列卫生与社会问题，造成很大的社会心理影响，可导致公众心理紊乱、焦虑、恐慌和长期慢性心理应激，不仅影响心理和身体健康，还可促使正常的社会生活和生产秩序发生混乱，对社会活动的各个领域发生作用，造成严重的政治影响和经济损失。

理论基础　核辐射不但能对人体造成不同程度的损伤甚至死亡，还会对伤员及公众造成心理障碍，出现不同程度的心理和生理反应（应激），轻者很快消失，严重者影响健康甚至造成心身疾病（主要表现为应激性精神创伤），其负面影响甚至持续很长时间。核辐射对人群的社会心理影响很大，可对政治、经济和社会生活造成较严重的干扰和破坏。国外发生的几次重大核辐射事故的经验证明，由它引起的公众社会心理影响所造成的健康危害和在政治、经济等方面的损失，远比核辐射所致直接危害和损失要大。例如，1979 年美国三哩岛核电站事故，释放出的放射性物质对人体健康影响甚微，事故最主要的健康影响是心理应激。事故导致的个人最高剂量当量仅 0.8mSv，但有半数以上的人感到害怕，自发逃离者达 14 万人以上，促使 7 万多人的反核势力进军华盛顿。事故后骚动牵涉大部分居民，许多计划和工作处于停顿状态，经济损失在 10 亿美元以上。又如，1986 年苏联切尔诺贝利核电站事故，在受放射性物质污染地区的居民中并未有急性放射损伤的报道。事故后 4 年，经国际原子能机构（International Atomic Energy Agency，IAEA）组织有关专家和专业人员进行的全面医学观察，也未发现辐射引起的健康危害。尽管如此，对广大公众却造成了比三哩岛核辐射事件更严重的社会心理影响，出现精神紊乱和所谓的射线恐怖心理，许多人陷入深深的忧虑，害怕事故后果危及自身和后代。有些人无计划地四处投奔亲友，造成交通拥挤和社会混乱。一些邻国也受到影响，争先恐后地抢购粮食和食品，盲目使用碘剂和抗辐射药物，要求堕胎的人数明显增加。这次核辐射事件引起全世界前所未有的核恐慌心理。在经济方面，按事故期间的价格粗略估计，苏联在这次核事故中已造成的损失超过 2000 亿卢布。由此可见，对由辐射导致社会心理危机的干预是辐射应急工作中的重要环节。

基本方法　在实施心理危机干预时专家组应给政府及相关部门提出建议：如果有些医院伤员及家属过于集中，会给救援工作和善后处理带来一些隐患，建议尽量分散救治；对于死者家属的安置尽可能分散，持续有人陪伴，提供支持帮助；防止他们在一起出现情绪爆发，影响善后处理；对死伤者及其家属的信息通报要公开、透明、真实、及时，以免引起激动情绪给救援工作带来继发性困难；在对辐射伤员及家属进行心理救援同时，政府各部门要对参与救援人员的心理应激加以重视，组织他们参加由专业人员提供的集体心理辅导；动员社会力量参与，利用媒体的资源向暴露公众宣传心理应激和精神健康知识，宣传应对辐射的有效方法，动员当地政府人员、援救人员、医务人员、社区工作者或志愿者接受工作组的培训，让他们参与心理援助活动；定期召开信息发布会，将救援工作的进展情况及已做的工作让公众了解，注意发布前将必须传达的信息做好整理，回答记者的问题要尽可能精确和完整，尽可能保证属实。如果没有信息或信息不可靠，要如实回答，积极主动引导舆论导向；积极与指挥部沟通，进一步协调各部门关系，保证心理危机干预工作的顺利进行。

心理危机干预流程：联系救援指挥部、各家医院，确定地震灾难伤员住院分布情况，以及进入现场救援的医护人员情况；拟定心理危机干预培训内容、宣传手册、心理危机评估工具，并紧急印刷；召集人员，及时开展技术培训，统一思想，心理危机干预技术、流程、评估方法等技术路线都应统一；如需要，紧急调用当地精神卫生机构的人员和设备；分组到各家医院、社区和需要的地方，按计划对不同人群进行访谈，发放心理危机干预宣传资料；使用评估工具，对访谈人员逐个进行心理筛查，评估重点人群；根据评估结果，对心理应激反应较重的人员当场进行初步心理干预；访谈结束后，将访谈结果向当地负责人进行汇报，提出对高危人群的指导性意见。特别要交代灾区工作人员在照顾高危人群时的注意事项，包括简单的沟通技巧以及工作人员自身的心理保健技术；对每一个筛选出有急性心理应激反应的人员进行随访，强化心理干预和必要的心理治疗，治疗结束后再次进行心理评估；现场救援人员经常出现应激反应包括地震灾难场景的闪回、情绪不稳定、焦虑、食欲差、失眠、工作效率下降等，对救灾工作的组织者、社区干部、救援人员进行集体讲座、个体辅导、集体晤谈等干预处理；及时总结当天工作，最好每天晚上召开碰头会，对工作方案进行调整，计划次日的工作，同时进行团队内的相互支持，最好有督导；全部工作结束后，及时总结并汇报给有关部门，全队最好接受一次督导。

辐射社会心理危机干预工作是一件需要事先培训，同时需要督导的工作。所有心理危机干预工作要本着“只帮忙，不添乱”的基本原则进行。心理危机干预中发现的问题和建议应及时向有关部门汇报，以取得重视并采纳，使有关措施有力落实。

（陈肖华）

héfúshè sǔnshāng jīngshéng zhàng'ài zhìliáo

核辐射损伤精神障碍治疗（therapy of psychological disorder of nuclear radiation damage）

对核辐射导致的精神障碍如急性应激障碍、创伤后应激障碍、焦虑障碍、抑郁障碍、谵妄等进行干预的行为。由于患者存在意识和定向问题，他们的自我保护和自我照顾能力很差，在核与辐射突发灾难环境下，特别需要救助人员的帮助，包括基本的进食和饮水、睡眠节律的保持等。救助人员应尽可能创造相对稳定的环境，包括安排患者相对熟悉、能与其进行交流的帮助人员。对患者的护理以维持稳定规律的生理节奏为基础，保证进食、饮水、如厕、睡眠等。为防止患者外走（在癔症状态下有时出现），需要有人陪伴或经常能够关照他们的存在。其处理原则主要是提供安全的环境和对症治疗。安全不仅指生命安全，更重要的是能否给患者安全感，特别是必要的心理支持（如来自亲人、熟悉的工作人员的交流和照顾）。

对症治疗上，对于意识模糊和兴奋躁动者，可以试用小剂量镇静药物（抗精神病药，如抢救药物中有的氟哌啶醇，有针剂也可口服，且纯度更高，吸收更可靠，副作用比同剂量片剂小），逐渐加量，摸索出适合患者的剂量，以能达到镇静作用，而不引起过分嗜睡（可略嗜睡）为准。若有外伤，应妥善处理疼痛，如果条件许可，应达到完全镇痛。焦虑明显时辅助以小剂量抗焦虑药物（睡眠作用相对较弱、短半衰期的苯氮䓬类）。夜间若有睡眠紊乱，可以辅助以催眠药如艾司唑仑。

需要注意，以加大苯氮䓬类药物剂量对抗兴奋，不仅效果有限，而且剂量大，易加重甚至引起谵妄，还有肌松、呼吸抑制等副作用。在这种情况下，特别是伴谵妄（心因性谵妄或确有器质性脑损伤谵妄）者，苯氮䓬类药物的使用是在抗精神病药物镇静作用的基础上起辅助作用。若有抽搐（可疑癫痫发作），可以选用丙戊酸钠、卡马西平等抗癫痫药物，既有抗癫痫作用，也有情绪稳定作用。需注意的副作用是剂量大可加重或引起谵妄。

（陈肖华）

héfúshè sǔnshāng yīxué suífǎng

核辐射损伤医学随访（medical follow-up of nuclear radiation damage） 对急性放射病患者临床治愈出院后继续以通讯联系或预约的方式定期来医院接受医学复查，以便及时发现和处理后续损伤的方法。

目的和意义 通过随访可以了解急性放射病患者治愈出院后全身各系统是否有异常，是否有放射性肿瘤或遗传效应、放射性白内障、再生障碍性贫血等其他远后效应，指导患者康复，继续对患者进行全程医学追踪观察。医学随访可以提高医院前及医院后服务水平，同时方便医师对放射病患者进行跟踪观察，掌握第一手资料以进行统计分析、积累治疗经验和人类辐射危害评价的远期效应资料，同时也有利于放射医学科研工作的开展和医务工作者业务水平的提高。

随访方法 放射损伤长期医学随访应遵循以下原则：按受照剂量大小或放射病病情区别对待；随访检查与必要的治疗（处理）相结合；必查项目与推荐项目相结合；专业单位与非专业单位相结合。检查周期：急性放射病后前6个月检查1次，轻、中度者每年检查1次，重度以上者每半年检查1次，3年后可每年检查1次，10年后均每2~3年检查一次。若照射后2~3年随访复查正常者，可酌情延长间隔时间，或停止有关项目的继续复查。检查项目见表1。

注意事项 随访期间，检查项目较多，有的指标需患者住院检查，为了取得他们的密切配合，要多与他们交流，尽量减轻心理和精神压力，使受访者身心始终处于良好状态，面对现实，从而能够勇敢地迎接各种挑战。关心爱护随访观察对象，尽量解决其有关困难。随访检查须与必要的治疗（处理）相结合，应在适当的营养、必要的药物、体疗和促进身心健康进一步恢复的条件下进行医学随访。观察阶段一般给予高蛋白饮食，如体表烧伤创面较大则适当增加蛋白质摄入量。有创面的受照射人员可辅以维生素 B_1、维生素C等治疗，白细胞计数严重下降且顽固者可酌用造血细胞生长因子治疗，在贫血阶

表1 核辐射损伤长期医学随访检查项目

序号	检查系统	必须检查项目	推荐检查项目
1	造血系统	血常规、网织红细胞计数、骨髓细胞形态、细胞内外铁、活化部分凝血活酶时间（APTT）、纤维蛋白原（Fib）定量	骨髓细胞组化、电镜、骨髓细胞遗传学分析，造血祖细胞培养，红细胞酶谱及其膜蛋白组成与功能检测，血栓弹力图检查
2	免疫系统	免疫球蛋白（Ig）定量，自身抗体如抗核抗体（ANA）、类风湿因子（RF）、循环免疫复合物（CIC）、植物血凝素（PHA）淋转指数、T细胞亚群、自然杀伤（NK）细胞	红细胞免疫功能（补体受体Ⅰ型基因数量及活性）、T细胞抗原受体
3	内分泌系统	甲状腺有无结节、血清TT3、TT4、FT3、FT4、TSH、皮质醇、血钙、磷、镁、尿钙、磷、胰岛素定量、血糖、睾酮、雌二醇	促肾上腺皮质激素（ACTH）、促黄体生成素（LH）、促卵泡激素（FSH），催乳素（PRL）、肾素、血管紧张素（AT-1、AT-2）、醛固酮、糖耐量试验
4	生殖系统	男性精液中精子数量、活动度、畸形精子	精子电镜检查
5	眼科检查	视力、视野、晶状体裂隙灯检查	晶状体裂隙灯检查、照相
6	神经系统	自主神经系统检查，脑电图，脑血流图	视神经诱发电位，神经传导速度，肌电图，握力测定，智商、应变能力测定
7	后代子女	常规体检、细胞遗传学检查	
8	循环系统	心电图，心功能测定，心肌酶谱检测，血液流变学，甲皱微循环测定	有指征者行超声心动图，24小时动态心电图
9	呼吸系统	正、侧位胸片（应在染色体检查后）	有指征者行血气分析
10	消化系统	肝功能全套，肝、脾、胆、胰腺B超，蛋白电泳，甲胎蛋白（AFP），癌胚抗原（CEA），甲肝抗原（HAV），乙肝抗原（HCV），血和尿淀粉酶	血清甘胆酸，有指征时胃肠镜或胃肠道钡餐检查
11	泌尿系统	尿常规（包括尿糖、酮体、尿胆原、胆红素），尿微量蛋白，尿溶菌酶，肾功能，中段尿培养（包括细菌、真菌），肾、膀胱、前列腺B超（50岁以上）	β2微球蛋白
12	五官检查	常规检查（包括电测听）	
13	骨科检查	常规检查（包括骨密度测定）	
14	其他检查		有指征者行磁共振成像

注：以上检查中前7项属必查项目，是每次复查的重点。其他检查内容为常规体检。

段按其类型，可酌情用铁剂（缺铁性或营养性）。对局部创面除急性期后，需进行皮瓣手术或游离植皮者，可酌用表皮生长因子等，对局部骨骼骨质疏松者酌用钙剂和治疗骨质疏松的药物。为促进免疫功能的恢复可酌情应用免疫调节制剂。对因创面不得不长期卧床活动受限的患者，可进行体疗。能下床活动者，根据体力情况，进行不同活动量的保健操，包括太极拳、气功锻炼。应适当运动。根据季节气候变化，做好防寒、防湿、防暑；增强体质锻炼，保持良好的精神情绪。促进身心健康进一步恢复。

（罗庆良　毛秉智）

hébàozhà sǔnshāng gōngchéng fánghù

核爆炸损伤工程防护（construction protection against the damage of nuclear weapon）　利用自然地形、器材、建筑物、工事和大型兵器等对核武器杀伤因素有一定防护作用的工程进行防护的行为。该类工程包括：自然地形如矮墙、花坛、土堆、深坑、桥洞、沟渠、堤坝；简易防护器材；建筑物如地下超市、商场、地下停车场；工事如地铁、人防工程和大型兵器如坦克、军舰等。核武器损伤简易防护与核武器损伤工事防护均属于核爆炸损伤工程防护。建筑物对核爆的防护效果，以及建筑物的墙体、房顶材料、厚度、门窗大小、房的高度有关，也与地面建筑、半地下建筑、全地下建筑的类型有关。民房对放射性落下灰有较好的防护效果，地窖效果更佳。室内动物体内放射性污染、皮肤污染均比室外低1~2个数量级。地铁和人防工事是较好的核爆工程防护措施。地铁车站对核爆有较好的防护作用，在空爆条件下，地铁车站未受到破坏，防护效果良好；在地爆条件下，地铁对光辐射、冲击波、瞬时核辐射和剩余核辐射有很好的防护效果，但地铁结构受到一定破坏，需加以改进。不同类型人防工事的防护效果各异，覆土厚度为1.5m的砖墙砖拱、砖墙混凝土盖板和三七灰土结构的这3种地下人防工事对核爆都有良好的防护效果。工事内的动物杀伤半径仅为开阔地面的1/7，但需改进防护门、通气口处的设计。

基本方法　人员在听到核袭击警报后，应关闭门窗，切断电源，熄灭炉火，然后携带个人防护用品及生活必需品，按预先方案有秩序地进入人防工程或地铁车站掩蔽。正在道路上的行人、车辆以及在公共场所的人员应听从指挥，迅速到附近的人防工程内掩蔽。核袭击来临时，对于来不及进入人防工程和其他掩蔽场所的人员，发现闪光不要惊慌奔跑，不要观看火球，应立即就近利用地形地物，横向爆心卧倒进行防护。若地形、地物较小，应重点保护头部，尽量避开高层建筑物及易燃、易爆物品。处在开阔地的人员，应迅速背向爆心卧倒，双手交叉垫于胸下，两肘前伸，脸部尽量夹于两臂之间，闭眼、闭口、腹部微收，停止呼吸，两腿伸直并拢。巨大响声过后，迅速戴上防毒面具或口罩，掸掉身上尘土，进行必要的皮肤防护，就近寻找人防工程掩蔽。室内人员发现核爆炸闪光后，应立即靠墙根、屋角或在床下、桌下卧倒或蹲下进行防护。注意避开玻璃门窗或高大框架，以免玻璃碎片或重物倒下造成间接伤害。

应用　在核武器爆炸情况下，指导核武器损伤暴露者或可能暴露者充分因地制宜地利用现有的自然地形、器材、建筑物、工事或大型兵器采取防护措施，减少核爆炸损伤，同时为管理者制定核爆炸损伤防护措施提供科学依据。

（陈肖华）

héwǔqì sǔnshāng jiǎnyì fánghù

核武器损伤简易防护（simple protection against the damage of nuclear weapon）　核武器爆炸时抓紧合理地利用服装和简易防护器材以减轻或避免核武器损伤的行为。

普通服装都具有一定的耐燃性能，因此在一定范围内能减轻或避免光辐射烧伤。当量2万吨的核爆炸，在距爆心1000~3000m的范围内，用草绿色军服布防护的动物，防护部位的皮肤可避免烧伤，而未防护的动物皮肤则分别发生Ⅰ度至Ⅲ度烧伤。服装的防护效果与材料本身的性质、厚度、颜色、疏密程度和穿着方式等有关。毛料的比布料的好，厚的比薄的好，浅色的比深色的好，致密的比疏松的好，宽敞着装的比紧贴身的好。例如，在日本广岛遭核袭击后，距爆心投影点1.5km处，穿深色衣服的人们，不但衣服被烧毁，皮肤也被烧伤，而穿白色的衣服，却起到了防护作用。再如，在百万吨级核武器空爆试验时，白毛巾由于疏松，防护效果比普通白布差；白色线手套，因紧贴皮肤，致使防护效果不如白布；双层白布的防护效果比单层白布明显高。氯丁橡胶雨衣，耐光辐射性能优于一般衣服。因此，在光辐射重度杀伤区以外地区穿着雨衣的人，可以减轻或避免烧伤。

聚氯乙烯伪装网对光辐射也

有一定的防护效果。在百万吨级核武器空爆试验时，用片状伪装网防护的动物，在光冲量 20cal/cm^2（1cal = 4.1868J）作用下未发生烧伤；同距离未防护的动物，则引起皮肤重度烧伤。片状伪装网比针状网的防护效果好。

偏振光防护眼镜根据偏振光和光电原理制成，对光辐射所致视网膜烧伤有很好的防护效果。防护眼镜收到闪光信号后，在 10ms 内可自动使减光倍数由原来的 50 倍增加到 5000～10000 倍。偏振光防护眼镜可供执行特殊任务的观测人员使用。普通有色或镀铬防光眼镜，可作为就便器材，对距爆心比较远的地区，也有些防护效果，但不能戴它看火球。

耳塞、坦克帽或将棉花等柔软物品塞于耳内，均能减轻鼓膜损伤。因此，处于简易工事内的人员，在见到闪光后，采取隐蔽动作的同时，应迅速用就便物品或手指堵塞外耳道，防止听器损伤。卧倒在开阔地面的人员，可不做此动作，以防将手烧伤。

利用光电或光敏物质的原理可以制成自动发烟装置，以核爆炸闪光作为启动信号，致使发烟装置内的发烟剂自动点燃，形成白色烟幕屏障，对光辐射所致烧伤有较好的防护效果。自动发烟装置，可作为经济价值大的重要设备的防燃烧措施之一。但烟幕受风力、风向的影响很大，安放位置应考虑到风向或几个风向同时安放。

基本方法 听到空袭警报，人员应立即利用地形地物迅速疏散隐蔽。遇到核袭击时，若发现闪光，应立即采取下列防护行动。防护效果取决于防护动作的迅速、果断和正确。

发现闪光，应立即进入邻近工事，注意避开门窗、孔眼，可避免或减轻损伤，如一次百万吨级氢弹空爆试验时，利用闪光启动，动物在一定时间内先后进入工事，均显示不同程度的防护效果。进入工事越快，效果越好。

邻近无工事时，应迅速利用地形地物隐蔽，如利用土丘、土坎、沟渠、弹坑、树桩、桥洞、涵洞等，均有一定防护效果。例如，在一次百万吨级空爆试验中，隐蔽在 120cm 高的土坎后和涵洞内的狗无伤存活，而开阔地面上的狗受到极重烧冲复合伤，分别于伤后第 2 天和第 4 天死亡。核爆炸时，若能及时合理地利用地形地物，在一定范围内可以减轻或避免其伤害。地形地物对 3 种瞬时杀伤因素都具有不同程度的防护作用。土丘、土坎、凹地和涵洞等地形地物，对光辐射的防护作用主要取决于形成的隐蔽区大小。地形地物高度越高，反斜面坡度越陡，距爆心越远，形成的隐蔽区越完全，防护效果越好。人员位于完全隐蔽区内，可避免烧伤；位于部分隐蔽区（挡住部分火球），可以减轻烧伤。例如，百万吨级核武器空爆时，距爆心投影点 5.3km 内的 50cm 高的土坎防护效果不明显，而距爆心投影点 8.2km 处 120cm 高的土坎，防护效果则很明显。森林、青纱帐对光辐射也有一定的防护作用，其防护效果与森林、青纱帐的种类、稠密度和生长季节有关。例如，生长在旺季稠密的森林可使光辐射削弱 80%～90%；稀疏的森林可削弱 50%～80%。但森林、青纱帐在光辐射作用下，一旦光冲量达到它们的燃点，可引起火灾，造成人员的间接烧伤。江河、湖泊和池塘等亦可利用。当见到核爆炸闪光后，人员立即潜水对光辐射和早期核辐射也有一定的防护效果。土丘、土坎和凹地等，对冲击波也有一定的防护效果。地形地物对冲击波的防护作用，主要取决于反斜面（背向爆心的一面）的坡度，坡度越陡对压力削弱越大。利用地形地物防冲击波时，应尽量隐蔽在地形地物的背面。因为冲击波在传播过程中，当遇到独立地物时，地物朝向爆心的表面，由于冲击波的反射作用，压力可增大 1～7 倍；侧面和顶部，压力大致与开阔地相等，但气流速度增大；后面人员隐蔽的位置压力显著降低，为开阔地压力的 60%～70%；在距地物后一定距离处，绕过地物的冲击波在此汇合，压力又增大。地物后面压力下降区域的宽度为地物宽度的 1/4～1/2，长度相当于地物的高度。隐蔽在土丘、土坎后的人员，可以在某种程度上免受早期核辐射的直接作用，但仍会受到核辐射的散射照射。地形地物越高，反斜面坡度越陡，距爆心越远，防护效果愈好。如万吨级核武器空中爆炸，高 0.4～5m 的土坎和土丘，反斜面坡度 20°～80°，可削弱早期核辐射的 1/3～1/2。

若邻近既无工事又无可利用的地形地物，应背向爆心立即就地卧倒，同时应闭眼、掩耳，用衣物遮盖面部、颈部、手部等暴露部位，以防烧伤。若感到周围高热，应暂时憋气，以防呼吸道烧伤。

室内人员应避开门窗玻璃和易燃易爆物体，在屋角或靠墙（不能紧贴墙壁）的床下、桌下卧倒，可避免或减轻间接损伤。

在核武器爆炸下，指导核武器损伤暴露者或可能暴露者充分因地制宜地利用现有的自然地形、器材、建筑物采取简易防护措施，减少核武器损伤。

（陈肖华）

héwǔqì sǔnshāng gōngshì fánghù

核武器损伤工事防护（fortification protection against the damage of nuclear weapon） 利用各类工事对核武器爆炸进行防护的行为。各类工事对核武器都有较好的防护效果。由于其结构不同，防护效果亦有差别，其中尤以处于地下、抗冲击波压力强、密闭性能好和防护层较厚的永备工事和防护效果最好。

野战工事 ①堑壕、交通壕和单人掩体。②崖孔。③机枪、观察工事。④避弹所、掩蔽部。

堑壕、交通壕和单人掩体 由于有一定的深度和崖壁的遮挡作用，对冲击波、光辐射和早期核辐射都有一定的防护效果。隐蔽在堑壕、交通壕和单人掩体内的人员，当开阔地面人员受重度冲击伤时，壕内和掩体内人员仅受中度以下冲击伤；当开阔地面人员受中度冲击伤时，壕内和掩体内人员，一般可以避免冲击伤。堑壕、交通壕和单人掩体，在位于空爆1倍爆高以外地区或地爆时，崖壁能有效地屏蔽光辐射的直接作用，壕内人员的烧伤伤情可比开阔地面人员减轻2~3等级。堑壕、交通壕和单人掩体对早期核辐射也有不同程度的削弱作用。在空爆时，壕底剂量约为地面的1/2；在地爆时，壕底剂量约为地面的1/5。堑壕、交通壕和单人掩体内人员的综合杀伤半径为开阔地面人员的1/3~1/2。有盖堑壕、交通壕的防护效果更好。

崖孔 是在堑壕、交通壕崖壁上构筑的洞状掩体，有直通式和拐弯式两种形式。此种工事有一定深度和一定厚度的自然防护土层，因此防护效果优于堑壕、交通壕和单人掩体。崖孔对3种瞬时杀伤因素均具有较好的防护效果。崖孔内人员的冲击伤与同距离地面人员比较可减轻2~3等级，除直通式崖孔外，其内人员一般不会发生皮肤烧伤；对早期核辐射的屏蔽效果，主要取决于顶部自然防护土层，当顶部土层厚度为70~80cm时，崖孔内的辐射量为地面的1/300~1/100。崖孔内人员的综合杀伤半径约为开阔地人员的1/4~1/3。利用崖孔防护需注意两个问题：若超压>1.5kg/cm^2、动压>0.2kg/cm^2，洞口有可能被吹起的浮土和细砂堵塞，遇此情况时，在冲击波过后应设法尽快到崖孔外，以免发生窒息；若超压>1.8kg/cm^2，有造成塌方的危险，特别是构筑时间已经很久的崖孔，抗压能力差。因此，双曲、三曲崖孔的防护效果虽然比一曲（拐一弯）的好些，但遇有塌方时难于脱险，不宜推广。

机枪、观察工事 对核爆炸的3种瞬时杀伤因素均有一定的防护作用，其防护效果优于堑壕、交通壕和掩体露天工事。当工事孔口设有防护设备时，工事内人员可以避免光辐射和冲击波动压的直接损伤，对冲击波超压也有显著的削弱作用。当工事遭轻微破坏或安全时，工事内超压值为地面的40%~70%。在一定范围内，工事内人员可避免冲击伤。对早期核辐射的防护效果受工事结构、覆土厚度等影响较大，工事内的辐射量为地面的1/170~1/10。工事内人员的综合杀伤半径为开阔地人员的1/4~1/3。

避弹所、掩蔽部 避弹所不仅能使工事内人员避免冲击波动压和光辐射的直接损伤，而且也能减轻或避免冲击波超压和早期核辐射损伤。避弹所内人员的伤情与同距离开阔地相比可减轻2~3等级。人员的综合杀伤半径为开阔地面上人员的1/4~1/3。掩蔽部是一种深入地下、容积较大、强度较高又有一定设备的人员掩蔽工事。因此，在野战工事中防护效果最好。工事内人员不仅可以避免冲击波动压和光辐射的直接损伤，而且可以免受早期核辐射损伤。防破片型、轻型、加强型掩蔽部内人员的综合杀伤半径，分别为开阔地面人员的1/4~1/3、1/5~1/4和1/6~1/5。重型掩蔽部内的人员杀伤半径，则为开阔地面人员的1/50。

永备工事 按设置方式可分为坑道工事、掘开式地下工事、半地下和地面工事。坑道工事通常构筑在山体的岩石中，有比较厚的自然防护层，工事设有防护门、密闭门和防冲击波措施，并有通风、滤毒、洗消等设备。因此，只要不是在核武器直接命中的情况下，就有很好的防护效果。掘开式地下工事一般采用钢筋混凝土构筑，工事顶部有较厚的覆土层，并设有防护门和密闭门等设备。因此，对核武器也有较好的防护效果。半地下和地面工事通常采用钢筋混凝土等坚固材料构筑，工事的孔口设有防护门和防护盾板。因此，在一定范围内防护效果亦较好。只要工事完好，工事内人员可以避免冲击波、光辐射的伤害。此类工事通常作为指挥观察、发射之用，工事全部或部分暴露于地面、孔口较多，覆土受到一定限制，对早期核辐射防护较差。

人防工事 分为坑道、地道和掘开式等工事。坑道人防工事与永备的坑道工事基本相同。被复和不被复地道对核武器都有较好的防护作用。掘开式人防工事，常见有三七灰土工事、砖墙砖拱、砖墙钢筋混凝土预制拱（板）工事和钢筋混凝土工事。此类工事抗冲击波超压的能力较好，因此对核武器也都有较好的防护效果。城市楼房地下室和半地下室，也是防核武器较好的建筑形式，防护效果亦较好，经过改建亦可利用。砖木结构的民房对光辐射和早期核辐射也有一定的防护作用，但因跨度较大，抗冲击波能力较低，易遭破坏。因此，室内人员见闪光后若来不及外出隐蔽，应避开门窗，在屋角或床下、桌子下卧倒，避免间接损伤。

听到空袭警报，人员应立即进入邻近工事。遇到核袭击时，若发现闪光，应立即就近进入上述工事以减轻或避免损伤。

（陈肖华）

hébàozhà fàngshèxìng zhānrǎn fánghù

核爆炸放射性沾染防护（protection against the radioactive contamination of nuclear explosion） 根据放射性沾染损伤的规律，通过采用屏蔽、洗消、服药等一系列防护手段和行动准则减少或预防放射性沾染损伤的行为。放射性沾染是核爆炸所致4种杀伤因素之一，它与瞬时杀伤因素（光辐射、冲击波和早期核辐射）相比，具有作用时间长、作用范围广和作用方式多等特点。

理论基础 核爆炸时会产生大量的放射性灰尘，这些灰尘（又称放射性落下灰）在沉降过程中可造成外界环境，包括空气、地面、露天水源和其他物体的沾染。爆炸地域的地面土壤和武器装备在早期核辐射中子流作用下也会产生感生放射性。所有这些均称为核爆炸的放射性沾染。

核爆炸放射性沾染的来源有3个，其主要成分是核装料裂变产物，又称核裂碎片，包括200～300种放射性同位素，如碘、锶以及一些放射性气体（氪、氙）等，这些同位素均可释放出α射线或β射线和γ射线。感生放射性物质在核爆炸放射性沾染的成分中居次要地位，它也能释放出β射线或β射线和γ射线。未裂变的核装料放射性强度很小，而且是释放α射线的放射性物质，只有当它进入到人体内后才能引起危害，故实际意义不大。核爆炸烟云冷却时，已汽化的放射性物质可逐渐凝结成放射性尘粒。这些微粒的外形多半为表面光滑的球形和椭圆形。地爆时，微粒的直径大的有数百到数千微米，小的只有数微米；空爆时，由于火球不接触地面，微粒比地爆时小得多，只有数微米至数十微米，不易沉降到地面。降落到地面的落下灰在水中的溶解度通常为千分之几至百分之几，大部分混悬于水中；在酸溶液和络合物溶液中，落下灰的溶解度比水中的大。在同一爆炸条件下，落下灰粒子的放射性强度随其颗粒直径增大而增强。例如，地爆时直径约为50μm的粒子，爆后1小时平均放射性强度约为4.8MBq，而直径约为90μm的粒子，放射性强度约为8.5MBq。落下灰由于粒子本身的重力和高空风的作用，烟云中放射性粒子陆续沉降到爆区和下风向地区，造成广大地域的沾染。同时，由于放射性物质衰变，沾染区地面剂量率随爆后时间的增加而不断下降，沾染区也逐渐缩小。地爆时，地面剂量率随时间的变化趋势，可粗略地概括为“一倍”规律或“七倍”规律。“一倍”规律指时间（爆后时间，下同）增加1倍，地面剂量率约下降至原来的45%；“七倍”规律指时间增加到原来的7倍，地面剂量率约下降至原来的1/10。因此，采取简易的防护措施即可有较好的防护效果。

基本方法 包括以下内容。

烟云到达前，做好防沾染的准备工作 除值班、警戒人员外，尽可能进入坑道、地道或掩蔽部。公众应尽快关闭门窗，盖好水井、粮堆及其他物资，随身携带口罩、毛巾以及各种简易皮肤防护器材（如雨衣）进入建筑物、地下室或坑道内。

遵守沾染地域内人员的行动规则，采取适当的防护措施 对放射性沾染β射线外照射，最主要的防护措施是控制外照射剂量。在情况许可时，外照射剂量应控制在0.5Gy以下。主要方法是：推迟进入沾染区，选择最窄或沾染较轻的地段，乘坐车辆（削弱系数：坦克10，装甲输送车3，汽车2）快速通过，缩短在沾染区内停留时间；需在沾染区作业时，尽量由少数人员轮流操作，铲除作业区表层土壤，推至数米以外，在不影响任务前提下适时组织轮换。超过控制剂量时可服预防药，以减轻γ射线的照射损伤。在沾染区内行动时，应采取简易防护皮肤的措施，如披雨衣或斗篷、戴手套、扎三口（袖口、领口、裤口）、穿高腰鞋、不随便坐卧、不接触沾染的物体等，以防止放射性灰尘沾染皮肤或伤口。车队通过沾染区时应减少扬尘和保持合适的车距。当地面空气沾染严重时，应减少户外活动，外出时应戴口罩或用毛巾围住口鼻。在沾染区活动，应尽量避免扬尘。在沾染区内，一般不应在露天吃、

喝或吸烟。在沾染区内进行野炊时，通常只有在10mGy/h以下的地区才可露天做饭；10~50mGy/h地区，炊事房应开设在帐篷内；50mGy/h的地区，应在消除沾染的掩蔽工事内做饭。在上述各种情况下，地面均应消除沾染并浇湿。

对可能沾染的食物、蔬菜和饮用水，应进行沾染检查，疑有沾染者应加以消除 炊具亦应认真清洗。为减少落下灰中放射性碘在甲状腺内的蓄积，遇到落下灰沉降或进入沾染区疑有吸入或食入落下灰时，可服用碘化钾100mg预防甲状腺损伤。

放射性沾染的消除 人员受到沾染后，应尽快地洗消。可利用战斗间隙就地进行局部洗消，或撤出沾染区在洗消站进行全身洗消。沾染伤员应后送至早期救治机构进行处理。对服装、装具可采用拍打、抖拂或水洗法消除沾染。对武器、器材可采用扫除或擦拭法消除其表面沾染。对粮秣、食品可采用扫、刷、拍打方法消除包装表面的沾染，更换包装，去除表层沾染的部分和洗涤等方法消除沾染；亦可暂时保存，待其沾染强度低于控制值时再食用。对饮水可采用混凝沉淀（加明矾或干净的土壤）、过滤（用碎石、细砂等作过滤材料）或另挖滤水井的方法解决。疑有误食落下灰的人员，在撤离沾染区后1天内仍可补充服用碘化钾10mg，以减低甲状腺受照剂量；或服缓泻剂，以加速放射性落下灰自胃肠道排出，但此措施对全身情况不佳的伤员不宜使用。

应用 在核爆炸发生时，指导军民的群众性防护，做好专业保障工作，减少甚至避免放射性沾染的危害，保障军队顺利地执行战斗任务和广大人民群众的安全。

（陈肖华）

hébàozhà tǐbiǎo fàngshèxìng zhānrǎn fánghù

核爆炸体表放射性沾染防护

（protection against the surface radioactive contamination of nuclear explosion） 根据核爆炸体表放射性沾染损伤的规律，采用屏蔽、洗消、服药等一系列防护手段和行动准则减少或预防核爆炸体表放射性沾染损伤的行为。核爆炸形成的可引起放射性沾染的放射性物质包括空气、地面、露天水源和其他污染物体，均可直接造成体表放射性沾染。对核爆炸体表放射性沾染的防护，应严格控制受沾染量，并采用适当的防护措施（表1）。

使用防护器材 在落下灰沉降过程中或在沾染区内作业时，应穿戴制式防护服装，或利用就便器材，如戴口罩、帽子、手套，穿长筒靴或高腰鞋等。若缺乏上述器材，应将衣领拉起围以毛巾，将袖口、裤口扎紧，或披上雨衣、斗篷等，也有良好的防护效果。但进入严重沾染区内活动时，必须要有专用防护器材与防护面具。

利用屏蔽防护 利用建筑物、工事、车辆、兵器等的屏蔽作用以减少辐射剂量。例如，乘坐坦克等进入放射性沾染区，可有效地减少放射性沾染，其防护效果可达90%以上。

遵守沾染区防护规定 位于沾染区的人员，遵守沾染区防护规定。例如，不得随意脱下防护服，不得随地坐卧和接触有沾染的物品，作业时应尽量减少扬尘。

洗消和除沾染 人员撤离沾染区后或对疑有沾染的物品，必须进行沾染检查，沾染量大于控制水平的应洗消和除沾染。

应用抗放药 因任务需要必须进入沾染区的人员，估计有可能受到超过战时控制量，尤其>1Gy照射时，应事先服用抗放药。从沾染区撤出的人员，如已受到较大剂量照射者，也应尽早应用抗放药，以减轻辐射对机体的损伤。

（陈肖华）

hébàozhà tǐnèi fàngshèxìng zhānrǎn fánghù

核爆炸体内放射性沾染防护

（protection against the internal radioactive contamination of nuclear explosion） 根据核爆炸体内放射性沾染损伤的规律，采用屏蔽、洗消、服药等一系列防护手段和行动准则减少或预防核爆炸体表放射性沾染损伤的行为。核爆炸时产生的放射性沾染物质中，有些物质如水、微尘、食物、空气以及放射性碘、锶、碲及钼等容易被人体吸入或吸收，可以造成体内放射性沾染。

早期落下灰中对人体危害较大的有放射性碘、锶、碲、钼等，其中放射性碘为主要放射性核素，占总放射性强度的5%~15%。甲状腺对碘有特异的吸附能力，落下灰进入体内后约有30%的碘浓

表1 放射性落下灰在体表的沾染控制水

表面	β沾染（kBq/cm^2）	核爆炸后γ剂量率（μGy/h）	
		<10天	10~30天
手及全身其他部位皮肤	10	40	80
创伤表面	3	—	—

集在甲状腺内，使该组织受到较大吸收剂量的照射，因此甲状腺是放射性落下灰内照射的主要靶器官。甲状腺受照后，功能发生紊乱，重量减轻，并可能诱发甲状腺肿瘤。早期落下灰所致内照射损伤特点：内外复合作用同时存在。早期以外照射损伤症状为主，如胃肠道功能紊乱、外周血象变化等；晚期出现放射性碘所致甲状腺损伤症状；以靶器官为主，主要是甲状腺功能和结构的变化，其他各系统的改变轻微；病程过程缓慢，分期不明显，潜伏期长；受照射儿童内照射损伤发病率高。同样落下灰污染量，放射性碘所造成的甲状腺吸收量，儿童约为成人的8倍，辐射敏感性为成人的2~3倍。

基本方法 包括以下内容。

防止放射性微尘的吸入 人员在空气严重污染的环境中活动时，为减少或避免因吸入放射性灰尘而引起内照射危害，应采取防护措施。应避免扬尘使近地面空气再受污染；可进入车辆或工事内，利用其密闭性能和除尘设备，减少放射性微尘的吸入。个人防护器材，如防毒面具、口罩等也有很好的防护效果。

食品防护和净化处理 各种储粮设施和装具，以及民房对近距离落下灰污染均有较好的防护效果。露天放置或疑有污染的食品应检查处理后方可食用。一般的加工或处理方法如过筛、加工脱壳、水洗、风车吹、簸箕簸等对受落下灰污染的粮食均有较好的去污效果。在中子流作用下产生感生放射性的食品用洗涤方法不能消除其放射性，应避免或减少食用后的内照射剂量。

饮用水的净化 小量饮用水净化的方法很多，通常采用混凝、沉淀和过滤等方法。处理放射性污染水的方法很多，可因地制宜地选用。

减少放射性核素的吸收 有以下几种方法：①及时洗消减少放射性核素经皮肤和伤口吸收；通过刺激咽部、服用催吐剂、洗胃等非特异措施和服用特异性阻吸收药物减少胃肠道内放射性核素吸收。②使用棉签拭去鼻腔内污染物、支气管肺泡灌洗术（洗肺疗法）等方法减少放射性核素经呼吸道吸收。③服用碘化钾减少甲状腺吸收放射性碘。

使用促排药物 促排是促进血液或组织内放射性核素排出体外，主要用络合物和影响代谢的药物，前者包括乙烯二胺四乙酸钙钠盐（依地酸钙）、柠檬酸、二巯丙醇、乙二胺二异丙胺次膦酸等，后者如甲状腺旁腺素、甲状腺素、氯化铵及利尿药等。

应用 指导放射性沾染区人员或可能进入放射性沾染区人员做好相应的防护和医疗措施，以保障相关人员的健康和安全，保存部队的战斗力。

（陈肖华）

hébàozhà shípǐn fánghù

核爆炸食品防护

（protection of food against the nuclear explosion） 根据核爆炸对食品的污染规律，通过一系列防护手段和行动准则减少或预防核爆炸对食品的损害，保障核爆炸损伤区食品安全的行为。核爆炸的损伤因素光辐射、冲击波、早期核辐射及放射性沾染对食品均有损害，食品的防护方法与人员的防护方法相近，主要为屏蔽、遮挡。食品放射性沾染防护有其特殊处理原则和方法。

污染区内暴露的粮秣、食品会受到落下灰污染，特别是沾染区内暴露的或未掩盖好的粮秣、食品，其表层的沾染程度可能很重而不能食用。多数情况下，包装完好的粮秣、食品（如罐头、严密封装的食物和饮料等）只是容器或包装物表面被污染。堆放的无包装的粮食，在未捣翻前，仅表层5~7cm部分可受到落下灰污染。食品在中子作用下产生的感生放射性污染，其深度可达0.5~1.0m。爆后带进污染区的食品，只要无严重扬尘，污染很轻。暴露散装食物的污染程度与落下灰沉降量直接相关。包装完好的粮株、食品只是容器或包装物表面受沾染，一般只要细心地将沾染的容器或包装物去掉或消除沾染，包装内的食品仍可食用。粮仓或屋内的食品可受到良好的保护，其表层沾染程度仅相当于露天食品的10%左右。含盐、碱量较多的在爆区内放置的食品，其表层（1m以内）亦可产生感生放射性。凡受染的食物（包括消除沾染后的食物），未经严格沾染检查不要食用。

基本方法 各种储粮设施（如土圆仓、席囤、篷布囤）和装具（如麻袋、面袋），以及民房（砖房、土房）对近距离落下灰污染均有较好的防护效果，防护效率可高达99%以上。露天放置或疑有污染的食品应检查处理后方可食用。一般的加工或处理方法如过筛、加工脱壳、水洗、风（扇）车吹、簸箕簸等对受落下灰污染的粮食均有较好的去污效果。对不能用水洗的成品粮如面粉，只要铲除其浅表的一层即可达到去污的目的，但对颗粒状粮食因其间隙较大，需要铲除数厘米厚的表层方能奏效。对这些颗粒状粮食可用水洗处理。受落下灰污染的蔬菜用水洗方法去污效果很好。若污染时间较长，则去污效果稍有降低。炊、餐具受落下灰污染后用水洗的方法也有较好的去污效果。

在中子流作用下产生感生放射性的食品用洗涤方法不能消除其放射性，可依据以下选用原则避免或减少食用后的内照射剂量：先食用离爆心（或爆心投影点）2km以外的食品；先食用不含盐的食品；食用2km以内的食品时先取深度超过0.5m的深层部分。

应用 指导人员防护核爆炸对食品的损害，保障相关人员食品安全。

（陈肖华）

hébàozhà yàopǐn fánghù

核爆炸药品防护

（protection of medicine against the nuclear explosion） 根据核爆炸对药品的损害规律，通过一系列防护手段和行动准则减少或预防核爆炸对药品的损害，保障核爆炸损伤区药品安全的行为。核爆炸的损伤因素光辐射、冲击波、早期核辐射及放射性沾染对药品均有损害，药品的防护方法与人员的防护方法相近，主要为屏蔽和遮挡。药品防护有其特殊处理原则和方法。

一般情况下，只要药品包装不被光辐射和冲击波破坏，药品即可使用。核爆炸会有中子辐射产生，从而活化药品中的铜、钠、钾、硫、磷等元素，使药品产生感生放射性。因药品中所含可活化物质量的差异，会使药品的感生放射性强度有很大差别。其中，氯化钠和漂白粉精片所产生的感生放射性最强，其次为硫喷妥钠和高锰酸钾。其余药品感生放射性较低。受核爆炸中子照射的药物，即使感生放射性较强，放置一段时间使其自然衰减，也不会影响药品使用。若早期核辐射使药品发生质的变化（如维生素受大剂量照射后变色），则不可再使用。有机药品与无机药品比较，有机药品易发生变化；液体药品与固体药品相比较，液体药品易发生变化。

基本方法 正确处理核爆炸药品，强化核爆炸药物管理。一般来说，受核爆炸中子照射的药物，放置一段时间可使其自然衰减，不影响药品使用。但在放置过程中一定要强化管理，避免受照射药品放射性沾染的影响。①规范化核爆炸药品管理：将受影响药品分类管理，不得与其他医疗药品混放，随时封闭，包装外贴有警示标志等措施。②及时清理：在受影响药品放置一段时间后，要定期检查，及时清理，避免药物受到其他核爆炸药品的二次影响。

应用 指导人员防护核爆炸对药品的损害，保障相关人员药品安全。

（陈肖华）

hébàozhà wèiqín bǎozhàng

核爆炸卫勤保障

（health service support for nuclear fight） 在核爆炸军事行动中，军队卫勤机构和人员运用组织管理与医学技术等综合措施，对军队成员实施保障、对地方民众实施救援、全面维护军民健康的实践活动。卫勤即卫生勤务，泛指在军事行动中为军队成员及地方民众健康提供保障和服务的组织机构及其工作。核爆炸是核武器或核装置在几微秒的瞬间释放出大量能量的过程，面对突然瞬间发生的大量伤员，卫勤保障是取得核战争胜利及有效利用核装置的基础。在核爆炸的卫勤保障中，必须要做好伤员救治、后送准备。核爆炸伤员伤情、伤员类型复杂，救治技术要求高；杀伤范围广，设施破坏严重，伤员后送难度大；药品器材需要量大，要充分做好准备。核武器杀伤范围比常规武器大数百至数万倍。千吨级核弹爆炸对开阔地面暴露人员的杀伤范围达几至十几平方千米；万吨级的核弹达十几至几十平方千米；百万吨级的核弹达几百至几千平方千米。核袭击对人员伤亡的程度视核弹使用的种类、规模、爆炸方式、遭袭目标的情况以及受袭击方的防护程度而定。核爆炸瞬时发生大量伤员，且伤情较严重。在核爆炸杀伤区内，中度以上杀伤区占总面积的60%～80%，中度以上伤员急需现场抢救。

在核袭击区，不仅各种军事设施严重毁损，而且地形也会受到破坏，造成交通阻塞。爆区地面可出现龟裂和隆起，土质变松和出现深坑。在城市、山地、森林等地出现屋塌、山石崩裂滚动、树倒、桥断、地面和道路面目全非。核爆炸后，由于上空急热，通常还会下雨，在河、湖、塘和水网地区可能出现堤坝决口、河床堵塞及江河改道。核爆炸产生的光辐射可引燃易燃物，形成大火等，所有这些给后送伤员带来极大困难。

地爆时，爆区沾染通常在数分钟即可形成。而云迹区地面沾染受高空风变化的影响，一般呈带状分布。在一般高空风情况下[风速（25～50）km/h，风向切变角20°左右]，万吨级核弹地爆时，地面沾染区长25～65km，宽10～50km。在沾染区抢救伤员时，卫生人员、担架员和车辆必须进行自身防护和必要的洗消，保证自身安全和防止伤员交叉沾染，这些使救治工作变得更复杂。

核爆炸时，发生的核伤员数

量多，复合伤比重很大。一般千吨至万吨级的核弹，空爆时暴露人员复合伤的发生率占核伤员的30%～50%，地爆时占60%～80%，主要是放烧冲、烧冲和烧放冲3类复合伤。

基本内容 核爆炸卫勤保障中，救治核伤员除需要大量的烧伤敷料、抗生素等常用药材外，由于核伤员救治上具有特殊性，还要消耗大量的特需药品，如碘化钾、雌三醇等。除师以下部队需要核化伤员抢救队外，战役卫勤还要开设专门的救治机构，需特殊的专业技术队伍，根据不同的核损伤，采取有针对性的救治措施。

核爆条件下卫勤机构的主要任务 ①普及医学防护知识。卫勤部门应采取多种有效形式，对参战部队普及核损伤的卫生防护知识。②组织卫生防护训练。卫生防护训练包括两部分：一是部队官兵的训练，主要是指导个人、集体防护和自救互救训练；二是卫勤人员的自身训练，以救治技术和组织实施方法为主，卫勤部门应拟定防护训练计划并组织实施。③组织杀伤区伤员抢救。杀伤区伤员抢救，在由军事指挥员为主成立的“三抢指挥组”（伤员抢救、物资抢运、道路抢修）统一领导下，根据上级指示，及时派出核杀伤区伤员抢救队，与防化、运输、工程等部门密切协同，有计划、有步骤地进行。④组织伤员洗消、治疗与后送。体表有放射性污染的伤员脱离杀伤区后，应在师救护所、野战医疗所进行洗消。按照核伤员分级救治规则，组织救治与后送。⑤检查、消除放射性沾染。核爆炸后，卫勤部门根据上级要求派出专业人员及时检查，判断食品、饮水的沾染情况，若超标或沾染情况暂不明，应禁止食用；对已受沾染的饮水和食物，应在卫生人员的指导下，由分队自己组织实施消除沾染；对无法消除沾染或采取消除措施后放射性沾染仍超标的食品可暂时封存，待其自然衰减。⑥协助救治受害居民。在上级的统一安排下，卫勤部门应在人力、物力和技术方面，对核爆受害的居民进行支援。

应用 包括以下内容。

核爆损伤卫生预防 包括以下几方面。

部队人员 个人防护及自救互救技术。①个人防护：一是正确使用防护器材。制式器材包括防护衣、面具、口罩、眼镜及个人剂量检查仪等；二是采取简易防护措施。如扎“三口”（袖、领、裤口）、穿高腰鞋、披雨衣、戴手套，用毛巾、手帕作口罩；三是熟练掌握防护动作。见到闪光后，立即利用地形背向爆心卧倒、闭眼、屏气、堵耳，以防呼吸道烧伤和鼓膜震伤。②自救互救：熟练应用核条件下的自救互救技术，及时消除沾染。若沾染伤员有危及生命的损伤，应先急救后消除沾染。

适时服用抗核辐射药物 为可能遭到核袭击的部队指战员准备抗辐射药物。目前供单兵使用的预防药物主要有两种：①碘化钾片。任何途径摄入放射性碘时，及时口服碘化钾，都可阻止放射性碘沉积于甲状腺。受放射性碘污染前24小时到污染后4小时内用药均有效，用药时间越靠近受污染的时间效果越好。如受污染的同时服用碘化钾，其预防效果可达90%以上。单次摄入时，服用碘化钾100mg；多次摄入时，每天服用100mg，一般不超过10天。②“523”片。受照前2天内口服1次，30mg；照射前预防和照后治疗结合使用，则受照前2天口服1次，20mg，照射后1天内再次口服10mg。

卫生检验及除沾染 首先要对沾染区部队所用食品、饮水进行检验，检验合格后方可食用。对已受沾染的食品和饮水，应在卫生人员的指导下，由分队组织除沾染。

沾染区伤员和抢救人员 缩短伤员在沾染区内停留时间。对于已经受到外照射的沾染区伤员，主要措施是尽快撤离沾染区，集中到沾染轻或无沾染的地点。沾染区的伤员后送，应利用车辆或直升机，可以缩短通过时间，并有运输工具为屏蔽，减少所受照射剂量。后送伤员时，应选择低剂量率的道路或沾染区最窄处，以适当的队形和一定的车距行驶，防止扬尘使伤员加重沾染。

控制抢救人员在沾染区的控制停留时间 通常为进入沾染区的抢救人员配发个人剂量检查仪，随时观察受照射计量（Gy）。无个人剂量仪时，应根据专业部门提供的辐射剂量率测定数据，控制在沾染区内停留的时间，一般以0.5Gy（1Gy＝1000mGy）为战时控制剂量。通过公式计算或查表1，确定控制停留时间。

$$\text{控制停留时间(小时)} = \frac{500\text{mGy}}{\text{剂量率(mGy/h)}} \qquad (1)$$

表1 人员在沾染区的控制停留时间

剂量率（mGy/h）	停留时间（小时）
20	25
50	10
100	5
500	1
1000	0.5

防止放射性物质沾染人体　放射性落下灰除同早期核辐射一样可造成全身外照射损伤外，还可通过口腔、呼吸道进入人体造成内照射损伤，通过体表接触造成放射性灼伤。因此，在沾染区禁止进食、饮水和吸烟，未进入沾染区前，应口服预防药碘化钾片。

救治机构人员　疏散隐蔽配置。救治机构地面展开时，应疏散配置，加强伪装。医院之间的距离在 3km 以上，机构内各组（室）之间保持一定距离。救治机构应尽量利用原有坑道、临时构筑的掩体或山谷、沟谷、雨裂等有利地形展开。

辐射侦察和对空观察　救治机构展开前，应对配置地域进行辐射侦察，发现地面、工事内受到沾染时，应及时上报，先除沾染，后行展开。同时设置对空观察哨，观察放射性烟云移动情况，避免在云迹区方向展开。

杀伤区划分　核爆炸时，3 种瞬时杀伤因素使人员发生当场死亡和损伤的地域称为核武器杀伤区，简称杀伤区或爆区。杀伤区的大小通常以核武器杀伤半径或杀伤面积表示。为便于对核伤员实施快速抢救，根据核武器对开阔地暴露人员的损伤程度，从爆心向外将整个杀伤区划分为以下 4 个区：极重度杀伤区、重度杀伤区、中度杀伤区和轻度杀伤区。战伤减员一般从中度杀伤区开始计算。

杀伤区伤员数估算　对杀伤区伤员数量的估算方法主要采用面积对比法和概略计算法。

面积对比法　根据核弹当量和爆炸方式，查表 2，得到杀伤区综合杀伤半径（r），按公式求出杀伤区面积（$S=\pi r^2$），再与我部配置面积对比，不同状态下的部队按公式（2）～公式（4）计算伤员数量。

部队在暴露状态下：

$$\text{伤员数}=\text{暴露部队人数}\times\frac{\text{核武器杀伤面积}(km^2)}{\text{部队配置面积}(km^2)}\times\text{伤员占伤亡总数百分率} \quad (2)$$

部队在不同防护条件下：

$$\text{伤员数}=\text{不同防护下部队人数}\times\frac{\text{该防护条件下的杀伤面积}(km^2)}{\text{部队配置面积}(km^2)}\times\text{伤员占伤亡总数百分率} \quad (3)$$

部队在运动状态下：

$$\text{伤员数}=\text{部队人数}\times\frac{\text{杀伤区队形长度}(km)}{\text{队形长度}(km)}\times\text{伤员占伤亡总数百分率} \quad (4)$$

野战条件下，核伤员占伤亡总数的 75%～80%；城镇若遭核袭击，伤员占伤亡总数的 70%～75%。

部队在各种防护条件下与暴露条件相比，其杀伤区面积变小，伤亡人数相应减少。不同工事内，人员杀伤半径与暴露人员的概略比值见表 3。将各种状态下的核伤员数相加，即得出整个部队的伤员总数。

概略计算法　根据作战部队各单位的一般配置面积，与核弹杀伤范围加以比较，确定是否被覆盖摧毁，然后估算伤员数量。

表 2　核爆炸瞬时杀伤因素对开阔地面人员的综合杀伤半径（r，km）

比高	伤势等级	当量（千吨）												
		1	2	5	10	20	50	100	200	500	1000	2500	5000	10000
0	极重度	0.72	0.79	0.91	1.02	1.15	1.35	1.55	1.84	2.82	3.94	5.90	7.9	10.7
	重度	0.78	0.86	0.98	1.10	1.23	1.43	1.69	2.40	3.69	4.94	7.30	9.7	12.9
	中度	0.87	0.95	1.07	1.19	1.34	1.58	2.19	3.05	4.65	6.20	9.10	12.1	15.9
	轻度	0.98	1.06	1.19	1.32	2.05	3.00	3.90	5.04	6.96	9.00	12.6	15.9	20.0
60	极重度	0.72	0.79	0.91	1.01	1.14	1.38	1.94	2.72	4.08	5.60	8.3	11.3	15.1
	重度	0.78	0.86	0.98	1.09	1.23	1.84	2.53	3.51	5.28	7.00	10.3	13.7	18.3
	中度	0.87	0.95	1.07	1.19	1.55	2.36	3.21	4.38	6.58	8.75	12.7	16.9	22.5
	轻度	0.98	1.06	1.19	1.33	3.04	4.35	5.55	7.27	9.95	12.60	17.7	22.1	28.3
120	极重度	0.71	0.78	0.89	1.00	1.12	1.33	1.87	2.63	4.07	5.60	8.5	11.6	15.8
	重度	0.78	0.85	0.97	1.08	1.20	1.81	2.49	3.46	5.27	7.08	10.5	14.4	19.3
	中度	0.87	0.94	1.06	1.18	1.52	2.33	3.21	4.41	6.55	8.95	13.1	17.7	24.0
	轻度	0.98	1.05	1.18	1.32	3.05	4.20	5.60	7.16	10.2	13.1	18.4	23.4	30.2
200	极重度	0.69	0.76	0.85	0.94	1.04	1.21	1.74	2.49	3.98	5.58	8.5	11.8	16.2
	重度	0.76	0.82	0.93	1.03	1.13	1.74	2.40	3.38	5.27	7.15	10.8	14.8	19.9
	中度	0.85	0.91	1.03	1.14	1.47	2.28	3.17	4.38	6.62	9.10	13.7	18.4	21.9
	轻度	0.97	1.04	1.16	1.28	3.07	4.39	5.68	7.49	10.4	13.4	19.0	24.5	31.6

表3 不同工事内人员杀伤半径与地面暴露人员的概略比值

工事种类	空爆	地爆
堑壕、交通壕、单人掩体	1/3	1/2
崖孔、机枪、观察工事、避弹所	1/4	1/3
轻型掩蔽部	1/5	1/4
加强型掩蔽部	1/6	1/5

通常认为，在地面暴露状况下，1枚5千吨级核弹可杀伤2个连；1枚1万吨级核弹可杀伤1个营，计算见公式（5）和公式（6）：

地面暴露情况下伤员数=可能伤亡人数×伤员占伤亡总数百分率 （5）

有工事防护情况下伤员数=地面暴露时伤亡总数×杀伤半径比值平方 （6）

举例：某部战斗中遭敌2枚1万吨级核弹空爆袭击，人员处于暴露状态，一个营为800人，估算伤员数 = 800 × 2 × 80% = 1280（人）≈1300（人）

核爆伤员分级救治 包括以下几方面。

分级救治的组织形式 核武器伤员分级救治的组织形式与常规武器伤员不同，通常分为4级，即部队卫勤分队组织杀伤区伤员抢救，师救护所或野战医疗所担任早期治疗，战役后方医院进行专科治疗，战略后方医院进行晚期和康复治疗。

杀伤区伤员抢救 抢救队的组成。师、团核伤员抢救队由30~50人组成。分成若干个抢救组，每组15人，其中军医（助）1名，护士或卫生员2名，担架员10~12名。卫生人员与担架员之比为1∶4。卫生人员从师、团救护所抽组；担架员由军工或民工担任。

抢救队的装备：①急救药材。除卫生包、敷料包等常规武器伤员急救药材外，另配预防、解除窒息、循环障碍、处理烧伤创面、抗放射病等药材。②防护器材。主要有核辐射检测仪，如乙丙种射线测量仪、个人剂量检查仪或报警个人辐射计量仪；个人防护器材，如防护服、鞋、口罩、手套和面罩。③运输工具。配担架5~6副、汽车及卫生装甲车等。④通讯器材、挖掘工具等。

抢救任务区分：根据各抢救队的抢救力量，划分一定的抢救区（按扇形、带形或人字形）。若遭受大当量核武器袭击，由于杀伤范围大，在各抢救区还应划分若干段，分区、分段、分工组织实施抢救。

抢救工作的组织程序：大批伤员的现场抢救工作由“三抢指挥组”指挥。进入沾染区前，要明确各抢救队的方向和次序，伤员后送道路、后送方式、通讯联络方法等，并按以下程序组织伤员抢救：①迅速进入杀伤区。即以最快速度到达指定地点。②分区分段寻找伤员。根据地形，各抢救队应采取疏散队形，在分工的抢救区和抢救地段内，依次寻找伤员。对辐射级高的严重杀伤区，要按规定时间分批组织人员乘装甲救护车进入。③灵活急救伤员。根据先重后轻、先急后缓的原则，对伤员进行常规急救，适时帮助伤员灭火，清除口腔内泥沙，防止呼吸道烧伤，并保持通畅。④选点、集中隐蔽伤员。对不能及时运出杀伤区的伤员，应选择合适的地点集中隐蔽。⑤及时搬出后送伤员。在杀伤区内，从负伤地点到伤员集中点的搬运工作，由抢救队负责。从伤员集中点搬出后送，主要由上级派出的运力负责。

核爆伤员的早期治疗 从杀伤区抢救出来的伤员，一般直接送到师救护所或配置在杀伤区附近的早期治疗机构进行早期治疗。其救治范围相当于常规武器伤员的救治范围。由于核武器损伤的特殊性，在救治过程中应注意：①烧伤伤员，应尽早冲洗，保护创面，避免后送途中感染。②沾染创面的处理通常与清创同时进行，加强沾染器械的清洗，防止体表沾染。③早期发现闭合性冲击伤，并早期诊断和施行外科救治。④对急性放射病或放射复合伤，要早期诊断，积极采取抗感染、抗出血等防治措施。

核爆伤员的专科治疗 核伤员的专科治疗由战役后方医院完成。主要是采取综合治疗措施，使其得到良好的专科治疗。同时治疗并发症和后遗症，并对伤员的劳动能力做出评价。

康复治疗 核伤员的康复治疗由战略后方医院完成。主要是根据专科治疗和劳动能力评价的结果，采取各种措施，使伤病员的身体功能和心理获得最佳恢复。

（陈肖华）

héshìyàn wèiqín bǎozhàng

核试验卫勤保障（health service support for nuclear test）

在核试验军事行动中，军队卫勤机构和人员运用组织管理与医学技术等综合措施，对部队进行伤病防治、维护健康、恢复战斗力的活动。卫勤保障是军队后勤保障的重要组成部分，是卫生部门的基本任务，在核试验过程中显得尤为重要。

核试验卫勤保障的基本任务是对核试验参试人员和相关地区公众实行卫勤保障，其主要内容如下。①伤病员医疗后送：包括试验伤区抢救，各级救治机构分级救治，以及伤病员后送。②军队卫生防疫：主要是组织卫生整顿，开展卫生宣传教育，进行卫生监督，实施计划免疫，落实防疫措施。③军人医疗保健：主要是组织参试人员健康检查，早期发现疾病，及时组织防治；开展巡诊和门诊，安排伤病员住院治疗或疗养。④卫生防护：对核武器试验可能出现的损伤进行预防和治疗，减轻伤害程度，迅速消除后果。⑤药材工作：筹措、储备、补给、管理各级卫勤保障机构防治工作所需的药材，供应不同岗位参试人员伤病急救的药材。

核试验卫勤保障实施方法主要有：①建立卫勤保障体制，明确各级卫勤保障任务和分工。部队卫勤机构主要负责卫生防疫、门诊、急救、军人体格检查和短期收治伤病员；医院负责军人保健、疑难病会诊、伤病员收容治疗，并协助部队对卫生人员进行专业训练，指导和提高其防治技术。②确定卫勤保障目标，拟制卫勤保障计划。根据核试验卫勤保障任务情况，确定不同的保障目标和具体工作要求。③合理组织使用卫勤力量，发挥整体效能。根据参试任务、部队部署、地形和交通条件等合理配置救治机构，使之成为分工明确、前后衔接的有机整体。各机构内部合理编组分工，以提高工作效率；加强主要执行主要参试任务部队的卫勤保障力量，掌握较充足的卫勤预备力量，以备机动使用；根据情况，适时转移救治机构，调整各级救治机构的任务，并组织有关部门互相支援和协作。④建立和贯彻卫勤保障规章制度，保证工作正常运行。卫勤保障规章制度，包括卫生防疫、医疗保健、医疗后送、卫生防护、药材供应等专业工作规定、细则，药材装备标准，医疗护理技术操作常规和综合性卫生条例等。通过宣传教育、组织学习，使之成为各项工作的依据。⑤改进领导方法，实施科学高效的卫勤管理。各级卫勤领导从调查研究入手，适时组织卫勤侦察，定期研究卫勤统计报表，做好信息反馈，提高卫勤预测、决策的准确性，不断提高领导艺术；切实搞好卫勤保障的计划、组织、指导、控制和协调，保障各项工作顺利进行；及时总结经验教训，不断改进工作。加强卫生人员思想政治教育，提高军队卫生人员为国防建设服务的思想觉悟，培养良好的医德医风，全心全意为部队服务，为伤病员服务。

（陈肖华）

héwǔqì sǔnshāng jiǎnyuán fēnxī

核武器损伤减员分析（attrition analysis for the damage of nuclear weapon） 运用统计学原理和方法，对核爆炸引起减员的数量和结构进行的分析研究。核武器损伤减员指军队参战人员因受核武器致伤、意外伤害及患病等原因，失去作战能力而离开部队的人员。核武器损伤减员分析的目的是研究核武器损伤减员发生的规律，总结核战伤救治经验，探讨预测核爆减员的依据，改进核武器损伤救护技术、核战争卫生装备和保障措施，提高核战争卫勤保障能力。

基本内容 核爆炸时产生4种杀伤因素，即光辐射、冲击波、早期核辐射和放射性沾染。前3种在爆炸瞬间产生，称为瞬时杀伤因素。核武器爆炸对人员的杀伤是4种杀伤因素单独或综合作用的结果。光辐射可引起皮肤、黏膜烧伤，称直接烧伤。在光辐射作用下，建筑物、工事和服装等着火引起人体烧伤，称间接烧伤。光辐射所致损伤的程度，主要取决于光冲量的大小。烧伤程度与人员所处的位置、着装关系很大。冲击波对人员的致伤作用主要由动压和超压引起。动压的直接冲击或将人抛出一定距离撞击地面，均可造成伤害。在冲击波直接作用下引起人员的损伤称为直接冲击伤。冲击波引起建筑物等破坏造成人员的损伤为间接冲击伤。冲击波所致损伤的程度，主要取决于超压、动压及其作用时间。冲击波作用时间越长，致伤作用越大。早期核辐射可引起人员发生急性放射病。放射性沾染可引起人员发生内照射损伤，严重照射也可发生急性放射病。人员受核辐射照射的剂量达到1~2Gy可引起轻度骨髓型急性放射病；2~3.5Gy可引起中度骨髓型急性放射病；3.5~6Gy可引起中度骨髓型急性放射病；3.5~5.5Gy可引起重度骨髓型急性放射病；>5.5Gy可引起极重度急性放射病。根据核武器损伤的轻重程度，可将伤情分为轻度、中度、重度和极重度4个等级。

核武器的杀伤范围以杀伤边界、杀伤半径和杀伤面积来表示。核爆炸时，由3种瞬时杀伤因素的作用而使人员发生阵亡和损伤的地域，称为杀伤区或爆区。估计人员损伤程度时，主要以杀伤半径为依据。杀伤半径依据伤情划定。某一伤情等级的杀伤半径指从爆炸中心或爆心投影点至该等级杀伤区的远边界距离。在该区域内，人员基本上都遭到该等级以上的损伤。在该边界上的人员，遭到该等级以上损伤的概率为50%。杀伤半径最远处称为杀伤边界。由杀伤半径可以计算杀伤区面积。这样即可划出光辐射、冲击波和早期核辐射的单一杀伤区范围及其综合杀伤区范围。从爆心或爆心投影点，由近到远地带，人员受到损伤的程度由重到轻，人员遭受杀伤的发生率及死亡率逐渐降低。因此，可以将人员遭受杀伤的地域划分为 4 个杀伤区。①极重度杀伤区：指发生当场死亡和极重度损伤的区域。在该区域内，可有少数伤员发生重度损伤。②重度杀伤区：指大多数伤员发生重度损伤的区域。在该区域内，可有少数伤员发生极重度损伤，一般多在近带；同时有少数伤员发生中度损伤，多分布在该区的远带。③中度杀伤区：指大多数伤员发生中度损伤的区域。在该区域内，可有少数伤员发生重度损伤，多分布在该区近带；还有少数伤员发生轻度损伤，一般多在该区的远带。④轻度杀伤区：在该区域内多属轻度损伤。该区近带可有少数伤员发生中度损伤，还有少数人员不发生损伤。轻度杀伤区的边界即为整个核爆炸杀伤区的边界。

应用 减员分析常用的统计指标有总量指标、相对数指标和平均数指标三大类。其中总量指标有参战人数、收治伤病员数等。相对数指标又分为强度相对数和结构相对数；强度相对数指标有伤员率、伤死率等。结构相对数指标有伤势百分比等。平均数指标有伤员平均到达时间、平均住院天数等。核武器损伤总减员分析常用的统计指标是总减员数和总减员率。总减员数=战斗减员数+非战斗减员数=阵亡+失踪+战伤减员+疾病减员+非战斗损伤减员+非战斗死亡。总减员率=总减员数/参战人数×100%

由于所使用的核武器的种类、当量、爆炸方式、使用环境等因素不同，所以减员率差别较大，在比较分析时应尽量寻找可比因素，以利于得出正确结论。

（陈肖华）

hézhànzhēng héfúshè shāngwáng gūsuàn

核战争核辐射伤亡估算（estimation for casualties of nuclear radiation in nuclear war）

运用统计学原理和方法对核战争核辐射伤亡数量和结构进行的分析研究。核战争是使用核武器进行的战争。它以核武器为主要摧毁损伤手段，特点是战争的规模、突然性和破坏性将比常规战争空前增大。核战争可能由战略核突袭开始或常规战争升级而成。核战争条件下影响伤亡的主要因素有核武器当量、爆炸方式、地理位置、防护条件、人员密度及战争形势等。

具体方法 伤亡比例及其计算方法如下：当暴露人群呈面状均匀分布时，不同当量不同方式核爆炸时的阵亡数和伤员数，可根据总杀伤面积、阵亡地域面积及其所占百分比计算。一般地说，开阔地面暴露人员的死亡数占5%~10%，伤员数占90%~95%。暴露人群呈线状分布时，一般死亡占20%~30%，伤员占70%~80%。在各种防护条件下，死亡约为10%，伤员约占90%。各类放射损伤人数的估算可参照公式：某单一伤的伤情人数=伤员人数×某单一伤的伤情面积百分比进行计算。

应用 在核战争核辐射情况下，伤亡估算的目的是迅速评估伤亡情况，为制订应急救援方案和开展应急救援提供依据。

（陈肖华）

héwǔqì sǔnshāng fēnjí jiùzhì

核武器损伤分级救治（medical treatment in echelon for injury of nuclear weapon）

遵循分级救治和限制污染扩散原则，按照三级救治体系组织实施救治核武器损伤伤员的方案。由于核武器杀伤因素多、范围大，有些致伤因素持续时间又长，故其医疗保障区别于常规战争条件下的保障体系，通常采取分级救治的方式。三级医疗保障体系分为现场救护（杀伤区抢救）、就地救治（早期治疗）和专科医治。

基本方法 包括以下内容。

核武器杀伤区伤员的抢救（现场救护） 即对核武器杀伤区伤员进行的现场救治。战术地域内的伤员抢救队通常由师、团卫勤分队的卫生人员、担架队和参战的民兵民工等组成。每个抢救队30~50人，应分成几个抢救组，使其能够担任一定地段的抢救任务。每个抢救组以15人左右组成为宜，其中应有医师或医师助理1名，护士或卫生员2名，担架员10~12名。卫生人员与搬运人员之比，一般以1∶4或1∶5为宜。每个抢救组应配备卫生包和急救包，带5~6副担架和足够的急救药材，必要的防护器材。杀伤区伤员抢救的基本原则：应遵循快速有效、先重后轻、保护抢救者与被抢救者的原则。

杀伤区伤员抢救的基本任务：①首先将伤员撤离事故现场并进行相应的医学处理，对危重伤员应优先进行急救处处理。②初步估计人员受照剂量，设立临时分类站，进行初步分类诊断，必要时尽早使用稳定性碘和/或抗放射药物。③对人员进行放射性污染检查和初步去污处理，并注意防止污染扩散。④初步判断伤员有无放射性核素内污染，必要时及早采取阻止吸收和促排出措施。⑤收集、留取可供估计受照剂量的物品和生物样品。⑥填写伤票，根据初步分类诊断，将各种急性放射病、放射复合伤和内污染者以及一级医疗单位不能处理的非放射损伤人员送至二级医疗救治单位，必要时将中度以上急性放射病、放射复合伤和严重内污染者直接送至三级医疗救治单位。伤情危重不宜后送者可继续就地抢救，待伤情稳定后及时后送。对怀疑受到照射或内污染者也应及时后送。

参加现场救护的各类人员应穿戴防护衣具，视现场剂量率大小，必要时应采取轮换作业和使用。

抢救伤员应规定各抢救队进入的方向和次序，划分伤员后送道路，明确后送方式，规定互相协同的通讯联络和方法。具体内容如下。①分区分段寻找：根据地形地物和能见距离远近，各抢救队（组），应采取疏散队形，在分工的抢救区和抢救地段内，依次寻找伤员。特别要注意迅速到战术上可利用的地形、地物处去寻找；要在工程兵协助下，从各种掩体、工事内将被掩埋的伤员抢救出来。各队、组之间要加强联系，互相衔接，避免寻找的重复或遗漏，加快寻找速度。对辐射级高的严重杀伤区，要分批组织人员乘装甲救护车进入，并规定停留时间。②选点集中隐蔽：发现伤员后，要迅速就地急救和运出杀伤区；不可能运出时，应选择适当地点将伤员集中隐蔽。在伤员集中地点，军医（医助）、卫生员等人应给伤员进行急救、局部除沾染，组织伤员后送。伤员集中地点应选择在伤员较多，地形隐蔽，不受地面敌人炮火威胁，没有放射性沾染或沾染较轻微，车辆能够到达或靠近的地方。集中地点的高处要插上明显标志。抢救队负责人要通过伤员、搬运人员或其他通讯手段，将本队各集中点的具体位置向合成军队首长和卫勤领导报告，以便派运输队前来接运伤员。地爆时，伤员集中地点应投在上风方向或放射性云迹两侧。若在沾染区内设伤员集中点，应尽量设法减少或消除地面沾染，采取防护措施，并尽快将伤员搬出。③灵活进行急救：杀伤区抢救队的急救范围，相当于连、营对常规武器伤员的急救范围。为了迅速急救，应根据伤情危急程度，采用简易快速的急救方法，优先急救危重伤员，并可根据抢救力量、伤员数量和战斗情况，灵活地执行急救范围。

急救中，应注意：①灭火。应帮助重伤员灭火，如脱去着火衣服，用雨衣覆灭，或用土埋、水喷。告诉伤员不要张口喊叫，防止呼吸道烧伤。②抗休克。中至重度烧伤、冲击伤易发生休克，可给予镇静、镇痛药物，或用其他简易的防暑或保温方法进行防治，尽可能给予口服液体。③防治窒息。严重呼吸道烧伤、肺水肿、泥沙阻塞上呼吸道的伤员，昏迷伤员出现舌后坠情况，均可能发生窒息。应清除伤员口腔内泥沙，采取半卧位姿势，牵舌引出，加以预防；已发生窒息者，应立即做气管切开，或用大号针头在环甲膜处穿刺，以保持呼吸道畅通。

及时搬出后送。杀伤区从负伤地点到伤员集中地点的搬运工作，由抢救队的搬运人员负责。从伤员集中地点运出主，要由上级派来的运输力量负责。为加强后送的计划性，应在抢救区的入口建立运输指挥哨，以维持运输次序；根据各抢救区伤员后送情况，分配或调整使用运输力量。若车辆不能直接到各伤员集中地点，在杀伤区内或边缘可设若干临时转运站，担架员从集中地点接回伤员，再用车辆运送。还应注意首先后送需要紧急救治的伤员，如大出血、休克、胸腹冲击伤、严重骨折及大面积烧伤等。

核武器伤员的早期治疗（就地救治）　杀伤区内的伤员经过抢救后，一般可直接送到师救护所或配置在杀伤区附近的其他救治机构进行早期治疗。在战术地域内，担任早期治疗的机构除师救护所和加强来的野战医疗所外，也可能由战役后方派来的专门的核损伤救治队担任。战役后方遭到核武器袭击时，由配置在该地域的军队和地方的卫生医疗机构担任早期治疗。

战术地域内的伤员抢救和早期治疗，常受地面、空中敌人威胁，为保护伤员和救治机构的安全，早期治疗机构应配置在我方防御的一侧，离杀伤区远些。战役后方地区的早期治疗机构，在无空降敌人威胁时，若杀伤面积过大，也可配置在杀伤区内。在选择具体配置地点时，距爆心5~10km为宜，地形要隐蔽，邻近水源，后送道路方便。特别要注意避开云迹区，以防放射性落下灰的危害。

早期治疗的基本任务：①收

治轻至中度急性放射病、放射复合伤和有放射性核素内污染者以及各种非放射损伤人员。②对体表残留放射性核素污染的人员进行进一步去污处理，对污染伤口采取相应的处理措施。③对确定有放射性核素内污染的人员应根据核素的种类、污染水平以及全身和/或主要受照器官的受照剂量及时采取治疗措施，污染严重或难以处理者可及时转送到三级医疗救治单位。④详细记录病史、全面系统检查，进一步确定受照剂量和损伤程度，进行二次分类处理。将中度以上急性放射病和放射复合伤患者送到三级医疗机构治疗。对暂时不宜后送者可就地观察和治疗。对伤情难以判定的可请有关专家会诊或及时后送。⑤必要时对一级医疗救治给予支援和指导。

核伤员分类工作：应设较大的分类组，首先分出有无放射沾染，是否需要进行洗消的伤员。在团、师救护所通常将核伤员分为4类：①优先处置的危急伤员。此类伤员必需及时救治，方能挽救其生命，如内脏破裂、严重休克、窒息和大血管损伤。严重呼吸困难、内脏出血、后送途中有危险的重度复合伤等。②可直接后送的伤员。此类伤员伤情不急而又需进一步治疗，可直接后送或稍做一船处置即可后送，如中度急性放射病、中度烧伤、一般骨关节伤和后送途中无危险的重度复合伤等。③观察与留治的重伤员。此类伤员生命已垂危，治愈希望不大，应视情况给予护理、减少痛苦的措施，如脑型、肠型放射病，极重度冲击伤等。④留治可治愈的伤员。此类伤员伤情较轻，在上级规定的留治期限内可治愈归队，如面积不大的轻度烧伤，轻微的软组织损伤等。

还有一部分伤员并未在救治机构收治，而留在原单位继续参加战斗。战斗结束后，卫勤部门应对其进行观察、查体和必要的治疗，伤情需要时应住院治疗。

早期治疗机构对核武器伤员的救治范围相当于师救护所对常规武器伤员的救治范围。但核武器伤员有些特殊性，救治过程中应注意以下情况①烧伤伤员：应尽早用清水、肥皂水或生理盐水冲洗创面，之后用1%苯扎溴铵（新洁尔灭）洗拭；保护创面，避免后送途中感染。沾染创面处理：通常与清创处理同时进行。在伤口冲洗后清创，清创后再冲洗几次即可达到除沾染的目的。术后手术器械也有轻微沾染，可用清水洗刷，擦拭3次后可基本清除干净。但敷料通常沾染较重，将其深埋。处理沾染伤的工作人员，按一般手术着装（戴口罩、穿手术衣和戴手套）即可防止体表沾染，不需专门的服装。③冲击伤的应救治：特别注意早期发现闭合性冲击伤，它通常表现“外轻内重”，发展迅速，应早期诊断，早期施行外科救治。④急性放射病或以放射病为主的复合伤：应早期诊断，积极采取抗感染、抗出血等防治措施。中至重度放射病或中至重度放射复合伤，应在发病的初期前后送，轻者可留治观察。

专科医治　是专业医院对核武器伤员所进行的专科治疗和临床观察，核武器伤员的后续专科治疗由战役后方医院承担，以综合医院为主，必要时可开设放射病等专科医院。

专科医治的主要任务：收治军队或地方的不同类型、不同程度的放射损伤及放射复合伤的患者，特别是下级医疗单位难以救治的伤员，例如中度以上急性放射病、放射复合伤和严重放射性核素内污染人员。采取综合治疗措施，使其得到良好的专科医治。同时治疗并发症和后遗症，并对伤员的劳动能力做出评价。必要时派出救治分队指导或支援就地救治和现场救护工作。其具体内容有：①进行比较全面的放射性污染检查。根据本级救治任务和条件，对伤员进一步做体表放射性污染监测。为了解体内污染情况，除测量生物样品（鼻拭物，血、尿、粪便等）放射性或核素组成外，还可根据需要进行甲状腺或整体放射性测量，以确定体内污染水平及放射性核素组分。②进行血液学检查。对血细胞（白细胞计数及分类，淋巴细胞和网织红细胞）进行连续动态观察。尽可能每天一次。必要时应对淋巴细胞染色体畸变再次检查，以及做骨髓细胞等检查，以便对外照射损伤程度做出判断。③进行其他检查。必要时应对伤员进行全面的血液学、血液生化学、细菌学、脑血流图、骨骼X线片、晶状体和眼底及精液检查，作为临床救治、预后判断和远期效应对比分析的基础数据。④进行确定性诊断和治疗。各类伤员的确定诊断和治疗原则按有关标准和建议执行。确定性诊断指对各类放射伤、放射复合伤和非放射伤的类型和程度做出明确诊断，并指出事故前原患疾病对各类损伤的影响。受照剂量较大时，应大致判断照射的均匀度。不均匀照射时，应大致判断不同部位的受照剂量。淋巴细胞染色体畸变率的分布，临床反应（如皮肤红斑及脱毛反应）及局部骨髓细胞学检查结果，对不均匀照射的判断有一定帮助。全身辐射损伤程度的判断主要依据临床效应、物理剂量和生物剂量。无物理剂量和生物剂量可供参考，只依靠临床效应判断时，由于个体辐射敏感性的差异，以及不同指标及其在不同病程阶段所反映出的损伤程度的可靠性不一，临床判断也应尽可能利用多种指标进行综合分析。

应用　在战备情况下，分级救治方案可帮助管理者建立和完善救治团队，在核战争核辐射情况下，分级救治可以立即分工明确地开展紧急救援工作，实现资源优化配置和伤员的高效救治工作，治疗和挽救更多的伤员，更好地保存部队战斗力。

（陈肖华）

hé yǔ fúshè tūfā shìjiàn

核与辐射突发事件（nuclear and radiological emergency event）　由放射性物质或其他放射源造成（可能造成）严重影响公众健康的突然发生的紧急事件。核与辐射突发事件主要包括核与辐射事故和核与辐射恐怖袭击。核与辐射事故指非人为故意所引起的放射性物质丢失、失控、失察、失误等造成（可能造成）严重人员伤害的紧急事件。核与辐射恐怖袭击指人为故意制、造的放射性物质爆炸、散布、破坏、恶意照射等造成或可能造成严重人员伤害、社会恐慌的紧急事件。

基本内容　核与辐射事故主要类型有8种。①核反应堆事故：包括各种核反应堆及核电站发生的各类事故，如1986年苏联切尔诺贝利核电站发生的爆炸及核泄漏事故。②辐照装置事故：包括在γ射线辐照装置、辐射探伤装置、放射治疗机应用中发生的各类技术性事故等，如密闭放射源或辐射装置辐照室的门锁失控造成人员辐照等。③放射源丢失事故：包括放射源、放射性材料、放射性严重污染物件的丢失或被盗、误置，以及随意遗弃所造成的人员伤害等。④医疗照射事故：包括人员外照射、内照射失误、失控等事故，如治疗照射剂量或含放射性物质药物使用过量或失控等。⑤超临界事故：包括放射源防护装置和辐照防护装置故障或误操作引起屏蔽作用丧失，在核燃料转换、富集过程中操作失误等。⑥放射性废物储存事故：包括密闭放射性废源、包容放射性物质的设备或容器泄漏等。⑦军用核设施事故：包括在核试验、核武器贮存、运输、检测过程中违反操作规程所发生的事故，以及核潜艇发生的核泄漏事故等。⑧其他核辐射事故：包括核物质生产、提炼、运输、储存、加工、制造等过程中发生的核工业事故，以及核动力卫星坠毁事故等。

核与辐射恐怖袭击主要方式如下。①恐怖威胁：采用邮寄恐吓信、网上发布等方式，威胁使用放射性物质作为武器实施攻击，但不一定真正具有和实施此手段。②盗窃、散布放射性物质：采用盗窃、秘密散布放射性物质等手段，制造或蓄意制造爆炸、隐秘辐射等公众伤害。③恶意照射恐怖分子使用放射源恶意照射攻击某一个人或某一群人。④爆炸袭击恐怖分子使用脏弹、自制或偷盗的核武器攻击，或采用爆炸方式袭击核电站、乏燃料库，以及其他核设施等，散布放射性物质，造成大批人员伤害和社会恐慌。⑤恶意破坏恐怖分子恶意破坏密封辐射源的密封性，破坏有大量放射性物质的核装置的安全系统，造成和可能造成人员伤害和社会影响，如破坏核电站，反应堆安全及控制设备等。⑥恶意投放恐怖分子使用放射性物质：恶意投放在人群密集地点，或污染食物、水源、日用品、特定地点或环境，造成和可能造成人员伤害。⑦蓄意制造恐怖分子转移核材料：特别是易裂变材料，蓄意发展、制造和使用粗糙核武器。如窃取、转移^{235}U和^{239}Pu等核材料。

核与辐射突发事件可通过多种途径对人员造成伤害，包括外照射、体表污染、伤口污染、内照射4种基本方式，它们分别可用以下方法标记（图1）。

电离辐射造成的人员损伤分为急性辐射效应、远期辐射效应和心理效应。①急性辐射效应：人体受照射后数分钟至数月内出现的效应。其严重程度和发生概率与剂量大小有关。照射剂量<0.35Gy，可引起某些人恶心、虚弱和食欲减退，但均能在数小时

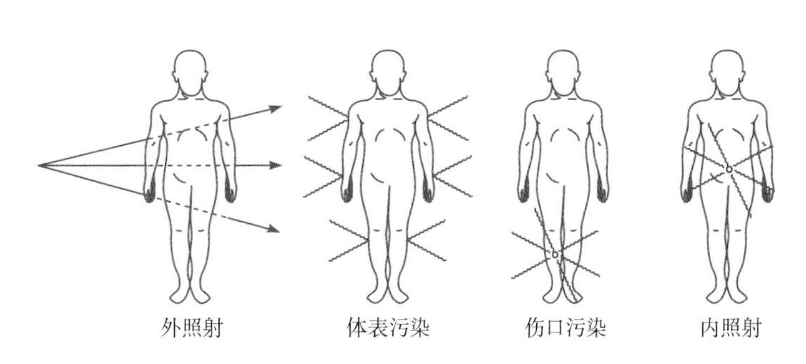

图1　核辐射对人员的伤害途径

内消失。照射剂量在 0.70～1.25Gy，可使5%～30%受照射人员出现暂时性恶心，若无其他并发症，一般不会造成死亡。照射剂量在1.25～3Gy，可使大部分受照射人员发生恶心、呕吐和虚弱，伴感染、出血和发热等。若有创伤或烧伤，发病人数和死亡人数将明显增加。照射剂量在3Gy左右，若不及时救治，60天内死亡率将达50%。照射剂量>5Gy，并未进行医学救治时，死亡率将达100%。显著的非均匀照射或局部照射会使局部组织产生严重的损伤。上述损伤，临床主要诊断为急性放射病、放射性复合伤和放射性沾染。②远期辐射效应：产生于受照后半年甚至数十年后，包括确定性效应、随机性效应和遗传效应。确定性效应如辐射性白内障、慢性放射性皮炎、生殖力减弱和寿命缩短等；随机性效应主要表现为白血病和实体癌，以及对受照射者后代诱发畸形等改变的遗传效应，其发生的概率（除严重程度损伤外）随照射剂量增加而增大，而疾病严重程度与照射剂量无关，不存在照射阈剂量的问题。③心理效应：核与辐射突发事件所产生的社会心理效应十分突出。由于一般民众对于核辐射的性质、特点、危害及防护缺乏了解，使得人们对于核与辐射突发事件感到担心和恐惧。这种潜在的对核辐射担心焦虑的思想会通过社会的各种途径广为流传，若确实发生核与辐射突发事件，可能引发更大的社会恐慌和混乱。

核与辐射恐怖袭击的危害主要包括：①爆炸核装置或放射性物质散布装置爆炸后放射性物质广泛扩散，微小的粒子黏附于大气飘尘上形成气溶胶，部分颗粒降落到爆炸中心附近区域。若发生在城市，可使附近几个街区的建筑物和地面受到放射性污染。爆炸产生的金属碎片和其他物体及建筑物倒塌可造成人员伤亡。放射性物质污染导致的人员受照剂量不会太大，通常造成巨大的社会心理影响。②恐怖分子放置的放射源被人捡到可使携带者及其周围人员受到大剂量照射，导致急性放射病甚至死亡。多人死亡之后可引起地区性恐慌，影响该地区的安定。恐怖分子在食品、饮料、河流、湖水、井水或自来水中投放放射性物质可造成放射性污染，对人体造成随机性效应，即患癌症概率增大。由于污染难于短时间内消除，影响范围广，通常引起社会恐慌。③袭击核电站或其他核设施后，高强度的贯穿辐射和释放出的大量放射性物质可使核电站工作人员受到大剂量照射，部分工作人员患急性放射病死亡。除放射因素外，袭击可引发爆炸和火灾，导致人员伤亡。核电站所在地区、邻近地区和周边国家的甲状腺癌发生率（特别是儿童时期受照的人员）可能上升。核电站恐怖事件的危害后果不仅是重大的人员伤亡和财产损失，对发生国的能源政策甚至政治、经济均有不容忽视的影响。④核武器或粗糙核装置爆炸冲击波除直接作用于人体外，还可使物体崩射，主要是窗户玻璃的崩射，可造成人员伤亡。小威力核武器造成的危害大小取决于核武器的威力，主要危害是核辐射杀伤，威力稍大的核武器造成的危害是多类型的复合伤害。

应用 核与辐射突发事件概念的提出对核战争的保障及核设施的安全应用有重要意义，核与辐射突发事件的多次预测与演习，有利于为日后的突发事件积累相关经验，制定防护措施以及实施标准。

（陈肖华）

hé yǔ fúshè tūfā shìjiàn yīxué yìngjí jiùyuán

核与辐射突发事件医学应急救援

（emergency medical rescue of nuclear and radiological emergency event） 紧急处理核与辐射突发事件造成的人员突发性机体损伤，并对受照射人员和社会公众进行紧急心理干预，预防受照射人员特别是预防社会大众的群体性焦虑、恐慌事件出现的实践活动。核与辐射突发事件造成的损伤是多方面的，既有电离辐射损伤，也有爆炸引起的冲击伤、烧伤、创伤等；既有外照射损伤，也有内照射损伤。核与辐射在造成机体损伤的同时，还会对人员造成心理和精神压力，引发一系列卫生和社会问题，并可通过社会传染导致公众心理紊乱、焦虑、恐慌和长期慢性心理应激，不仅影响心理和身体健康，还可促使正常的社会生活和生产秩序发生混乱，对社会活动的各个领域发生作用，造成严重的政治影响和经济损失。

基本内容 医学应急救援的基本任务包括：组织指导现场人员医学防护；开展现场伤员的抢救；对伤员进行去污处理；采集生物样品；对暴露人员进行受照射水平评估，并进行分类诊断；对食品和饮用水进行应急辐射监测和评价，采取措施，控制公众食用超过食品通用行动水平的食品和饮水；对不同受污染人员的防护和处理措施；指导公众采取正确的放射防护、防疫措施，并提供必要的医学应急保障，保护公众健康；与有关部门协同，防止或减轻核事故对公众的不良心理效应与后果。

基本原则 核与辐射事故医学救援应坚持“三分、一结合”的基本原则。

分级救治 是在成批伤病员发生和救治环境不稳定时，将伤病员救治活动分工、分阶段、连续组织实施的组织形式和工作原则。突发事件伤病员医疗救援的组织与工作应遵循分级救治的基本原则。目前中国核事故应急医学救援采用三级救治，即现场救护、地区救治和专科医治。

分期救治 各类突发事件的发生和发展一般都有明显的阶段性特点。可将核与辐射事故分为早期、中期、晚期。早期指放射性物质最初的直接播散阶段；中期指放射性物质通过大气等途径的播散、沉降阶段；晚期指恢复期阶段。在各个阶段伤病员发生的密集程度、严重程度不同，同时伤病的种类不同，所以救治的重点也不同。早期医学救援的重点开展伤病员现场急救和早期治疗，对可能受照射但未受到外伤的人员也应及时隔离处理，以免相互污染。中期和晚期医学救援的重点是在专科医院开展专科治疗，组织心理干预和处置，远期效应的预防等。在组织工作方面，伤病员救治工作必须按照事件各阶段工作重点和各阶段伤病员特点组织实施。

分类救治 检伤分类是批量伤病员救治的前提。核与辐射突发事件发生后，应及时地对现场受伤人员进行分类。首先，要将有生命危险的危重症伤病员区分出来，迅速实施抢救。其次，是将受照射的伤病员和未受到照射的伤病员区分出来。对于未受到放射性污染的伤病员，按常规条件处置。对受到放射性污染的人员应立即进行隔离，并进行初步的去污处理。对于未发现明显体外污染，但是可能因伤口、吸入或食入等造成的体内污染的人员，因其血液、呕吐物、尿、便等可能带有放射性污染，处理时要特别小心。对于伤口中嵌有大量放射性物质的伤员要小心处理，因为活化金属的比活度很高，很可能对救治人员造成伤害。

治送结合 救治与后送相结合是实现伤病员分级救治的必然要求。伤病员就是在连续不间断的医疗与后送过程中，分级完成救治活动，逐步完善治疗，最后挽救生命，恢复健康。核与辐射损伤伤病员救治与后送相结合体现在以下3点：①在实施核与辐射损伤伤病员后送前，必须做好充分的医学准备工作，特别是专用后送工具及其途中医疗器材和药品的准备。②在实施伤病员后送过程中，医疗人员必须在做好个人防护的前提下，保持后送过程中伤病员不间断地连续性治疗。③要按时到达伤病员上乘和下载地点，做好接运伤病员各项紧急救治医疗准备，保持不间断地医疗监护。

应用 在核与辐射突发事件发生时，最大限度地减轻人员伤害，保证人员的健康和安全；对已受伤的人员积极进行治疗，尽力减少伤亡；维护社会稳定。

（陈肖华）

hé yǔ fúshè tūfā shìjiàn shāngyuán fēnjí jiùzhì

核与辐射突发事件伤员分级救治（medical treatment in echelon for nuclear and radiological emergency event） 遵循分级救治和限制污染扩散的原则，按照分级救治体系组织实施核与辐射突发事件伤员救治的方案。目前，在核与辐射事故应急医疗体制上，国际上多采用三级医疗救治体系，即现场救护、地区救治和专科医治。也有一些国家实行四级救治体系，即现场自救、场内救护、地区救治和专科医治。中国核事故应急医学救援采用三级救治，即现场救护、地区救治和专科医治。

一级医疗救治 又称现场救护。一级医疗救治单位主要由发生事故单位的基层医疗卫生机构组织实施，必要时请求场外支援。可在组织自救和互救的基础上，由经过专门训练的卫生人员、放射防护人员、剂量人员及医护人员实施。

一级医疗救治机构应在核设施机构内设有自己的医疗和防护设施，有隔离和快速清除放射性污染的设备条件，以及相应的实验室和仪器；进行快速采样和生物学检测的设备；处理多个伤员而不致引起放射性交叉污染或扩散的条件（如具有空气过滤隔离的房间，用于处理和存储污染衣物的场所，沐浴室和单向卫生通道等）；配备适用于辐射监测的仪器，包括便携式检测仪和全身计数器；配备用于事故抢救的药物。中小型医疗机构应配备抗放药箱，这是一种供医师使用的急救箱。此类急救箱装有可供3人用10天的药物或10人用3天的药物。该急救箱的作用是集中所有必需的药物，一旦受到辐射照射或放射性污染的人到达，即可立即进行紧急处理。采用高灵敏度检测仪和个人剂量仪进行连续性监测，尽可能减少或防止对救护人员的照射或污染。

现场医疗机构必须建立一个能够提供专业帮助的专家名单，

包括专家的姓名、电话号码和地址。医疗设施的人员配置，至少应有2名接受过放射损伤救治培训的医师和3名参加过放射损伤患者护理的护士，1名检验人员和2名计量监测人员以及司机和其他医学技术人员。

现场救护遵循的原则：快速有效、保护救援者和被救援者，对危及生命的创伤优先救护。

现场救护的基本任务：首先将伤员撤离事故现场并进行相应的医学处理，对危重伤员应优先进行急救处处理；根据早期症状和血液常规检查结果，初步估计人员受照剂量，设立临时分类站，进行初步分类诊断，必要时尽早使用稳定性碘和/或抗放射药物；对人员进行放射性污染检查和初步去污处理，并注意防止污染扩散；对开放性污染伤口去污后可酌情进行包扎；初步判断伤员有无放射性核素内污染，必要时及早采取阻止吸收和促排措施；收集、留取可供估计受照剂量的物品和生物样品；填好伤员登记表，根据初步分类诊断，将各种急性放射病、放射复合伤和内污染者以及一级医疗单位不能处理的非放射损伤人员送至二级医疗救治单位；必要时将中度以上急性放射病、放射复合伤和严重内污染者直接送至三级医疗救治单位。伤情危重不宜后送者可继续就地抢救，待伤情稳定后及时后送。对怀疑受到照射或内污染者也应及时后送。

参加现场救护的各类人员应穿戴防护衣具，视现场剂量率大小，必要时应采取轮换作业和使用抗放射药物。

现场救护的一般实施程序包括医学应急救援人员的准备和现场抢救。

医学应急救援人员在核设施出现严重故障或核设施附近发生自然灾害，危及核设施安全可能发生事故时，应做好应急待命。一旦事故发生，抢救人员应迅速做好个人防护，如穿戴防护衣具、配备辐射剂量仪、酌情使用稳定碘和抗辐射药物等。根据地面照射量率和规定的应急照射水平，确定在污染区内的安全停留时间。

为保护被抢救者与抢救者，若现场辐射水平较高，应首先将伤员撤离事故现场，然后进行相应的医学处理。实施抢救时，先根据伤员的伤情做出初步（紧急）分类诊断。对危重伤员应立即组织抢救，优先进行紧急处理。急救中应注意以下事项：①灭火。应帮助重伤员灭火，如脱去着火衣服，用雨衣覆灭等。告诉伤员不要张口喊叫，防止呼吸道烧伤。②抗休克。大出血、胸腹冲击伤、严重骨折以及大面积中至重程度烧伤、冲击伤易发生休克，可予镇静、镇痛药物，或用其他简易的防暑或保温方法进行防治，尽可能给予口服液体。③防治窒息。严重呼吸道烧伤、肺水肿、泥沙阻塞上呼吸道的伤员，昏迷伤员出现舌后坠情况时，均可能发生窒息。应清除伤员口腔内泥沙，采取半卧位，牵舌引出，加以预防；已发生窒息者，应立即做气管切开，或用大号针头在环甲膜处穿刺，以保持呼吸道畅通。对无危及生命急症可延迟处理的伤员，经自救、互救和初步除污染后，应尽快使其离开现场，并到紧急分类站接受医学检查和处理。需紧急处理的伤员苏醒、血压和血容量恢复和稳定后，及时做去污处理。有手术指证的伤员应尽快早期外科处理，无手术指征者按可延迟处理伤员的处理原则和一般程序继续治疗。

可延迟处理伤员的处理原则与一般程序：进入紧急分类站前，应对全部伤员进行体表和创面放射性污染测量，若污染程度超过规定的控制水平，应及时去污直至达到或低于控制水平。根据具体情况，酌情给予稳定性碘或抗放药。询问病史时，应特别注意了解事故时伤员所处的位置和条件（如有无屏蔽物，与辐射源的距离，在现场的停留时间，事故后的活动情况等）。注意有无听力减退，声音嘶哑，皮肤红斑、水肿，头痛，腹痛、腹泻，呕吐及其开始发生的时间和次数等。怀疑有冲击伤的伤员，应进一步做X线检查，以及血红蛋白、血清丙氨酸转氨酶和天冬氨酸转氨酶活性测定。有皮肤红斑、水肿者，除逐一记录出现的部位、开始时间和范围以外，应尽量拍摄彩色照片。受照射人员尽可能每隔12~24小时查一次外周血白细胞数及分类，网织红细胞和淋巴细胞绝对数。条件许可时，可抽取静脉血做淋巴细胞染色体培养，留尿样、鼻拭物和血液标本等做放射性测量；收集能用作估计伤员受照剂量的物品（如个人剂量仪）和资料（包括伤前健康检查资料）等，以备日后作为进一步诊断的参考依据。伤员人数较多时，临床症状轻微、白细胞无明显增多和白细胞分类无明显核左移、淋巴细胞绝对值减少不明显的伤员不一定收入医院观察，但须在伤后12小时、24小时和48小时到门诊复查。临床症状，特别是自发性呕吐和皮肤红斑水肿较重，白细胞数明显升高和白细胞分类明显核左移、淋巴细胞绝对值计数减少较明显的伤员须住院治疗和观察，并应尽快后送到二级医疗救治单位。伤情严重、暂时无法后送的伤员继续留置抢救，待伤情稳定后再根据情况处理。条件许可时，伤情较重或伤情难以判断的伤员可送往三级医疗救治单位。后送时，应将全部临床资料（包括检查结果、留采的物品和采集的样品等）随伤员同时后送；重度和重度以上伤员后送时，需有专人护送，并注意防止休克。

运送患者的方式必须适合每个患者的具体情况。疏散被照射的患者，一般不需要特别防护，但应避免有的患者可能造成污染扩散，特别是在核设施现场无进行全面辐射监测和消除污染的情况下。带有隔离单可隔绝空气的多用途担架、内衬可处理塑料内壁的救护车等，是运送污染人员最理想的设备。

临床症状明显的伤员可给予对症处理，但应尽量避免使用对淋巴细胞计数有影响的药物（如糖皮质激素等），防止对诊断指标的干扰。体内放射性污染超过规定限值时，应及时采取促排措施。

二级医学救治（地区救治） 二级医疗救治单位必须掌握多学科、可随时召集提供咨询和专业协助的专家名单，包括外科学、血液学、放射医学和辐射剂量学等方面的专家。二级医疗救治单位要做到能够处理危重患者（如实施外科手术），可在现有条件基础上，为受放射性污染的患者设置随时可被启用的专门通道，直接通向放射性污染处理室；设置典型的无菌手术室，可开展常规手术，有处理体外放射性污染并防止放射性污染扩散的条件等。

地区医学救治基本任务如下：①收治中度和中度以下急性放射病、放射复合伤、有放射性核素内污染者以及严重的非放射性损伤伤员。②详细记录病史，全面系统检查，进一步确定伤员的受照剂量和损伤程度。对中度以上急性放射病和放射性复合伤伤员进行二级分类诊断。③将中度、重度和重度以上急性放射病和放射复合伤伤员以及难以确诊的伤员，尽快后送到三级医疗救治单位进行救治。暂时不宜后送者，可就地观察和治疗；伤情难以判定者，可请有关专家会诊或及时后送。④对有体表残留放射性核素污染的人员进行进一步去污处理，对污染伤口采取相应的处理措施。对确定有放射性核素体内污染的人员，应根据核素的种类、污染水平以及全身和/或主要受照器官的受照剂量及时采取治疗措施，污染严重或难以处理的伤员可及时转送到三级医疗救治单位。⑤必要时对一级医疗救治单位给予支援和指导。

为适应二级医疗救治的需要，二级医疗救治单位的医务人员和管理人员应接受专业教育与培训。

地区医学救治中应注意以下情况。①烧伤伤员：应当尽早用清水、肥皂水或生理盐水冲洗创面，尔后用1%新洁尔灭液洗拭；保护创面，避免后送途中感染。②沾染创面处理：通常与清创处理同时进行。在伤口冲洗后清创，清创后再冲洗几次即可达到除沾染的目的。术后手术器械也有轻微沾染，可用清水洗刷，擦拭3次后可基本清除干净。但敷料通常沾染较重，将其深埋。处理沾染伤的工作人员，按一般手术着装，（戴口罩、穿手术衣和戴手套），即可防止体表沾染，不需专门的服装。③冲击伤的救治：特别要注意早期发现闭合性冲击伤，它通常表现为“外轻内重”，发展迅速，应早期诊断，早期施行外科救治。

急性放射病或以放射病为主的复合伤：应早期诊断，积极采取抗感染、抗出血等防治措施。中至重度放射病或中至重度放射复合伤，应在发病初期前后送，轻者可留治观察。

三级医学救治 又称专科医治，由三级医疗救治单位实施。三级医疗救治单位为国家指定的设有放射损伤治疗专科的综合医院。三级医疗救治单位应具有处理外照射辐射事故和放射性物质污染事故的能力。要做好这两类事故的救治工作，需要与相关研究单位或专业实验室密切合作。

三级医疗机构的医务人员应当全面掌握有关核事故医学应急放射损伤防诊治方面的理论与技术，还要熟悉有关隔离和无菌处理技术。涉及的专业人员是多方面的，其中包括辐射剂量学家。辐射剂量学家除需及时判断受照射剂量外，还应提供关于事故受照剂量的空间和时间分布情况，这对于预后的判断十分重要。

三级医疗救治单位应有同时收治中度、中度以下急性放射损伤及重度、重度以上放射性疾病患者及放射复合伤伤员的能力。有估算核事故受照患者内外剂量的能力。

专科医学救治基本任务如下：①收治不同类型、不同程度的放射损伤及放射复合伤的患者，特别是下级医疗单位难以救治的伤员，例如中度以上急性放射病、放射复合伤和严重放射性核素内污染人员。②采取综合治疗措施，使其得到良好的专科医治。③治疗并发症和后遗症，并对伤员的劳动能力做出评价。必要时派出救治分队指导或支援一级、二级医疗单位的救护工作。

专科医学救治的具体内容：①重点收治中度、重度以上急性放射损伤和放射复合伤、严重内污染，或难以判定和难以处理的核与辐射损伤伤员。②对放射损伤和放射复合伤伤员做出确定性诊断，并实施良好的医学专科治疗。③对体内、伤口或体表有严重放射性污染的人员进行全面检查，确定污染核素的组分和污染水平，估算出人员受照剂量，并进行全面、有效的综合治疗。④对上述受照射人员的预后做出评价，并提出处理意见。⑤对伤员进行康复治疗和心理干预。

应用 发生核与辐射事件后，相关卫生部门立即启动专家组工作，在卫生部门的领导下，共同分析形势，判定事件性质、等级、影响范围和人员伤害情况，提出应急处置方案和意见。必要时派出专家组成员到事发现场指导调查和应急处置工作，主持事件评估和应急处置效果的评估。

（陈肖华）

hé yǔ fúshè yīxué yìngjí jiùyuān fēnduì

核与辐射医学应急救援分队

（medical rescue unit for nuclear and radiological emergency）

核与辐射医学应急救援的具体实施救助人员。核辐射突发事件一旦发生，通常危害人数多，波及面广，除直接造成人员伤亡外，还会引起人们严重的心理恐慌和社会经济秩序混乱。应急医学救援分队应在较短的时间赶赴事故或事件现场，在复杂的情况下完成医学应急救援活动，确保受到过量辐射照射和/或放射性核素污染的人员得到及时而充分的医学处理，将事件（事故）的医学和公共卫生效应减到最低限度，并收集进一步分析事件（事故）的医学后果所需要的信息。

核与辐射医学救援分队应迅速赶赴核与辐射突发事件事发现场，实施并指导当地医学应急组织做好现场应急救援工作；评估事件的医学后果；对受害者提供相应的医学建议或咨询。若患者需要后续治疗，应向应急管理部门提出转送到合适的放射损伤专科医疗中心的建议；提出必要的去污染和防止人群受到进一步辐射照射的建议；提出公共卫生方面尤其是心理干预的建议。在事件现场，医学救援分队要承担对非放射损伤和放射损伤人员的现场急救，初步分类诊断和分类处理，对超剂量受照射人员和受污染人员实施救治；对受到污染的人员进行初步去污处理和/或促排；采集和处理生物样品等。

医学救援分队一般设置指挥组、防护组、分类组、去污洗消组、医疗组和保障组，各组由具有相应专业知识和技能的人员组成。医学救援分队队长承担分队的组织和指挥等全面工作，是现场医学救援的决策者，并参与对放射损伤和非放射损伤人员的分类诊断和现场的紧急医学处理。医务人员（包括分类组及医疗组人员）主要负责伤员的初步分类诊断、外伤和其他损伤人员的处理，受照射人员和受污染人员的生物样品的采集、处理和保存，并作为医学救援队的队长的助手。保健物理专业人员（包括防护组人员及去污洗消组人员）负责现场剂量监测、伤员的放射性污染检测和初步的放射性去污处理，以及现场的放射性样品收集。保障组人员负责通讯保障及后勤物资筹措。

医学救援分队装备包括现场急救仪器和器械、应急药箱和急救箱、辐射应急监测仪、个人防护用具、现场去污箱、普通装备、运输工具、通信设备和生物样品采集设备等。

现场急救仪器和器械包括下列仪器和器械：输血装置；血细胞计数器；生物显微镜；制作血液涂片的设备；收集和储藏生物样品（血液、尿、便等）的容器；除颤仪、电池和充电器；综合急救器械箱。

应急药箱和急救箱箱内包括镇痛药、强心药、抗低血压和抗高血压药、止吐药、抗生素、利尿药、局部抗生素药膏、生理盐水和其他对症治疗药物等。

医学救援分队涉及的辐射监测仪器主要包括剂量率仪、表面污染仪、个人剂量（计）仪，这3种是医学救援分队所必备的仪器设备。在某些条件下，医学救援分队还可能使用便携式γ谱仪、移动式肺计数器、甲状腺计数器、活度计或鼻咽拭子测量仪、人体中子剂量测量仪等设备进行各项辐射监测。

应配备的个人防护用具包括自读式剂量计、累积剂量计、防护服、防护靴、棉手套、塑料手套、橡胶手套。个人防护用具应当适于在危险的野外环境中使用，采用标准的密封性能良好的材料制成并具有呼吸防护装置。

现场去污箱内应装备以下物品：5% $NaHCO_3$、5% $NaHSO_3$、0.2mol/L H_2SO_4、饱和 $KMnO_4$ 溶液、0.1mol/L HCl 溶液、去除伤口和皮肤污染的消毒剂、无菌蒸馏水、无菌洗眼液、外科棉签、鼻拭子、遮蔽胶带、标记笔、软毛刷子、石蜡砂布敷料、拖把、指甲刷、鼻腔导液管、头发剪子、刮胡刀、肥皂和刷子、清洁剂。

生物样品采集设备包括一次

性注射器（2ml、5ml、10ml、20ml），止血带，75%医用酒精，3%碘酊，试管架，酒精灯，无菌肝素抗凝试管，抗凝试管，不抗凝试管，可收集24小时尿液的容器，可收集24小时粪便的容器，鼻拭子，收集唾液、痰液、呕吐物和其他体液或分泌物的容器，收集指甲、毛发、衣物、口罩、饰品等的容器，标签和带不粘胶的标签，空塑料容器（容积20~30L），剪刀，指甲钳，一次性乳胶手套，塑料绳，透明胶带，标记笔。

医疗救援分队应具备的普通装置包括笔记本电脑、备用电池、塑料布、外科手术服、床单和毯子、便携式担架、不同规格的塑料袋、不同规格的塑料绳、标签和带不粘胶的标签、事故照射资料收集、记录表、医学资料收集、记录表、生物剂量测量/估算工作表单、生物样品采样和检查指标登记表、体表放射性污染及去污记录单、帘子、废物袋、装运箱、手电筒、辐射警示标志（普通的和荧光的）、分区标识（普通的和荧光的）、识别标记、辅助资料包括操作手册、程序文件、患者运输报告表格、应急组织机构和人员联系目录等。

运输工具包括应急救援装备车及救护车（有防止污染扩散的措施）。通信设备包括可调频率的便携式无线电台、移动电话、耳道式对讲机、带无线网卡的笔记本电脑、手持/车载卫星定位系统及备用电池。必要时由请求支援一方提供移动医院、帐篷和供暖装置。

医学救援分队的所有队员都必须有针对性地经过相关培训、经考试合格后才能上岗。除公共的培训科目外，不同环节或岗位的人员，应根据工作性质有针对性地进行专项培训，使其胜任本岗位的工作。

培训旨在了解电离辐射的基本知识，对辐射危害有正确的认识，防止麻痹思想和恐惧心理；了解应急救援中的辐射安全问题和潜在危险，并对其树立正确的态度；了解与掌握减少受照剂量的原理和方法，以及有关防护器具的正确使用方法；促进工作人员提高技术熟练程度，避免一切不必要的照射；了解与掌握在操作中避免或减少事故的发生或减轻事故后果的原理和方法，懂得有关事故应急的必须对策。

培训内容包括辐射的特点及其生物学效应、辐射防护基本知识、中国核辐射应急体系与法律法规、全球辐射事故概况及重要机构介绍、核与辐射突发事件中个人防护与辐射监测、核与辐射事件医学现场救护程序、放射性污染监测与医学处理、核应急医学处理药箱使用、急性放射病的临床救治、放射复合伤的处置、局部放射损伤的临床治疗、放射复合伤的处置、核与辐射事件医院内应急救治程序等。

（陈肖华）

héfúshè sǔnshāng yīxué yìngjí chùlǐ yàoxiāng

核辐射损伤医学应急处理药箱（emergency medicine-chest for nuclear and radiation injury）

中国现行的“核辐射损伤医学应急处理药箱”由11种防治急性放射病的药物组装而成。它包括急性放射病预防药及急性放射病早期救治需要的治疗药、主要放射性核素阻吸收和加速体内排泄的药物以及早期对症治疗的药物。主要用于辐射事故时应急医学处理和辐射损伤患者的早期救治。“核辐射损伤医学应急处理药箱”每箱内药物可供10人使用3天。组装成药箱的11种药物简介如下。

“500” 包括以下内容。

作用及用途 “500”是一种副作用小、有效时间长、照前预防和照后早期治疗都有较好抗放效价及有效剂量小的防治急性放射病药物。与抗生素伍用能提高放射复合伤的治疗效果。

用法与用量 用于预防急性放射病，以照前6天内一次肌内注射10mg效果较好。治疗急性放射病时可于照后1天内尽早肌内注射10mg。照前和照后结合使用（均只用一次），或与其他急性放射病防治药物伍用，可提高治疗效果。

注意事项 ①使用前必须充分摇匀。②用药后可能出现暂时性乳房肿胀或硬结，月经失调，不经治疗可消失。③妇科肿瘤、再生障碍性贫血、肝病及未成年患者禁用。④总用量不宜超过20mg。

剂型与规格 混悬油针剂，10毫克/(毫升·支)，10支/盒。

“523”片 包括以下内容。

作用及用途 “523”片是一种口服、长效、副作用较小、照前预防和照后早期治疗均有效的辐射损伤防治药物，主要用于核事故急性放射病的预防和早期治疗及肿瘤放疗或化疗所致白细胞减少症的治疗。

用法与用量 预防急性放射病时可于照前2天至照前即刻一次口服“523”30mg；治疗急性放射病时可于照射后1天内尽早口服本药30mg；照射前预防和照射后治疗结合，可于照前2天至照射后即刻口服本药20mg，照射后1天内再服本药10mg。

注意事项　①本品口服后消除较缓慢，多次给药时血药浓度可能蓄积增高，副作用增大，因此一次 30mg，每个月不宜超过 2 次。②用药剂量较大时可能出现暂时性乳房胀痛、硬结和月经失调。③女性生殖系统肿瘤、乳腺癌及肝病患者慎用。④儿童和再生障碍性贫血患者禁用。⑤避光保存。

剂型与规格　片剂，5 毫克/片，1 毫克/片。

“408”片　包括以下内容。

作用与用途　主要用于急性放射病的治疗。

用法与用量　照射后早期用药，每次口服 300mg，每隔 2～3 天口服一次，用药次数以 3～5 次为宜。

注意事项　副作用主要表现为口干、轻度食欲减退、胃部不适。个别服药患者有轻度恶心，对心、肝、肾功能均无明显影响。

剂型与规格　糖衣片，100 毫克/片。

碘化钾片　包括以下内容。

作用与用途　碘化钾中稳定性碘可在体内阻止放射性碘进入甲状腺，对于早期落下灰中放射性碘在甲状腺内沉积具有明显地防护效果，一般可减少甲状腺内放射性活度的 85%以上。

用法与用量　在可能受到放射性碘内污染前或内污染后应及时口服碘化钾 100mg（1 片），最迟不应超过摄入落下灰后 4 小时。在持续摄入早期放射性落下灰的条件下，可采用下列其中之一服药方案：100 毫克/次，每天 1 次；100 毫克/次，每天 2 次；200 毫克/次，每天 1 次；200 毫克/次，每天 2 次。儿童一次口服剂量为 10～50mg。

注意事项　①若十分必要，可重复服用，但不宜超过 10 次，总量不宜 > 1g。②缺乏碘化钾片时，可应用含碘的代用品，如含碘片等，相当于 100mg 碘化钾即可。③摄入放射性碘后立即服用碘化钾，甲状腺内放射性活度可减少 87%～96%，摄入放射性碘后 4 小时再服用碘化钾，防护效率则不到 50%。④无明显副作用，但对碘制剂过敏的人员不宜使用，对于孕妇不宜长期大剂量服用。婴儿忌用。⑤密封、避光、防潮保存。

剂型与规格　片剂，100 毫克/片。

裂叶马尾藻褐藻酸钠　包括以下内容。

作用与用途　褐藻酸钠在胃肠道内基本不吸收，它与摄入的放射性锶作用后可形成褐藻酸锶盐，随粪便排出。主要用于意外地大量摄入放射性锶、钡、镭核素时，或在放射性锶等核素严重污染的环境内停留或工作时服用。

用法与用量　口服。经口摄入放射性锶者，应立即服用褐藻酸钠 10g（可配成 2%褐藻酸钠糖浆 500ml 一次服下），摄入放射性锶超过 4 小时后再服用褐藻酸钠其效果不明显。意外摄入放射性锶等核素后，可采取分次服药的方法，1 次/2～3 小时，（2～3）克/次，每日总量不超过 12g，连续用 3～5 天。在连续摄入放射性核素的情况下，可考虑食用 3%褐藻酸钠的饼干或面包，按上述方法分次食用，用药总量不超过 12g，连续用药 7 天。

注意事项　①服药期间少食富锶的食物，如茶、核桃、海产品等，并辅以多渣食物。②本药按上述服用方法无毒副作用。③有习惯性便秘者慎用。④有活动性消化道溃疡或出血者禁用。

剂型与规格　粉剂，10 克/瓶。

普鲁士蓝　包括以下内容。

作用与用途　普鲁士蓝即亚铁氰化铁，口服后肠道不吸收，在肠道内能选择性与食入或由肠道腺体再分泌的铯结合，形成稳定的亚铁氰化铯盐，由粪便排出。主要用于意外地摄入、吸入大量放射性铯时或较长期居住或工作于放射性铯明显污染的环境时。

用法与用量　口服。1 克/次，3 次/天，连续 5 天为一疗程，停用 1 周后再用第二疗程；若条件允许，可将上述总剂量（15g）分成 9 次或 10 次服用。

注意事项　①本药按上述服用方法无毒副作用。②有习惯性便秘者慎用。③有活动性消化性溃疡或出血者禁用。

剂型与规格　片剂，0.33 克/片。胶囊剂，0.33 克/粒。

促排灵　包括以下内容。

作用与用途　促排灵是一种络合物，在体内能选择性地与体内沉积的放射性核素，如 ^{140}La、^{144}Ce 等放射性镧系和 ^{238}U、^{239}Pu 等锕系放射性金属离子结合，形成稳定的、可溶性的络合物，很快地经肾排出体外，减少体内放射性核素的沉积量。促排灵对多种放射性核素均有显著的促排效果，其促排效果因核素的种类、用药时间及用药途径及剂量不同而异。促排灵的给予时间对促排效果的影响很大。人体静注 ^{143}Pm 后 30 分钟静注促排灵 1g，^{143}Pm 的排出率为注入量的 90%，1 天后用药其排出率为 25%，80 天用药其排出率仅为注入量的 5%。

用法与用量　当空气中前述放射性核素浓度明显增高，有可能吸入核素超过年摄入限值时，人员进入这些场所前4小时应预防注射或吸入促排灵。确知或怀疑受到前述放射性核素内污染时，用药越早促排效果越好。肌内注射促排灵0.5g，每天1次，连续3~5天。吸入给药时剂量为120mg/d，连续7~10天，必要时可重复数个疗程。

注意事项　①呼吸道或咽喉部炎症患者禁用吸入给药。②孕妇、严重肾病患者禁用。

剂型与规格　10%注射剂，5毫升/支。25%注射剂，2毫升/支。

氢氯噻嗪　包括以下内容。

作用与用途　主要抑制肾脏髓袢升支皮质部对钠离子和氢离子的再吸收，促进肾脏对氯化钠的排泄而产生利尿作用，故可加速进入机体内的^{3}H、^{24}Na等全身性分布的放射性核素的排出。

用法与用量　口服，1片/次，每天2次。

注意事项　①使用本品应注意电解质变化，并及时处理。②突然停药可能引起钠、氯及水潴留。③少数病例服药后可能产生胃肠道反应，如恶心、呕吐、腹泻、腹胀等。④肝肾功能减退者以及痛风、糖尿病患者慎用。

剂型与规格　片剂，25毫克/片。

地西泮　包括以下内容。

作用与用途　抗焦虑药，主要应用于受照后早期出现烦躁不安或失眠者。

用法与用量　口服或肌内注射，必要时（5~10）毫克/次。

注意事项　①本品有嗜睡、便秘等副作用。②大剂量应用时可发生共济失调、无尿、乏力、头痛、粒细胞减少。③易产生耐受和成瘾。④肝肾功能减退者及老人慎用。

剂型与规格　片剂，2.5毫克/片。注射剂，10毫克/支。

舒必利　包括以下内容。

作用与用途　可抑制大脑呕吐中枢，主要用于照射后早期呕吐的防治。

用法与用量　口服，照后3天内，30毫克/次，（2~3）次/天。

剂型与规格　片剂，30毫克/片。

复方丹参片　包括以下内容。

作用与用途　主要用于照射后早期改善微循环。

用法与用量　照后3天内，3片/次，（2~3）次/天。

剂型与规格　片剂，270毫克/片。

（陈肖华）

héyǔfúshè tūfā shìjiàn sǔnshāng yīxué fánghù

核与辐射突发事件损伤医学防护

核与辐射突发事件损伤医学防护（medical protection for injury caused by nuclear and radiological emergency）　在核与辐射突发事件中为避免发生确定性效应采取的限制个人的受照剂量，使之低于可引起确定性效应的剂量阈值的防护措施，以及限制随机性效应的总发生率，使其达到可合理做到的尽可能低值的防护措施。

基本方法　采取任何一种防护对策时，应根据其利益、风险和代价进行最优化的判断和权衡。避免采取得不偿失的应急措施，给社会带来不必要的损失。同时必须采取必要的应急防护措施以保护应急工作人员。

隐蔽　人员隐蔽于室内，可使来自放射性烟羽的外照射剂量降至1/10~1/2。关闭门窗和通风系统可减少因吸入放射性核素污染所致剂量，隐蔽也可降低由沉降于地面的放射性核素所致外照射剂量，一般预计可降至1/10~1/5。上述减弱系数要视建筑物类型及人员所处位置而定。此对策简单、有效，隐蔽时间较短时，其风险和代价很小；但时间较长（>12小时），可能会引起社会和医学方面的问题。它的另一好处是，隐蔽过程中人群已受控制，有利于采取进一步的对策，如疏散人口等。

个人防护　空气中有放射性核素污染的情况下，可用简易方法进行呼吸道防护，例如用手帕、毛巾、纸等捂住口鼻，可使吸入的放射性核素所致剂量降至1/10。防护效果与粒子大小、防护材料特点及防护物（如口罩）周围的泄漏情况等有关。体表防护可用日常服装，包括帽子、头巾、雨衣、手套和靴子等。公众采取简易的个人防护措施，一般不会引起伤害，所花费代价也小。进行呼吸道防护时，对有呼吸系统疾病或心脏病患者，应注意其不利影响。

服用稳定性碘　碘化钾（KI）或碘酸钾（KIO_3）可以减少放射性碘同位素进入甲状腺。成人一次服用100mg碘（相当于130mg KI或170mg KIO_3），一般在5~30分钟即可阻止甲状腺对放射性碘的吸收，约在1周后对碘的吸收恢复正常。服碘时间对防护效果有明显影响，在摄入放射性碘前或摄入后立即给药效果最好；摄入后6小时给药，可使甲状腺剂量减少约50%；摄入后12小时给药，预期防护效果很小；24小时后给药已基本无效。服用稳定性碘的风险不大，仅少数人可能有过敏反应。但由于服药有明显的时间性，而核事故时通常时间紧迫，因此分发药品可能是个较困难的问题，尤其在涉及人数和范围较大时。必要时可事先分给公众保存使用。

撤离　是最有效的防护对策，可使人们避免或减少受到来自各种途径的照射。但它也是各种对策中难度最大的一种，特别是在事故早期，若进行不当，可能付出较大的代价，所以对此应采取周密的计划。在事先制订应急计划时，应考虑多方面的因素。如事故大小和特点，撤离人员的多少及其具体情况，可利用的道路、运输工具和所需时间，可利用的收容中心、地点、设施、气象条件等。

避迁　与撤离的区别主要是采取行动的时间长短不同，若照射量率没有高到需及时撤离，但长时间照射的累积剂量又较大，此时可能需要有控制地将人群从受污染地区避迁。这种对策可避免人们遭受已沉降的放射性核素的持续照射。避迁不像撤离时紧急，居民的迁移可预先周密地计划和控制，故风险一般较撤离时小。但风险和代价也可能很高，因为离开家园和尚未搬迁的人们都会有心理负担。若受污染的地区人口众多，代价和困难可能较大。所以，主管部门要了解污染程度及范围，并及时告知公众是否要避迁，认真做好组织和思想工作。

控制食物和饮水、使用贮存的粮食和饲料　放射性核素释放到环境时，会直接或间接地转移到食物和水中。牛奶中的^{131}I峰值一般在一次孤立的放射性核素释放后48小时出现，因此对牛奶的控制较其他食物尤为重要。事故发生后，越早将奶牛和其他肉食用的牲畜撤离受污染的牧场，并喂以未污染的饲料，牛奶及其他肉食品的污染水平越低，人们可能接受的照射剂量越小。对受污染的食物（牛奶、水果、蔬菜、谷物等），可采用加工、洗消、去皮等方法除污染，也可在低温下保存，使短寿命的放射性核素自行衰变，以达到可食用的水平。

控制出入　采取此对策可减少放射性核素由污染区向外扩散，并避免进入污染区而受照射。其主要困难在于长时间控制出入后，人们会急着离开或返回自己家中，以便照料生产或由封锁区运出货物、产品等。

地区除污染　对受放射性物质污染的地区消除污染。道路和建筑物表面可用水冲或真空抽吸法。设备可用水和适当的清洗剂清洗，耕种的农田和牧场可去掉表层土移往贮存点埋藏，也可深耕而使受污染的表层移向深层。

应用　在核与辐射突发事件发生时，最大限度地减轻核与辐射突发事件造成的人员伤害，保证人员的健康和安全；对已受伤的人员积极进行治疗，尽力减少伤亡；维护社会稳定。

（陈肖华）

cūcāo hézhuāngzhì sǔnshāng yīxué fánghù

粗糙核装置损伤医学防护

（medical protection for injury caused by crude nuclear device）

根据粗糙核装置损伤因素和损伤特点采取的减轻或避免损伤，防止放射性污染，以及缓解公众心理恐慌的一系列措施或行动。恐怖分子可利用自制粗糙核装置对机场、车站、重要建筑物和街区、政府机关等进行核恐怖袭击。其后果主要有：①爆炸致伤。核辐射恐怖袭击时，多发生爆炸而致杀伤区的人员伤亡，致伤情况与爆炸物威力有关，多造成复合伤。②放射损伤。此类特殊损伤可导致急性放射病或过量照射，包括内照射、外照射及局部放射损伤。放射损伤的病情复杂，常需专业救治。③放射性污染。可使近区人员受到放射性核素的污染而受到损害。放射性污染同时，人员撤离或搬迁易引起复杂的社会问题。由于放射性污染的处理专业性强和技术复杂，易造成重大经济损失。④严重的心理效应。恐怖分子利用公众对核和放射性物质的恐惧，通过核恐怖事件造成民众的恐慌和社会混乱，这种社会心理效应严重且持久。

基本内容　粗糙核装置损伤的医学防护主要着重在防外照射、放射性体表污染、放射性体内污染和心理损伤等几方面。

外照射防护　对外照射损伤的防护，目前只能通过防护仪表对事发现场的辐射水平进行监测，了解外照射辐射水平，并采取适当的措施，避开高辐射区或尽量缩短停留的时间，保证救援人员的受照剂量在尽可能低的水平。

放射性体表污染和体内污染的防护　为防止吸入和减少放射性污染，可以采取密封式防护服、呼吸器、手套等防护设备。个人防护装备包括自读式剂量计（个人剂量报警仪）、累积剂量计（热释光剂量计）、防护眼罩、呼吸器、防护靴、棉手套、塑料手套及橡胶手套等。防护服、防护靴和手套等可用于防止救援人员的放射性污染，一般采用密封性能较好的材料制成，帽子、上衣和裤子成联体结构。根据粗糙核装置事件的现场情况，可选择不同类型的防护服（重型防护服、轻型防护服和一次性防护服等）和手套等。在空气中含有放射性物质现场时，所有人员都应佩戴口罩、面具等，防止吸入放射性核素。放射性核素在空气中易形成放射性气溶胶，可根据气溶胶粒子的大小，选择相应孔径滤膜的呼吸器。对于空气中同时存在有毒气体或放射性浓度较高的现场，可采用呼吸面罩和压缩空气罐［6个大气压；1个标准大气压（1atm）＝101325帕（P）］的呼吸器，一瓶压缩空气可使用1～2小时，压缩空气罐使用后通过空气泵充气，可重复使用。空气泵可以采用电源供电或采用燃油作为动力，便于野外操作。

心理损伤预防 提前采取措施预防社会恐慌和社会心理问题的发生。必须在计划、基础设施、资源和人员培训等方面预先做出安排。应在平时制订粗糙核装置恐怖事件的应急救援计划和方案，使医疗机构等相关部门的专业人员熟悉可能面临的严重问题和主要的救援措施。若准备不足，粗糙核装置事件时则会造成更高的发病率，影响的持续时间会更长。同时，要努力防止救援工作本身而加重公众的社会心理影响，防止产生额外的社会心理损伤，也就是要注意救援行动或后果的潜在社会心理影响。最重要的预防措施是加强专业救援机构和人员的训练，特别是增加医务人员和其他救援人员处理应急心理（精神）损伤的训练，使病员能得到及时正确的处理。目前一般的医疗机构和医务人员很少有灾害有关的社会心理救援的经验，多数也未接受过这方面的训练。平时在普通民众中普及辐射危害和防护的基本知识，如核爆炸和核辐射对人员的危害特点、基本的医学防护措施，使公众对核辐射危害有一个科学而全面的认识，减少神秘感，减轻他们面对核辐射时无端的恐惧心理；使公众对应急心理（精神）损伤也有一定的了解，学会在面临各种压力的情况下对自身心理状态的调节，使自己的身心始终处于良好的功能状态，能够勇敢地迎接各种挑战。在粗糙核装置恐怖事件时遇到这些威胁能够及时采取有效的行动，减轻紧张和恐惧的情绪，减少应急性心理损伤伤员的产生。

应用 帮助人们正确、全面地认识核辐射，在粗糙核装置引发的核恐怖袭击发生时，防止和控制粗糙核装置造成的辐射损伤，消除核恐惧心理，维护社会稳定。

（陈肖华）

fàngshèxìng sànbù zhuāngzhì sǔnshāng yīxué fánghù

放射性散布装置损伤医学防护（medical protection for injury caused by radiological dispersal device） 根据放射性散布装置损伤因素和损伤特点采取的减轻或避免损伤，防止放射性污染，以及缓解公众心理恐慌的一系列措施或行动。放射性散布装置俗称脏弹。脏弹爆炸后引起区域性放射性污染，部分人受到照射，导致急性放射病，严重者造成死亡。非密封源（固体或液体放射性物质）也可以与常规烈性炸药混合制成脏弹。放出γ射线、中子等高贯穿辐射的放射性物质在运输、携带、操作过程中易被高灵敏度的探测仪测量到，恐怖分子自身也将受到辐射，因此这类放射性物质作为脏弹原料被采用的可能性较小。可能被采用的是具有低贯穿辐射的放射性物质，它们在运输、携带、操作过程中容易逃过监管部门的监视，恐怖分子只要具备一定的专业知识，在并不特别严格的条件下就可以制作爆炸装置并实施恐怖袭击。

爆炸后放射性物质将会广泛弥散，微小的粒子黏附于大气飘尘上形成气溶胶，部分颗粒降落到爆炸中心附近区域。影响的范围与放射性物质用量、炸药用量及气象条件有关。若发生在城市，最可能的情况是附近几个街道部分区域的建筑物和地面受到放射性污染。爆炸可能造成建筑物倒塌，爆炸产生的金属碎片和其他物体及建筑物倒塌是造成人员伤亡的主要原因。放射性物质污染导致的人员受照剂量不会太大，但恐怖事件造成的影响通常是在社会心理层面的。脏弹引发的心理效应可能十分突出。由于一般民众对于核辐射的性质、特点、危害及防护缺乏了解，使得人们对于核与辐射突发事件感到担心和恐惧。这种潜在的对核辐射担心焦虑的思想会通过社会的各种途径广为流传，当确实发生核与辐射突发事件时，可能引发更大的社会恐慌和混乱。如1979年美国三哩岛核电站核事故时，公众个体最高照射剂量仅约0.5mSv，尚不及天然本底的照射水平，但由于社会心理影响，距离核电站24km范围内半数以上的人感到恐惧，认为其身心健康受到严重威胁；40km内，半数公众出现恐惧心理，许多人出现急性应激障碍，神经、消化和泌尿系统出现各种症状。后期还出现心理应激现象，包括各种焦虑、自我意识障碍，尿液中儿茶酚胺水平增高，还可能出现创伤后应激障碍。又如，1986年苏联切尔诺贝利核电站爆炸事故后，不同程度污染区的数百万居民主诉有头痛、眩晕、失眠、精神难于集中、记忆力减退等症状，事故后数年内不断有居民被迫迁居。心理效应的产生，首先是人们对第二次世界大战期间日本广岛、长崎原子弹爆炸所造成的悲惨状况记忆犹新，形成谈核色变的心理；其次是人们无法预知事件的发生，无法自主感知和判断放射性物质的存在，形成恐惧心理；最后是人们担心核与辐射的远期效应，对于受到轻度辐射和可能受到辐射的人员，害怕远期白血病、癌症和遗传性疾病的发生，形成严重疑虑和精神负担。

基本方法 脏弹的危害主要是放射性污染和心理损伤。事件发生后，应在判明事件的性质及其规模后立即采取相应的防护行动，包括组织临时性的隐蔽或撤离、建立围绕事发现场的控制区以及救治伤员等。首先，用监测仪器快速侦测划定放射性污染区域，并建立污染控制区。专业人员只有在配备必要的监测仪器（如个人剂量仪、辐射监测仪等）和穿戴必要的防护衣具的情况下才可以进入污染控制区，严格控制进入高辐射区域的人数；应急响应人员应在专业人员的指导下对事发现场进行有效的处理，同时要确保辐射防护三原则的正确使用。其次，在控制区的上风向或侧方向应为一般公众建立临时的监测和去污设施，避免放射性污染的进一步扩大。事件现场的公众，在事件早期应尽快采取紧急行动。可供选择与采用的主要防护措施包括进出通道控制、个人呼吸道和体表防护、人员去污、区域去污、食物和饮水控制以及医学处理等。在核与辐射突发事件的不同阶段，主要照射途径不同，可以采用的防护措施也不同。一般公众对放射性并不了解，因此在事发前和事发后应利用各种媒体对公众进行有关放射性基本知识的普及教育，使他们对放射性物质的健康影响、事件发生的形式、事发后应采取的应急行动有一定了解，以消除公众对放射性的恐惧心理，一旦发生核与辐射恐怖袭击事件，公众可以配合应急响应人员采取相应行动。避免过度恐慌甚至于骚乱的发生，在一定程度上有利于应急行动的展开，避免不必要的辐射损伤的发生。

应用 帮助人们正确、全面地认识核辐射，在放射性散布装置引发的核恐怖袭击情况下，有助于防止和控制放射性散布装置造成的辐射损伤，消除核恐惧心理。

（陈肖华）

fángyuán yīxué fǎguī

防原医学法规（regulations on medical protection of nuclear weapon） 由国家和军队卫生部门制定、颁发，涉及防原医学研究内容的相关规范性文件的总称。防原医学是军事医学的重要组成部分，是研究核武器杀伤因素及其他来源的电离辐射损伤规律及医学防治措施的综合学科。防原医学法规是防原医学规律及防护的执法依据，是防原医学工作人员、相关专业技术人员必须遵守的行为规范。国家和军队卫生部门对贯彻实施防原医学法规负有监督管理职责，应用防原医学技术的工作单位对本单位执行的防原医学法规承担主要的法律责任。

《职业病防治法》与《放射性污染防治法》是防原医学管理所依据的最高层次的法律。《放射性同位素与射线装置安全和防护条例》（国务院令第449号）是关于放射性同位素与射线装置的安全和防护方面的国务院条例，是对原国务院令第44号《放射性同位素与射线装置放射防护条例》的修订。

中国在总结抗击非典型性肺炎的经验后于2003年5月9日以国务院令第376号公布了《突发公共卫生事件应急条例》。2007年8月30日以中华人民共和国主席令第69号公布了《中华人民共和国突发事件应对法》（以下简称《突发事件应对法》）。《突发事件应对法》是针对包括“核与辐射事件”在内的所有突发事件的预防、应急准备和处置而制定的法律。除《突发公共卫生事件应急条例》外，国家近年又发布了《国家突发公共事件医疗卫生救援应急预案》《国家突发公共卫生事件应急预案》等与公共卫生事件应急有关的文件，用于指导公共卫生事件的应急准备与处置工作。防原医学突发事件是其中一类公共卫生突发事件，其预防与处置应当遵守《突发事件应对法》《突发公共卫生事件应急条例》的有关规定；对于“核与辐射事件”，除1993年以国务院令第124号发布的《核电厂核事故应急管理条例》外，还有国家或有关部委近年发布的《国家核应急预案》《核电厂核事故应急演习管理规定》《核应急管理导则—放射源和辐射技术应用应急准备与响应》《卫生部核事故与放射事故应急预案》等与和与辐射事故应急有关的文件。

（陈肖华）

fángyuán yīxué biāozhǔn

防原医学标准（standards on medical protection of nuclear weapon） 主要包括核武器核爆炸主要致伤因素造成人体损伤的诊断、治疗原则、方法和要求等的一大类国家和军队医药卫生标准。其制定和实施旨在规范核武器损伤因素的诊断和治疗，以保护广大指战员及其后代的健康与安全。

防原医学标准大致可以分为以下几个方面：①基础标准，其中最重要的是防原医学防护基本标准，还包括辐射防护常用物理量和单位、剂量估算方法和剂量转换系数等标准。②职业照射的卫生防护标准，为工业探伤、油气田测井、核检测仪表和辐照装置、安监系统和非铀厂矿、核燃料循环设施等所造成的，以及空气人员受到的职业照射指定的卫生防护标准。③医用辐射的卫生防护标准，包括X射线放射学、放射治疗和临床和医学3方面设计的职业照射卫生防护标准和患者所受医疗照射的防护标准，以及医用辐射装置的质量控制及其检测规范等。④公众照射的卫生防护标准，包括以核电站为代表的核燃料循环设施对周围公众的照射、建材放射性和住宅氡照射、含放射性物质消费品所致照射、食品和水中放射性以及其他一些天然辐射所致公众照射的卫生防护标准。⑤潜在照射的卫生防护标准，包括事故照射及事故应急的准备和响应，持续照射的防护等。⑥检测方法和监测规范标准：包括个人计量检测、各种放射性和射线的测量、放射性核素的γ或α能谱分析、放射性核素的放化分析等标准。⑦防护设施和防护器材，包括防护设施的屏蔽设计和屏蔽效果评价、防护器材性能标准等。⑧其他标准，如评价报告的规范化、机构准入和人员培训等管理标准，以及放射性物质运输标准等。

（陈肖华）

chōngjīshāng zhěn-zhì gàiniàn

冲击伤诊治概念（standard on diagnostic and treatment of blast injury） 冲击伤特指核爆炸冲击伤（简称冲击伤），是核爆炸时产生的冲击波直接或间接作用于人体引起的损伤。在核爆炸条件下，冲击伤伤员数量多，伤情复杂。冲击伤诊治标准根据《中华人民共和国职业病防治法》，参照GBZ 102—2002《放冲复合伤诊断标准》。标准内容包括范围、规范性引用文件、诊断原则、诊断及分度标准和附录等。

由核爆炸、炸药爆炸或其他爆炸所产生的冲击波，作用于人体引起的损伤，称为冲击伤。冲击伤分类：①直接冲击伤，冲击波直接作用于人体引起的损伤。②间接冲击伤，冲击波通过物体、建筑物等作用于人体引起的损伤。

冲击伤伤情分度：①轻度，可发生轻度脑震荡、听器损伤、内脏出血点或擦皮伤等。临床可表现有一过性神志恍惚、头痛、头晕、耳鸣、听力减退、鼓膜充血或破裂，一般无明显全身症状。②中度，可发生脑震荡、严重听器损伤、内脏多处斑点状出血、肺轻度出血、水肿、软组织挫伤和单纯脱臼等。临床可表现有一时性意识丧失，头痛、头晕、耳痛、耳鸣、听力减退、鼓膜破裂、胸痛、胸闷、咳嗽、痰中带血，偶可听到啰音，伤部肿、痛，活动障碍。③重度，可发生明显的肺出血、水肿，腹腔脏器破裂，重要骨骼骨折等。临床可表现胸痛、呼吸困难、咯血性痰，胸部检查有浊音区和水泡音，腹痛、腹壁紧张及压痛，血压下降，呈弥漫性腹膜炎体征，有不同程度的休克或昏迷征象，并有骨折局部的相应症状和体征。④极重度，可发生严重肺出血、肺水肿、肝脾严重破裂、颅脑严重损伤。临床可表观呼吸极度困难、发绀、躁动、抽搐，胸部检查有浊音区，干、湿啰音，喷出血性泡沫样液体，有危重急腹症表现，处于严重的休克或昏迷状态。

（刘巧维）

guāngfúshè sǔnshāng zhěn-zhì biāozhǔn

光辐射损伤诊治标准（standard on diagnostic and treatment of thermal radiation injury） 光辐射损伤特指核爆炸时产生的光辐射损伤。光辐射可以引起人体直接烧伤，还可引起服装或其他物体燃烧而造成人员间接烧伤。光辐射损伤诊治标准根据《中华人民共和国职业病防治法》，参照GBZ 103—2002《放烧复合伤诊断标准》。标准内容包括范围、规范性引用文件、诊断原则、诊断及分度标准和附录等。

诊断及分度标准中，明确烧伤可由核爆炸光辐射或火焰引起，也可由两者合并引起。烧伤深度判定均取三度四分法（Ⅰ度、浅Ⅱ度、深Ⅱ度和Ⅲ度），烧伤面积按中国九分法或手掌法判定。对光辐射烧伤，应注意视网膜烧伤和衣下烧伤。明确鼻毛烧焦，鼻黏膜红肿，并出现咳嗽、声音嘶哑、呼吸困难，以至咯出脱落的气管黏膜，X线检查呈肺水肿阴影等症者，可诊断有呼吸道烧伤。明确了有眼观核爆炸火球史，并出现视觉异常、畏光、流泪、疼痛、视力减退，眼底检查黄斑部有烧伤病灶者，可诊断有视网膜烧伤。

烧伤伤情分度：①轻度，Ⅱ度烧伤面积占全身体表面积10%以下者。②中度：Ⅱ度烧伤面积占全身体表面积10%～20%者；或Ⅲ度烧伤在5%以下者。③重度：Ⅱ度烧伤面积占全身体表面积20%～50%者；或Ⅲ度烧伤在5%～30%之间者；或烧伤面积虽不超过20%，但有呼吸道烧伤或颜面和会阴部有深Ⅱ度与Ⅲ度烧伤者。④极重度：Ⅱ度烧伤面积占体表总面积50%以上者；或Ⅲ度烧伤在30%以上者；或合并有严重呼吸道烧伤者。

药物和治疗措施的推荐：①口服补液可服烧伤饮料（每100ml开水含食盐0.3g、碳酸氢钠0.15g、葡萄糖适量）。②烧伤创面用药，用于保护痂皮的制剂，可选用2%碘酊、1%磺胺嘧啶银、烧伤净（五倍子、大桉叶、诃子等，用70%酒精浸泡3天，取其浸液备用）或3%洗必泰液冲洗及湿敷；用于脱痂的制剂，可选用雾灵烧伤膏（黄柏、黄武、黄连、冰片等用香油调制成膏）、水火烫伤膏等，脱痂药于恢复期初使用，过早使用会使体温和白细胞恢复延迟，过晚使用将会推迟治愈时间。③对症治疗，包括兴奋不安者给予镇静药（甲喹酮、甲丙氨酯或炒酸枣仁），有皮肤潮红、结膜充血等神经血管症状者，可使用抗过敏药物，如给予苯海拉明，欲呕吐者服舒必利30mg，必要时口服或肌内注射甲氧氯普胺，或维生素B；严重腹泻者给予止泻剂。④防治出血有维生素C、维生素P、维生素K_3、6-氨基己酸、氨甲苯酸、卡巴克洛及云南白药等。⑤有治疗作用的辐射防治药，如茜草双酯、雌二醇、苯甲酸雌二醇及炔雌三醇等。能升高白细胞计数的药物，如千金藤素、银耳多糖及香菇多糖等。⑥氯胺酮静脉复合麻醉，是肌内注射苯巴比妥100mg、阿托品0.5mg，约5分钟后进手术室，静脉滴注地西泮10~20mg（休克伤员减量），再静脉滴注哌替啶50mg和异丙嗪25mg（超过3小时手术追加同量），然后静脉滴注氯胺酮100mg，2~3分钟后即可手术，如手术时间超过40分钟，可用0.1%氯胺酮液40~60滴/分静脉滴入维持，手术结束前5~10分钟停滴氯胺酮液。⑦视网膜烧伤可用可的松、高渗葡萄糖、碘化钾及多种维生素等治疗。⑧消除创面沾染多使用乙二胺四乙酸钠，其有效浓度为0.2%~0.5%，有效pH约为9，通常以1份乙二胺四乙酸二钠与4份乙二胺四乙酸四钠混合，所配制溶液的pH约为9。

（刘巧维）

héfúshè sǔnshāng zhěn-zhì biāozhǔn

核辐射损伤诊治标准（standard on diagnostic and treatment of nuclear radiation injury） 核辐射指核辐射外照射造成的损伤。核辐射损伤诊治标准根据《中华人民共和国职业病防治法》，参照GBZ 104—2002《外照射急性放射病诊断标准》。该标准适用于事故照射、应急照射后受到大剂量外照射的放射工作人员。在医疗照射以及核战争等情况下受照后引起急性放射病者，也可参照此标准进行诊断和处理。标准内容包括范围、规范性引用文件、诊断原则、诊断及分度标准和附录等。

内容包括外照射急性放射病的诊断标准：①受照后引起的主要临床症状、病程和实验室检查所见是判断病情的主要依据，其严重程度、症状特点与剂量大小、剂量率、受照部位和范围以及个体情况有关。对多次和/或高度不均匀的全身照射病例，更应注意其临床表现的某些特点。②骨髓型急性放射病的诊断标准：一次或短时间（数日）内分次接受1~10Gy的均匀或比较均匀的全身照射；早期可参照表1和图1做出初步的分度诊断。

（刘巧维）

hébàozhà fùhéshāng zhěn-zhì biāozhǔn

核爆炸复合伤诊治标准（standard on diagnostic and treatment of nuclear radiation injury） 核爆炸复合伤包括放射复合伤和非放射复合伤，本条目只针对放射复合伤，非放射复合伤请参照其他相关条目。核爆炸复合伤诊治标准根据《中华人民共和国职业病防治法》，参照GBZ 102—2002《放冲复合伤诊断标准》、GBZ 103—2002《放烧复合伤诊断标准》及GBZ 104—2002《外照射急性放射病诊断标准》。

复合伤根据放射损伤、烧伤和冲击伤的严重程度。包括以放射损伤为主的放射复合伤，包括

表1 骨髓型急性放射病的初期反应和受照剂量下限

分度	初期表现	照后1~2天淋巴细胞绝对数最低值（$\times10^9$/L）	受照剂量下限（Gy）
轻度	乏力、不适、食欲减退	1.2	1.0
中度	头晕、乏力、食欲减退、恶心，1~2小时后呕吐，白细胞计数短暂上升后下降	0.9	2.0
重度	1小时后多次呕吐，可有腹泻、腮腺肿大、白细胞计数明显下降	0.6	4.0
极重度	1小时内多次呕吐，腹泻、休克、腮腺肿大，白细胞计数急剧下降	0.3	6.0

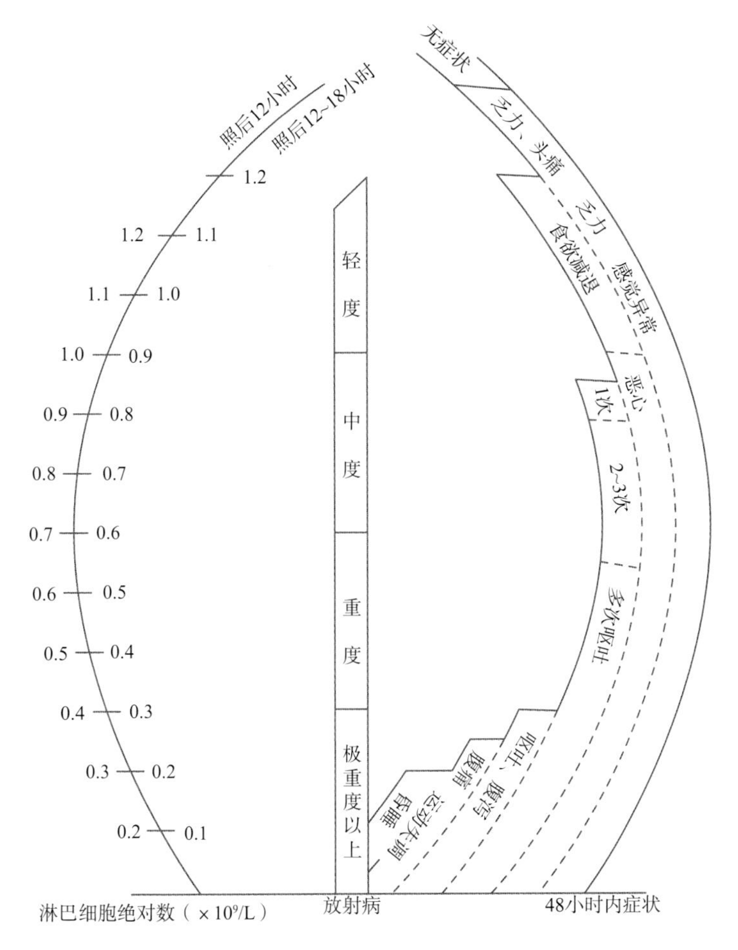

图1　急性放射病早期诊断图

注：按照后12小时或24~48小时内淋巴细胞绝对值和该时间内患者出现过的最重症状（图右柱内侧实线下角）做一联线通过中央柱，柱内所标志的程度就是患者可能的诊断；如在照后6小时对患者进行诊断时，则仅根据患者出现过的最重症状（图右柱内侧实线的上缘）做一水平横线至中央柱，依柱内所标志的程度加以判断，但其误差较照后24~48小时判断时大。第一次淋巴细胞检查最好在使用糖皮质激素或抗辐射药物前进行。

放烧冲、放烧和放冲复合伤。以烧伤为主的放射复合伤，主要包括烧放冲和烧放复合伤。以冲击伤为主的放射复合伤，主要包括冲烧放复合伤和冲放复合伤。标准内容包括范围、规范性引用文件、诊断原则、诊断及分度标准和附录等。

放烧复合伤指人体同时或相继发生放射损伤为主复合烧伤的一类复合伤。受照剂量>1Gy，烧伤多为皮肤烧伤，可伴呼吸道烧伤或眼烧伤（外眼烧伤及视网膜烧伤）。放烧复合伤的伤情可分为轻度、中度、重度及极重度4级，中、重度放烧复合伤的病程经过可分为休克期、局部感染期、极期及恢复期，轻度病程经过轻，分期不明显，极重度病程经过极重，通常休克期过后即进入极期。

放冲复合伤指人体同时或相继发生的放射损伤为主复合冲击伤的一类复合伤。其中间接冲击伤与很多创伤类同。放冲复合伤的伤情可分为轻度、中度、重度及极重度4级。病程一般可经休克期、局部感染期、极期及恢复期4个期。

（刘巧维）

fàngshèxìng zhānrǎn zhēn-xiāo-zhì biāozhǔn

放射性沾染侦消治标准

（standard on surveillance, decontamination and treatment of radioactive contamination）　包括食品（粮食、蔬菜和水）污染检测与控制水平、人体放射性污染（体表皮肤和体内）检测与医学干预水平。

食品放射性沾染监测　采用我军装备的辐射探测仪器测量γ剂量率的方法，方法与步骤如下：①选择一定的容器（如行军锅、水桶、面盆等上下面积一致的容器），将待测的食物装入容器内，放置在放射性沾染较轻的地点。②样品搅拌均匀，表面铺平，测量容器的边长或直径和样品厚度。③仪器的探头置于样品正中央据表面30cm处，测定γ剂量率，取平均值，减去本底。④根据样品容器的边长（或直径）和样品厚度，查表，分别找出γ剂量率与沾染量之间的换算系数Y（表1）、被测样品厚度校正系数Z（表2），然后根据下列公式（1）计算食物沾染的比活度：

$$C = P \cdot Y \cdot Z (kBq/kg) \qquad (1)$$

式中：C—比活度（粮食，kBq/kg；水，kBq/L）；P—实测的γ照射量率（nGy/h）；Y—不同边长正方形容器实测γ照射量率与沾染量之间的换算系数（如为圆形容器，其直径应乘以0.9，则相当于面积相同的正方形的边长）（$kBq \cdot kg^{-1}/nGy \cdot h^{-1}$）；Z—被测样品厚度的校正系数。

体表及伤口放射性污染监测　可使用BZNF-1型便携式智能辐射仪或α、β表面污染监测仪进行检测。体表污染测量，一般应先上后下，先前后背，先全面检查一遍，并着重测定暴露部位，如手、脸、毛发等，特别要注意发现重沾染部位。

表1　γ照射量率与沾染量之间的换算系数

正方形容器的边长（cm）	换算系数，Y
30	2.16
40	1.19
50	0.85
60	0.59
70	0.47
80	0.34

表2　被测样品厚度的校正系数

样品厚度（cm）	校正系数，Z	
	颗粒状粮食	水或面类粮食
1	1.00	1.00
5	0.37	0.25
10	0.23	0.14
15	0.22	0.12
>20	0.22	0.10

使用BZNF-1型便携式智能辐射仪测量体表或伤口的放射性污染时，应采用β表面污染测量模式。打开电源后，打开探头上的β窗，按压γ/β键，仪器即进入β测量状态（再按一下γ/β键，5秒内仪器回到γ剂量率测量方式），仪器显示以“10^2Bq/cm^2”为单位的表面污染程度，测量范围0.01×10^2～999×10^2Bq/cm^2，过载时显示：“OVER”。如需扩大量程，可将探测面积为原来的1/10的β屏蔽窗加在探头上，此时量程扩大十倍。测量时探头窗口与被测表面距离约为0.5cm，注意不要污染探头。

采用α、β表面污染监测仪测量体表或伤口的放射性污染时，按说明书进行操作即可。

体内污染监测及评价　对疑有食入或吸入放射性落下灰者，首先监测甲状腺放射性碘含量。若有条件，也可对其他核素的内污染进行监测，其中较重要的放射性核素有^{90}Sr和^{137}Cs。

甲状腺中^{131}I的体外监测方法　首先了解受检人员开始摄入时刻（爆后天数t）和持续摄入天数。选择未受放射性沾染的地点进行测量，先测定当地γ本底。受检者先经过洗消，着重洗净颈部的沾染，换穿干净的服装。受检者仰卧或坐正，使用BZNF-1型便携式智能辐射仪或γ谱仪，将仪器的γ探头放在受检者颈前甲状腺部位（喉结与气管前面），紧贴皮肤进行测量。将测得的甲状腺γ放射性剂量率或计数率，减去γ本底，得净活度A（t）。

尿中^{131}I、^{90}Sr和^{137}Cs含量监测　收集被检者一昼夜（24小时）尿样，用γ谱仪测量^{131}I含量A（t）。根据测得的A（t），利用表3～表5给出的^{131}I在甲状腺的滞留量及^{131}I、^{90}Sr和^{137}Cs在24小时中尿的排泄量占初始摄入量的份额（IRF），按下列公式（2）推

表3　^{131}I在甲状腺的滞留量或排泄量占初始摄入量的份额（IRF）

单次摄入后时间t（天）	食入		吸入	
	甲状腺	24小时尿	甲状腺	24小时尿
1	2.5×10^{-1}	5.8×10^{-1}	1.2×10^{-1}	2.8×10^{-1}
2	2.5×10^{-1}	5.1×10^{-2}	1.2×10^{-1}	2.3×10^{-2}
3	2.2×10^{-1}	3.0×10^{-3}	1.1×10^{-1}	1.4×10^{-3}
4	2.0×10^{-1}	3.1×10^{-4}	9.9×10^{-2}	1.5×10^{-4}
5	1.9×10^{-1}	1.8×10^{-4}	9.0×10^{-2}	8.9×10^{-5}
6	1.7×10^{-1}	2.0×10^{-4}	8.2×10^{-2}	9.6×10^{-5}
7	1.5×10^{-1}	2.1×10^{-4}	7.4×10^{-2}	1.0×10^{-4}
8	1.4×10^{-1}	2.2×10^{-4}	6.8×10^{-2}	1.1×10^{-4}
9	1.3×10^{-1}	2.3×10^{-4}	6.2×10^{-2}	1.1×10^{-4}
10	1.2×10^{-1}	2.3×10^{-4}	5.6×10^{-2}	1.1×10^{-4}

表4　^{90}Sr初始摄入量在24小时尿中的排泄份额（IRF）（t）

单次摄入后时间t（天）	食入	吸入
1	5.6×10^{-2}	6.8×10^{-2}
2	2.2×10^{-2}	2.3×10^{-2}
3	1.4×10^{-2}	1.6×10^{-2}
4	1.1×10^{-2}	1.2×10^{-2}
5	8.3×10^{-3}	9.2×10^{-3}
6	6.8×10^{-3}	7.5×10^{-3}
7	5.7×10^{-3}	6.3×10^{-3}
8	4.8×10^{-3}	5.4×10^{-3}
9	4.2×10^{-3}	4.7×10^{-3}
10	3.7×10^{-3}	4.1×10^{-3}

注：食入和吸入物的f1均按0.3计，吸入气溶胶的AMAD=5mm。

表 5　^{137}Cs 在全身的滞留量和排泄量各占初始摄入量的份额（IRF）(t)

单次摄入后时间 t（天）	食入		吸入	
	全身	24 小时尿	全身	24 小时尿
1	9.8×10^{-1}	1.6×10^{-2}	6.0×10^{-1}	7.9×10^{-3}
2	9.5×10^{-1}	2.3×10^{-2}	5.0×10^{-1}	1.1×10^{-2}
3	9.3×10^{-1}	1.8×10^{-2}	4.6×10^{-1}	8.8×10^{-3}
4	9.1×10^{-1}	1.4×10^{-2}	4.4×10^{-1}	6.8×10^{-3}
5	8.9×10^{-1}	1.1×10^{-2}	4.3×10^{-1}	5.4×10^{-3}
6	8.8×10^{-1}	9.2×10^{-3}	4.3×10^{-1}	4.5×10^{-3}
7	8.7×10^{-1}	7.8×10^{-3}	4.2×10^{-1}	3.8×10^{-3}
8	8.6×10^{-1}	6.7×10^{-3}	4.2×10^{-1}	3.3×10^{-3}
9	8.5×10^{-1}	6.0×10^{-3}	4.1×10^{-1}	2.9×10^{-3}
10	8.4×10^{-1}	5.5×10^{-3}	4.1×10^{-1}	2.6×10^{-3}

注：吸入气溶胶的 AMAD=5m；食入和吸入物的 fl=1.0。

算出该核素的初始摄入量：

$$A_0 = A(t)/IRF(t) \qquad (2)$$

式中：A（t）为摄入后第 t 天测得的被检者甲状腺^{131}I含量或 24 小时尿样中的^{131}I、^{90}Sr或^{137}Cs含量；IRF（t）为^{131}I在甲状腺中第 t 天的滞留份额或^{131}I、^{90}Sr和^{137}Cs排泄份额。

食品放射性污染控制水平　不同国家食品放射性核素的限量标准见表 6，可以看出我国规定的人工放射性核素食品放射性核素限值（参见 GB 14882—2012 食品中放射性核素含量与限制标准），^{90}Sr、^{106}Ru、^{131}I、^{238}Pu、^{239}Pu、^{241}Am 等 α 核素均低于其他国家水平。

表面污染控控制水平　人员及不同物体表面上早期放射性落下灰沾染控制水平列于表 7。洗消后放射性污染应低于表 8 规定的水平。

放射性内污染干预水平　对内污染人员的医学干预水平见表 9。核爆炸后几种主要放射性核素的年摄入量限值（annual limit of intake，ALI）见表 10。

（朱茂祥）

表 6　食品中人工放射性核素限制浓度（Bq/kg）

放射性核素	食品类别	食品法典委员会	中国	美国	日本	欧盟	加拿大	新加坡	中国香港
^{89}Sr	婴儿食品和奶类	1000	300				300	1000	1000
	其他食品	1000	300				1000	1000	1000
^{90}Sr	婴儿食品和奶类	100	30	160		75	30	100	100
	其他食品	100	30	160		750	100	100	100
^{103}Ru	婴儿食品和奶类	1000	300	6800			1000	1000	1000
	其他食品	1000	300	6800			1000	1000	1000
^{106}Ru	婴儿食品和奶类	100	30	450			100	100	100
	其他食品	100	30	450			300	100	100
^{131}I	婴儿食品和奶类	100	30	170	100	150	100	100	100
	其他食品	100	30	170	2000	2000	1000	100	100
^{134}Cs	婴儿食品和奶类	1000	300	1200	50	50	300	1000	1000
^{137}Cs	其他食品	1000	300	1200	100	50	1000	1000	1000
^{238}Pu ^{239}Pu	婴儿食品和奶类	1	0.3	2	1	1	1	1	1
^{241}Am	其他食品	10	3	2	10	80	10	10	10

表 7　放射性落下灰在体表及物体表面上的沾染控制水平

表面	β 沾染（kBq/cm^2）	核爆炸后 γ 剂量率（μGy/h）	
		<10 天	10~30 天
手和全身其他部位皮肤	10	40	80
创伤表面	3	—	—
炊具、餐具	0.3	—	—
服装、防护用品、轻武器	20	80	160
建筑物、工事及车船内部	20	150	300
大型兵器、装备、露天工事	40	250	500

表 8　工作场所和人员的放射性物质表面污染控制水平（Bq/cm^2）

表面类型		α 放射性物质		β 放射性物质
		极毒性	其他	
工作台、设备、地面、墙壁	控制区	4	4×10	4×10
	监督区	4×10^{-1}	4	4
工作服、手套、工作鞋	控制区 监督区	4×10^{-1}	4×10^{-1}	4
手、皮肤、内衣、工作袜		4×10^{-2}	4×10^{-2}	4×10^{-1}

表 9　放射性核素摄入量与对策

放射性核素摄入量（ALI）	对策
<1	不需采取医疗措施
1～10	可采取促排措施
>10	须采取全面治疗措施

表 10　几种主要放射性核素的 ALI（Bq）

核　素	食　入		吸　入	
	f_1	ALI	f_1	ALI
^{90}Sr	0. 3	7.1×10^5	0. 3	6.7×10^5
^{131}I	1. 0	9.1×10^5	1. 0	1.8×10^6
^{137}Cs	1. 0	1.5×10^6	1. 0	3.0×10^6

注：f_1 为稳定元素在转移到胃肠道之后到达体液的分数；气溶胶粒子的 AMAD 以 5mm 计。

索　　引

条目标题汉字笔画索引

说　明

一、本索引供读者按条目标题的汉字笔画查检条目。

二、条目标题按第一字的笔画由少到多的顺序排列，按画数和起笔笔形横（一）、竖（丨）、撇（丿）、点（丶）、折（乛，包括㇆㇄𠃋等）的顺序排列。笔画数和起笔笔形相同的字，按字形结构排列，先左右形字，再上下形字，后整体字。第一字相同的，依次按后面各字的笔画数和起笔笔形顺序排列。

三、以拉丁字母、希腊字母和阿拉伯数字、罗马数字开头的条目标题，依次排在汉字条目标题的后面。

三　画

个人中子剂量监测（individual neutron dose monitoring）　117

个人光子剂量监测（individual photon dose monitoring）　115

四　画

中子外照射剂量估算（estimation of neutron external exposure dose）　125

中子急性放射病（neutron acute radiation sickness）　180

内分泌系统放射损伤（radiation induced endocrine system injury）　165

内照射剂量（internal exposure dose）　104

内照射剂量估算（internal exposure dose estimation）　133

心脏放射损伤（radiation induced heart injury）　166

五　画

电离辐射诱发 DNA 损伤（DNA damage induced by ionizing radiation）　46

电离辐射诱发生物分子反应（molecular biological effect induced by ionzing radiation）　42

电离辐射诱发细胞存活效应（cell survival effect induced by ionzing radiation）　49

电离辐射诱发细胞学反应时间序列（time course of cellular response induced by radiation）　43

电离辐射诱发细胞膜效应（cell membrane effect induced by ionzing radiation）　48

电离辐射诱发染色质效应（chromatin aberration effect induced by ionizing radiation）　48

电离辐射原初作用（primary effect of ionizing radiation）　41

电离辐射损伤机制（mechanism of injury induced by ionizing radiation）　39

电离辐射靶学说（radiation target theory）　44

生殖系统放射损伤（radiation induced procreant system injury）　160

皮肤 β 剂量估算（skin β dose estimation）　138

皮肤放射损伤（radiation induced skin injury）　167

六　画

地面放射性污染监测（terrene radioactive contamination monitoring）　143

光辐射（optical radiation）　6

光辐射损伤诊治标准（standard on diagnostic and treatment of thermal radiation injury）　243

早期核辐射 γ 剂量估算（estimation of initial nuclear γ radiation dose）　123

回顾性剂量重建（retrospective dose reconstruction）　140

伤口放射性污染处理（medical measures for radioactive contamination of wound） 184
冲击伤诊治概念（standard on diagnostic and treatment of blast injury） 243
冲击波（blast wave） 5
防原医学法规（regulations on medical protection of nuclear weapon） 242
防原医学标准（standards on medical protection of nuclear weapon） 242

七 画

体内放射性污染监测（contamination monitoring in vivo） 121
体外计数方法（counting in vitro） 136
体表放射性污染监测（surface contamination monitoring） 119
体表放射性污染β烧伤（β-burn skin caused by radioactive contamination on body surface） 182
肝放射损伤（radiation induced liver injury） 155
免疫系统放射损伤（radiation induced immune injury） 156

八 画

非特异性促放射性核素排出措施（non-specific measure of removing radioactive nuclides） 204
肾放射损伤（radiation induced kidney injury） 166
国际监测系统（international monitoring system, IMS） 146
物理学外照射剂量估算（physical estimation of external radiation dose） 122
供辐射防护用人呼吸道模型（human respiratory tract model for radiological protection） 82
供辐射防护用人消化道模型（human alimentary tract model for radiological protection, HATM） 81
供辐射防护用隔室模型（compartment model for radiation protection） 90
剂量-剂量率效应因子（dose and dose-rate effectiveness factor, DDREF） 53
放射性物质内照射损伤医学防护（medical protection for internal radiation injury of radioactive substance） 201
放射性肺纤维化（radiation induced pulmonary fibrosis） 164
放射性肺炎（radiation induced pneumonia） 163
放射性肺损伤（radiation induced pulmonary injury） 162
放射性沾染区人员杀伤（personnel injuries in the radioactive contamination area） 30
放射性沾染侦消治标准（standard on surveillance, decontamination and treatment of radioactive contamination） 245
放射性核素内照射损伤（internal radiation injury of radioactive nuclides） 185
放射性核素吸收（absorption of radioactive substance） 78
放射性核素年摄入量限值（annual limit on intake, ALI） 106
放射性核素导出浓度（derived concentration of radionuclide） 108
放射性核素体内分布（distribution of radioactive substance in the body） 79
放射性核素体内代谢（radionuclide metabolism in vivo） 75
放射性核素体内沉积（deposition of radioactive substance in the body） 84
放射性核素体内排出（elimination of radionuclide form the body） 92
放射性核素体内滞留（retention of radioactive nuclide in the body） 87
放射性核素体内廓清（clearance of radioactive substance in the body） 89
放射性核素阻吸收药物（absorption preventive agents of radioactive nuclides） 210
放射性核素促排药物（excretion promoting agents of radioactive nuclides） 211
放射性核素摄入（intake of radioactive substance） 77
放射性铯内照射损伤（internal irradiation damage induced by radiocesium） 191
放射性散布装置损伤医学防护（medical protection for injury caused by radiological dispersal device） 241
放射性落下灰内照射损伤（internal irradiation damage induced by radioactive fallout） 195
放射性碘内照射损伤（internal irradiation damage induced by radioiodine） 189
放射性锶内照射损伤（internal irradiation damage induced by radiostrontium） 193
放射诱发细胞凋亡（radiation induced apoptosis） 72

放射诱发器官纤维化（organ fibrosis induced by radiation） 74
放射损伤（radiation injury） 148
空气放射性污染监测（contamination monitoring of air radioactivity） 144
组织权重因数（tissue weighting factor） 52

九 画

城市核爆炸伤亡（casualty of nuclear explosion in urban area） 27
战时核辐射控制量（restriction of nuclear radiation in war） 109
钚内照射损伤（internal irradiation damage induced by plutonium） 199
食品放射性污染监测（contamination monitoring of food radioactivity） 145
急性放射病（acute radiation sickness） 169
急性放射病出血并发症（haemorrhage complication of acute radiation sickness） 172
急性放射病防治药物（protection and cure drugs of acute radiation） 208
急性放射病诊治信息系统（information system for diagnosis and treatment of acute radiation sickness） 181
急性放射病诊断（diagnosis of acute radiation sickness） 174
急性放射病造血干细胞移植疗法（hematopoietic stem cell transplantation therapy of acute radiation sickness） 179
急性放射病造血因子疗法（cytokine therapy of acute radiation sickness） 176
急性放射病造血损伤（hematopoietic injury of acute radiation sickness） 171
急性放射病感染并发症（infection complication of acute radiation sickness） 173
染色体畸变估算辐射剂量法（dose estimation by chromosome aberrations） 129

十 画

核与辐射医学应急救援分队（medical rescue unit for nuclear and radiological emergency） 236
核与辐射突发事件（nuclear and radiological emergency event） 231
核与辐射突发事件伤员分级救治（medical treatment in echelon for nuclear and radiological emergency event） 233
核与辐射突发事件医学应急救援（emergency medical rescue of nuclear and radiological emergency event） 232
核与辐射突发事件损伤医学防护（medical protection for injury caused by nuclear and radiological emergency） 239
核电磁脉冲（nuclear electromagnetic pulse, NEMP） 8
核武器医学防护学（medical protection against nuclear weapon injury） 1
核武器损伤工事防护（fortification protection against the damage of nuclear weapon） 219
核武器损伤分级救治（medical treatment in echelon for injury of nuclear weapon） 228
核武器损伤减员分析（attrition analysis for the damage of nuclear weapon） 227
核武器损伤简易防护（simple protection against the damage of nuclear weapon） 217
核试验卫勤保障（health service support for nuclear test） 226
核战争核辐射伤亡估算（estimation for casualties of nuclear radiation in nuclear war） 228
核辐射（nuclear radiation） 6
核辐射个人监测（nuclear radiation individual monitoring） 113
核辐射环境监测（environmental monitoring for nuclear radiation） 141
核辐射损伤心理障碍治疗（therapy of psychological disorder after nuclear radiation injury） 212
核辐射损伤医学应急处理药箱（emergency medicine-chest for nuclear and radiation injury） 237
核辐射损伤医学随访（medical follow-up of nuclear radiation damage） 215
核辐射损伤社会心理干预（psychosocial intervention after nuclear radiation damage） 214
核辐射损伤诊治标准（standard on diagnostic and treatment of nuclear radiation injury） 244
核辐射损伤精神障碍治疗（therapy of psychological disorder of nuclear radiation damage） 215
核爆炸人员伤亡社会负担（social burden of nuclear explosion casualty） 33
核爆炸卫勤保障（health service support for nuclear

fight） 223
核爆炸区人员杀伤（personal damage in the nuclear explosive area） 25
核爆炸光辐射烧伤（thermal radiation burn of nuclear explosion） 15
核爆炸早期核辐射损伤（initial nuclear radiation injury of nuclear explosion） 11
核爆炸伤亡（casualty of nuclear explosion） 23
核爆炸杀伤范围（killing range of nuclear explosion） 24
核爆炸冲击伤（blast injury of nuclear explosion） 13
核爆炸体内放射性沾染防护（protection against the internal radioactive contamination of nuclear explosion） 221
核爆炸体表放射性沾染防护（protection against the surface radioactive contamination of nuclear explosion） 221
核爆炸社会心理效应（psychosocial effect of nuclear explosion） 31
核爆炸幸存者远后效应（late effect of nuclear explosion survivor） 34
核爆炸放射性沾染防护（protection against the radioactive contamination of nuclear explosion） 220
核爆炸放射性沾染损伤（radioactive contamination-induced damage of nuclear explosion） 20
核爆炸药品防护（protection of medicine against the nuclear explosion） 223
核爆炸复合伤（combined injury of nuclear explosion） 18
核爆炸复合伤诊治标准（standard on diagnostic and treatment of nuclear radiation injury） 244
核爆炸食品防护（protection of food against the nuclear explosion） 222
核爆炸食品破坏（food damage of nuclear explosion） 37
核爆炸损伤（nuclear explosion-induced injury） 9
核爆炸损伤工程防护（construction protection against the damage of nuclear weapon） 217
核爆炸震动伤（shock injury of nuclear explosion） 17
铀内照射损伤（internal irradiation damage induced by uranium） 197
特异性促放射性核素排出措施（specific measure of chelating radioactive nuclides） 206
造血系统放射损伤（radiation induced hematopoietic system injury） 151
胸腺放射损伤（radiation induced thymus injury） 158
脑放射损伤（radiation induced rain injury） 164
消化系统放射损伤（radiation induced digestive system injury） 153

十一 画

野战核爆炸伤亡（casualty of nuclear explosion in battlefield） 29
眼放射损伤（radiation induced eye injury） 161
粗糙核装置损伤医学防护（medical protection for injury caused by crude nuclear device） 240
淋巴组织放射损伤（radiation induced lymphohistic injury） 159
淋巴细胞微核估算辐射剂量法（micronucleus in lymph-cell） 131
混合裂变产物内照射损伤（internal irradiation damage induced by mixed fission products） 195

十二 画

脾放射损伤（radiation induced spleen injury） 158

十三 画

辐射生物剂量估算（bio-dose estimation of radiation exposure） 128
辐射权重因数（radiation weighting factor） 52
辐射有效剂量（effective dose） 102
辐射当量剂量（equivalent dose） 101
辐射吸收剂量（absorbed radiation dose） 97
辐射兴奋作用（radiation hormesis） 67
辐射防治药物（radiation-protective agents） 207
辐射远后健康效应（delayed effect of radiation） 54
辐射抗性（radioresistance） 51
辐射近期健康效应（short-term effect of radiation） 54
辐射应急早期快速分类（initial triage for radiation emergency） 132
辐射表观遗传效应（radiation epigenetic effect） 62
辐射剂量当量（dose equivalent） 100
辐射剂量限值（dose limit） 105
辐射剂量监测（radiation dose monitoring） 94
辐射剂量基本量（basic quantities of radiation dose） 96

辐射适应性反应（radiation adaptive response） 65
辐射诱导基因组不稳定性（radiation-induced genomic instability，RIGI） 64
辐射损伤细胞周期检查点（cell cycle checkpoint related to radiation damage） 70
辐射致死剂量（lethal dose） 149
辐射致癌危险系数（risk coefficient of radiation induced carcinogenesis） 60
辐射致癌效应（radiation carcinogenic effect） 59
辐射致癌病因概率（probability of causation of radiation induced cancer） 60
辐射致癌遗传易感性（genetic susceptibility of radiation induced cancer） 62
辐射监测用生物样品分析（biological sample analysis） 134
辐射氧效应（radiation oxygen effect） 53
辐射旁效应（radiation-induced bystander effect） 65
辐射敏感性（radiation sensitivity） 49
辐射躯体效应（somatic effects of radiation） 56
辐射随机性效应（stochastic effect of radiation） 56
辐射确定性效应（deterministic effect of radiation） 55
辐射遗传效应（hereditary or genetic effect of radiation） 59
辐射集体剂量（collective dose） 104
辐射温度效应（radiation temperature effect） 54

拉丁字母

DNA 辐射损伤修复（radiation induced DNA damage repair） 67
DNA 辐射损伤信号监视（radiation induced DNA damage surveillance） 68

条目外文标题索引

A

absorbed radiation dose（辐射吸收剂量） 97
absorption of radioactive substance（放射性核素吸收） 78
absorption preventive agents of radioactive nuclides（放射性核素阻吸收药物） 210
acute radiation sickness（急性放射病） 169
annual limit on intake, ALI（放射性核素年摄入量限值） 106
attrition analysis for the damage of nuclear weapon（核武器损伤减员分析） 227

B

basic quantities of radiation dose（辐射剂量基本量） 96
bio-dose estimation of radiation exposure（辐射生物剂量估算） 128
biological sample analysis（辐射监测用生物样品分析） 134
blast injury of nuclear explosion（核爆炸冲击伤） 13
blast wave（冲击波） 5

C

casualty of nuclear explosion in battlefield（野战核爆炸伤亡） 29
casualty of nuclear explosion in urban area（城市核爆炸伤亡） 27
casualty of nuclear explosion（核爆炸伤亡） 23
cell cycle checkpoint related to radiation damage（辐射损伤细胞周期检查点） 70
cell membrane effect induced by ionzing radiation（电离辐射诱发细胞膜效应） 48
cell survival effect induced by ionzing radiation（电离辐射诱发细胞存活效应） 49
chromatin aberration effect induced by ionizing radiation（电离辐射诱发染色质效应） 48
clearance of radioactive substance in the body（放射性核素体内廓清） 89
collective dose（辐射集体剂量） 104
combined injury of nuclear explosion（核爆炸复合伤） 18
compartment model for radiation protection（供辐射防护用隔室模型） 90
construction protection against the damage of nuclear weapon（核爆炸损伤工程防护） 217
contamination monitoring in vivo（体内放射性污染监测） 121
contamination monitoring of air radioactivity（空气放射性污染监测） 144
contamination monitoring of food radioactivity（食品放射性污染监测） 145
counting in vitro（体外计数方法） 136
cytokine therapy of acute radiation sickness（急性放射病造血因子疗法） 176

D

delayed effect of radiation（辐射远后健康效应） 54
deposition of radioactive substance in the body（放射性核素体内沉积） 84
derived concentration of radionuclide（放射性核素导出浓度） 108
deterministic effect of radiation（辐射确定性效应） 55
diagnosis of acute radiation sickness（急性放射病诊断） 174
distribution of radioactive substance in the body（放射性核素体内分布） 79
DNA damage induced by ionizing radiation（电离辐射诱发 DNA 损伤） 46
dose and dose-rate effectiveness factor, DDREF（剂量-剂量率效应因子） 53
dose equivalent（辐射剂量当量） 100
dose estimation by chromosome aberrations（染色体畸变估算辐射剂量法） 129
dose limit（辐射剂量限值） 105

E

effective dose（辐射有效剂量） 102
elimination of radionuclide form the body（放射性核素体内排出） 92
emergency medical rescue of nuclear and radiological e-mergency event（核与辐射突发事件医学应急救援） 232
emergency medicine-chest for nuclear and radiation injury（核辐射损伤医学应急处理药箱） 237

environmental monitoring for nuclear radiation（核辐射环境监测） 141
equivalent dose（辐射当量剂量） 101
estimation for casualties of nuclear radiation in nuclear war（核战争核辐射伤亡估算） 228
estimation of initial nuclear γ radiation dose（早期核辐射 γ 剂量估算） 123
estimation of neutron external exposure dose（中子外照射剂量估算） 125
excretion promoting agents of radioactive nuclides（放射性核素促排药物） 211

F

food damage of nuclear explosion（核爆炸食品破坏） 37
fortification protection against the damage of nuclear weapon（核武器损伤工事防护） 219

G

genetic susceptibility of radiation induced cancer（辐射致癌遗传易感性） 62

H

haemorrhage complication of acute radiation sickness（急性放射病出血并发症） 172
health service support for nuclear fight（核爆炸卫勤保障） 223
health service support for nuclear test（核试验卫勤保障） 226
hematopoietic injury of acute radiation sickness（急性放射病造血损伤） 171
hematopoietic stem cell transplantation therapy of acute radiation sickness（急性放射病造血干细胞移植疗法） 179
hereditary or genetic effect of radiation（辐射遗传效应） 59
human alimentary tract model for radiological protection, HATM（供辐射防护用人消化道模型） 81
human respiratory tract model for radiological protection（供辐射防护用人呼吸道模型） 82

I

individual neutron dose monitoring（个人中子剂量监测） 117
individual photon dose monitoring（个人光子剂量监测） 115
infection complication of acute radiation sickness（急性放射病感染并发症） 173
information system for diagnosis and treatment of acute radiation sickness（急性放射病诊治信息系统） 181
initial nuclear radiation injury of nuclear explosion（核爆炸早期核辐射损伤） 11
initial triage for radiation emergency（辐射应急早期快速分类） 132
intake of radioactive substance（放射性核素摄入） 77
internal exposure dose estimation（内照射剂量估算） 133
internal exposure dose（内照射剂量） 104
internal irradiation damage induced by mixed fission products（混合裂变产物内照射损伤） 195
internal irradiation damage induced by plutonium（钚内照射损伤） 199
internal irradiation damage induced by radioactive fallout（放射性落下灰内照射损伤） 195
internal irradiation damage induced by radiocesium（放射性铯内照射损伤） 191
internal irradiation damage induced by radioiodine（放射性碘内照射损伤） 189
internal irradiation damage induced by radiostrontium（放射性锶内照射损伤） 193
internal irradiation damage induced by uranium（铀内照射损伤） 197
internal radiation injury of radioactive nuclides（放射性核素内照射损伤） 185
international monitoring system, IMS（国际监测系统） 146

K

killing range of nuclear explosion（核爆炸杀伤范围） 24

L

late effect of nuclear explosion survivor（核爆炸幸存者远后效应） 34
lethal dose（辐射致死剂量） 149

M

mechanism of injury induced by ionizing radiation（电离

辐射损伤机制） 39
medical follow-up of nuclear radiation damage（核辐射损伤医学随访） 215
medical measures for radioactive contamination of wound（伤口放射性污染处理） 184
medical protection against nuclear weapon injury（核武器医学防护学） 1
medical protection for injury caused by crude nuclear device（粗糙核装置损伤医学防护） 240
medical protection for injury caused by nuclear and radiological emergency（核与辐射突发事件损伤医学防护） 239
medical protection for injury caused by radiological dispersal device（放射性散布装置损伤医学防护） 241
medical protection for internal radiation injury of radioactive substance（放射性物质内照射损伤医学防护） 201
medical rescue unit for nuclear and radiological emergency（核与辐射医学应急救援分队） 236
medical treatment in echelon for injury of nuclear weapon（核武器损伤分级救治） 228
medical treatment in echelon for nuclear and radiological emergency event（核与辐射突发事件伤员分级救治） 233
micronucleus in lymph-cell（淋巴细胞微核估算辐射剂量法） 131
molecular biological effect induced by ionzing radiation（电离辐射诱发生物分子反应） 42

N

neutron acute radiation sickness（中子急性放射病） 180
non-specific measure of removing radioactive nuclides（非特异性促放射性核素排出措施） 204
nuclear and radiological emergency event（核与辐射突发事件） 231
nuclear electromagnetic pulse, NEMP（核电磁脉冲） 8
nuclear explosion-induced injury（核爆炸损伤） 9
nuclear radiation individual monitoring（核辐射个人监测） 113
nuclear radiation（核辐射） 6

O

optical radiation（光辐射） 6
organ fibrosis induced by radiation（放射诱发器官纤维化） 74

P

personal damage in the nuclear explosive area（核爆炸区人员杀伤） 25
personnel injuries in the radioactive contamination area（放射性沾染区人员杀伤） 30
physical estimation of external radiation dose（物理学外照射剂量估算） 122
primary effect of ionizing radiation（电离辐射原初作用） 41
probability of causation of radiation induced cancer（辐射致癌病因概率） 60
protection against the internal radioactive contamination of nuclear explosion（核爆炸体内放射性沾染防护） 221
protection against the radioactive contamination of nuclear explosion（核爆炸放射性沾染防护） 220
protection against the surface radioactive contamination of nuclear explosion（核爆炸体表放射性沾染防护） 221
protection and cure drugs of acute radiation（急性放射病防治药物） 208
protection of food against the nuclear explosion（核爆炸食品防护） 222
protection of medicine against the nuclear explosion（核爆炸药品防护） 223
psychosocial effect of nuclear explosion（核爆炸社会心理效应） 31
psychosocial intervention after nuclear radiation damage（核辐射损伤社会心理干预） 214

R

radiation adaptive response（辐射适应性反应） 65
radiation carcinogenic effect（辐射致癌效应） 59
radiation dose monitoring（辐射剂量监测） 94
radiation epigenetic effect（辐射表观遗传效应） 62
radiation hormesis（辐射兴奋作用） 67
radiation induced apoptosis（放射诱发细胞凋亡） 72
radiation-induced bystander effect（辐射旁效应） 65
radiation induced digestive system injury（消化系统放射损伤） 153
radiation induced DNA damage repair（DNA 辐射损伤

修复） 67
radiation induced DNA damage surveillance（DNA 辐射损伤信号监视） 68
radiation induced endocrine system injury（内分泌系统放射损伤） 165
radiation induced eye injury（眼放射损伤） 161
radiation-induced genomic instability，RIGI（辐射诱导基因组不稳定性） 64
radiation induced heart injury（心脏放射损伤） 166
radiation induced hematopoietic system injury（造血系统放射损伤） 151
radiation induced immune injury（免疫系统放射损伤） 156
radiation induced kidney injury（肾放射损伤） 166
radiation induced liver injury（肝放射损伤） 155
radiation induced lymphohistic injury（淋巴组织放射损伤） 159
radiation induced pneumonia（放射性肺炎） 163
radiation induced procreant system injury（生殖系统放射损伤） 160
radiation induced pulmonary fibrosis（放射性肺纤维化） 164
radiation induced pulmonary injury（放射性肺损伤） 162
radiation induced rain injury（脑放射损伤） 164
radiation induced skin injury（皮肤放射损伤） 167
radiation induced spleen injury（脾放射损伤） 158
radiation induced thymus injury（胸腺放射损伤） 158
radiation injury（放射损伤） 148
radiation oxygen effect（辐射氧效应） 53
radiation-protective agents（辐射防治药物） 207
radiation sensitivity（辐射敏感性） 49
radiation target theory（电离辐射靶学说） 44
radiation temperature effect（辐射温度效应） 54
radiation weighting factor（辐射权重因数） 52
radioactive contamination-induced damage of nuclear explosion（核爆炸放射性沾染损伤） 20
radionuclide metabolism in vivo（放射性核素体内代谢） 75
radioresistance（辐射抗性） 51
regulations on medical protection of nuclear weapon（防原医学法规） 242
restriction of nuclear radiation in war（战时核辐射控制量） 109
retention of radioactive nuclide in the body（放射性核素体内滞留） 87
retrospective dose reconstruction（回顾性剂量重建） 140
risk coefficient of radiation induced carcinogenesis（辐射致癌危险系数） 60

S

shock injury of nuclear explosion（核爆炸震动伤） 17
short-term effect of radiation（辐射近期健康效应） 54
simple protection against the damage of nuclear weapon（核武器损伤简易防护） 217
skin β dose estimation（皮肤 β 剂量估算） 138
social burden of nuclear explosion casualty（核爆炸人员伤亡社会负担） 33
somatic effects of radiation（辐射躯体效应） 56
specific measure of chelating radioactive nuclides（特异性促放射性核素排出措施） 206
standard on diagnostic and treatment of blast injury（冲击伤诊治概念） 243
standard on diagnostic and treatment of nuclear radiation injury（核爆炸复合伤诊治标准） 244
standard on diagnostic and treatment of nuclear radiation injury（核辐射损伤诊治标准） 244
standard on diagnostic and treatment of thermal radiation injury（光辐射损伤诊治标准） 243
standard on surveillance，decontamination and treatment of radioactive contamination（放射性沾染侦消治标准） 245
standards on medical protection of nuclear weapon（防原医学标准） 242
stochastic effect of radiation（辐射随机性效应） 56
surface contamination monitoring（体表放射性污染监测） 119

T

terrene radioactive contamination monitoring（地面放射性污染监测） 143
therapy of psychological disorder after nuclear radiation injury（核辐射损伤心理障碍治疗） 212
therapy of psychological disorder of nuclear radiation

damage（核辐射损伤精神障碍治疗） 215
thermal radiation burn of nuclear explosion（核爆炸光辐射烧伤） 15
time course of cellular response induced by radiation（电离辐射诱发细胞学反应时间序列） 43
tissue weighting factor（组织权重因数） 52

希腊字母

β-burn skin caused by radioactive contamination on body surface（体表放射性污染β烧伤） 182

内 容 索 引

说 明

一、本索引是本卷条目和条目内容的主题分析索引。索引款目按汉语拼音字母顺序并辅以汉字笔画、起笔笔形顺序排列。同音时，按汉字笔画由少到多的顺序排列，笔画数相同的按起笔笔形横（一）、竖（丨）、撇（丿）、点（丶）、折（乛，包括亅乚く等）的顺序排列。第一字相同时，按第二字，余类推。索引标目中夹有拉丁字母、希腊字母、阿拉伯数字和罗马数字的，依次排在相应的汉字索引款目之后。标点符号不作为排序单元。

二、设有条目的款目用黑体字，未设条目的款目用宋体字。

三、不同概念（含人物）具有同一标目名称时，分别设置索引款目；未设条目的同名索引标目后括注简单说明或所属类别，以利检索。

四、索引标目之后的阿拉伯数字是标目内容所在的页码，数字之后的小写拉丁字母表示索引内容所在的版面区域。本书正文的版面区域划分如右图。

a	c	e
b	d	f

B

瘢痕瘤 37c

波阵面 5b

钚内照射损伤（internal irradiation damage induced by plutonium） 199d

C

超压 5b

城市核爆炸伤亡（casualty of nuclear explosion in urban area） 27c

冲击波（blast wave） 5a

冲击波到达时间 5c

冲击波阵面 5b

冲击伤 13c

冲击伤诊治概念（standard on diagnostic and treatment of blast injury） 243b

抽氢反应 40b

粗糙核装置损伤医学防护（medical protection for injury caused by crude nuclear device） 240d

D

当量剂量 84c，101f

导出空气浓度 108b

地面放射性污染监测（terrene radioactive contamination monitoring） 143b

电离辐射靶学说（radiation target theory） 44a

电离辐射损伤机制（mechanism of injury induced by ionizing radiation） 39a

电离辐射诱发 DNA 损伤（DNA damage induced by ionizing radiation） 46d

电离辐射诱发染色质效应（chromatin aberration effect induced by ionizing radiation） 48a

电离辐射诱发生物分子反应（molecular biological effect induced by ionzing radiation） 42a

电离辐射诱发细胞存活效应（cell survival effect induced by ionzing radiation） 49a

电离辐射诱发细胞膜效应（cell membrane effect induced by ionzing radiation） 48c

电离辐射诱发细胞学反应时间序列（time course of cellular response induced by radiation） 43d

电离辐射原初作用（primary effect of ionizing radiation） 41c

电离作用 39c

电子俘获反应 40c

电子式剂量计 114a

动压 5b

F

发光率 25f

防原医学标准（standards on medical protection of nuclear weapon） 242f

防原医学法规（regulations on medical protection of nuclear weapon） 242c

放射损伤（radiation injury） 148b

放射性沉降 7d

放射性碘内照射损伤（internal irradiation damage induced by radioiodine） 189b
放射性肺损伤（radiation induced pulmonary injury） 162c
放射性肺纤维化（radiation induced pulmonary fibrosis） 164a
放射性肺炎（radiation induced pneumonia） 163e
放射性核素促排药物（excretion promoting agents of radioactive nuclides） 211a
放射性核素导出浓度（derived concentration of radionuclide） 108b
放射性核素内照射损伤（internal radiation injury of radioactive nuclides） 185e
放射性核素年摄入量限值（annual limit on intake, ALI） 106c
放射性核素摄入（intake of radioactive substance） 77a
放射性核素体内沉积（deposition of radioactive substance in the body） 84f
放射性核素体内代谢（radionuclide metabolism in vivo） 75d
放射性核素体内分布（distribution of radioactive substance in the body） 79e
放射性核素体内廓清（clearance of radioactive substance in the body） 89c
放射性核素体内排出（elimination of radionuclide form the body） 92e
放射性核素体内滞留（retention of radioactive nuclide in the body） 87d
放射性核素吸收（absorption of radioactive substance） 78a
放射性核素阻吸收药物（absorption preventive agents of radioactive nuclides） 210a
放射性落下灰 7d
放射性落下灰内照射损伤（internal irradiation damage induced by radioactive fallout） 195f
放射性散布装置损伤医学防护（medical protection for injury caused by radiological dispersal device） 241c
放射性铯内照射损伤（internal irradiation damage induced by radiocesium） 191f
放射性锶内照射损伤（internal irradiation damage induced by radiostrontium） 193c
放射性物质内照射损伤医学防护（medical protection for internal radiation injury of radioactive substance） 201c
放射性沾染区人员杀伤（personnel injuries in the radioactive contamination area） 30f
放射性沾染损伤 20f
放射性沾染侦消治标准（standard on surveillance, decontamination and treatment of radioactive contamination） 245e
放射诱发器官纤维化（organ fibrosis induced by radiation） 74a
放射诱发细胞凋亡（radiation induced apoptosis） 72f
非随机性效应 55d，186c
非特异性促放射性核素排出措施（non-specific measure of removing radioactive nuclides） 204e
肺损伤 186f
辐射表观遗传效应（radiation epigenetic effect） 62e
辐射当量剂量（equivalent dose） 101f
辐射防护剂 4b
辐射防治药物（radiation-protective agents） 207f
辐射集体剂量（collective dose） 104b
辐射剂量当量（dose equivalent） 100b
辐射剂量基本量（basic quantities of radiation dose） 96d
辐射剂量监测（radiation dose monitoring） 94c
辐射剂量限值（dose limit） 105c
辐射监测用生物样品分析（biological sample analysis） 134a
辐射近期健康效应（short-term effect of radiation） 54c
辐射抗性（radioresistance） 51b
辐射敏感性（radiation sensitivity） 49f
辐射旁效应（radiation-induced bystander effect） 65d
辐射躯体效应（somatic effects of radiation） 56c
辐射权重因数（radiation weighting factor） 52a
辐射确定性效应（deterministic effect of radiation） 55d
辐射生物剂量估算（bio-dose estimation of radiation exposure） 128b
辐射适应性反应（radiation adaptive response） 65e

辐射随机性效应（stochastic effect of radiation） 56a
辐射损伤防御反应 50d
辐射损伤细胞周期检查点（cell cycle checkpoint related to radiation damage） 70e
辐射温度效应（radiation temperature effect） 54b
辐射吸收剂量（absorbed radiation dose） 97d
辐射兴奋作用（radiation hormesis） 67a
辐射氧效应（radiation oxygen effect） 53e
辐射遗传效应（hereditary or genetic effect of radiation） 59a
辐射应急早期快速分类（initial triage for radiation emergency） 132b
辐射有效剂量（effective dose） 102f
辐射诱导基因组不稳定性（radiation-induced genomic instability，RIGI） 64f
辐射远后健康效应（delayed effect of radiation） 54f
辐射致癌病因概率（probability of causation of radiation induced cancer） 60a
辐射致癌危险系数（risk coefficient of radiation induced carcinogenesis） 60d
辐射致癌效应（radiation carcinogenic effect） 59d
辐射致癌遗传易感性（genetic susceptibility of radiation induced cancer） 62b
辐射致死剂量（lethal dose） 149f
负压区 5b
复合伤 18e

G

肝放射损伤（radiation induced liver injury） 155b
个人光子剂量监测（individual photon dose monitoring） 115c
个人中子剂量监测（individual neutron dose monitoring） 117c
供辐射防护用隔室模型（compartment model for radiation protection） 90f
供辐射防护用人呼吸道模型（human respiratory tract model for radiological protection） 82b
供辐射防护用人消化道模型（human alimentary tract model for radiological protection，HATM） 81a
贯穿辐射 6f
光辐射（optical radiation） 6b
光辐射烧伤 15d
光辐射损伤诊治标准（standard on diagnostic and treatment of thermal radiation injury） 243e
国际监测系统（international monitoring system，IMS） 146d

H

核爆炸冲击波 5b
核爆炸冲击伤（blast injury of nuclear explosion） 13c
核爆炸放射性沾染防护（protection against the radioactive contamination of nuclear explosion） 220b
核爆炸放射性沾染损伤（radioactive contamination-induced damage of nuclear explosion） 20f
核爆炸复合伤（combined injury of nuclear explosion） 18e
核爆炸复合伤诊治标准（standard on diagnostic and treatment of nuclear radiation injury） 244e
核爆炸光辐射 6b
核爆炸光辐射烧伤（thermal radiation burn of nuclear explosion） 15d
核爆炸急性放射病 11a
核爆炸区人员杀伤（personal damage in the nuclear explosive area） 25e
核爆炸人员伤亡社会负担（social burden of nuclear explosion casualty） 33b
核爆炸杀伤范围（killing range of nuclear explosion） 24d
核爆炸伤亡（casualty of nuclear explosion） 23c
核爆炸社会心理危机 31c
核爆炸社会心理效应（psychosocial effect of nuclear explosion） 31c
核爆炸食品防护（protection of food against the nuclear explosion） 222d
核爆炸食品破坏（food damage of nuclear explosion） 37e
核爆炸损伤（nuclear explosion-induced injury） 9a
核爆炸损伤工程防护（construction protection against the damage of nuclear weapon） 217a
核爆炸体表放射性沾染防护（protection against the surface radioactive contamination of nuclear explosion） 221c

核爆炸体内放射性沾染防护（protection against the internal radioactive contamination of nuclear explosion） 221e

核爆炸卫勤保障（health service support for nuclear fight） 223d

核爆炸幸存者晚期效应 34f

核爆炸幸存者远后效应（late effect of nuclear explosion survivor） 34f

核爆炸药品防护（protection of medicine against the nuclear explosion） 223a

核爆炸早期核辐射损伤（initial nuclear radiation injury of nuclear explosion） 11a

核爆炸震动伤（shock injury of nuclear explosion） 17c

核电磁脉冲（nuclear electromagnetic pulse, NEMP） 8a

核辐射（nuclear radiation） 6e

核辐射个人监测（nuclear radiation individual monitoring） 113a

核辐射环境监测（environmental monitoring for nuclear radiation） 141b

核辐射损伤精神障碍治疗（therapy of psychological disorder of nuclear radiation damage） 215c

核辐射损伤社会心理干预（psychosocial intervention after nuclear radiation damage） 214b

核辐射损伤心理障碍治疗（therapy of psychological disorder after nuclear radiation injury） 212d

核辐射损伤医学随访（medical follow-up of nuclear radiation damage） 215f

核辐射损伤医学应急处理药箱（emergency medicine-chest for nuclear and radiation injury） 237d

核辐射损伤诊治标准（standard on diagnostic and treatment of nuclear radiation injury） 244c

核试验卫勤保障（health service support for nuclear test） 226f

核武器杀伤区 225c

核武器伤员的早期治疗 229e

核武器损伤分级救治（medical treatment in echelon for injury of nuclear weapon） 228e

核武器损伤工事防护（fortification protection against the damage of nuclear weapon） 219a

核武器损伤减员分析（attrition analysis for the damage of nuclear weapon） 227d

核武器损伤简易防护（simple protection against the damage of nuclear weapon） 217e

核武器医学防护学（medical protection against nuclear weapon injury） 1a

核袭击社会心理危机 31c

核与辐射突发事件（nuclear and radiological emergency event） 231a

核与辐射突发事件伤员分级救治（medical treatment in echelon for nuclear and radiological emergency event） 233d

核与辐射突发事件损伤医学防护（medical protection for injury caused by nuclear and radiological emergency） 239c

核与辐射突发事件医学应急救援（emergency medical rescue of nuclear and radiological emergency event） 232e

核与辐射医学应急救援分队（medical rescue unit for nuclear and radiological emergency） 236b

核战争核辐射伤亡估算（estimation for casualties of nuclear radiation in nuclear war） 228c

缓发γ辐射 123f

回顾性剂量重建（retrospective dose reconstruction） 140c

混合裂变产物内照射损伤（internal irradiation damage induced by mixed fission products） 195d

J

激发作用 39c

急性放射病（acute radiation sickness） 169c

急性放射病出血并发症（haemorrhage complication of acute radiation sickness） 172b

急性放射病防治药物（protection and cure drugs of acute radiation） 208a

急性放射病感染并发症（infection complication of acute radiation sickness） 173c

急性放射病造血干细胞移植疗法（hematopoietic stem cell transplantation therapy of acute radiation sickness） 179a

急性放射病造血损伤（hematopoietic injury of acute radiation sickness） 171c

急性放射病造血因子疗法（cytokine therapy of acute radiation sickness） 176f

急性放射病诊断（diagnosis of acute radiation sickness） 174f

急性放射病诊治信息系统（information system for diagnosis and treatment of acute radiation sickness） 181e
剂量当量 100b
剂量-剂量率效应因子（dose and dose-rate effectiveness factor, DDREF） 53b
剂量限值 105c
剂量转换因子 109d
加成反应 40c
交叉适应性反应 66a

K

抗放药 4b
空气放射性污染监测（contamination monitoring of air radioactivity） 144a

L

淋巴细胞微核估算辐射剂量法（micronucleus in lymph-cell） 131c
淋巴组织放射损伤（radiation induced lymphohistic injury） 159a
络合物促排 206d
落下灰 7d, 195f
落下灰核辐射损伤 20f

M

免疫系统放射损伤（radiation induced immune injury） 156d

N

脑放射损伤（radiation induced rain injury） 164f
内分泌系统放射损伤（radiation induced endocrine system injury） 165d
内污染 185e
内照射 185e
内照射放射病 186d
内照射个人剂量监测 114d
内照射剂量（internal exposure dose） 104f
内照射剂量估算（internal exposure dose estimation） 133a

P

皮肤放射损伤（radiation induced skin injury） 167e
皮肤β剂量估算（skin β dose estimation） 138e
皮肤β损伤 182e
脾放射损伤（radiation induced spleen injury） 158e

Q

确定性效应 49f, 186c
确定性诊断 230f

R

染色体畸变估算辐射剂量法（dose estimation by chromosome aberrations） 129e
热辐射 6b
人体表面放射性污染监测 114d

S

伤口放射性污染处理（medical measures for radioactive contamination of wound） 184d
肾放射损伤（radiation induced kidney injury） 166f
生物半廓清期 89f
生物半排期 77a
生殖系统放射损伤（radiation induced procreant system injury） 160c
剩余核辐射 7d
剩余核辐射损伤 20f
食品放射性污染监测（contamination monitoring of food radioactivity） 145b
瞬发γ辐射 123e
随机性效应 49f, 186b

T

特异性促放射性核素排出措施（specific measure of chelating radioactive nuclides） 206b
体表放射性污染监测（surface contamination monitoring） 119d
体表放射性污染β烧伤（β-burn skin caused by radioactive contamination on body surface） 182e
体内放射性污染监测（contamination monitoring in vivo） 121a
体外计数方法（counting in vitro） 136f

W

外照射个人剂量监测 113a

晚期组织反应　55f
物理半衰期　77a
物理学外照射剂量估算（physical estimation of external radiation dose）　122f

X

吸收剂量　97e
稀疏区　5b
洗肺疗法　205c
消化系统放射损伤（radiation induced digestive system injury）　153c
心脏放射损伤（radiation induced heart injury）　166b
胸腺放射损伤（radiation induced thymus injury）　158b

Y

眼放射损伤（radiation induced eye injury）　161e
野战核爆炸伤亡（casualty of nuclear explosion in battlefield）　29c
遗传效应　56b
应激源　31d
铀内照射损伤（internal irradiation damage induced by uranium）　197d
有效半减期　77a
有效剂量　52c，102f

Z

早期核辐射　6f
早期核辐射γ剂量估算（estimation of initial nuclear γ radiation dose）　123d
早期核辐射损伤　11a
早期组织反应　55f
造血系统放射损伤（radiation induced hematopoietic system injury）　151a
战时核辐射控制量（restriction of nuclear radiation in war）　109d
滞留分数　87e
中子急性放射病（neutron acute radiation sickness）　180c
中子外照射剂量估算（estimation of neutron external exposure dose）　125a
组织权重因数　84e
组织权重因数（tissue weighting factor）　52b

拉丁字母

ALI　108d
DNA 簇集型损伤　46f
DNA 辐射损伤信号监视（radiation induced DNA damage surveillance）　68f
DNA 辐射损伤修复（radiation induced DNA damage repair）　67b

本卷主要编辑、出版人员

责任编辑　沈冰冰

索引编辑　王小红

名词术语编辑　王晓霞

汉语拼音编辑　潘博闻

外文编辑　顾　颖

参见编辑　周艳华

责任校对　张　麓

责任印制　张　岱

装帧设计　雅昌设计中心·北京